산업안전산업기사 기출문제집 필기 

단기완성 1회독 합격 플랜

구분	내용	한달 꼼꼼코스	2주 집중코스	1주 속성코스
PART 1. 핵심이론	제1과목. 산업재해 예방 및 안전보건교육	☐ DAY 1	☐ DAY 1	☐ DAY 1
	제2과목. 인간공학 및 위험성 평가·관리	☐ DAY 2		
	제3과목. 기계·기구 및 설비 안전관리	☐ DAY 3	☐ DAY 2	
	제4과목. 전기 및 화학 설비 안전관리	☐ DAY 4		☐ DAY 2
		☐ DAY 5	☐ DAY 3	
	제5과목. 건설공사 안전관리	☐ DAY 6		
PART 2. 과년도 출제문제	2019년 제1회 기출문제	☐ DAY 7	☐ DAY 4	☐ DAY 3
	2019년 제2회 기출문제	☐ DAY 8		
	2019년 제3회 기출문제	☐ DAY 9		
	2020년 제1·2회 통합 기출문제	☐ DAY 10	☐ DAY 5	
	2020년 제3회 기출문제	☐ DAY 11		
	2020년 제4회 CBT 복원문제	☐ DAY 12		
	2021년 제1회 CBT 복원문제	☐ DAY 13	☐ DAY 6	☐ DAY 4
	2021년 제2회 CBT 복원문제	☐ DAY 14		
	2021년 제3회 CBT 복원문제	☐ DAY 15		
	2022년 제1회 CBT 복원문제	☐ DAY 16	☐ DAY 7	
	2022년 제2회 CBT 복원문제	☐ DAY 17		
	2022년 제3회 CBT 복원문제	☐ DAY 18		
	2023년 제1회 CBT 복원문제	☐ DAY 19		☐ DAY 5
	2023년 제2회 CBT 복원문제	☐ DAY 20		
	2023년 제3회 CBT 복원문제	☐ DAY 21		
복습	PART 1. 핵심이론	☐ DAY 22		
	PART 2. 과년도 출제문제	☐ DAY 23		
고득점 Plus학습 (홈페이지에 탑재된 기출)	2012년 제1/2/3회 기출문제	☐ DAY 24	☐ DAY 11	–
	2013년 제1/2/3회 기출문제	☐ DAY 25	☐ DAY 12	
	2014년 제1/2/3회 기출문제	☐ DAY 26		
	2015년 제1/2/3회 기출문제	☐ DAY 27	☐ DAY 13	
	2016년 제1/2/3회 기출문제	☐ DAY 28		
	2017년 제1/2/3회 기출문제	☐ DAY 29	☐ DAY 14	
	2018년 제1/2/3회 기출문제	☐ DAY 30		

절취선

유일무이 나만의 합격 플랜

나만의 합격코스

구분	내용	날짜	1회독	2회독	3회독	MEMO
PART 1. 핵심이론	제1과목. 산업재해 예방 및 안전보건교육	월 일	☐	☐	☐	
	제2과목. 인간공학 및 위험성 평가·관리	월 일	☐	☐	☐	
	제3과목. 기계·기구 및 설비 안전관리	월 일	☐	☐	☐	
	제4과목. 전기 및 화학 설비 안전관리	월 일	☐	☐	☐	
		월 일	☐	☐	☐	
	제5과목. 건설공사 안전관리	월 일	☐	☐	☐	
PART 2. 과년도 출제문제	**2019**년 제1회 기출문제	월 일	☐	☐	☐	
	2019년 제2회 기출문제	월 일	☐	☐	☐	
	2019년 제3회 기출문제	월 일	☐	☐	☐	
	2020년 제1·2회 통합 기출문제	월 일	☐	☐	☐	
	2020년 제3회 기출문제	월 일	☐	☐	☐	
	2020년 제4회 CBT 복원문제	월 일	☐	☐	☐	
	2021년 제1회 CBT 복원문제	월 일	☐	☐	☐	
	2021년 제2회 CBT 복원문제	월 일	☐	☐	☐	
	2021년 제3회 CBT 복원문제	월 일	☐	☐	☐	
	2022년 제1회 CBT 복원문제	월 일	☐	☐	☐	
	2022년 제2회 CBT 복원문제	월 일	☐	☐	☐	
	2022년 제3회 CBT 복원문제	월 일	☐	☐	☐	
	2023년 제1회 CBT 복원문제	월 일	☐	☐	☐	
	2023년 제2회 CBT 복원문제	월 일	☐	☐	☐	
	2023년 제3회 CBT 복원문제	월 일	☐	☐	☐	
복습	PART 1. 핵심이론	월 일	☐	☐	☐	
	PART 2. 과년도 출제문제	월 일	☐	☐	☐	
고득점 Plus학습 (홈페이지에 탑재된 기출)	**2012년** 제1/2/3회 기출문제	월 일	☐	☐	☐	
	2013년 제1/2/3회 기출문제	월 일	☐	☐	☐	
	2014년 제1/2/3회 기출문제	월 일	☐	☐	☐	
	2015년 제1/2/3회 기출문제	월 일	☐	☐	☐	
	2016년 제1/2/3회 기출문제	월 일	☐	☐	☐	
	2017년 제1/2/3회 기출문제	월 일	☐	☐	☐	
	2018년 제1/2/3회 기출문제	월 일	☐	☐	☐	

절취선

안전보건표지의 종류와 형태

1 금지 표지 (8종)

출입금지	보행금지	차량통행금지	사용금지
탑승금지	금연	화기금지	물체이동금지

2 경고 표지 (15종)

인화성물질 경고	산화성물질 경고	폭발성물질 경고	급성독성물질 경고	부식성물질 경고

방사성물질 경고	고압전기 경고	매달린 물체 경고	낙하물 경고	고온 경고

저온 경고	몸균형상실 경고	레이저광선 경고	발암성 · 변이원성 생식독성 · 전신독성 호흡기과민성 물질 경고	위험장소 경고

3 지시 표지 (9종)

보안경 착용	방독마스크 착용	방진마스크 착용	보안면 착용	안전모 착용

귀마개 착용	안전화 착용	안전장갑 착용	안전복 착용

4 안내 표지 (8종)

녹십자표지	응급구호표지	들것	세안장치

비상용기구	비상구	좌측 비상구	우측 비상구

※ 안전보건표지에 관한 문제는 다양한 형태로 종종 출제되고 있습니다. 단순해 보이지만, 눈여겨 봐두지 않으면 헷갈릴 수 있습니다. 절취선을 따라 잘라 활용하면서 안전보건표지의 종류와 형태를 익혀 두세요!!

www.cyber.co.kr

D+PLUS

더플러스+

더 쉽게 더 빠르게 합격 플러스

산업안전산업기사 필기 기출문제집

김재호 지음

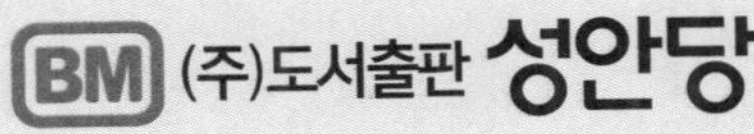
BM (주)도서출판 성안당

독자 여러분께 알려드립니다!

산업안전보건법이 자주 개정되어 본 도서에 미처 반영하지 못한 부분이 있을 수 있습니다. 책 발행 이후의 개정된 법규 내용 및 이로 인한 변경 및 오류사항은 **성안당 홈페이지(www.cyber.co.kr)의 [자료실]-[정오표]에 게시**하오니 확인 후 학습하시기 바랍니다.

수험생 여러분이 믿고 공부할 수 있도록 항상 최선을 다하겠습니다.

도서 A/S 안내

성안당에서 발행하는 모든 도서는 저자와 출판사, 그리고 독자가 함께 만들어 나갑니다.

좋은 책을 펴내기 위해 많은 노력을 기울이고 있습니다. 혹시라도 내용상의 오류나 오탈자 등이 발견되면 "좋은 책은 나라의 보배"로서 우리 모두가 함께 만들어 간다는 마음으로 연락 주시기 바랍니다. 수정 보완하여 더 나은 책이 되도록 최선을 다하겠습니다.

성안당은 늘 독자 여러분들의 소중한 의견을 기다리고 있습니다. 좋은 의견을 보내주시는 분께는 성안당 쇼핑몰의 포인트(3,000포인트)를 적립해 드립니다.

잘못 만들어진 책이나 부록 등이 파손된 경우에는 교환해 드립니다.

본서 기획자 e-mail : coh@cyber.co.kr(최옥현)
홈페이지 : http://www.cyber.co.kr
전화 : 031) 950-6300

P·R·E·F·A·C·E

머리말

우리 나라의 산업화의 진전으로 선진국의 문턱에서 주춤거리고 있는 오늘날 산업안전은 우리의 현 상황에서 그 한계를 뛰어 넘도록 할 수 있는 기본적인 전제로서의 의의가 크다고 하겠다. 그러나 현장에서는 산업재해로 인한 재산 손실이 점점 증가하고 있는데 산업재해 중 단순한 안전사고 못지 않게 심각한 것이 최근 들어 다양해진 직업병이라고 할 수 있다. 직업병을 포함한 산업재해의 이 같은 심각성은 산업화의 진전에 따라 어느 정도는 불가피한 것이지만 우리 나라의 경우 60년대 이후에 경제 성장의 그늘 아래에서 근로자의 작업환경이나 건강 등 산업안전문제가 사업주의 무성의와 정부의 무관심으로 그동안 방치되었기 때문이다. 그러므로 사업주들이 심각한 지경에 이른 산업안전문제를 노사간의 차원으로 신중하게 인식을 해야 한다.

이 책은 그동안 강단에서의 오랜 강의 경험을 토대로 틈틈이 준비하였던 자료를 바탕으로 새로운 출제기준에 맞춰 집필한 저자의 「산업안전산업기사 필기」 도서의 내용 중 시험에 자주 출제되는 중요이론만을 선별해 간략히 정리하였고 최근 기출문제를 정확하고 자세한 해설과 함께 수록하여 짧은 기간에 시험대비를 할 수 있도록 구성하였다. 아무쪼록 이 책이 산업안전산업기사 필기 시험을 앞둔 수험생과 산업현장에서 실무에 종사하는 산업역군들에게 조그마한 도움이 되었으면 하는 바람이다.

끝으로 이 책의 출간을 위해 온갖 정성을 기울여 주신 도서출판 성안당 임직원 여러분들께 감사의 뜻을 전한다.

저자 김재호

자격정보

• 자격명 : 산업안전산업기사(Industrial Engineer Industrial Safety)
• 관련부서 : 고용노동부 / 시행기관 : 한국산업인력공단(www.q-net.or.kr)

01 기본 정보

(1) 자격 개요

생산관리에서 안전을 제외하고는 생산성 향상이 불가능하다는 인식 속에서 산업현장의 근로자를 보호하고 근로자들이 안심하고 생산성 향상에 주력할 수 있는 작업환경을 만들기 위하여 전문적인 지식을 가진 기술인력을 양성하고자 자격제도를 제정하였다.

(2) 수행직무

제조 및 서비스업 등 각 산업현장에 배속되어 산업재해 예방계획의 수립에 관한 사항을 수행하며, 작업환경의 점검 및 개선에 관한 사항, 유해 및 위험 방지에 관한 사항, 사고사례 분석 및 개선에 관한 사항, 근로자의 안전 교육 및 훈련에 관한 업무를 수행한다.

(3) 산업안전산업기사 연도별 검정현황 및 합격률

연 도	필 기			실 기		
	응 시	합 격	합격률	응 시	합 격	합격률
2022년	29,934명	13,490명	45.1%	17,989명	7,886명	43.8%
2021년	25,952명	12,497명	48.2%	17,961명	7,728명	43.0%
2020년	22,849명	11,731명	51.3%	15,996명	5,473명	34.2%
2019년	24,237명	11,470명	47.3%	13,559명	6,485명	47.8%
2018년	19,298명	8,596명	44.5%	9,305명	4,547명	48.9%
2017년	17,042명	5,932명	34.8%	7,567명	3,620명	47.8%
2016년	15,575명	4,688명	30.1%	6,061명	2,675명	44.1%
2015년	14,102명	4,238명	30.1%	5,435명	2,811명	51.7%
2014년	10,596명	3,208명	30.3%	4,239명	1,371명	32.3%
2013년	8,714명	2,184명	25.1%	3,705명	960명	25.9%

▲ 위의 표에서 알 수 있듯이 산업안전산업기사 시험 응시생은 매년 증가하고 있다.
그 이유는 사회적으로 안전사고가 끊임없이 발생하면서 이 문제가 사회적 이슈로 자주 등장하며 전 국민이 안전에 대한 중요성을 느끼고 관심이 높아졌으며, 법적으로도 각 사업장에 안전관리자를 선임하도록 되어 있기 때문이다.
(법적 근거 "산업안전보건법 시행령/ 제16조 「안전관리자 선임 등」" 참고)

(4) 진로 및 전망

① 기계, 금속, 전기, 화학, 목재 등 모든 제조업체, 안전관리 대행업체, 산업안전관리 정부기관, 한국산업안전공단 등에 진출할 수 있다.

② 선진국의 척도는 안전수준으로 우리나라의 경우 재해율이 아직 후진국 수준에 머물러 있어 이에 대한 계속적 투자의 사회적 인식이 높아가고, 안전인증 대상을 확대하여 프레스, 용접기 등 기계·기구에서 이러한 기계·기구의 각종 방호장치까지 안전인증을 취득하도록 산업안전보건법 시행규칙의 개정에 따른 고용창출 효과가 기대되고 있다. 또한 경제회복국면과 안전보건조직 축소가 맞물림에 따라 산업재해의 증가가 우려되고 있으며 특히 제조업의 경우 재해율이 늘어나고 있어 정부의 적극적인 재해 예방정책 등으로 이 자격증 취득자에 대한 인력수요는 증가할 것이다.

02 시험 정보

(1) 시험수수료

- 필기 : 19,400원 / 실기 : 34,600원

(2) 출제경향

- 필기 : 출제기준 참고
- 실기 : 실기시험은 복합형(필답형+작업형)으로 시행되며, 출제기준 참고
  (영상자료를 이용하여 시행되며, 제조(기계, 전기, 화공, 건설 등) 및 서비스 등 각 사업현장에서의 안전관리에 관한 이론과 관련 법령을 바탕으로 일반지식, 전문지식과 응용 및 실무 능력을 평가)

(3) 취득방법

① 시행처 : 한국산업인력공단

② 관련학과 : 대학 및 전문대학의 안전공학, 산업안전공학, 보건안전학 관련학과

③ 시험과목

- 필기 : 1. 산업재해 예방 및 안전보건교육
  2. 인간공학 및 위험성 평가·관리
  3. 기계·기구 및 설비 안전관리
  4. 전기 및 화학 설비 안전관리
  5. 건설공사 안전관리
- 실기 : 산업안전 실무

④ 검정방법

- 필기 : 객관식 4지 택일형 과목당 20문항(과목당 30분)
- 실기 : 복합형[필답형(1시간, 55점) + 작업형(1시간 정도, 45점)] 총 2시간 정도

⑤ 합격기준
- 필기 : 100점을 만점으로 하여 과목당 40점 이상, 전 과목 평균 60점 이상
- 실기 : 100점을 만점으로 하여 60점 이상

(4) 시험일정

회 별	필기원서접수 (인터넷)	필기 시험	필기합격 (예정자)발표	실기 원서접수	실기(면접) 시험	최종합격자 발표일
제1회	1.23. ~ 1.26.	2.15. ~ 3.7.	3.13.	3.26. ~ 3.29.	4.27. ~ 5.12.	1차 : 5.29. 2차 : 6.18.
제2회	4.16. ~ 4.19.	5.9. ~ 5.28.	6.5.	6.25. ~ 6.28.	7.28. ~ 8.14.	1차 : 8.28. 2차 : 9.10.
제3회	6.18. ~ 6.21.	7.5. ~ 7.27.	8.7.	9.10. ~ 9.13.	10.19. ~ 11.8.	1차 : 11.20. 2차 : 12.11.

[비고] 1. 원서접수 시간은 원서접수 첫날 10시~마지막날 18시까지입니다.
(가끔 마지막 날 밤 12:00까지로 알고 접수를 놓치는 경우도 있으니 주의하기 바람!)
2. 필기시험 합격예정자 및 최종합격자 발표시간은 해당 발표일 9시입니다.
3. 주말 및 공휴일, 공단창립일(3.18)에는 실기시험 원서접수 불가합니다.
4. 자세한 시험일정은 Q-net 홈페이지(www.q-net.or.kr)에서 확인바랍니다.

03 산업안전 기사 · 산업기사 · 기술사 응시자격

자격명	응시자격
산업안전 기사	다음 중 어느 하나에 해당하는 사람은 기사 시험에 응시할 수 있다. ① 산업기사 등급 이상의 자격을 취득한 후 응시하려는 종목이 속하는 동일 및 유사 직무분야에서 1년 이상 실무에 종사한 사람 ② 기능사 자격을 취득한 후 응시하려는 종목이 속하는 동일 및 유사 직무분야에서 3년 이상 실무에 종사한 사람 ③ 응시하려는 종목이 속하는 동일 및 유사 직무분야의 다른 종목 기사 등급 이상의 자격을 취득한 사람 ④ 관련학과의 대학 졸업자 등 또는 그 졸업예정자 ⑤ 3년제 전문대학 관련학과 졸업자 등으로서 졸업 후 응시하려는 종목이 속하는 동일 및 유사 직무분야에서 1년 이상 실무에 종사한 사람 ⑥ 2년제 전문대학 관련학과 졸업자 등으로서 졸업 후 응시하려는 종목이 속하는 동일 및 유사 직무분야에서 2년 이상 실무에 종사한 사람 ⑦ 동일 및 유사 직무분야의 기사 수준 기술훈련과정 이수자 또는 그 이수예정자 ⑧ 동일 및 유사 직무분야의 산업기사 수준 기술훈련과정 이수자로서 이수 후 응시하려는 종목이 속하는 동일 및 유사 직무분야에서 2년 이상 실무에 종사한 사람 ⑨ 응시하려는 종목이 속하는 동일 및 유사 직무분야에서 4년 이상 실무에 종사한 사람 ⑩ 외국에서 동일한 종목에 해당하는 자격을 취득한 사람

자격명	응시자격
산업안전 산업기사	다음 중 어느 하나에 해당하는 사람은 산업기사 시험에 응시할 수 있다. ① 기능사 등급 이상의 자격을 취득한 후 1년 이상 실무 종사 ② 응시하려는 종목이 속하는 동일 및 유사 직무분야의 다른 종목의 산업기사 등급 이상의 자격을 취득한 사람 ③ 관련 학과의 2년제 또는 3년제 전문대학 졸업자 등 또는 그 졸업 예정자 ④ 관련 학과의 대학 졸업자 등 또는 그 졸업 예정자 ⑤ 동일 및 유사 직무분야의 산업기사 수준 기술훈련과정 이수자 또는 그 이수 예정자 ⑥ 2년 이상 실무 종사 ⑦ 고용노동부령으로 정하는 기능경기대회 입상자 ⑧ 외국에서 동일한 종목에 해당하는 자격을 취득한 사람
산업안전 기술사	다음 중 어느 하나에 해당하는 사람은 기술사 시험에 응시할 수 있다. ① 기사 자격 취득 후 4년 이상 실무에 종사 ② 산업기사 자격 취득 후 5년 이상 실무 종사 ③ 기능사 자격 취득 후 7년 이상 실무에 종사 ④ 관련 학과의 졸업자 등으로서 졸업 후 6년 이상 실무 종사 ⑤ 동일 및 유사 직무분야의 다른 종목의 기술사 등급의 자격 취득 ⑥ 3년제 전문대학 관련 학과 졸업자 등으로서 졸업 후 7년 이상 실무 종사 ⑦ 2년제 전문대학 관련 학과 졸업자 등으로서 졸업 후 8년 이상 실무 종사 ⑧ 기사의 수준에 해당하는 교육훈련을 실시하는 기관 중 고용노동부령으로 정하는 교육훈련기관의 기술훈련과정 이수자로서 이수 후 6년 이상 실무 종사 ⑨ 산업기사의 수준에 해당하는 교육훈련을 실시하는 기관 중 고용노동부령으로 정하는 교육훈련기관의 기술훈련과정 이수자로서 이수 후 8년 이상 실무 종사 ⑩ 9년 이상 실무 종사 ⑪ 외국에서 동일한 종목에 해당하는 자격을 취득한 사람

※ 알아두기

- 졸업자 등 : 학교를 졸업한 사람 및 이와 같은 수준 이상의 학력이 있다고 인정되는 사람. 다만, 대학 및 대학원을 "수료"한 사람으로서 관련 학위를 취득하지 못한 사람은 "대학 졸업자 등"으로 보고, 대학 등의 전 과정의 1/2 이상을 마친 사람은 "2년제 전문대학 졸업자 등"으로 본다.
- 졸업 예정자 : 필기시험일 현재 학년 중 최종 학년에 재학 중인 사람. 다만, 평생교육시설, 직업교육훈련기관 및 군(軍)의 교육 · 훈련 시설, 외국이나 군사분계선 이북 지역에서 대학교육에 상응하는 교육과정 등을 마쳐 교육부 장관으로부터 학점을 인정받은 사람으로서, 106학점 이상을 인정받은 사람(대학, 산업대학, 교육대학, 전문대학, 방송대학 · 통신대학 · 방송통신대학 및 사이버대학, 기술대학 재학 중 취득한 학점을 전환하여 인정받은 학점 외의 학점이 18학점 이상 포함되어야 한다)은 대학 졸업 예정자로 보고, 81학점 이상을 인정받은 사람은 3년제 대학 졸업 예정자로 보며, 41학점 이상을 인정받은 사람은 2년제 대학 졸업 예정자로 본다.
- 전공심화과정의 학사학위를 취득한 사람은 대학 졸업자로 보고, 그 졸업예정자는 대학 졸업 예정자로 본다.
- 이수자 : "기사"수준 기술훈련과정 또는 "산업기사"수준 기술훈련과정을 마친 사람
- 이수 예정자 : 필기시험일 또는 최초 시험일 현재 "기사"수준 기술훈련과정 또는 "산업기사"수준 기술훈련과정에서 각 과정의 2분의 1을 초과하여 교육훈련을 받고 있는 사람

04 자격증 취득과정

(1) 원서 접수 유의사항

- 원서 접수는 온라인(인터넷, 모바일앱)에서만 가능하다.
  스마트폰, 태블릿 PC 사용자는 모바일앱 프로그램을 설치한 후 접수 및 취소/환불 서비스를 이용할 수 있다.
- 원서 접수 확인 및 수험표 출력기간은 접수 당일부터 시험 시행일까지이다.
  이외 기간에는 조회가 불가하며, 출력장애 등을 대비하여 사전에 출력하여 보관하여야 한다.
- 원서 접수 시 반명함 사진 등록이 필요하다.
  사진은 6개월 이내 촬영한 3.5cm×4.5cm 컬러사진으로, 상반신 정면, 탈모, 무 배경을 원칙으로 한다.
  ※ 접수 불가능 사진 : 스냅사진, 스티커사진, 측면사진, 모자 및 선글라스 착용 사진, 혼란한 배경사진, 기타 신분확인이 불가한 사진

STEP 01 필기시험 원서 접수
- 필기시험은 온라인 접수만 가능
- Q-net(q-net.or.kr) 사이트 회원가입 및 응시자격 자가진단 확인 후 접수 진행

STEP 02 필기시험 응시
- 입실시간 미준수 시 시험 응시 불가
  (시험 시작 20분 전까지 입실)
- 수험표, 신분증, 계산기 지참
  (공학용 계산기 지참 시 반드시 포맷)

STEP 03 필기시험 합격자 확인
- 문자메시지, SNS 메신저를 통해 합격 통보
  (합격자만 통보)
- Q-net 사이트 또는 ARS(1666-0100)를 통해서 확인 가능
- CBT 형식으로 시행되므로 시험 완료 즉시 합격여부 확인 가능

STEP 04 실기시험 원서 접수
- Q-net 사이트에서 원서 접수
- 응시자격서류 제출 후 심사에 합격 처리된 사람에 한하여 원서 접수 가능
  (응시자격서류 미제출 시 필기시험 합격예정 무효)

(2) 시험문제와 가답안 공개

2020년 마지막 시험부터 산업기사 필기는 CBT(Computer Based Test)로 시행되고 있으므로 시험문제와 가답안은 공개되지 않습니다.

★ 필기/실기 시험 시 허용되는 공학용 계산기 기종

1. 카시오(CASIO) FX-901~999
2. 카시오(CASIO) FX-501~599
3. 카시오(CASIO) FX-301~399
4. 카시오(CASIO) FX-80~120
5. 샤프(SHARP) EL-501~599
6. 샤프(SHARP) EL-5100, EL-5230, EL-5250, EL-5500
7. 캐논(CANON) F-715SG, F-788SG, F-792SGA
8. 유니원(UNIONE) UC-400M, UC-600E, UC-800X
9. 모닝글로리(MORNING GLORY) ECS-101

※ 1. 직접 초기화가 불가능한 계산기는 사용 불가
2. 사칙연산만 가능한 일반 계산기는 기종 상관없이 사용 가능
3. 허용군 내 기종 번호 말미의 영어 표기(ES, MS, EX 등)는 무관

STEP 05 실기시험 응시

- 수험표, 신분증, 필기구, 공학용 계산기, 종목별 수험자 준비물 지참 (공학용 계산기는 허용된 종류에 한하여 사용 가능하며, 지참 시 반드시 포맷)

STEP 06 실기시험 합격자 확인

- 문자메시지, SNS 메신저를 통해 합격 통보 (합격자만 통보)
- Q-net 사이트 또는 ARS(1666-0100)를 통해서 확인 가능

STEP 07 자격증 교부 신청

- Q-net 사이트에서 신청 가능
- 상장형 자격증, 수첩형 자격증 형식 신청 가능

STEP 08 자격증 수령

- 상장형 자격증은 합격자 발표 당일부터 인터넷으로 발급 가능 (직접 출력하여 사용)
- 수첩형 자격증은 인터넷 신청 후 우편 수령만 가능 (수수료 : 3,100원 / 배송비 : 3,010원)

★ 자세한 사항은  홈페이지(q-net.or.kr)를 참고하시기 바랍니다. ★

NCS 안내

01 국가직무능력표준이란?

국가직무능력표준(NCS, National Competency Standards)은 산업현장에서 직무를 행하기 위해 요구되는 지식 · 기술 · 태도 등의 내용을 국가가 체계화한 것이다.

(1) 국가직무능력표준(NCS) 개념도

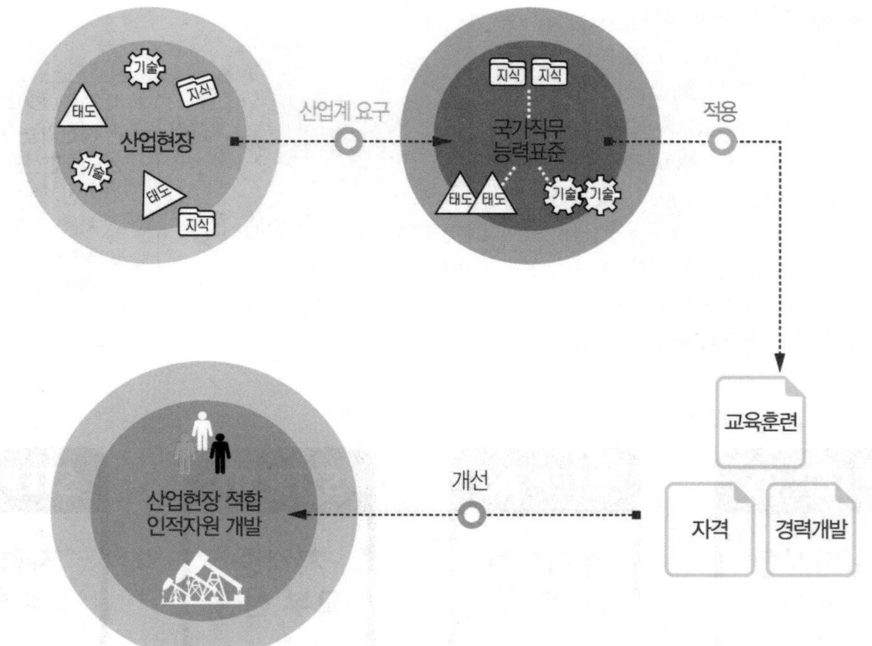

〈직무능력〉

능력=직업기초능력+직무수행능력

① **직업기초능력** : 직업인으로서 기본적으로 갖추어야 할 공통능력

② **직무수행능력** : 해당 직무를 수행하는 데 필요한 역량(지식, 기술, 태도)

〈보다 효율적이고 현실적인 대안 마련〉

① 실무 중심의 교육 · 훈련 과정 개편

② 국가자격의 종목 신설 및 재설계

③ 산업현장 직무에 맞게 자격시험 전면 개편

④ NCS 채용을 통한 기업의 능력중심 인사관리 및 근로자의 평생경력 개발 · 관리 · 지원

(2) 학습모듈의 개념

국가직무능력표준(NCS)이 현장의 '직무 요구서'라고 한다면, NCS 학습모듈은 NCS 능력단위를 교육훈련에서 학습할 수 있도록 구성한 '교수 · 학습 자료'이다.

NCS 학습모듈은 구체적 직무를 학습할 수 있도록 이론 및 실습과 관련된 내용을 상세하게 제시하고 있다.

02 국가직무능력표준이 왜 필요한가?

능력 있는 인재를 개발해 핵심 인프라를 구축하고, 나아가 국가경쟁력을 향상시키기 위해 국가직무능력표준이 필요하다.

(1) 국가직무능력표준(NCS) 적용 전/후

지금은,

- 직업 교육 · 훈련 및 자격제도가 산업현장과 불일치
- 인적자원의 비효율적 관리 운용

국가직무 능력표준 →

바뀝니다.

- 각각 따로 운영되었던 교육 · 훈련, 국가직무능력표준 중심 시스템으로 전환(일 – 교육 · 훈련 – 자격 연계)
- 산업현장 직무 중심의 인적자원 개발
- 능력중심사회 구현을 위한 핵심 인프라 구축
- 고용과 평생 직업능력개발 연계를 통한 국가경쟁력 향상

(2) 국가직무능력표준(NCS) 활용범위

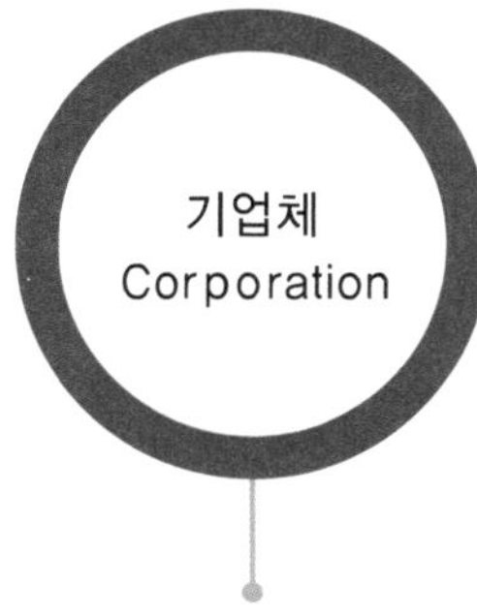

- 현장 수요 기반의 인력 채용 및 인사관리 기준
- 근로자 경력개발
- 직무기술서

- 직업교육 훈련과정 개발
- 교수계획 및 매체, 교재 개발
- 훈련기준 개발

- 자격종목의 신설 · 통합 · 폐지
- 출제기준 개발 및 개정
- 시험문항 및 평가방법

CBT 안내

01 CBT란

Computer Based Test의 약자로, 컴퓨터 기반 시험을 의미한다.
정보기기운용기능사, 정보처리기능사, 굴삭기운전기능사, 지게차운전기능사, 제과기능사, 제빵기능사, 한식조리기능사, 양식조리기능사, 일식조리기능사, 중식조리기능사, 미용사(일반), 미용사(피부) 등 12종목은 이미 오래 전부터 CBT 시험을 시행하고 있으며, 이외의 기능사는 2016년 5회부터, **산업안전산업기사 등 모든 산업기사는 2020년 마지막부터 CBT 시험이 시행**되었다.

02 CBT 시험 과정

한국산업인력공단에서 운영하는 홈페이지 **큐넷(Q-net)**에서는 누구나 쉽게 **CBT 시험**을 볼 수 있도록 실제 자격시험 환경과 동일하게 구성한 **가상 웹 체험 서비스를 제공**하고 있으며, 그 과정을 요약한 내용은 아래와 같다.

(1) 시험시작 전 신분 확인절차

수험자가 자신에게 배정된 좌석에 앉아 있으면 신분 확인절차가 진행된다.
이것은 시험장 감독위원이 컴퓨터에 나온 수험자 정보와 신분증이 일치하는지를 확인하는 단계이다.

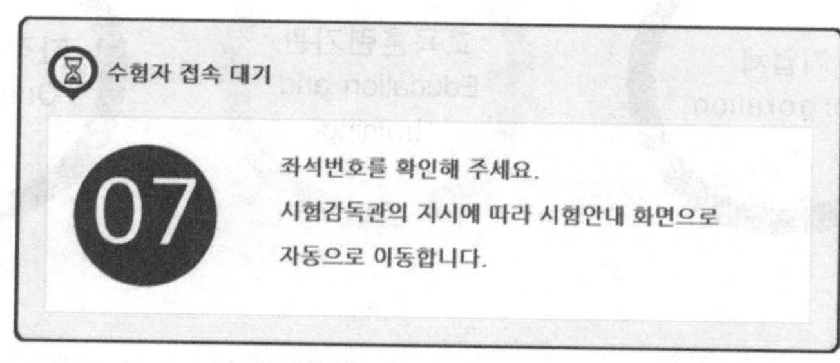

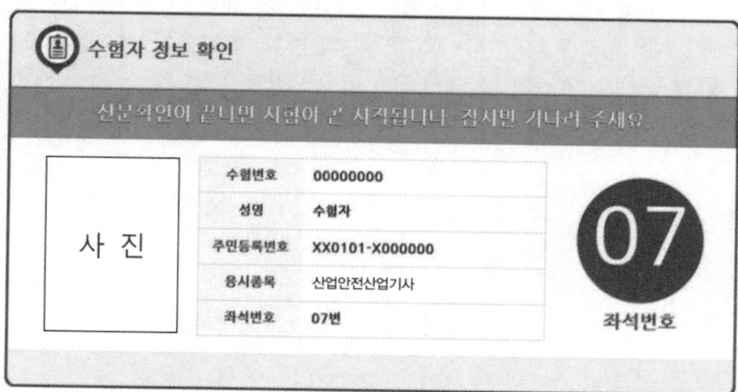

(2) CBT 시험안내 진행

신분 확인이 끝난 후 시험시작 전 CBT 시험안내가 진행된다.

안내사항 > 유의사항 > 메뉴 설명 > 문제풀이 연습 > 시험준비 완료

① **시험 [안내사항]을 확인한다.**

- 시험은 총 5문제로 구성되어 있으며, 5분간 진행된다.

※ 자격종목별로 시험문제 수와 시험시간은 다를 수 있다.
(산업안전산업기사 필기 – 100문제/2시간 30분)

- 시험도중 수험자 PC 장애 발생 시 손을 들어 시험감독관에게 알리면 긴급장애조치 또는 자리이동을 할 수 있다.
- 시험이 끝나면 합격여부를 바로 확인할 수 있다.

② **시험 [유의사항]을 확인한다.**

시험 중 금지되는 행위 및 저작권 보호에 관한 유의사항이 제시된다.

③ **문제풀이 [메뉴 설명]을 확인한다.**

문제풀이 기능 설명을 유의해서 읽고 기능을 숙지해야 한다.

④ **자격검정 CBT [문제풀이 연습]을 진행한다.**

실제 시험과 동일한 방식의 문제풀이 연습을 통해 CBT 시험을 준비한다.

- CBT 시험 문제화면의 기본 글자크기는 150%이다. 글자가 크거나 작을 경우 크기를 변경할 수 있다.
- 화면배치는 1단 배치가 기본 설정이다. 더 많은 문제를 볼 수 있는 2단 배치와 한 문제씩 보기 설정이 가능하다.

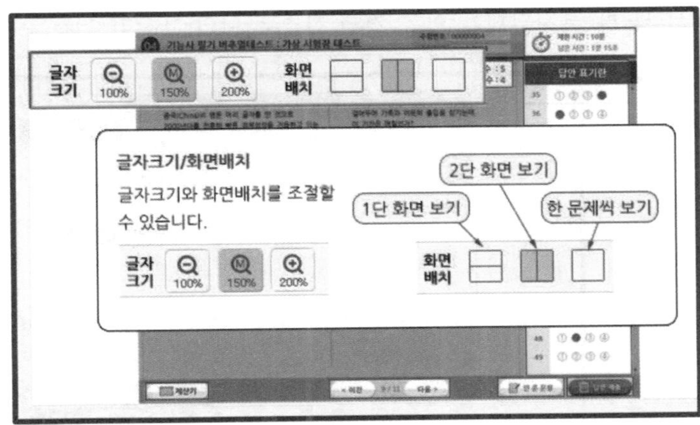

CBT 안내

- 답안은 문제의 보기번호를 클릭하거나 답안표기 칸의 번호를 클릭하여 입력할 수 있다.
- 입력된 답안은 문제화면 또는 답안표기 칸의 보기번호를 클릭하여 변경할 수 있다.

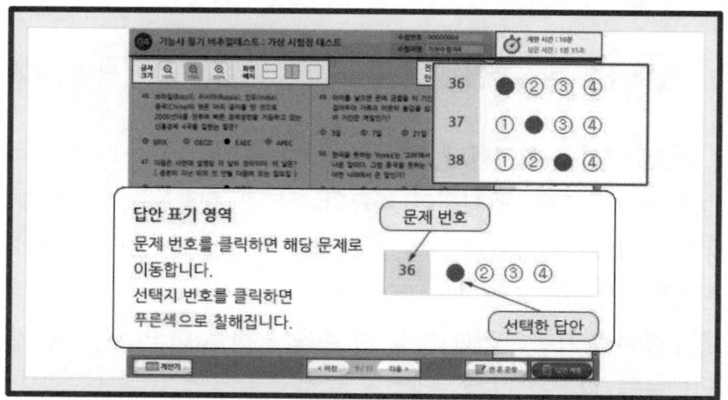

- 페이지 이동은 아래의 페이지 이동 버튼 또는 답안표기 칸의 문제번호를 클릭하여 이동할 수 있다.

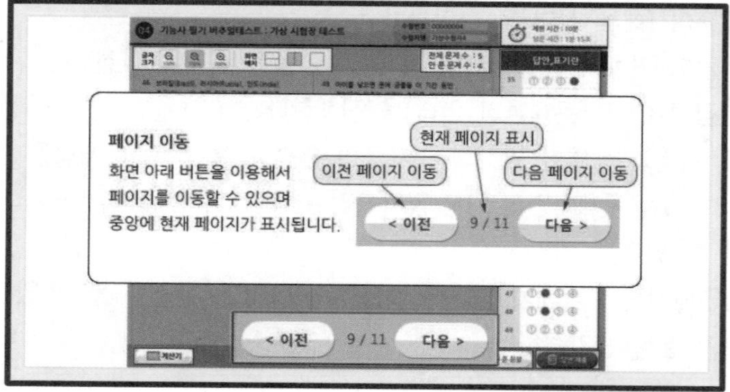

- 응시종목에 계산문제가 있을 경우 좌측 하단의 계산기 기능을 이용할 수 있다.

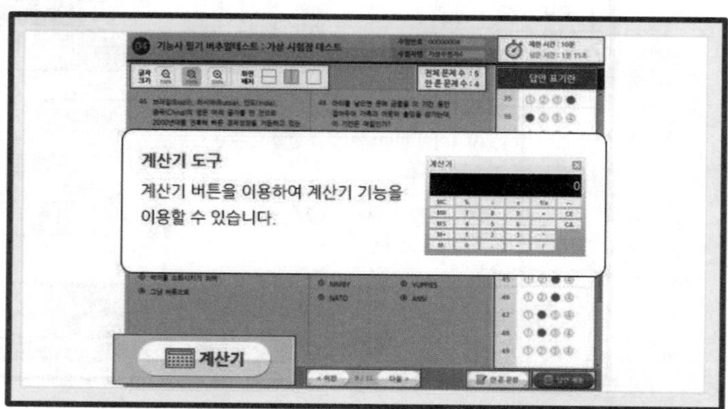

• 안 푼 문제 확인은 답안 표기란 좌측에 안 푼 문제 수를 확인하거나 답안 표기란 하단 [안 푼 문제] 버튼을 클릭하여 확인할 수 있다. 안 푼 문제번호 보기 팝업창에 안 푼 문제 번호가 표시된다. 번호를 클릭하면 해당 문제로 이동한다.

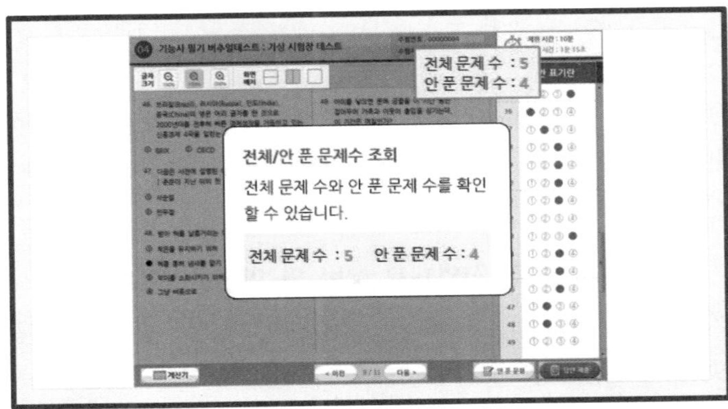

• 시험문제를 다 푼 후 답안 제출을 하거나 시험시간이 모두 경과되었을 경우 시험이 종료되며 시험결과를 바로 확인할 수 있다.
• [답안 제출] 버튼을 클릭하면 답안 제출 승인 알림창이 나온다. 시험을 마치려면 [예] 버튼을 클릭하고 시험을 계속 진행하려면 [아니오] 버튼을 클릭하면 된다. 답안 제출은 실수 방지를 위해 두 번의 확인 과정을 거친다. 이상이 없으면 [예] 버튼을 한 번 더 클릭하면 된다.

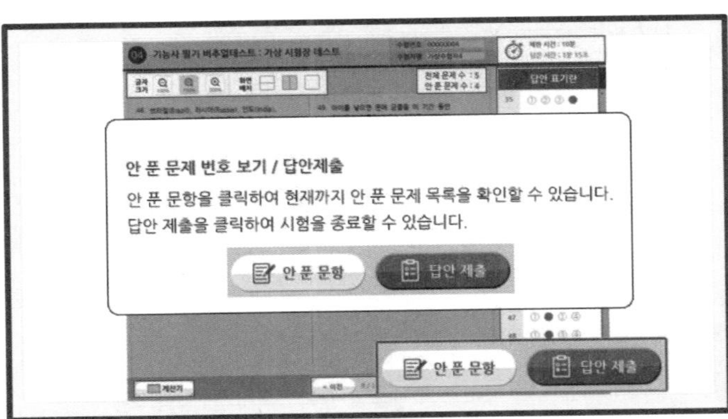

⑤ [시험준비 완료]를 한다.
시험 안내사항 및 문제풀이 연습까지 모두 마친 수험자는 [시험준비 완료] 버튼을 클릭한 후 잠시 대기한다.

(3) CBT 시험 시행

(4) 답안 제출 및 합격 여부 확인

출제기준

• **직무분야** : 안전관리 / **자격종목** : 산업안전산업기사
• **적용기간** : 2024.1.1.~2026.12.31.

• **직무내용**

제조 및 서비스업 등 각 산업현장에 소속되어 산업재해 예방계획의 수립에 관한 사항을 수행하며, 작업환경의 점검 및 개선에 관한 사항, 사고 사례 분석 및 개선에 관한 사항, 근로자의 안전교육 및 훈련 등을 수행하는 직무이다.

〈제1과목. 산업재해 예방 및 안전보건교육〉

주요 항목	세부 항목	세세 항목
1. 산업재해 예방 계획수립	(1) 안전관리	① 안전과 위험의 개념 ② 안전보건관리 제이론 ③ 생산성과 경제적 안전도 ④ 재해예방활동 기법 ⑤ KOSHA GUIDE ⑥ 안전보건 예산 편성 및 계상
	(2) 안전보건관리 체제 및 운용	① 안전보건관리조직 구성 ② 산업안전보건위원회 운영 ③ 안전보건경영 시스템 ④ 안전보건관리 규정
2. 안전보호구 관리	(1) 보호구 및 안전장구 관리	① 보호구의 개요 ② 보호구의 종류별 특성 ③ 보호구의 성능기준 및 시험방법 ④ 안전보건표지의 종류 · 용도 및 적용 ⑤ 안전보건표지의 색채 및 색도 기준
3. 산업안전심리	(1) 산업심리와 심리검사	① 심리검사의 종류 ② 심리학적 요인 ③ 지각과 정서 ④ 동기 · 좌절 · 갈등 ⑤ 불안과 스트레스
	(2) 직업적성과 배치	① 직업적성의 분류 ② 적성검사의 종류 ③ 직무분석 및 직무평가 ④ 선발 및 배치 ⑤ 인사관리의 기초
	(3) 인간의 특성과 안전과의 관계	① 안전사고 요인 ② 산업안전심리의 요소 ③ 착상심리 ④ 착오 ⑤ 착시 ⑥ 착각현상
4. 인간의 행동과학	(1) 조직과 인간행동	① 인간관계 ② 사회행동의 기초 ③ 인간관계 메커니즘 ④ 집단행동 ⑤ 인간의 일반적인 행동특성
	(2) 재해 빈발성 및 행동과학	① 사고경향 ② 성격의 유형 ③ 재해 빈발성 ④ 동기부여 ⑤ 주의와 부주의
	(3) 집단관리와 리더십	① 리더십의 유형 ② 리더십과 헤드십 ③ 사기와 집단역학
	(4) 생체리듬과 피로	① 피로의 증상 및 대책 ② 피로의 측정법 ③ 작업강도와 피로 ④ 생체리듬 ⑤ 위험일

주요 항목	세부 항목	세세 항목
5. 안전보건교육의 내용 및 방법	(1) 교육의 필요성과 목적	① 교육목적 ② 교육의 개념 ③ 학습지도 이론 ④ 교육심리학의 이해
	(2) 교육방법	① 교육훈련기법 ② 안전보건교육방법(TWI, O.J.T, OFF.J.T 등) ③ 학습목적의 3요소 ④ 교육법의 4단계 ⑤ 교육훈련의 평가방법
	(3) 교육실시 방법	① 강의법 ② 토의법 ③ 실연법 ④ 프로그램학습법 ⑤ 모의법 ⑥ 시청각교육법 등
	(4) 안전보건교육계획 수립 및 실시	① 안전보건교육의 기본방향 ② 안전보건교육의 단계별 교육과정 ③ 안전보건교육 계획
	(5) 교육내용	① 근로자 정기안전보건 교육내용 ② 관리감독자 정기안전보건 교육내용 ③ 신규채용 시와 작업내용변경 시 안전보건 교육내용 ④ 특별교육대상 작업별 교육내용
6. 산업안전 관계법규	(1) 산업안전보건법령	① 산업안전보건법 ② 산업안전보건법 시행령 ③ 산업안전보건법 시행규칙 ④ 산업안전보건기준에 관한 규칙 ⑤ 관련 고시 및 지침에 관한 사항

〈제2과목. 인간공학 및 위험성 평가 · 관리〉

주요 항목	세부 항목	세세 항목
1. 안전과 인간공학	(1) 인간공학의 정의	① 정의 및 목적 ② 배경 및 필요성 ③ 작업관리와 인간공학 ④ 사업장에서의 인간공학 적용분야
	(2) 인간-기계체계	① 인간-기계 시스템의 정의 및 유형 ② 시스템의 특성
	(3) 체계 설계와 인간요소	① 목표 및 성능명세의 결정 ② 기본 설계 ③ 계면 설계 ④ 촉진물 설계 ⑤ 시험 및 평가 ⑥ 감성공학
	(4) 인간요소와 휴먼에러	① 인간실수의 분류 ② 형태적 특성 ③ 인간실수 확률에 대한 추정기법 ④ 인간실수 예방기법

출제기준

주요 항목	세부 항목	세세 항목
2. 위험성 파악 · 결정	(1) 위험성 평가	① 위험성 평가의 정의 및 개요 ② 평가대상 선정 ③ 평가항목 ④ 관련법에 관한 사항
	(2) 시스템 위험성 추정 및 결정	① 시스템 위험성 분석 및 관리 ② 위험분석 기법 ③ 결함수 분석 ④ 정성적, 정량적 분석 ⑤ 신뢰도 계산
3. 위험성 감소대책 수립 · 실행	(1) 위험성 감소대책 수립 및 실행	① 위험성 개선대책(공학적 · 관리적)의 종류 ② 허용가능한 위험수준 분석 ③ 감소대책에 따른 효과 분석능력
4. 근골격계 질환 예방관리	(1) 근골격계 유해요인	① 근골격계 질환의 정의 및 유형 ② 근골격계 부담작업의 범위
	(2) 인간공학적 유해요인 평가	① OWAS ② RULA ③ REBA 등
	(3) 근골격계 유해요인 관리	① 작업관리의 목적 ② 방법 연구 및 작업 측정 ③ 문제해결 절차 ④ 작업 개선안의 원리 및 도출방법
5. 유해요인 관리	(1) 물리적 유해요인 관리	① 물리적 유해요인 파악 ② 물리적 유해요인 노출기준 ③ 물리적 유해요인 관리대책 수립
	(2) 화학적 유해요인 관리	① 화학적 유해요인 파악 ② 화학적 유해요인 노출기준 ③ 화학적 유해요인 관리대책 수립
	(3) 생물학적 유해요인 관리	① 생물학적 유해요인 파악 ② 생물학적 유해요인 노출기준 ③ 생물학적 유해요인 관리대책 수립
6. 작업환경 관리	(1) 인체 계측 및 체계 제어	① 인체 계측 및 응용 원칙 ② 신체반응의 측정 ③ 표시장치 및 제어장치 ④ 통제표시비 ⑤ 양립성 ⑥ 수공구
	(2) 신체활동의 생리학적 측정법	① 신체반응의 측정 ② 신체역학 ③ 신체활동의 에너지 소비 ④ 동작의 속도와 정확성
	(3) 작업공간 및 작업자세	① 부품배치의 원칙 ② 활동분석 ③ 개별 작업공간 설계지침
	(4) 작업 측정	① 표준시간 및 연구 ② Work sampling의 원리 및 절차 ③ 표준자료(MTM, Work factor 등)
	(5) 작업환경과 인간공학	① 빛과 소음의 특성 ② 열교환과정과 열압박 ③ 진동과 가속도 ④ 실효온도와 Oxford 지수 ⑤ 이상환경 I(고열, 한랭, 기압, 고도 등) 및 노출에 따른 사고와 부상 ⑥ 사무/VDT 작업 설계 및 관리
	(6) 중량물 취급 작업	① 중량물 취급방법 ② NIOSH Lifting Equation

〈제3과목. 기계 · 기구 및 설비 안전관리〉

주요 항목	세부 항목	세세 항목
1. 기계 안전시설 관리	(1) 안전시설 관리 계획하기	① 기계 방호장치 ② 안전작업 절차 ③ 공정도를 활용한 공정분석 ④ Fool Proof ⑤ Fail Safe
	(2) 안전시설 설치하기	① 안전시설물 설치기준 ② 안전보건표지 설치기준 ③ 기계 종류별[지게차, 컨베이어, 양중기(건설용은 제외), 운반기계] 안전장치 설치기준 ④ 기계의 위험점 분석
	(3) 안전시설 유지 · 관리하기	① KS B 규격과 ISO 규격 통칙에 대한 지식 ② 유해위험기계 · 기구의 종류 및 특성
2. 기계분야 산업재해 조사	(1) 재해조사	① 재해조사의 목적 ② 재해조사 시 유의사항 ③ 재해발생 시 조치사항 ④ 재해의 원인 분석 및 조사기법
3. 기계설비 위험요인 분석	(1) 공작기계의 안전	① 절삭가공기계의 종류 및 방호장치 ② 소성가공 및 방호장치
	(2) 프레스 및 전단기의 안전	① 프레스 재해방지의 근본적인 대책 ② 금형의 안전화
	(3) 기타 산업용 기계 · 기구	① 롤러기 ② 원심기 ③ 아세틸렌 용접장치 및 가스집합 용접장치 ④ 보일러 및 압력용기 ⑤ 산업용 로봇 ⑥ 목재 가공용 기계 ⑦ 고속회전체 ⑧ 사출성형기
	(4) 운반기계 및 양중기	① 지게차 ② 컨베이어 ③ 양중기(건설용은 제외) ④ 운반기계
4. 기계 안전점검	(1) 안전점검 계획 수립	① 기계 · 기구(롤러기, 원심기 등)의 종류 ② 기계 · 기구의 위험요소 ③ 안전장치 분류능력 ④ 안전장치 종류 ⑤ 압력용기
	(2) 안전점검 실행	① 작업의 안전 ② 사고 형태 및 원인 ③ 기계설비 이상현상 ④ 방호장치의 종류 ⑤ 방호장치 설치방법 및 성능조건 ⑥ 안전검사
	(3) 안전점검 평가	① 위험요인 도출 ② 시스템 개선

주요 항목	세부 항목	세세 항목
5. 기계설비 유지 · 관리	(1) 기계설비 위험요인 대책 제시	① 작업장 위험요인 관리대책 ② 기계의 위험점 분석 ③ 기계 · 기구, 전기설비의 위험요소
	(2) 기계설비 유지 · 관리	① 기계 · 전기 등 설비의 안전기준 ② 기계 · 전기 등 설비의 점검 관리 ③ 기계 · 전기 등 설비의 안전검사 이력 등 정보관리

〈제4과목. 전기 및 화학 설비 안전관리〉

주요 항목	세부 항목	세세 항목
1.전기작업 안전관리	(1) 전기작업의 위험성 파악	① 전기일반작업 수칙
	(2) 전기작업 안전수행	① 정전작업(전 · 중 · 후) 수행 ② 활선작업 수칙 ③ 충전작업 수칙
2. 감전재해 및 방지 대책	(1) 감전재해 예방 및 조치	① 안전전압 ② 허용접촉 및 보폭 전압 ③ 인체의 저항
	(2) 감전재해의 요인	① 감전요소 ② 감전사고의 형태 ③ 전압의 구분 ④ 통전전류의 세기 및 그에 따른 영향
	(3) 절연용 안전장구	① 절연용 안전보호구 ② 절연용 안전방호구
3. 정전기 장 · 재해 관리	(1) 정전기 위험요소 파악	① 정전기 발생원리 ② 정전기의 발생현상 ③ 방전의 형태 및 영향 ④ 정전기의 장해
	(2) 정전기 위험요소 제거	① 접지 ② 유속의 제한 ③ 보호구의 착용 ④ 대전방지제 ⑤ 가습 ⑥ 제전기 ⑦ 본딩
4. 전기화재 관리	(1) 전기화재의 원인	① 단락 ② 누전 ③ 과전류 ④ 스파크 ⑤ 접촉부 과열 ⑥ 절연열화에 의한 발열 ⑦ 지락 ⑧ 낙뢰
5. 화재 · 폭발 검토	(1) 화재 · 폭발 이론 및 발생 이해	① 연소의 정의 및 요소 ② 인화점 및 발화점 ③ 연소 · 폭발의 형태 및 종류 ④ 연소(폭발) 범위 및 위험도 ⑤ 완전연소 조성 농도 ⑥ 화재의 종류 및 예방대책 ⑦ 연소파와 폭굉파 ⑧ 폭발의 원리
	(2) 소화원리 이해	① 소화의 정의 ② 소화의 종류 ③ 소화기의 종류
	(3) 폭발방지대책 수립	① 폭발방지대책 ② 폭발하한계 및 폭발상한계의 계산

주요 항목	세부 항목	세세 항목
6. 화학물질 안전관리 실행	(1) 화학물질(위험물, 유해화학물질) 확인	① 위험물의 기초화학 ② 위험물의 정의 ③ 위험물의 종류 ④ 노출기준 ⑤ 유해화학물질의 유해요인
	(2) 화학물질(위험물, 유해화학물질) 유해 위험성 확인	① 위험물의 성질 및 위험성 ② 위험물의 저장 및 취급 방법 ③ 인화성 가스 취급 시 주의사항 ④ 유해화학물질 취급 시 주의사항 ⑤ 물질안전보건자료(MSDS)
	(3) 화학물질 취급설비 개념 확인	① 각종 장치(고정, 회전 및 안전장치 등) 종류 ② 화학장치(반응기, 정류탑, 열교환기 등) 특성 ③ 화학설비(건조설비 등)의 취급 시 주의사항 ④ 전기설비(계측설비 포함)
7. 화공 안전운전 · 점검	(1) 안전점검 계획 수립	① 안전운전 계획
	(2) 설비 및 공정 안전	① 화학설비(반응기, 정류탑, 열교환기 등)의 종류 및 안전기준 ② 건조설비의 종류 및 재해 형태 ③ 제어계측장치 ④ 안전장치의 종류
	(3) 안전점검 평가	① 공정안전자료 ② 위험성 평가 ③ 비상조치 계획

〈제5과목. 건설공사 안전관리〉

주요 항목	세부 항목	세세 항목
1. 건설현장 안전점검	(1) 안전점검 계획 수립	① 공종별, 공정별 안전점검 계획 ② 안전점검표 작성 ③ 자체검사 기계 · 기구
	(2) 안전점검 고려사항	① 공사장 작업환경 특수성 ② 안전관리 조직 ③ 재해사례 검토
2. 건설현장 유해 · 위험요인 관리	(1) 건설공사 유해 · 위험요인 확인	① 유해 · 위험요인 선정 ② 안전보건자료 ③ 유해위험방지계획서
3. 건설업 산업안전보건관리비 관리	(1) 건설업 산업안전 보건관리비 규정	① 건설업 산업안전보건관리비의 계상 및 사용기준 ② 건설업 산업안전보건관리비 대상액 작성요령 ③ 건설업 산업안전보건관리비의 항목별 사용내역
4. 건설현장 안전시설 관리	(1) 안전시설 설치 및 관리	① 추락 방지용 안전시설 ② 붕괴 방지용 안전시설 ③ 낙하, 비래 방지용 안전시설 ④ 개인보호구
	(2) 건설 공구 및 기계	① 건설공구의 종류 및 안전수칙 ② 건설기계의 종류 및 안전수칙
5. 비계 · 거푸집 가시설 위험방지	(1) 건설 가시설물 설치 및 관리	① 비계 ② 작업통로 및 발판 ③ 거푸집 및 동바리 ④ 흙막이
6. 공사 및 작업 종류별 안전	(1) 양중 및 해체 공사	① 양중공사 시 안전수칙 ② 해체공사 시 안전수칙
	(2) 콘크리트 및 PC 공사	① 콘크리트공사 시 안전수칙 ② PC공사 시 안전수칙
	(3) 운반 및 하역 작업	① 운반작업 시 안전수칙 ② 하역작업 시 안전수칙

출제기준

• **직무내용**

제조 및 서비스업 등 각 산업현장에 소속되어 산업재해 예방계획의 수립에 관한 사항을 수행하며, 작업환경의 점검 및 개선에 관한 사항, 사고 사례 분석 및 개선에 관한 사항, 근로자의 안전 교육 및 훈련 등을 수행하는 직무이다.

• **수행준거**

1. 사업장의 안전한 작업환경을 구성하기 위해 산업안전계획과 재해예방계획, 안전보건관리 규정을 수행하는 산업안전관리 매뉴얼을 개발할 수 있다.
2. 근로자 안전과 관련한 보호구와 안전장구를 관련 법령, 기준, 지침에 따라 관리할 수 있다.
3. 직업환경관리 및 근로자 건강관리 능력을 향상시켜 산업재해를 예방하고 관리하기 위해 근로자에게 산업보건에 관한 지식을 제공하고 유익한 태도를 지니게 하여 바람직한 행동의 변화를 가져오도록 지도할 수 있다.
4. 안전의식을 높이고 사고 및 재해를 예방하기 위하여 사업장 여건에 맞는 산업안전교육훈련을 실시할 수 있다.
5. 근로자 안전과 관련한 안전시설을 관련 법령과 기준, 지침에 따라 관리할 수 있다.
6. 안전점검계획 수립과 점검표 작성을 통해 안전점검을 실행하고 이를 평가할 수 있다.
7. 산업현장에서 기계를 사용하면서 발생할 수 있는 안전사고를 방지하기 위해 안전점검계획을 수립하고 안전점검표에 따라 안전점검을 실행하며 안전점검 내용을 평가할 수 있다.
8. 작업 중 발생할 수 있는 전기사고로부터 근로자를 보호하기 위해 안전하게 전기작업을 수행하도록 지원하고 예방할 수 있다.
9. 전기설비에서 발생할 수 있는 전기화재 사고를 예방하기 위하여 전기화재 위험요소를 파악하고 예방할 수 있다.
10. 작업장에서 발생할 수 있는 관련 사고를 예방하기 위해 관련 요소를 파악하고 계획을 수립할 수 있다.
11. 화학물질에 대한 유해 · 위험성을 파악하고, MSDS를 활용하여 제반 안전활동을 수행할 수 있다.
12. 화학공정 시설에서 발생할 수 있는 안전사고를 방지하기 위해 안전점검계획을 수립하고 안전점검표에 따라 안전점검을 실행하며 안전점검 결과를 평가할 수 있다.
13. 근로자 안전과 관련한 건설현장 안전시설을 관련 법령과 기준, 지침에 따라 관리하는 능력이다.
14. 건설현장에서 발생할 수 있는 안전사고를 방지하기 위해 안전점검계획을 수립하고 안전점검표에 따라 안전점검을 실행하며, 안전점검 결과를 평가할 수 있다.
15. 작업에 잠재하고 있는 위험요인을 파악하고 실현가능한 개선대책을 제시하여 건설현장 내 안전사고를 관리할 수 있다.

〈실기 과목명 : 산업안전 실무〉

주요 항목	세부 항목	세세 항목
1. 산업안전관리 계획 수립	(1) 산업안전계획 수립하기	① 사업장의 안전보건경영방침에 따라 안전관리 목표를 설정할 수 있다. ② 설정된 안전관리 목표를 기준으로 안전관리를 위한 대상을 설정할 수 있다. ③ 설정된 안전관리 대상별 인력, 예산, 시설 등의 사항을 계획할 수 있다. ④ 안전관리 대상별 안전점검 및 유지 보수에 관한 사항을 계획할 수 있다. ⑤ 계획된 내용을 보고서로 작성하여 산업안전보건위원회에 심의를 받을 수 있다. ⑥ 산업안전보건위원회에서 심의된 안전보건계획을 이사회 승인 후 안전관리 업무에 적용할 수 있다.
	(2) 산업재해예방계획 수립하기	① 사업장에서 발생 가능한 유해 · 위험 요소를 선정할 수 있다. ② 유해 · 위험 요소별 재해 원인과 사례를 통해 재해 예방을 위한 방법을 결정할 수 있다. ③ 결정된 방법에 따라 세부적인 예방활동을 도출할 수 있다. ④ 산업재해 예방을 위한 소요예산을 계상할 수 있다. ⑤ 산업재해 예방을 위한 활동, 인력, 점검, 훈련 등이 포함된 계획서를 작성할 수 있다.
	(3) 안전보건관리규정 작성하기	① 산업안전관리를 위한 사업장의 특성을 파악할 수 있다. ② 안전보건관리규정 작성에 필요한 기초자료를 파악할 수 있다. ③ 안전보건경영방침에 따라 안전보건관리규정을 작성할 수 있다. ④ 산업안전보건 관련 법령에 따라 안전보건관리규정을 관리할 수 있다.
	(4) 산업안전관리 매뉴얼 개발하기	① 사업장 내 설비와 유해 · 위험 요인을 파악할 수 있다. ② 안전보건관리규정에 따라 산업안전관리에 필요 절차를 파악할 수 있다. ③ 사업장 내 안전관리를 위한 분야별 매뉴얼을 개발할 수 있다.
2. 산업안전 보호장비 관리	(1) 보호구 관리하기	① 산업안전보건법령에 기준한 보호구를 선정할 수 있다. ② 작업상황에 맞는 검정대상 보호구를 선정하고 착용상태를 확인할 수 있다. ③ 사용설명서에 따른 올바른 착용법을 확인하고, 작업자에게 착용 지도할 수 있다. ④ 보호구의 특성에 따라 적절하게 관리하도록 지도할 수 있다.
	(2) 안전장구 관리하기	① 산업안전보건법령에 기준한 안전장구를 선정할 수 있다. ② 작업상황에 맞는 검정대상 안전장구를 선정하고 착용상태를 확인할 수 있다. ③ 사용설명서에 따른 올바른 착용법을 확인하고, 작업자에게 착용 지도할 수 있다. ④ 안전장구의 특성에 따라 적절하게 관리하도록 지도할 수 있다.
3. 사업장 산업보건교육	(1) 산업보건교육 요구 사정하기	① 사업장 산업보건교육 요구파악에 필요한 자료를 수집할 수 있다. ② 수집한 자료를 근거로 사업장의 유해위험 요인과 근로자의 질병위험 요인 간 관계를 검토할 수 있다. ③ 교육 종류에 따라 교육대상에 대한 지침이나 기준을 확인할 수 있다. ④ 사업장의 산업보건교육 우선순위를 결정하고, 사회적 관심, 행 · 재정, 자원활용 등에 따라 사업장 산업보건교육의 타당성을 검토할 수 있다.
	(2) 산업보건교육 계획하기	① 교육 종류에 따라 산업보건교육의 연간일정 계획을 수립할 수 있다. ② 사업장 산업보건교육의 원리에 따라 산업보건교육 계획안을 작성할 수 있다. ③ 산업보건교육 평가기준을 마련하고, 목표달성 정도가 반영되는 평가도구를 선정할 수 있다. ④ 관리담당자와 산업보건교육 계획 일정을 논의하고 조정할 수 있다. ⑤ 노사협의회, 안전보건위원회, 경영 팀과 협의하여 보건교육을 홍보하고 예산지원을 구성할 수 있다.

주요 항목	세부 항목	세세 항목
	(3) 산업보건교육 수행하기	① 산업보건교육 연간계획표를 제공하고, 산업보건교육대상자를 확인할 수 있다. ② 산업보건교육의 날을 인트라넷 등에 알리고, 경영지도자를 참여시킬 수 있다. ③ 산업보건교육 계획에 따라 산업보건교육 실시에 필요한 준비사항을 확인할 수 있다. ④ 산업보건교육계획안에 따라 교육을 실시하거나 지원할 수 있다. ⑤ 안전보건관리책임자, 관리감독자 및 특별교육대상자의 교육이수를 점검할 수 있다. ⑥ 추후 산업보건교육에 대해 논의할 수 있다.
	(4) 산업보건교육 평가하기	① 산업보건교육 계획에서 제시한 평가도구를 활용하여 산업보건교육 실시 결과를 평가할 수 있다. ② 산업보건교육 실시 후 결과를 토대로 산업보건교육 평가요약서를 제시할 수 있다. ③ 산업보건교육을 통해 수립된 자료를 바탕으로 산업보건교육 실시 결과 보고서를 작성할 수 있다. ④ 산업보건교육 실시 기록을 문서화하여 관리할 수 있다.
4. 산업안전교육	(1) 산업안전교육 사전준비하기	① 관련 법령, 기준, 지침에 따라 교육의 횟수, 대상 등을 결정할 수 있다. ② 사업장의 안전의식 및 안전 주요 이슈별 안전교육의 내용을 도출할 수 있다. ③ 협력업체의 안전교육 경력과 작업의 위험성을 파악하여 안전교육의 내용을 도출할 수 있다. ④ 안전교육 운영을 위한 인적, 물적 자원현황을 파악할 수 있다. ⑤ 사업장의 여건을 고려하여 도출된 교육 필요점을 중심으로 교육계획을 수립할 수 있다.
	(2) 산업안전교육 제공하기	① 산업안전교육에 필요한 매체를 활용할 수 있다. ② 산업안전교육의 연간계획에 따라 교육할 수 있다. ③ 모든 관계자와 작업자가 안전관리의 중요성을 인식하고, 이행할 수 있다. ④ 근로자의 의식과 행동에 변화를 가져올 때까지 지속적 교육을 할 수 있다. ⑤ 사고 · 재해를 예방하기 위한 실무 · 실습 교육을 실시할 수 있다. ⑥ 효과가 우수한 기법이나 재해예방기술 우수사례 발표를 제공할 수 있다.
	(3) 산업안전교육 평가하기	① 교육 실시 결과에 따른 교육효과를 평가하기 위하여 필기시험, 실기시험, 실습, 구술, 면담, 설문 등의 객관적인 교육평가 절차를 수립할 수 있다. ② 교육결과에 대한 설문조사 시에 교육평가방법, 평가항목 등의 적합여부를 확인할 수 있다. ③ 교육자와 피교육자 모두 평가에 대한 피드백을 받을 수 있는 의사소통 채널을 구축할 수 있다. ④ 교육훈련활동의 적정성 평가와 보완을 위하여 교육평가 결과보고서를 작성할 수 있다. ⑤ 교육대상자 평가 후 일정수준 이하의 피교육자들에 대한 재교육 · 훈련을 할 수 있다.
	(4) 산업안전교육 사후관리하기	① 교육평가절차서에 따라 교육 사후관리계획서를 작성, 검토, 개정할 수 있다. ② 교육평가절차서에 따라 교육생의 자격요건, 평가결과 관리, 사후관리 이력사항 등을 확인할 수 있다. ③ 교육평가절차서에 따라 교육평가결과를 기록하고 피드백된 부분을 보완 관리할 수 있다. ④ 피교육자의 수준을 계속 업데이트하여 교육과정에 반영할 수 있다. ⑤ 사후관리 요건에 따라 교육평가절차서 내용에 대하여 정기적으로 적합성평가를 할 수 있다.

주요 항목	세부 항목	세세 항목
5. 기계 안전시설 관리	(1) 안전시설 관리 계획하기	① 작업공정도와 작업표준서를 검토하여 작업장의 위험성에 따른 안전시설 설치계획을 작성할 수 있다. ② 기설치된 안전시설에 대해 측정장비를 이용하여 정기적인 안전점검을 실시할 수 있도록 관리계획을 수립할 수 있다. ③ 공정진행에 의한 안전시설의 변경, 해체 계획을 작성할 수 있다.
	(2) 안전시설 설치하기	① 관련 법령, 기준, 지침에 따라 성능검정에 합격한 제품을 확인할 수 있다. ② 관련 법령, 기준, 지침에 따라 안전시설물 설치기준을 준수하여 설치할 수 있다. ③ 관련 법령, 기준, 지침에 따라 안전보건표지를 설치할 수 있다. ④ 안전시설을 모니터링하여 개선 또는 보수 여부를 판단하여 대응할 수 있다.
	(3) 안전시설 관리하기	① 안전시설을 모니터링하여 필요한 경우 교체 등 조치할 수 있다. ② 공정 변경 시 발생할 수 있는 위험을 사전에 분석하여 안전시설을 변경 · 설치할 수 있다. ③ 작업자가 시설에 위험요소를 발견하여 신고 시 즉각 대응할 수 있다. ④ 현장에 설치된 안전시설보다 우수하거나 선진기법 등이 개발되었을 경우 현장에 적용할 수 있다.
6. 사업장 안전점검	(1) 산업안전 점검계획 수립하기	① 작업공정에 맞는 점검방법을 선정할 수 있다. ② 안전점검 대상 기계 · 기구를 파악할 수 있다. ③ 위험에 따른 안전관리 중요도에 대한 우선순위를 결정할 수 있다. ④ 적용하는 기계 · 기구에 따라 안전장치와 관련된 지식을 활용하여 안전점검 계획을 수립할 수 있다.
	(2) 산업안전점검표 작성하기	① 작업공정이나 기계 · 기구에 따라 발생할 수 있는 위험요소를 포함한 점검항목을 도출할 수 있다. ② 안전점검 방법과 평가기준을 도출할 수 있다. ③ 안전점검계획을 고려하여 안전점검표를 작성할 수 있다.
	(3) 산업안전 점검 실행하기	① 안전점검표의 점검항목을 파악할 수 있다. ② 해당 점검대상 기계 · 기구의 점검주기를 판단할 수 있다. ③ 안전점검표의 항목에 따라 위험요인을 점검할 수 있다. ④ 안전점검결과를 분석하여 안전점검결과보고서를 작성할 수 있다.
	(4) 산업안전 점검 평가하기	① 안전기준에 따라 점검내용을 평가하여 위험요인을 도출할 수 있다. ② 안전점검결과 발생한 위험요소를 감소하기 위한 개선방안을 도출할 수 있다. ③ 안전점검결과를 바탕으로 사업장 내 안전관리 시스템을 개선할 수 있다.
7. 기계 안전점검	(1) 기계 위험요인 파악하기	① 작업공정에 따른 기계의 점검주기와 방법을 파악할 수 있다. ② 작업과 관련한 법령, 기준, 지침에 따라 기계 위험요인을 도출할 수 있다. ③ 기계설비와 관련한 작업자의 작업 행동 및 방법에 대한 위험을 인식할 수 있다.
	(2) 안전점검계획 수립하기	① 관련 법령에 따라 자율안전확인대상 기계 · 기구와 안전검사대상 유해 · 위험 기계로 구분하여 안전점검계획에 적용할 수 있다. ② 안전점검표를 활용하여 안전장치의 종류에 따른 점검주기, 점검방법을 포함한 안전점검계획을 수립할 수 있다.
	(3) 안전점검표 작성하기	① 작업공정이나 기계 · 기구에 따라 발생할 수 있는 위험요소를 포함한 점검항목을 도출할 수 있다. ② 안전관리 중요도 우선순위와 점검 방법 및 기준을 도출할 수 있다. ③ 안전점검계획에 따라 안전점검표를 작성할 수 있다.

주요 항목	세부 항목	세세 항목
	(4) 안전점검 실행하기	① 작업과 관련한 작업행동, 작업방법 준수여부를 점검할 수 있다. ② 관련 법령, 기준, 지침에 따라 기계 · 전기 등 설비에 대한 안전점검을 적절한 방법으로 시행할 수 있다. ③ 사고 또는 재해로 인한 대처방법을 점검할 수 있다. ④ 안전점검표에 점검결과를 작성할 수 있다. ⑤ 안전점검계획에 따라 안전점검 후 설비를 최상의 상태로 유지 관리할 수 있다.
	(5) 안전점검 평가하기	① 안전점검표를 통하여 기계 안전상태를 파악할 수 있다. ② 안전기준에 따라 안전상태를 평가하고, 위험요인을 도출할 수 있다. ③ 점검결과에 따라 기계의 사용, 유지보수, 폐기 등의 조치를 할 수 있다. ④ 점검결과를 바탕으로 문제가 발생하지 않도록 해당 시스템을 개선할 수 있다.
8. 전기작업 안전관리	(1) 전기작업 위험성 파악하기	① 전기 안전사고 발생형태를 파악할 수 있다. ② 전기 안전사고 주요발생장소를 파악할 수 있다. ③ 전기 안전사고 발생 시 피해정도를 예측할 수 있다. ④ 전기 안전관련 법령에 따라 전기 안전사고를 예방할 목적으로 설치된 안전보호장치의 사용여부를 확인할 수 있다. ⑤ 전기 안전사고 예방을 위한 안전조치 및 개인보호장구의 적합여부를 확인할 수 있다.
	(2) 정전작업 지원하기	① 안전한 정전작업 수행을 위한 안전작업계획서를 수립할 수 있다. ② 정전작업 중 안전사고 우려 시 작업중지를 결정할 수 있다. ③ 정전작업 수행 시 필요한 보호구와 방호구, 작업용 기구와 장치, 표지를 선정하고 사용할 수 있다.
	(3) 활선작업 지원하기	① 안전한 활선작업 수행을 위한 안전작업계획서를 수립할 수 있다. ② 활선작업 중 안전사고 우려 시 작업중지를 결정할 수 있다. ③ 활선작업 수행 시 필요한 보호구와 방호구, 작업용 기구와 장치, 표지를 선정하고 사용할 수 있다.
	(4) 충전전로 근접작업 안전 지원하기	① 가공 송전선로에서 전압별로 발생하는 정전 · 전자유도 현상을 이해하고 안전대책을 제공할 수 있다. ② 가공 배전선로에서 필요한 작업 전 준비사항 및 작업 시 안전대책, 작업 후 안전점검 사항을 작성할 수 있다. ③ 전기설비의 작업 시 수행하는 고소작업 등에 의한 위험요인을 적용한 사고 예방대책을 제공할 수 있다. ④ 특고압 송전선 부근에서 작업 시 필요한 이격거리 및 접근한계거리, 정전유도현상을 숙지하고 안전대책을 제공할 수 있다. ⑤ 크레인 등의 중기작업을 수행할 때 필요한 보호구, 안전장구, 각종 중장비 사용 시 주의사항을 파악할 수 있다.
9. 전기화재 위험관리	(1) 전기화재사고 예방계획 수립하기	① 전기화재가 발생할 수 있는 위험장소의 점검 계획을 수립할 수 있다. ② 전기화재의 점화원을 구분하여 전기화재 방지 계획을 수립할 수 있다. ③ 전기 점화원에 의해 화재가 발생할 수 있는 위험물질의 관리방안을 수립할 수 있다. ④ 전기화재를 예방하기 위해 계측설비 운용에 관한 계획을 수립할 수 있다. ⑤ 사고사례를 통한 점화원을 분석하고 전기작업 시 체크리스트 항목을 정하여 전기화재 사고방지의 점검계획을 수립할 수 있다.
	(2) 전기화재사고 위험요소 파악하기	① 전기화재 발생 메커니즘을 적용하여 전기화재 위험성을 파악할 수 있다. ② 전기화재가 발생할 수 있는 작업조건, 작업장소, 사용물질을 파악할 수 있다. ③ 전기적 과전류, 단락, 누전, 정전기 등 점화원을 점검, 파악할 수 있다. ④ 점화원에 의해 화재가 발생할 수 있는 위험물질의 관리대상을 파악할 수 있다.

주요 항목	세부 항목	세세 항목
	(3) 전기화재사고 예방하기	① 전기화재사고 형태별 원인을 분석하여 전기화재사고를 예방할 수 있다. ② 전기화재 점화원을 점검, 관리하여 전기화재사고를 예방할 수 있다. ③ 전기화재를 방지하기 위하여 방폭전기설비를 도입하여 화재사고를 예방할 수 있다.
10. 화재·폭발·누출사고 예방	(1) 화재·폭발·누출 요소 파악하기	① 화학공장 등에서 위험물질로 인한 화재·폭발·누출로 인한 사고를 예방하기 위하여 현장에서 취급 및 저장하고 있는 유해·위험물의 종류와 수량을 파악할 수 있다. ② 화학공장 등에서 위험물질로 인한 화재·폭발·누출로 인한 사고를 예방하기 위하여 현장에 설치된 유해·위험 설비를 파악할 수 있다. ③ 유해·위험 설비의 공정도면을 확인하여 유해·위험 설비의 운전방법에 의한 위험요인을 파악할 수 있다. ④ 유해·위험 설비, 폭발 위험이 있는 장소를 사전에 파악하여 사고 예방활동용의 필요점을 파악할 수 있다.
	(2) 화재·폭발·누출 예방계획 수립하기	① 화학공장 내 잠재한 사고위험 요인을 발굴하여 위험등급을 결정할 수 있다. ② 유해·위험 설비의 운전을 위한 안전운전지침서를 개발할 수 있다. ③ 화재·폭발·누출 사고를 예방하기 위하여 설비에 관한 보수 및 유지 계획을 수립할 수 있다. ④ 유해·위험 설비의 도급 시 안전업무 수행실적 및 실행결과를 평가하기 위하여 도급업체 안전관리계획을 수립할 수 있다. ⑤ 유해·위험 설비에 대한 변경 시 변경요소 관리계획을 수립할 수 있다. ⑥ 산업사고 발생 시 공정 사고조사를 위하여 조사팀 및 방법 등이 포함된 공정 사고조사계획을 수립할 수 있다. ⑦ 비상상황 발생 시 대응할 수 있도록 장비, 인력, 비상연락망 및 수행내용을 포함한 비상조치계획을 수립할 수 있다.
	(3) 화재·폭발·누출 사고 예방활동하기	① 유해·위험 설비 및 유해·위험 물질의 취급 시 개발된 안전지침 및 계획에 따라 작업이 이루어지는지 모니터링 할 수 있다. ② 작업허가가 필요한 작업에 대하여 안적작업허가기준에 부합된 절차에 따라 작업허가를 할 수 있다. ③ 화재·폭발·누출 사고 예방을 위한 제조공정, 안전운전지침 및 절차 등을 근로자에게 교육을 할 수 있다. ④ 안전사고 예방활동에 대하여 자체감사를 실시하여 사고예방활동을 개선할 수 있다.
11. 화학물질 안전관리 실행	(1) 유해·위험성 확인하기	① 화학물질 및 독성가스 관련 정보와 법규를 확인할 수 있다. ② 화학공장에서 취급하거나 생산되는 화학물질에 대한 물질안전보건자료(MSDS : Material Safety Data Sheet)를 확인할 수 있다. ③ MSDS의 유해·위험성에 따라 적합한 보호구 착용을 교육할 수 있다. ④ 화학물질의 안전관리를 위하여 안전보건자료(MSDS : Material Safety Data Sheet)에 제공되는 유해·위험 요소 등을 파악할 수 있다.
	(2) MSDS 활용하기	① 화학공장에서 취합하는 화학물질에 대한 MSDS를 작업현장에 부착할 수 있다. ② MSDS 제도를 기준으로 취급하거나 생산한 화학물질의 MSDS의 내용을 교육을 실시할 수 있다. ③ MSDS의 정보를 표지판으로 제작 및 부착하여 근로자에게 화학물질의 유해성과 위험성 정보를 제공할 수 있다. ④ MSDS 내에 있는 정보를 활용하여 경고표지를 작성하여 작업현장에 부착할 수 있다.

출제기준

주요 항목	세부 항목	세세 항목
12. 화공 안전점검	(1) 안전점검계획 수립하기	① 공정운전에 맞는 점검 주기와 방법을 파악할 수 있다. ② 산업안전보건법령에서 정하는 안전검사 기계 · 기구를 구분하여 안전점검 계획에 적용할 수 있다. ③ 사용하는 안전장치와 관련된 지식을 활용하여 안전점검계획을 수립할 수 있다.
	(2) 안전점검표 작성하기	① 공정운전이나 기계 · 기구에 따라 발생할 수 있는 위험요소를 포함하도록 점검항목을 작성할 수 있다. ② 공정운전이나 기계 · 기구에 따라 발생할 수 있는 위험요소를 포함하도록 점검항목을 작성할 수 있다. ③ 위험에 따른 안전관리 중요도 우선순위를 결정할 수 있다. ④ 객관적인 안전점검 실시를 위해서 안전점검 방법이나 평가기준을 작성할 수 있다. ⑤ 안전점검계획에 따라 공정별 안전점검표를 작성할 수 있다.
	(3) 안전점검 실행하기	① 공정순서에 따라 작성된 화학공정별 작업절차에 의해 운전할 수 있다. ② 측정장비를 사용하여 위험요인을 점검할 수 있다. ③ 점검주기와 강도를 고려하여 점검을 실시할 수 있다. ④ 안전점검표에 의하여 위험요인에 대한 구체적인 점검을 수행할 수 있다.
	(4) 안전점검 평가하기	① 안전기준에 따라 점검내용을 평가하고, 위험요인을 산출할 수 있다. ② 점검결과 지적사항을 즉시 조치가 필요 시 반영 조치하여 공사를 진행할 수 있다. ③ 점검결과에 의한 위험성을 기준으로 공정의 가동 중지, 설비의 사용 금지 등 위험요소에 대한 조치를 취할 수 있다. ④ 점검결과에 의한 지적사항이 반복되지 않도록 해당 시스템을 개선할 수 있다.
13. 건설현장 안전시설 관리	(1) 안전시설 관리 계획하기	① 공정관리계획서와 건설공사 표준안전지침을 검토하여 작업장의 위험성에 따른 안전시설 설치계획을 작성할 수 있다. ② 현장점검 시 발견된 위험성을 바탕으로 안전시설을 관리할 수 있다. ③ 기설치된 안전시설에 대해 측정장비를 이용하여 정기적인 안전점검을 실시할 수 있도록 관리계획을 수립할 수 있다. ④ 안전시설 설치방법과 종류의 장 · 단점을 분석할 수 있다. ⑤ 공정 진행에 따라 안전시설의 설치, 해체, 변경 계획을 작성할 수 있다.
	(2) 안전시설 설치하기	① 관련 법령, 기준, 지침에 따라 안전인증에 합격한 제품을 확인할 수 있다. ② 관련 법령, 기준, 지침에 따라 안전시설물 설치기준을 준수하여 설치할 수 있다. ③ 관련 법령, 기준, 지침에 따라 안전보건표지를 설치기준을 준수하여 설치할 수 있다. ④ 설치계획에 따른 건설현장의 배치계획을 재검토하고, 개선사항을 도출하여 기록할 수 있다. ⑤ 안전보호구를 유용하게 사용할 수 있는 필요장치를 설치할 수 있다.
	(3) 안전시설 관리하기	① 기설치된 안전시설에 대해 관련 법령, 기준, 지침에 따라 확인하고, 수시로 개선할 수 있다. ② 측정장비를 이용하여 안전시설이 제대로 유지되고 있는지 확인하고, 필요한 경우 교체할 수 있다. ③ 공정의 변경 시 발생할 수 있는 위험을 사전에 분석하고, 안전시설을 변경 · 설치할 수 있다. ④ 설치계획에 의거하여 안전시설을 설치하고, 불안전 상태가 발생되는 경우 즉시 조치할 수 있다.

주요 항목	세부 항목	세세 항목
	(4) 안전시설 적용하기	① 선진기법이나 우수사례를 고려하여 안전시설을 건설현장에 맞게 도입할 수 있다. ② 근로자의 제안 제도 등을 활용하여 안전시설을 건설현장에 적합하도록 자체 개발 또는 적용할 수 있다. ③ 자체 개발된 안전시설이 관련 법령에 적합한지 판단할 수 있다. ④ 개발된 안전시설을 안전관계자 또는 외부전문가의 검증을 거쳐 건설현장에 사용할 수 있다.
14. 건설현장 안전점검	(1) 안전점검계획 수립하기	① 작업공정에 맞게 안전점검계획을 수립할 수 있다. ② 작업공정에 맞는 점검방법을 선정하여 안전점검계획을 수립할 수 있다. ③ 산업안전보건법령에서 정하는 자체 검사 기계 · 기구를 구분하여 안전점검계획에 적용할 수 있다. ④ 사용하는 기계 · 기구에 따라 안전장치와 관련된 지식을 활용하여 안전점검계획을 수립할 수 있다.
	(2) 안전점검표 작성하기	① 작업공정이나 기계 · 기구에 따라 발생할 수 있는 위험요소를 포함하도록 점검항목을 작성할 수 있다. ② 위험에 따른 안전관리 중요도 우선순위를 결정하고, 결정된 순위에 따라 안전점검표를 작성할 수 있다. ③ 객관적인 안전점검 실시를 위해서 안전점검 방법이나 평가기준을 작성할 수 있다. ④ 안전점검 항목에 대해 점검자가 쉽게 대상 및 상태를 확인하기 위해 안전점검표를 작성할 수 있다. ⑤ 안전점검계획을 고려하여 공정별로 안전점검표를 작성할 수 있다.
	(3) 안전점검 실행하기	① 안전점검계획에 따라 작성된 공종별 또는 공정별 안전점검표에 의해 점검할 수 있다. ② 측정장비를 사용하여 위험요인을 점검할 수 있다. ③ 점검주기와 강도를 고려하여 점검을 실시할 수 있다. ④ 안전점검표에 의하여 위험요인에 대한 구체적인 점검을 수행할 수 있다.
	(4) 안전점검 평가하기	① 안전기준에 따라 점검내용을 평가하고, 위험요인을 산출할 수 있다. ② 점검결과 지적사항을 즉시 조치가 필요 시 반영 조치하여 공사를 진행할 수 있다. ③ 점검결과에 의한 위험성을 기준으로 작업의 중지, 기계 · 기구의 사용금지 등 위험요소에 대한 조치를 취할 수 있다. ④ 점검결과에 의한 지적사항이 반복되지 않도록 해당 시스템을 개선, 적용할 수 있다.
15. 건설현장 유해 · 위험 요인 관리	(1) 건설현장 위험요인 예측하기	① 건설현장 작업과 관련한 작업공정을 파악할 수 있다. ② 건설현장 작업과 관련한 법령, 기준, 지침에 따라 위험요인을 사전에 파악할 수 있다. ③ 근로자의 작업 행동 및 방법에 대한 위험을 인식할 수 있다. ④ 건설현장작업에 잠재하고 있는 위험요인을 예측할 수 있다. ⑤ 위험요인 확인 시 필요한 개인보호장구를 사전에 준비할 수 있다.
	(2) 건설현장 위험요인 확인하기	① 근로자의 작업행동, 작업방법 준수여부를 확인할 수 있다. ② 건설현장 작업 관련한 위험요인을 확인할 수 있다. ③ 근로자의 생명에 영향을 줄 수 있다고 판단할 경우 작업 중지를 요청할 수 있다. ④ 건설현장 위험요인 확인을 안전하고 건강한 방법으로 시행할 수 있다. ⑤ 건설현장 위험요인 사고로 인한 대처방법을 확인할 수 있다.
	(3) 건설현장 위험요인 개선하기	① 건설현장의 위험요인 파악에 따른 대책을 수립할 수 있다. ② 작업으로 인한 위험요인 제거와 관리방안을 제시할 수 있다. ③ 건설현장 위험요인 저감대책을 제시하여 작업장 환경을 개선할 수 있다. ④ 실현 가능한 건설현장 위험요인 관리대책을 제시할 수 있다. ⑤ 개선된 건설현장 환경을 유지 · 관리할 수 있다.

차 례

PART 1 핵심이론

PART 1. **핵심이론** 편에서는 다년간의 기출문제를 철저히 분석하여 **시험에 자주 나오는 중요이론만을 선별, 간락하게 정리하여 수록**하였습니다.
이론 학습 시에는 공부하기 쉽고 필기시험에서 상대적으로 높은 점수 획득이 가능하며 실기시험에서 출제비중이 높은 제1과목 산업재해 예방 및 안전보건교육과 제3과목 기계 · 기구 및 설비 안전관리 및 제5과목 건설공사 안전관리를 중점적으로 학습하시고, 제2과목 인간공학 및 위험성 평가 · 관리와 제4과목 전기 및 화학 설비 안전관리는 과락을 면할 수 있을 정도로 학습하시는 것이 중요합니다.

제1과목 산업재해 예방 및 안전보건교육

제2과목 인간공학 및 위험성 평가 · 관리

Contents

차 례

PART 2 과년도 출제문제

PART 2. **과년도 출제문제** 편에서는 최신출제경향을 파악할 수 있도록 **최근 5년간의 기출문제에 정확하고 자세한 해설을 덧붙여 수록**하였습니다.
필기시험은 대부분의 문제가 과년도 출제문제에서 나옵니다. 기출문제를 풀다 보면 반복적으로 출제되는 문제들이 있는데 그런 빈출문제들은 또 출제될 확률이 높은 중요문제이므로 유사문제와 더불어 관련 이론을 철저히 학습해야 하며, 나머지 기출문제들도 관련 개념을 함께 학습하여 변형문제가 나와도 정답을 찾을 수 있도록 학습하시길 바랍니다.

* 2012~2018년까지의 기출문제는 성안당(www.cyber.co.kr) 홈페이지에서
화면 중앙의 "쿠폰등록"을 클릭하여 다운로드 할 수 있습니다.
(자세한 이용방법은 표지 안쪽에 수록되어 있는 '기출문제 다운로드 쿠폰'을 참고하시기 바랍니다.)

현실이라는 땅에 두 발을 딛고

이상인 하늘의 별을 향해 두 손을 뻗어

착실히 올라가야 한다.

– 반기문 –

꿈꾸는 사람은 행복합니다.

그러나 꿈만 좇다 보면 자칫 불행해집니다. 가시밭에 넘어지고 웅덩이에 빠져 허우적거릴 뿐, 꿈을 현실화할 수 없기 때문이죠.

꿈을 이루기 위해서는, 냉엄한 현실을 바탕으로 한 치밀한 전략, 그리고 뜨거운 열정이라는 두 발이 필요합니다. 그러지 못하면 넘어지기 십상이지요.

우선 그 두 발로 현실을 딛고, 하늘의 별을 따기 위해 한 계단 한 계단 올라가 보십시오. 그러면 어느 순간 여러분도 모르게 하늘의 별이 여러분의 손에 쥐어져 있을 것입니다.

PART 1

핵심이론

제1과목. 산업재해 예방 및 안전보건교육

제2과목. 인간공학 및 위험성 평가 · 관리

제3과목. 기계 · 기구 및 설비 안전관리

제4과목. 전기 및 화학 설비 안전관리

제5과목. 건설공사 안전관리

산업안전산업기사

PART 1. 산업안전산업기사 필기 핵심이론

과목 01

산업재해 예방 및 안전보건교육

핵심이론 1 | 기인물과 가해물

(1) 기인물
재해의 근원이 되는 기계장치나 기타의 물(物) 또는 환경

(2) 가해물
직접 사람에게 접촉되어 피해를 가한 물체

예제 1 근로자가 작업대 위에서 전기공사 작업 중 감전에 의하여 지면으로 떨어져 다리에 골절상해를 입은 경우의 기인물과 가해물은?

풀이 기인물 : 전기, 가해물 : 지면

핵심이론 2 | 산업재해의 원인

(1) 직접 원인

① 불안전한 행동(인적 원인)
- ㉮ 위험장소 접근
- ㉯ 안전장치의 기능 제거
- ㉰ 복장, 보호구의 잘못 사용
- ㉱ 기계 · 기구 잘못 사용
- ㉲ 운전 중인 기계장치의 손질
- ㉳ 불안전한 속도 조작
- ㉴ 위험물 취급 부주의
- ㉵ 불안전한 상태 방치
- ㉶ 불안전한 자세 · 동작
- ㉷ 감독 및 연락 불충분

② 불안전한 상태(물적 원인)
- ㉮ 기계 자체의 결함
- ㉯ 안전방호장치의 결함
- ㉰ 복장, 보호구의 결함
- ㉱ 기계 배치 및 작업장소의 결함
- ㉲ 작업환경의 결함
- ㉳ 생산공정의 결함
- ㉴ 경계표시 및 설비의 결함

(2) 간접(관리적) 원인

① 기술적 원인
- ㉮ 건물 · 기계장치의 설계 불량
- ㉯ 구조 · 재료의 부적합
- ㉰ 생산공정의 부적당
- ㉱ 점검 및 보존 불량

② 교육적 원인
- ㉮ 안전지식의 부족
- ㉯ 안전수칙의 오해
- ㉰ 경험훈련의 미숙
- ㉱ 작업방법의 교육 불충분
- ㉲ 유해위험작업의 교육 불충분

③ 관리적 원인
- ㉮ 안전관리조직 결함
- ㉯ 안전수칙 미제정
- ㉰ 작업준비 불충분
- ㉱ 인원배치 부적당
- ㉲ 작업지시 부적당

■ **제조물 책임** : 제조업자는 제조물의 결함으로 인하여 생명 · 신체 또는 재산에 손해를 입은 자에게 그 손해를 배상하여야 한다. (단, 당해 제조물에 대해서만 발생한 손해는 제외한다.)

핵심이론 3 | 안전조직의 3가지 유형

(1) Line식(직계식) 조직(100명 이하의 소규모 사업장)

안전에 관한 명령, 지시 및 조치가 각 부문의 직계를 통하여 생산업무와 함께 시행되므로, 경영자의 지휘와 명령이 위에서 아래로 하나의 계통이 되어 신속히 전달된다.

① 장점
- ㉮ 안전에 관한 명령과 지시는 생산라인을 통해 신속 · 정확히 전달 실시된다.
- ㉯ 명령과 보고가 상하관계뿐이므로 간단 명료하다.

② 단점
- ㉮ 안전지식이나 기술이 결여된다.
- ㉯ 안전 전문 입안이 되어 있지 않아 내용이 빈약하다.

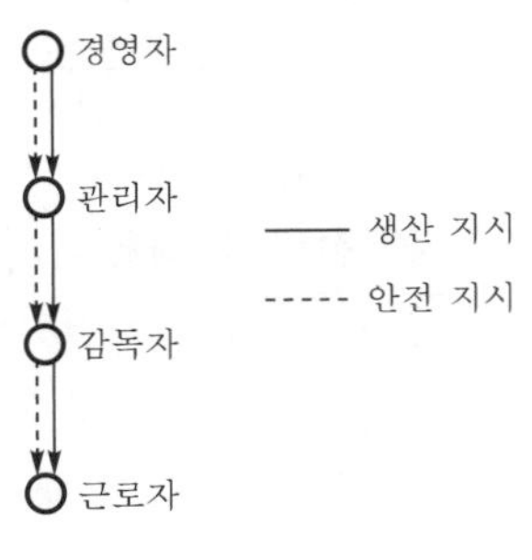

| 라인형 |

(2) Staff식(참모식) 조직(100~1,000명 정도의 중규모 사업장)

기업체의 경영주가 안전활동을 전담하는 부서를 둠으로써 안전에 관한 계획, 조사, 검토, 독려, 보고 등의 업무를 관장하는 안전관리조직이다.

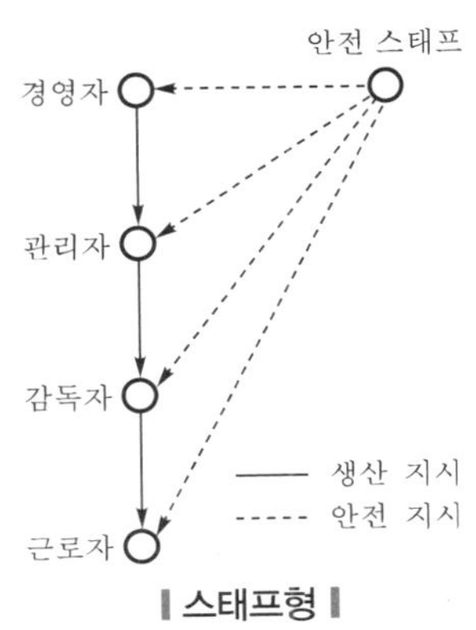

| 스태프형 |

① 장점
  ㉮ 안전전문가가 안전계획을 세워 문제해결방안을 모색하고 조치한다.
  ㉯ 경영자에게 조언과 자문 역할을 한다.
  ㉰ 안전정보 수집이 용이하고 빠르다.
  ㉱ 중규모 사업장에 적합하다.

② 단점
  ㉮ 생산부분에 협력하여 안전명령을 전달 실시하므로 안전과 생산을 별개로 취급하기 쉽다.
  ㉯ 생산부분은 안전에 대한 책임과 권한이 없다.

(3) Line-Staff 혼형(직계-참모식) 조직(1,000명 이상의 대규모 사업장)

라인형과 스태프형을 병용한 방식으로 라인형과 스태프형의 장점만을 골라서 만든 조직이며, 안전조직을 구성할 때 조직을 구성하는 관리자의 권한과 책임을 명확히 하는 것이 가장 중점적으로 고려해야 할 사항이다.

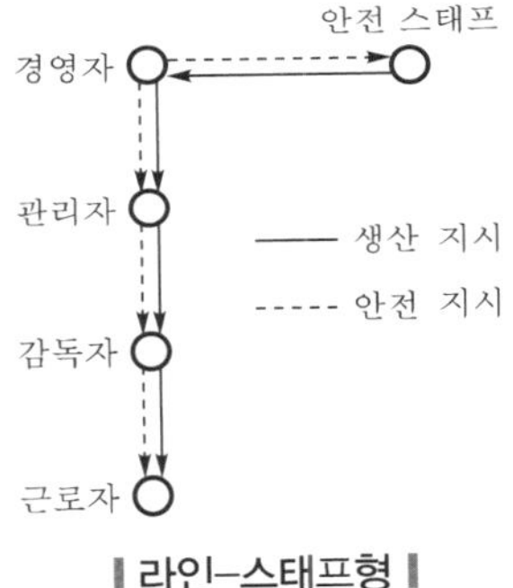

| 라인-스태프형 |

① 장점
  ㉮ 안전전문가에 의해 입안된 것을 경영자의 지침으로 명령을 실시하므로 신속 · 정확히 이루어진다.
  ㉯ 안전 입안 · 계획 · 평가 · 조사는 스태프에서, 생산기술 · 안전대책은 라인에서 실시한다.

② 단점 : 명령계통과 조언 권고적 참여가 혼동되기 쉽다.

핵심이론 4 | 안전관계자의 업무

(1) 안전보건총괄책임자

① 산업재해가 발생할 급박한 위험이 있을 때 및 중대재해가 발생하였을 때의 작업의 중지
② 도급 시 산업재해 예방 조치
③ 산업안전보건관리비의 관계수급인 간의 사용에 관한 협의 · 조정 및 그 집행의 감독
④ 안전인증 대상 기계 등과 자율안전확인 대상 기계 등의 사용여부 확인
⑤ 위험성 평가의 실시에 관한 사항

(2) 안전보건관리책임자

① 산업재해 예방계획의 수립에 관한 사항
② 안전보건관리규정의 작성 및 변경에 관한 사항
③ 근로자의 안전 · 보건교육에 관한 사항
④ 작업환경 측정 등 작업환경의 점검 및 개선에 관한 사항
⑤ 근로자의 건강진단 등 건강관리에 관한 사항
⑥ 산업재해의 원인 조사 및 재발방지대책 수립에 관한 사항
⑦ 산업재해에 관한 통계의 기록 및 유지에 관한 사항
⑧ 안전장치 및 보호구 구입 시 적격품 여부 확인에 관한 사항
⑨ 위험성평가의 실시에 관한 사항
⑩ 근로자의 위험 또는 건강장해의 방지에 관한 사항

(3) 관리감독자

① 기계 · 기구 또는 설비의 안전 · 보건 점검 및 이상유무의 확인
② 근로자의 작업복 · 보호구 및 방호장치의 점검과 그 착용 · 사용에 관한 교육 지도
③ 산업재해에 관한 보고 및 이에 대한 응급조치
④ 작업장 정리 · 정돈 및 통로 확보에 대한 확인 · 감독
⑤ 산업보건의, 안전관리자(안전관리 전문기관의 해당 사업장 담당자) 및 보건관리자(보건관리 전문기관의 해당 사업장 담당자), 안전보건관리 담당자(안전관리 전문기관 또는 보건관리 전문기관의 해당 사업장 담당자)의 지도 · 조언에 대한 협조
⑥ 위험성평가를 위한 유해 · 위험요인의 파악 및 개선조치의 시행에 대한 참여
⑦ 그 밖에 해당 작업의 안전 · 보건에 관한 사항으로서 고용노동부령으로 정하는 사항

(4) 안전관리자

① 사업장 안전교육계획의 수립 및 안전교육 실시에 관한 보좌 및 조언 · 지도
② 안전인증 대상 기계 · 기구 등과 자율안전확인 대상 기계 · 기구 등 구입 시 적격품의 선정에 관한 보좌 및 조언 · 지도
③ 위험성평가에 관한 보좌 및 조언 · 지도
④ 산업안전보건위원회 또는 노사협의체, 안전보건 관리규정 및 취업규칙에서 정한 직무
⑤ 사업장 순회점검 · 지도 및 조치의 건의
⑥ 산업재해 발생의 원인 조사 · 분석 및 재발 방지를 위한 기술적 보좌 및 조언 · 지도
⑦ 산업재해에 관한 통계의 유지 · 관리 분석을 위한 보좌 및 조언 · 지도
⑧ 안전에 관한 사항의 이행에 관한 보좌 및 조언 · 지도
⑨ 업무수행 내용의 기록 · 유지
⑩ 그 밖에 안전에 관한 사항으로서 노동부 장관이 정하는 사항

(5) 안전보건관리담당자 직무

① 안전 · 보건교육 실시에 관한 보좌 및 조언 · 지도
② 위험성평가에 관한 보좌 및 조언 · 지도
③ 작업환경 측정 및 개선에 관한 보좌 및 조언 · 지도
④ 건강진단에 관한 보좌 및 조언 · 지도
⑤ 산업재해 발생의 원인 조사, 산업재해 통계의 기록 및 유지를 위한 보좌 및 조언 · 지도
⑥ 산업안전 · 보건과 관련된 안전장치 및 보호구 구입 시 적격품 선정에 관한 보좌 및 조언 · 지도

(6) 안전보건조정자의 업무

① 같은 장소에서 행하여지는 각각의 공사 간에 혼재된 작업의 파악
② 혼재된 작업으로 인한 산업재해 발생의 위험성 파악
③ 혼재된 작업으로 인한 산업재해를 예방하기 위한 작업의 시기 · 내용 및 안전보건조치 등의 조정
④ 각각의 공사 도급인의 안전보건관리책임자 간 작업내용에 관한 정보공유 여부의 확인

핵심이론 5 | 안전보건개선계획

(1) 안전보건개선계획 작성 대상 사업장

① 산업재해율이 같은 업종의 규모별 평균 산업재해율보다 높은 사업장
② 사업주가 안전보건 조치 의무를 이행하지 아니하여 중대재해가 발생한 사업장
③ 직업성 질병자가 연간 2명 이상 발생한 사업장
④ 유해인자의 노출기준을 초과한 사업장

(2) 안전 · 보건진단을 받아 안전보건개선계획을 수립 · 제출하도록 명할 수 있는 사업장

① 산업재해율이 같은 업종 평균 산업재해율의 2배 이상인 사업장
② 사업주가 필요한 안전조치 또는 보건조치를 이행하지 아니하여 중대재해가 발생한 사업장
③ 직업성 질병자가 연간 2명 이상(상시 근로자 1천명 이상 사업장의 경우 3명 이상) 발생한 사업장
④ 그 밖에 작업환경 불량, 화재 · 폭발 또는 누출사고 등으로 사업장 주변까지 피해가 확산된 사업장으로서 고용노동부령으로 정하는 사업장

(3) 안전진단 대상 사업장

① 중대재해 발생 사업장
② 안전보건개선계획 수립 · 시행 명령을 받은 사업장
③ 추락 · 폭발 · 붕괴 등 재해발생 위험이 현저히 높은 사업장으로서 지방노동관서의 장이 안전 · 보건진단이 필요하다고 인정하는 사업장

핵심이론 6 | 사고예방대책 기본원리 5단계(하인리히)

제1단계	제2단계	제3단계	제4단계	제5단계
안전 조직	사실 발견	평가 분석	시정방법 선정	시정책 적용
① 경영자의 안전 목표 설정 ② 안전관리자 선임 ③ 안전 라인 및 참모 조직 ④ 안전활동 방침 및 계획 수립 ⑤ 조직을 통한 안전 활동 전개	① 사고 및 활동 기록 검토 ② 작업 분석 ③ 점검 및 검사 ④ 사고 조사 ⑤ 각종 안전회의 및 토의회 ⑥ 근로자의 제안 및 여론조사 ⑦ 자료 수집 ⑧ 위험 확인	① 사고 원인 및 경향성 분석 ② 사고 기록 및 관계 자료 분석 ③ 인적·물적 환경 조건 분석 ④ 작업공정 분석 ⑤ 교육훈련 및 적정 배치 분석 ⑥ 안전수칙 및 보호 장비의 적부	① 기술적 개선 ② 배치 조정 ③ 교육훈련 개선 ④ 안전행정 개선 ⑤ 규칙 및 수칙 등 제도 개선 ⑥ 안전운동 전개 ⑦ 안전관리규정 제정	① 교육적 대책 ② 기술적 대책 ③ 단속 대책

핵심이론 7 | 재해예방의 4원칙

(1) 예방가능의 원칙

재해는 원칙적으로 원인만 제거되면 예방이 가능하다.

(2) 손실우연의 원칙

재해손실은 사고가 발생할 때 사고대상의 조건에 따라 달라진다.

(3) 원인연계(계기)의 원칙

재해의 발생은 반드시 원인이 존재한다.

(4) 대책선정의 원칙

재해를 예방할 수 있는 안전대책은 반드시 존재한다.

① **기술적 대책** : 안전 설계, 작업행정 개선, 안전기준 설정, 환경설비 개선, 점검보존 확립 등
② **교육적 대책** : 안전 교육 및 훈련
③ **관리적 대책** : 적합한 기준 설정, 전 종업원의 기준 이해, 동기부여와 사기 향상, 각종 규정 및 수칙 준수, 경영자 및 관리자의 솔선수범

핵심이론 8 | 재해율 계산과 안전성적 평가

(1) 연천인율

① 재직근로자 1,000명당 1년간 발생하는 재해자수를 나타낸 것이다.

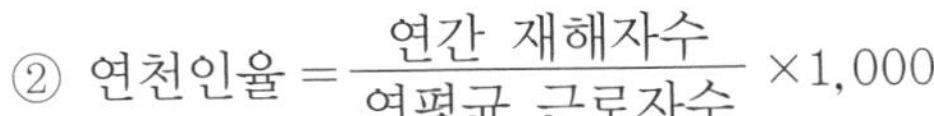

② $연천인율 = \dfrac{연간\ 재해자수}{연평균\ 근로자수} \times 1,000$

③ 연천인율이 7이란 뜻은 그 작업장에서 연간 1,000명이 작업할 때 7건의 재해가 발생한다는 것이다.

> **예제 2** 어느 공장의 연평균 근로자가 180명이고, 1년간 발생한 사상자수가 6명이었다면 연천인율은 약 얼마인가? (단, 근로자는 하루 8시간씩 연간 300일을 근무한다.)
>
> **풀이** $연천인율 = \dfrac{사상자수}{연평균\ 근로자수} \times 1,000 = \dfrac{6}{180} \times 1,000 = 33.33$

(2) 도수율(Frequency Rate of Injury ; FR)

① 1,000,000인시(man－hour)를 기준으로 한 재해발생건수의 비율로 빈도율이라고도 한다.

② $도수율(빈도율) = \dfrac{재해발생\ 건수}{근로\ 총\ 시간수} \times 1,000,000$

③ 사업장의 종업원 1인당 연간노동시간은 1일＝8시간, 1개월＝25일, 1년＝300일, 즉 8시간×25일×12월＝2,400시간 이다.

④ 빈도율이 10이란 뜻은 1,000,000인시당 10건의 재해가 발생했다는 것이다.

⑤ 연천인율과 도수율은 계산의 기초가 각각 다르므로 이를 정확하게 환산하기는 어려우나 대략적으로 다음 관계식을 사용한다.

$$연천인율 = 도수율 \times 2.4 \quad 또는 \quad 도수율 = \dfrac{연천인율}{2.4}$$

> **예제 3** 어떤 사업장에서 510명의 근로자가 1주일에 40시간, 연간 50주를 작업하는 중에 21건의 재해가 발생하였다. 이 근로기간 중에 근로자의 4%가 결근하였다면 도수율은 약 얼마인가?
>
> **풀이** $도수율 = \dfrac{재해발생건수}{연\ 근로시간수} \times 10^6 = \dfrac{21}{0.96 \times (510 \times 40 \times 50)} \times 10^6 = 21.45$

> **예제 4** 1일 8시간씩 연간 300일을 근무하는 사업장의 연천인율이 7이었다면 도수율은 약 얼마인가?
>
> **풀이** 재해빈도를 연천인율로 표시했을 때 이것을 도수율로 간단히 환산하면
>
> $도수율 = \dfrac{연천인율}{2.4} = \dfrac{7}{2.4} = 2.92$

(3) 강도율(Severity Rate of Injury ; SR)

① 산재로 인한 근로손실의 정도를 나타내는 통계로서 1,000인시당 근로손실일수를 나타낸다.

② $강도율 = \dfrac{근로손실일수}{근로\ 총\ 시간수} \times 1,000$

③ 강도율이 2.0이란 뜻은 근로시간 1,000시간당 2.0일의 근로손실일수가 발생했다는 것이다.

④ 근로손실일수는 근로기준법에 의한 법정 근로손실일수에 비장해등급 손실일수를 연 300일 기준으로 환산하여 가산한 일수로 한다. 즉, 장해등급별 근로손실일수+비장해등급 손실일수×300/365으로 계산한다.

‖ 장해등급별 근로손실일수 ‖

신체장해등급	1~3급	4	5	6	7	8	9	10	11	12	13	14	비고
근로손실일수	7,500	5,500	4,000	3,000	2,200	1,500	1,000	600	400	200	100	50	사망 7,500일

⑤ 사망에 의한 손실일수 7,500일 산출 근거
㉮ 사망자의 평균연령 : 30세 기준
㉯ 근로 가능 연령 : 55세 기준
㉰ 근로손실년수 : 55－30＝25년 기준
㉱ 연간 근로일수 : 300일 기준
㉲ 사망으로 인한 근로손실일수 : 300×25＝7,500일 발생

예제 5 상시 근로자를 400명 채용하고 있는 사업장에서 주당 40시간씩 1년간 50주를 작업하는 동안 재해가 180건 발생하였고, 이에 따른 근로손실일수가 780일이었다. 이 사업장의 강도율은 약 얼마인가?

풀이 $\text{강도율} = \dfrac{\text{근로손실일수}}{\text{연 근로 총 시간수}} \times 10^3 = \dfrac{780}{400 \times 40 \times 50} \times 10^3 = 0.98$

예제 6 도수율이 12.57, 강도율이 17.45인 사업장에서 한 근로자가 평생 근무한다면 며칠의 근로손실이 발생하겠는가? (단, 1인 근로자의 평생근로시간은 10^5시간이다.)

풀이 $\text{강도율} = \dfrac{\text{근로손실일수}}{\text{연 근로시간수}} \times 1{,}000$

$\text{근로손실일수} = \dfrac{\text{강도율} \times \text{연 근로시간수}}{1{,}000} = \dfrac{17.45 \times 10^5}{1{,}000} = 1{,}745\text{일}$

(4) 안전성적 평가(안전활동률)

안전관리활동의 결과를 정량적으로 판단하는 기준으로 종래에는 안전활동상황을 일반적으로 안전데이터로부터 간접적으로 판단해 오던 것을 미국 노동기준국의 블레이크(R.P. Blake)가 제안한 것이며, 다음 식으로 구한다.

① $\text{안전활동률} = \dfrac{\text{안전활동 건수}}{\text{근로시간수} \times \text{평균 근로자수}} \times 10^6$

② 안전활동 건수에 포함되는 항목
㉮ 실시한 안전개선 권고수
㉯ 안전조치할 불안전 작업수
㉰ 불안전 행동 적발수
㉱ 불안전한 물리적 지적 건수
㉲ 안전회의 건수
㉳ 안전홍보(PR) 건수

예제 7 1,000명이 있는 사업장에 6개월간 안전부서에서 불안전 작업수 10건, 안전 개선 권고수 30건, 불안전 행동 적발수 5건, 불안전 상태 지적수 25건, 안전회의 20건, 안전홍보(PR)가 10건 있었을 경우에 안전활동률은 얼마인가? (단, 1일 8시간, 월 25일 근무하였다.)

풀이 안전활동 건수=10+30+5+25+20+10=100건

$$\text{안전활동률} = \frac{\text{안전활동건수}}{\text{근로시간수} \times \text{평균 근로자수}} \times 10^6 = \frac{100}{1{,}000 \times 8 \times 25 \times 6} \times 10^6 = 83.33$$

예제 8 다음 [표]는 A작업장을 하루 10회 순회하면서 적발된 불안전한 행동 건수이다. A작업장의 1일 불안전한 행동률은 약 얼마인가?

순회 횟수	근로자수	불안전한 행동 적발 건수	순회 횟수	근로자수	불안전한 행동 적발 건수
1회	100	0	6회	100	1
2회	100	1	7회	100	2
3회	100	2	8회	100	0
4회	100	0	9회	100	0
5회	100	0	10회	100	1

풀이 $\text{불안전한행동률} = \frac{7}{100 \times 10} \times 100 = 0.7\%$

핵심이론 9 | 사고의 원인 분석방법

(1) 개별적 원인 분석

재해 건수가 비교적 적은 사업장의 적용에 적합하고 특수재해나 중대재해의 분석에 사용하는 분석

(2) 통계적 원인 분석

① **파레토도(pareto diagram)** : 사고의 유형, 기인물 등 분류 항목을 큰 순서대로 도표화하여 문제나 목표의 이해가 편리하도록 한 것이다.

② **특성 요인도** : 재해의 원인과 결과를 연계하여 상호관계를 파악하기 위해 도표화하는 분석 방법이다.

③ **크로스(cross) 분석** : 2개 이상의 문제관계를 분석하는 데 사용하는 것으로, 데이터를 집계하고 표로 표시하여 요인별 결과내역을 교차한 크로스 그림을 작성하여 분석한다.

④ **관리도(control chart)** : 산업재해의 분석 및 평가를 위하여 재해발생 건수 등의 추이에 대해 한계선을 설정하여 목표관리를 수행하는 재해통계 분석기법으로 필요한 월별 재해발생 건수를 그래프화하여 관리선을 설정관리하는 방법이다. 관리선은 상방관리한계(UCL ; Upper Control Limit), 중심선(Pn), 하방관리한계(LCL ; Low Control Limit)로 표시한다.

핵심이론 10 ❙ 사고와 재해의 발생원리

(1) 하인리히의 재해발생 5단계

① 제1단계 : 사회적 환경과 유전적 요소
② 제2단계 : 개인적 결함
③ 제3단계 : 불안전한 행동과 불안전한 상태
④ 제4단계 : 사고
⑤ 제5단계 : 상해

여기서 첫 번째인 사회적인 환경과 유전적인 요소와 두 번째인 개인적인 결함이 발생하더라도 세 번째인 불안전한 행동 및 불안전한 상태만 제거하면 사고는 발생하지 않는다.

■ 재해의 발생 = 물적 불안정 상태 + 인적 불안전 행위 + α = 설비적 결함+관리적 결함+α
여기서, α : 잠재된 위험의 상태

(2) 버드(Frank Bird)의 사고연쇄성 5단계

① 제1단계 : 통제의 부족(관리)
② 제2단계 : 기본 원인(기원)
③ 제3단계 : 직접 원인(징후)
④ 제4단계 : 사고(접촉)
⑤ 제5단계 : 상해, 손해(손실)

핵심이론 11 ❙ 재해발생 비율에 관한 이론

(1) 하인리히의 재해구성 비율(1 : 29 : 300의 법칙)

하인리히는 사고의 결과로서 야기되는 상해를 중상 : 경상 : 무상해 사고의 비율이 1 : 29 : 300이 된다고 하였다. 이 비율은 50,000여 건의 사고를 분석한 결과 얻은 통계이다.

사고 분석
- 중상(휴업 8일 이상~사망) : 0.3% → 1
- 경상(휴업 1일 이상~휴업 7일 미만) : 8.8% → 29
- 무상해 사고 및 아차 사고(휴업 1일 미만) : 90.9% → 300

즉, 1 : 29 : 300의 법칙의 의미 속에는 만약 사고가 330번 발생된다면 그 중에 중상이 1건, 경상이 29건, 무상해 사고가 300건 포함될 것이라는 뜻이 내포되어 있다.

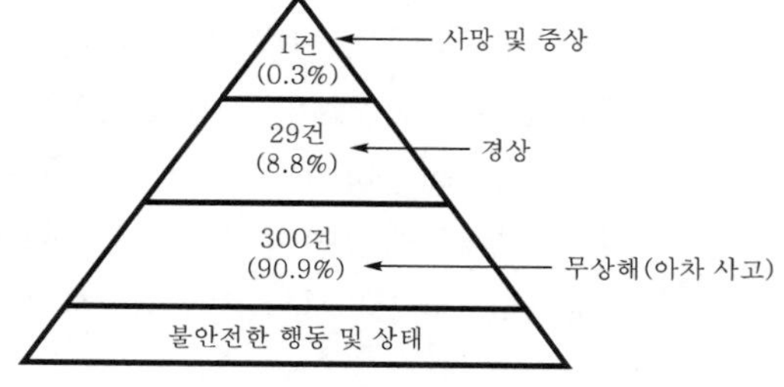

❙ 하인리히의 재해 1 : 29 : 300 구성 비율 ❙

예제 9 A 사업장에서 사망이 2건 발생하였다면 이 사업장에서 경상재해는 몇 건이 발생하겠는가? (단, 하인리히의 재해구성 비율을 따른다.)

풀이 하인리히의 재해발생 비율－1 : 29 : 300의 법칙
① 1건 : 사망 또는 중상 ② 29건 : 경상해 ③ 300건 : 무상해
즉 경상해(29건)×2＝58건

(2) 버드(F.E. Bird's Jr)의 재해구성 비율(1 : 10 : 30 : 600의 법칙)

버드는 1,753,498건의 사고를 분석하여 중상 또는 폐질 1, 경상(물적 또는 인적 상해) 10, 무상해 사고(물적 손실) 30, 무상해 · 무사고 고장(위험 순간) 600의 비율로 사고가 발생한다고 하였다.

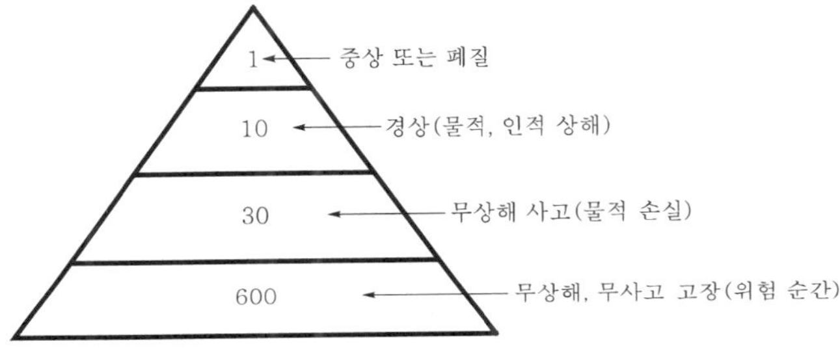

| 버드의 재해 1 : 10 : 30 : 600 구성 비율 |

예제 10 버드(Bird)의 재해발생 비율에서 물적 손해 만의 사고가 120건 발생하면 상해도, 손해도 없는 사고는 몇 건 정도 발생하겠는가?

풀이

중상 또는 폐질	1		1×4＝4
경상	10		10×4＝40
무상해 사고	30	$\frac{120}{30}=4$	30×4＝120
무상해 · 무사고 고장	600		600×4＝2,400

핵심이론 12 | 재해코스트 이론

(1) 하인리히의 1 : 4의 원칙

① 직접비 : 재해로 인해 받게 되는 산재보상금
- ㉮ 휴업 보상비 : 평균 임금의 100분의 70
- ㉯ 장해 급여 : 1~14급(산재 장해등급)
- ㉰ 요양 급여 : 병원에 지급(요양비 전액)
- ㉱ 유족 급여 : 평균 임금의 1,300일분
- ㉲ 장의비 : 평균 임금의 120일분
- ㉳ 유족 특별 급여
- ㉴ 장해 특별 보상비
- ㉵ 직업 재활 급여
- ㉶ 상병 보상 연금

② 간접비 : 직접비를 제외한 모든 비용
 ㉮ 인적 손실 ㉯ 물적 손실 ㉰ 생산 손실 ㉱ 특수 손실
 ㉲ 그 밖의 손실(병상 위문금)

예제 11 재해로 인한 직접 비용으로 8,000만원이 산재보상비로 지급되었다면 하인리히 방식에 따를 때 총 손실비용은 얼마인가?

풀이 하인리히 방식
총 손실비용=직접비(1)+간접비(4)=8,000만원+8,000만원×4=40,000만원

(2) 시몬즈(R.H. Simonds) 방식

① 보험코스트
 ㉮ 보험금 총액
 ㉯ 보험회사의 보험에 관련된 제경비와 이익금

② 비보험코스트=(A×휴업상해 건수)+(B×통원상해 건수)+(C×응급처치 건수)+(D×무상해 사고 건수)

여기서, A, B, C, D : 상수(각 재해에 대한 평균 비보험비용)

③ 재해, 사고 분류
 ㉮ 휴업 상해 : 영구부분노동불능 상해, 일시전노동불능 상해
 ㉯ 통원 상해 : 일시부분노동불능 상해
 ㉰ 응급처치 : 8시간 미만의 휴업
 ㉱ 무상해 사고 : 의료조치를 필요로 하지 않는 정도의 극미한 상해 사고나 무상해 사고, 20$ 이상의 재산손실이나 8시간 이상의 시간손실을 가져온 사고. 단, 사망 및 영구불능 상해는 재해 범주에서 제외, 자주 발생하는 것이 아니기 때문에 때에 따라 계산을 산정한다.

핵심이론 13 | 안전인증

(1) 안전인증 심사의 종류

① 예비심사
② 서면심사
③ 기술능력 및 생산체계 심사
④ 제품심사

(2) 안전인증의 취소, 6개월 이내의 기간을 정하여 안전인증 표시의 사용금지, 시정을 명할 수 있는 경우

① 거짓이나 그 밖의 부정한 방법으로 안전인증을 받은 경우(안전인증 취소만 해당됨)
② 안전인증을 받은 유해·위험 기계 등의 안전에 관한 성능 등이 안전인증기준에 맞지 아니하게 된 경우
③ 정당한 사유없이 안전인증 확인을 거부, 방해 또는 기피한 경우

핵심이론 14 | 무재해 운동

(1) 무재해 운동 추진의 3기둥(요소)

① **최고경영자의 경영자세 :** 안전보건은 최고경영자의 무재해 및 무질병에 대한 확고한 경영자세로 시작된다.

② **라인관리자에 의한 안전보건의 추진 :** 안전보건을 추진하는 데에는 관리감독자들의 생산활동 속에 안전보건을 실천하는 것이 중요하다.

③ **직장(소집단) 자주활동의 활성화 :** 안전보건은 각자 자신의 문제이며 동시에 동료의 문제로서 직장의 팀 멤버와 협동하고 노력하여 자주적으로 추진하는 것이 필요하다.

참고

■ **무재해 운동의 3요소**

1. 이념　2. 기법　3. 실천

(2) 무재해 운동 기본 이념의 3원칙

① **무(zero)의 원칙 :** 직장 내의 모든 잠재 위험요인을 적극적으로 사전에 발견, 파악, 해결함으로써 뿌리에서부터 산업재해를 제거하는 것

② **선취의 원칙 :** 위험요소를 사전에 발견, 파악하여 재해를 예방 또는 방지하는 것

③ **참가의 원칙 :** 위험을 발견, 제거하기 위하여 전원이 참가, 협력하여 각자의 위치에서 의욕적으로 문제해결을 실천하는 것

핵심이론 15 | 안전활동기법

(1) 위험예지훈련(danger predication training)

① 위험예지훈련의 4Round

㉮ 제1라운드(현상 파악) : 어떤 위험이 잠재해 있는지 잠재 위험요인을 발견한다.

㉯ 제2라운드(본질 추구) : 발견한 위험요인 중 중요하다고 생각되는 위험의 포인트를 파악한다.

㉰ 제3라운드(대책 수립) : 중요 위험을 예방하기 위하여 구체적인 대책을 세운다.

㉱ 제4라운드(목표 설정) : 수립된 대책 중 중점 실시항목을 위한 팀 행동목표를 설정한다.

② 위험예지훈련의 3종류

㉮ 감수성 훈련　㉯ 문제해결 훈련　㉰ 단시간미팅 훈련

참고

■ **1인 위험예지훈련 :** 각자가 위험에 대한 감수성 향상을 도모하기 위하여 삼각 및 원포인트 위험예지훈련을 실시하는 것

(2) 위험예지훈련에서 활용하는 주요기법 – 브레인 스토밍(Brain Storming ; BS)(4원칙)

6~12명의 구성원으로 타인의 비판 없이 자유로운 토론을 통하여 다량의 독창적인 아이디어를 이끌어내고, 대안적 해결안을 찾기 위한 집단적 사고기법

① 비판금지(criticism is ruled out) : 타인의 의견에 대하여 비판, 비평하지 않는다.
② 자유분방(free wheeling) : 지정된 표현방식을 벗어나 자유롭게 의견을 제시한다.
③ 대량발언(quantity is wanted) : 한 사람이 많은 의견을 제시할 수 있다.
④ 수정발언(combination and improvement are sought) : 타인의 의견을 수정하여 발언할 수 있다.

핵심이론 16 ❙ 보호구의 종류

(1) 의무안전인증대상 보호구

① 추락 및 감전위험방지용 안전모
② 안전화
③ 안전장갑
④ 방진마스크
⑤ 방독마스크
⑥ 송기마스크
⑦ 전동식 호흡보호구
⑧ 보호복
⑨ 안전대
⑩ 차광 및 비산물위험방지용 보안경
⑪ 용접용 보안면
⑫ 방음용 귀마개 또는 귀덮개

(2) 안전 보호구

① 안전모 ② 안전대 ③ 안전화 ④ 안전장갑 ⑤ 보안면

(3) 위생 보호구

① 마스크(방진, 방독, 송기) ② 보안경 ③ 방음보호구(귀마개, 귀덮개)

■ **방독마스크 사용이 가능한 공기 중 최소 산소농도 기준** : 18% 이상

핵심이론 17 ❙ 안전모

(1) 안전모의 종류

안전모의 사용 구분, 모체의 재질 및 내전압성에 의하여 다음과 같이 분류하고 있다.

종류 기호	사용 구분	내전압성
AB	물체의 낙하, 비래, 추락에 의한 위험을 방지, 경감시키기 위한 것	–
AE	물체의 낙하, 비래에 의한 위험을 방지 또는 경감하고, 머리부위 감전에 의한 위험을 방지하기 위한 것	내전압성
ABE	물체의 낙하, 비래, 추락에 의한 위험을 방지 또는 경감하고, 머리부위 감전에 의한 위험을 방지하기 위한 것	내전압성

(2) 안전모의 성능 기준

안전모의 시험성능 기준은 다음과 같다.

항 목	성능 기준
내관통성	AE종, ABE종 안전모는 관통거리가 9.5mm 이하이11.1mm 이하이어야 한다(자율안전확인에서는 관통거리가 11.1mm 이하).
충격흡수성	최고 전달충격력이 4,450N을 초과해서는 안 되며, 모체와 착장체의 기능이 상실되지 않아야 한다.
내전압성	AE종, ABE종 안전모는 교류 20kW에서 1분간 절연파괴 없이 견뎌야 하고, 이때 누설되는 충전전류는 10mA 이하이어야 한다(자율안전확인에서는 제외).
턱끈풀림	150N 이상 250N 이하에서 턱끈이 풀려야 한다.
내수성	AE종, ABE종 안전모는 질량 증가율이 1% 미만이어야 한다(자율안전확인에서는 제외).
난연성	모체가 불꽃을 내며 5초 이상 연소되지 않아야 한다.

핵심이론 18 | 방진 · 방독 마스크와 안전대

(1) 방진마스크(dust mask)

① 방진마스크의 종류

㉮ 분리식 : 직결식(전면형, 반면형), 격리식(전면형, 반면형)

㉯ 안면부 여과식 : 반면형

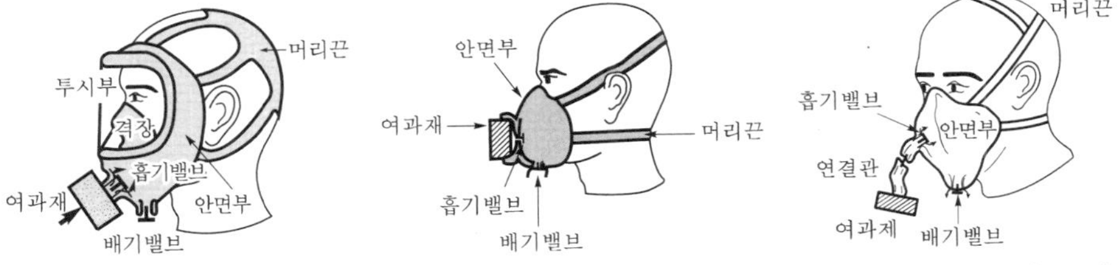

| 직결식 전면형 방진마스크 | 직결식 반면형 방진마스크 | 격리식 반면형 진마스크 |

② 방진마스크 선택 시 주의사항

㉮ 포집률(여과효율)이 좋아야 한다.
㉯ 흡기 · 배기 저항이 낮아야 한다.
㉰ 시야가 넓을수록 좋다.
㉱ 안면부에 밀착성이 좋아야 한다.
㉲ 사용면적이 적어야 한다.
㉳ 중량이 가벼워야 한다.
㉴ 피부 접촉부위의 고무질이 좋아야 한다.

(2) 방독마스크(gas mask)

방독마스크 흡수관(정화통)의 종류는 다음과 같다.

종 류	시험 가스	정화통 외부 측면 표시색
유기화합물용	시클로헥산(C_6H_{12}), 디메틸에테르, 이소부탄	갈색
할로겐용	염소(Cl_2)가스 또는 증기	회색
황화수소용	황화수소(H_2S)가스	회색
시안화수소용	시안화수소(HCN)가스	회색
아황산용	아황산(SO_2)가스	노란색
암모니아용	암모니아(NH_3)가스	녹색

(3) 안전대

안전대의 종류는 다음과 같다.

종 류	사용 구분	종 류	사용 구분
벨트식(B식) 안전그네식(H식)	U자걸이 전용	안전그네식(H식)	안전블록
	1개걸이 전용		추락방지대

참고

■ **안전그네와 U자걸이, 1개걸이**

1. **안전그네** : 신체 지지의 목적으로 전신에 착용하는 띠 모양의 것으로 상체 등 신체 일부분만 지지하는 것을 제외한다.
2. **U자걸이** : 안전대의 죔줄을 구조물 등에 U자 모양으로 돌린 뒤 훅 또는 카라비너를 D링에, 신축조절기를 각링 등에 연결하는 걸이 방법
3. **1개걸이** : 죔줄의 한쪽 끝을 D링에 고정시키고, 훅 또는 카라비너를 구조물 또는 구명줄에 고정시키는 걸이 방법

핵심이론 19 | 안전보건표지

(1) 산업안전보건표지의 종류

① **금지표지** : 바탕은 흰색, 기본모형은 빨강, 관련 부호 및 그림은 검은색
② **경고표지** : 바탕은 노란색, 기본모형과 관련 부호 및 그림은 검은색
③ **지시표지** : 바탕은 파란색, 관련 그림은 흰색
④ **안내표지** : 바탕은 흰색, 기본모형 및 관련 부호는 녹색, 바탕은 녹색, 관련 부호 및 그림은 흰색

■ **임의적 부호** : 안전·보건표지에서 경고표지는 삼각형, 안내표지는 사각형, 지시표지는 원형 등으로 부호가 고안되어 있는데 이처럼 부호가 이미 고안되어 이를 사용자가 배워야 하는 부호를 말한다.

(2) 안전보건표지의 색채·색도 기준 및 용도

색 채	색도 기준	용 도	사용 예
빨간색	7.5R 4/14	금지	정지신호, 소화설비 및 그 장소, 유해행위의 금지
		경고	화학물질 취급장소에서의 유해·위험 경고
노란색	5Y 8.5/12	경고	화학물질 취급장소에서의 유해·위험 경고, 이 외의 위험 경고, 주의표지 또는 기계방호물
파란색	2.5PB 4/10	지시	특정 행위의 지시 및 사실의 고지
녹색	2.5G 4/10	안내	비상구 및 피난소, 사람 또는 차량의 통행표지
흰색	N9.5	–	파란색 또는 녹색에 대한 보조색
검은색	N0.5	–	문자 및 빨간색 또는 노란색에 대한 보조색

(3) 안전보건표지의 종류와 형태

1 금지 표지	101 출입금지	102 보행금지	103 차량통행금지	104 사용금지	105 탑승금지	106 금연
107 화기금지	108 물체이동금지	2 경고 표지	201 인화성 물질 경고	202 산화성 물질 경고	203 폭발성 물질 경고	204 급성 독성 물질 경고
205 부식성 물질 경고	206 방사성 물질 경고	207 고압전기 경고	208 매달린 물체 경고	209 낙하물 경고	210 고온 경고	211 저온 경고
212 몸균형상실 경고	213 레이저광선 경고	214 발암성·변이원성· 생식독성·전신독성· 호흡기 과민성 물질 경고	215 위험장소 경고	3 지시 표지	301 보안경 착용	302 방독마스크 착용
303 방진마스크 착용	304 보안면 착용	305 안전모 착용	306 귀마개 착용	307 안전화 착용	308 안전장갑 착용	309 안전복 착용
4 안내 표지	401 녹십자 표시	402 응급구호 표시	403 들것	404 세안장치	405 비상용 기구 비상용 기구	406 비상구
407 좌측 비상구	408 우측 비상구	5 관계자외 출입금지	501 허가대상물질 작업장 **관계자외 출입금지** (허가물질 명칭) 제조/사용/보관 중 **보호구/보호복 착용** **흡연 및 음식물 섭취 금지**	502 석면 취급/해체 작업장 **관계자외 출입금지** 석면 취급/해체 중 **보호구/보호복 착용** **흡연 및 음식물 섭취 금지**	503 금지대상물질의 취급 실험실 등 **관계자외 출입금지** 발암물질 취급 중 **보호구/보호복 착용** **흡연 및 음식물 섭취 금지**	

6 문자 추가 시 범례		• 내 자신의 건강과 복지를 위하여 안전을 늘 생각한다. • 내가정의 행복과 화목을 위하여 안전을 늘 생각한다. • 내 자신의 실수로 동료를 해치지 않도록 하기 위하여 안전을 늘 생각한다. • 내 자신이 일으킨 사고로 인한 회사의 재산과 손실을 방지하기 위하여 안전을 늘 생각한다. • 내 자신의 방심과 불안전한 행동이 조국의 번영에 장애가 되지 않도록 하기 위하여 안전을 늘 생각한다.

참고

■ 안전·보건표지의 제작에 있어 안전·보건표지 속의 그림 또는 부호의 크기는 안전·보건표지의 크기와 비례하여야 하며, 안전·보건표지 전체 규격의 30% 이상이 되어야 한다.

핵심이론 20 | 방어기제

(1) 적응기제의 기본유형

① 공격적 기제(행동)

㉮ 치환(displacement)

㉯ 책임전가(scapegoating)

㉰ 자살(suicide)

② 도피적 기제(행동)

㉮ 환상(fantasy or daydream)

㉯ 동일화(identification)

㉰ 유랑(nomadism)

㉱ 퇴행(regression)

㉲ 억압(repression)

㉳ 반동형성(reaction formation)

㉴ 고립(isolaton)

③ 절충적 기제(행동)

㉮ 승화(sublimation)

㉯ 대상(substitution)

㉰ 보상(compensation)

㉱ 합리화(rationalization)

㉲ 투사(projection)

(2) 대표적 적응기제(행동)

① 억압(repression)

② 반동형성(reaction formation)

③ 공격(aggression)

④ 고립(isolation) : 현실도피 행위로서 자기의 실패를 자기의 내부로 돌리는 유형

예 키가 작은 사람이 키 큰 친구들과 같이 사진을 찍으려 하지 않는다.

⑤ 도피(withdrawal)

⑥ 퇴행(regression) : 현실을 극복하지 못했을 때 과거로 돌아가는 현상

예 여동생이나 남동생을 얻게 되면서 손가락을 빠는 것과 같이 어린시절의 버릇을 나타낸다.

⑦ 합리화(rationalization) : 인간이 자기의 실패나 약점을 그럴듯한 이유를 들어 남의 비난을 받지 않도록 하며 또한 자위하는 방어기제

㉮ 신포도형 ㉯ 달콤한 레몬형 ㉰ 투사형 ㉱ 망상형

⑧ 투사(투출 ; projection) : 자기 속의 억압된 것을 다른 사람의 것으로 생각하는 것

⑨ 동일화(identification) : 인간관계의 메커니즘 중 다른 사람의 행동양식이나 태도를 투입시키거나 다른 사람 중에서 자기와 비슷한 것을 발견하는 것

예 아버지의 성공을 자신의 성공인 것처럼 자랑하며 거만한 태도를 보인다.

⑩ 백일몽(day-dreaming)

⑪ 보상(compensation) : 자신의 약점이나 무능력, 열등감을 위장하여 유리하게 보호함으로서 안정감을 찾으려는 방어적 적응기제

⑫ 승화(sublimation) : 억압당한 욕구가 사회적 · 문화적으로 가치 있는 목적으로 향하여 노력함으로 욕구를 충족하는 적응기제

(3) 집단행동에서의 방어기제(행동)(인간관계의 메커니즘)

① 동일화(identification)

② 투사(projection)

③ 커뮤니케이션(communication)

④ 모방(imitation) : 남의 행동이나 판단을 표본으로 삼아 그와 비슷하거나 같게 판단을 취하려는 현상

⑤ 암시(suggestion) : 다른 사람으로부터의 판단이나 행동을 무비판적으로 논리적, 사실적 근거없이 받아들이는 것

참고

■ **사회행동의 기본형태**

1. 협력(cooperation) : 조력, 분업
2. 대립(opposition) : 공격, 경쟁
3. 도피(escape) : 고립, 정신병, 자살
4. 융합(accomodation) : 강제, 타협, 통합

핵심이론 21 | 호손 실험과 조하리의 창

(1) 호손(Hawthorne) 실험

인간관계의 실증적인 기초를 마련한 동시에 인간관계의 발전과 산업계에 공헌한 실험은, 호손 공장에서 종사한 3만명을 대상으로 레슬리스버거(F.J. Roethlisberger)에 의해 4차에 걸쳐 시행되었다.

① 생산성은 인적 요인에 의해 좌우됨
② 인간은 인간적 환경 발견의 욕구를 가짐
③ 인적 환경 요인의 개선
④ 물적, 비인간적 요인의 합리화 및 과학화의 제고

(2) 조하리의 창(Joharis window)

① **열린 창**(open area) : 나도 알고 너도 아는 창
② **숨겨진 창**(hidden area) : 나는 알고 너는 모르는 창
③ **보이지 않는 창**(blind area) : 나는 모르고 너는 아는 창
④ **미지의 창**(unknown area) : 나도 모르고 너도 모르는 창

핵심이론 22 | 리더십

(1) 리더십의 정의

$$L = f(l \cdot f \cdot s)$$

여기서, L : 리더십, l : 리더(leader), f : 추종자(follower), s : 상황(situation)

(2) 리더십의 이론

① **특성 이론** : 성공적인 리더는 어떤 특성을 가지고 있는가를 연구하는 이론
② **행동 이론** : 특성이론의 한계를 극복하고자 리더의 효율적 행동유형을 규명하는 이론
③ **상황 이론** : 특성이론과 행동이론의 한계로, 상황적인 요소에 대한 연구의 필요성으로 대두된 이론

참고

■ **설득** : 부하의 행동에 영향을 주는 리더십 중 조언, 설명, 보상조건 등의 제시를 통한 적극적인 방법

(3) 리더십의 유형(업무 추진방식에 따른 분류)

① **민주형** : 집단의 토론, 회의 등에 의해서 정책을 결정하는 유형
② **자유방임형** : 지도자가 집단 구성원에게 완전히 자유를 주며, 집단에 대하여 전혀 리더십을 발휘하지 않고 명목상의 리더 자리만을 지키는 유형
③ **권위형** : 지도자가 집단의 모든 권한 행사를 단독적으로 처리하는 유형

(4) 리더십(leadership)과 헤드십(headship)의 비교

개인과 상황변수	리더십	헤드십
권한 행사	선출된 리더	임명된 헤드
권한 부여	밑으로부터 동의	위에서 위임
권한 근거	개인능력	법적 또는 공식적
권한 귀속	집단목표에 기여한 공로 인정	공식화된 규정에 의함
구성원과의 관계	개인적인 영향	지배적
책임 귀속	상사와 부하	상사
구성원과의 사회적 간격	좁음	넓음
지휘 형태	민주주의적	권위주의적

(5) 관리 그리드(managerial grid) 이론

① (1.1) : **무관심형**(impoverished) – 생산과 인간에 대한 관심이 모두 낮은 무관심 스타일로서, 리더 자신의 직분을 유지하는 데에 최소한의 노력만을 투입하는 리더의 유형

② (1.9) : **인기형**(county club) – 인간에 대한 관심은 매우 높고 생산에 대한 관심은 매우 낮기 때문에 구성원의 만족 관계와 친밀한 분위기를 조성하는 데에 역점을 기울이는 리더의 유형

③ (9.1) : **과업형**(authority) – 인간관계 유지에는 낮은 관심을 보이지만 과업에 대해서는 높은 관심을 가지는 리더의 유형

④ (5.5) : **타협형**(middle of the road) – 과업의 능률과 인간요소를 절충하며 적당한 수준의 성과를 지향하는 리더의 유형

⑤ (9.9) : **이상형**(team) – 구성원들과 조직체의 공동목표와 상호의존 관계를 강조하고 상호신뢰적이고 상호존경적인 관계에서 구성원들의 합의를 통하여 과업을 달성하는 리더의 유형

핵심이론 23 | 레빈(Kurt Lewin)의 법칙

인간의 행동은 그 사람이 가진 자질, 즉 개체와 심리학적 환경과의 상호 함수관계에 있다. 어떤 순간에 있어서 행동, 어떤 심리학적 장(field)을 일으키느냐 일으키지 않느냐는 심리학적 생활공간의 구조에 따라 결정된다.

$$B=f(P \cdot E), \quad B=f(L \cdot s \cdot P), \quad L=f(m \cdot s \cdot l)$$

여기서, B : Behavior(행동)

P : Person(소질)–연령, 경험, 심신상태, 성격, 지능 등에 의하여 결정

E : Environment(환경)–심리적 영향을 미치는 인간관계, 작업환경, 작업조건, 설비적 결함, 감독, 직무의 안정

f : function(함수)–적성, 기타 PE에 영향을 주는 조건

L : 생활공간, m : members, s : situation, l : leader

핵심이론 24 ❙ 동기부여 이론과 동기유발 방법

(1) 매슬로우(A.H. Maslow)의 욕구 5단계 이론

① 제1단계 : 생리적 욕구(생명유지의 기본적 욕구 : 기아, 갈증, 호흡, 배설, 성욕 등)

■ 의식적 통제가 힘든 순서

1. 호흡욕구 2. 안전욕구 3. 해갈욕구 4. 배설욕구 5. 수면욕구 6. 식욕

② 제2단계 : 안전의 욕구(인간에게 영향을 줄 수 있는 불안, 공포, 재해 등 각종 위험으로부터 해방되고자 하는 욕구)

③ 제3단계 : 사회적 욕구(소속감과 애정욕구 : 친화)

④ 제4단계 : 존경의 욕구(인정받으려는 욕구 : 자존심, 명예, 성취, 지위 등)

⑤ 제5단계 : 자아실현의 욕구(자기의 잠재력을 최대한 살리고 자기가 하고 싶었던 일을 실현하려는 욕구)

❙ 매슬로우의 이론과 알더퍼 이론의 관계 ❙

이 론 \ 욕 구	저차원적 욕구 ←——→ 고차원적 욕구		
매슬로우	생리적 욕구, 물리적 측면의 안전욕구	대인관계 측면의 안전욕구, 존경욕구	자아실현의 욕구
알더퍼(ERG 이론)	존재욕구(E)	관계욕구(R)	성장욕구(G)
X 이론 및 Y 이론 (McGregor)	X 이론	Y 이론	

(2) 데이비스(K. Davis)의 동기부여 이론 등식

① 인간의 성과×물질의 성과=경영의 성과

② 지식(knowledge)×기능(skill)=능력(ability)

③ 상황(situation)×태도(attitude)=동기유발(motivation)

④ 능력×동기유발=인간의 성과(human performance)

(3) 맥그리거(McGregor)의 X이론과 Y이론 비교

X이론	Y이론
인간 불신감(성악설)	상호 신뢰감(성선설)
저차(물질적)의 욕구	고차(정신적)의 욕구 만족에 의한 동기부여
명령통제에 의한 관리(규제관리)	목표통합과 자기통제에 의한 관리
저개발국형	선진국형

(4) 허즈버그(Frederick Herzberg)의 2요인 이론

위생요인(직무환경)	동기요인(직무내용)
정책 및 관리, 대인관계 관리, 감독, 임금, 보수, 작업조건, 지위, 안전	성취감, 책임감, 인정, 성장과 발전, 도전, 일 그 자체

핵심이론 25 | 재해 누발자 유형

(1) 미숙성 누발자

① 기능 미숙

② 환경에 익숙하지 못하기 때문

(2) 상황성 누발자

① 작업의 난이성

② 기계 설비의 결함

③ 환경상 주의력의 집중이 혼란되기 때문

④ 심신의 근심

(3) 습관성 누발자

① 재해의 경험에 의해 겁쟁이가 되거나 신경과민이 되기 때문

② 슬럼프(slump) 상태에 빠져있기 때문

(4) 소질성 누발자

① 개인적 소질 가운데 재해원인 요소를 가지고 있는 자

② 개인의 특수성격 소유자로서, 그가 가지고 있는 재해의 소질성 때문에 재해를 누발하는 자

핵심이론 26 | 성격검사

(1) Y－G(Yutaka－Guilford) 성격검사

① A형(평균형) : 조화적, 적응적

② B형(우편형) : 정서 불안정, 활동적, 외향(불안전, 부적응, 적극적)

③ C형(좌편형) : 안전 소극적(온순, 소극적, 안정, 비활동, 내향적)

④ D형(우하형) : 안전, 적응, 적극적(정서 안정, 사회 적응, 활동적, 대인관계 양호)

⑤ E형(좌하형) : 불안정, 부적응, 수동적(D형과 반대)

(2) Y－K(Yutaka－Kohata) 성격검사

작업성격 유형	작업성격 인자	적성 직종의 일반적 경향
CC′형 : 담즙질 (진공성형)	① 운동, 결단, 기민이 빠르다. ② 적응이 빠르다. ③ 세심하지 않다. ④ 내구, 집념이 부족하다. ⑤ 자신감이 강하다.	① 대인적 직업 ② 창조적, 관리자적 직업 ③ 변화있는 기술적, 가공 작업 ④ 변화있는 물품을 대상으로 하는 불연속 작업
MM′형 : 흑담즙질 (신경질형)	① 운동성이 느리고, 지속성이 풍부하다. ② 적응이 느리다. ③ 세심, 억제, 정확하다. ④ 내구성, 집념, 지속성이 있다. ⑤ 담력, 자신감이 강하다.	① 연속적, 신중적, 인내적 작업 ② 연구개발적, 과학적 작업 ③ 정밀, 복잡한 작업
SS′형 : 다혈질 (운동성형)	①, ②, ③, ④ : CC′형과 동일 ⑤ 담력, 자신감이 약하다.	① 변화하는 불연속적 작업 ② 사람 상대 상업적 작업 ③ 기민한 동작을 요하는 작업
PP′형 : 점액질 (평범수동성형)	①, ②, ③, ④ : MM′형과 동일 ⑤ 약하다.	① 경리사무, 흐름작업 ② 계기관리, 연속작업 ③ 지속적 단순작업
Am형 : 이상질	① 극도로 나쁘다. ② 극도로 느리다. ③ 극도로 결핍되었다. ④ 극도로 강하거나 약하다.	① 위험을 수반하지 않는 단순한 기술적 작업 ② 직업상 부적응적 성격자는 정신위생적 치료 요함

핵심이론 27 | 억측판단과 착시현상 및 주의

(1) 억측판단

① 자기 멋대로 주관적인 판단이나 희망적인 관찰에 근거를 두고 다분히 이렇게 해도 될 것이라는 것을 확인하지 않고 행동으로 옮기는 판단이다.

예 경보기가 울려도 기차가 오기까지 아직 시간이 있다고 판단하여 건널목을 건너다가 사고를 당했다.

② 억측판단 배경

㉮ 초조한 심정 ㉯ 희망적 관측 ㉰ 과거의 성공한 경험

(2) 착시현상(시각의 착각현상)

① Müller－Lyer의 착시

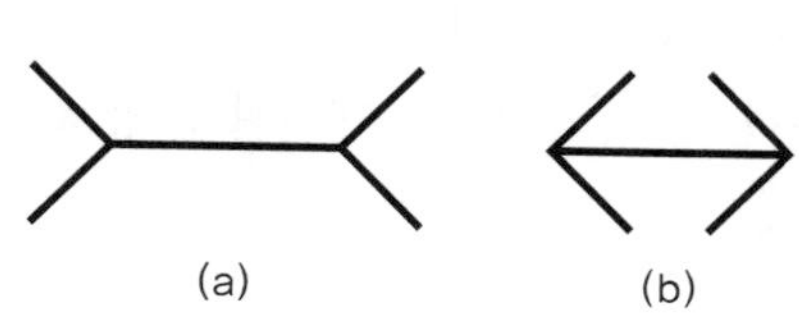

(a) (b)

(a)가 (b)보다 길어 보인다.
(실제(a)=(b))

② Helmholtz의 착시

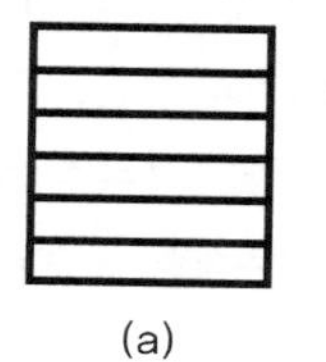

(a)

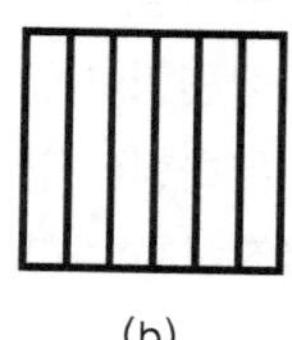

(b)

(a)는 가로로 길어 보이고, (b)는 세로로 길어 보인다.
(실제(a)=(b))

③ Hering의 착시

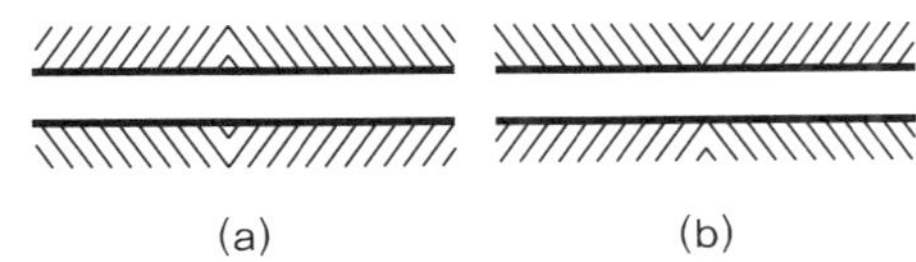

두 개의 평행선이 (a)는 양단이 벌어져 보이고, (b)는 중앙이 벌어져 보인다.

④ Köhler의 착시

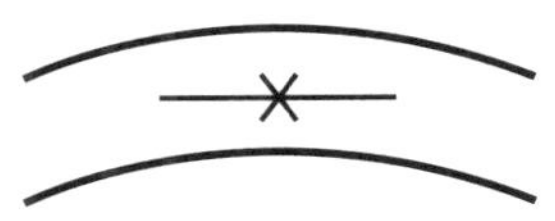

우선 평행의 호(弧)를 보고 이어 직선을 본 경우에는 직선은 호와의 반대방향에 보인다.

⑤ Poggendorf의 착시

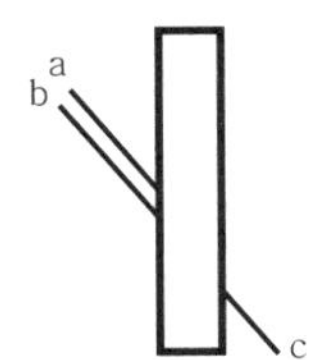

a와 c가 일직선으로 보인다.

⑥ Zöller의 착시

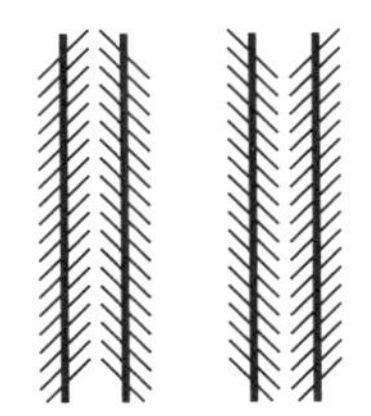

세로의 선이 굽어보인다.

(3) 주의(attention)

주의의 종류는 다음과 같다.

① **선택성** : 여러 종류의 자극을 자각할 때 소수의 특정한 것에 한하여 주의가 집중되는 것

② **방향성** : 주시점(시선이 가는 쪽)만 인지하는 기능

③ **변동성** : 주의집중 시 주기적으로 부주의의 리듬이 존재

참고

■ **주의와 리스크 테이킹**

1. **주의(attention)의 일정집중현상**
   ① 정의 : 인간이 갑자기 사고 또는 재난을 당하면 주의력이 한 곳에 몰리게 되어 판단력이 상실되며 멍청해지는 현상
   ② 대책 : 위험예지훈련
2. **리스크 테이킹(risk taking)** : 객관적인 위험을 자기 나름대로 판정해서 의지결정을 하고 행동에 옮기는 것

핵심이론 28 | 생체리듬

(1) 생체리듬(Bio Rhythm)의 종류 및 특징

① **육체적 리듬(Physical cycle)** : 육체적으로 건전한 활동기(11.5일)와 그렇지 못한 휴식기(11.5일)가 23일을 주기로 하여 반복된다. 육체적 리듬(P)은 신체적 컨디션의 율동적인 발현, 즉 식욕, 소화력, 활동력, 스태미너 및 지구력과 밀접한 관계를 갖는다.

② **지성적 리듬**(Intellectual cycle) : 지성적 사고능력이 재빨리 발휘된 날(16.5일)과 그렇지 못한 날(16.5일)이 33일을 주기로 반복된다. 지성적 리듬(I)은 상상력, 사고력, 기억력 또는 의지, 판단 및 비판력 등과 깊은 관련성을 갖는다.

③ **감성적 리듬**(Sensitivity cycle) : 감성적으로 예민한 기간(14일)과 그렇지 못한 둔한 기간(14일)이 28일을 주기로 반복한다. 감성적 리듬(S)은 신경조직의 모든 기능을 통하여 발현되는 감정, 즉 정서적 희로애락, 주의력, 창조력, 예감 및 통찰력 등을 좌우한다.

(2) 생체리듬의 변화

① 혈액의 수분, 염분량 : 주간 감소, 야간 상승
② 체온, 혈압, 맥박수 : 주간 상승, 야간 감소
③ 야간 체중 감소, 소화분비액 불량
④ 야간 말초운동 기능 저하, 피로의 자각증상 증대

핵심이론 29 ‖ 교육의 기초와 안전교육

(1) 교육의 3요소

① 주체 : 강사
② 객체 : 수강자
③ 매개체 : 교재

(2) 교육 지도의 원칙

교육 지도의 여러 가지 원칙 중 오감을 통한 기능적인 이해를 돕도록 하는 것에 대한 설명은 다음과 같다.

① 5관의 교육훈련 효과
㉮ 시각 : 60% ㉯ 청각 : 20% ㉰ 촉각 : 15% ㉱ 미각 : 3% ㉲ 후각 : 2%

② 교육의 이해도(교육 효과)
㉮ 눈 : 40% ㉯ 입 : 80% ㉰ 귀 : 20% ㉱ 머리+손+발 : 90% ㉲ 귀+눈 : 80%

③ 감각 기능별 반응시간
㉮ 시각 : 0.20초 ㉯ 청각 : 0.17초 ㉰ 촉각 : 0.18초 ㉱ 미각 : 0.29초 ㉲ 통각 : 0.7초

(3) 안전교육(태도교육의 기본과정)

① 제1단계 : 청취한다.
② 제2단계 : 이해하고 납득시킨다.
③ 제3단계 : 항상 모범을 보여준다.
④ 제4단계 : 권장(평가)한다.
⑤ 제5단계 : 장려한다.
⑥ 제6단계 : 처벌한다.

핵심이론 30 | 파블로프(Pavlov)의 조건반사(반응)설(S-R 이론)

(1) **시간의 원리**(the time principle)

조건화시키려는 자극은 무조건 자극보다는 시간적으로 동시 또는 조금 앞서야만 조건화, 즉 강화가 잘 된다.

(2) **강도의 원리**(the intensity principle)

자극이 강할수록 학습이 보다 더 잘 된다.

(3) **일관성의 원리**(the consistency principle)

무조건 자극은 조건화가 성립될 때까지 일관하여 조건 자극에 결부시켜야 한다.

(4) **계속성의 원리**(the continuity principle)

시행착오설에서 연습의 법칙, 빈도의 법칙과 같은 것으로서 자극과 반응과의 관계를 반복하여 횟수를 더할수록 조건화, 즉 강화가 잘 된다.

핵심이론 31 | 교육훈련의 형태

(1) **현장교육** OJT(On the Job Training)

관리감독자 등 직속상사가 부하직원에 대해서 일상업무를 통하여 지식, 기능, 문제해결 능력 및 태도 등을 교육훈련하는 방법이며, 개별교육 및 추가지도에 적합하다.

① 장점

㉮ 직장의 실정에 맞는 구체적이고 실제적인 지도교육이 가능하다.

㉯ 실시가 Off JT보다 용이하다.

㉰ 훈련에 의해서 진보의 정도를 알 수 있고, 종업원에게 동기부여가 된다.

㉱ 상호신뢰 및 이해도가 높아진다.

㉲ 비용이 적게 든다.

㉳ 훈련을 하면서 일을 할 수 있다.

㉴ 개개인의 적절한 지도훈련이 가능하다.

㉵ 교육효과가 업무에 신속히 반영된다.

② 단점

㉮ 훌륭한 상사가 꼭 훌륭한 교사는 아니다.

㉯ 일과 훈련의 양쪽이 반반이 될 가능성이 있다.

㉰ 다수의 종업원이 한 번에 훈련할 수 없다.

㉱ 통일된 내용과 동일 수준의 훈련이 될 수 없다.

㉲ 전문적인 고도의 지식 기능을 가르칠 수 없다.

(2) 집체교육 Off JT(Off the Job Training)

공통된 교육목적을 가진 근로자를 일정한 장소에 집합시켜 외부 강사를 초청하여 실시하는 방법으로 집합교육에 적합하다.

① **장점**

㉮ 동시에 다수의 근로자에게 조직적 훈련이 가능하다.

㉯ 훈련에만 전념하게 된다.

㉰ 관련 분야의 외부 전문가를 강사로 초빙하는 것이 가능하다.

㉱ 특별 설비기구를 이용하는 것이 가능하다.

㉲ 각 직장의 근로자가 많은 지식이나 경험을 교류할 수 있다.

② **단점** : 교육훈련 목표에 대하여 집단적 노력이 흐트러질 수도 있다.

핵심이론 32 | 교육훈련방법

(1) 하버드(Harvard) 학파의 교수법

① **제1단계** : 준비시킨다.

② **제2단계** : 교시(presentation)한다.

③ **제3단계** : 연합(association)시킨다.

④ **제4단계** : 총괄(generalization)시킨다.

⑤ **제5단계** : 응용시킨다.

(2) 회의(토의) 방식(group discussion method)

① **포럼(forum)** : 새로운 자료나 교재를 제시하고 문제점을 피교육자로 하여금 제기하도록 하거나 의견을 여러 가지 방법으로 발표하게 하여 청중과 토론자 간 활발한 의견 개진과정을 통하여 합의를 도출해내는 방법

② **심포지엄(symposium)** : 몇 사람의 전문가에 의해 과제에 관한 견해를 발표하고 참가자로 하여금 의견이나 질문을 하게 하는 토의 방식

③ **패널 디스커션(panel discussion)** : 교육과제에 정통한 전문가 4~5명이 피교육자 앞에서 자유로이 토의를 실시한 다음에 피교육자 전원이 참가하여 사회자의 진행에 따라 토의하는 방법

④ **버즈 세션(buzz session)** : 6.6회의라고도 하며, 참가자가 다수인 경우에 전원을 토의에 참가시키기 위하여 6명씩 소집단으로 구분하고, 집단별로 각각의 사회자를 선발하여 6분간씩 자유토의를 행하여 의견을 종합하는 방법, 즉 참가자가 다수인 경우에 전원을 토의에 참가시키기 위하여 소집단으로 구분하고 각각 자유토의를 행하여 의견을 종합하는 방식

⑤ **자유토의법(free discussion method)** : 참가자 각자가 가지고 있는 지식, 의견, 경험 등을 교환하여 상호이해를 높임과 동시에 체험이나 배경 등의 차이에 의한 사물의 견해, 사고방식의 차이를 학습하여 이해하는 것

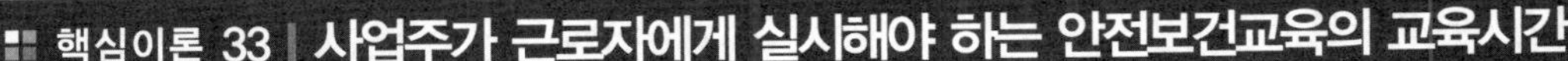

핵심이론 33 | 사업주가 근로자에게 실시해야 하는 안전보건교육의 교육시간

(1) 근로자 안전보건교육

교육과정	교육대상		교육시간
정기교육	사무직 종사 근로자		매 반기 6시간 이상
	그 밖의 근로자	판매업무에 직접 종사하는 근로자	매 반기 6시간 이상
		판매업무에 직접 종사하는 근로자 외의 근로 자	매 반기 12시간 이상
채용 시 교육	일용근로자 및 근로계약기간이 1주일 이하인 기간제 근로자		1시간 이상
	근로계약기간이 1주일 초과 1개월 이하인 기간제 근로자		4시간 이상
	그 밖의 근로자		8시간 이상
작업내용 변경 시 교육	일용근로자 및 근로계약기간이 1주일 이하인 기간제 근로자		1시간 이상
	그 밖의 근로자		2시간 이상
특별교육	일용근로자 및 근로계약기간이 1주일 이하인 기간제 근로자 (타워크레인 신호작업에 종사하는 근로자 제외)		2시간 이상
	일용근로자 및 근로계약기간이 1주일 이하인 기간제 근로자 중 타워크레인 신호작업에 종사하는 근로자		8시간 이상
	일용근로자 및 근로계약기간이 1주일 이하인 기간제 근로자를 제외한 근로자		㉠ 16시간 이상 (최초 작업에 종사하기 전 4시간 이상 실시하고, 12시간은 3개월 이내에서 분할하여 실시 가능) ㉡ 단기간 작업 또는 간헐적 작업인 경우에는 2시간 이상
건설업 기초 안전 · 보건 교육	건설 일용근로자		4시간 이상

(2) 관리감독자 안전보건교육

교육과정	교육시간
정기교육	연간 16시간 이상
채용 시 교육	8시간 이상
작업내용 변경 시 교육	2시간 이상
특별교육	16시간 이상 (최초 작업에 종사하기 전 4시간 이상 실시하고, 12시간은 3개월 이내에서 분할하여 실시 가능)
	단기간 작업 또는 간헐적 작업인 경우에는 2시간 이상

핵심이론 34 | 특수형태 근로종사자에 대한 안전보건교육

교육과정	교육시간
최초 노무 제공 시 교육	2시간 이상 (단기간 작업 또는 간헐적 작업에 노무를 제공하는 경우에는 1시간 이상 실시하고, 특별교육을 실시한 경우는 면제)
특별교육	16시간 이상 (최초 작업에 종사하기 전 4시간 이상 실시하고, 12시간은 3개월 이내에서 분할하여 실시 가능)
	단기간 작업 또는 간헐적 작업인 경우에는 2시간 이상

핵심이론 35 | 안전보건관리책임자 등에 대한 교육(직무교육)

교육대상	교육시간	
	신규교육	보수교육
• 안전보건관리책임자	6시간 이상	6시간 이상
• 안전관리자, 안전관리 전문기관의 종사자	34시간 이상	24시간 이상
• 보건관리자, 보건관리 전문기관의 종사자	34시간 이상	24시간 이상
• 건설재해예방 전문지도기관의 종사자	34시간 이상	24시간 이상
• 석면 조사기관의 종사자	34시간 이상	24시간 이상
• 안전보건관리담당자	–	8시간 이상
• 안전검사기관, 자율안전검사기관의 종사자	34시간 이상	24시간 이상

핵심이론 36 | 검사원 성능검사교육

교육과정	교육대상	교육시간
성능검사교육	–	28시간 이상

과목 02 인간공학 및 위험성 평가 · 관리

핵심이론 1 | 정보의 측정단위

bit란 실현 가능성이 같은 2개의 대안 중 하나가 명시되었을 때 얻을 수 있는 정보량이다.

(1) 실현 가능성이 같은 대안이 있을 때의 총 정보량(H)

$$H = \log_2 N$$

여기서, N : 대안의 수

예제 1 4지선다형 문제의 정보량은 얼마인가?

풀이 4가지 중 한 개를 선택할 확률

A 확률$= \frac{1}{4} = 0.25$ B 확률$= \frac{1}{4} = 0.25$ C 확률$= \frac{1}{4} = 0.25$ D 확률$= \frac{1}{4} = 0.25$

$A = \frac{\log\left(\frac{1}{0.25}\right)}{\log 2} = 2$ $B = \frac{\log\left(\frac{1}{0.25}\right)}{\log 2} = 2$ $C = \frac{\log\left(\frac{1}{0.25}\right)}{\log 2} = 2$ $D = \frac{\log\left(\frac{1}{0.25}\right)}{\log 2} = 2$

$\therefore$ 정보량$= (0.25 \times A) + (0.25 \times B) + (0.25 \times C) + (0.25 \times D)$
$= (0.25 \times 2) + (0.25 \times 2) + (0.25 \times 2) + (0.25 \times 2)$
$= 2\,\text{bit}$

(2) 실현 가능성이 같지 않은 대안이 있을 때의 총 정보량(H)

$$H = \Sigma H_i P_i, \quad H_i = \log_2\left(\frac{1}{P_i}\right)$$

여기서, H_i : 대안 i와 연관된 정보량, P_i : 대안 i가 일어날 확률

예제 2 빨강, 노랑, 파랑의 3가지 색으로 구성된 교통신호등이 있다. 신호등은 항상 3가지 색 중 하나가 켜지도록 되어 있다. 1시간 동안 조사한 결과 파란등은 총 30분 동안, 빨간등과 노란등은 각각 총 15분 동안 켜진 것으로 나타났다. 이 신호등의 총 정보량은 몇 bit인가?

풀이 P_1(파란등일 확률)$= \frac{30분}{60분} = 0.5$

P_2(빨간등일 확률)$= \frac{15분}{60분} = 0.25$

P_3(노란등일 확률)$= \frac{15분}{60분} = 0.25$

$\therefore$ 총 정보량(H)$= \Sigma H_i P_i = \left(\log_2 \frac{1}{0.5}\right) \times 0.5 + \left(\log_2 \frac{1}{0.25}\right) \times 0.25 + \left(\log_2 \frac{1}{0.25}\right) \times 0.25 = 1.5$

핵심이론 2 | 인간과 기계의 기능 비교

인간이 기계보다 우수한 기능	기계가 인간보다 우수한 기능
① 저에너지의 자극을 감지 ② 복잡 다양한 자극의 형태를 식별 ③ 예기치 못한 사건들을 감지 ④ 다량의 정보를 장시간 기억하고 필요시 내용을 회상 ⑤ 관찰을 통해서 일반화하여 귀납적으로 추리 ⑥ 원칙을 적용하여 다양한 문제를 해결 ⑦ 어떤 운용방법이 실패할 경우 다른 방법을 선택(융통성) ⑧ 다양한 경험을 토대로 의사결정, 상황적인 요구에 따라 적응적인 결정, 비상사태 시 임기응변 ⑨ 주관적으로 추산하고 평가 ⑩ 문제해결에 있어서 독창력을 발휘 ⑪ 과부하 상태 에너지는 중요한 일에만 전념	① 인간의 정상적인 감지범위 밖에 있는 자극을 감지 ② 인간 및 기계에 대한 모니터 기능 ③ 사전에 명시된 사상, 특히 드물게 발생하는 사상을 감지 ④ 암호화된 정보를 신속하게 대량보관 ⑤ 연역적으로 추정하는 기능 ⑥ 명시된 프로그램에 따라 정량적인 정보처리 ⑦ 과부하 시에도 효율적으로 작동하는 기능 ⑧ 장기간 중량작업을 할 수 있는 기능 ⑨ 반복작업 및 동시에 여러 가지 작업을 수행할 수 있는 기능 ⑩ 주위가 소란하여도 효율적으로 작동하는 기능

참고

- 인간-기계 시스템에 대한 평가에서 평가척도나 기준으로서 관심의 대상이 되는 변수 : 종속변수

핵심이론 3 | 인간-기계 시스템에서 시스템의 설계

(1) 제1단계 : 시스템의 목표와 성능명세 결정

(2) 제2단계 : 시스템의 정의

(3) 제3단계 : 기본설계(기능의 할당, 인간 성능조건, 직무분석, 작업설계)

(4) 제4단계 : 인터페이스 설계

(5) 제5단계 : 보조물 설계

(6) 제6단계 : 시험 및 평가

핵심이론 4 | 통제표시비와 자동제어

(1) 통제표시비(control display ratio)

① **통제표시비(통제비)** : C/D비라고도 하며, 통제기기와 시각표시의 관계를 나타내는 비율로서 통제기기의 이동거리 X를 표시판의 지침이 움직인 거리 Y로 나눈 값을 말한다.

$$\frac{C}{D}\text{비} = \frac{X}{Y}$$

여기서, X : 통제기기의 이동거리(cm)

Y : 표시판의 지침이 움직인 거리(cm)

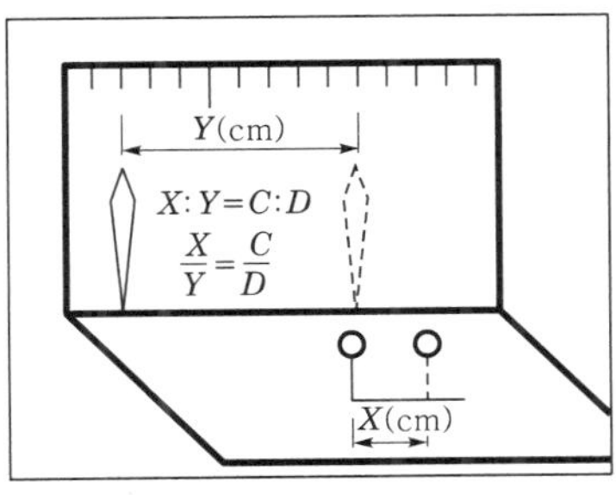

| 통제표시비의 예시 |

> **예제 3** 제어장치에서 조종장치의 위치를 1cm 움직였을 때 표시장치의 지침이 4cm 움직였다면 이 기기의 C/D비는 약 얼마인가?
>
> **풀이** 통제비(통제표시비)
>
> $$\frac{C}{D}\text{비} = \frac{\text{통제기기의 변위량}}{\text{표시계기 지침의 변위량}} = \frac{1\text{cm}}{4\text{cm}} = 0.25$$

② **통제표시비와 조작시간의 관계** : 젠킨슨(W.L. Jenkins)의 실험치로서 시각의 감지시간, 통제기기의 주행시간, 그리고 조정시간의 3요소가 조작시간에 포함되는 시간으로, 최적 통제비는 1.18~2.42가 효과적이라는 실험결과를 나타내고 있다.

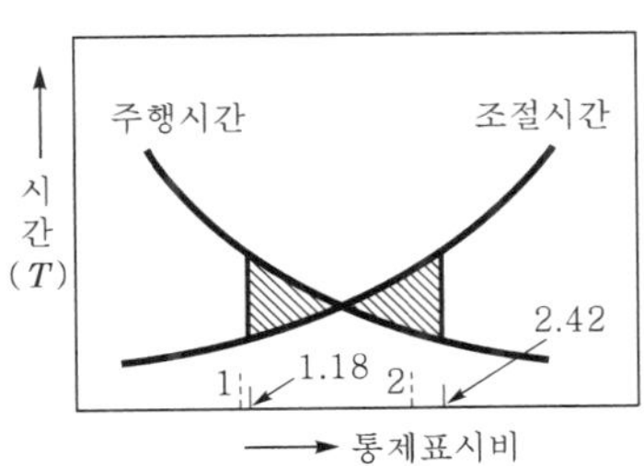

| 통제표시비와 조작시간 |

③ **조종구(ball control)에서의 C/D비**

$$\frac{C}{D}\text{비} = \frac{\frac{a}{360} \times 2\pi L}{\text{표시계기의 이동거리}}$$

여기서, a : 조종장치가 움직인 각도

L : 반지름(지레의 길이)

예제 4 반경 7cm의 조종구를 30° 움직일 때 계기판의 표시가 3cm 이동하였다면 이 조종장치의 C/D비는 약 얼마인가?

풀이 $C/D\text{비} = \dfrac{\dfrac{a}{360}\times 2\pi L}{\text{표시계기의 이동거리}} = \dfrac{\dfrac{30}{360}\times 2\pi \times 7\text{cm}}{3\text{cm}} = 1.22$

여기서, a : 조종구가 움직인 각도, L : 반경

참고

■ **힉-하이만(Hick-Hyman) 법칙** : 자동생산 시스템에서 3가지 고장 유형에 따라 각기 다른 색의 신호등에 불이 들어오고 운전원은 색에 따라 다른 조정장치를 조작하려고 한다. 이때 운전원이 신호를 보고 어떤 장치를 조작해야 할지를 결정하기까지 걸리는 시간을 예측하기 위해서 사용할 수 있는 이론

(2) 자동제어

① 시퀀스 제어(sequential control) : 순차제어라고도 하며, 미리 정해진 순서에 따라 제어의 각 단계를 차례로 진행시키는 제어를 말한다.

② 서보 기구(servo mechanism) : 물체의 위치, 방향, 힘, 속도 등의 역학적인 물리량을 제어하는 기구이다.

예 레이더의 방향제어, 선박, 항공기 등의 속도조절기구, 공작기계의 제어 등

③ 공정 제어(process control) : 온도, 압력, 유량 등을 제어한다.

④ 되먹임 제어(feedback control) : 제어 결과를 측정하여 목표로 하는 동작이나 상태와 비교하여 잘못된 점을 수정해 가는 제어이다.

핵심이론 5 ❙ 양립성의 종류

(1) 공간적 양립성

다수의 표시장치(디스플레이)를 수평으로 배열할 경우 해당 제어장치를 각각의 표시장치 아래에 배치하면 좋아지는 양립성

예 스위치

(2) 운동 양립성

표시 및 조종 장치, 체계반응에 대한 운동방향의 양립성

예 레버, 우측으로 핸들을 돌린다.

(3) 개념적 양립성

사람들이 가지고 있는 개념적 연상의 양립성

예 위험신호는 빨간색, 주의신호는 노란색, 안전신호는 파란색

(4) 양식 양립성

직무에 대하여 청각적 제시에 대한 음성응답을 하도록 할 때 가장 관련 있는 양립성

■ 양립성과 암호

1. 양립성
   ① 자극-반응 조합의 관계에서 인간의 기대와 모순되지 않은 성질
   ② 양립적 이동 : 항공기의 경우 일반적으로 이동부분의 영상은 고정된 눈금이나 좌표계에 나타내는 것이 바람직하다.
2. 암호
   ① 암호로서 성능이 좋은 순서 : 숫자암호-영문자암호-구성암호
   ② 암호체계 사용상의 일반적인 지침
      ㉠ 암호의 검출성 ㉡ 부호의 양립성 ㉢ 암호의 표준화

핵심이론 6 | 시각적 표시장치

(1) 정량적 표시장치

온도나 속도 같은 동적으로 변하는 변수나, 자로 재는 길이 같은 정적변수의 계량값에 관한 정보를 제공하는 데 사용된다.

① **동침형**(moving pointer) : 눈금이 고정되어 있고 지침이 움직이는 형으로 표시값의 변화방향이나 변화속도를 나타내어 전반적인 추이의 변화를 관측할 필요가 있는 경우에 가장 적합하다.

예 자동차 속도계, 압력계 등

② **동목형**(moving scale) : 지침이 고정되어 있고 눈금이 움직이는 형으로 눈금과 손잡이가 같은 방향으로 회전되도록 설계한다.

예 체중계 등

참고

■ 아날로그 표시장치는 표시장치의 면적을 최소화할 수 있는 장점이 있다.

③ **계수형**(digital) : 관측하고자 하는 측정값을 가장 정확하게 읽을 수 있는 표시장치

예 전력계, 택시요금미터, 가스계량기 등

(a) 동침형

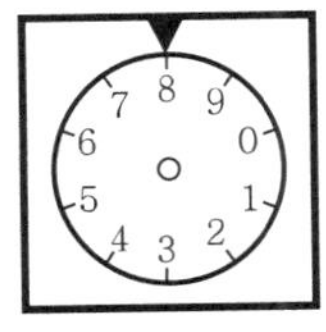

(b) 동목형

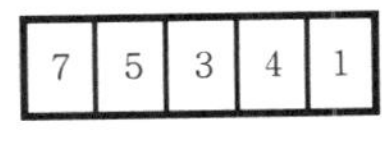

(c) 계수형

‖ 정량적 표시장치 ‖

(2) 신호 및 경보등

점멸등이나 상점등을 이용하며, 빛의 검출성에 따라 신호, 경보효과가 달라진다.

핵심이론 7 | 청각적 표시장치

통화 이해도를 추정하는 근거로 사용하며 각 옥타브대의 음성과 잡음을 데시벨치에 가중치를 곱하여 합계를 구한 값을 명료도 지수라고 한다.

예제 5 다음 그림에서 명료도 지수는?

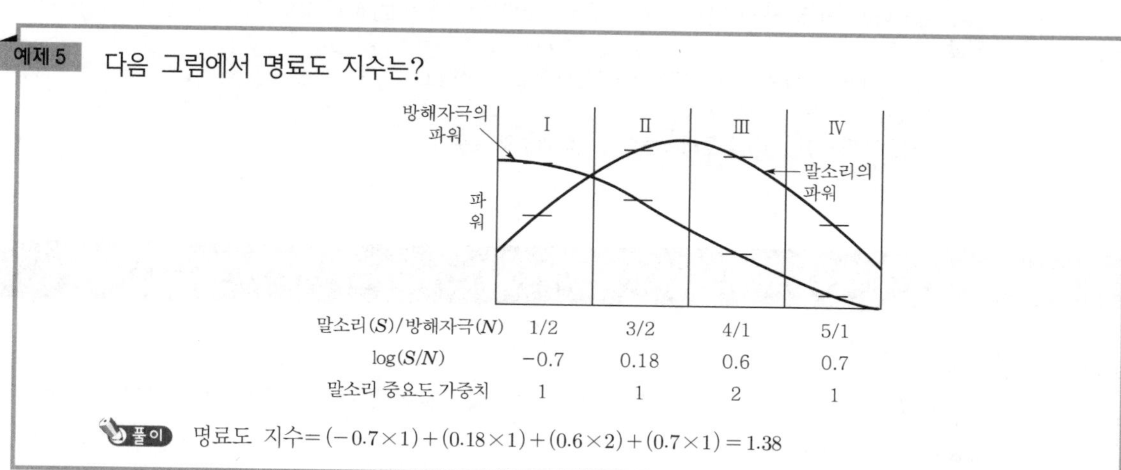

풀이 명료도 지수 $= (-0.7\times1)+(0.18\times1)+(0.6\times2)+(0.7\times1)=1.38$

핵심이론 8 | 청각장치와 시각장치

청각장치	시각장치
① 전언이 간단하고 짧다. ② 전언이 후에 재참조되지 않는다. ③ 전언이 즉각적인 사상(event)을 이룬다. ④ 전언이 즉각적인 행동을 요구한다. ⑤ 수신자의 시각 계통이 과부하 상태일 때 사용한다. ⑥ 수신장소가 너무 밝거나 암조응 유지가 필요할 때 사용한다. ⑦ 직무상 수신자가 자주 움직이는 경우 사용한다.	① 전언이 복잡하고 길다. ② 전언이 후에 재참조된다. ③ 전언이 공간적인 사건을 다룬다. ④ 전언이 즉각적인 행동을 요구하지 않는다. ⑤ 수신자의 청각 계통이 과부하 상태일 때 사용한다. ⑥ 수신장소가 너무 시끄러울 때 사용한다. ⑦ 직무상 수신자가 한 곳에 머무르는 경우 사용한다.

핵심이론 9 | 인간 오류의 본질

(1) 인간 에러의 배후요인 4M

① Man ② Machine ③ Media ④ Management

(2) 인간 실수의 분류

① 심리적 분류(Swain)

㉮ 생략적 과오(omission error) : 필요한 작업 또는 절차를 수행하지 않는 데 기인한 과오

예 가스밸브를 잠그는 것을 잊어 사고가 발생하였다.

㉯ 시간적 과오(time error) : 필요한 작업 또는 절차의 수행지연으로 인한 과오

㉰ 수행적 과오(commission error) : 필요한 작업 또는 절차의 잘못된 수행으로 발생하는 과오

예) 작업 중 전극을 반대로 끼우려고 시도했으나, 플러그의 모양이 반대로는 끼울 수 없도록 설계되어 있어서 사고를 예방할 수 있었다.(fool proof 설계원칙)

㉱ 순서적 과오(sequential error) : 필요한 작업 또는 절차의 순서 착오로 인한 과오

㉲ 과잉적 과오(extraneous error) : 불필요한 작업 또는 절차를 수행함으로써 발생한 과오

예) 자동차 운전 중 습관적으로 손을 창문 밖으로 내어 놓았다가 다쳤다.

■ **불안전한 행동을 유발하는 요인 중 인간의 생리적 요인**

1. 근력 2. 반응시간 3. 감지능력

② 원인에 의한 분류

㉮ Primary error : 작업자 자신으로부터 발생하는 과오

㉯ Secondary error : 작업의 조건이나 작업의 형태 중에서 다른 문제가 생겨 그 때문에 필요한 사항을 실행할 수 없는 오류

㉰ Command error : 필요한 물건, 정보, 에너지 등의 공급이 없어 작업자가 움직이려 해도(기능을 작동시키려 해도) 그렇게 할 수 없어서 발생하는 오류

예) 안전교육을 받지 못한 신입직원이 작업 중 전극을 반대로 끼우려고 시도했으나 플러그의 모양이 반대로는 끼울 수 없도록 설계되어 있어서 사고를 예방할 수 있었다.

■ **Slip** : 의도는 올바른 것이지만 행동이 의도한 것과는 다르게 나타나는 오류

(3) 인간의 행동수준(레빈의 행동 법칙)

레빈(Kurt Lewin)은 인간의 행동은 개인의 자질과 심리학적 환경과의 상호 함수관계에 있다고 하였다.

$$B = f(P \cdot E)$$

여기서, B(Behavior) : 행동, P(Person) : 개성, 기질, 연령, 경험, 심신상태, 지능
E(Environment) : 환경조건(인간관계), f(Function) : 함수

핵심이론 10 | 설비의 신뢰성

(1) 맨 · 머신 시스템의 신뢰성

신뢰성 R_S는 인간의 신뢰성 R_H와 기계의 신뢰성 R_E의 상승적 $R_S = R_H \cdot R_E$로 나타낸다.

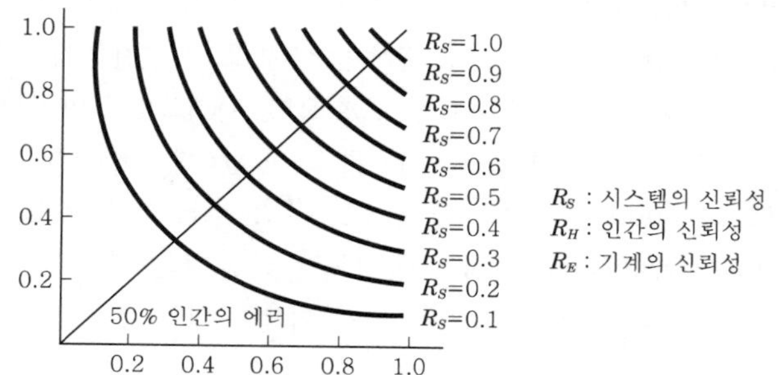

▌인간-기계의 신뢰성과 시스템의 신뢰성▌

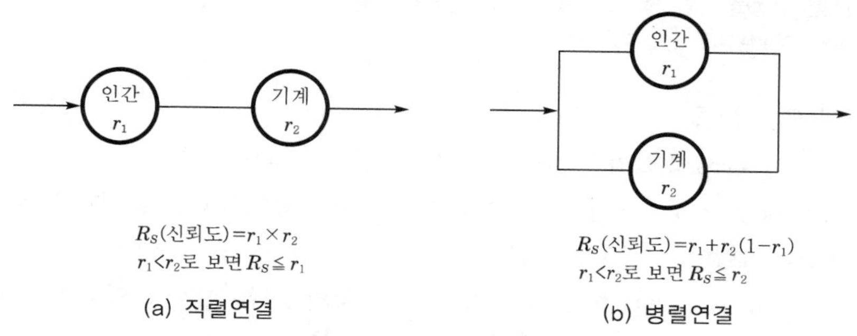

▌인간-기계의 시스템에서의 신뢰도▌

(2) 설비의 신뢰도(reliability)

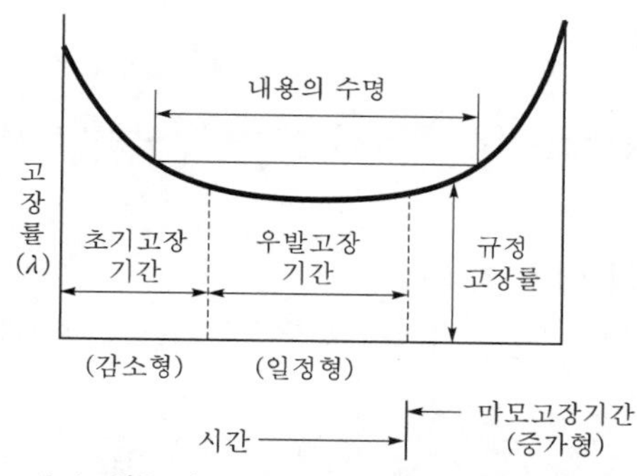

▌수명(욕조) 곡선에서 고장의 발생상황▌

① 고장 구분

㉮ 초기고장 : 점검작업, 시운전 등에 의해 사전에 방지할 수 있는 고장

㉠ 디버깅(debugging) 기간 : 기계의 초기결함을 찾아내 고장률을 안정시키는 기간

㉡ 번인(burn in) 기간 : 실제로 장시간 움직여 보고서 그동안 고장난 것을 제거하는 공정 기간

㉯ 우발고장 : 예측할 수 없을 때 생기는 고장으로 시운전이나 점검작업으로는 방지할 수 없는 고장(시스템의 수명곡선에서 고장의 발생형태가 일정하게 나타나는 기간)

㉰ 마모고장 : 수명이 다해 생기는 고장으로서, 안전진단 및 적당한 보수에 의해서 방지할 수 있는 고장

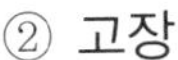

② 고장

㉮ 고장률$(\lambda) = \dfrac{\text{고장 건수}(R)}{\text{총 가동시간}(t)}$

㉯ $MTBF$(Mean Time Between Failures) : 평균무고장시간. 수리가 가능한 시스템의 평균수명 설비의 보전과 가동에 있어 시스템의 고장과 고장 사이의 시간 간격

$$\frac{1}{\lambda(\text{평균고장률})}\left(\frac{t}{R}\right)$$

예제 6 한 대의 기계를 120시간 동안 연속 사용한 경우 9회의 고장이 발생하였고, 이때의 총 고장수리시간이 18시간이었다. 이 기계의 $MTBF$는 약 몇 시간인가?

풀이 고장률$(\lambda) = \dfrac{\text{고장 건수}(R)}{\text{총 가동시간}(t)}$

$MTBF = \dfrac{1}{\lambda} = \dfrac{\text{총 가동시간}(t)}{\text{고장 건수}(R)} = \dfrac{120-18}{9} = 11.33\text{시간}$

참고

■ $MTBF$ **분석표**

1. 신뢰성과 보전성 개선을 목적으로 한 효과적인 보전기록자료
2. 보전기록 관리 : 설비보전 관리에서 설비이력카드, $MTBF$ 분석표, 고장원인대책표와 관련이 깊은 관리

■ $MTBP$(Mean Time Between Preventive maintenance) : 예방보전시간

㉰ $MTTR$(Mean Time To Repair) : 평균수리시간

$MTTR(\text{평균수리시간}) = \dfrac{\text{수리시간 합계}}{\text{수리횟수}}$

예제 7 한 대의 기계를 10시간 가동하는 동안 4회의 고장이 발생하였고, 이때의 고장수리시간이 다음 표와 같을 때 $MTTR$은 얼마인가?

가동시간(hour)	수리시간(hour)
$T_1=2.7$	$T_a=0.1$
$T_2=1.8$	$T_b=0.2$
$T_3=1.5$	$T_c=0.3$
$T_4=2.3$	$T_d=0.3$

풀이 $MTTR = \dfrac{\text{고장수리시간(hr)}}{\text{고장횟수}} = \dfrac{T_a+T_b+T_c+T_d}{4\text{회}} = \dfrac{0.1+0.2+0.3+0.3}{4}$

$= 0.225\text{시간/회}$

㉱ $MTBR$(Mean Time Between Repair) : 작동에러 평균시간. 장비가동 시 총 실작업시간 내에서 작업자가 해결하기 어려운 작동에러가 발생하는데 걸리는 평균시간

㉤ $MTTF$(Mean Time To Failure) : 평균수명 또는 고장발생까지의 평균동작시간이라고 도 하며, 하나의 고장에서부터 다음 고장까지의 평균고장시간

$$MTTF=\frac{\text{총 가동시간}}{\text{고장 건수}},\quad MTTF=\frac{1}{\lambda(\text{고장률})}$$

㉠ 직렬계 수명 : $\dfrac{MTTF}{n}$ ㉡ 병렬계 수명 : $MTTF\left(1+\dfrac{1}{2}+\dfrac{1}{3}+\cdots+\dfrac{1}{n}\right)$

예제 8 한 화학공장에는 24개의 공정제어회로가 있으며, 4,000시간의 공정 가동 중 이 회로에는 14번의 고장이 발생하였고 고장이 발생하였을 때마다 회로는 즉시 교체되었다. 이 회로의 평균고장시간($MTTF$)은 약 얼마인가?

풀이 $MTTF=\dfrac{\text{총 가동시간}}{\text{고장 건수}}=\dfrac{24\times 4{,}000}{14}=6857.142=6{,}857$시간

■ **푸아송 분포(Poisson distribution)** : 설비의 고장과 같이 특정 시간 또는 구간에 어떤 사건의 발생확률이 적은 경우 그 사건의 발생횟수를 측정하는 데 가장 적합한 확률분포

(3) 신뢰도 연결

① **직렬**(series system) : 제어계가 R개의 요소로 만들어져 있고 각 요소의 고장이 독립적으로 발생한 것이라면 어떤 요소의 고장도 제어계의 기능을 잃은 상태로 있다.

R_1 — R_2 — R_3 --- R_n

$$R_s=R_1\cdot R_2\cdot R_3\cdot\cdots\cdot R_n=\prod_{i=1}^{n}R_i$$

예제 9 자동차는 타이어가 4개인 하나의 시스템으로 볼 수 있다. 타이어 1개가 파열될 확률이 0.01이라면, 이 자동차의 신뢰도는 약 얼마인가?

풀이 $R_s=(1-0.01)^4=0.9605=0.96$

② **병렬**(parallel system, failsafety) : 항공기나 열차의 제어장치처럼 한 부분의 결함이 중대한 사고를 일으킬 우려가 있을 경우에는 페일세이프 시스템을 사용한다. 결함이 생긴 부품의 기능을 대체시킬 수 있는 장치를 중복 부착시켜 두는 시스템이다.

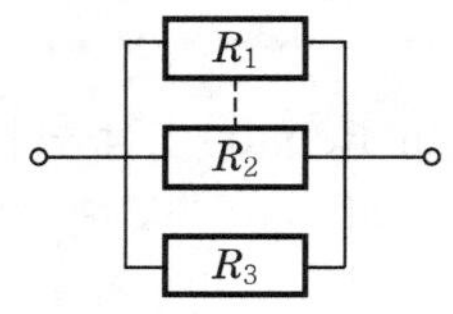

$$R_p = 1-(1-R_1)(1-R_2)(1-R_3)\cdot \cdots \cdot (1-R_n) = 1-\prod_{i=1}^{n}(1-R_i)$$

예제 10 인간-기계 시스템에서 인간과 기계가 병렬로 연결된 작업의 신뢰도는? (단, 인간은 0.8, 기계는 0.98의 신뢰도를 갖고 있다.)

풀이 $R_p = 1-(1-0.8)(1-0.98) = 0.996$

핵심이론 11 | 휴식시간

(1) 작업에 대한 평균 에너지 cost의 상환을 4kcal/분으로 잡을 때 어떤 활동이 이 한계를 넘으려면 휴식시간(Rest Time)을 삽입하여 초과분을 보상해 주어야 한다.

(2) 작업의 평균 에너지 cost가 E(kcal/분)이라 하면 60분간의 총 작업시간 내에 포함되어야 하는 휴식시간 R(분)$=E\times$(노동시간)+1.5×(휴식시간)=4×(총 작업시간)이다.

즉 $E(60-R+1.5\times R)=40\times 60$이어야 하므로 $R(\text{분})=\dfrac{60(E-4)}{E-1.5}$ 이상이 되어야 한다(Murrell 방법으로 명명).

여기서 1.5는 휴식시간 중의 에너지 소비량의 추산치이다. 그러나 개인의 건강상태에 따라서 많은 차이가 있다. 또한 E=4kcal/분일 때에는 R=0이지만, 이 공식은 단지 작업의 생리적인 부담만을 다루고 있는 것이므로 정신적인 권태감 등을 피하기 위하여는 어떤 종류의 작업에도 어느 정도의 휴식시간이 필요하다.

참고

■ 에너지 대사율(RMR)과 작업강도

RMR	작업강도	RMR	작업강도
0 ~ 2	가벼운 작업	4 ~ 7	중작업
2 ~ 4	보통작업	7 이상	초중작업

예제 11 어떤 작업의 평균 에너지 소비량이 5kcal/min일 때 1시간 작업 시 휴식시간은 약 몇 분이 필요한가? (단, 기초대사를 포함한 작업에 대한 평균 에너지 소비량 상한은 4kcal/min, 휴식시간에 대한 평균 에너지 소비량은 1.5kcal/min이다.)

풀이 휴식시간$=\dfrac{60(E-4)}{E-1.5}=\dfrac{60(5-4)}{5-1.5}=17.14$분

참고

■ 뼈의 주요기능

1. 신체(인체) 지지 2. 조혈작용(골수의 조혈) 3. 장기 보호

핵심이론 12 | 생리학적 측정법(주요 측정방법)

(1) 호흡

① 호흡이란 폐 세포를 통해서 혈액 중에 산소를 공급하고 혈액 중에 축적된 탄산가스를 배출하는 작용이며, 작업수행 시의 산소소비량을 알아내는 것에 의해서 생체로 소비된 에너지를 간접적으로 알 수 있게 된다.

② 1회의 호흡으로 폐를 통과하는 공기는 건강한 성인인 경우 300~1,500cm^3 평균 500cm^{3}이고, 호흡수는 매분 4~24회 평균 16회이며, 1분간의 호흡량을 분시용량이라고 한다.

예제 12 중량물 들기작업을 수행하는데 5분 간의 산소소비량을 측정한 결과 90L의 배기량 중에 산소가 16%, 이산화탄소가 4%로 분석되었다. 해당 작업에 대한 분당 산소소비량(L/min)은 얼마인가? (단, 공기 중 질소는 79vol%, 산소는 21vol%이다.)

풀이 분당 배기량 : $V_2 = \frac{\text{총 배기량}}{\text{시간}} = \frac{90}{5} = 18\text{L/min}$

분당 흡기량 : $V_1 = \frac{100 - O_2 - CO_2}{79} \times V_2 = \frac{100-16-4}{79} \times 18 = 18.227 = 18.23\text{L/min}$

$\therefore$ 분당 산소소비량 $= (V_1 \times 21\%) - (V_2 \times 16\%)$

$= (18.23 \times 0.21) - (18 \times 0.16)$

$= 0.948\text{L/min}$

(2) 에너지 소모량의 산출

$$\text{RMR} = \frac{\text{작업대사량}}{\text{기초대사량}} = \frac{\text{작업 시 소비 energy} - \text{안정 시 소비 energy}}{\text{기초대사량}}$$

참고

■ **기초대사량** : 생명 유지에 필요한 단위시간당 에너지량

① **작업 시의 소비에너지** : 작업 중에 소비한 산소의 소모량으로 측정한다.

② **안정 시의 소비에너지** : 의자에 앉아서 호흡하는 동안에 소비한 산소의 소모량으로 측정한다.

③ **기초대사율 BMR(Basal Metabolic Rate)** : 생명을 유지하기 위한 최소한의 대사량

㉮ 성인의 경우 보통 1,500~1,800kcal/일

㉯ 기초대사와 여가에 필요한 대사량 약 2,300kcal/일

㉰ $A = H^{0.725} \times W^{0.425} \times 72.46$

여기서, A : 몸의 표면적(cm^2), H : 신장(cm), W : 체중(kg)

참고

■ **산소 소비량 측정과 산소 빚**

1. **산소 소비량 측정** : 신체활동의 생리학적 측정법 중 전신의 육체적인 활동을 측정하는 데 가장 적합한 방법
2. **산소 빚** : 작업종료 후에도 체내에 쌓인 젖산을 제거하기 위하여 추가로 요구되는 산소량
3. **에너지 대사** : 체내에서 유기물을 합성하거나 분해하는 데는 반드시 에너지의 전환이 뒤따른다.

■ **불안전한 행동을 유발하는 요인 중 인간의 생리적 요인**

1. 근력 2. 반응시간 3. 감지능력

핵심이론 13 | 동작경제 원칙

(1) 신체 사용에 관한 원칙

① 두 팔의 동작을 동시에 서로 반대방향으로 대칭적으로 움직이도록 한다.

② 가능하면 쉽고도 자연스러운 리듬이 작업동작에 생기도록 작업을 배치한다.

(2) 작업장 배치에 관한 원칙

공구나 재료는 작업동작이 원활하게 수행되도록 그 위치를 정해준다.

(3) 공구 및 설비 디자인에 관한 원칙

공구의 기능을 통합하여 사용하도록 한다.

핵심이론 14 | 의자 설계의 일반 원칙

샌더스(Sanders)와 맥코믹(McCormick)의 의자 설계의 일반적인 원칙은 다음과 같다.

(1) 디스크가 받는 압력을 줄인다.

(2) 등근육의 정적부하를 줄인다.

(3) 자세 고정을 줄인다.

(4) 요부 전만을 유지한다.

(5) 조정이 용이해야 한다.

참고

■ **Types 근섬유** : 근섬유의 직경이 작아서 큰 힘을 발휘하지 못하지만 장시간 지속시키고 피로가 쉽게 발생하지 않는 골격근의 근섬유

■ **의자의 좌판 높이 설계** : 5% 오금높이

핵심이론 15 | 조 명

(1) 조도의 역자승의 법칙

거리가 증가할 때에 조도는 다음과 같은 역자승의 법칙에 따라 감소한다.

$$조도 = \frac{광도}{(거리)^2}$$

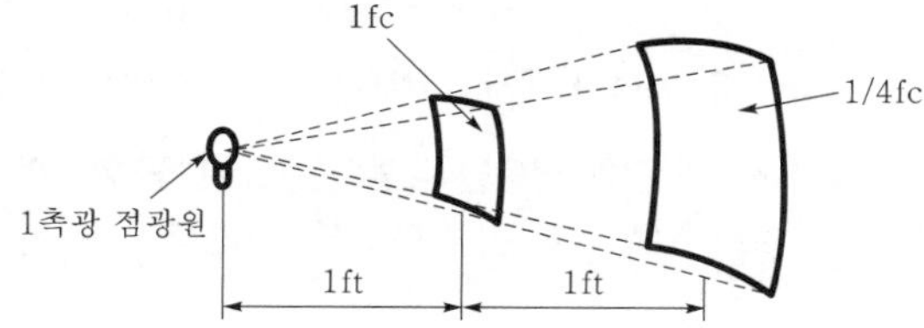

예제 13 반사형 없이 모든 방향으로 빛을 발하는 점광원에서 2m 떨어진 곳의 조도가 150lux라면 3m 떨어진 곳의 조도는 약 얼마인가?

풀이 $조도 = \frac{광도}{(거리)^2}$

2m 떨어진 지점의 광도를 구하면 $150 = \frac{x}{(2)^2} = \frac{x}{4}$ 이므로 $x = 150 \times 4 = 600$이다.

다시 3m 떨어진 지점의 조도(lux)를 구하면 $x = \frac{600}{(3)^2}$ $\therefore x = 66.67$lux

(2) 대비(luminance contrast)

보통 표적의 광속발산도(L_t)와 배경의 광속발산도(L_b)의 차를 나타내는 척도이며, 다음 공식에 의해 계산된다.

$$대비 = \frac{L_b - L_t}{L_b} \times 100$$

예제 14 조도가 400럭스인 위치에 놓인 흰색 종이 위에 짙은 회색의 글자가 쓰여 있다. 종이의 반사율은 80%이고, 글자의 반사율은 40%라고 할 때 종이와 글자의 대비는 얼마인가?

풀이 $대비 = \frac{L_b - L_t}{L_b} \times 100 = \frac{배경의\ 반사율(\%) - 표적의\ 반사율(\%)}{배경의\ 반사율(\%)} \times 100$

$= \frac{80-40}{80} \times 100 = 50\%$

핵심이론 16 | 빛의 배분(빛의 이용률)

(1) 반사율(reflectance)

표면에 도달하는 조명과 광속발산속도의 관계를 말한다. 빛을 흡수하지 못하고 완전히 발산 또는 반사시키는 표면의 반사율을 100%라 하고 만약 1fc로 조명한다면 어떤 각도에서 봐도 표면은 1fL의 광속발산도를 가질 것이다.

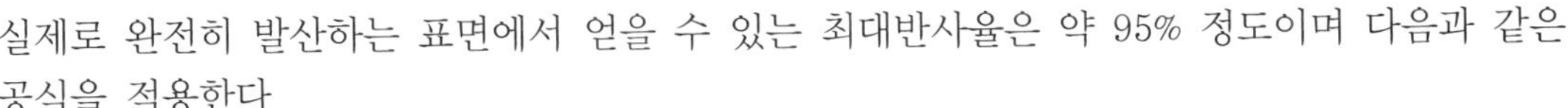

실제로 완전히 발산하는 표면에서 얻을 수 있는 최대반사율은 약 95% 정도이며 다음과 같은 공식을 적용한다.

$$\text{반사율}(\%) = \frac{\text{광속발산도}(f_L)}{\text{조명}(f_c)} \times 100$$

예제 15 휘도(luminance)가 10cd/m²이고, 조도(illuminance)가 100lux일 때 반사율(reflectance)은 몇 %인가?

풀이 $\text{반사율}(\%) = \frac{\text{광속발산도}(f_L)}{\text{조도}(f_c)} \times 10^2 = \frac{\text{cd/m}^2 \times \pi}{\text{lux}} = \frac{10 \times \pi}{100} = 0.1\pi$

(2) 추천조명 수준의 설정

① 시작업에서는 어떤 물건이나 시계에 나타나는 물체의 특정한 세부 모양을 발견해야 하는 경우가 많다. 주어진 작업에 대한 소요조명을 결정하기 위하여 우선(VL8가 나타내는) 표준작업으로 환산한 등가대비를 구하여 소요 광속발산도의 f_L값을 구하고, 소요조명의 f_c값은 다음 식에서 구한다.

$$\text{소요조명}(f_c) = \frac{\text{소요 광속발산도}(f_L)}{\text{반사율}(\%)}$$

② 반사율은 소요조명에 직접적인 영향을 끼친다. 이런 절차가 여러 종류의 작업환경에 적용되어 추천조명 수준이 유도된다.

예제 16 반사율이 60%인 작업 대상물에 대하여 근로자가 검사 작업을 수행할 때 휘도(luminance)가 90fL이라면 이 작업에서의 소요조명(f_c)은 얼마인가?

풀이 $\text{소요조명}(f_c) = \frac{\text{광속발산도}(f_L)}{\text{반사율}(\%)} \times 10^2 = \frac{90\text{fL}}{60\%} \times 10^2 = 150$

핵심이론 17 | 눈과 시각

(1) 눈의 사물 인식과정

빛 → 각막 → 동공 → 수정체 → 유리체 → 망막(시세포) → 시신경 → 대뇌

(2) 시각의 개요

① 정상적인 인간의 시계 범위는 200°이다.
② 색채를 식별할 수 있는 시계 범위는 70°이다.
③ 노화에 따라 제일 먼저 기능이 저하되는 감각기관은 시각이다.

④ 시각 $= \dfrac{57.3 \times 60 \times H}{D}$(분)

여기서, H : 물체의 크기(cm), D : 물체의 거리(cm)

예제 17 눈과 물체의 거리가 23cm, 시선과 직각으로 측정한 물체의 크기가 0.03cm일 때 시각(분)은 얼마인가? (단, 시각은 600 이하이며, radian 단위를 분으로 환산하기 위한 상수값은 57.3과 60을 모두 적용하여 계산한다.)

풀이 시각 $= \dfrac{57.3 \times 60 \times 0.03}{23} = 4.48$분

핵심이론 18 | 소 음

(1) 음의 측정단위(dB수준과 음압과의 관계식)

음의 강도는 음압의 제곱에 비례하므로 dB수준은 다음과 같다.

$$\text{dB수준} = 20\log\left(\frac{P_1}{P_0}\right)$$

여기서, P_1 : 측정하려는 음압, P_0 : 기준음의 음압($2\times10^5\text{N/m}^2$: 1,000Hz에서의 최소 가청치)

예제 18 경보 사이렌으로부터 10m 떨어진 곳에서 음압수준이 140dB이면 100m 떨어진 곳에서 음의 강도는 얼마인가?

풀이 $SPL(\text{dB}) = 20\log\dfrac{P}{P_o} = 20\log\dfrac{100}{10} = 20$

음의 강도=음압수준 $- SPL = 140 - 20 = 120\text{dB}$

(2) 음의 크기의 수준

① phon : 1,000Hz 순음의 음압수준(dB)을 나타낸다.

② sone : 1,000Hz, 40dB의 음압수준을 가진 순음의 크기(40phon)

③ sone와 phon의 관계식

$$\text{sone치} = 2^{\frac{\text{phon}-40}{10}}$$

④ dB

예제 19 40phon이 1sone일 때 60phon은 몇 sone인가?

풀이 $\text{phon} = 2^{\frac{\text{phon}-40}{10}} = 2^{\frac{60-40}{10}} = 2^2 = 4\text{sone}$

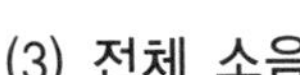

(3) 전체 소음

$$전체\ 소음 = 10\log\left(10^{\frac{dB_1}{10}} + 10^{\frac{dB_2}{10}} + 10^{\frac{dB_3}{10}}\right)$$

예제 20 작업장의 설비 3대에서 각각 80dB, 86dB, 78dB의 소음이 발생되고 있을 때 작업장의 음압수준은?

풀이 $전체\ 소음 = 10\log\left(10^{\frac{dB_1}{10}} + 10^{\frac{dB_2}{10}} + 10^{\frac{dB_3}{10}}\right) = 10\log(10^8 + 10^{8.6} + 10^{7.8}) = 87.49 = 87.5\text{dB}$

핵심이론 19 | 열교환

(1) 신체의 열교환 과정

① 열교환 방법 : 인간과 주위와의 열교환 과정은 다음과 같이 열균형 방정식으로 나타낼 수 있다.

$$S(열축적) = M(대사열) - W(한\ 일) - E(증발열) \pm R(복사열) \pm C(대류열)$$

여기서, S : 열이득 및 열손실량이며, 열평형 상태에서는 0

예제 21 A 작업장에서 1시간 동안 480Btu의 일을 하는 근로자의 대사량은 900Btu이고, 증발열 손실이 2,250Btu, 복사 및 대류로부터 열이득이 각각 1,900Btu 및 80Btu라 할 때 열축적은 얼마인가?

풀이 $S(열축적) = M(대사열) - W(한\ 일) - E(증발열) \pm R(복사열) \pm C(대류열)$
$= 900 - 480 - 2,250 + 1,900 + 80 = 150$

② 열교환 과정 공식

$$\Delta S = (M - W) \pm R \pm C - E$$

여기서, ΔS : 신체열 함량 변화(+), M : 대사열 발생량, W : 수행한 일
R : 복사열 교환량, C : 대류열 교환량, E : 증발열 발산량

㉮ 전도 : 충돌이나 접촉에 의해서 열이 전달되는 것
㉯ 대류 : 물질이 이동함으로써 열이 전달되는 현상
㉰ 복사 : 한겨울에 햇볕을 쬐면 기온은 차지만 따스함을 느끼는 것
㉱ 증발 : 37℃의 물 1g을 증발시키는 데 필요한 증발열(에너지)은 2,410J/g (575.7cal/g)이며, 매 g의 물이 증발할 때마다 이만한 에너지가 제거된다.

$$열손실(R) = \frac{증발에너지(Q)}{증발시간(t)}$$

③ 보온율(clo)= $\frac{0.18℃}{\text{kcal/m}^2 \cdot \text{hr}} = \frac{°\text{F}}{\text{Btu/ft}^2\text{/hr}}$

예제 22 남성 작업자가 티셔츠(0.09clo), 속옷(0.05clo), 가벼운 바지(0.26clo), 양말(0.04clo), 신발(0.04clo)을 착용하고 있을 때 총 보온율(clo)은 얼마인가?

풀이 총 보온율(clo)=0.09+0.05+0.26+0.04+0.04=0.48clo

(2) 환경요소 복합지수

환경요소의 조합에 의해서 부과되는 스트레스나 노출로 인해서 개인에게서 유발되는 긴장(strain)을 나타내는 것

① Oxford 지수(Wet-Dry index) : 건습(WD)지수로서 습구온도와 건구온도의 가중평균치로서 다음과 같이 나타낸다.

$$WD = 0.85\,WB + 0.15\,DB$$

여기서, WB : 습구온도, DB : 건구온도

예제 23 건습구온도에서 건구온도가 24℃이고, 습구온도가 20℃일 때 Oxford 지수는 얼마인가?

풀이 Oxford 지수(WD)=0.85 WB(습구온도)+0.15 DB(건구온도)=0.85×20+0.15×24=20.6℃

② 열압박지수(HSI ; Heat Stress Index) : 열평형을 유지하기 위해서 증발해야 하는 발한량으로 열부하를 나타내는 지수로서 다음과 같이 나타낸다.

$$HSI = \frac{E_{req}}{E_{max}}$$

여기서, E_{req} : 열평형을 유지하기 위해 필요한 증발량(Btu/h)=M(대사)+R(복사)+C(대류)

E_{max} : 특정한 환경조건의 조합하에서 증발에 의해서 잃을 수 있는 열량(Btu/h)

■ **열압박지수에서 고려하는 항목**

1. 공기속도 2. 습도 3. 온도

예제 24 주물공장 A작업자의 작업지속시간과 휴식시간을 열압박지수(HSI)를 활용하여 계산하니 각각 45분, 15분이었다. A작업자의 1일 작업량은 얼마인가? (단, 휴식시간은 포함하지 않는다.)

풀이 하루 8시간 작업하므로 1시간 작업 시 45분 작업수행한 값에 8시간을 곱한다.
∴ 45분×8시간=360분=6시간

핵심이론 20 | 온도변화에 대한 인체의 적응

(1) 적정온도에서 추운 환경으로 바뀔 때

① 피부온도가 내려간다.
② 혈액은 피부를 경유하는 순환량이 감소하고 많은 양이 몸의 중심부를 순환한다.
③ 직장온도가 약간 올라간다.
④ 몸이 떨리고 소름이 돋는다.

(2) 적정온도에서 더운 환경으로 바뀔 때

① 피부온도가 올라간다.
② 많은 혈액의 양이 피부를 경유한다.
③ 직장온도가 내려간다.
④ 발한이 시작된다.

(3) 열중독증(heat illness)의 강도

열사병(heat stroke) > 열소모(heat exhaustion) > 열경련(heat cramp) > 열발진(heat rash)

■ 열경련과 레이노병
1. **열경련(heat cramp)** : 고열작업환경에서 심한 근육작업 후 근육의 수축이 격렬하게 일어나며 탈수와 체내 염분농도 부족에 의해 야기되는 장해
2. **레이노병(Raynaud's phenomenon)** : 국소진동에 지속적으로 노출된 근로자에게 발생할 수 있으며, 말초혈관장해로 손가락이 창백해지고 동통을 느끼는 질환

핵심이론 21 | 시스템 위험분석 기법

(1) 예비위험분석(PHA ; Preliminary Hazards Analysis)

초기(구상)단계에서 시스템 내의 위험요소가 어떠한 위험상태에 있는가를 정성적으로 평가하는 것이다.

(2) 시스템 안전성 위험분석(SSHA ; System Safety Hazard Analysis)

SSHA는 PHA를 계속하고 발전시킨 것이다. 시스템 또는 요소가 보다 한정적인 것이 됨에 따라서 안전성 분석도 또한 보다 한정적인 것이 된다.

(3) 결함위험분석(FHA ; Fault Hazards Analysis)

복잡한 시스템에서는 한 계약자만으로 모든 시스템의 설계를 담당하지 않고 몇 개의 공동계약자가 각각의 서브시스템을 분담하고 통합계약업자가 그것을 통합하는데 이런 경우의 서브시스템 해석 등에 사용한다.

■ **시스템 수명주기 단계와 운전 단계**

1. **시스템 수명주기 단계** : 구상단계 – 개발단계 – 생산단계 – 운전단계
2. **운전 단계** : 시스템 수명주기 단계 중 이전 단계들에서 발생되었던 사고 또는 사건으로부터 축적된 자료에 대해 실증을 통해 문제를 규명하고 이를 최소화하기 위한 조치를 마련하는 단계

(4) 고장형태 및 영향분석(FMEA ; Failure Mode and Effect Analysis)

서브시스템, 구성요소, 기능 등의 잠재적 고장 형태에 따른 시스템의 위험을 파악하는 위험분석 기법이다.

(5) 고장형태의 영향 및 위험도분석(FMECA ; Failure Mode Effect and Criticality Analysis)

부분의 고장형태에서 시작하여 이것이 전체 시스템 또는 장치에 어떻게 영향을 미치나 정량적으로 평가하는 분석방법이다. 즉 부분에서 전체를 평가하여 설계상의 문제점을 찾아내어 대책을 강구할 수 있다. 즉 치명도 해석을 포함시킨 분석방법이다.

(6) 위험도분석(CA ; Criticality Analysis)

고장이 시스템의 손실과 인명의 사상에 연결되는 높은 위험도를 가진 요소나 고장의 형태에 따른 분석법이다.

(7) 디시전 트리(Decision Tree)

요소의 신뢰도를 이용하여 시스템의 신뢰도를 나타내는 시스템 모델의 하나로 귀납적이고 정량적인 분석방법이다. 디시전 트리가 재해사고의 분석에 이용될 때에는 이벤트 트리(Event Tree)라고 하며, 이 경우 트리는 재해사고의 발단이 된 요인에서 출발하여 2차적 원인과 안전수단의 성부 등에 의해 분기되고 최후에 재해사상에 도달한다.

(8) ETA(Event Tree Analysis)

디시전 트리(Decision Tree)를 재해사고 분석에 이용한 경우의 분석법이며, 사고 시나리오에서 연속된 사건들의 발생경로를 파악하고 평가하기 위한 귀납적이고 정량적 분석방법인 시스템 안전 프로그램이다.

예 '화재발생'이라는 시작(초기)사상에 대하여 화재감지기, 화재경보, 스프링클러 등의 성공 또는 실패 작동여부와 그 확률에 따른 피해 결과를 분석하는 데 가장 적합한 위험분석 기법

(9) MORT(Management Oversight and Risk Tree)

원자력 산업과 같이 상당한 안전이 확보되어 있는 장소에서 추가적인 고도의 안전달성을 목적으로 하고 있으며, 관리, 설계, 생산, 보전 등 광범위한 안전을 도모하기 위하여 개발된 분석기법이다.

(10) THERP(Technique for Human Error Rate Prediction)

인간－기계계(system)에서 여러 가지의 인간의 에러와 이에 의해 발생할 수 있는 위험성의 예측과 개선을 위한 평가기법으로, 가지처럼 갈라지는 형태의 논리구조와 나무형태의 그래프를 이용한다.

■ **인간실수확률에 대한 추정기법**

1. CIT(Critical Incident Technique) : 위급사건 기법
2. TCRAM(Task Criticality Rating Analysis Method) : 직무 위급도 분석법
3. THERP(Technique for Human Error Rate Prediction) : 인간 실수율 예측 기법

(11) 위험과 운전성 연구(HAZOP)

화학공장(석유화학사업장 등)에서 가동문제를 파악하는 데 널리 사용되며, 위험요소를 예측하고 새로운 공정에 대한 가동문제를 예측하는 데 사용되는 위험성 평가방법이다.

① 작업표 양식

가이드 단어	편차	가능한 원인	결과	요구되는 조치	흐름도에서 추가시험과 변경

② 가이드 워드(guide words)

㉮ MORE / LESS : 정량적인 증가 또는 감소
㉯ OTHER THAN : 완전한 대체
㉰ AS WELL AS : 성질상의 증가
㉱ PART OF : 성질상의 감소
㉲ NO / NOT : 디자인 의도의 완전한 부정
㉳ REVERSE : 디자인 의도의 논리적 반대

(12) 운영 및 지원 위험분석(O & SHA, Operation and Support〈O&S〉 Hazard Analysis)

생산, 보전, 시험, 운반, 저장, 비상탈출 등에 사용되는 인원, 설비에 관하여 위험을 동정하고 제어하며 그들의 안전요건을 결정하기 위하여 실시하는 분석 기법이다.

(13) 운용위험분석(OHA ; Operating Hazard Analysis)

시스템이 저장되어 이동되고 실행됨에 따라 발생하는 작동 시스템의 기능이나 과업, 활동으로부터 발생되는 위험에 초점을 맞춘 위험분석차트다.

핵심이론 22 | 결함수 분석법

(1) FTA(Fault Tree Analysis)(D. R. Cherition의 FTA에 의한 재해사례 연구 순서)

톱다운(top-down) 접근방법으로 일반적 원리로부터 논리절차를 밟아서 각각의 사실이나 명제를 이끌어내는 연역적 평가기법, 즉 "그것이 발생하기 위해서는 무엇이 필요한가?"라는 것은 연역적이다.

① 제1단계 : 톱(top) 사상의 선정
② 제2단계 : 사상마다 재해 원인 및 요인 규명
③ 제3단계 : FT도 작성
④ 제4단계 : 개선계획 작성
⑤ 제5단계 : 개선안 실시계획

(2) 결함수의 기호

① 게이트 기호

번 호	기 호	명 칭	설 명
1	B_1 B_2 B_3 B_4	AND 게이트	입력사상 중 동시에 발생하게 되면 출력사상이 발생하는 것
2	B_1 B_2 B_3 B_4	OR 게이트	입력사상이 어느 하나라도 발생할 경우 출력사상이 발생하는 것
3	Output F P Input	억제 게이트	조건부 사건이 일어나는 상황 하에서 입력이 발생할 때 출력이 발생한다. 만약 조건이 만족되지 않으면 출력이 생길 수 없다. 이때 조건은 수정 기호 내에 쓴다.
4		부정 게이트	입력과 반대되는 현상으로 출력되는 것

② 수정 게이트

번 호	기 호	명 칭	설 명
1		수정 기호	–
2		우선적 AND 게이트	여러 개의 입력사상이 정해진 순서에 따라 순차적으로 발생해야만 결과가 출력되는 것
3	언젠가 2개	조합 AND 게이트	3개의 입력현상 중 2개가 발생한 경우에 출력이 생기는 것

번 호	기 호	명 칭	설 명
4	(AND 게이트 기호, 위험지속 시간)	위험지속 기호	입력 신호가 생긴 후 일정 시간이 지속된 후에 출력이 생기는 것
5	(AND 게이트 기호, 동시발생이 없음)	배타적 OR 게이트	OR 게이트지만 2개 또는 그 이상의 입력이 동시에 존재하는 경우에는 출력이 생기지 않는다.

③ 컷(cut)과 패스(path)

㉮ 컷 : 그 속에 포함되어 있는 모든 기본사상(여기서는 통상사상, 생략 결함사상 등을 포함한 기본사상)이 일어났을 때 정상사상을 일으키는 기본사상의 집합

㉯ 패스 : 그 속에 포함되는 기본사상이 일어나지 않을 때 처음으로 정상사상이 일어나지 않는 기본사상의 집합

④ 컷셋(cut set)과 패스셋(path set)

㉮ 컷셋 : 그 속에 포함되어 있는 모든 기본사상이 일어났을 때 정상(top) 사상을 일으키는 기본사상의 집합

㉯ 패스셋 : 시스템이 고장나지 않도록 하는 사상의 조합, 즉 결함수분석법에서 일정조합 안에 포함되어 있는 기본사상들이 모두 발생하지 않으면 틀림없이 정상사상(top event)이 발생되지 않는 조합

⑤ 미니멀 컷셋(minimal cut sets)과 미니멀(최소) 패스셋(minimal path sets)

㉮ 미니멀 컷셋 : 컷 중 그 부분집합만으로는 정상사상을 일으키는 일이 없는 것, 즉 정상사상을 일으키기 위해 필요한 최소한의 컷셋. 그러므로 컷셋 중에 타 컷셋을 포함하고 있는 것을 배제하고 남은 컷셋들을 의미한다. 중복되는 사상의 컷셋 중 다른 컷셋에 포함되는 셋을 제거한 컷셋과 중복되지 않는 사상의 컷셋을 합한 것이 최소 컷셋이다.

㉠ 사고에 대한 시스템의 약점을 표현한다.

㉡ 정상사상(top event)을 일으키는 최소한의 집합이다.

㉢ 일반적으로 Fussell Algorithm을 이용한다.

㉣ 반복되는 사건이 많은 경우 Limnios와 Ziani Algorithm을 이용하는 것이 유리하다.

㉯ 미니멀(최소) 패스셋 : 어떤 결함수의 쌍대 결함수를 구하고, 컷셋을 찾아내어 결함(사고)을 예방할 수 있는 최소의 조합이며 시스템의 신뢰성을 표시한다.

핵심이론 23 | 불 대수(G. Boole)의 기본 공식

(1) 전체 및 공집합

$A \cdot 1 = A$　　　$A \cdot 0 = 0$

$A + 0 = A$　　　$A + 1 = 1$

(2) 희귀 법칙

$\overline{\overline{A}} = A$

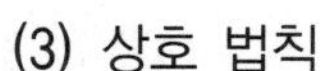

(3) 상호 법칙

$A \cdot \overline{A} = 0$ $\qquad$ $A + \overline{A} = 1$

(4) 동정 법칙

$A \cdot A = A$ $\qquad$ $A + A = A$

(5) 교환 법칙

$A \cdot B = B \cdot A$ $\qquad$ $A + B = B + A$

(6) 결합 법칙

$A(B \cdot C) = (A \cdot B)C$ $\qquad$ $A + (B + C) = (A + B) + C$

(7) 분배 법칙

$A(B + C) = (A \cdot B) + (A \cdot C)$ $\qquad$ $A + (B \cdot C) = (A + B) \cdot (A + C)$

(8) 흡수 법칙

$A(A + B) = A$ $\qquad$ $A + (A \cdot B) = A$

(9) 드 모르간 법칙

$\overline{A \cdot B} = \overline{A} + B$ $\qquad$ $\overline{A + B} = \overline{A} \cdot B$

(10) 기타

$A + A \cdot B = A + B$

$A \cdot (\overline{A} + B) = A + B$

$(A + B) \cdot (\overline{A} + C) \cdot (A + C) = A \cdot C + B \cdot C$

$A \cdot B + \overline{A} \cdot C + B \cdot C = A \cdot B + \overline{A} \cdot C$

예제 25 다음은 불(Bool) 대수의 관계식이다. 예로 설명하시오.

> [보기] ① $A + AB = A$ $\qquad$ ② $A(A + B) = A$
> ③ $A + \overline{A}B = A + B$ $\qquad$ ④ $A + \overline{A} = 1$

풀이 ① $A + AB = A$

A + $A \times B$ = A

② $A(A + B) = A$

A + $A + B$ = A

③ $A + \overline{A}B = A + B$

A + $\overline{A}B$ = $A + B$

④ $A + \overline{A} = 1$

A + $\overline{A}$ = 1

핵심이론 24 | 확률사상의 적과 화(N개의 독립사상에 관해서)

(1) 논리적(곱)의 확률

$$q(A \cdot B \cdot C \cdot \cdots \cdot N) = q_A \cdot q_B \cdot q_C \cdot \cdots \cdot q_N$$

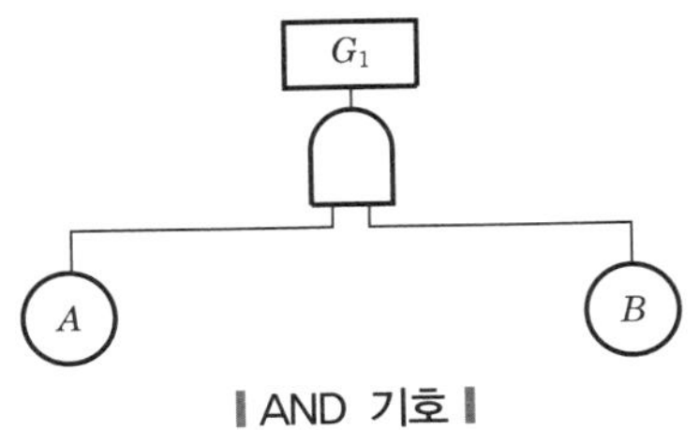

| AND 기호 |

- A의 발생확률이 0.1, B의 발생확률이 0.2라고 하면 $G_1 = A \times B = 0.1 \times 0.2 = 0.02$이다.

예제 26 다음 [그림]과 같이 FT도에서 $F_1 = 0.015$, $F_2 = 0.02$, $F_3 = 0.05$라고 하면, 정상사상 T가 발생할 확률은 약 얼마인가?

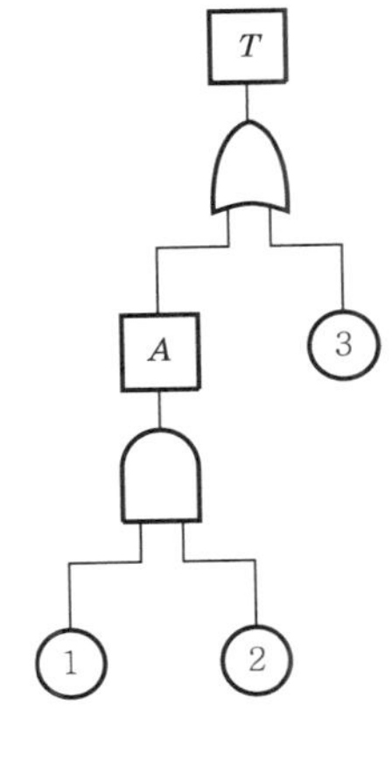

풀이 $T = 1-(1-0.05)\times(1-0.015\times0.02) = 0.0503$

(2) 논리화(합)의 확률

$$q(A+B+C+\cdots+N) = 1-(1-q_A)(1-q_B)(1-q_C)\cdots(1-q_N)$$

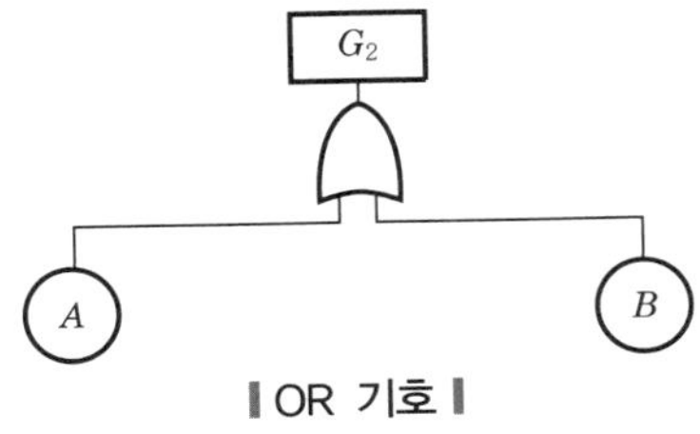

| OR 기호 |

- A의 발생확률이 0.1, B의 발생확률이 0.2라고 하면 $G_2 = 1-(1-0.1)(1-0.2) = 0.28$이다.

핵심이론 25 | 최소 컷셋 및 최소 패스셋을 구하는 방법

(1) 최소 컷셋을 구하는 법

① 정상사상에서부터 순차적으로 상단의 사상을 하단의 사상으로 치환하면서 AND 게이트에서는 가로로 나열시키고 OR 게이트에서는 세로로 나열시켜 기록해 내려가 모든 기본사상에 도달하였을 때 그들 각 행의 미니멀 컷셋을 구한다.

② BICSⅡ라 하는 것으로서 참 미니멀 컷이라 할 수 없다. 참 미니멀 컷은 이들 컷 속에 중복된 사상이나 컷을 제거한다.

예제 27 다음 FT도에서 최소 컷셋(minimal cut set)으로만 올바르게 나열하시오.

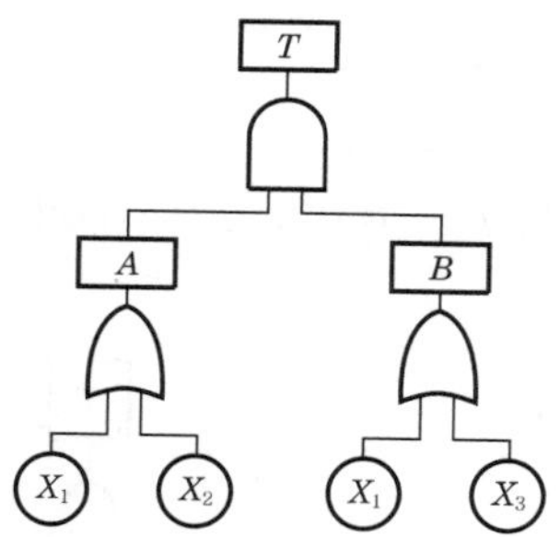

풀이 $A = X_1 + X_2$, $B = X_1 + X_3$

$T = A \cdot B = (X_1 + X_2) \cdot (X_1 + X_3) = X_1X_1 + X_1X_3 + X_1X_2 + X_2X_3$

(X_1X_1)은 흡수 법칙에 의해 X_1이 된다.

$T = X_1 + X_1X_3 + X_1X_2 + X_2X_3 = X_1(1 + X_3 + X_2) + X_2X_3$

$(1 + X_3 + X_2)$은 불 대수에서 "$A + 1 = 1$"로 1이 된다.

$\therefore\ T = X_1 + X_2X_3$

다음과 같이 컷셋을 나타낼 수 있다.

$T = A \cdot B$
$= (X_1, X_2) \cdot (X_1, X_3) =$

cut set
X_1
X_2, X_3

(2) 최소 패스셋을 구하는 법

① 최소 패스셋을 구하는 데는 최소 컷셋과 최소 패스셋의 상대성을 이용하는 것이 좋다. 즉 대상으로 하는 함수와 상대의 함수(Dual Fault Tree)를 구한다.

② 상대함수는 원래 함수의 논리적인 논리화로, 논리화는 논리적으로 바꾸고 모든 현상을 그것들이 일어나지 않는 경우로 생각한 FT이다.

③ 이 상대 FT에서 최소 컷셋을 구하면 그것은 원래의 최소 패스셋으로 된다.

④ 결함수와 최소 패스셋을 구하기 위하여 상대인 결함수를 쓰면 다음과 같이 된다.

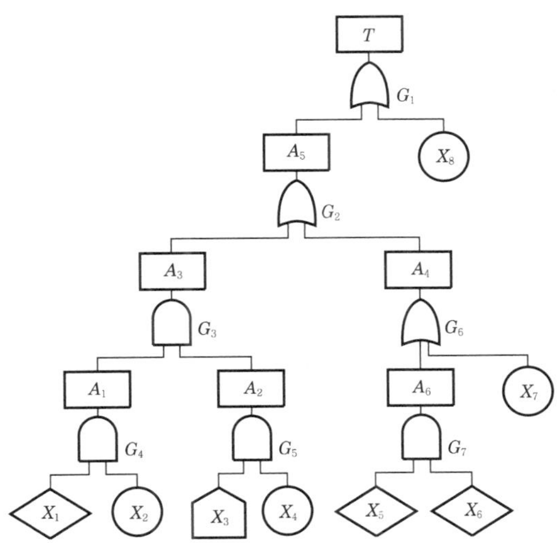

이 상대 결함수에서 최소 컷셋을 구하면

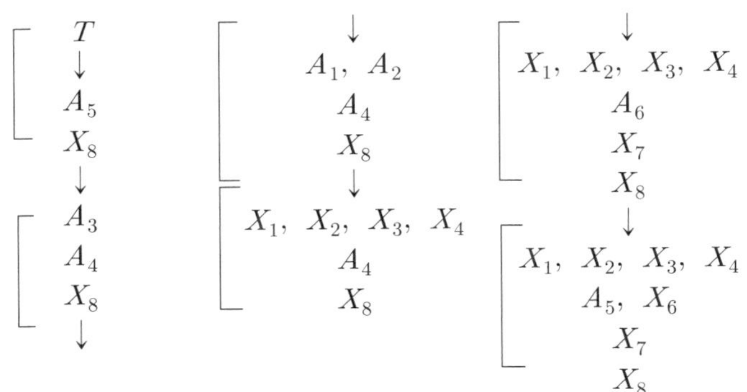

원래 결함수의 최소 패스셋으로 4조를 다음과 같이 얻을 수 있다.

$$\begin{cases} X_1,\ X_2,\ X_3,\ X_4 \\ X_5,\ X_6 \\ X_7 \\ X_8 \end{cases}$$

예제 28 다음 그림의 결함수에서 최소 패스셋(minimal path set)과 그 신뢰도 R(t)는? (단, 각각의 부품 신뢰도는 0.9이다.)

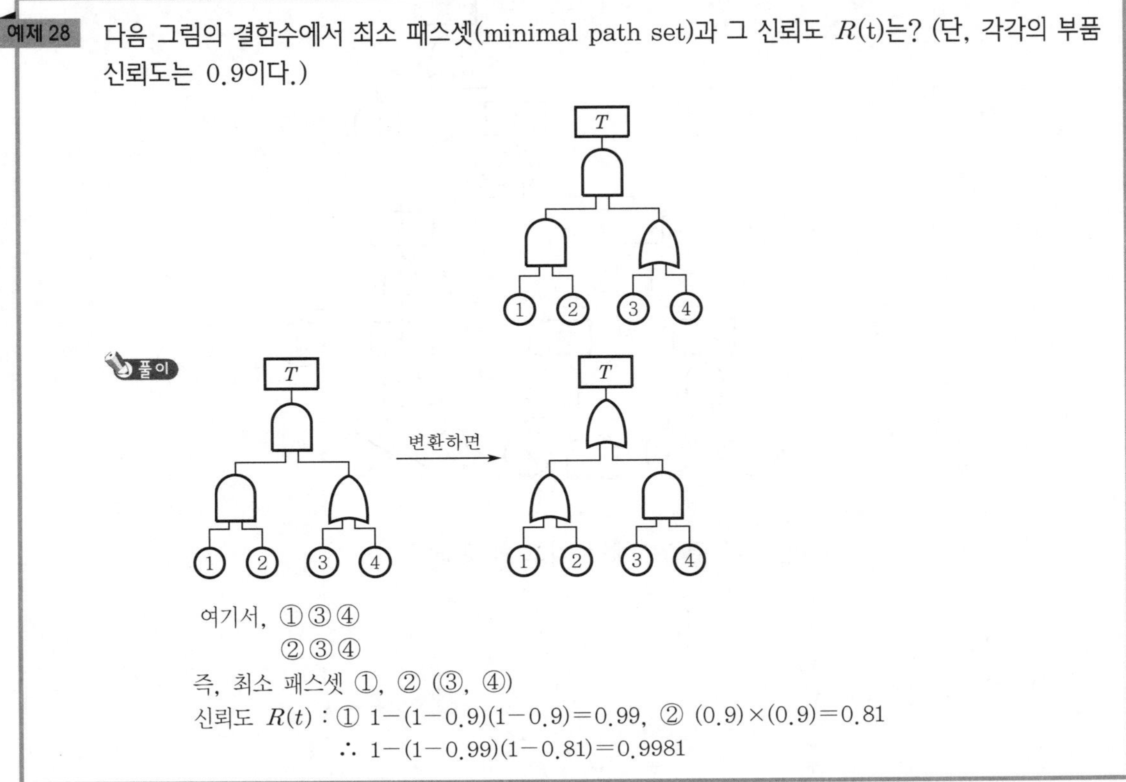

여기서, ①③④
②③④

즉, 최소 패스셋 ①, ② (③, ④)

신뢰도 $R(t)$: ① $1-(1-0.9)(1-0.9)=0.99$, ② $(0.9)\times(0.9)=0.81$

$\therefore\ 1-(1-0.99)(1-0.81)=0.9981$

핵심이론 26 | 안전성 평가

(1) 안전성 평가의 기본원칙

안전성 평가는 6단계에 의하여 실시되는데, 경우에 따라 5단계와 6단계는 동시에 이루어지기도 하며, 이때의 6단계는 종합적 평가에 대한 점검이 실시된다.

① 제1단계 : 관계자료의 작성 준비
② 제2단계 : 정성적 평가
③ 제3단계 : 정량적 평가
④ 제4단계 : 안전대책
⑤ 제5단계 : 재해정보에 의한 재평가
⑥ 제6단계 : FTA에 의한 재평가

(2) 화학 플랜트에 대한 안전성 평가

① 제1단계 : 관계자료의 작성 준비
㉮ 입지조건(지질도, 풍행도 등 입지에 관계있는 도표를 포함)
㉯ 화학설비 배치도

㉰ 건조물의 평면도와 단면도 및 입면도

㉱ 계기실 및 전기실의 평면도의 단면도 및 입면도

㉲ 원재료, 중간체, 제품 등의 물리적, 화학적 성질 및 인체에 미치는 영향

㉳ 제조공정상 일어나는 화학반응

㉴ 제조공정 개요

㉵ 공정계통도

㉶ 프로세스 기기 리스트

㉷ 배관 · 계장 계통도(P.I.D)

㉸ 안전설비의 종류와 설치장소

㉹ 운전요령

㉺ 요원배치 계획

㉻ 안전교육훈련 계획

㉮ 기타 관련자료

② 제2단계 : 정성적 평가

㉮ 설계 관계항목

㉠ 입지조건

㉡ 공장 내 배치

㉢ 건조물

㉣ 소방설비

㉯ 운전 관계항목

㉠ 원재료, 중간 제품

㉡ 공정

㉢ 수송, 저장 등

㉣ 공정기기

③ 제3단계 : 정량적 평가

㉮ 당해 화학설비의 취급물질, 화학설비용량, 온도, 압력 및 조작의 5항목에 대해 A, B, C 및 D급으로 분류하여 A급은 10점, B급은 5점, C급은 2점, D급은 0점으로 점수를 부여한 후 5항목에 관한 점수들의 합을 구한다.

㉯ 합산 결과에 의하여 위험등급을 나눈다.

위험등급	점 수	내 용
Ⅰ	16점 이상	위험도가 높다.
Ⅱ	11점 이상 15점 이하	주위상황, 다른 설비와 관련해서 평가
Ⅲ	10점 이하	위험도가 낮다.

④ 제4단계 : 안전대책
　㉮ 설비적 대책
　㉯ 관리적 대책
　　㉠ 적정한 인원 배치
　　㉡ 교육훈련
　　㉢ 보전
⑤ 제5단계 : 재해정보로부터의 재평가
⑥ 제6단계 : FTA에 의한 재평가

■ **평점 척도법** : 활동의 내용마다 "우 · 양 · 가 · 불가"로 평가하고, 이 평가내용을 합하여 다시 종합적으로 정규화하여 평가하는 안전성 평가기법

핵심이론 27 ‖ 보전성 공학

(1) 보전예방

설비보전 정보와 신기술을 기초로 신뢰성, 조작성, 보전성, 안전성, 경계성 등이 우수한 설비의 선정, 조달 또는 설계를 통하여 궁극적으로 설비의 설계, 제작 단계에서 보전활동이 불필요한 체제를 목표로 한 설비보전방법을 말한다.

(2) 신뢰성과 보전성을 효과적으로 개선하기 위해 작성하는 보전기록 자료

① MTBF 분석표
② 설비이력카드
③ 고장원인 대책표

과 목 03

기계·기구 및 설비 안전관리

핵심이론 1 | 기계설비에 의해 형성되는 위험점

(1) 협착점(Squeeze Point)

기계의 왕복운동하는 부분과 고정 부분 사이에서 형성되는 위험점

① 전단기 누름판 및 칼날 부위
② 선반 및 평삭기 베드 끝 부위
③ 프레스 작업 시

(2) 끼임점(Shear Point)

고정 부분과 회전하는 동작 부분 사이에서 형성되는 위험점

① 반복 동작되는 링크기구
② 회전풀리와 베드 사이
③ 교반기의 교반날개와 몸체 사이
④ 연삭숫돌과 작업받침대
⑤ 탈수기 회전체와 몸체 사이

(3) 물림점(Nip Point)

기계설비에서 반대로 회전하는 두 개의 회전체가 맞닿는 사이에 발생하는 위험점

① 기어 회전
② 롤러기의 롤러 사이에서 형성

(4) 접선물림점(Tangential Nip Point)

회전하는 부분이 접선방향으로 물려 들어갈 위험이 존재하는 점

① 체인과 스프로킷
② 롤러와 평벨트
③ 벨트와 풀리
④ 기어와 랙

(5) 회전말림점(Trapping Point)

회전축, 커플링 등 회전하는 물체에 작업복 등이 말려드는 위험을 초래하는 위험점

① 드릴 회전부
② 나사 회전부

(6) 절단점(Cutting Point)

운동하는 기계 자체와 회전하는 운동 부분 자체에 위험이 형성되는 위험점

① 밀링커터
② 둥근톱날
③ 회전대패날
④ 컨베이어의 호퍼 부분
⑤ 평벨트레싱 이음 부분
⑥ 목공용 띠톱 부분

핵심이론 2 | 기계의 일반적인 안전사항

(1) 기계설비의 안전조건

① 외형의 안전화
② 작업의 안전화
③ 작업점의 안전화
④ 기능의 안전화
⑤ 구조적 안전화
㉮ 설계상의 결함

$$\text{안전율(계수)} = \frac{\text{극한강도}}{\text{최대설계응력}} = \frac{\text{파단하중}}{\text{안전하중}} = \frac{\text{파괴하중}}{\text{최대사용하중}} = \frac{\text{인장강도}}{\text{허용응력}} = \frac{\text{파괴하중}}{\text{정격하중}}$$

㉯ 재료선택 시의 안전화
㉰ 가공 상의 안전화

(2) 공장설비의 배치계획에서 고려할 사항

① 작업의 흐름에 따라 기계 배치
② 기계설비의 주변공간 최대화
③ 공장 내 안전통로 설정
④ 기계설비의 보수 · 점검 용이성을 고려한 배치

(3) 페일 세이프

① **페일 세이프(fail safe)의 개념** : 기계 등에 고장이 발생했을 경우 그대로 사고나 재해로 연결되지 않고 안전을 확보하는 기능을 말한다. 즉, 인간이나 기계 등에 과오나 동작상의 실수가 있더라도 사고 · 재해를 발생시키지 않도록 철저하게 2중, 3중으로 통제를 가하는 것이다.

② **페일 세이프 구조의 기능면에서의 분류**

㉮ Fail Passive : 일반적인 산업기계방식의 구조이며, 부품 고장 시 기계장치는 정지상태로 된다.
㉯ Fail Active : 부품 고장 시 기계는 경보를 하고 단시간에 역전이 된다.
㉰ Fail Operational : 설비 및 기계장치의 일부가 고장이 난 경우 기능의 저하를 가져오더라도 전체 기능은 정지하지 않고 다음 정기점검 시까지 운전이 가능한 방법이다.

예 부품에 고장이 있더라도 플레이너 공작기계를 가장 안전하게 운전할 수 있는 방법

예제 1 단면적이 $1{,}800\text{mm}^2$인 알루미늄 봉의 파괴강도는 70MPa이다. 안전율을 2.0으로 하였을 때 봉에 가해질 수 있는 최대하중은 얼마인가?

풀이 $\text{안전율} = \frac{\text{파괴하중}}{\text{최대하중}}$

$\text{파괴하중} = \text{파괴강도} \times \text{단면적} = 70 \times 1{,}800 = 126{,}000\text{N}$

$2 = \frac{126\text{kN}}{x} \quad \therefore x = 63\text{kN}$

예제 2 연강의 인장강도가 420MPa이고, 허용응력이 140MPa이라면 안전율은?

풀이 $\text{안전율} = \frac{\text{인장강도(MPa)}}{\text{허용응력(MPa)}} = \frac{420\text{MPa}}{140\text{MPa}} = 3$

예제 3 인장강도가 35kg/mm^{2}인 강판의 안전율이 4라면 허용응력은 몇 kg/mm^{2}인가?

풀이 $\text{안전율} = \frac{\text{인장강도}}{\text{허용응력}}$, $4 = \frac{35}{x}$ $\therefore x = \frac{35}{4} = 8.75\text{kg/mm}^2$

핵심이론 3 | 기계의 방호

(1) 기계설비에 있어서 방호의 기본원리

① 위험의 제거
② 위험의 차단
③ 위험의 보강
④ 덮어씌움
⑤ 위험에의 적응

(2) 기계설비의 방호

① 가드의 개구부 간격 : 가드를 설치할 때 개구부 간격을 구하는 식은 다음과 같다.(ILO 기준)

$$Y = 6 + 0.15X$$

여기서, Y : 가드 개구부 간격(안전간극)(mm), X : 가드와 위험점 간의 거리(안전거리)(mm)
이 산식은 롤러기의 맞물림점, 프레스 및 전단기의 작업점에 설치하는 가드 등에 주로 적용된다.

■ **동력전도 부분에 일반 평행보호망을 설치할 때 개구부 간격을 구하는 식**

$$Y = 6 + 0.1X$$

여기서, Y : 보호망 최대 개구부 간격(mm), X : 보호망과 위험점 간의 거리(mm)

예제 4 동력전달부분의 전방 35cm 위치에 일반 평형보호망을 설치하고자 한다. 보호망의 최대 구멍의 크기는 몇 mm인가?

풀이 $Y = 6 + 0.1X$
여기서, Y : 보호망 최대 개구부 간격(mm), X : 보호망과 위험점 간의 거리(mm)
$= 6 + 0.1 \times 350 = 41\text{mm}$

② 가드(guard)의 종류
㉮ 고정형 ㉯ 자동형 ㉰ 조절형

핵심이론 4 | 선 반

(1) 선반의 방호장치

① 칩 브레이커(chip breaker) : 선반에서 절삭가공 시 발생하는 칩을 짧게 끊어지도록 공구에 설치되어 있는 칩 제거기구
  ㉮ 연삭형
  ㉯ 클램프형
  ㉰ 자동조정식

② 브레이크

③ 실드(shield) : 가공재료의 칩이나 절삭유 등이 비산되어 나오는 위험으로부터 보호하기 위한 것

④ 덮개 또는 울

⑤ 고정 브리지

⑥ 척 커버(척 가드, chuck guard)

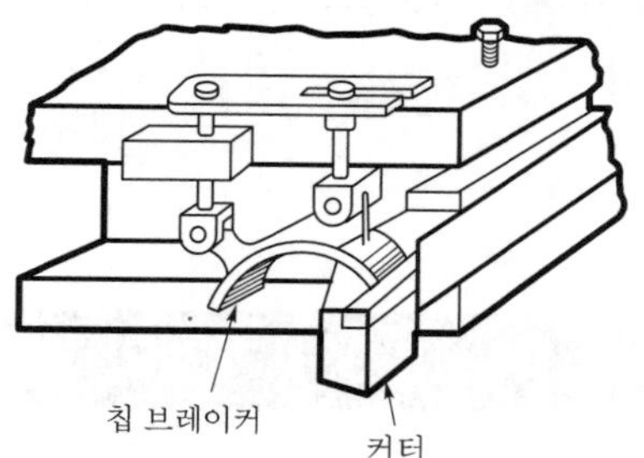

| 선반의 방호장치 |

(2) 선반작업에 대한 안전수칙

① 회전 중에 가공품을 직접 만지지 않을 것
② 칩(chip)이나 부스러기를 제거할 때는 반드시 브러시를 사용할 것
③ 베드 위에 공구를 올려놓지 말 것
④ 공작물의 측정은 기계를 정지시킨 후 실시할 것
⑤ 작업 시 공구는 항상 정리해 둘 것
⑥ 운전 중에 백 기어(back gear)를 사용하지 않을 것
⑦ 시동 전에 심압대가 잘 죄어져 있는가를 확인할 것
⑧ 보링작업이나 암나사를 깎을 때 구멍 안에 손가락을 넣어 소제하지 말 것
⑨ 양 센터 작업을 할 때는 심압센터에 자주 절삭유를 주어 열의 발생을 막을 것
⑩ 칩(chip)이 비산할 때는 보안경을 쓰고 방호판을 설치하여 사용할 것
⑪ 일감의 길이가 외경과 비교하여 매우 길 때는 방진구를 사용할 것
⑫ 바이트는 가급적 짧게 설치하여 진동이나 휨을 막으며 바이트를 교환할 때는 기계를 정지시키고 할 것
⑬ 일감의 센터구멍과 센터는 반드시 일치시킬 것
⑭ 가능한 한 절삭방향을 주축대 쪽으로 할 것
⑮ 작업 중 장갑을 착용하지 말 것
⑯ 공작물의 설치가 끝나면 척, 렌치류는 곧 떼어 놓을 것
⑰ 돌리개는 적정 크기의 것을 선택하고, 심압대 스핀들은 가능하면 짧게 나오도록 할 것
⑱ 보안경을 착용하고 작업할 것
⑲ 작업 중 일감의 치수 측정, 주유 및 청소를 할 때에는 반드시 기계를 정지시키고 할 것

■ **방진구** : 선반작업에서 가공물의 길이가 외경에 비하여 과도하게 길 때, 처짐 · 휨 절삭사항에 의한 떨림을 방지하기 위한 장치

(3) 기타 선반작업 시 중요한 사항

① 수직선반, 터릿선반 등으로부터 돌출 가공물에 설치할 방호장치 : 덮개 또는 울

② 선반의 절삭속도 구하는 식

$$V = \frac{\pi DN}{1,000}$$

여기서, V : 절삭속도(m/min), D : 직경(mm), N : 회전수(rpm)

예제 5 선반으로 작업을 하고자 지름 30mm의 일감을 고정하고, 500rpm으로 회전시켰을 때 일감 표면의 원주속도는 약 몇 m/s인가?

풀이 $V = \frac{\pi DN}{1,000} = \frac{3.14 \times 30 \times 500}{1,000} \fallingdotseq 47.12\text{m/min}$

$\therefore\ 47.12 \div 60 = 0.785\text{m/s}$

핵심이론 5 | 밀링머신작업의 안전조치

(1) 테이블 위에 공구나 기타 물건 등을 올려 놓지 않는다.

(2) 가공 중에 손으로 가공면을 점검하지 않는다.

(3) 절삭 중 칩의 제거는 회전이 멈춘 후 반드시 브러시를 사용한다.

(4) 강력 절삭을 할 때는 일감을 바이스로부터 깊게 물린다.

(5) 주유 시 브러시를 이용할 때에는 밀링커터에 닿지 않도록 한다.

(6) 기계를 가동 중에 변속시키지 않는다.

(7) 사용 전에는 기계 · 기구를 점검하고 시운전 해본다.

(8) 일감과 공구는 테이블 또는 바이스에 안전하게 고정한다.

(9) 밀링작업에서 생기는 칩은 가늘고 길기 때문에 비산하여 부상을 입히기 쉬우므로 보안경을 착용하도록 한다.

(10) 면장갑을 사용하지 않는다.

(11) 밀링커터에 작업복의 소매나 기타 옷자락이 걸려 들어가지 않도록 한다.

(12) 상하 이송장치의 핸들을 사용 후 반드시 빼두어야 한다.

(13) 제품을 풀어낼 때나 일감을 측정할 때에는 반드시 정지시킨 다음에 한다.

(14) 밀링커터는 걸레 등으로 감싸 쥐고 다룬다.

■ **밀링칩** : 기계절삭에 의하여 발생하는 칩이 가장 가늘고 예리하다.

핵심이론 6 | 플레이너와 셰이퍼

(1) 플레이너(planer)

① 공작물을 테이블에 설치하여 왕복시키고 바이트를 이송시켜 공작물의 수평면, 수직면, 경사면, 홈곡면 등을 절삭하는 공작기계로 셰이퍼에서는 가공할 수 없는 대형 공작물을 가공한다.

② 플레이너 작업 시의 안전대책

㉮ 반드시 스위치를 끄고 일감의 고정작업을 할 것

㉯ 프레임 내의 피트(pit)에는 뚜껑을 설치할 것

㉰ 압판이 수평이 되도록 고정시킬 것

㉱ 일감의 고정작업은 균일한 힘을 유지할 것

㉲ 바이트는 되도록 짧게 나오도록 설치할 것

㉳ 테이블 위에는 기계작동 중 절대로 올라가지 않을 것

㉴ 베드 위에 다른 물건을 올려 놓지 않을 것

㉵ 압판은 죄는 힘에 의해 휘어지지 않도록 충분히 두꺼운 것을 사용할 것

(2) 셰이퍼(shaper)

① 절삭할 때 바이트에 직선 왕복운동을 주고 테이블에 가로방향의 이송을 주어 일감을 깎아내는 가공기계이다.

② 셰이퍼 작업 시의 안전수칙

㉮ 보안경을 착용한다.

㉯ 가공품을 측정하거나 청소를 할 때는 기계를 정지한다.

㉰ 램은 필요 이상 긴 행정으로 하지 말고 일감에 알맞는 행정으로 조정한다.

㉱ 시동하기 전에 행정조정용 핸들을 빼 놓는다.

㉲ 운전 중에 급유를 하지 않는다.

㉳ 시동 전에 기계의 점검 및 주유를 한다.

㉴ 일감가공 중 바이트와 부딪쳐 떨어지는 경우가 있으므로 일감은 견고하게 물린다.

㉵ 바이트는 잘 갈아서 사용해야 하며 가급적 짧게 고정한다.

㉶ 반드시 재질에 따라 절삭속도를 정한다.
㉷ 칩이 튀어나오지 않도록 칩받이를 만들어 달거나 칸막이를 한다.
㉸ 운전자가 바이트의 측면방향에 선다.
㉹ 행정의 길이 및 공작물, 바이트의 재질에 따라 절삭속도를 정한다.
㉺ 가공면의 거칠기는 운전정지 상태에서 점검한다.
㉻ 측면을 절삭할 때는 수직으로 바이트를 고정한다.
㉠ 공작물을 견고하게 고정한다.
㉡ 가드, 방책, 칩받이 등을 설치한다.

핵심이론 7 | 드릴링 작업의 안전수칙

(1) 옷소매가 길거나 찢어진 옷은 입지 않는다.

(2) 일감은 견고하게 고정시켜야 하며 손으로 쥐고 구멍을 뚫지 말아야 한다.

(3) 장갑의 착용을 금한다.

(4) 회전하는 드릴에 걸레 등을 가까이 하지 않는다.

(5) 얇은 철판이나 동판에 구멍을 뚫을 때 흔들리기 쉬우므로 각목을 밑에 깔고 기구로 고정한다.

(6) 드릴로 구멍을 뚫을 때 끝까지 뚫린 것을 확인하기 위하여 손을 집어 넣지 말아야 한다.

(7) 스핀들에서 드릴을 뽑아낼 때에는 드릴 아래에 손을 내밀지 않는다.

(8) 칩은 와이어브러시로 제거한다.

(9) 가공 중에 구멍이 관통되면 기계를 멈추고 손으로 돌려서 드릴을 뺀다.

(10) 쇳가루가 날리기 쉬운 작업은 보안경을 착용한다.

(11) 작업시작 전 척 렌치(chuck wrench)를 반드시 뺀다.

(12) 자동이송작업 중 기계를 멈추지 말아야 한다.

(13) 구멍을 뚫을 때는 반드시 작은 구멍을 먼저 뚫은 뒤 큰 구멍을 뚫어야 한다.

(14) 고정구를 사용하여 작업 시 공작물의 유동을 방지해야 한다.

(15) 작고 길이가 긴 물건은 바이스로 고정하고 뚫는다.

(16) 재료의 회전정지 지그를 갖춘다.

(17) 스위치 등을 이용한 자동급유장치를 구성한다.

(18) 드릴은 사용 전에 검사한다.

(19) 작업자는 보안경을 착용한다.

(20) 구멍 끝 작업에서는 절삭압력을 주어서는 안 된다.

(21) 바이스 등을 사용하여 작업 중 공작물의 유도를 방지한다.

■ **드릴링 작업 시 위험한 시점**

1. 드릴로 구멍을 뚫는 작업 중 공작물이 드릴과 함께 회전할 우려가 가장 큰 경우 : 거의 구멍이 뚫렸을 때
2. 드릴링 머신에서 구멍을 뚫는 작업 시 가장 위험한 시점 : 드릴이 공작물을 관통하기 전

핵심이론 8 | 연삭기

(1) 연삭기 숫돌의 파괴원인

① 숫돌의 회전속도가 규정속도를 초과할 때

$$V=\pi DN\,(\text{mm/min})=\frac{\pi DN}{1{,}000}\,(\text{m/min})$$

여기서, V : 회전속도, D : 숫돌의 지름(mm), N : 회전수(rpm)

② 숫돌 자체에 균열이 있을 때

③ 외부의 충격을 받았을 때

④ 숫돌의 측면을 사용하여 작업할 때

⑤ 숫돌 반경방향의 온도변화가 심할 때

⑥ 작업에 부적당한 숫돌을 사용할 때

⑦ 숫돌의 치수가 부적당할 때

⑧ 플랜지가 현저히 작을 때

⑨ 숫돌의 불균형이나 베어링 마모에 의한 진동이 있을 때

⑩ 회전력이 결합력보다 클 때

예제 6 연삭숫돌의 지름이 20cm이고, 원주속도가 250m/min일 때 연삭숫돌의 회전수는 약 얼마인가?

풀이 $V=\dfrac{\pi DN}{100}$

$\therefore\ N=\dfrac{100V}{\pi D}=\dfrac{100\times 250}{3.14\times 20}\fallingdotseq 398.08\,\text{rpm}$

■ 연삭숫돌 구성의 3요소

1. 입자
2. 기공
3. 결합체

■ 플랜지(flange)

1. 연삭숫돌은 보통 플랜지에 의해서 연삭기계에 고정되어지며, 숫돌축에 고정되는 측을 고정측 플랜지, 그 반대편을 이동측 플랜지라고 한다.
2. 플랜지의 지름=숫돌 바깥지름×1/3 이상, 고정측과 이동측의 지름은 같아야 한다.

예제 7 연삭기에서 숫돌의 바깥지름이 180mm일 경우 평행플랜지의 지름은 약 몇 mm 이상이어야 하는가?

풀이 평행플랜지의 지름 = 숫돌의 바깥지름 $\times \frac{1}{3} = 180 \times \frac{1}{3} = 60\text{mm}$

■ 연삭기 관련

1. 탁상용 연삭기에서 플랜지의 직경은 숫돌 직경의 $\frac{1}{3}$ 이상이 적정하다.
2. 일반 연삭작업 등에 사용하는 것을 목적으로 하는 탁상용 연삭기 덮개의 노출각도는 125° 이내이어야 한다.
3. 워크레스트는 탁상용 연삭기에 사용하는 것으로서 공작물을 연삭할 때 가공물 지지점이 되도록 받쳐주는 것이다.
4. 탁상용 연삭기의 덮개에는 워크레스트 및 조정편을 구비하여야 하며, 워크레스트는 연삭숫돌과의 간격을 3mm 이하로 조절할 수 있는 구조이어야 한다.
5. 탁상용 연삭기에서 연삭숫돌의 외주면과 가공물 받침대 사이의 거리는 2mm를 초과하지 않아야 한다.

(2) 연삭기 숫돌을 사용하는 작업의 안전수칙

① 연삭숫돌에 충격을 주지 않도록 한다.

② 연삭숫돌을 사용하는 경우 작업시작 전 1분 이상, 연삭숫돌을 교체한 후에는 3분 이상 시운전을 통해 이상 유무를 확인한다.

③ 연삭숫돌의 최고사용회전속도를 초과하여 사용하여서는 안 된다.

④ 측면을 사용하는 목적으로 하는 연삭숫돌 이외는 측면을 사용해서는 안 된다.

⑤ 회전 중인 연삭숫돌이 근로자에게 위험을 미칠 우려가 있는 경우에 그 부위에 덮개를 설치하여야 한다.

■ **덮개** : 지름 5cm 이상을 갖는 회전 중인 연삭숫돌의 파괴에 대비하여 필요한 방호장치

핵심이론 9 | 목재가공용 둥근톱기계(방호장치의 설치방법)

(1) 톱날접촉예방장치는 분할날에 대면하고 있는 부분과 가공재를 절단하는 부분 이외의 톱날은 전부 덮을 수 있는 구조이어야 한다.

(2) 반발예방장치는 목재 송급쪽에 설치하되 목재의 반발을 충분히 방지할 수 있도록 설치되어야 한다.

(3) 분할날은 톱날로부터 12mm 이상 떨어지지 않게 설치해야 하며, 그 두께는 톱날 두께의 1.1배 이상이고 톱날의 치진폭보다 작아야 한다.

예제 8 목재가공용 둥근톱의 두께가 3mm일 때 분할날의 두께는?

풀이 분할날의 두께는 둥근톱 두께의 1.1배 이상으로 하여야 한다.
∴ $3 \times 1.1 = 3.3$mm 이상

핵심이론 10 | 프레스

(1) 프레스(press) 방호장치의 분류

구 분	방호장치
위치제한형 방호장치 (조작자의 신체부위가 위험한계 밖에 위치하도록 기계의 조작장치는 위험구역에서 일정거리 이상 떨어지게 하는 방호장치)	양수조작식, 게이트 가드식
접근거부형 방호장치	손쳐내기식, 수인식
접근반응형 방호장치	감응식(광전자식)

(2) 프레스 및 전단기 방호장치

① **양수조작식 방호장치** : 프레스기 작동 직후 손이 위험구역에 들어가지 못하도록 위험구역(슬라이드 작동부)으로부터 다음에 정하는 거리(안전거리) 이상에 설치해야 한다.

㉮ 설치거리(cm)=160×프레스 작동 후 작업점까지의 도달시간(s)

㉯ $D=1.6(T_l+T_s)$

여기서, D : 안전거리(mm)

T_l : 누름단추 등에서 손이 떨어지는 때부터 급정지기구가 작동을 개시할 때까지의 시간(ms)

T_s : 급정지기구가 작동을 개시한 때부터 슬라이드가 정지할 때까지의 시간(ms)

(T_l+T_s) : 최대정지시간

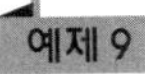

예제 9 완전회전식 클러치 기구가 있는 프레스의 양수기동식 방호장치에서 누름버튼을 누를 때부터 사용하는 프레스의 슬라이드가 하사점에 도달할 때까지의 소요 최대시간이 0.15초이면 안전거리는 몇 mm 이상이어야 하는가?

풀이 안전거리(cm)=160×프레스기 작동 후 작업점(하사점)까지의 도달시간

∴ 160×0.15=24cm=240mm

예제 10 프레스 광전자식 방호장치의 광선에 신체의 일부가 감지된 후로부터 급정지기구 작동 시까지의 시간이 30ms이고, 급정지기구의 작동 직후로부터 프레스기가 정지될 때까지의 시간이 20ms라면 광축의 최소설치거리는?

풀이 광축의 설치거리(mm)$=1.6(T_l+T_s)$

∴ $1.6(30+20)=80\text{mm}$

참고

■ **양수기동식 방호장치**

1. 급정지기구가 부착되어 있지 않은 크랭크(확동식 클러치) 프레스기에 적합한 전자식 또는 스프링식 당김형 방호장치이다. 2개의 누름단추를 누르고 있으면 클러치가 작동하여 슬라이드가 하강하지만 레버와 복귀용 와이어로프의 작용에 의해 조작기구는 강제적으로 원래의 상태로 복귀된다.
2. **양수기동식의 안전거리**

   $D_m=1.6\,T_m$

   여기서, D_m : 안전거리(mm)

   T_m : 양손으로 누름단추를 누르기 시작할 때부터 슬라이드가 하사점에 도달하기까지 소요시간(ms)

   $$T_m=\left(\frac{1}{\text{클러치 물림 개소수}}+\frac{1}{2}\right)\times\frac{60{,}000}{\text{매분 행정수}}\text{(ms)}$$

예제 11 spm(stroke per minute)이 100인 프레스에서 클러치 맞물림 개소수가 4인 경우 양수조작식 방호장치의 설치거리는 얼마인가?

풀이 $D_m=1.6T_m=1.6\left(\frac{1}{\text{클러치 맞물림 개소수}}+\frac{1}{2}\right)\times\frac{60{,}000}{\text{spm}}=1.6\times\left(\frac{1}{4}+\frac{1}{2}\right)\times\frac{60{,}000}{100}=720\text{mm}$

② **게이트 가드식 방호장치** : 게이트 가드식 방호장치는 작동방식에 따라 하강식, 상승식, 수평식, 도립식, 횡슬라이드식 등으로 분류한다.

③ **수인식 방호장치** : 행정수 100spm 이하, 행정길이 50mm 이상으로 제한하고 있는데 이것은 손이 충격적으로 끌리는 것을 방지하기 위해서이다.

④ **손쳐내기식 방호장치** : 방호판의 폭은 금형 폭의 $\frac{1}{2}$ 이상으로 하며, 슬라이드 하행정거리의 $\frac{3}{4}$ 위치에서 손을 완전히 밀어내야 한다.

⑤ **광전자식(감응식) 방호장치**

㉮ 투광기에서 발생시키는 빛 이외의 광선에 감응해서는 안 된다.

㉯ 광축의 설치거리는 위험부위부터 다음에 정하는 거리(안전거리) 이상에 설치해야 된다.

$$\text{설치거리(mm)} = 1.6(T_l + T_s)$$

여기서, T_l : 손이 광선을 차단한 직후부터 급정지기구가 작동을 개시하기까지의 시간(ms)

T_s : 급정지기구가 작동을 개시한 때부터 슬라이드가 정지할 때까지의 시간(ms)

$T_l + T_s$: 최대정지시간(급정지시간)

예제 12 광전자식 방호장치의 광선에 신체의 일부가 감지된 후부터 급정지기구가 작동개시하기까지의 시간이 40ms이고, 광축의 설치거리가 96mm일 때 급정지기구가 작동개시한 때부터 프레스기의 슬라이드가 정지될 때까지의 시간은?

풀이 광축의 설치거리 $= 1.6(T_l + T_s)$

여기서, T_l : 손이 광선을 차단한 직후부터 급정지기구가 작동을 개시하기까지의 시간(ms)

T_s : 급정지기구가 작동을 개시한 때부터 슬라이드가 정지할 때까지의 시간(ms)

$96 = 1.6(40 + T_s)$, $\frac{96}{1.6} = 40 + T_s$

$\therefore\ T_s = \frac{96}{1.6} - 40 = 20\,\text{ms}$

(3) 기타 프레스기와 관련된 중요한 사항

① **프레스기 페달에 U자형 커버를 씌우는 이유** : 프레스 작업 중 부주의로 프레스의 페달을 밟은 것에 대비하여 페달에 설치한다.

② **프레스 작업 시작 전 점검사항(전단기 포함)**

㉮ 클러치 및 브레이크의 기능

㉯ 크랭크축 · 플라이휠 · 슬라이드 · 연결봉 및 연결나사의 풀림 여부

㉰ 1행정 1정지기구 · 급정지장치 및 비상정지장치의 기능

㉱ 슬라이드 또는 칼날에 의한 위험방지기구의 기능

㉲ 프레스의 금형 및 고정볼트 상태

㉳ 방호장치의 기능

㉴ 전단기의 칼날 및 테이블의 상태

핵심이론 11 | 롤러기와 원심기

(1) 롤러기(roller)

① 롤러기의 급정지장치 종류

급정지장치 조작부의 종류	설치위치	비 고
손조작 로프식	밑면에서 1.8m 이내	설치위치는 급정지장치 조작부의 중심점을 기준으로 한다.
복부 조작식	밑면에서 0.8m 이상 1.1m 이내	
무릎 조작식	밑면에서 0.4m 이상 0.6m 이내	

참고

■ **급정지장치** : 위험기계의 구동에너지를 작업자가 차단할 수 있는 장치

② 방호장치의 성능(급정지장치의 성능) : 롤러를 무부하상태로 회전시켜 앞면 롤러의 표면속도에 따라 규정된 정지거리 내에 당해 롤러를 정지시킬 수 있는 성능을 보유한 급정지장치라야 한다.

앞면 롤러의 표면속도(m/min)	급정지거리
30 미만	앞면 롤러 원주의 1/3 이내
30 이상	앞면 롤러 원주의 1/2.5 이내

표면속도의 산출공식은 다음과 같다.

$$V=\frac{\pi DN}{1,000}(\text{m/min})$$

여기서, V : 표면속도(m/min), D : 롤러 원통 직경(mm), N : 회전수(rpm)

예제 13 롤러기의 앞면 롤의 지름이 300mm, 분당 회전수가 30회일 경우 허용되는 급정지장치의 급정지거리는 약 얼마인가?

풀이 $V=\frac{\pi DN}{1,000}=\frac{3.14\times300\times30}{1,000}=28.26\text{m/min}$

앞면 롤러의 표면속도가 30m/min 미만은 급정지거리가 앞면 롤러 원주의 $\frac{1}{3}$이다.

따라서 $l=\pi D\times\frac{1}{3}=3.14\times300\times\frac{1}{3}=314\text{mm}$

③ 급정지장치 조작부에 사용하는 로프

㉮ 손으로 조작하는 로프식

㉯ 복부 조작식

㉰ 무릎 조작식

(2) 원심기

① 원심기의 가동 또는 원료의 비산 등으로 근로자에게 위험을 미칠 우려가 있을 때 취해야 하는 조치 : 덮개 설치

② 회전시험을 할 때 비파괴검사를 미리 실시해야 하는 고속회전체 : 회전축의 중량이 1t을 초과하고 원주속도가 120m/s 이상인 것

핵심이론 12 ▎ 아세틸렌 용접장치 및 가스집합 용접장치

(1) 아세틸렌 용접장치

① 15℃ 기압에서 아세틸렌이 용해되는 물질 : 아세톤(25배 아세틸렌 용해)

② 압력의 제한 : 아세틸렌 용접장치를 사용하여 금속의 용접, 용단 또는 가열 작업을 하는 경우 게이지압력 127kPa을 초과하는 아세틸렌을 발생시켜 사용해서는 안 된다.

■ **아세틸렌 용접장치에서 역화의 발생원인**

1. 압력조정기의 고장으로 작동이 불량할 때
2. 토치의 성능이 좋지 않을 때
3. 팁이 과열되었을 때
4. 산소공급이 과다할 때
5. 과열되었을 때

(2) 가스집합 용접장치

① 산소-아세틸렌 가스용접 시 역화의 원인

㉮ 토치의 과열
㉯ 토치 팁의 이물질 부착
㉰ 산소공급의 과다
㉱ 압력조정기의 고장
㉲ 토치의 성능 부족
㉳ 취관이 작업 소재에 너무 가까이 있는 경우

② 산소-아세틸렌 용접작업 시 고무호스에 역화현상이 발생하였을 때 취해야 하는 조치사항 : 산소밸브를 먼저 잠그고, 아세틸렌밸브를 나중에 잠근다.

③ 구리의 사용제한 : 용해 아세틸렌의 가스집합 용접장치의 배관 및 그 부속기구는 구리나 구리 함유량이 70% 이상인 합금을 사용해서는 안 된다.

(3) 기타 용접작업과 관련된 중요한 사항

① 역화의 위험성이 가장 작은 아세틸렌 함유량 : 60%

② 언더컷 : 용접부 결함에서 전류가 과대하고 용접속도가 너무 빨라 용접부의 일부가 홈 또는 오목하게 생기는 결함

핵심이론 13 | 보일러

(1) 보일러의 종류 및 형식

일반적인 보일러의 분류는 다음 표와 같다.

종 류		형 식
원통 보일러	입형 보일러	입횡관식 보일러, 입연관식 보일러, 횡수관식 보일러, 노튜브식 보일러, 코크란식 보일러
	노통 보일러	코르니시 보일러, 랭커셔 보일러
	연관 보일러	횡연관식 보일러, 기관차형 보일러, 로코모빌형 보일러
	노통연관 보일러	노통연관 보일러, 스코치 보일러, 하우덴존슨 보일러
수관 보일러	자연순환식 수관 보일러	직관식 보일러, 곡관식 보일러, 조합식 보일러
	강제순환식 수관 보일러	라몬트식 보일러, 벨록스식 보일러, 조정순환식 보일러
	관류 보일러	벤손식 보일러, 슬저식 보일러, 소형 관류식 보일러
기타 보일러	난방용 보일러	주철제조합식 보일러, 수관식 보일러, 리보일러
	특수 보일러	폐열 보일러, 특수연료 보일러, 특수유체 보일러, 간접가열식 보일러

(2) 발생증기의 이상현상

① 프라이밍(priming, 비수공발) : 보일러 부하의 급변, 수위의 과상승 등에 의해 수분이 증기와 분리되지 않아 보일러 수면이 심하게 솟아올라 올바른 수위를 판단하지 못하는 현상

② 포밍(forming, 거품의 발생) : 보일러수 속이 유지류, 용해 고형물, 부유물 등의 농도가 높아지면 드럼 수면에 안정한 거품이 발생하고, 또한 거품이 증가하여 드럼의 기실 전체로 확대되는 현상

③ 워터해머(water hammer, 수격작용) : 보일러 배관 내의 액체속도가 급격히 변화하면 관 내의 액(응축수)에 심한 압력변화가 생겨 관벽을 치는 현상

참고

■ **워터해머 발생원인** : 밸브의 급격한 개폐, 관 내의 심한 유동, 압력변화에 의한 압력파 발생

(3) 보일러의 부식 원인

① 급수처리를 하지 않은 물 사용

② 급수에 해로운 불순물 혼입

③ 불순물을 사용하여 수관 부식 시

핵심이론 14 | 압력용기와 공기압축기

(1) 압력용기의 응력

① 원주방향 응력

$$\sigma_t = \frac{P}{A} = \frac{Pdl}{2tl} = \frac{Pd}{2t} (\mathrm{kg/cm^2})$$

② 축방향 응력

㉮ 세로방향 응력(σ_Z)$= \dfrac{\frac{\pi}{4}d^2P}{\pi dt} = \dfrac{Pd}{4t}(\text{kg/cm}^2)$

㉯ 원주방향 응력은 방향 응력의 약 2배이다.

예제 14 다음과 같은 조건에서 원통용기를 제작했을 때 안전성(안전도)이 높은 것부터 순서대로 나열하면?

구 분	내 압	인장강도
①	50kgf/cm^2	40kgf/cm^2
②	60kgf/cm^2	50kgf/cm^2
③	70kgf/cm^2	55kgf/cm^2

풀이

안전도 $= \dfrac{\text{인장강도}}{\text{내압}}$

① $\dfrac{40}{50}=0.8$ ② $\dfrac{50}{60}=0.83$ ③ $\dfrac{55}{70}=0.79$

따라서 안전성(안전도)이 높은 순서는 ②-①-③이다.

(2) 공기압축기 작업 시작 전 점검사항

① 공기저장 압력용기의 외관상태
② 드레인밸브의 조작 및 배수
③ 압력방출장치의 기능
④ 언로드밸브의 기능
⑤ 윤활유의 상태
⑥ 회전부의 덮개 또는 울
⑦ 그 밖의 연결부위의 이상 유무

(3) 공기압축기의 작업안전수칙

① 공기압축기의 점검 및 청소는 반드시 전원을 차단한 후에 실시한다.
② 운전 중에 어떠한 부품도 건드려서는 안 된다.
③ 공기압축기 분해 시 내부의 압축공기를 제거한 후 실시한다.
④ 최대 공기압력을 초과한 공기압력으로는 절대로 운전하여서는 안 된다.

핵심이론 15 | 산업용 로봇의 안전관리

(1) 로봇의 작동범위 내에서 그 로봇에 관하여 교시 등의 작업을 하는 때 작업 시작 전 점검사항 (단, 로봇의 동력원을 차단하고 행하는 것은 제외)

① 외부 전선의 피복 또는 외장의 손상 유무
② 매니퓰레이터 작동의 이상 유무
③ 제동장치 및 비상정지장치의 기능

(2) 산업용 로봇작업을 수행할 때의 안전조치사항

① 자동운전 중에는 방전방책의 출입구에 안전플러그를 사용한 인터록이 작동하여야 한다.
② 액추에이터의 잔압 제거 시에는 사전에 안전블록 등으로 강하방지를 한 후 잔압을 제거한다.
③ 로봇이 교시작업을 수행할 때에는 작업지침에서 정한 매니퓰레이터의 속도를 따른다.
④ 작업개시 전에 외부 전선의 피복 손상 여부 및 비상정지장치를 반드시 검사한다.

핵심이론 16 | 지게차

(1) 지게차의 안전조건

① 지게차에 의한 재해를 살펴보면 일반적으로 지게차와의 접촉, 하물의 낙하, 지게차의 전도 전락, 추락, 기타 순으로 집계되고 있으며, 지게차의 안전성을 유지하기 위해서는 구조, 하물 및 운전조작에 대해 신중한 검토가 선행되어야 한다.

② 지게차가 안정하려면 다음과 같은 관계를 유지해야만 한다.

$$W \cdot a < G \cdot b$$

여기서, W : 하물의 중량(kg)
G : 차량의 중량(kg)
a : 앞바퀴에서 하물의 중심까지의 최단거리(m)
b : 앞바퀴에서 차량의 중심까지의 최단거리(m)

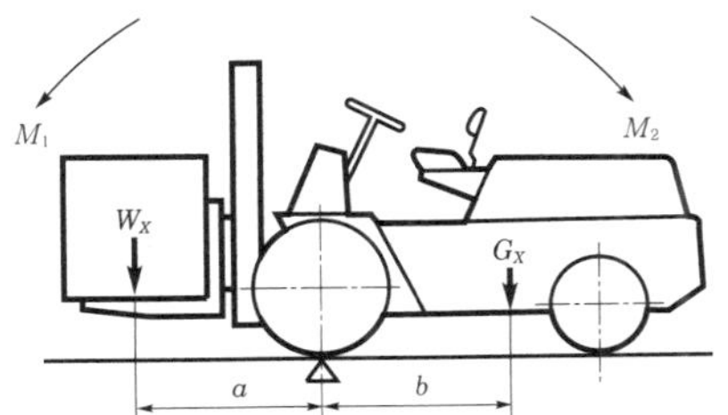

M_1 : $W \times a$ … 하물의 모멘트
M_2 : $W \times b$ … 차의 모멘트

∴ 지게차가 안정적으로 작업할 수 있는 상태의 조건 : $M_1 < M_2$

| 지게차의 안전 |

예제 15 지게차의 중량이 8kN, 하물 중량이 2kN, 앞바퀴에서 하물의 무게중심까지의 최단거리가 0.5m이면 지게차가 안정되기 위한 앞바퀴에서 지게차의 무게중심까지의 거리는 최소 몇 m 이상이어야 하는가?

풀이 $W \cdot a < G \cdot b$, $2 \times 0.5 < 8 \times b$

$\frac{2 \times 0.5}{8} < b$이므로 ∴ $b = 0.125$m 이상

(2) 지게차의 안정도

① 지게차의 전후 안정도를 유지하기 위해서는 과적을 삼가고 전후의 무게중심은 지게차의 앞바퀴 중심에 두는 것이 좋다.

② 지게차의 안정도는 다음과 같다.

㉮ 전후 안정도

㉠ 기준 부하상태로 한 후 리치를 최대로 신장시켜 포크를 최대로 올린 상태 : 4%(5톤 이하) 이내

㉡ 주행 시의 기준 부하상태 : 18% 이내

㉯ 좌우 안정도

㉠ 기준 부하상태로 한 후 포크를 최고로 들어올려 마스터 및 포크를 최대로 후방으로 기울인 상태 : 6% 이내

㉡ 주행 시의 기준 무부하상태 : $(15+1.1V)$% 이내 (여기서, V : 포크 리프트의 최고속도(km/h))

안정도(%) $= \dfrac{h}{l} \times 100$

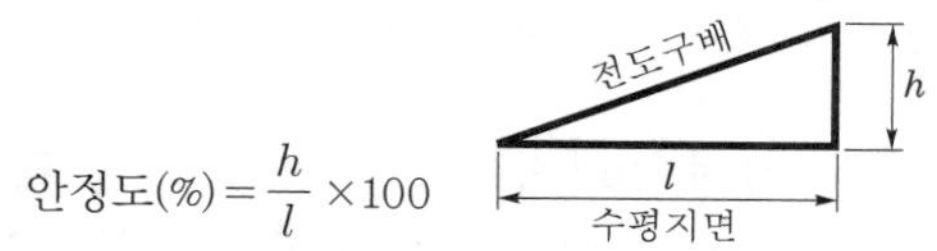

예제 16 무부하상태 기준으로 구내 최고속도가 20km/h인 지게차의 주행 시 좌우 안정도 기준은?

풀이 주행 시의 좌우 안정도(%) $= 15+1.1V = 15+1.1+20 = 37$% 이내

예제 17 수평거리 20m, 높이 5m인 경우 지게차의 안정도는 얼마인가?

풀이 안정도(%) $= \dfrac{h}{l} \times 100 = \dfrac{5}{20} \times 100 = 25\%$

예제 18 지게차의 높이가 6m이고, 안정도가 30%일 때 지게차의 수평거리는 얼마인가?

풀이 안정도(%) $= \dfrac{h}{l} \times 100$, $30 = \dfrac{6 \times 100}{l}$, $30l = 600$ $\therefore\ l = 20\text{m}$

(3) 지게차 작업 시작 전 점검사항

① 제동장치 및 조종장치 기능의 이상 유무

② 하역장치 및 유압장치 기능의 이상 유무

③ 바퀴의 이상 유무

④ 전조등, 후미등, 방향지시기 및 경보장치 기능의 이상 유무

(4) 지게차의 안전장치

① 후사경

② 헤드가드

③ 백레스트 : 지게차의 포크에 적재된 하물이 마스트 후방으로 낙하함으로써 근로자에게 미치는 위험을 방지하기 위하여 설치하는 것

핵심이론 17 | 컨베이어

(1) 컨베이어(conveyer)의 방호장치

비상정지장치, 덮개 또는 울, 역주행방지장치, 건널다리

(2) 컨베이어 작업 시작 전 점검사항

① 원동기 및 풀리 기능의 이상 유무

② 이탈 등의 방지장치 기능의 이상 유무

③ 비상정지장치 기능의 이상 유무

④ 원동기, 회전축, 기어 및 풀리 등의 덮개 또는 울 등의 이상 유무

핵심이론 18 | 리프트

(1) 산업안전보건법령상 리프트(lift)의 종류

① 건설작업용 리프트

② 자동차정비용 리프트

③ 이삿짐운반용 리프트

(2) 간이 리프트의 안전대책

① **과부하 제한** : 간이 리프트에 그 적재하중을 초과하는 하중을 걸어서 사용하도록 하여서는 안 된다.

② **방호장치 조정** : 간이 리프트의 권과방지장치, 과부하방지장치(자동차정비용 리프트 제외), 그 밖의 방호장치가 유효하게 작동될 수 있도록 미리 조정해 두어야 한다.

③ **탑승 제한** : 간이 리프트의 운반구에 근로자를 탑승시켜서는 안 된다.

핵심이론 19 | 크레인

(1) 크레인(crane)의 방호장치

크레인은 운전을 잘못하게 되면 많은 위험을 일으키므로 다음과 같은 방호장치를 부착시켜 재해를 방지해야 한다.

① **권과방지장치** : 과도하게 한계를 벗어나 계속적으로 감아올리는 일이 없도록 제한하는 장치

② **비상정지장치** : 돌발상황이 발생한 경우 안전을 유지하기 위하여 모든 전원을 차단하여 크레인을 급정지시키는 장치

③ **제동장치** : 운전속도를 조절하고 제어하기 위한 장치

④ **과부하방지장치** : 하중이 정격을 초과하였을 때 자동적으로 상승이 정지되는 장치

(2) 크레인의 안전대책

① 강풍 시 타워크레인의 작업 제한 : 순간 풍속이 10m/s를 초과하는 경우에는 타워크레인의 설치, 수리, 점검 또는 해체 작업을 중지하여야 하며, 순간 풍속이 15m/s를 초과하는 경우에는 타워크레인의 운전작업을 중지하여야 한다.

② 크레인의 작업 시작 전 점검사항
- ㉮ 권과방지장치, 브레이크, 클러치 및 운전장치의 기능
- ㉯ 주행로의 상측 및 트롤리가 횡행(横行)하는 레일의 상태
- ㉰ 와이어로프가 통하고 있는 곳의 상태

③ 이동식 크레인의 작업 시작 전 점검사항
- ㉮ 권과방지장치, 그 밖의 경보장치의 기능
- ㉯ 브레이크, 클러치 및 조정장치의 기능
- ㉰ 와이어로프가 통하고 있는 곳 및 작업장소의 지반상태

핵심이론 20 | 곤돌라 및 승강기

(1) 곤돌라 작업 시작 전 점검사항

① 방호장치, 브레이크의 기능

② 와이어로프, 슬링와이어 등의 상태

(2) 승강기의 종류

① 승객용 엘리베이터　② 승객화물용 엘리베이터

③ 엘리베이터　④ 에스컬레이터

핵심이론 21 | 와이어로프

(1) 와이어로프(wire rope)에 걸리는 하중의 변화

하물을 달아올릴 때 로프에 걸리는 힘은 슬링와이어의 각도가 작을수록 작게 걸린다.

2줄의 와이어로프로 중량물을 달아올릴 때 로프에 힘이 가장 적게 걸리는 각도는 : 30°

(2) 와이어로프에 걸리는 하중을 구하는 식

$$W_1 = \frac{\frac{W}{2}}{\frac{\cos\theta}{2}}$$

여기서, W_1 : 로프에 걸리는 하중(kg)
W : 짐의 무게(kg)
θ : 로프의 각도

예제 19 천장 크레인에 중량 3kN의 화물을 2줄로 매달았을 때 매달기용 와이어(sling wire)에 걸리는 장력은 얼마인가? (단, 슬링와이어 2줄 사이의 각도는 55°이다.)

풀이 $W_1 = \dfrac{\dfrac{W}{2}}{\dfrac{\cos\theta}{2}} = \dfrac{\dfrac{3}{2}}{\dfrac{\cos 55°}{2}} = 1.69 \fallingdotseq 1.7\text{kN}$

(3) 와이어로프에 걸리는 총 하중을 구하는 식

$$\text{총 하중}(W) = \text{정하중}(W_1) + \text{동하중}(W_2)$$

$$W_2 = \frac{W_1}{g} \cdot \alpha$$

여기서, g : 중력가속도(9.8m/s^2)
α : 가속도(m/s^2)

예제 20 크레인의 로프에 질량 2,000kg의 물건을 10m/s^2의 가속도로 감아올릴 때, 로프에 걸리는 총 하중은 약 몇 kN인가?

풀이 $W = W_1 + W_2 = W_1 + \dfrac{W_1}{g} \times \alpha$, $2{,}000 + \dfrac{2{,}000}{9.8} \times 10 = 4040.81\text{kg}$

$1\text{kN} = 101.97\text{kg}$이므로 $\therefore \dfrac{4040.81}{101.97} = 39.6\text{kN}$

(4) 와이어로프 등의 안전계수

양중기의 와이어로프 또는 달기체인(고리걸이용 와이어로프 및 달기체인 포함)의 안전계수(와이어로프 또는 달기체인 절단하중의 값을 그 와이어로프 또는 달기체인에 걸리는 하중의 최대값으로 나눈 값)가 다음 기준에 적합하지 아니하는 경우 이를 사용하여서는 안 된다.

① 근로자가 탑승하는 운반구를 지지하는 경우 : 10 이상
② 화물의 하중을 직접 지지하는 경우 : 5 이상
③ 제1호 및 제2호 외의 경우 : 4 이상

예제 21 고리걸이용 와이어로프의 절단하중이 4ton일 때, 이 로프의 최대사용하중은 얼마인가? (단, 안전계수는 5이다.)

풀이 $\text{안전계수} = \dfrac{\text{절단하중}}{\text{최대사용하중}}$

$\text{최대사용하중} = \dfrac{\text{절단하중}}{\text{안전계수}}$

$\therefore \dfrac{4{,}000}{5} = 800\text{kgf}$

(5) 와이어로프의 안전율을 구하는 식

$$S = \frac{NP}{Q}$$

여기서, S : 안전율, N : 로프 가닥수(개), P : 로프의 파단강도(kg), Q : 안전하중(kg)

예제 22 화물용 승강기를 설계하면서 와이어로프의 안전하중이 10ton이라면 로프의 가닥수를 얼마로 하여야 하는가? (단, 와이어로프 한 가닥의 파단강도는 4ton이며, 화물용 승강기 와이어로프의 안전율은 6으로 한다.)

풀이 와이어로프의 안전율

$S = \frac{N \times P}{Q}$, $N = \frac{S \times Q}{P}$

여기서, S : 안전율, N : 로프의 가닥수, P : 로프의 파단강도(ton), Q : 권상하중(ton)

$\therefore\ N = \frac{6 \times 10}{4} = 15$

(6) 와이어로프의 사용금지 기준

항 목	사용금지 사항
소선 절단	와이어로프 한 꼬임(스트랜드)에서 끊어진 소선(필러선 제외)의 수가 10% 이상인 것
지름 감소	지름의 감소가 공칭지름의 7%를 초과한 것
기 타	① 이음매가 있는 것 ② 꼬인 것 ③ 심하게 변형 또는 부식된 것 ④ 열과 전기충격에 의해 손상된 것

(7) 늘어난 달기체인의 사용금지 기준

① 달기체인의 길이의 증가가 그 달기체인이 제조된 때의 길이의 5%를 초과한 것
② 링의 단면지름이 달기체인이 제조된 때의 해당 링의 지름의 10%를 초과하여 감소한 것
③ 균열이 있거나 심하게 변형된 것

예제 23 원래 길이가 150mm인 슬링체인을 점검한 결과 길이에 변형이 발생하였다. 폐기대상에 해당되는 측정값(길이)은?

풀이 슬링체인(달기체인)의 길이가 슬링체인이 제조된 때 길이의 5%를 초과하는 것은 폐기대상이 된다. 따라서 150×1.05=157.5mm이다.

과 목 04

전기 및 화학 설비 안전관리

〈1. 전기설비 안전관리〉

핵심이론 1 | 전격위험도

(1) 전격(electric shock)위험도 결정조건(1차적 감전위험 요소)

① 전류의 크기

$$\text{통전전류} = \frac{\text{출력측 무부하전압}}{\text{접촉저항} + \text{인체의 내부저항} + \text{발과 대지의 접촉저항}}$$

② 전원의 종류(직류, 교류)

③ 통전경로(전류가 흐른 인체의 부위)

④ 통전시간(인체의 감전시간)

예제 1 대지에서 용접작업을 하고 있는 작업자가 용접봉에 접촉한 경우 통전전류는? (단, 용접기의 출력측 무부하전압 : 90V, 접촉저항(손, 용접봉 등 포함) : 10kΩ, 인체의 내부저항 : 1kΩ, 발과 대지의 접촉저항 : 20kΩ이다.)

풀이 $I = \frac{V}{R}$

$$\text{통전전류} = \frac{\text{출력측 무부하전압}}{\text{접촉저항} + \text{인체의 내부저항} + \text{발과 대지의 접촉저항}}$$

$$= \frac{90\text{V}}{10,000\Omega + 1,000\Omega + 20,000\Omega}$$

$$= 0.0029\text{A} = 2.9\text{mA}$$

(2) 2차적 감전위험 요소

① 인체의 조건(저항)

② 전압(인체에 흐른 전압의 크기)

③ 주파수

④ 계절

(3) 감전의 영향

감전의 상태는 체질, 건강상태 등에 따라 다르나 인체 내에 흐르는 전류의 크기에 따른 감전의 영향은 다음과 같다.

① 1mA : 전기를 느낄 정도
② 5mA : 상당한 고통을 느낌
③ 10mA : 견디기 어려운 정도의 고통
④ 20mA : 근육의 수축이 심해 자신의 의사대로 행동 불능
⑤ 50mA : 상당히 위험한 상태
⑥ 100mA : 치명적인 결과 초래

■ 가수전류(let-go current) : 충전부로부터 인체가 자력으로 이탈할 수 있는 전류

핵심이론 2 | 심실세동전류(치사적 전류)

(1) 인체에 흐르는 통전전류의 크기를 더욱 증가하게 되면 전류의 일부가 심장부분을 흐르게 되며, 심장은 정상적인 맥동을 하지 못하고 불규칙적인 세동(細動)을 일으키며 혈액의 순환이 곤란하게 되고 심장이 마비되는 현상을 초래하는 전류(50~100mA)이다.

(2) 이러한 경우를 심실세동이라고 하며, 통전전류를 차단해도 자연적으로 회복되지 못하고 그대로 방치하면 수분 이내에 사망하게 된다.

(3) 심실세동을 일으키는 전류값은 여러 종류의 동물을 실험하여 그 결과로부터 사람의 경우에 대한 전류치를 추정하고 있으며, 통전시간과 전류값의 관계식은 다음과 같다.

$$I = \frac{165 \sim 185}{\sqrt{T}} \left(\text{일반적인 관계식} : I = \frac{165}{\sqrt{T}}\right)$$

여기서, I : 심실세동전류(mA)
T : 통전시간(s)

전류 I는 1,000명 중 5명 정도가 심실세동을 일으킬 수 있는 값을 말한다.

예제 2 일반적으로 인체에 1초 동안 전류가 흘렀을 때 정상적인 심장의 기능을 상실할 수 있는 전류의 크기는 어느 정도인가?

풀이 $I = \frac{165}{\sqrt{T}}$

$\therefore \frac{165}{\sqrt{1}} = 165\text{mA}$ (심실세동전류)

(4) 인체의 전기저항을 500Ω이라 볼 때, 심실세동을 일으키는 위험한계의 에너지는 다음과 같이 계산된다.

$$W = I^2RT = \left(\frac{165}{\sqrt{T}} \times 10^{-3}\right)^2 \times 500 \times T = 13.5\text{Ws} = 13.61\text{J} = 13.5 \times 0.24 = 3.3\text{cal}$$

예제 3 인체가 전격을 받았을 때 가장 위험한 경우는 심실세동이 발생하는 경우이다. 정현파 교류에 있어 인체의 전기저항이 500Ω일 경우 심실세동을 일으키는 전기에너지를 구하면?

$W = I^2RT = \left(\frac{165}{\sqrt{T}} \times 10^{-3}\right)^2 \times 500 \times T = 13.61\text{J} \fallingdotseq 13.6\text{J}$

핵심이론 3 | 인체의 통전경로별 위험도

통전경로	위험도 (심장전류계수)	통전경로	위험도 (심장전류계수)
오른손 – 등	0.3	양손 – 양발	1.0
왼손 – 오른손	0.4	왼손 – 한발 또는 양발	1.0
왼손 – 등	0.7	오른손 – 가슴	1.3
한손 또는 양손 – 앉아 있는 자리	0.7	왼손 – 가슴	1.5
오른손 – 한발 또는 양발	0.8	–	–

참고

■ '왼손 – 가슴(1.5)'인 경우, 전류가 심장을 통과하게 되므로 가장 위험도가 크다.

핵심이론 4 | 인체의 저항

(1) 인체의 전기저항

개인차, 남녀별, 건강상태, 연령 등에 따라 크게 차이가 있으나 대략 다음과 같다.

① 피부의 전기저항 : 2,500Ω

② 피부에 땀이 나 있을 경우 : 1/12 정도로 감소

③ 피부가 물에 젖어 있을 경우 : 1/25 정도로 감소

(2) 인체 피부의 전기저항에 영향을 주는 주요 인자

① 인가전압의 크기
② 전원의 종류
③ 인가시간(접촉시간)
④ 접촉면적
⑤ 접촉부위
⑥ 접촉부의 습기
⑦ 접촉압력
⑧ 피부의 건습차

■ **인체의 저항과 감전**

1. 감전 시 인체에 흐르는 전류는 인가전압에 비례하고 인체저항에 반비례한다.
2. 인체는 전류의 열작용, 즉 '전류의 세기×시간'이 어느 정도 이상 되면 감전을 느끼게 된다.

핵심이론 5 | 전기설비기술기준에서 전압의 구분

압력 분류	직류(DC)	교류(AC)
저압	1,500V 이하	1,000V 이하
고압	1,500V 초과 7,000V 이하	1,000V 초과 7,000V 이하
특고압	7,000V 초과	7,000V 초과

■ **심폐소생술**

1. 심장마사지(심폐소생)는 인공호흡과 동시에 실시해야 된다.
2. 감전 재해가 발생하였을 때 실시해야 하는 최우선 조치는 심폐소생술이다.

핵심이론 6 | 전기 설비 및 기기

특별고압용 기구 및 전선을 붙이는 배전반의 안전조치 사항으로는 방호장치(시건장치) 및 안전 통로를 설치해야 된다.

(1) 차단기(CB)

고장전류와 같은 대전류를 차단할 수 있는 것

(2) 유입차단기(OCB)

① 유입차단기의 절연유 온도는 90℃ 이하로 한다.

② 보통형 유입차단기는 자연소호식이며 절연유 속에서 과전류를 차단한다.

③ 유입차단기의 작동 순서

㉮ 투입 순서 : (3)－(1)－(2)

㉯ 차단 순서 : (2)－(3)－(1)

전원 (1) D.S (2) O.C.B (3) D.S 부하

④ 바이패스회로 설치 시 유입차단기의 작동 순서

안전수칙 : (4) 투입, (2), (3), (1) 차단

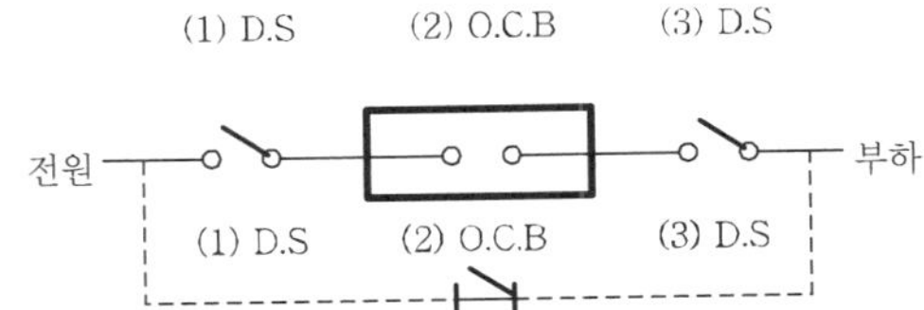

(3) 변압기

① 감전의 위험성을 감소시키기 위하여 비접지방식을 채용하고자 할 때 사용가능한 변압기는 '절연변압기'이다.

② 변압기 절연유 구비조건

㉮ 절연내력이 클 것

㉯ 인화점이 높을 것

㉰ 점도가 클 것

㉱ 열전도가 작을 것

(4) 과전류 보호장치(퓨즈, 차단기, 보호계전기, 변성기) 설치 시 유의사항

① 과전류 보호장치는 반드시 접지선 외의 전로에 직렬로 연결하여 과전류 발생 시 전로를 자동으로 차단하도록 설치할 것

② 차단기, 퓨즈는 계통에서 발생하는 최대과전류에 대하여 충분하게 차단할 수 있는 성능을 가질 것

③ 과전류 보호장치가 전기계통상에서 상호 협조 · 보완되어 과전류를 효과적으로 차단하도록 할 것

핵심이론 7 | 피뢰설비

(1) 피뢰기가 갖추어야 할 특성

① 반복동작이 가능할 것

② 구조가 견고하며, 특성이 변하지 않을 것

③ 점검, 보수가 간단할 것

④ 충격 방전개시전압과 제한전압이 낮을 것

⑤ 뇌전류 방전능력이 높고, 속류 차단을 확실하게 할 수 있을 것

■ **실효값 :** 속류를 차단할 수 있는 최고 교류전압을 피뢰기의 정격전압이라고 하는데 이 값을 통상적으로 실효값으로 나타낸다.

(2) 피뢰침의 보호여유도

$$여유도(\%) = \frac{충격절연강도 - 제한전압}{제한전압} \times 100$$

예제 4 피뢰침의 제한전압 800kV, 충격절연강도 1,260kV라 할 때 보호여유도는 몇 %인가?

풀이 $보호여유도 = \frac{충격절연강도-제한전압}{제한전압} \times 100$

$= \frac{1,260 - 800}{800} \times 100 = 57.5\%$

(3) 피뢰침 시스템의 등급에 따른 회전구체의 반지름

수리기준		피뢰레벨(LPL)			
회전구체 반지름	기호	Ⅰ	Ⅱ	Ⅲ	Ⅳ
	r	20	30	45	60

핵심이론 8 | 정전작업 시 조치

(1) 정전작업 전 조치 순서

① 전원 차단
② 개폐기에 잠금장치 및 표지판 설치
③ 잔류전하 방전
④ 충전여부 확인
⑤ 단락접지 실시
⑥ 검전기에 의한 정전 확인

(2) 정전작업 종료 시 조치 순서

① 단락접지기구 철거
② 위험표지판 철거
③ 작업자에 대한 위험여부 확인(미리 통지)
④ 개폐기 투입

■ **검전기로 전로를 검전하던 중 네온램프에 불이 점등되는 이유** : 유도전압의 발생

핵심이론 9 | 충전전로에서의 전기작업(활선작업) 시 조치사항

유자격자가 충전전로 인근에서 작업하는 경우에는 노출 충전부에 다음 표에 제시된 접근한계거리 이내로 접근하거나 절연 손잡이가 없는 도전체에 접근할 수 없도록 해야 한다.(단, 근로자가 노출 충전부로부터 절연된 경우 또는 해당 전압에 적합한 절연장갑을 착용한 경우, 노출 충전부가 다른 전위를 갖는 도전체 또는 근로자와 절연된 경우, 근로자가 다른 전위를 갖는 모든 도전체로부터 절연된 경우는 제외)

충전전로의 선간전압[kV]	충전전로에 대한 접근 한계거리[cm]	충전전로의 선간전압[kV]	충전전로에 대한 접근 한계거리[cm]
0.3 이하	접촉금지	121 초과 145 이하	150
0.3 초과 0.75 이하	30	145 초과 169 이하	170
0.75 초과 2 이하	45	169 초과 242 이하	230
2 초과 15 이하	60	242 초과 362 이하	380
15 초과 37 이하	90	362 초과 550 이하	550
37 초과 88 이하	110	550 초과 800 이하	790
88 초과 121 이하	130	–	–

핵심이론 10 | 전기공사의 안전수칙

(1) **활선작업 시 장갑착용 요령** : 내부에 고무장갑, 외부에 가죽장갑을 끼고 작업을 한다.

(2) **활선공구인 핫 스틱을 사용하지 않고 고무보호장구만으로 활선작업을 할 수 있는 전압의 한계치** : 7,000V 미만

(3) **활선작업용구** : 핫 스틱, 안전모, 안전대, 고무장갑 등

(4) **활선작업 시 사용하는 안전장구** : 절연용 보호구, 절연용 방호구, 활선작업용 기구 등

(5) **활선시메라** : 활선작업을 시행할 때 감전의 위험을 방지하고 안전한 작업을 하기 위한 활선장구 중 충전 중인 전선의 변경작업이나 활선작업으로 애자 등을 교환할 때 사용하는 것

(6) **활선작업 수행 시 다른 공사와의 관계** : 동일 전주 혹은 인접주위에서의 다른 작업은 하지 못한다.

(7) **전기작업 시 전선 연결방법** : 부하측을 먼저 연결하고 전원측을 나중에 연결한다.

(8) **전기공사 시 사다리 위에서 작업할 때** : 승주기를 제거하여야 한다.

(9) **전동기 운전 시 개폐기 조작순서**

① 메인 스위치

② 분전반 스위치

③ 전동기용 개폐기

(10) 조명에 관한 사항

① 조명기구 선정 시 고려할 사항

㉮ 직사 눈부심이 없을 것

㉯ 반사 눈부심을 적게 할 것

㉰ 필요한 조명을 주며 수직, 경사면의 조도가 적당할 것

② 소요 총 광속을 구하는 식

$$F=\frac{EAD}{u}$$

여기서, F : 소요 총 광속, u : 조명률, E : 평균조도, A : 방의 면적, D : 감광보상률

■ 전선 굵기는 우선적으로 전압강하에 의해 결정되고, 전선의 전압강하는 표준전압의 2% 이하로 하는 것이 원칙이다.

핵심이론 11 | 교류아크용접기

(1) 레이저광이 백내장 및 결막손상의 장애를 일으키는 파장범위 : 780~1,400nm 정도

(2) 교류아크용접기의 효율을 구하는 식

$$\text{효율}(\%)=\frac{\text{출력}(\text{kW})}{\text{입력}(\text{kW})}\times 100=\frac{\text{출력}}{\text{출력}+\text{내부손실}}\times 100$$

여기서, 출력(kW)=아크전압(V)×아크전류(A)

예제 5 교류아크용접기의 사용에서 무부하전압 80V, 아크전압 25V, 아크전류 300A일 경우 효율 약 몇 %인가? (단, 내부손실은 4kW이다.)

풀이 $\text{효율}=\frac{\text{출력}}{\text{입력}}\times 100=\frac{\text{출력}}{\text{출력}+\text{내부손실}}\times 100$

출력 = 아크전압×아크전류 = 25×300 = 7,500W ÷ 1,000 = 7.5kW

$\therefore \frac{7.5}{7.5+4}\times 100=65.21 \fallingdotseq 65\text{kW}$

(3) 교류아크용접기의 허용사용률을 구하는 식

$$\text{허용사용률}(\%)=\frac{(\text{최대정격 2차 전류})^2}{(\text{실제의 용접 전류})^2}\times \text{정격사용률}$$

예제 6 정격사용률 30%, 정격 2차 전류 300A인 교류아크용접기를 200A로 사용하는 경우의 허용사용률은?

풀이 $\text{허용사용률}(\%)=\left(\frac{\text{정격 2차 전류}}{\text{실제 용접 전류}}\right)^2\times \text{정격사용률}=\left(\frac{300}{200}\right)^2\times 30=67.5\%$

(4) 교류아크용접 시 존재하는 잠재위험

① 전원스위치 개폐 시 접촉불량으로 인한 아크 등으로 감전재해 위험

② 자외선 및 적외선으로 인하여 전기성 안염이라는 장해를 유발할 수 있는 아크광선에 의한 위험

③ 홀더의 통전 부분이 노출되어 용접봉에 신체 일부가 접촉할 위험

④ 케이블 일부가 노출되어 신체에 접촉할 위험

⑤ 피복 용접봉 등에서 유해가스, 흄 등이 발생하여 이를 흡입함에 의한 가스중독의 위험

핵심이론 12 | 출화의 경과에 의한 전기화재

(1) 누전

전류가 통로 이외의 곳으로 흐르는 현상으로 전기설비기술기준령에서 저압전로의 경우 누전전류는 최대공급전류의 1/2,000을 넘지 않도록 유지해야 한다고 규정하고 있다.

예제 7 200A의 전류가 흐르는 단상전로의 한 선에서 누전되는 최소 전류(mA)의 기준은?

풀이 누전전류는 최대공급전류의 $\frac{1}{2,000}$을 넘지 않아야 하므로 $200\text{A} \times \frac{1}{2,000} = 0.1\text{A} = 100\text{mA}$

① 누전경보기의 수신기를 설치해야 하는 장소

㉮ 습도가 높은 장소

㉯ 가연성 증기, 가스, 먼지 등이나 부식성 증기, 가스 등이 다량으로 체류하는 장소

㉰ 화약류를 제조하거나 취급하는 장소

② 누설전류가 흐르지 않은 상태에서 누전경보기가 경보를 발하는 원인

㉮ 전기적인 유도가 많을 경우

㉯ 변류기의 2차측 배선이 단락되어 지락이 되었을 경우

㉰ 변류기의 2차측 배선의 절연상태가 불량할 경우

(2) 과전류

전선에 전류가 흐르면 줄(Joule) 법칙에 의하여 열이 발생하는데 이때 과부하가 걸리거나 전기회로 일부에 사고가 발생하여 회로가 비정상이 되면 과전류에 의해 발화된다.

참고

■ **줄(Joule)의 법칙**

$Q = I^2Rt$

여기서, Q : 전류 발생열(J), I : 전류(A), R : 전기저항(Ω), t : 통전시간(s)

예제 8 10Ω의 저항에 10A의 전류가 1분간 흘렀을 때의 발열량은 몇 cal인가?

풀이 $Q=0.24I^2Rt$

여기서, I : 전류(A), R : 전기저항(Ω), t : 통전시간(s)

$\therefore\ Q=0.24\times10^2\times10\times60=14{,}400\text{cal}$

핵심이론 13 ❙ 절연저항

❙ 내전압용 절연장갑의 등급에 따른 최대 사용압력 ❙

등 급	최대 사용전압	
	교류(V)	직류(V)
00	500	750
0	1,000	1,500
1	7,500	11,250
2	17,000	25,500
3	26,500	39,750
4	36,000	54,000

핵심이론 14 ❙ 정전기

(1) 정전기 발생에 영향을 주는 요인

① 물체의 표면상태
② 물체의 특성
③ 물체의 분리력
④ 박리속도
⑤ 접촉 면적 및 압력

(2) 정전기의 유도

하나의 대전체가 절연된 물체에 접근하면 정전기가 유도되는데, 대전체와 먼 곳에는 대전체와 동일 극성의 전하가 유도되고 가까운 곳에는 반대 극성의 전하가 유도된다.

예제 9 정전 유도를 받고 있고 접지되어 있지 않은 도전성 물체에 접속할 경우 전격을 당하게 되는데 이때 물체에 유도된 전압 V[V]를 구하는 식은?

풀이 $V=\dfrac{C_1}{C_1+C_2}\cdot E$

여기서, V : 물체에 유도된 전압(V), C_1 : 송전선과 물체 사이의 정전용량

C_2 : 물체와 대지 사이의 정전용량(단, 물체와 대지 사이의 저항은 무시한다.)

E : 송전선의 대지전압

(3) 화재 및 폭발의 발생한계

정전기로 인한 방전에너지가 최소발화에너지보다 큰 경우에는 가연성 또는 폭발성 물질에 착화되어 화재 및 폭발사고가 발생할 수 있다.

① 대전물체가 도체인 경우 방전이 발생할 때는 거의 대부분의 전하가 방출된다.

② 다음 식에 의하여 이 에너지를 가지는 대전전위 또는 대전전하량을 구할 수 있다.

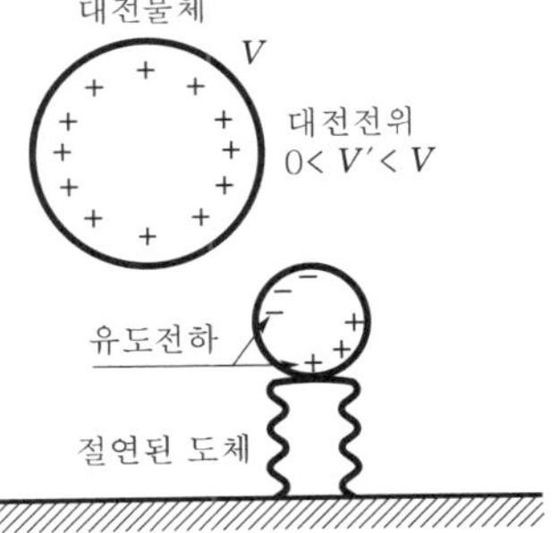

| 정전 유도 현상 |

$$E = \frac{1}{2}CV^2 = \frac{1}{2}QV = \frac{1}{2}\frac{Q^2}{C}$$

여기서, E : 정전기에너지(J)
C : 도체의 정전용량(F)
V : 대전전위(V)
Q : 대전전하량(C)

따라서 대전전하량과 대전전위는 다음과 같이 나타낼 수 있다.

$$Q = \sqrt{2CE}, \quad V = \sqrt{\frac{2E}{C}}$$

예제 10 인체의 표면적이 0.5m^2이고, 정전용량은 0.02pF/cm^2이다. 3,300V의 전압이 인가되어 있는 전선에 접근하여 작업을 할 때 인체에 축적되는 정전기에너지(J)는?

풀이 $E = \frac{1}{2}CV^2A$

여기서, E : 정전기에너지(J)
C : 도체의 정전용량(F)
V : 대전전위(V)
A : 표면적(cm^2)

$\therefore \frac{1}{2} \times 0.02 \times 10^{-12} \times 3{,}300^2 \times 0.5 \times 100^2 = 5.445 \times 10^{-4}\text{J}$

예제 11 정전용량 $10\mu\text{F}$인 물체에 전압을 1,000V로 충전하였을 때 물체가 가지는 정전에너지는 몇 J인가?

풀이 $E = \frac{1}{2}CV^2$

$\therefore \frac{1}{2} \times 10 \times 10^{-6} \times 1{,}000^2 = 5\text{J}$

예제 12 착화에너지가 0.1mJ이고 가스를 사용하는 사업장 전기설비의 정전용량이 0.6nF일 때 방전 시 착화 가능한 최소대전전위는 약 몇 V인가?

풀이 $E=\frac{1}{2}CV^2$, $V^2=\frac{2E}{C}$, $V=\sqrt{\frac{2E}{C}}$

$\therefore \frac{\sqrt{2\times 0.1\times 10^{-3}}}{0.6\times 10^{-9}} \fallingdotseq 577\text{V}$

예제 13 지구를 고립된 지구도체라고 생각하고 1C의 전하가 대전되었다면 지구 표면의 전위는 대략 몇 V인가? (단, 지구의 반경은 6,367km이다.)

풀이 $Q=CV$, $V=\frac{Q}{C}=\frac{1}{4\pi\varepsilon_o}\times\frac{Q}{r}$

여기서, ε_o(유전율) : 8.855×10^{-12}, r : 지구 반경

$\therefore\ V=9\times 10^9\times\frac{Q}{r}=9\times 10^9\times\frac{1\text{C}}{6{,}367\times 10^3\text{m}}=1{,}414\text{V}$

예제 14 폭발범위에 있는 가연성 가스 혼합물에 전압을 변화시키며 전기불꽃을 주었더니 1,000V가 되는 순간 폭발이 일어났다. 이때 사용한 전기불꽃의 콘덴서 용량은 0.1μF을 사용하였다면 이 가스에 대한 최소발화에너지는 몇 mJ인가?

풀이 $E=\frac{1}{2}CV^2=\frac{1}{2}\times 0.1\times 10^{-6}\times 1{,}000^2=50\text{mJ}$

참고

- **방전** : 전위차가 있는 2개의 대전체가 특정 거리에 접근하게 되면 등전위가 되기 위하여 전하가 절연공간을 깨고 순간적으로 빛과 열을 발생하며 이동하는 현상

1. **방전에너지에 따른 인체반응**
   ① 1mJ : 감지
   ② 10mJ : 명백한 감지
   ③ 100mJ : 불쾌한 감지(전격)
   ④ 1,000mJ : 심한 전격
   ⑤ 10,000mJ : 치사적 전격

2. **정전기 방전으로 인한 재해 발생조건**
   ① 방전하기에 충분한 전하가 축적되었을 때
   ② 정전기 방전에너지가 주변 가스의 최소착화에너지 이상일 때

3. **정전기로 인한 화재, 폭발 발생조건**
   ① 방전하기 쉬운 전위차가 있을 때
   ② 가연성 가스가 폭발범위 내에 있을 때
   ③ 정전기 방전에너지가 가연성 물질의 최소착화에너지보다 클 때

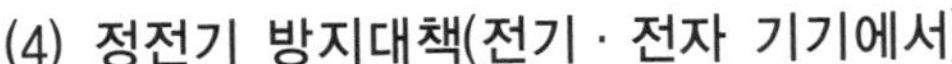

(4) 정전기 방지대책(전기 · 전자 기기에서)

① 등전위접지 : 의료용 전자기기에서 인체의 마이크로쇼크 방지를 목적으로 시설하는 접지

② 본딩 : 금속도체 상호간 혹은 대지에 대하여 전기적으로 절연되어 있는 2개 이상의 금속도체를 전기적으로 접속해 서로 같은 전위를 형성하여 정전기 사고를 예방하는 기법

③ 제전기 사용

㉮ 제전기의 설치장소 : 정전기의 발생원으로부터 5~20cm 떨어진 장소

㉯ 제전기의 제전효과에 영향을 미치는 요인

㉠ 제전기의 이온생성 능력

㉡ 제전기의 설치위치 및 설치각도

㉢ 대전물체의 대전전위 및 대전분포

핵심이론 15 | 전기설비의 방폭

(1) 폭발의 기본조건

① 가연성 가스 또는 증기의 존재

② 최소착화에너지 이상의 점화원 존재

③ 폭발위험 분위기의 조성(가연성 물질+지연성 물질)

참고

■ **최소착화에너지, 점화원, 화염일주한계**

1. **최소착화에너지에 영향을 주는 조건**
   ① 전극의 형상
   ② 불꽃간격
   ③ 압력
   ④ 온도
2. **점화원** : 전기불꽃, 단열압축, 고열물, 충격, 마찰, 정전기, 화학반응열, 자연발열 등
3. **화염일주한계** : 폭발성 분위기에 있는 용기의 접합면 틈새를 통해 화염이 내부에서 외부로 전파되는 것을 저지할 수 있는 틈새의 최대간격

(2) 화재 · 폭발 위험분위기의 생성 방지방법

① 폭발성 가스의 누설 방지

② 가연성 가스의 방출 방지

③ 폭발성 가스의 체류 방지

핵심이론 16 | 방폭구조의 종류와 기호

표시항목	기 호	기호의 의미
방폭구조	Ex	방폭구조의 상징
방폭구조의 종류	d	내압방폭구조
	p	압력방폭구조
	e	안전증방폭구조
	ia, ib	본질안전방폭구조
	o	유입방폭구조
	s	특수방폭구조
	n	비점화방폭구조
	m	몰드방폭구조
	q	충전방폭구조
	SDP	특수방진방폭구조
	DP	보통방진방폭구조
	XDP	방진특수방폭구조

표시항목	기 호	기호의 의미
온도등급(발화도)	T1	450℃ 초과인 것
	T2	300℃ 이상인 것
	T3	200℃ 이상인 것
	T4	135℃ 이상인 것
	T5	100℃ 이상인 것
	T6	85℃ 이상인 것
폭발등급	ⅡA	0.9mm 이상
	ⅡB	0.5mm 초과 0.9mm 미만
	ⅡC	0.5mm 이하

※ 표기(예 1) → IEC 기준
내압방폭구조의 경우 : ExdⅡAT2
여기서, d : 방폭구조의 기호(내압)
ⅡA : 폭발등급
T2 : 온도등급(발화도)

※ 표기(예 2) → KS C 기준
내압방폭구조의 경우 : d1G2
여기서, d : 방폭구조의 기호(내압)
1 : 폭발등급
G2 : 온도등급(발화도)

■ **방폭구조**

1. **n(비점화방폭구조)** : 정상작동상태에서 폭발 가능성이 없으나, 이상상태에서 짧은 시간 동안 폭발성 가스 또는 증기가 존재하는 지역에 사용 가능한 방폭용기
2. 22종 장소의 경우에 가연성 분진의 전기저항이 1,000Ω·m 이하인 때에는 밀폐방진방폭구조에 한한다.
3. 폭발위험장소별 방폭구조는 산업표준화법에서 정하는 한국산업규격 또는 국제표준화기구(IEC)에 의한 국제규격을 말한다.

〈2. 화학설비 안전관리〉

핵심이론 1 | 공정과 공정변수

(1) 공정(process)

한 물질 혹은 여러 물질의 혼합물에 물리적 또는 화학적 변화를 일어나게 하는 하나의 조작(operation) 또는 일련의 조작을 말한다.

① 밀도(density) : 그 물질의 단위부피당 질량(kg/m^3, g/cm^3)으로 나타낸다.

② 유속(flow rate) : 연속식 공정(continuous process)에는 한 지점에서 다른 지점으로의 물질의 이동(공정단위 사이에서 또는 생산시설에서 수송장소로, 또는 이와 반대의 순서로)을 포함하고 있다. 이와 같이 공정도관을 통하여 수송되는 물질의 속도를 말한다.

③ 화합물의 조성

예제 1 대기압하 직경이 2m인 물탱크에 탱크 바닥에서부터 2m 높이까지 물이 들어 있으며, 이 탱크의 바닥에서 0.5m 위 지점에 직경이 1cm인 작은 구멍이 나서 물이 새어나오고 있다. 구멍의 위치까지 물이 새어나오는 데 필요한 시간은 약 얼마인가? (단, 탱크의 대기압은 0이며, 배출계수는 0.61로 한다.)

풀이 $t=\dfrac{A_R}{C_d A_o\sqrt{2g}}\displaystyle\int_{y_1}^{y_2} y^{(-1/2)}d_y=\dfrac{2A_R}{C_d A_o\sqrt{2g}}(\sqrt{y_1}-\sqrt{y_2})\,[s]$

여기서, t : 배출시간(s)

A_R : 탱크의 수평단면적(m^2)

A_o : 오리피스의 단면적(m^2)

C_d : 배출계수, 송출계수, 탱크의 수면으로부터 오리피스까지 수직높이

y_1 : $t=0$일 때의 높이(m)($y=y_1$)

y_2 : $t=t$일 때의 높이(m)($y=y_2$)

g : 중력가속도($=9.8\,m/s^2$)

$$t=\frac{2A_R}{C_d A_o\sqrt{2g}}(\sqrt{y_1}-\sqrt{y_2})$$

$$=\frac{2\times\dfrac{\pi\times(2)^2}{4}}{0.61\times\dfrac{\pi\times(0.01)^2}{4}\times\sqrt{2\times9.8}}\times(\sqrt{2}-\sqrt{0.5})$$

$$=20946.7726s\times\frac{1hr}{3{,}600s}$$

$$=5.82hr$$

여기서 탱크의 대기압은 0기압이므로 배출시간은 2배로 증가한다.

$\therefore$ $5.82hr\times2=11.6hr$

예제 2 비중이 1.5이고, 직경이 74μm인 분체가 종말속도 0.2m/s로 직경 6m의 사일로(silo)에서 질량유속 400kg/h로 흐를 때 평균 농도는 약 얼마인가?

풀이

$$\text{평균농도(mg/L)} = \frac{\text{질량유속(mg/s)}}{\text{사일로에 흐르는 유량(L/s)}}$$

$$= \frac{400\text{kg/h} \times \frac{1\text{h}}{3{,}600\text{sec}} \times \frac{10^6\text{mg}}{1\text{kg}}}{\frac{\pi}{4} \times (6\text{m})^2 \times 0.2\text{m/s} \times \frac{1{,}000\text{L}}{1\text{m}^3}} = 19.8\text{mg/L}$$

(2) 기타 위험물에 관련되는 물성

① **라이덴프로스트점(Leidenfrost point)** : 뜨거운 금속에 물이 닿으면 튀는 현상과 같이 핵비등상태에서 막비등으로 이행하는 온도

② **엔탈피** : 어떤 물체가 가지는 단위중량당 열에너지

핵심이론 2 | 산업안전보건법상 위험물질의 종류

(1) 폭발성 물질 및 유기과산화물

① 질산에스테르류 : 니트로글리콜 · 니트로글리세린 · 니트로셀룰로오스 등

② 니트로화합물 : 가열 · 마찰 · 충격 또는 다른 화학물질과의 접촉 등으로 인하여 산소나 산화제의 공급이 없더라도 폭발 등 격렬한 반응을 일으킬 수 있는 물질

예 트리니트로벤젠 · 트리니트로톨루엔 · 피크린산 등

③ 니트로소화합물

④ 아조화합물

⑤ 디아조화합물

⑥ 하이드라진 유도체

⑦ 유기과산화물 : 과초산, 메틸에틸케톤 과산화물, 과산화벤조일 등

⑧ 그 밖에 ①부터 ⑦까지의 물질과 같은 정도의 폭발위험이 있는 물질

⑨ ①부터 ⑧까지의 물질을 함유한 물질

(2) 물반응성 물질 및 인화성 고체

① 리튬

② 칼륨 · 나트륨

③ 황

④ 황린

⑤ 황화인 · 적린

⑥ 셀룰로이드류

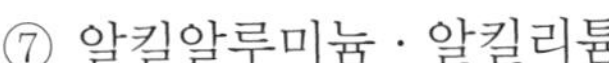

⑦ 알킬알루미늄 · 알킬리튬

⑧ 마그네슘 분말

⑨ 금속 분말(마그네슘 분말은 제외한다)

⑩ 알칼리금속(리튬 · 칼륨 및 나트륨은 제외한다)

⑪ 유기금속화합물(알킬알루미늄 및 알킬리튬은 제외한다)

⑫ 금속의 수소화물

⑬ 금속의 인화물

⑭ 칼슘탄화물, 알루미늄탄화물

⑮ 그 밖에 ①부터 ⑭까지의 물질과 같은 정도의 발화성 또는 인화성이 있는 물질

⑯ ①부터 ⑮까지의 물질을 함유한 물질

$2K+2H_2O \rightarrow 2KOH+\underline{H_2}$, $NaH+H_2O \rightarrow NaOH+\underline{H_2}$

$CaC_2+2H_2O \rightarrow Ca(OH)_2+\underline{C_2H_2}$, $(C_2H_5)_3Al+3H_2O \rightarrow Al(OH)_3+\underline{3C_2H_6}$

∴ 위험도 H_2 : $\frac{7.5-4}{4}=17.75$, C_2H_2 : $\frac{81-2.5}{2.5}=31.4$, C_2H_6 : $\frac{36-2.7}{2.7}=12.33$

(3) 산화성 액체 및 산화성 고체

① 차아염소산 및 그 염류

㉮ 차아염소산

㉯ 차아염소산칼륨, 그 밖에 차아염소산염류

② 아염소산 및 그 염류

㉮ 아염소산

㉯ 아염소산칼륨, 그 밖에 아염소산염류

③ 염소산 및 그 염류

㉮ 염소산

㉯ 염소산칼륨, 염소산나트륨, 염소산암모늄, 그 밖에 염소산염류

④ 과염소산 및 그 염류

㉮ 과염소산

㉯ 과염소산칼륨, 과염소산나트륨, 과염소산암모늄, 그 밖에 과염소산염류

■ $KClO_4 \rightarrow KCl+2O_2$

⑤ 브롬산 및 그 염류 : 브롬산염류

⑥ 요오드산 및 그 염류 : 요오드산염류

⑦ 과산화수소 및 무기과산화물
  ㉮ 과산화수소
  ㉯ 과산화칼륨, 과산화나트륨, 과산화바륨, 그 밖의 무기과산화물

■ **과염소산과 과산화나트륨**
1. **과염소산** : 불연성이지만 다른 물질의 연소를 돕는 산화성 액체 물질이다.
2. **과산화나트륨** : 물과의 반응 또는 열에 의해 분해되어 산소를 발생한다.
   • $2Na_2O_2 + 2H_2O \rightarrow 4NaOH + O_2 \uparrow$ • $2Na_2O_2 \rightarrow 2Na_2O + O_2 \uparrow$

⑧ 질산 및 그 염류
  ㉮ 질산
  ㉯ 질산칼륨, 질산나트륨, 질산암모늄, 그 밖에 질산염류

■ **질산암모늄(NH_4NO_3)** : 물에 잘 녹고 다량의 물을 흡수하여 흡열반응하므로 온도가 내려간다.
• $2HNO_3 \rightarrow H_2O + \underset{\text{갈색증기}}{\underline{2NO_2}} + \frac{1}{2}O_2$

⑨ 과망간산 및 그 염류
⑩ 중크롬산 및 그 염류
⑪ 그 밖에 ①부터 ⑩까지의 물질과 같은 정도의 산화성이 있는 물질
⑫ ①부터 ⑪까지의 물질을 함유한 물질

(4) 인화성 액체(표준압력 : 101.3kPa)

① 에틸에테르 · 가솔린 · 아세트알데히드 · 산화프로필렌, 그 밖에 인화점이 23℃ 미만이고 초기 끓는점이 35℃ 이하인 물질
② 노말헥산 · 아세톤 · 메틸에틸케톤 · 메틸알코올 · 에틸알코올 · 이황화탄소, 그 밖에 인화점이 23℃ 미만이고 초기 끓는점이 35℃를 초과하는 물질
③ 크실렌 · 아세트산아밀 · 등유 · 경유 · 테레빈유 · 이소아밀알코올 · 아세트산 · 하이드라진, 그 밖에 인화점이 23℃ 이상 60℃ 이하인 물질

■ **방유제** : 인화성 액체 위험물을 액체상태로 저장하는 저장탱크를 설치할 때 위험물질이 누출되어 확산되는 것을 방지하기 위하여 설치해야 하는 것

(5) 인화성 가스

① 수소   ② 아세틸렌   ③ 에틸렌   ④ 메탄
⑤ 에탄   ⑥ 프로판   ⑦ 부탄   ⑧ 영 [별표 10]에 따른 인화성 가스

■ 사업주는 인화성 액체 및 인화성 가스를 저장 · 취급하는 화학설비에서 증기나 가스를 대기로 방출하는 경우에는 외부로부터의 화염을 방지하기 위하여 화염방지기를 그 설비 상단에 설치하여야 한다.

(6) 부식성 물질로서 다음의 어느 하나에 해당하는 물질

① 부식성 산류

㉮ 농도가 20퍼센트 이상인 염산 · 황산 · 질산, 그 밖에 이와 같은 정도 이상의 부식성을 가지는 물질

㉯ 농도가 60퍼센트 이상인 인산 · 아세트산 · 불산, 그 밖에 이와 같은 정도 이상의 부식성을 가지는 물질

② **부식성 염기류** : 농도가 40퍼센트 이상인 수산화나트륨 · 수산화칼륨, 그 밖에 이와 같은 정도 이상의 부식성을 가지는 염기류

(7) 급성 독성 물질

① 쥐에 대한 경구투입실험에 의하여 실험동물의 50%를 사망시킬 수 있는 물질의 양, 즉 LD50(경구, 쥐)이 킬로그램당 300mg-(체중) 이하인 화학물질

② 쥐 또는 토끼에 대한 경피흡수실험에 의하여 실험동물의 50%를 사망시킬 수 있는 물질의 양, 즉 LD50(경피, 토끼 또는 쥐)이 킬로그램당 1,000mg-(체중) 이하인 화학물질

③ 쥐에 대한 4시간 동안의 흡입실험에 의하여 실험동물의 50%를 사망시킬 수 있는 물질의 농도, 즉 가스 LC50(쥐, 4시간 흡입)이 2,500ppm 이하인 화학물질, 증기 LC50(쥐, 4시간 흡입)이 10mg/L 이하인 화학물질, 분진 또는 미스트 1mg/L 이하인 화학물질

■ **위험물질의 기준량과 방유제**

1. **위험물질의 기준량** : 부탄(50m^3), 시안화수소(5kg)
2. **방유제** : 인화성 액체위험물을 액체상태로 저장하는 저장탱크를 설치하는 경우에는 위험물이 누출되어 확산되는 것을 방지하기 위한 것

핵심이론 3 ‖ 유해물과 허용농도

(1) 크롬(Cr)

3가와 6가의 화합물이 사용되고 있다.

(2) TLV(Threshold Limit Value)

허용농도이며 만성중독과 가장 관계가 깊은 유독성 지표로서, 유해물질을 함유하는 공기 중에서 작업자가 연일 그 공기에 폭로되어도 건강장해를 일으키지 않는 물질 농도

핵심이론 4 | 물질안전보건자료(MSDS)

(1) 물질안전보건자료(MSDS) 작성 시 포함되어 있는 주요 작성항목

① 화학제품과 회사에 관한 정보
② 유해성, 위험성
③ 구성성분의 명칭 및 함유량
④ 응급조치 요령
⑤ 폭발·화재 시 대처방법
⑥ 누출사고 시 대처방법
⑦ 취급 및 저장 방법
⑧ 노출 방지 및 개인보호구
⑨ 물리·화학적 특성
⑩ 안정성 및 반응성
⑪ 독성에 관한 정보
⑫ 환경에 미치는 영향
⑬ 폐기 시 주의사항
⑭ 운송에 필요한 정보
⑮ 법적 규제현황
⑯ 그 밖의 참고사항

(2) 물질안전보건자료 작성제외 대상

① 「건강기능식품에 관한 법률」에 따른 건강기능식품
② 「농약관리법」에 따른 농약
③ 「마약류 관리에 관한 법률」에 따른 마약 및 향정신성 의약품
④ 「비료관리법」에 따른 비료
⑤ 「사료관리법」에 따른 사료
⑥ 「생활주변방사선안전관리법」에 따른 원료물질
⑦ 「생활화학제품 및 살생물제품의 안전관리에 관한 법률」에 따른 안전확인대상 생활화학제품 및 살생물제품 중 일반소비자의 생활용으로 제공되는 제품
⑧ 「식품위생법」에 따른 식품 및 식품첨가물
⑨ 「약사법」에 따른 의약품 및 의약외품
⑩ 「원자력안전법」에 따른 방사성 물질
⑪ 「위생용품관리법」에 따른 위생용품
⑫ 「의료기기법」에 따른 의료기기
⑫의 2 「첨단재생의료 및 첨단바이오의약품 안전 및 지원에 관한 법률」에 따른 첨단바이오의약품
⑬ 「총포·도검·화약류 등의 안전관리에 관한 법률」에 따른 화약류
⑭ 「폐기물관리법」에 따른 폐기물
⑮ 「화장품법」에 따른 화장품
⑯ ①부터 ⑮까지의 규정 외의 화학물질 또는 혼합물로서 일반소비자의 생활용으로 제공되는 것(일반소비자의 생활용으로 제공되는 화학물질 또는 혼합물이 사업장 내에서 취급되는 경우를 포함한다)

(3) 물질안전보건자료 대상물질의 작업공정별 관리요령에 포함사항

① 제품명
② 건강 및 환경에 대한 유해성, 물리적 위험성

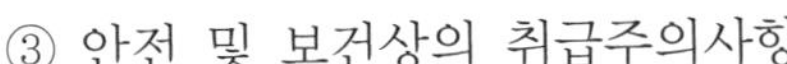

③ 안전 및 보건상의 취급주의사항
④ 적절한 보호구
⑤ 응급조치 요령 및 사고 시 대처방법

핵심이론 5 | 연소에 관한 물성

(1) 인화점(Flash Point)

액체의 표면에서 발생한 증기 농도가 공기 중에서 연소하한 농도가 될 수 있는 가장 낮은 액체 농도

(2) 발화점(발화온도, 착화점, 착화온도, Ignition Point)

물질을 공기 중에서 가열할 경우 화염이나 점화원이 없어도 자연발화 될 수 있는 최저온도

■ **착화열** : 연료를 최초의 온도로부터 착화온도까지 가열하는 데 드는 열량

(3) 연소범위(연소한계, 폭발범위, 폭발한계)

인화성 액체의 증기 또는 가연성 가스가 폭발을 일으킬 수 있는 산소와의 혼합비(용량%)이다. 보통 1atm의 상온에서 측정한 측정치로 최고농도를 상한(UEL), 최저농도를 하한(LEL)이라 하며, 온도, 압력, 농도, 불활성 가스 등에 의해 영향을 받는다.

Jones 식을 이용한 연소한계의 추정은 다음과 같다.

① 어떤 경우에는 실험 데이터가 없어서 연소한계를 추산해야 할 필요가 있다. 연소한계는 쉽게 측정되므로 가급적이면 실험에 의하여 결정할 것을 권장한다.

② Jones는 많은 탄화수소 증기의 LFL, UFL은 연료의 양론농도(C_{st})의 함수임을 발견하였다.

$$\mathrm{LFL} = 0.55\,C_{st},\quad \mathrm{UFL} = 3.50\,C_{st}$$

여기서 C_{st}는 연료와 공기로 된 완전연소가 일어날 수 있는 혼합기체에 대한 연료의 부피(%)이다.

대부분의 유기물에 대한 양론농도는 일반적인 연소반응을 이용하여 결정된다.

$$\mathrm{C}_m\mathrm{H}_x\mathrm{O}_y + z\mathrm{O}_z \rightarrow m\mathrm{CO}_2 + x/2\ \mathrm{H_2O}$$

양론계수의 관계는 다음과 같다.

$$z = m + \frac{x}{4} - \frac{y}{2}$$

여기서 z는 (O_2 몰수/연료 몰수)의 단위를 가진다.

z의 함수로서 C_{st}를 정정하기 위해 부가적인 양론계수와의 단위변환이 요구된다.

$$C_{st}=\frac{\text{연료 Moles}}{\text{연료 Moles}+\text{공기 Moles}}\times 100=\frac{100}{1+\dfrac{\text{공기 moles}}{\text{연료 moles}}}$$

$$=\frac{100}{1+\left(\dfrac{1}{0.21}\right)\left(\dfrac{\text{공기 moles}}{\text{연료 moles}}\right)}$$

$$=\frac{100}{1+\left(\dfrac{z}{0.21}\right)}$$

z를 치환하고 식을 응용하면 다음과 같다.

$$\text{LFL}=\frac{0.55(100)}{4.76m+1.19x-2.38y+1},\quad \text{UFL}=\frac{3.50(100)}{4.76m+1.19x-2.38y+1}$$

예제 3 에틸렌(C_2H_4)이 완전연소하는 경우 다음의 Jones 식을 이용하여 계산할 경우 연소하한계는 약 몇 vol%인가?

Jones 식 : $\text{LFL}=0.55\times C_{st}$

풀이 $C_2H_4+3O_2 \rightarrow 2CO_2+2H_2O$

$C_{st}=\dfrac{100}{\dfrac{1+z}{0.21}}=\dfrac{100}{1+\dfrac{3}{0.21}}=0.541$, Jones 식 $\text{LFL}=0.55\times 6.541=3.6\text{vol\%}$

(4) 위험도(H, Hazards)

가연성 혼합가스 연소범위의 제한치를 나타내는 것으로서 위험도가 클수록 위험하다.

$$H=\frac{U-L}{L}$$

여기서, H : 위험도

U : 연소범위의 상한치(UFL ; Upper Flammability Limit)

L : 연소범위의 하한치(LFL ; Lower Flammability Limit)

예제 4 공기 중에서 폭발범위가 12.5~74vol%인 일산화탄소의 위험도는 얼마인가?

풀이 $H=\dfrac{U-L}{L}$, $\dfrac{74-12.5}{12.5}=4.92$

핵심이론 6 | 화학양론농도와 최소산소농도

(1) 화학양론농도(C_{st})

가연성 물질 1몰이 완전연소할 수 있는 공기와의 혼합기체 중 가연성 물질의 부피(%)이다.

① 화학양론농도 구하는 식

$C_nH_mO_\lambda Cl_f$에서 다음 식으로 구한다.

$$C_{st} = \frac{100}{1+4.733\left(n+\frac{m-f-2\lambda}{4}\right)}(\%)$$

여기서, n : 탄소

m : 수소

f : 할로겐원소

λ : 산소의 원자수

예제 5 아세틸렌(C_2H_2)의 공기 중 완전연소 조성농도(C_{st})는 약 얼마인가?

풀이 완전연소 조성농도(C_{st}) $= \frac{100}{1+4.773\left(n+\frac{m-f-2\lambda}{4}\right)}(\text{vol\%})$

$= \frac{100}{1+4.773\left(2+\frac{2}{4}\right)}$

$= 7.7\text{vol\%}$

여기서, n : 탄소, m : 수소, f : 할로겐원소, λ : 산소의 원자수

② 화학양론농도와 폭발한계의 관계

㉮ 유기화합물의 폭발하한값은 화학양론농도의 약 55%로 추정한다.

㉯ 폭발상한값은 화학양론농도의 약 3.5배 정도가 된다.

(2) 최소산소농도(MOC ; Minimum Oxygen Combustion)

① 연소하한값은 공기 중의 연료를 기준으로 한다. 그러나 연소에 있어서 산소도 핵심적인 요소이며, 화염을 전파하기 위해서는 최소한의 산소농도가 요구된다.

② 폭발 및 화재는 연료의 농도에 무관하게 산소의 농도를 감소시켜 방지할 수 있으므로 최소산소농도는 아주 유용한 결과가 된다. 이러한 개념은 퍼지작업이라 부르는 통상의 절차를 위한 기초이다.

핵심이론 7 ▎폭발 영향인자

폭발하는 데 영향을 주는 것에는 온도, 조성, 압력, 용기의 크기와 형태 등이 있다.

(1) 온도

(2) 조성(폭발범위)

르 샤틀리에(Le Chatelier)의 혼합가스 폭발범위를 구하는 식

$$\frac{100}{L}=\frac{V_1}{L_1}+\frac{V_2}{L_2}+\frac{V_3}{L_3}+\cdots$$

여기서, L : 혼합가스의 폭발한계치, L_1, L_2, L_3 : 각 성분의 단독 폭발한계치(vol%)
V_1, V_2, V_3 : 각 성분의 체적(vol%)

예제 6 8vol% 헥산, 3vol% 메탄, 1vol% 에틸렌으로 구성된 혼합가스의 연소하한값(LFL)은 약 몇 vol%인가? (단, 각 물질의 공기 중 연소하한값은 헥산은 1.1vol%, 메탄은 5.0vol%, 에틸렌은 2.7vol%이다.)

풀이 $\frac{8+3+1}{L}=\frac{8}{1.1}+\frac{3}{5.0}+\frac{1}{2.7}$　　$\therefore L=1.45\text{vol\%}$

예제 7 공기 중에서 A가스의 폭발하한계는 2.2vol%이다. 이 폭발하한계 값을 기준으로 하여 표준상태에서 A가스와 공기의 혼합기체 1m^3에 함유되어 있는 A가스의 질량을 구하면 약 몇 g인가? (단, A가스의 분자량은 26이다.)

풀이 혼합기체가 1m^3(1,000L)이므로 $1,000\times0.022=22\text{L}$
모든 기체는 1mol에는 22.4L이므로 $\frac{22}{22.4}\times26=25.54\text{g}$

(3) 압력

(4) 용기의 크기와 형태

온도, 조성, 압력 등의 조건이 갖추어져 있어도 용기가 작으면 발화하지 않거나 발화해도 화염이 전파되지 않고 도중에 꺼져버린다.

① **소염(quenching, 화염일주) 현상** : 발화된 화염이 전파되지 않고 도중에 꺼져버리는 현상
② **안전간격(MESG ; 최대안전틈새, 화염일주한계, 소염거리)** : 화염이 전파되는 것을 저지할 수 있는 틈새의 최대간격치, 즉 가연성 가스 및 증기의 위험도에 따른 방폭전기기기의 분류로 폭발등급을 사용하는데 이러한 폭발등급을 결정하는 것

참고

■ **폭굉(detonation)** : 어떤 물질 내에서 반응전파속도가 음속보다 빠르게 진행되며 이로 인해 발생된 충격파가 반응을 일으키고 유지하는 발열반응

핵심이론 8 | 정전기 방지대책(화학설비에서)

(1) 상대습도를 70% 이상으로 높인다.

(2) 공기를 이온화한다.

(3) 접지를 실시한다.

(4) 도전성 재료를 사용한다.

(5) 대전방지제를 사용한다.

(6) 제전기를 사용한다.

(7) 보호구를 착용한다.

(8) 배관 내 액체의 유속을 제한한다.

핵심이론 9 | 버제스-휠러 식과 폭굉유도거리

(1) 버제스-휠러(Burgess-Wheeler) 식

탄화수소화합물에 대한 폭발하한계(LEL)와 연소열의 관계를 나타낸 식이다. 즉 가연성 가스나 증기의 폭발범위가 온도의 영향에 따라 변화고 있다는 사실을 고찰하는 가장 기초적인 식이다.

예제 8 포화탄화수소계 가스에서는 폭발하한계의 농도 X(vol%)와 그의 연소열(kcal/mol) Q의 곱은 일정하게 된다는 Burgess-Wheeler의 법칙이 있다. 연소열이 635.4kcal/mol인 포화탄화수소가스의 하한계는 약 얼마인가?

풀이 ① Burgess-Wheeler의 법칙

$X(\text{vol\%}) \times Q(\text{kJ/mol}) = 4{,}600\,\text{vol\%} \cdot \text{kJ/mol}$

② $X(\text{vol\%}) \times Q(\text{kcal/mol}) = 1{,}100\,\text{vol\%} \cdot \text{kcal/mol}$

$\therefore\ X = \dfrac{1{,}100}{Q} = \dfrac{1{,}100}{635.4} = 1.73\,\text{vol\%}$

(2) 폭굉유도거리(DID ; Detonation Induction Distance)

일반적으로 폭굉유도거리가 짧아지는 경우는 다음과 같다.

① 정상연소속도가 큰 혼합가스일수록

② 관 속에 방해물이 있거나 관 지름이 가늘수록

③ 압력이 높을수록

④ 점화원의 에너지가 강할수록

핵심이론 10 ▎ 독성에 의한 가스 분류

(1) 독성 가스

포스겐($COCl_2$), 브롬화메탄(CH_3Br), HCN, H_2S, SO_2, Cl_2, NH_3, CO 등과 같이 인체에 악영향을 주는 가스를 말한다.

▎독성 가스의 허용노출기준(TWA) ▎

가스 명칭	허용농도(ppm)	가스 명칭	허용농도(ppm)
이산화탄소(CO_2)	5,000	니트로벤젠($C_6H_5NO_2$)	1
일산화탄소(CO)	50	포스겐($COCl_2$)	0.1
산화에틸렌(C_2H_4O)	50	브롬(Br_2)	0.1
암모니아(NH_3)	25	불소(F_2)	0.1
일산화질소(NO)	25	오존(O_3)	0.1
브롬메틸(CH_3Br)	20	인화수소(PH_3)	0.3
황화수소(H_2S)	10	아세트알데히드(CH_3CHO)	200
시안화수소(HCN)	10	포름알데히드(HCHO)	5
아황산가스(SO_2)	5	메탄올(CH_3OH)	200
염화수소(HCl)	5	에탄올(C_2H_5OH)	1,000
불화수소(HF)	3	톨루엔($C_6H_5CH_3$)	1,100
염소(Cl_2)	1	–	–

(2) 비독성 가스

H_2, O_2, N_2 등과 같이 독성이 없는 가스를 말한다.

(3) 가연성 독성 가스

브롬화메탄(CH_3Br), 산화에틸렌(C_2H_4O), 시안화수소(HCN), 일산화탄소(CO), 이황화탄소(CS_2), 암모니아(NH_3), 벤젠(C_6H_6), 트리메틸아민[$(CH_3)_3N$], 황화수소(H_2S), 염화메탄(CH_3Cl), 모노메틸아민(CH_3NH_2), 아크릴로니트릴($CH_2=CHCN$), 디메틸아민[$(CH_3)_2NH$], 아크릴알데히드($CH_2=CHCHO$)

핵심이론 11 ▎ 액화가스 용기 충전량과 가스 용기의 표시방법

(1) 액화가스 용기 충전량

$$G=\frac{V}{C}$$

여기서, G : 충전량

V : 내용적

C : 액화가스 충전상수(C_3H_8 : 2.35, C_4H_{10} : 2.05, NH_3 : 1.86)

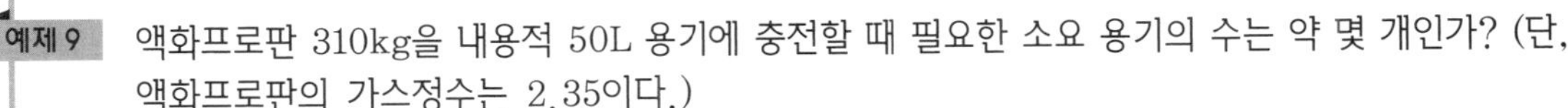

예제 9 액화프로판 310kg을 내용적 50L 용기에 충전할 때 필요한 소요 용기의 수는 약 몇 개인가? (단, 액화프로판의 가스정수는 2.35이다.)

풀이 $G=\frac{V}{C}$에서 $\frac{50}{2.35}=21.28\text{L}$ ∴ 310kg÷21.28=15개

(2) 가스 용기의 표시방법

가스 종류	몸체 도색		가스 종류	몸체 도색	
	공업용	의료용		공업용	의료용
산소	녹색	백색	질소	회색	흑색
수소	주황색	–	아산화질소	회색	청색
액화탄산가스	청색	회색	헬륨	회색	갈색
액화석유가스	회색	–	에틸렌	회색	자색
아세틸렌	황색	–	시클로로프로판	회색	주황색
암모니아	백색	–	기타의 가스	회색	–
액화염소	갈색	–	–	–	–

참고

- **두 종류의 가스가 혼합될 때 폭발위험이 가장 높은 것**
  지연(조연)성 가스+가연성 가스 예 염소+아세틸렌

핵심이론 12 | 반응기

(1) 반응기 정의

반응기는 화학반응을 하는 기기이며, 물질, 농도, 온도, 압력, 시간, 촉매 등에 이용되는 기기로서 공업장치에 있어서 물질이동이나 열이동에도 영향을 끼치기 때문에 구조형식이나 조작할 수 있는 반응기를 선정하는 것이 중요하다.

예제 10 8% NaOH 수용액과 5% NaOH 수용액을 반응기에 혼합하여 6% 100kg의 NaOH 수용액을 만들려면 각각 몇 kg의 NaOH 수용액이 필요한가?

풀이
① $0.08a+0.05b=0.06\times100$ ······················ ⓐ
② $a+b=100 \rightarrow a=100-b$ ························ ⓑ
③ ⓑ식을 ⓐ식에 대입
㉠ b값 : $0.08(100-b)+0.05b=6$
$8-0.08b+0.05b=6$
$0.03b=2$ ∴ $b=66.7\text{kg}$
㉡ a값 : $a+b=100$
$a=100-b\ =100-66.7=33.3\text{kg}$
∴ 5% NaOH 수용액 : 66.7kg, 8% NaOH 수용액 : 33.3kg

예제 11 단열반응기에서 100℉, 1atm의 수소가스를 압축하는 반응기를 설계할 때 안전하게 조업할 수 있는 최대압력은 약 몇 atm인가? (단, 수소의 자동발화온도는 1,075℉이고, 수소는 이상기체로 가정하고, 비열비(γ)는 1.4이다.)

풀이 가역 단열변화이므로

$$\frac{T_2}{T_1}=\left(\frac{P_2}{P_1}\right)^{\frac{\gamma-1}{\gamma}}$$

① $T_1 = t_C + 273 = 37.8 + 273 = 310.8\text{K}$

$$t_C = \frac{5}{9}(t_F - 32) = \frac{5}{9}(100-32) = 37.8℃$$

② $T_2 = t_C + 273 = 579 + 273 = 852\text{K}$

$$t_C = \frac{5}{9}(t_F - 32) = \frac{5}{9}(1,075-32) = 579℃$$

$$\therefore\ P_2 = P_1\left(\frac{T_2}{T_1}\right)^{\frac{r}{r-1}} = 1\left(\frac{852}{310.8}\right)^{\frac{1.4}{1.4-1}} = 34.10\text{atm}$$

예제 12 20℃, 1기압의 공기를 5기압으로 단열압축하면 공기의 온도는 약 몇 ℃가 되겠는가? (단, 공기의 비열비는 1.4이다.)

풀이 단열압축 시 공기의 온도(T_2)

$$T_1 \times \left(\frac{P_2}{P_1}\right)^{\frac{\gamma-1}{\gamma}} = 293 \times 5^{\frac{1.4-1}{1.4}} = 191℃$$

(2) 반응기 분류(조작방법에 의한 분류)

① **회분식 반응기** : 여러 액체와 가스를 가지고 진행시켜 가스를 만들고 이것을 회수하여 1회의 조작이 끝나는 경우에 사용되는 반응기이다.

② **반회분식 반응기** : 하나의 반응물질을 맨 처음에 집어넣고 반응이 진행됨에 따라 다른 물질을 첨가하는 조작, 또는 원료를 넣은 후 반응의 진행과 함께 반응 생성물을 연속적으로 배출하는 형식의 반응기이다.

③ **연속식 반응기** : 반응기의 한쪽에서는 원료를 계속적으로 유입하는 동시에 다른 쪽에서는 반응생성물질을 유출시키는 형식이다.

핵심이론 13 | 증류탑의 일상 점검항목(운전 중에 점검)

(1) 보온재, 보냉재의 파손 상황

(2) 도장의 열화상태

(3) 접속부, 맨홀부 및 용접부에서의 외부 누출 유무

(4) 기초 볼트의 헐거움 여부

(5) 증기배관에 열팽창에 의한 무리한 힘이 가해지고 있는지의 여부와 부식 등에 의해 두께가 얇아지고 있는지의 여부

■ **증류**

증류는 물리적 공정이며, 다음과 같은 증류법이 있다.

1. 공비증류 : 공비혼합물 또는 끓는점이 비슷하여 분리하기 어려운 액체 혼합물의 성분을 완전히 분리시키기 위해 사용하는 방법
   예 수분을 함유하는 에탄올에서 순수한 에탄올을 얻기 위해 벤젠과 같은 물질을 첨가하여 수분을 제거하는 증류방법
2. 진공증류 : 낮은 압력에서 물질의 끓는점이 내려가는 현상을 이용하여 시행하는 분리법으로 온도를 높여서 가열할 경우 원료가 분해될 우려가 있는 물질을 증류할 때 사용하는 방법

핵심이론 14 | 열교환기

(1) 열교환기 점검항목

① 일상 점검항목

㉮ 보온재 및 보냉재의 파손상황

㉯ 도장의 노후상황

㉰ 플랜지부, 용접부 등의 누설 여부

㉱ 기초 볼트의 체결 정도

② 개방 점검항목

㉮ 부식 및 고분자 등 생성물의 상황 또는 부착물에 의한 오염상황

㉯ 부식의 형태, 정도, 범위

㉰ 누출의 원인이 되는 비율, 결점

㉱ 용접선의 상황

㉲ Lining 또는 코팅의 상태

(2) 열교환기의 열교환 능률을 향상시키기 위한 방법

① 유체의 유속을 적절하게 조절한다.

② 열교환하는 유체의 온도차를 크게 한다.

③ 열전도율이 높은 재료를 사용한다.

■ **열교환기의 가열열원** : 다우덤섬

핵심이론 15 ▌ 건조설비의 종류

재료의 특성, 처리량, 건조의 목적 등의 조건에 맞는 최적의 것을 선정할 필요가 있다.

(1) 상자형 건조기(compartment dryer)

(2) 터널 건조기(tunnel dryer)

(3) 회전 건조기(rotary dryer)

(4) 밴드 건조기(band dryer)

(5) 기류 건조기(pneumatic dryer)

(6) 드럼 건조기(drum dryer)

(7) 분무기 건조기(spray dryer)

(8) 유동층 건조기(fluidized dryer)

(9) 적외선 건조기

(10) Sheet 건조기
건조설비의 가열방법으로 방사전열, 대전전열방식 등이 있고, 병류형, 직교류형 등의 강제대류방식을 사용하는 것이 많으며, 직물, 종이 등의 건조물 건조에 주로 사용하는 건조기

■ 위험물 또는 위험물이 발생하는 물질을 가열 · 건조하는 경우 내용적이 1m^{3}인 건조설비는 건조실을 설치하는 건축물의 구조를 독립된 단층건물로 한다.

핵심이론 16 ▌ 송풍기와 압축기

(1) **구분**

① **송풍기** : 압력상승이 1kg/cm^2 미만

② **압축기** : 압력상승이 1kg/cm^2 이상

예제 13 송풍기의 회전차 속도가 1,300rpm일 때 송풍량이 분당 300m^{3}였다. 송풍량을 분당 400m^{3}로 증가시키려면 송풍기의 회전차 속도는 약 몇 rpm으로 하여야 하는가?

풀이 송풍기의 상사법칙
유량 : $Q \propto n$, 정압, 풍압 : $P_s \propto n^2$, 마력, 동력 : $P \propto n^3$이다.

$\therefore$ 300m^3 : 1,300rpm = 400m^3 : x(rpm)

$$x = \frac{1,300 \times 400}{300} = 1,733\text{rpm}$$

(2) 압축기의 기동과 운전

① 서징(surging)현상 : 압축기와 송풍의 관로에 심한 공기의 맥동과 진동을 발생하면서 불안전한 운전이 되는 것

② 서징현상 방지법

㉮ 풍량을 감소시킨다.

㉯ 배관의 경사를 완만하게 한다.

㉰ 교축밸브를 가계에 근접하여 설치한다.

㉱ 토출가스를 흡입측에 바이패스시키거나 방출밸브에 의해 대기로 방출시킨다.

핵심이론 17 | 관의 종류 및 부속품

(1) **동일 지름의 관(동경관)을 직선 결합한 경우** : 소켓(socket), 유니언(union) 등

(2) **엘보, 티와 같이 내경이 나사로 된 부품을 폐쇄할 필요가 있는 경우** : 플러그(plug)

(3) **관의 지름을 변경하고자 할 때 필요한 관 부속품** : 리듀서(reducer)

(4) **관로의 방향을 변경하는 데 가장 적합한 것** : 엘보(elbow)

■ **개스킷** : 물질의 누출방지용으로 접합면을 상호 밀착시키기 위하여 사용하는 것

핵심이론 18 | 펌 프

(1) 펌프(pump)의 종류

구 분	펌프의 종류
왕복형 펌프	피스톤 펌프, 플런저 펌프, 격막 펌프 등
회전형 펌프	원심 펌프, 회전 펌프, 터빈 펌프, 축류 펌프, 기어 펌프 등
특수 펌프	제트 펌프 등

(2) 펌프의 고장과 대책

① 공동현상(cavitation) : 물이 관 속을 흐를 때 유동하는 물속의 어느 부분의 정압이 그때의 물의 증기압보다 낮을 경우 물이 증발하여 부분적으로 증기가 발생되어 배관이 부식

② 공동현상의 발생방지법

㉮ 펌프의 회전수를 낮춘다.

㉯ 흡입비 속도를 작게 한다.

㉰ 펌프 흡입관의 두(head) 손실을 줄인다.

㉱ 펌프의 설치높이를 낮추어 흡입양정을 짧게 한다.

핵심이론 19 | 안전장치

(1) 파열판(rupture disk)

반응폭주 등 급격한 압력상승의 우려가 있는 경우에 설치하여야 하는 것

① 압력 방출속도가 빠르다.

② 한번 파열되면 재사용할 수 없다.

③ 장기간 운전 시 파열 가능성이 있으므로 정기적인 교체가 필요하다.

④ 높은 점성의 슬러리나 부식성 유체에 적용할 수 있다.

(2) 증기트랩(steam trap)

증기배관 내에 생성된 증기의 누설을 막고 응축수를 자동적으로 배출하기 위한 안전장치

■ **과압에 따른 폭발을 방지하기 위하여 안전밸브 등을 설치하는 설비**

1. 정변위 압축기
2. 정변위 펌프(토출축에 차단밸브가 설치된 것만 해당한다.)
3. 배관(2개 이상의 밸브에 의하여 차단되어 대기온도에서 액체의 열팽창에 의하여 파열될 우려가 있는 것으로 한정한다.)

핵심이론 20 | 소화기의 성상

(1) 할로겐화물 소화기(증발성 액체 소화기) – 할론번호 순서

① 첫째 : 탄소(C)

② 둘째 : 불소(F)

③ 셋째 : 염소(Cl)

④ 넷째 : 취소(Br)

⑤ 다섯째 : 옥소(I)

(2) 강화액 소화기

물의 소화력을 높이기 위하여 물에 탄산칼륨(K_2CO_3)과 같은 염류를 첨가한 소화약제로 독성과 부식성이 없다.

핵심이론 21 | 소화방법의 종류

(1) 제거소화

(2) 질식소화

산소를 공급하는 산소공급원을 연소계로부터 차단시켜 연소에 필요한 산소의 양을 16% 이하로 함으로써 연소의 진행을 억제시켜 소화하는 방법으로 산소 농도는 10~15% 이하이다.

예 연소하고 있는 가연물이 존재하는 장소를 기계적으로 폐쇄하여 공기의 공급을 차단한다.

(3) 냉각소화

(4) 희석소화법

(5) 부촉매소화(억제소화)

핵심이론 22 | 화학설비

(1) 분체 화학물질 분리장치

① 건조기

② 유동탑

④ 결정조

(2) 반응 폭주에 의한 위급상태의 발생을 방지하기 위한 특수반응설비에 설치하는 장치

① 원재료의 공급차단장치

② 보유 내용물의 방출금지

③ 반응 정지제 등의 공급장치

(3) 플레어스택(flare stack)

공정 중에서 발생하는 미연소가스를 연소하여 안전하게 밖으로 배출시키기 위하여 사용하는 설비

(4) 급성 독성물질이 지속적으로 외부에 유출될 수 있는 화학설비 및 그 부속설비에 파열판과 안전밸브를 직렬로 설치하고 그 사이에는 압력지시계 또는 자동경보장치를 설치하여야 한다.

(5) 화학설비 및 그 부속설비를 설치할 때 단위공정시설 및 설비로부터 다른 단위공정시설 및 설비 사이의 안전거리는 설비 바깥면으로부터 10m 이상 둔다.

참고

- 사업주는 화학설비 또는 그 배관(화학설비 또는 그 배관의 밸브나 콕은 제외) 중 위험물 또는 인화점이 60℃ 이상인 물질이 접촉하는 부분에 대해서는 위험물질 등에 의하여 그 부분이 부식되어 폭발 · 화재 또는 누출되는 것을 방지하기 위하여 위험물질 등의 종류 · 온도 · 농도 등에 따라 부식이 잘 되지 않는 재료를 사용하거나 도장 등의 조치를 하여야 한다.

핵심이론 23 | 공정안전보고서

(1) 공정안전보고서 제출대상

① 원유정제 처리업

② 기타 석유정제물 재처리업

③ 석유화학계 기초화합물 제조업 또는 합성수지 및 기타 플라스틱물질 제조업

④ 질소화합물, 질소 · 인산 및 칼리질 화학비료 제조업 중 질소질 비료 제조

⑤ 복합비료 및 기타 화학비료 제조업 중 복합비료 제조(단순 혼합 또는 배합에 의한 경우는 제외한다.)

⑥ 화학살균 · 살충제 및 농업용 약제 제조업(농약 원제 제조만 해당한다.)

⑦ 화약 및 불꽃제품 제조업

(2) 공정안전보고서의 내용

① 공정안전자료

② 공정위험성 평가서

③ 안전운전계획

④ 비상조치계획

⑤ 그 밖에 공정상의 안전과 관련하여 노동부 장관이 필요하다고 인정하여 고시하는 사항

과목 05

건설공사 안전관리

핵심이론 1 | 건설공사 재해분석

(1) 건설공사 시공단계에 있어서 안전관리의 문제점

발주자의 감독 소홀

(2) 정밀안전점검

정기안전점검 결과 건설공사의 물리적·기능적 결함 등이 발견되어 보수·보강 등의 조치를 하기 위하여 필요한 경우에 실시하는 것

핵심이론 2 | 지 반

(1) 지반의 안전성

① **개착식 터널공법** : 지표면에서 소정의 위치까지 파내려간 구조물을 축조하고 되메운 후 지표면을 원상태로 복구시키는 것

예제 1 흙의 액성한계 $W_L=48\%$, 소성한계 $W_P=26\%$일 때 소성지수(I_P)는 얼마인가?

풀이 $I_P = W_C - W_P = 48 - 26 = 22\%$

② **아터버그 한계시험** : 액체상태의 흙이 건조되어 가면서 액성, 소성, 반고체, 고체 상태의 경계선과 관련된 시험의 명칭

③ **50/3의 표기** : 50은 타격횟수, 3은 굴진수치

참고

■ Piezometer : 지하수위 측정에 사용되는 계측기

(2) 지반의 이상현상 및 안전대책

① **보일링(boiling)현상** : 사질지반 굴착 시 굴착부와 지하수위차가 있을 때, 수두차(水頭差)에 의하여 삼투압이 생겨 흙막이 벽 근입 부분을 침식하는 동시에 모래가 액상화(液狀化)되어 솟아오르는 현상이 일어나 흙막이 벽의 근입부가 지지력을 상실하여 흙막이공의 붕괴를 초래하는 것

■ **Well point 공법과 보일링 파괴**

1. **Well point 공법** : 지하수위 상승으로 포함된 사질토 지반의 액상화 현상을 방지하기 위한 가장 직접적이고 효과적인 대책
2. **보일링 파괴** : 강변 옆에서 아파트 공사를 하기 위해 흙막이를 설치하고 지하공사 중에 바닥에서 물이 솟아오르면서 모래 등이 부풀어 올라 흙막이가 무너진 것을 말한다.

② 히빙(heaving)현상 : 연약지반을 굴착할 때 흙막이 벽 뒤쪽 흙의 중량이 바닥의 지지력보다 커지면 굴착저면에서 흙이 부풀어 오르는 현상

③ 동상(frost heave)현상 : 물이 결빙되는 위치로 지속적으로 유입되는 조건에서 온도가 하강함에 따라 토중수가 얼어 부피가 약 9% 정도 증대하게 됨으로써 지표면이 부풀어 오르는 현상

핵심이론 3 | 표준안전관리비

(1) 산업안전보건관리비의 계상

발주자 또는 자기공사자는 설계변경 등으로 대상액의 변동이 있는 경우에는 지체없이 안전관리비를 조정 계상하여야 한다.

| 공사 종류 및 규모별 안전관리비 계상기준표 |

대상액 / 공사 종류	5억원 미만	5억원 이상 50억원 미만		50억원 이상
		비율(X)	기초액(C)	
일반건설공사(갑)	2.93%	1.86%	5,349,000원	1.97%
일반건설공사(을)	3.09%	1.99%	5,499,000원	2.10%
중건설공사	3.43%	2.35%	5,400,000원	2.44%
철도 · 궤도신설공사	2.45%	1.57%	4,411,000원	1.66%
특수 및 기타 건설공사	1.85%	1.20%	3,250,000원	1.27%

예제 2 시급자재비 30억, 직접노무비 35억, 관급자재비 20억인 빌딩 신축공사를 할 경우 계상해야 할 산업안전보건관리비는 얼마인가? (단, 공사 종류는 일반건설공사(갑)임.)

풀이 $(30억+35억)\times\frac{1.88}{100}\times1.2=146,640,000원$

(2) 산업안전보건관리비의 사용기준

| 공사진척에 따른 안전관리비의 사용기준 |

공정률	50% 이상 70% 미만	70% 이상 90% 미만	90% 이상
사용기준	50% 이상	70% 이상	90% 이상

[주] 공정률은 기성공정률을 기준으로 한다.

핵심이론 4 | 유해 · 위험방지계획서

(1) 유해 · 위험방지계획서 작성대상(건설공사)

① 지상높이 31m 이상인 건축물 또는 인공구조물, 연면적 30,000m^2 이상인 건축물 또는 연면적 5,000m^2 이상인 문화 및 집회 시설(전시장 및 동물원, 식물원은 제외한다), 판매시설, 운수시설(고속철도의 역사 및 집배송시설은 제외한다), 종교시설, 의료시설 중 종합병원, 숙박시설 중 관광숙박시설, 지하도상가 또는 냉동 · 냉장창고시설의 건설 · 개조 또는 해체

② 연면적 5,000m^2 이상인 냉동 · 냉장창고시설의 설비공사 및 단열공사

③ 최대 지간길이(다리의 기둥과 기둥의 중심 사이의 거리)가 50m 이상인 교량건설 등 공사

④ 터널건설 등의 공사

⑤ 다목적 댐, 발전용 댐 및 저수용량 2,000만t 이상인 용수전용 댐, 지방상수도전용 댐 건설 등의 공사

⑥ 깊이 10m 이상인 굴착공사

(2) 유해 · 위험방지계획서 심사결과의 구분

① 적정 ② 조건부 적정 ③ 부적정

핵심이론 5 | 건설 공구 및 장비

(1) 수공구

바이브로 해머(vibro hammer)는 말뚝박기 해머 중 연약지반에 적합하고 상대적으로 소음이 적다.

(2) 굴착기계(토공사용 건설장비 중 작업에 따른 분류)

① 파워셔블(power shovel) : 장비 자체보다 높은 장소의 땅을 굴착하는 데 적합하며, 산지에서의 토공사 및 암반으로부터의 점토질까지 굴착할 수 있다.

② 백호(back hoe) : 지면보다 낮은 땅을 파는 데 적합하고, 수중굴착도 가능하다.

③ 클램셸(clamshell) : 수중굴착 및 구조물의 기초바닥 등과 같은 협소하고 상당히 깊은 범위의 굴착과 호퍼작업에 가장 적당하다.

④ 트랙터셔블(tractor shovel) : 흙을 파서 적재하는 기계

■ 굴착기계 중 주행기면보다 하방의 굴착에 적합한 것

1. 백호 2. 클램셸 3. 드래그라인

(3) 운반기계(지게차)

지게차 작업시작 전 점검사항은 다음과 같다.

① 제동장치 및 조종장치 기능의 이상 유무

② 하역장치 및 유압장치 기능의 이상 유무

③ 바퀴의 이상 유무
④ 전조등, 후미등, 방향지시기 및 경보장치 기능의 이상 유무

핵심이론 6 | 양중기

(1) 양중기의 종류

양중기에는 크레인(호이스트 포함), 이동식 크레인, 리프트(이삿짐 운반용 리프트는 적재하중이 0.1t 이상인 것), 곤돌라, 승강기(최대하중이 0.25t 이상인 것), 화물용 엘리베이터가 있다.

① **크레인** : 크레인의 작업시작 전 점검사항은 다음과 같다.
㉮ 권과방지장치, 브레이크, 클러치 및 운전장치의 기능
㉯ 주행로의 상측 및 트롤리가 횡행하는 레일의 상태
㉰ 와이어로프가 통하고 있는 곳의 상태

■ **건설작업용 타워크레인의 안전장치**
1. 권과방지장치 2. 과부하방지장치 3. 브레이크장치 4. 비상정지장치

② **이동식 크레인** : 이동식 크레인의 작업시작 전 점검사항은 다음과 같다.
㉮ 권과방지장치나 그 밖의 경보장치의 기능
㉯ 브레이크, 클러치 및 조정장치의 기능
㉰ 와이어로프가 통하고 있는 곳 및 작업장소의 지반상태

■ **권과방지장치** : 승강기 강선의 과다감기를 방지하는 장치

(2) 양중기의 와이어로프 및 달기구

① 와이어로프 및 달기체인의 안전계수
㉮ 양중기의 와이어로프 등 달기구의 안전계수(달기구 절단하중의 값을 그 달기구에 걸리는 하중의 최대값으로 나눈 값)가 다음의 기준에 맞지 아니한 경우에는 이를 사용하여서는 안 된다.
㉠ 근로자가 탑승하는 운반구를 지지하는 달기와이어로프 또는 달기체인 : 10 이상
㉡ 화물의 하중을 직접 지지하는 달기와이어로프 또는 달기체인 : 5 이상
㉢ 훅, 섀클, 클램프, 리프팅 빔 : 3 이상
㉣ 그 밖의 경우 : 4 이상
㉯ 달기구의 경우 최대허용하중 등의 표식이 견고하게 붙어 있는 것을 사용하여야 한다.

② 이음매가 있는 와이어로프의 사용금지
㉮ 와이어로프의 한 꼬임(스트랜드(strand))에서 끊어진 소선(필러(pillar)선 제외)의 수가 10% 이상인 것

㉯ 지름의 감소가 공칭지름의 7%를 초과하는 것
㉰ 이음매가 있는 것
㉱ 꼬인 것
㉲ 심하게 변형되거나 부식된 것
㉳ 열과 전기충격에 의해 손상된 것

■ **해지장치** : 훅걸이용 와이어로프 등이 훅으로부터 벗겨지는 것을 방지하기 위한 장치

③ 늘어난 달기체인의 사용금지
㉮ 달기체인의 길이가 달기체인이 제조된 때의 길이의 5%를 초과한 것
㉯ 링의 단면지름이 달기체인이 제조된 때의 해당 링의 지름의 10%를 초과하여 감소한 것
㉰ 균열이 있거나 심하게 변형된 것

핵심이론 7 | 해체용 기구와 항타기 및 항발기

(1) 해체용 기구

① **해체용 기구의 종류** : 압쇄기, 대형 브레이커, 철제해머, 화약류, 핸드브레이커, 팽창제, 절단톱, 잭(jack), 쐐기타입기, 화염방지기 등
② **압쇄기로 건물해체 시 순서** : 슬래브 → 보 → 벽체 → 기둥

(2) 항타기 및 항발기의 안전대책(조립 시 점검사항)

항타기 또는 항발기를 조립하는 경우 다음 사항에 대하여 점검하여야 한다.
① 본체 연결부의 풀림 또는 손상의 유무
② 권상용 와이어로프, 드럼 및 도르래의 부착상태의 이상 유무
③ 권상장치의 브레이크 및 쐐기장치 기능의 이상 유무
④ 권상기의 설치상태의 이상 유무
⑤ 버팀의 방법 및 고정상태의 이상 유무

핵심이론 8 | 안전대

(1) 안전대의 종류에 따른 사용 구분

종 류	사용 구분
벨트식 안전그네식	1개걸이용
	U자걸이용
	추락방지대
	안전블록

[주] 추락방지대 및 안전블록은 안전그네식에만 적용한다.

(2) 안전대의 사용

① 1개걸이를 사용할 때는 다음 사항을 준수하여야 한다.

㉮ 로프 길이가 2.5m 이상인 안전대는 반드시 2.5m 이내의 범위에서 사용하도록 하여야 한다.

㉯ 추락 시에 로프를 지지한 위치에서 신체의 최하사점까지의 거리를 h라 할 때 구하는 식은 다음과 같다.

$$h = \text{로프의 길이} + \text{로프의 늘어난 길이} + \frac{\text{신장}}{2}$$

② U자걸이를 사용할 때 로프의 길이는 작업상 필요한 최소한의 길이로 하여야 한다.

예제 3 로프 길이 2m의 안전대를 착용한 근로자가 추락으로 인한 부상을 당하지 않기 위한 지면으로부터 안전대 고정점까지의 높이(H) 기준을 구하면? (단, 로프의 신율 30%, 근로자의 신장 180cm)

풀이 $H = \text{로프 길이} + \text{로프의 늘어난 길이} \times \frac{\text{신장}}{2}$

$H = 2\text{m} + 2\text{m} \times 0.3 + \frac{1.8\text{m}}{2} = 3.5\text{m}$

$\therefore\ H > 3.5\text{m}$

참고

■ **수직 구명줄** : 로프 또는 레일 등과 같은 유연하거나 단단한 고정줄로서, 추락 발생 시 추락을 저지시키는 추락방지대를 지탱해 주는 줄모양의 부품

핵심이론 9 ❙ 토사붕괴와 토석붕괴

(1) 토사붕괴의 위험성

① **작업장소 등의 조사** : 지반 굴착작업을 하는 경우에 지반의 붕괴 등에 의하여 근로자에게 위험을 미칠 우려가 있을 때에는 미리 작업장소 및 그 주변의 지반에 대하여 보링 등 적절한 방법으로 다음 사항을 조사하여 굴착시기와 작업장소를 정하여야 한다.

㉮ 형상, 지질 및 지층의 상태

㉯ 균열, 함수, 용수 및 동결의 유무 또는 상태

㉰ 매설물 등의 유무 또는 상태

㉱ 지반의 지하수위 상태

② **지반 등의 굴착 시 위험방지 :** 지반 등을 굴착하는 때에는 굴착면의 기울기를 다음 기준에 적합하도록 하여야 한다.

| 굴착면의 기울기 기준 |

구 분	지반의 종류	기울기(구배)	구 분	지반의 종류	기울기(구배)
보통흙	습지	1 : 1 ~ 1 : 1.5	암반	풍화암	1 : 1.0
	건지	1 : 0.5 ~ 1 : 1		연암	1 : 1.0
	–	–		경암	1 : 0.5

■ 1 : 0.5란 수직거리 1 : 수평거리 0.5의 경사를 말한다.

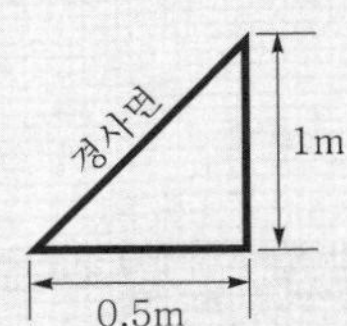

예제 4 보통 흙의 건지를 다음 그림과 같이 굴착하고자 한다. 굴착면의 기울기를 1 : 0.5로 하고자 할 경우 L의 길이를 구하면?

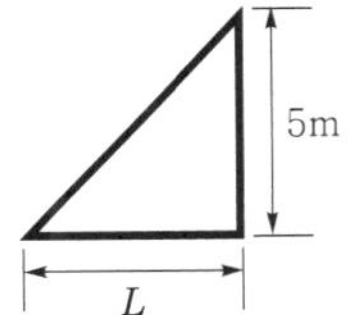

풀이 $1\text{m} : 0.5\text{m} = 5\text{m} : L(\text{m})$

$$L = \frac{0.5 \times 5}{1}$$

$$\therefore\ L = 2.5\text{m}$$

㉮ 사질지반(점토질을 포함하지 않은 것)의 굴착면의 기울기를 1 : 1.5 이상으로 하고 높이는 5m 미만으로 한다.

㉯ 발파 등에 의해서 붕괴하기 쉬운 상태의 지반 및 매립하거나 반출시켜야 하는 때의 굴착면 기울기는 1 : 1 이하로 하고 높이는 2m 미만으로 한다.

■ 굴착면과 굴착작업

1. 굴착면의 기울기를 각도로 환산하는 계산식

$$y = \tan^{-1}\left(\frac{1}{x}\right)$$

여기서, y : 기울기의 각도

x : 기울기의 값

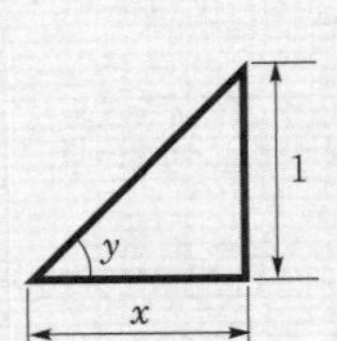

2. 지반의 굴착작업에 있어서 비가 올 경우를 대비한 직접적인 대책 : 측구 설치

(2) 토석붕괴의 원인

① 외적 요인

㉮ 사면, 법면의 경사 및 기울기의 증가

㉯ 절토 및 성토 높이의 증가

㉰ 지진 발생, 차량 또는 구조물의 중량

㉱ 지표수 및 지하수의 침투에 의한 토사중량의 증가

㉲ 토사 및 암석의 혼합층 두께

㉳ 공사에 의한 진동 및 반복하중의 증가

② 내적 요인

㉮ 절토사면의 토질, 암질

㉯ 성토사면의 토질 구성 및 분포

㉰ 토석의 강도 저하

핵심이론 10 | 사면보호공법과 흙막이공법

(1) 사면보호공법

① 떼붙임공법

㉮ 평떼공법 : 비탈면, 흙깎기

㉯ 줄떼공법 : 흙쌓기

② 식생공법 : 식물을 생육시켜 그 뿌리로 사면의 표층토를 고정하여 빗물에 의한 침식, 동상 이완 등을 방지하고 녹화에 의한 경관 조성을 목적으로 시공하는 것

③ 비탈면 붕괴방지공법

㉮ 배토공법 : 땅밀림이 발생하는 비탈머리부위의 토괴를 제거하는 땅밀림 추력을 경감시키는 공법

㉯ 압성토공법 : 굴착공사에서 비탈면 또는 비탈면 하단을 성토하여 붕괴를 방지하는 공법

㉰ 공작물 설치

(2) 흙막이공법

흙의 간극비, 함수비, 포화도를 구하는 방법은 다음과 같다.

① $\text{간극비} = \dfrac{\text{공기+물의 체적}}{\text{흙의 체적}}$

② $\text{함수비} = \dfrac{\text{물의 중량}}{\text{토립자(흙입자)의 중량}}$

③ $\text{포화도} = \dfrac{\text{물의 용적}}{\text{토립자(흙입자)의 용적}} \times 100$

■ **소성한계** : 흙의 연경도에서 반고체상태와 소성상태의 한계

예제 5 흙의 함수비 측정시험을 하였다. 먼저 용기의 무게를 잰 결과 10g이었고, 시료를 용기에 넣은 후의 총 무게는 40g, 그대로 건조시킨 후의 무게는 30g이었다. 이 흙의 함수비는?

풀이 흙의 함수비 $= \dfrac{\text{물의 중량}}{\text{토립자(흙입자)의 중량}}$, $\dfrac{10g}{20g} = 0.5 = 50\%$

여기서, 초기 시료=30g(용기 무게 제외), 건조 시료=20g(용기 무게 제외)

물의 중량=10g

핵심이론 11 | 안전대책

(1) 터널굴착의 안전대책(붕괴의 방지)

터널지보공을 설치한 경우에 다음 사항을 수시로 점검해야 하며, 이상을 발견한 경우에는 즉시 보강하거나 보수해야 한다.

① 부재의 손상, 변형, 부식, 변위, 탈락의 유무 및 상태

② 부재의 긴압정도

③ 부재의 접속부 및 교차부의 상태

④ 기둥침하의 유무 및 상태

■ **지형(지반) 조사 시 확인 사항**

1. 시추(보링) 위치　2. 토층 분포상태　3. 투수계수　4. 지하수위　5. 지반의 지지력

■ **파일럿(pilot) 터널** : 본터널(main tunnel)을 시공하기 전에 터널에서 약간 떨어진 곳에 지질조사, 환기, 배수, 운반 등의 상태를 알아보기 위하여 설치하는 터널

(2) 잠함 내 작업 시 안전대책(잠함 등 내부에서의 작업)

① 잠함, 우물통, 수직갱, 그 밖에 이와 유사한 건설물 또는 설비(이하 '잠함 등'이라 한다)의 내부에서 굴착작업을 하는 경우에 다음 사항을 준수해야 한다.

㉮ 산소결핍의 우려가 있는 경우에는 산소의 농도를 측정하는 사람을 지명하여 측정하도록 할 것

㉯ 근로자가 안전하게 오르내리기 위한 설비를 설치할 것

㉰ 굴착깊이가 20m를 초과하는 경우에는 해당 작업장소와 외부와의 연락을 위한 통신설비 등을 설치할 것

② 산소결핍이 인정되거나 굴착깊이가 20m를 초과하는 경우에는 송기를 위한 설비를 설치하여 필요한 양의 공기를 공급하여야 한다.

■ **산소결핍** : 공기 중 산소농도가 18% 미만일 때

핵심이론 12 | 비계 설치기준

(1) 비계공사의 안전대책(비계의 점검보수)

비계를 조립, 해체하거나 변경한 후 그 비계에서 작업을 할 때는 당해 작업시작 전에 다음의 사항을 점검하고, 이상을 발견한 때에는 즉시 보수해야 한다.

① 발판재료의 손상여부 및 부착 또는 걸림 상태
② 해당 비계의 연결부 또는 접속부의 풀림 상태
③ 연결재료 및 연결철물의 손상 또는 부식 상태
④ 손잡이의 탈락여부
⑤ 기둥의 침하, 변형, 변위 또는 흔들림 상태
⑥ 로프의 부착 상태 및 매단장치의 흔들림 상태

■ 통나무비계는 지상높이 4층 이하 또는 12m 이하인 건축물 · 공작물 등의 건조, 해체 및 조립 등 작업에서만 사용할 수 있다.

(2) 비계조립 시 안전조치사항

① 강관비계의 안전조치사항(산업안전보건법 안전보건기준)

강관비계의 종류	조립간격	
	수직방향	수평방향
단관비계	5m	5m
틀비계(높이 5m 미만의 것은 제외한다)	6m	8m

㉮ 비계기둥의 간격은 띠장방향에서는 1.5m 이상 1.8m 이하, 장선방향에서는 1.5m 이하로 할 것

㉯ 띠장간격은 1.5m 이하로 설치하되 첫번째 띠장은 지상으로부터 2m 이하의 위치에 설치할 것

㉰ 비계기둥의 제일 윗부분으로부터 31m되는 지점 밑부분의 비계기둥은 2개의 강관으로 묶어 세울 것(브래킷 등으로 보강하여 그 이상의 강도가 유지되는 경우에는 그러하지 아니하다.)

㉱ 비계기둥 간의 적재하중은 400kg을 초과하지 아니하도록 할 것

예제 6 52m 높이로 강관비계를 세우려면 지상에서 몇 미터까지 2개의 강관으로 묶어 세워야 하는가?

풀이 52m−31m=21m

예제 7 신축공사 현장에서 강관으로 외부비계를 설치할 때 비계기둥의 최고높이가 45m라면 관련 법령에 따라 비계기둥을 2개의 강관으로 보강하여야 하는 높이는 지상으로부터 얼마까지인가?

풀이 45m−31m=14m

② 강관틀비계의 안전조치사항(고용노동부 고시 기준)

강관틀비계의 전체 높이는 40m를 초과할 수 없다.

③ 달비계의 안전조치사항(고용노동부 고시 기준)

와이어로프를 사용함에 있어 다음 사항에서 정하는 것은 사용할 수 없다.

㉮ 이음매가 있는 것

㉯ 와이어로프의 한 꼬임에서 끊어진 소선의 수가 10% 이상인 것

㉰ 지름의 감소가 공칭지름의 7%를 초과하는 것

㉱ 꼬인 것

㉲ 심하게 변형되거나 부식된 것

㉳ 열과 전기충격에 의해 손상된 것

참고

■ **달비계의 안전계수**

종 류	안전계수
달기와이어로프 및 달기강선	10 이상
달기체인 및 달기훅	5 이상
달기강대와 달비계의 하부 및 상부 지점	강재 2.5 이상
	목재 5 이상

④ 이동식 비계의 안전조치사항

비계의 최대높이는 밑변 최소폭의 4배 이하이어야 한다.

예제 8 이동식 비계를 조립하여 사용할 때 밑변 최소폭의 길이가 2m라면 이 비계의 사용가능한 최대높이는?

풀이 $2 \times 4 = 8$m

핵심이론 13 | 가설통로

(1) 가설통로의 구조

① 견고한 구조로 할 것
② 경사는 30° 이하로 할 것
(다만, 계단을 설치하거나 높이 2m 미만의 가설통로로서 튼튼한 손잡이를 설치한 경우에는 그러하지 아니하다.)
③ 경사가 15°를 초과하는 경우에는 미끄러지지 아니하는 구조로 할 것
④ 추락할 위험이 있는 장소에는 안전난간을 설치할 것
(다만, 작업상 부득이한 경우에는 필요한 부분만 임시로 해체할 수 있다.)
⑤ 수직갱에 가설된 통로의 길이가 15m 이상인 경우에는 10m 이내마다 계단참을 설치할 것
⑥ 건설공사에 사용하는 높이 8m 이상인 비계다리에는 7m 이내마다 계단참을 설치할 것

(2) 사다리식 통로 설치 시 준수사항

① 견고한 구조로 할 것
② 심한 손상, 부식 등이 없는 재료를 사용할 것
③ 발판의 간격은 일정하게 할 것
④ 발판과 벽과의 사이는 15cm 이상의 간격을 유지할 것
⑤ 폭은 30cm 이상으로 할 것
⑥ 사다리가 넘어지거나 미끄러지는 것을 방지하기 위한 조치를 할 것
⑦ 사다리의 상단은 걸쳐 놓은 지점으로부터 60cm 이상 올라가도록 할 것
⑧ 사다리식 통로의 길이가 10m 이상인 경우에는 5m 이내마다 계단참을 설치할 것
⑨ 사다리식 통로의 기울기는 75° 이하로 할 것
(다만, 고정식 사다리식 통로의 기울기는 90° 이하로 하고 그 높이가 7m 이상인 경우에는 바닥으로부터 높이가 2.5m되는 지점부터 등받이울을 설치할 것)
⑩ 접이식 사다리기둥은 사용 시 접혀지거나 펼쳐지지 않도록 철물 등을 사용하여 견고하게 조치할 것

핵심이론 14 | 작업발판의 최대적재하중 및 안전계수(산업안전보건법 안전보건기준)

(1) 비계의 구조 및 재료에 따라 작업발판의 최대적재하중을 정하고 이를 초과해 실어서는 안 된다.

(2) 달비계(곤돌라의 달비계는 제외한다)의 안전계수는 다음과 같다.
① 달기와이어로프 및 달기강선의 안전계수 : 10 이상
② 달기체인 및 달기훅의 안전계수 : 5 이상
③ 달기강대와 달비계의 하부 및 상부 지점의 안전계수 : 강재의 경우 2.5 이상, 목재의 경우 5 이상

(3) 안전계수는 와이어로프 등의 절단하중값을 그 와이어로프 등에 걸리는 하중의 최대값으로 나눈 값을 말한다.

핵심이론 15 | 추락방지용 방망 설치기준(고용노동부 고시 기준)

(1) 방망사의 폐기 시 인장강도

그물코의 종류	인장강도(kgf)	
	매듭 없는 방망	매듭 방망
10cm 그물코	150	135
5cm 그물코	–	60

(2) 방망의 허용낙하높이

높이 / 조건 \ 종류	낙하높이(H_1)		방망과 바닥면 높이(H_2)		방망의 처짐길이(S)
	단일방망	복합방망	10cm 그물코	5cm 그물코	
$L<A$	$\frac{1}{4}(L+2A)$	$\frac{1}{5}(L+2A)$	$\frac{0.85}{4}(L+3A)$	$\frac{0.95}{4}(L+3A)$	$\frac{1}{4}(L+2A)\times\frac{1}{3}$
$L\geqq A$	$3/4L$	$3/5L$	$0.85L$	$0.95L$	$3/4L\times\frac{1}{3}$

예제 9 추락재해를 방지하기 위하여 10cm 그물코인 방망을 설치할 때 방망과 바닥면 사이의 최소높이를 구하면? (단, 설치된 방망의 단변방향 길이 $L=2$m, 장변방향 방망의 지지간격 $A=3$m이다.)

풀이 방망과 바닥면과의 최소높이(H_2)

(조건) 10cm 그물코의 경우, $L<A$일 때

$$H_2=\frac{0.85}{4}(L+3A)$$

여기서, H_2 : 최소높이(m), L : 망의 단면길이(m), A : 망의 지지간격(m)

$$\therefore\ \frac{0.85}{4}\times(2+3\times3)=2.3375 \fallingdotseq 2.4$$

(3) 방망 지지점의 강도

방망 지지점은 600kg의 외력에 견딜 수 있는 강도여야 한다.

$$F=200B$$

여기서, F : 외력(kg), B : 지지점 간격(m)

예제 10 추락방지망의 달기로프를 지지점에 부착할 때 지지점의 간격이 1.5m인 경우 지지점의 강도는 최소 얼마 이상이어야 하는가? (단, 연속적인 구조물이 방망 지지점인 경우임.)

풀이 방망의 지지점 강도(연속적인 구조물이 방망 지지점인 경우)

$F=200B=200\times1.5=300$kg

여기서, F : 외력(kg), B : 지지점 간격(m)

핵심이론 16 | 거푸집

(1) 거푸집 연직(수직)하중 계산식

W=고정하중($r \cdot t$)+충격하중($0.5r \cdot t$)+작업하중(150kgf/m^2)

여기서, t : 슬래브 두께(m), r : 철근콘크리트 단위중량(kgf/m^3)

일반적으로 계산 시 적용하는 하중은 다음과 같다.

① **고정하중** : 철근을 포함한 콘크리트 자중

② **충격하중** : 고정하중의 50%(타설높이, 장비의 고려 하중)

③ **작업하중** : 콘크리트 작업자 하중 → 150kgf/m^2

(2) 거푸집의 조립

거푸집을 조립할 때에는 그 정도와 강도를 충분히 유지할 수 있고 양생이 잘 되게 하며 거푸집 해체가 용이하도록 한다. 거푸집의 조립순서는 다음과 같다.

기둥 → 보받이 내력벽 → 큰 보 → 작은 보 → 바닥 → 내벽 → 외벽

(3) 거푸집 동바리(지보공) 조립 시 안전조치사항(산업안전보건법 안전보건기준)

동바리로 사용하는 파이프 서포트에 대한 준수사항은 다음과 같다.

① 파이프 서포트를 3개 이상 이어서 사용하지 않도록 할 것

② 파이프 서포트를 이어서 사용하는 경우에는 4개 이상의 볼트 또는 전용철물을 사용하여 이을 것

③ 높이가 3.5m를 초과하는 경우에는 높이 2m 이내마다 수평연결재를 2개 방향으로 만들고 수평연결재의 변위를 방지할 것

예제 11 거푸집 동바리 구조에서 높이 $L=3.5\text{m}$인 파이프 서포트의 좌굴하중은? (단, 상부받이판과 하부받이판을 힌지로 가정하고, 단면 2차 모멘트 $I=8.31\text{cm}^4$, 탄성계수 $E=2.1\times10^5\text{MPa}$)

풀이 $P_B = n\pi^2\dfrac{EI}{l^2} = 1\times\pi^2\times\dfrac{2.1\times10^{11}\times8.31\times10^{-8}}{3.5^2} = 14{,}060\text{N}$

(4) 작업발판 일체형 거푸집의 종류

① 갱폼(gang form)

② 슬립폼(slip form)

③ 클라이밍폼(climbing form)

④ 터널라이닝폼(tunnel lining form)

⑤ 그 밖에 거푸집과 작업발판이 일체로 제작된 거푸집

■ **슬라이딩폼** : 콘드(rod) · 유압잭(jack) 등을 이용하여 거푸집을 연속적으로 이동시키면서 콘크리트를 타설할 때 사용하는 것으로 Silo 공사 등에 적합한 거푸집

핵심이론 17 | 콘크리트 작업

(1) 콘크리트 슬래브 안전

① 콘크리트 타설작업의 안전 : 콘크리트 타설작업은 운반 및 타설기계의 성능을 고려해야 하며, 특히 콘크리트타워를 설치하였을 때는 사용하기 전, 사용하는 도중, 사용 후에도 안전에 대한 점검을 철저히 해야 한다.

참고

■ 블리딩과 레이턴스

1. **블리딩** : 콘크리트 타설 후 물이나 미세한 불순물이 분리 상승하여 콘크리트 표면에 떠오르는 현상
2. **레이턴스** : 콘크리트 타설 후 물이나 미세한 불순물이 표면에 발생하는 미세한 물질

② 콘크리트 양생 : 양생이란 콘크리트를 타설한 다음 수화작용을 충분히 발휘시킴과 동시에 건조 및 외력에 의한 균열 발생을 방지하고 콘크리트의 강도 발현을 위해 보호하는 것을 말한다.

참고

■ **한중콘크리트** : 하루의 평균기온이 4℃ 이하로 될 것이 예상되는 기상조건에서 낮에도 콘크리트가 동결의 우려가 있는 경우에 사용되는 콘크리트

③ 슬럼프 테스트(slump test) : 콘크리트 유동성과 묽기를 시험하는 방법으로 거푸집 속에는 철골, 철근, 배관, 기타 매설물이 있으므로 거푸집의 모서리 구석 또는 철근 등의 주위에 콘크리트가 가득 채워져 밀착되도록 다져 넣으려면 콘크리트에 충분한 유동성이 있어서 다지는 작업의 용의성, 즉 시공연도(workability)가 있어야 된다. 이 시공연도의 좋고 나쁨을 판단하기 위한 것이 슬럼프 테스트이다.

참고

■ **슬럼프값** : 시험통에 다져넣은 높이 30cm에서 시험통을 벗기고 콘크리트가 미끄러져 내린 높이까지의 거리를 cm로 표시한 것

(2) 콘크리트 측압이 커지는 조건

① 콘크리트의 타설속도가 빠를수록
② 콘크리트의 타설높이가 높을수록
③ 콘크리트의 비중이 클수록
④ 콘크리트의 다지기가 강할수록
⑤ 거푸집의 강성이 클수록
⑥ 거푸집의 수밀성이 높을수록
⑦ 거푸집의 수평단면이 클수록
⑧ 거푸집의 표면이 매끄러울수록
⑨ 외기의 온도가 낮을수록
⑩ 응결이 빠른 시멘트를 사용할수록
⑪ 굵은 콘크리트일수록
⑫ 배근된 철근량이 적을수록

(3) 가설발판의 지지력 계산(동바리(support)에 관한 계산)

① 동바리 체적 계산의 단위는 '공 m^3'로 한다.

② '공 m^3'의 계산은 상층 바닥판 면적(m^2)에 층 안목 간의 높이를 곱한 것의 90%로 한다.

③ 동바리 체적(공 m^3)은 다음과 같이 구한다.

동바리 체적=[(상층 바닥면적−공제 부분)×층 안목 간의 높이]×0.9

예제 12 다음 그림과 같은 건축물의 높이가 20m일 때 쌍줄비계 소요면적은?

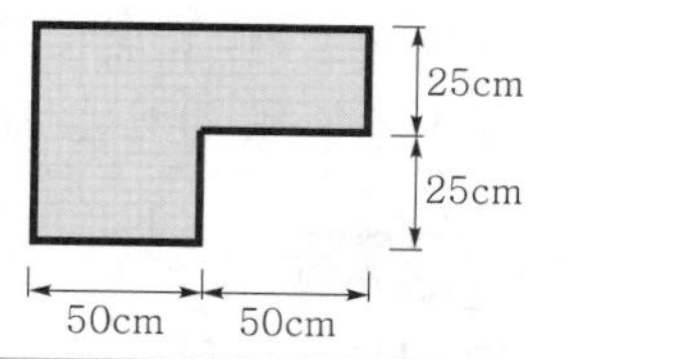

풀이 쌍줄비계 면적

$A = H(L+8\times0.9)$ $\therefore$ $20(300+8\times0.9)=6,144\text{m}^2$

예제 13 다음 그림과 같은 건축물의 높이가 20m일 때 외부 파이프 비계면적은?

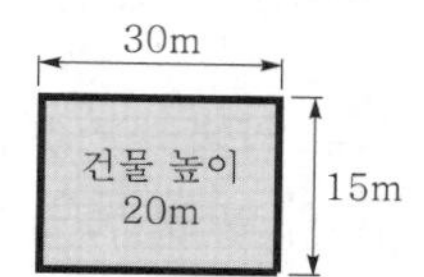

풀이 파이프 비계면적

$A = H(L+8\times1)$ $\therefore$ $20(90+8\times1)=1,960\text{m}^2$

핵심이론 18 | 철근작업과 철골공사

(1) 철근운반(인력운반)

① 긴 철근은 2인 이상이 1조가 되어 어깨메기로 하여 운반하는 등 안전성을 도모한다.
② 긴 철근을 부득이 한 사람이 운반할 때는 한쪽을 어깨에 메고 한쪽 끝을 땅에 끌면서 운반한다.
③ 운반 시에는 양끝을 묶어 운반한다.
④ 1회 운반 시 1인당 무게는 25kg 정도가 적절하며, 무리한 운반은 하지 않는다.
⑤ 공동작업을 할 때에는 신호에 따라 작업을 행한다.

(2) 철골공사 전 건립공정 수립 시 검토사항

기후에 의한 영향으로 강풍, 폭우 등과 같은 악천후 시에는 작업을 중지한다.(산업안전보건법 안전기준)

① **풍속** : 10m/sec 이상 ② **강우량** : 1mm/h 이상 ③ **강설량** : 1cm/h 이상

핵심이론 19 | 운반작업과 하역작업

(1) 운반작업

① **인력운반하중 기준** : 보통 체중의 40% 정도의 운반물을 60~80m/min의 속도로 운반하는 것이 바람직하다.
② **안전하중 기준** : 일반적으로 성인남자의 경우 25kg 정도, 성인여자의 경우 15kg 정도가 무리하게 힘이 들지 않는 안전하중이다.

③ 인력운반작업 시 안전수칙

㉮ 물건을 들어올릴 때는 팔과 무릎을 사용하며 척추는 곧은 자세로 한다.

㉯ 운반대상물의 특성에 따라 필요한 보호구를 확인 · 착용한다.

㉰ 무거운 물건은 공동작업으로 하고 보조기구를 이용한다.

㉱ 길이가 긴 물건은 앞쪽을 높여 운반한다.

㉲ 하물에 가능한 한 접근하여 하물의 무게중심을 몸에 가까이 밀착시킨다.

㉳ 어깨보다 높이 들어올리지 않는다.

㉴ 무리한 자세를 장시간 지속하지 않는다.

(2) 하역작업

① 차량계 하역운반기계의 운전위치 이탈 시의 조치(산업안전보건법 안전보건기준)

㉮ 포크, 버킷, 디퍼 등의 장치를 가장 낮은 위치 또는 지면에 내려 둘 것

㉯ 원동기를 정지시키고 브레이크를 확실히 거는 등 갑작스러운 주행이나 이탈을 방지하기 위한 조치를 할 것

㉰ 운전석을 이탈하는 경우에는 시동키를 운전대에서 분리할 것

② 차량계 건설기계의 종류

㉮ 도저형 건설기계(불도저, 스트레이트도저, 틸트도저, 앵글도저, 버킷도저 등)

㉯ 모터그레이더

㉰ 로더(포크 등 부착물 종류에 따른 용도 변경 형식을 포함)

㉱ 스크레이퍼

㉲ 크레인형 굴착기계(클램셸, 드래그라인 등)

㉳ 굴삭기(브레이커, 크러셔, 드릴 등 부착물 종류에 따른 용도 변경 형식을 포함)

㉴ 항타기 및 항발기

㉵ 천공용 건설기계(어스드릴, 어스오거, 크롤러드릴, 점보드릴 등)

㉶ 지반 압밀침하용 건설기계(샌드드레인머신, 페이퍼드레인머신, 팩드레인머신 등)

㉷ 지반 다짐용 건설기계(타이어롤러, 머캐덤롤러, 탠덤롤러 등)

㉸ 준설용 건설기계(버킷준설선, 그래브준설선, 펌프준설선 등)

㉹ 콘크리트 펌프카

㉺ 덤프트럭

㉻ 콘크리트 믹서트럭

㉼ 도로포장용 건설기계(아스팔트살포기, 콘크리트살포기, 아스팔트피니셔, 콘크리트피니셔 등)

참고

■ **안전화** : 물체의 낙하 · 충격, 물체에의 끼임, 감전 또는 정전기 대전에 의한 위험이 있는 작업에 사용

인생에서 가장 멋진 일은
사람들이 당신이 해내지 못할 것이라 장담한 일을
해내는 것이다.

-월터 배젓(Walter Bagehot)-

☆

항상 긍정적인 생각으로 도전하고 노력한다면,
언젠가는 멋진 성공을 이끌어 낼 수 있다는 것을 잊지 마세요.^^

PART 2

과년도 출제문제

산업안전산업기사 필기 최근 기출문제 수록

산업안전산업기사

PART 2. 산업안전산업기사 필기 과년도 출제문제

2019년 제1회 과년도 출제문제

▌산업안전산업기사 3월 3일 시행▌

제1과목 산업안전관리론

01 하인리히의 재해구성 비율에 따라 경상사고가 87건 발생하였다면 무상해사고는 몇 건이 발생하였겠는가?

① 300건
② 600건
③ 900건
④ 1,200건

해설 하인리히 재해구성 비율 1 : 29 : 300의 법칙
㉠ 1건 : 사망 또는 중상
㉡ 29건 : 경상해
㉢ 300건 : 무상해
즉, 29 : 87 = 300 : x
∴ x = 900건

02 OJT(On the Job Training)의 특징이 아닌 것은?

① 훈련에 필요한 업무의 계속성이 끊어지지 않는다.
② 교육효과가 업무에 신속히 반영된다.
③ 다수의 근로자들을 대상으로 동시에 조직적 훈련이 가능하다.
④ 개개인에게 적절한 지도훈련이 가능하다.

해설 ③은 Off JT의 장점이다.

03 재해사례연구에 관한 설명으로 틀린 것은?

① 재해사례연구는 주관적이며 정확성이 있어야 한다.
② 문제점과 재해요인의 분석은 과학적이고, 신뢰성이 있어야 한다.
③ 재해사례를 과제로 하여 그 사고와 배경을 체계적으로 파악한다.
④ 재해요인을 규명하여 분석하고 그에 대한 대책을 세운다.

해설 ① 재해사례연구는 객관적이며 정확성이 있어야 한다.

04 산업안전보건법상 안전 · 보건표지에서 기본모형의 색상이 빨강이 아닌 것은?

① 산화성 물질 경고
② 화기금지
③ 탑승금지
④ 고온 경고

해설 ④ 기본모형의 색상 : 노란색

05 모랄 서베이(Morale Survey)의 효용이 아닌 것은?

① 조직 또는 구성원의 성과를 비교 · 분석한다.
② 종업원의 정화(catharsis)작용을 촉진시킨다.
③ 경영관리를 개선하는 데에 대한 자료를 얻는다.
④ 근로자의 심리 또는 욕구를 파악하여 불만을 해소하고, 노동의욕을 높인다.

해설 모랄 서베이 효용
㉠ 종업원의 정화작용 촉진
㉡ 경영관리를 개선하는 자료
㉢ 근로자의 심리 또는 욕구를 파악 불만해소 및 노동의욕을 높인다.

정답 ▌01. ③ 02. ③ 03. ① 04. ④ 05. ①

06 주의(Attention)의 특징 중 여러 종류의 자극을 자각할 때, 소수의 특정한 것에 한하여 주의가 집중되는 것은?

① 선택성 ② 방향성
③ 변동성 ④ 검출성

해설 ① 선택성의 설명이다.

07 인간의 적응기제(適應機制)에 포함되지 않는 것은?

① 갈등(conflict)
② 억압(repression)
③ 공격(aggression)
④ 합리화(rationalization)

해설 **인간의 적응기제** : 억압, 공격, 합리화 등

08 산업안전보건법상 직업병 유소견자가 발생하거나 다수 발생할 우려가 있는 경우에 실시하는 건강진단은?

① 특별 건강진단
② 일반 건강진단
③ 임시 건강진단
④ 채용 시 건강진단

해설 임시 건강진단의 설명이다.

09 위험예지훈련 중 TBM(Tool Box Meeting)에 관한 설명으로 틀린 것은?

① 작업 장소에서 원형의 형태를 만들어 실시한다.
② 통상 작업시작 전·후 10분 정도 시간으로 미팅한다.
③ 토의는 다수인(30인)이 함께 수행한다.
④ 근로자 모두가 말하고 스스로 생각하고 "이렇게 하자"라고 합의한 내용이 되어야 한다.

해설 ③ 토의는 10명 이하의 소수가 적합하다.

10 제조업자는 제조물의 결함으로 인하여 생명·신체 또는 재산에 손해를 입은 자에게 그 손해를 배상하여야 하는데 이를 무엇이라 하는가? (단, 당해 제조물에 대해서만 발생한 손해는 제외한다.)

① 입증 책임 ② 담보 책임
③ 연대 책임 ④ 제조물 책임

해설 제조물 책임의 설명이다.

11 하버드 학파의 5단계 교수법에 해당되지 않는 것은?

① 교시(presentation)
② 연합(association)
③ 추론(reasoning)
④ 총괄(generalization)

해설 **하버드 학파의 5단계 교수법**
㉠ 제1단계 : 준비
㉡ 제2단계 : 교시
㉢ 제3단계 : 연합
㉣ 제4단계 : 총괄
㉤ 제5단계 : 응용

12 객관적인 위험을 자기 나름대로 판정해서 의지결정을 하고 행동에 옮기는 인간의 심리특성은?

① 세이프 테이킹(safe taking)
② 액션 테이킹(action taking)
③ 리스크 테이킹(risk taking)
④ 휴먼 테이킹(human taking)

해설 리스크 테이킹의 설명이다.

13 재해예방의 4원칙에 해당하지 않는 것은?

① 예방가능의 원칙
② 손실우연의 원칙
③ 원인계기의 원칙
④ 선취해결의 원칙

해설 ④ 대책선정의 원칙

정답 | 06. ① 07. ① 08. ③ 09. ③ 10. ④ 11. ③ 12. ③ 13. ④

14 방독마스크의 정화통 색상으로 틀린 것은?

① 유기화합물용 – 갈색
② 할로겐용 – 회색
③ 황화수소용 – 회색
④ 암모니아용 – 노란색

해설 ④ 암모니아용 – 녹색

15 다음 중 스트레스(Stress)에 관한 설명으로 가장 적절한 것은?

① 스트레스는 나쁜 일에서만 발생한다.
② 스트레스는 부정적인 측면만 가지고 있다.
③ 스트레스는 직무몰입과 생산성 감소의 직접적인 원인이 된다.
④ 스트레스 상황에 직면하는 기회가 많을수록 스트레스 발생 가능성은 낮아진다.

해설 **스트레스** : 직무몰입과 생산성 감소의 직접적인 원인이 된다.

16 누전차단장치 등과 같은 안전장치를 정해진 순서에 따라 작동시키고 동작상황의 양부를 확인하는 점검은?

① 외관점검 ② 작동점검
③ 기술점검 ④ 종합점검

해설 ② 작동점검의 설명이다.

17 재해발생 형태별 분류 중 물건에 주체가 되어 사람이 상해를 입는 경우에 해당되는 것은?

① 추락
② 전도
③ 충돌
④ 낙하 · 비래

해설 ④ 낙하 · 비래의 설명이다.

18 산업안전보건법령상 특별안전 · 보건교육의 대상작업에 해당하지 않는 것은?

① 석면해체 · 제거작업
② 밀폐된 장소에서 하는 용접작업
③ 화학설비 취급품의 검수 · 확인 작업
④ 2m 이상의 콘크리트 인공구조물의 해체작업

해설 ③ 화학설비 중 반응기, 교반기 · 추출기의 사용 및 세척작업 또는 화학설비의 탱크 내 작업

19 안전을 위한 동기부여로 틀린 것은?

① 기능을 숙달시킨다.
② 경쟁과 협동을 유도한다.
③ 상벌제도를 합리적으로 시행한다.
④ 안전목표를 명확히 설정하여 주지시킨다.

해설 **안전을 위한 동기부여**
㉠ ②, ③, ④
㉡ 안전의 근본이념을 인식시킨다.
㉢ 결과를 알려준다.
㉣ 동기유발의 최적수준을 유지한다.

20 안전교육의 3단계에서 생활지도, 작업동작지도 등을 통한 안전의 습관화를 위한 교육은?

① 지식교육 ② 기능교육
③ 태도교육 ④ 인성교육

해설 ③ 태도교육의 설명이다.

제2과목 인간공학 및 시스템안전공학

21 인간–기계 시스템에 대한 평가에서 평가척도나 기준(criteria)으로서 관심의 대상이 되는 변수는?

① 독립변수 ② 종속변수
③ 확률변수 ④ 통제변수

해설 **인간–기계 시스템에서 평가척도나 기준으로서 관심이 되는 변수** : 종속변수

정답 | 14. ④ 15. ③ 16. ② 17. ④ 18. ③ 19. ① 20. ③ 21. ②

22 화학설비의 안전성 평가과정에서 제3단계인 정량적 평가항목에 해당되는 것은?

① 목록 ② 공정계통도
③ 화학설비용량 ④ 건조물의 도면

해설 화학설비의 안전성 평가과정에서 제3단계인 정량적 평가항목
㉠ 취급물질
㉡ 화학설비용량
㉢ 온도
㉣ 압력
㉤ 조작

23 다음 FTA 그림에서 a, b, c의 부품고장률이 각각 0.01일 때, 최소 컷셋(minimal cut sets)과 신뢰도로 옳은 것은?

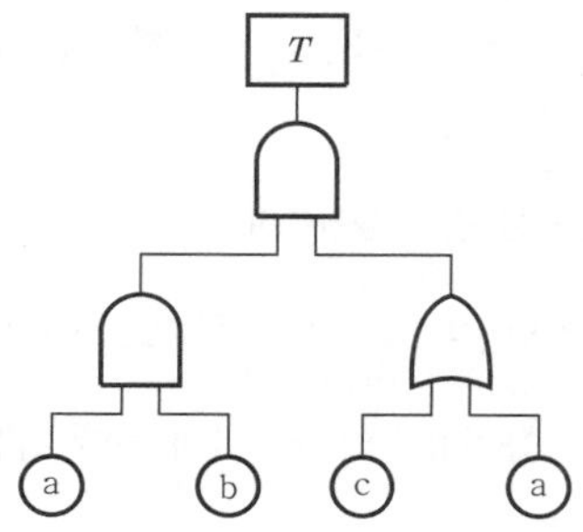

① {a, b}, $R(t)=99.99\%$
② {a, b, c}, $R(t)=98.99\%$
③ {a, c}, $R(t)=96.99\%$
{a, b}
④ {a, c}, $R(t)=97.99\%$
{a, b, c}

해설 최소 컷셋은 {a, c}로부터 가져온다.
$\therefore R(t)=0.01-100\%=99.99\%$

24 FT도에 사용되는 기호 중 입력신호가 생긴 후, 일정시간이 지속된 후에 출력이 생기는 것을 나타내는 것은?

① OR 게이트
② 위험지속 기호
③ 억제 게이트
④ 배타적 OR 게이트

해설 위험지속 기호의 설명이다.

25 자동차나 항공기의 앞유리 혹은 차양판 등에 정보를 중첩 투사하는 표시장치는?

① CRT ② LCD
③ HUD ④ LED

해설 HUD : 정보를 중첩 투사하는 표시장치
예 자동차나 항공기의 앞유리, 차양판 등

26 암호체계 사용상의 일반적인 지침에 해당하지 않는 것은?

① 암호의 검출성
② 부호의 양립성
③ 암호의 표준화
④ 암호의 단일 차원화

해설 암호체계 사용상의 일반적인 지침
㉠ 암호의 검출성
㉡ 부호의 양립성
㉢ 암호의 표준화

27 일반적인 수공구의 설계원칙으로 볼 수 없는 것은?

① 손목을 곧게 유지한다.
② 반복적인 손가락 동작을 피한다.
③ 사용이 용이한 검지만 주로 사용한다.
④ 손잡이는 접촉면적을 가능하면 크게 한다.

해설 ③ 모든 손가락을 사용해야 한다.

28 광원으로부터의 직사 휘광을 줄이기 위한 방법으로 적절하지 않은 것은?

① 휘광원 주위를 어둡게 한다.
② 가리개, 갓, 차양 등을 사용한다.
③ 광원을 시선에서 멀리 위치시킨다.
④ 광원의 수는 늘리고 휘도는 줄인다.

해설 ① 휘광원 주위를 밝게 하여 광속발산(휘도)비를 줄인다.

정답 | 22. ③ 23. ① 24. ② 25. ③ 26. ④ 27. ③ 28. ①

29 신뢰성과 보전성을 효과적으로 개선하기 위해 작성하는 보전기록 자료로서 가장 거리가 먼 것은?

① 자재관리표 ② MTBF 분석표
③ 설비이력카드 ④ 고장원인대책표

해설 **보전기록 자료**
㉠ MTBF 분석표
㉡ 설비이력카드
㉢ 고장원인대책표

30 통제표시비(control/display ratio)를 설계할 때 고려하는 요소에 관한 설명으로 틀린 것은?

① 통제표시비가 낮다는 것은 민감한 장치라는 것을 의미한다.
② 목시거리(目示距離)가 길면 길수록 조절의 정확도는 떨어진다.
③ 짧은 주행 시간 내에 공차의 인정범위를 초과하지 않는 계기를 마련한다.
④ 계기의 조절 시간이 짧게 소요되도록 계기의 크기(size)는 항상 작게 설계한다.

해설 ④ 계기의 크기(size)가 너무 적으면 오차가 많아지므로 상대적으로 생각해야 한다.

31 다음 중 연마작업장의 가장 소극적인 소음대책은?

① 음향 처리제를 사용할 것
② 방음보호용구를 착용할 것
③ 덮개를 씌우거나 창문을 닫을 것
④ 소음원으로부터 적절하게 배치할 것

해설 **연마작업장의 가장 소극적인 소음대책** : 방음보호용구 착용

32 다음의 설명에서 ( ) 안의 내용을 맞게 나열한 것은?

> 40phon은 (㉠)sone을 나타내며, 이는 (㉡)dB의 (㉢)Hz 순음의 크기를 나타낸다.

① ㉠ 1, ㉡ 40, ㉢ 1,000
② ㉠ 1, ㉡ 32, ㉢ 1,000
③ ㉠ 2, ㉡ 40, ㉢ 2,000
④ ㉠ 2, ㉡ 32, ㉢ 2,000

해설 sone : 1,000Hz, 40dB 음압수준을 가진 순음의 크기(40phon)

33 위험조정을 위해 필요한 기술은 조직형태에 따라 다양하며 4가지로 분류하였을 때 이에 속하지 않는 것은?

① 전가(transfer)
② 보류(retention)
③ 계속(continuation)
④ 감축(reduction)

해설 ③ 회피(avoidance)

34 체내에서 유기물을 합성하거나 분해하는 데는 반드시 에너지의 전환이 뒤따른다. 이것을 무엇이라 하는가?

① 에너지변환
② 에너지합성
③ 에너지대사
④ 에너지소비

해설 ③ 에너지대사의 설명이다.

35 전통적인 인간-기계(Man-Machine) 체계의 대표적 유형과 거리가 먼 것은?

① 수동체계
② 기계화체계
③ 자동체계
④ 인공지능체계

해설 **인간-기계 체계의 대표적 유형**
㉠ 수동체계
㉡ 기계화체계
㉢ 자동체계

36 다음 그림 중 형상 암호화된 조종장치에서 단회전용 조종장치로 가장 적절한 것은?

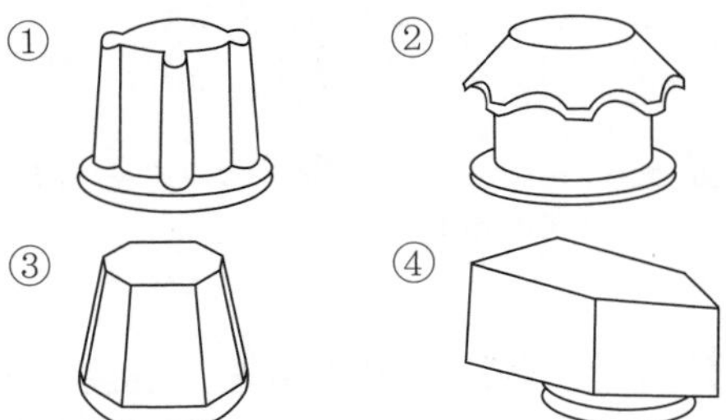

해설 ① 부류 B(분별회전)
②, ③ 부류 A(복수회전)
④ 부류 C(이산멈춤 위치용)

37 작업장에서 구성요소를 배치하는 인간공학적 원칙과 가장 거리가 먼 것은?

① 중요도의 원칙 ② 선입선출의 원칙
③ 기능성의 원칙 ④ 사용빈도의 원칙

해설 ② 사용순서의 원칙

38 동전던지기에서 앞면이 나올 확률 (P)앞=0.6이고, 뒷면이 나올 확률 P(뒤)=0.4일 때, 앞면과 뒷면이 나올 사건의 정보량을 각각 맞게 나타낸 것은?

① 앞면 : 0.10bit, 뒷면 : 1.00bit
② 앞면 : 0.74bit, 뒷면 : 1.32bit
③ 앞면 : 1.32bit, 뒷면 : 0.74bit
④ 앞면 : 2.00bit, 뒷면 : 1.00bit

해설

㉠ 앞면$=\dfrac{\log\left(\dfrac{1}{0.6}\right)}{\log 2}=0.74\text{bit}$

㉡ 뒷면$=\dfrac{\log\left(\dfrac{1}{0.4}\right)}{\log 2}=1.32\text{bit}$

39 어떤 결함수의 쌍대결함수를 구하고, 컷셋을 찾아내어 결함(사고)을 예방할 수 있는 최소의 조합을 의미하는 것은?

① 최대 컷셋 ② 최소 컷셋
③ 최대 패스셋 ④ 최소 패스셋

해설 최소 패스셋의 설명이다.

40 인간-기계 시스템에서의 신뢰도 유지 방안으로 가장 거리가 먼 것은?

① lock system
② fail-safe system
③ fool-proof system
④ risk assessment system

해설 **인간-기계 시스템에서의 신뢰도 유지 방안**
㉠ lock system
㉡ fail-safe system
㉢ fool-proof system

제3과목 기계위험방지기술

41 금형 조정작업 시 슬라이드가 갑자기 작동하는 것으로부터 근로자를 보호하기 위하여 가장 필요한 안전장치는?

① 안전블록
② 클러치
③ 안전 1행정 스위치
④ 광전자식 방호장치

해설 ① 안전블록의 설명이다.

42 프레스기에 사용하는 양수조작식 방호장치의 일반구조에 관한 설명 중 틀린 것은?

① 1행정 1정지 기구에 사용할 수 있어야 한다.
② 누름버튼을 양 손으로 동시에 조작하지 않으면 작동시킬 수 없는 구조이어야 한다.
③ 양쪽버튼의 작동시간 차이는 최대 0.5초 이내일 때 프레스가 동작되도록 해야 한다.
④ 방호장치는 사용전원전압의 ±50%의 변동에 대하여 정상적으로 작동되어야 한다.

정답 ▎36. ① 37. ② 38. ② 39. ④ 40. ④ 41. ① 42. ④

해설 ④ 방호장치는 사용전원전압의 ±20%의 변동에 대하여 정상적으로 작동되어야 한다.

43 프레스 작업 중 작업자의 신체일부가 위험한 작업점으로 들어가면 자동적으로 정지되는 기능이 있는데, 이러한 안전대책을 무엇이라고 하는가?

① 풀 프루프(fool proof)
② 페일 세이프(fail safe)
③ 인터록(inter lock)
④ 리밋 스위치(limit switch)

해설 ① 풀 프루프(fool proof)의 설명이다.

44 다음 중 취급운반 시 준수해야 할 원칙으로 틀린 것은?

① 연속운반으로 할 것
② 직선운반으로 할 것
③ 운반작업을 집중화시킬 것
④ 생산을 최소로 하도록 운반할 것

해설 ④ 생산을 최고로 하도록 운반한다.

45 피복 아크 용접작업 시 생기는 결함에 대한 설명 중 틀린 것은?

① 스패터(spatter) : 용융된 금속의 작은 입자가 튀어나와 모재에 묻어있는 것
② 언더컷(under cut) : 전류가 과대하고 용접속도가 너무 빠르며, 아크를 짧게 유지하기 어려운 경우 모재 및 용접부의 일부가 녹아서 발생하는 홈 또는 오목하게 생긴 부분
③ 크레이터(crater) : 용착금속 속에 남아있는 가스로 인하여 생긴 구멍
④ 오버랩(overlap) : 용접봉의 운행이 불량하거나 용접봉의 용융온도가 모재보다 낮을 때 과잉 용착금속이 남아있는 부분

해설 ③ 크레이터 : 아크를 끊을 때 비드 끝부분이 오목하게 들어가는 것

46 다음 중 선반(lathe)의 방호장치에 해당하는 것은?

① 슬라이드(slide)
② 심압대(tail stock)
③ 주축대(head stock)
④ 척 가드(chuck guard)

해설 **선반의 방호장치**
㉠ 칩 브레이커
㉡ 브레이크
㉢ 실드
㉣ 덮개 또는 울
㉤ 고정브리지
㉥ 척 가드

47 안전계수 5인 로프의 절단하중이 4,000N이라면 이 로프는 몇 N 이하의 하중을 매달아야 하는가?

① 500 ② 800
③ 1,000 ④ 1,600

해설
$$안전율 = \frac{인장강도}{허용응력}$$
$$5 = \frac{4,000}{x} \rightarrow \therefore x = 800\text{N}$$

48 산업안전보건법령에 따라 아세틸렌 발생기실에 설치해야 할 배기통은 얼마 이상의 단면적을 가져야 하는가?

① 바닥면적의 $\frac{1}{16}$
② 바닥면적의 $\frac{1}{20}$
③ 바닥면적의 $\frac{1}{24}$
④ 바닥면적의 $\frac{1}{30}$

해설 **아세틸렌 발생기실에 설치해야 할 배기통** : 바닥면적의 $\frac{1}{16}$ 이상의 단면적을 가져야 한다.

정답 | 43. ① 44. ④ 45. ③ 46. ④ 47. ② 48. ①

49 롤러기에서 앞면 롤러의 지름이 200mm, 회전속도가 30rpm인 롤러의 무부하 동작에서의 급정지거리로 옳은 것은?

① 66m 이내
② 84mm 이내
③ 209mm 이내
④ 248mm 이내

해설 $V = \frac{\pi DN}{100}$

$\therefore \frac{3.14 \times 200 \times 30}{1,000} = 18.84\text{mm/min}$

앞면 롤러의 표면속도가 30m/min 미만은 급정지거리 앞면 롤러 원주의 $\frac{1}{3}$이다.

50 정(chisel) 작업의 일반적인 안전수칙으로 틀린 것은?

① 따내기 및 칩이 튀는 가공에서는 보안경을 착용하여야 한다.
② 절단작업 시 절단된 끝이 튀는 것을 조심하여야 한다.
③ 작업을 시작할 때는 가급적 정을 세게 타격하고 점차 힘을 줄여간다.
④ 담금질 된 철강 재료는 정 가공을 하지 않는 것이 좋다.

해설 ③ 작업을 시작할 때는 가급적 정을 가볍게 타격하고, 점차 힘을 가한다.

51 다음과 같은 작업조건일 경우 와이어로프의 안전율은?

> 작업대에서 사용된 와이어로프 1줄의 파단하중이 100kN, 인양하중이 40kN, 로프의 줄 수가 2줄

① 2　② 2.5
③ 4　④ 5

해설 $\text{안전율} = \frac{\text{파단하중}}{\text{인양하중}} = \frac{2 \times 100\text{kN}}{40\text{kN}} = 5$

52 컨베이어 역전방지장치의 형식 중 전기식 장치에 해당하는 것은?

① 라쳇 브레이크
② 밴드 브레이크
③ 롤러 브레이크
④ 슬러스트 브레이크

해설 **컨베이어 역전방지장치의 형식**

(1) 기계식 장치
　㉠ 라쳇 브레이크
　㉡ 밴드 브레이크
　㉢ 롤러 브레이크
(2) 전기식 장치
　㉠ 슬러스트 브레이크
　㉡ 전기 브레이크

53 공장설비의 배치 계획에서 고려할 사항이 아닌 것은?

① 작업의 흐름에 따라 기계 배치
② 기계설비의 주변 공간 최소화
③ 공장 내 안전통로 설정
④ 기계설비의 보수점검 용이성을 고려한 배치

해설 ② 기계설비의 주변 공간 최대화

54 다음 중 선반작업에 대한 안전수칙으로 틀린 것은?

① 척 핸들은 항상 척에 끼워 둔다.
② 베드 위에 공구를 올려놓지 않아야 한다.
③ 바이트를 교환할 때는 기계를 정지시키고 한다.
④ 일감의 길이가 외경과 비교하여 매우 길 때는 방진구를 사용한다.

해설 ① 공작물의 설치가 끝나면 척, 렌치류는 곧 떼어 놓는다.

 정답 ▌ 49. ③ 50. ③ 51. ④ 52. ④ 53. ② 54. ①

55 다음 중 기계설비에 의해 형성되는 위험점이 아닌 것은?

① 회전말림점 ② 접선분리점
③ 협착점 ④ 끼임점

해설 기계설비에 의해 형성되는 위험점
㉠ ①, ③, ④
㉡ 물림점
㉢ 접선물림점
㉣ 절단점

56 가스 용접에서 역화의 원인으로 볼 수 없는 것은?

① 토치 성능이 부실한 경우
② 취관이 작업 소재에 너무 가까이 있는 경우
③ 산소 공급량이 부족한 경우
④ 토치 팁에 이물질이 묻은 경우

해설 ③ 산소 공급량이 과다한 경우

57 위험기계에 조작자의 신체부위가 의도적으로 위험점 밖에 있도록 하는 방호장치는?

① 덮개형 방호장치
② 차단형 방호장치
③ 위치제한형 방호장치
④ 접근반응형 방호장치

해설 ③ 위치제한형 방호장치 설명이다.

58 양중기에 사용 가능한 와이어로프에 해당하는 것은?

① 와이어로프의 한 꼬임에서 끊어진 소선의 수가 10% 초과한 것
② 심하게 변형 또는 부식된 것
③ 지름의 감소가 공칭지름의 7% 이내인 것
④ 이음매가 있는 것

해설 양중기용 와이어로프의 사용금지 기준
㉠ 지름의 감소가 공칭지름의 7%를 초과하는 것
㉡ 와이어로프의 한 꼬임에서 끊어진 소선의 수가 10% 이상인 것
㉢ 이음매가 있는 것
㉣ 꼬인 것
㉤ 심하게 변형되거나 부식된 것
㉥ 열과 전기충격에 의해 손상된 것

59 프레스의 방호장치 중 확동식 클러치가 적용된 프레스에 한해서만 적용 가능한 방호장치로만 나열된 것은? (단, 방호장치는 한 가지 종류만 사용한다고 가정한다.)

① 광전자식, 수인식
② 양수조작식, 손쳐내기식
③ 광전자식, 양수조작식
④ 손쳐내기식, 수인식

해설 확동식 클러치가 적용된 프레스에 한해서만 적용 가능한 방호장치 : 손쳐내기식, 수인식

60 산업안전보건법령에 따라 압력용기에 설치하는 안전밸브의 설치 및 작동에 관한 설명으로 틀린 것은?

① 다단형 압축기에는 각 단별로 안전밸브 등을 설치하여야 한다.
② 안전밸브는 이를 통하여 보호하려는 설비의 최저사용압력 이하에서 작동되도록 설정하여야 한다.
③ 화학공정 유체와 안전밸브의 디스크 또는 시트가 직접 접촉될 수 있도록 설치된 경우에는 매년 1회 이상 국가교정기관에서 교정을 받은 압력계를 이용하여 검사한 후 납으로 봉인하여 사용한다.
④ 공정안전보고서 이행상태 평가결과가 우수한 사업장의 안전밸브의 경우 검사주기는 4년마다 1회 이상이다.

해설 ② 안전밸브는 이를 통하여 보호하려는 설비의 최고사용압력 이하에서 작동되도록 설정하여야 한다.

정답 | 55. ② 56. ③ 57. ③ 58. ③ 59. ④ 60. ②

제4과목 전기 및 화학설비 위험방지기술

61 다음 정의에 해당하는 방폭구조는?

> 전기기기의 과도한 온도 상승, 아크 또는 불꽃 발생의 위험을 방지하기 위하여 추가적인 안전조치를 통한 안전도를 증가시킨 방폭구조를 말한다.

① 내압방폭구조
② 유입방폭구조
③ 안전증방폭구조
④ 본질안전방폭구조

해설 ③ 안전증방폭구조의 설명이다.

62 근로자가 활선작업용 기구를 사용하여 작업할 경우 근로자의 신체 등과 충전전로 사이의 사용전압별 접근한계거리가 틀린 것은?

① 15kV 초과 37kV 이하 : 80cm
② 37kV 초과 88kV 이하 : 110cm
③ 121kV 초과 145kV 이하 : 150cm
④ 242kV 초과 362kV 이하 : 380cm

해설 **충전전로의 선간전압에 따른 충전전로에 대한 접근한계거리**

충전전로의 선간전압(kV)	충전전로에 대한 접근한계거리(cm)
0.3 이하	접촉금지
0.3 초과 0.75 이하	30
0.75 초과 2 이하	45
2 초과 15 이하	60
15 초과 37 이하	90
37 초과 88 이하	110
88 초과 121 이하	130
121 초과 145 이하	150
145 초과 169 이하	170
169 초과 242 이하	230
242 초과 362 이하	380
362 초과 550 이하	550
550 초과 800 이하	790

63 정전기 제거방법으로 가장 거리가 먼 것은?

① 설비 주위를 가습한다.
② 설비의 금속 부분을 접지한다.
③ 설비의 주변에 적외선을 조사한다.
④ 정전기 발생 방지 도장을 실시한다.

해설 ③ 도전성 재료의 사용

64 활선작업 시 사용하는 안전장구가 아닌 것은?

① 절연용 보호구
② 절연용 방호구
③ 활선작업용 기구
④ 절연저항 측정기구

해설 **활선작업 시 사용하는 안전장구** : 절연용 보호구, 절연용 방호구, 활선작업용 기구 등

65 정상운전 중의 전기설비가 점화원으로 작용하지 않는 것은?

① 변압기 권선
② 개폐기 접점
③ 직류 전동기의 정류자
④ 권선형 전동기의 슬립링

해설 **정상운전 중의 전기설비가 점화원으로 작용하는 것**
㉠ 개폐기 접점
㉡ 직류 전동기의 정류자
㉢ 권선형 전동기의 슬립링

66 인체가 전격을 당했을 경우 통전시간이 1초라면 심실세동을 일으키는 전류값(mA)은? (단, 심실세동 전류값은 Dalziel의 관계식을 이용한다.)

① 100 ② 165
③ 180 ④ 215

해설
$$I = \frac{165}{\sqrt{T}} = \frac{165}{\sqrt{1}} = 165\text{mA}$$
여기서, I : 심실세동 전류(mA)
T : 통전시간(sec)

정답 | 61. ③ 62. ① 63. ③ 64. ④ 65. ① 66. ②

67 건설현장에서 사용하는 임시배선의 안전대책으로 거리가 먼 것은?

① 모든 전기기기의 외함은 접지시켜야 한다.
② 임시배선은 다심케이블을 사용하지 않아도 된다.
③ 배선은 반드시 분전반 또는 배전반에서 인출해야 한다.
④ 지상 등에서 금속관으로 방호할 때는 그 금속관을 접지해야 한다.

해설 ② 임시배선은 다심케이블을 사용한다.

68 제1종 또는 제2종 접지공사에 사용하는 접지선에 사람이 접촉할 우려가 있는 경우 접지공사 방법으로 틀린 것은?

① 접지극은 지하 75cm 이상 깊이에 묻을 것
② 접지선을 시설한 지지물에는 피뢰침용 지선을 시설하지 않을 것
③ 접지선은 캡타이어 케이블, 절연전선 또는 통신용 케이블 이외의 케이블을 사용할 것
④ 지하 60cm부터 지표 위 1.5m까지의 부분은 접지선은 합성수지관 또는 몰드로 덮을 것

해설 ④ 지하 75cm로부터 지표 위 2m까지의 접지선은 합성수지관 또는 몰드로 덮을 것

69 전기화재의 원인을 직접원인과 간접원인으로 구분할 때, 직접원인과 거리가 먼 것은?

① 애자의 오손 ② 과전류
③ 누전 ④ 절연열화

해설 **전기화재의 원인**
(1) 직접원인
㉠ 과전류
㉡ 누전
㉢ 절연열화
(2) 간접원인
㉠ 애자의 오손

70 정전기의 발생에 영향을 주는 요인과 가장 거리가 먼 것은?

① 박리속도
② 물체의 표면상태
③ 접촉면적 및 압력
④ 외부공기의 풍속

해설 **정전기 발생에 영향을 주는 요인**
㉠ ①, ②, ③
㉡ 물체의 특성
㉢ 물체의 분리력

71 알루미늄 금속분말에 대한 설명으로 틀린 것은?

① 분진폭발의 위험성이 있다.
② 연소 시 열을 발생한다.
③ 분진폭발을 방지하기 위해 물속에 저장한다.
④ 염산과 반응하여 수소가스를 발생한다.

해설 ③ 직사광선을 피하고, 냉암소에 저장한다.

72 다음 중 벤젠(C_6H_6)이 공기 중에서 연소될 때의 이론혼합비(화학양론조성)는?

① 0.72vol%
② 1.22vol%
③ 2.72vol%
④ 3.22vol%

해설 ① 벤젠(C_6H_6)의 연소식
$C_6H_6 + 7.5O_2 \rightarrow 6CO_2 + 3H_2O$
산소양론계수
$C_6H_6 + 7.5O_2 = \frac{7.5}{1} = 7.5$
∴ 산소(O_2)의 양론계수=7.5

② 화학양론농도(C_{st})$= \frac{100}{1+4.773O_2}$

$= \frac{100}{1+4.773\times 7.5}$
$=2.717$
$=2.72\,\text{vol}\%$

73 다음 중 가연성 가스가 아닌 것은?

① 이산화탄소 ② 수소
③ 메탄 ④ 아세틸렌

해설 ① 불연성 가스

74 다음은 산업안전보건법령상 파열판 및 안전밸브의 직렬 설치에 관한 내용이다. ( )에 알맞은 용어는?

> 사업주는 급성 독성물질이 지속적으로 외부에 유출될 수 있는 화학설비 및 그 부속설비에 파열판과 안전밸브를 직렬로 설치하고 그 사이에는 압력지시계 또는 ( )을(를) 설치하여야 한다.

① 자동경보장치 ② 차단장치
③ 플레어헤드 ④ 콕

해설 화학설비 및 그 부속설비에 파열판과 안전밸브를 직렬로 설치하고 그 사이에는 압력지시계 또는 자동경보장치를 설치하여야 한다.

75 산업안전보건법령상 용해아세틸렌의 가스집합 용접장치의 배관 및 부속기구에는 구리나 구리 함유량이 몇 퍼센트 이상인 합금을 사용할 수 없는가?

① 40 ② 50
③ 60 ④ 70

해설 **구리의 사용제한** : 용해아세틸렌의 가스집합 용접장치의 배관 및 그 부속기구는 구리나 구리 함유량이 70% 이상인 합금을 사용해서는 아니된다.

76 다음 중 분진폭발의 발생 위험성을 낮추는 방법으로 적절하지 않은 것은?

① 주변의 점화원을 제거한다.
② 분진이 날리지 않도록 한다.
③ 분진과 그 주변의 온도를 낮춘다.
④ 분진 입자의 표면적을 크게 한다.

해설 ④ 분진 입자의 표면적을 작게 한다.

77 유해·위험물질 취급 시 보호구로서 구비조건이 아닌 것은?

① 방호성능이 충분할 것
② 재료의 품질이 양호할 것
③ 작업에 방해가 되지 않을 것
④ 외관이 화려할 것

해설 ④ 외관이나 디자인이 양호할 것

78 공기 중에 3ppm의 디메틸아민(demethyl-amine, TLV-TWA : 10ppm)과 20ppm의 시클로헥산올(cyclohexanol, TLV-TWA : 50ppm)이 있고, 10ppm의 산화프로필렌(propyleneoxide, TLV-TWA : 20ppm)이 존재한다면 혼합 TLV-TWA는 몇 ppm인가?

① 12.5
② 22.5
③ 27.5
④ 32.5

해설

$$R(\text{노출기준})=\frac{C_1}{T_1}+\frac{C_2}{T_2}+\cdots+\frac{C_n}{T_n}$$

$$\text{허용농도}=\frac{\text{농도1}+\text{농도2}+\text{농도3}}{R}$$

$$R=\frac{3}{10}+\frac{20}{50}+\frac{10}{20}=1.2$$

$$\therefore \text{허용농도}=\frac{3+20+10}{1.2}=27.5\text{ppm}$$

79 건조설비의 사용에 있어 500~800℃ 범위의 온도에 가열된 스테인리스강에서 주로 일어나며, 탄화크롬이 형성되었을 때 결정경계면의 크롬 함유량이 감소하여 발생되는 부식형태는?

① 전면부식
② 층상부식
③ 입계부식
④ 격간부식

해설 입계부식의 설명이다.

정답 | 73. ① 74. ① 75. ④ 76. ④ 77. ④ 78. ③ 79. ③

80 위험물안전관리법령상 칼륨에 의한 화재에 적응성이 있는 것은?

① 건조사(마른모래)
② 포소화기
③ 이산화탄소소화기
④ 할로겐화합물소화기

해설 **칼륨 화재에 적응성** : 건조사(마른모래)

제5과목 건설안전기술

81 흙막이 가시설의 버팀대(Strut)의 변형을 측정하는 계측기에 해당하는 것은?

① Water level meter
② Strain gauge
③ Piezometer
④ Load cell

해설 **흙막이 가시설의 버팀대의 변형을 측정하는 계측기** : Strain gauge

82 사다리식 통로 등을 설치하는 경우 준수해야 할 기준으로 옳지 않은 것은?

① 접이식 사다리 기둥은 사용 시 접혀지거나 펼쳐지지 않도록 철물 등을 사용하여 견고하게 조치할 것
② 발판과 벽과의 사이는 25cm 이상의 간격을 유지할 것
③ 폭은 30cm 이상으로 할 것
④ 사다리식 통로의 길이가 10m 이상인 경우에는 5m 이내마다 계단참을 설치할 것

해설 ② 발판과 벽과의 사이는 15cm 이상의 간격을 유지할 것

83 추락방지망의 달기로프를 지지점에 부착할 때 지지점의 간격이 1.5m인 경우 지지점의 강도는 최소 얼마 이상이어야 하는가?

① 200kg ② 300kg
③ 400kg ④ 500kg

해설 방망의 지지점 강도(연속적인 구조물이 방망의 지지점인 경우)
$F = 200B = 200 \times 1.5 = 300$kg
여기서, F : 외력(kg)
B : 지지점 간격(m)

84 가설통로를 설치하는 경우 준수해야 할 기준으로 옳지 않은 것은?

① 경사는 45° 이하로 할 것
② 경사가 15°를 초과하는 경우에는 미끄러지지 아니하는 구조로 할 것
③ 추락할 위험이 있는 장소에는 안전난간을 설치할 것
④ 수직갱에 가설된 통로의 길이가 15m 이상인 경우에는 10m 이내마다 계단참을 설치할 것

해설 ① 경사는 30° 이하로 할 것

85 유해위험방지계획서를 제출해야 하는 공사의 기준으로 옳지 않은 것은?

① 최대 지간길이 30m 이상인 교량건설 등 공사
② 깊이 10m 이상인 굴착공사
③ 터널 건설 등의 공사
④ 다목적댐, 발전용댐 및 저수용량 2천만톤 이상의 용수 전용댐, 지방상수도 전용댐 건설 등의 공사

해설 ① 최대 지간길이 50m 이상인 교량건설 등 공사

86 굴착이 곤란한 경우 발파가 어려운 암석의 파쇄굴착 또는 암석제거에 적합한 장비는?

① 리퍼 ② 스크레이퍼
③ 롤러 ④ 드래그라인

해설 ① 리퍼의 설명이다.

87 중량물의 취급작업 시 근로자의 위험을 방지하기 위하여 사전에 작성하여야 하는 작업계획서 내용에 해당되지 않는 것은?

① 추락위험을 예방할 수 있는 안전대책
② 낙하위험을 예방할 수 있는 안전대책
③ 전도위험을 예방할 수 있는 안전대책
④ 침수위험을 예방할 수 있는 안전대책

해설 **중량물 취급 시 작업계획서 내용**
㉠ ①, ②, ③
㉡ 협착위험을 예방할 수 있는 안전대책
㉢ 붕괴위험을 예방할 수 있는 안전대책

88 콘크리트 타설용 거푸집에 작용하는 외력 중 연직방향 하중이 아닌 것은?

① 고정하중 ② 충격하중
③ 작업하중 ④ 풍하중

해설 **콘크리트 타설용 거푸집에 작용하는 외력 중 연직방향 하중**
㉠ 고정하중
㉡ 충격하중
㉢ 작업하중

89 화물을 적재하는 경우에 준수하여야 하는 사항으로 옳지 않은 것은?

① 침하 우려가 없는 튼튼한 기반 위에 적재할 것
② 건물의 칸막이나 벽 등이 화물의 압력에 견딜 만큼의 강도를 지니지 아니한 경우에는 칸막이나 벽에 기대어 적재하지 않도록 할 것
③ 불안정할 정도로 높이 쌓아 올리지 말 것
④ 편하중이 발생하도록 쌓아 적재효율을 높일 것

해설 ④ 하중이 한쪽으로 치우치지 않도록 쌓을 것

90 핸드 브레이커 취급 시 안전에 관한 유의사항으로 옳지 않은 것은?

① 기본적으로 현장 정리가 잘 되어 있어야 한다.
② 작업자세는 항상 하향 45° 방향으로 유지하여야 한다.
③ 작업 전 기계에 대한 점검을 철저히 한다.
④ 호스의 교차 및 꼬임 여부를 점검하여야 한다.

해설 ② 끝의 부러짐을 방지하기 위하여 작업자세는 하향 수직방향으로 유지하도록 하여야 한다.

91 유한사면에서 사면기울기가 비교적 완만한 점성토에서 주로 발생되는 사면파괴의 형태는?

① 저부파괴 ② 사면선단파괴
③ 사면내파괴 ④ 국부전단파괴

해설 ① 저부파괴의 설명이다.

92 산업안전보건관리비 중 안전시설비 등의 항목에서 사용 가능한 내역은?

① 외부인 출입금지, 공사장 경계표시를 위한 가설울타리
② 비계 · 통로 · 계단에 추가 설치하는 추락방지용 안전난간
③ 절토부 및 성토부 등의 토사유실 방지를 위한 설비
④ 공사 목적물의 품질 확보 또는 건설장비 자체의 운행 감시, 공사 진척상황 확인, 방범 등의 목적을 가진 CCTV 등 감시용 장비

해설 ② 비계, 작업발판, 가설계단, 통로, 사다리 등

93 지반조사의 방법 중 지반을 강관으로 천공하고 토사를 채취 후 여러 가지 시험을 시행하여 지반의 토질 분포, 흙의 층상과 구성 등을 알 수 있는 것은?

① 보링 ② 표준관입시험
③ 베인테스트 ④ 평판재하시험

해설 ① 보링의 설명이다.

정답 | 87. ④ 88. ④ 89. ④ 90. ② 91. ① 92. ② 93. ①

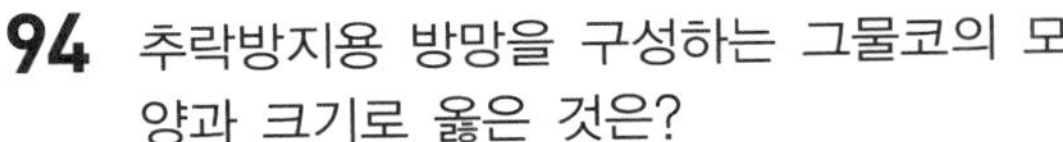

94 추락방지용 방망을 구성하는 그물코의 모양과 크기로 옳은 것은?

① 원형 또는 사각으로서 그 크기는 10cm 이하이어야 한다.
② 원형 또는 사각으로서 그 크기는 20cm 이하이어야 한다.
③ 사각 또는 마름모로서 그 크기는 10cm 이하이어야 한다.
④ 사각 또는 마름모로서 그 크기는 20cm 이하이어야 한다.

해설 ② 그물코의 모양과 크기 : 사각 또는 마름모로서 그 크기는 10cm 이하

95 말비계를 조립하여 사용하는 경우의 준수사항으로 옳지 않은 것은?

① 지주부재의 하단에는 미끄럼 방지장치를 할 것
② 지주부재와 수평면과의 기울기는 85° 이하로 할 것
③ 말비계의 높이가 2m를 초과할 경우에는 작업발판의 폭을 40cm 이상으로 할 것
④ 지주부재와 지주부재 사이를 고정시키는 보조부재를 설치할 것

해설 ② 지주부재와 수평면과의 기울기는 75° 이하로 할 것

96 철골작업을 중지하여야 하는 제한 기준에 해당되지 않는 것은?

① 풍속이 초당 10m 이상인 경우
② 강우량이 시간당 1mm 이상인 경우
③ 강설량이 시간당 1cm 이상인 경우
④ 소음이 65dB 이상인 경우

해설 **철골작업을 중지하여야 하는 제한 기준**
㉠ 풍속이 초당 10m 이상인 경우
㉡ 강우량이 시간당 1mm 이상인 경우
㉢ 강설량이 시간당 1cm 이상인 경우

97 강관틀비계의 높이가 20m를 초과하는 경우 주틀 간의 간격은 최대 얼마 이하로 사용해야 하는가?

① 1.0m ② 1.5m
③ 1.8m ④ 2.0m

해설 **높이가 20m를 초과하거나 중량물의 적재를 수반하는 작업을 할 경우** : 주틀간의 간격은 최대 1.8m 이하이다.

98 철골공사에서 용접작업을 실시함에 있어 전격예방을 위한 안전조치 중 옳지 않은 것은?

① 전격방지를 위해 자동 전격방지기를 설치한다.
② 우천, 강설 시에는 야외작업을 중단한다.
③ 개로 전압이 낮은 교류 용접기는 사용하지 않는다.
④ 절연 홀더(Holder)를 사용한다.

해설 ③ 개로 전압이 높은 교류 용접기를 사용할 것

99 타워크레인의 운전작업을 중지하여야 하는 순간풍속 기준으로 옳은 것은?

① 초당 10m 초과 ② 초당 12m 초과
③ 초당 15m 초과 ④ 초당 20m 초과

해설 순간풍속이 초당 15m를 초과하는 경우에는 타워크레인의 운전작업을 중지해야 한다.

100 흙막이 지보공을 설치하였을 때 정기적으로 점검하고 이상을 발견하면 즉시 보수하여야 하는 사항으로 거리가 먼 것은?

① 부재의 손상 변형, 부식, 변위 및 탈락의 유무와 상태
② 부재의 접속부, 부착부 및 교차부의 상태
③ 침하의 정도
④ 발판의 지지상태

해설 ④ 버팀대의 긴압의 정도

정답 | 94. ③ 95. ② 96. ④ 97. ③ 98. ③ 99. ③ 100. ④

2019년 제2회 과년도 출제문제

제1과목 산업안전관리론

01 다음 중 무재해운동의 기본이념 3원칙에 포함되지 않는 것은?

① 무의 원칙
② 선취의 원칙
③ 참가의 원칙
④ 라인화의 원칙

해설 **무재해운동의 기본이념 3원칙**
㉠ 무의 원칙
㉡ 선취의 원칙
㉢ 참가의 원칙

02 산업안전보건법령상 상시근로자수의 산출내역에 따라, 연간 국내공사 실적액이 50억원이고 건설업 평균임금이 250만원이며, 노무비율은 0.06인 사업장의 상시근로자수는?

① 10인 ② 30인
③ 33인 ④ 75인

해설 상시근로자수

$$= \frac{\text{전년도 국내공사 실적한계액} \times \text{노무비율}}{\text{건설업 월 평균임금} \times 12\text{개월}}$$

$$= \frac{5,000,000,000 \times 0.06}{2,500,000 \times 12\text{개월}} = 10\text{인}$$

03 산업안전보건법령상 산업재해 조사표에 기록되어야 할 내용으로 옳지 않은 것은?

① 사업장 정보
② 재해정보
③ 재해발생 개요 및 원인
④ 안전교육 계획

해설 ④ 재발방지 계획

04 하인리히의 재해발생 원인 도미노 이론에서 사고의 직접원인으로 옳은 것은?

① 통제의 부족
② 관리구조의 부적절
③ 불안전한 행동과 상태
④ 유전과 환경적 영향

해설 **하인리히 도미노 이론에서 사고의 직접원인** : 불안전한 행동과 상태

05 매슬로우(Maslow)의 욕구단계 이론 중 제2단계의 욕구에 해당하는 것은?

① 사회적 욕구
② 안전에 대한 욕구
③ 자아실현의 욕구
④ 존경과 긍지에 대한 욕구

해설 **매슬로우의 욕구단계 이론**
㉠ 제1단계 : 생리적 욕구
㉡ 제2단계 : 안전에 대한 욕구
㉢ 제3단계 : 사회적 욕구
㉣ 제4단계 : 존경욕구
㉤ 제5단계 : 자아실현의 욕구

06 산업안전보건법령상 안전모의 종류(기호) 중 사용 구분에서 "물체의 낙하 또는 비래 및 추락에 의한 위험을 방지 또는 경감하고, 머리부위 감전에 의한 위험을 방지하기 위한 것"으로 옳은 것은?

① A
② AB
③ AE
④ ABE

정답 ▌01. ④ 02. ① 03. ④ 04. ③ 05. ② 06. ④

해설 안전모의 종류 및 용도

종류 기호	사용 구분
AB	물체낙하, 비래 및 추락에 의한 위험을 방지, 경감
AE	물체낙하, 비래에 의한 위험을 방지 또는 경감 및 감전 방지용
ABE	물체낙하, 비래 및 추락에 의한 위험을 방지 또는 경감 및 감전 방지용

07 다음 중 산업심리의 5대 요소에 해당하지 않는 것은?

① 적성 ② 감정
③ 기질 ④ 동기

해설 산업심리의 5대 요소
㉠ 습성
㉡ 습관
㉢ 감정
㉣ 기질
㉤ 동기

08 주의의 수준에서 중간 수준에 포함되지 않는 것은?

① 다른 곳에 주의를 기울이고 있을 때
② 가시시야 내 부분
③ 수면 중
④ 일상과 같은 조건일 경우

해설 ③ 수면 중 : 0(zero) 수준

09 다음 중 안전태도 교육의 원칙으로 적절하지 않은 것은?

① 청취위주의 대화를 한다.
② 이해하고 납득한다.
③ 항상 모범을 보인다.
④ 지적과 처벌 위주로 한다.

해설 안전태도 교육의 원칙
㉠ 청취위주의 대화를 한다.
㉡ 이해하고 납득한다.
㉢ 항상 모범을 보인다.
㉣ 권장(평가)한다.
㉤ 장려한다.
㉥ 처벌한다.

10 레빈(Lewin)은 인간행동과 인간의 조건 및 환경조건의 관계를 다음과 같이 표시하였다. 이 때 'f'의 의미는?

$$B = f(P \cdot E)$$

① 행동
② 조명
③ 지능
④ 함수

해설 레빈
인간의 행동 $B = f(P \cdot E)$
여기서, f : 함수
P : 인간의 조건
E : 환경조건

11 적응기제(Adjustment Mechanism)의 유형에서 "동일화(identification)"의 사례에 해당하는 것은?

① 운동시합에 진 선수가 컨디션이 좋지 않았다고 한다.
② 결혼에 실패한 사람이 고아들에게 정열을 쏟고 있다.
③ 아버지의 성공을 자신의 성공인 것처럼 자랑하며 거만한 태도를 보인다.
④ 동생이 태어난 후 초등학교에 입학한 큰 아이가 손가락을 빨기 시작했다.

해설 **적응기제 유형에서 동일화** : 아버지의 성공을 자신의 성공인 것처럼 자랑하며 거만한 태도를 보인다.

12 특성에 따른 안전교육의 3단계에 포함되지 않는 것은?

① 태도교육
② 지식교육
③ 직무교육
④ 기능교육

해설 특성에 따른 안전교육의 3단계
㉠ 제1단계 : 지식교육
㉡ 제2단계 : 기능교육
㉢ 제3단계 : 태도교육

정답 | 07. ① 08. ③ 09. ④ 10. ④ 11. ③ 12. ③

13 산업안전보건법령상 다음 그림에 해당하는 안전 · 보건표지의 종류로 옳은 것은?

① 부식성 물질 경고
② 산화성 물질 경고
③ 인화성 물질 경고
④ 폭발성 물질 경고

해설 ①  ②  ④  

14 다음 중 작업표준의 구비조건으로 옳지 않은 것은?

① 작업의 실정에 적합할 것
② 생산성과 품질의 특성에 적합할 것
③ 표현은 추상적으로 나타낼 것
④ 다른 규정 등에 위배되지 않을 것

해설 **작업표준의 구비조건**
㉠ ①, ②, ④
㉡ 표현은 구체적으로 나타낼 것
㉢ 이상 시 조치기준에 대해 정해둘 것
㉣ 좋은 작업의 표준일 것

15 다음 중 위험예지훈련 4라운드의 순서가 올바르게 나열된 것은?

① 현상파악 → 본질추구 → 대책수립 → 목표설정
② 현상파악 → 대책수립 → 본질추구 → 목표설정
③ 현상파악 → 본질추구 → 목표설정 → 대책수립
④ 현상파악 → 목표설정 → 본질추구 → 대책수립

해설 **위험예지훈련 4라운드의 순서** : 현상파악 → 본질추구 → 대책수립 → 목표설정

16 산업안전보건법령상 특별안전 · 보건교육 대상 작업별 교육내용 중 밀폐공간에서의 작업 시 교육내용에 포함되지 않은 것은? (단, 그 밖에 안전 · 보건관리에 필요한 사항은 제외한다.)

① 산소농도 측정 및 작업환경에 관한 사항
② 유해물질이 인체에 미치는 영향
③ 보호구 착용 및 사용방법에 관한 사항
④ 사고 시의 응급처치 및 비상 시 구출에 관한 사항

해설 **밀폐된 공간에서의 작업에 대한 특별안전 · 보건교육 대상 작업 및 교육내용**
㉠ 산소농도 측정 및 작업환경에 관한 사항
㉡ 사고 시의 응급처치 및 비상시 구출에 관한 사항
㉢ 보호구 착용 및 사용방법에 관한 사항
㉣ 밀폐공간 작업의 안전작업 방법에 관한 사항
㉤ 그 밖의 안전 · 보건관리에 필요한 사항

17 안전지식 교육 실시 4단계에서 지식을 실제의 상황에 맞추어 문제를 해결해 보고 그 수법을 이해시키는 단계로 옳은 것은?

① 도입
② 제시
③ 적용
④ 확인

해설 **안전지식 교육 실시 4단계**
㉠ 제1단계 : 도입
㉡ 제2단계 : 제시
㉢ 제3단계 : 적용–지식을 실제의 상황에 맞추어 문제를 해결해 보고 그 수법을 이해시키는 단계
㉣ 제4단계 : 확인

18 산업안전보건법령상 안전검사 대상 유해 · 위험기계의 종류에 포함되지 않는 것은?

① 전단기
② 리프트
③ 곤돌라
④ 교류아크용접기

정답 ‖ 13. ③ 14. ③ 15. ① 16. ② 17. ③ 18. ④

해설 안전검사 대상 유해 · 위험기계의 종류
㉠ ①, ②, ③
㉡ 프레스
㉢ 크레인
㉣ 압력용기
㉤ 국소배기장치
㉥ 원심기
㉦ 화학설비 및 그 부속설비
㉧ 건조설비 및 그 부속설비
㉨ 롤러기
㉩ 사출성형기
㉪ 고소작업대
㉫ 컨베이어
㉬ 산업용 로봇

19 다음 중 산업재해 통계에 관한 설명으로 적절하지 않은 것은?

① 산업재해 통계는 구체적으로 표시되어야 한다.
② 산업재해 통계는 안전활동을 추진하기 위한 기초자료이다.
③ 산업재해 통계만을 기반으로 해당 사업장의 안전수준을 추측한다.
④ 산업재해 통계의 목적은 기업에서 발생한 산업재해에 대하여 효과적인 대책을 강구하기 위함이다.

해설 ③ 산업재해 통계를 기반으로 안전조건이나 상태를 추측해서는 안 된다.

20 French와 Raven이 제시한, 리더가 가지고 있는 세력의 유형이 아닌 것은?

① 전문세력(expert power)
② 보상세력(reward power)
③ 위임세력(entrust power)
④ 합법세력(legitimate power)

해설 리더가 가지고 있는 세력의 유형
㉠ 전문세력
㉡ 보상세력
㉢ 합법세력

제2과목 인간공학 및 시스템안전공학

21 체계설계 과정의 주요 단계 중 가장 먼저 실시되어야 하는 것은?

① 기본설계
② 계면설계
③ 체계의 정의
④ 목표 및 성능 명세 결정

해설 체계설계 과정의 주요 단계
㉠ 제1단계 : 목표 및 성능 명세 결정
㉡ 제2단계 : 체계의 정의
㉢ 제3단계 : 기본설계
㉣ 제4단계 : 계면설계
㉤ 제5단계 : 촉진물 설계
㉥ 제6단계 : 시험 및 평가

22 고장형태 및 영향분석(FMEA ; Failure Mode and Effect Analysis)에서 치명도 해석을 포함시킨 분석 방법으로 옳은 것은?

① CA
② ETA
③ FMETA
④ FMECA

해설 FMECA의 설명이다.

23 그림과 같은 시스템의 신뢰도로 옳은 것은? (단, 그림의 숫자는 각 부품의 신뢰도이다.)

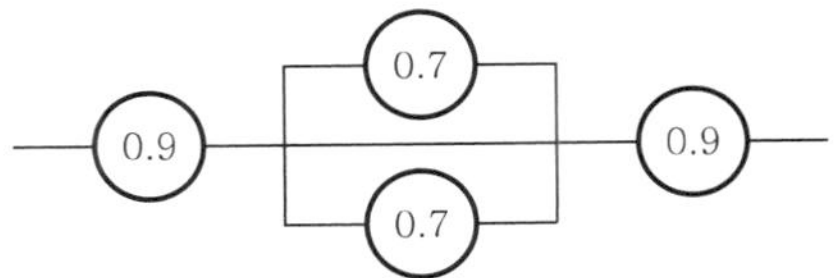

① 0.6261
② 0.7371
③ 0.8481
④ 0.9591

해설 $R(t)=0.9\times\{1-(1-0.7)(1-0.7)\}\times 0.9$
$=0.7371$

24 인간의 시각특성을 설명한 것으로 옳은 것은?

① 적응은 수정체의 두께가 얇아져 근거리의 물체를 볼 수 있게 되는 것이다.
② 시야는 수정체의 두께 조절로 이루어진다.
③ 망막은 카메라의 렌즈에 해당된다.
④ 암조응에 걸리는 시간은 명조응보다 길다.

해설 ① 적응은 수정체의 두께가 두꺼워지면 근거리의 물체를 볼 수 있게 되는 것이다.
② 시야는 망막의 두께 조절로 이루어진다.
③ 망막은 카메라의 필름에 해당된다.

25 다음 중 생리적 스트레스를 전기적으로 측정하는 방법으로 옳지 않은 것은?

① 뇌전도(EEG)
② 근전도(EMG)
③ 전기피부반응(GSR)
④ 안구반응(EOG)

해설 **생리적 스트레스를 전기적으로 측정하는 방법**
㉠ 뇌전도
㉡ 근전도
㉢ 전기피부반응

26 레버를 10° 움직이면 표시장치는 1cm 이동하는 조종장치가 있다. 레버의 길이가 20cm라고 하면 이 조종장치의 통제표시비(C/D비)는 약 얼마인가?

① 1.27
② 2.38
③ 3.49
④ 4.51

해설

$$C/D\text{비} = \frac{\left(\frac{a}{360}\right) \times 2\pi L}{\text{표시장치 이동거리}}$$

$$= \frac{\left(\frac{10°}{360}\right) \times 2 \times 3.14 \times 20}{1} = 3.49$$

27 서서 하는 작업의 작업대 높이에 대한 설명으로 옳지 않은 것은?

① 정밀작업의 경우 팔꿈치 높이보다 약간 높게 한다.
② 경작업의 경우 팔꿈치 높이보다 약간 낮게 한다.
③ 중작업의 경우 경작업의 작업대 높이보다 약간 낮게 한다.
④ 작업대의 높이는 기준을 지켜야 하므로 높낮이가 조절되어서는 안 된다.

해설 ④ 작업대의 높이는 기준을 지켜야 하므로 높낮이가 조절되어야 한다.

28 작업장 내부의 추천반사율이 가장 낮아야 하는 곳은?

① 벽 ② 천장
③ 바닥 ④ 가구

해설 ① 벽 : 40~60%
② 천장 : 80~90%
③ 바닥 : 20~40%
④ 가구 : 25~45%

29 인간의 정보처리 기능 중 그 용량이 7개 내외로 작아, 순간적 망각 등 인적오류의 원인이 되는 것은?

① 지각 ② 작업기억
③ 주의력 ④ 감각보관

해설 작업기억의 설명이다.

30 인간오류의 분류 중 원인에 의한 분류의 하나로, 작업자 자신으로부터 발생하는 에러로 옳은 것은?

① Command error
② Secondary error
③ Primary error
④ Third error

해설 Primary error의 설명이다.

정답 | 24. ④ 25. ④ 26. ③ 27. ④ 28. ③ 29. ② 30. ③

31 일반적으로 인체에 가해지는 온·습도 및 기류 등의 외적변수를 종합적으로 평가하는 데에는 "불쾌지수"라는 지표가 이용된다. 불쾌지수의 계산식이 다음과 같은 경우, 건구온도와 습구온도의 단위로 옳은 것은?

불쾌지수=0.72×(건구온도+습구온도)+40.6

① 실효온도 ② 화씨온도
③ 절대온도 ④ 섭씨온도

해설 불쾌지수
=섭씨(건구온도+습구온도)×0.72+40.6

32 FT도에 사용되는 논리기호 중 AND 게이트에 해당하는 것은?

①
② 
③
④

해설 ① 결함사상
② OR 게이트
④ 통상사상

33 위팔은 자연스럽게 수직으로 늘어뜨린 채, 아래팔만을 편하게 뻗어 작업할 수 있는 범위는?

① 정상작업역
② 최대작업역
③ 최소작업역
④ 작업포락면

해설 정상작업역의 설명이다.

34 음의 강약을 나타내는 기본 단위는?

① dB ② pont
③ hertz ④ diopter

해설 음의 강약을 나타내는 기본 단위 : dB

35 신뢰성과 보전성 개선을 목적으로 하는 효과적인 보전기록 자료에 해당하지 않는 것은?

① 설비이력카드
② 자재관리표
③ MTBF 분석표
④ 고장원인대책표

해설 **보전기록 자료**
㉠ 설비이력카드
㉡ MTBF 분석표
㉢ 고장원인대책표

36 예비위험분석(PHA)에 대한 설명으로 옳은 것은?

① 관련된 과거 안전점검결과의 조사에 적절하다.
② 안전관련 법규 조항의 준수를 위한 조사방법이다.
③ 시스템 고유의 위험성을 파악하고 예상되는 재해의 위험수준을 결정한다.
④ 초기 단계에서 시스템 내의 위험요소가 어떠한 위험상태에 있는가를 정성적으로 평가하는 것이다.

해설 PHA : 초기 단계에서 시스템 내의 위험요소가 어떠한 위험상태에 있는가를 정성적으로 평가하는 것

37 다음의 FT도에서 몇 개의 미니멀 패스셋(minimal path sets)이 존재하는가?

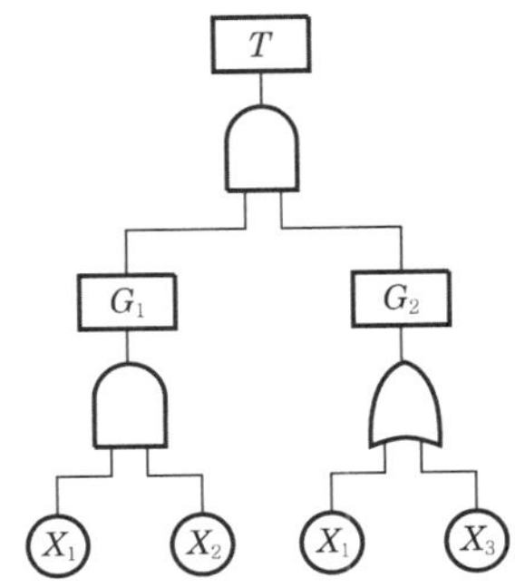

① 1개 ② 2개
③ 3개 ④ 4개

해설

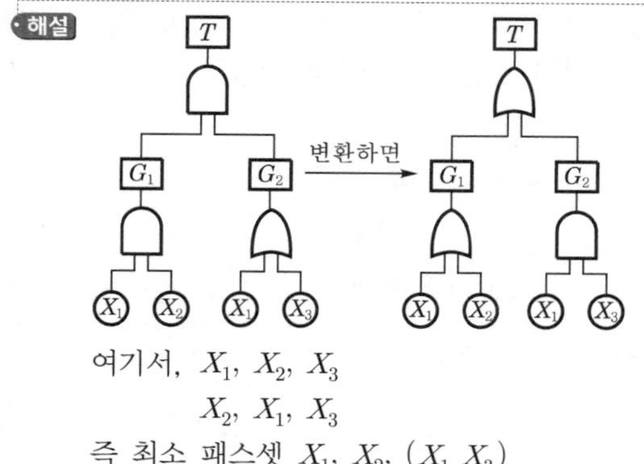

여기서, X_1, X_2, X_3
X_2, X_1, X_3
즉 최소 패스셋 X_1, X_2, (X_1 X_3)

38 정보를 전송하기 위해 청각적 표시장치를 이용하는 것이 바람직한 경우로 적합한 것은?

① 전언이 복잡한 경우
② 전언이 이후에 재참조 되는 경우
③ 전언이 공간적인 사건을 다루는 경우
④ 전언이 즉각적인 행동을 요구하는 경우

해설 **청각적 표시장치를 이용하는 것이 바람작한 경우** : 전언이 즉각적인 행동을 요구하는 경우

39 FTA에서 모든 기본사상이 일어났을 때 톱(top) 사상을 일으키는 기본사상의 집합을 무엇이라 하는가?

① 컷셋(cut set)
② 최소 컷셋(minimal cut set)
③ 패스셋(path set)
④ 최소 패스셋(minimal path set)

해설 컷셋(cut set)의 설명이다.

40 조종장치를 통한 인간의 통제 아래 기계가 동력원을 제공하는 시스템의 형태로 옳은 것은?

① 기계화 시스템
② 수동 시스템
③ 자동화 시스템
④ 컴퓨터 시스템

해설 기계화 시스템의 설명이다.

제3과목 기계위험방지기술

41 선반에서 냉각재 등에 의한 생물학적 위험을 방지하기 위한 방법으로 틀린 것은?

① 냉각재가 기계에 잔류되지 않고 중력에 의해 수집탱크로 배유되도록 해야 한다.
② 냉각재 저장탱크에는 외부 이물질의 유입을 방지하기 위한 덮개를 설치해야 한다.
③ 특별한 경우를 제외하고는 정상 운전 시 전체 냉각재가 계통 내에서 순환되고 냉각재 탱크에 체류하지 않아야 한다.
④ 배출용 배관의 지름은 대형 이물질이 들어가지 않도록 작아야 하고, 지면과 수평이 되도록 제작해야 한다.

해설 **선반에서 냉각재 등에 의한 생물학적 위험을 방지하기 위한 방법**

㉠ ①, ②, ③ 정상 운전 시 전체 냉각재가 계통 내에서 순환되고 냉각재 탱크에 체류하지 않을 것. 다만 설계상 냉각재의 일부를 탱크 내에서 보유하도록 설계된 경우는 제외한다.
㉡ 배출용 배관의 직경은 슬러지의 체류를 최소화 할 수 있는 정도의 충분한 크기이고 적정한 기울기를 보유할 것
㉢ 필터장치가 구비되어 있을 것
㉣ 전체 시스템을 비우지 않은 상태에서 코너 부위 등에 누적된 침전물을 제거할 수 있는 구조일 것
㉤ 오일 또는 그리스 등 외부에서 유입된 물질에 의해 냉각재가 오염되는 것을 방지할 수 있도록 조치하고, 필요한 분리장치를 설치할 수 있는 구조일 것

42 양수 조작식 방호장치에서 양쪽 누름버튼 간의 내측 거리는 몇 mm 이상이어야 하는가?

① 100 ② 200
③ 300 ④ 400

해설 **양수 조작식 방호장치** : 양쪽 누름버튼 간의 내측 거리는 300mm 이상이어야 한다.

정답 | 38. ④ 39. ① 40. ① 41. ④ 42. ③

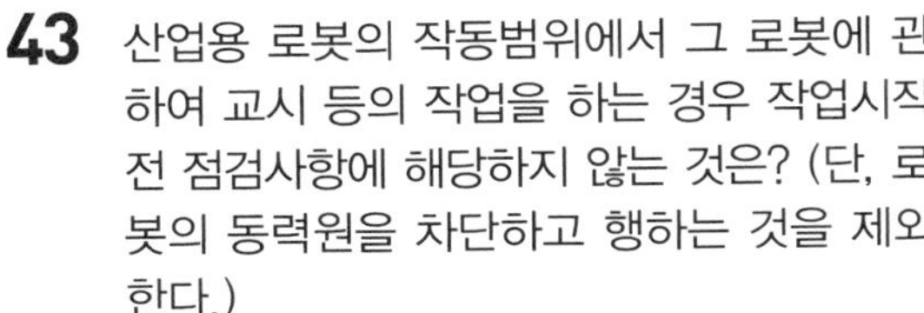

43 산업용 로봇의 작동범위에서 그 로봇에 관하여 교시 등의 작업을 하는 경우 작업시작 전 점검사항에 해당하지 않는 것은? (단, 로봇의 동력원을 차단하고 행하는 것을 제외한다.)

① 회전부의 덮개 또는 울 부착여부
② 제동장치 및 비상정지장치의 기능
③ 외부전선의 피복 또는 외장의 손상유무
④ 매니퓰레이터(manipulator) 작동의 이상유무

해설 **로봇의 작동범위 등의 작업을 하는 경우 작업시작 전 점검사항**
㉠ 제동장치 및 비상정지장치의 기능
㉡ 외부전선의 피복 또는 외장의 손상유무
㉢ 매니퓰레이터 작동의 이상유무

44 기계장치의 안전설계를 위해 적용하는 안전율 계산식은?

① 안전하중 ÷ 설계하중
② 최대사용하중 ÷ 극한강도
③ 극한강도 ÷ 최대설계응력
④ 극한강도 ÷ 파단하중

해설 $\text{안전율} = \dfrac{\text{극한강도}}{\text{최대설계응력}}$

45 "가"와 "나"에 들어갈 내용으로 옳은 것은?

> 순간풍속이 (가)를 초과하는 경우에는 타워크레인의 설치, 수리, 점검 또는 해체 작업을 중지하여야 하며, 순간풍속이 (나)를 초과하는 경우에는 타워크레인의 운전작업을 중지하여야 한다.

① 가 : 10m/s, 나 : 15m/s
② 가 : 10m/s, 나 : 25m/s
③ 가 : 20m/s, 나 : 35m/s
④ 가 : 20m/s, 나 : 45m/s

해설 **타워크레인**
㉠ 순간풍속 10m/s 초과 : 설치, 수리, 점검 또는 해체 작업을 중지한다.
㉡ 순간풍속 15m/s 초과 : 운전작업을 중지한다.

46 드릴작업 시 올바른 작업 안전수칙이 아닌 것은?

① 구멍을 뚫을 때 관통된 것을 확인하기 위해 손으로 만져서는 안 된다.
② 드릴을 끼운 후에 척 렌치(chuck wrench)를 부착한 상태에서 드릴작업을 한다.
③ 작업모를 착용하고 옷소매가 긴 작업복은 입지 않는다.
④ 보호안경을 쓰거나 안전덮개를 설치한다.

해설 ② 드릴은 척 렌치를 부착한 상태에서 드릴작업을 하지 않는다.

47 지게차 헤드가드의 안전기준에 관한 설명으로 틀린 것은?

① 상부틀의 각 개구의 폭 또는 길이가 20cm 이상일 것
② 강도는 지게차의 최대하중의 2배 값(4톤을 넘는 값에 대해서는 4톤으로 한다)의 등분포 정하중에 견딜 수 있을 것
③ 운전자가 서서 조작하는 방식의 지게차의 경우에는 운전석의 바닥면에서 헤드가드의 상부틀 하면까지의 높이가 2m 이상일 것
④ 운전자가 앉아서 조작하는 방식의 지게차의 경우에는 운전자의 좌석 윗면에서 헤드가드의 상부틀 아랫면까지의 높이가 1m 이상일 것

해설 ① 상부틀의 각 개구의 폭 또는 길이가 16cm 미만일 것

48 프레스 가공품의 이송방법으로 2차 가공용 송급 배출장치가 아닌 것은?

① 다이얼 피더(dial feeder)
② 롤 피더(roll feeder)
③ 푸셔 피더(pusher feeder)
④ 트랜스퍼 피더(transfer feeder)

정답 | 43. ① 44. ③ 45. ① 46. ② 47. ① 48. ②

해설 (1) 2차 가공용 송급 배출장치 또는 ①, ③, ④ 이외에 다음과 같다.
㉠ 호퍼 피더
㉡ 슈트
(2) 롤 피더는 그리퍼 피더와 더불어 1차 가공용 송·급 배출장치에 해당된다.

49 다음 중 연삭기를 이용한 작업의 안전대책으로 가장 옳은 것은?

① 연삭숫돌의 최고원주속도 이상으로 사용하여야 한다.
② 운전 중 연삭숫돌의 균열 확인을 위해 수시로 충격을 가해 본다.
③ 정밀한 작업을 위해서는 연삭기의 덮개를 벗기고 숫돌의 정면에 서서 작업한다.
④ 작업시작 전에는 1분 이상 시운전을 하고 숫돌의 교체 시에는 3분 이상 시운전을 한다.

해설 ① 연삭숫돌의 최고사용 회전속도를 초과하여 사용하여서는 안 된다.
② 연삭숫돌을 끼우기 전에 가벼운 해머로 가볍게 두들겨 균열이 있는가를 조사한다.
③ 숫돌차의 정면에 서지 말고 측면으로 비켜서서 작업한다.

50 압력용기에서 안전밸브를 2개 설치한 경우 그 설치방법으로 옳은 것은? (단, 해당하는 압력용기가 외부 화재에 대한 대비가 필요한 경우로 한정한다.)

① 1개는 최고사용압력 이하에서 작동하고 다른 1개는 최고사용압력의 1.1배 이하에서 작동하도록 한다.
② 1개는 최고사용압력 이하에서 작동하고 다른 1개는 최고사용압력의 1.2배 이하에서 작동하도록 한다.
③ 1개는 최고사용압력의 1.05배 이하에서 작동하고 다른 1개는 최고사용압력의 1.1배 이하에서 작동하도록 한다.
④ 1개는 최고사용압력의 1.05배 이하에서 작동하고 다른 1개는 최고사용압력의 1.2배 이하에서 작동하도록 한다.

해설 **압력용기에서 안전밸브를 2개 설치한 경우 그 설치방법** : 1개는 최고사용압력 이하에서 작동하고 다른 1개는 최고사용압력의 1.1배 이하에서 작동하도록 한다.

51 범용 수동 선반의 방호조치에 대한 설명으로 틀린 것은?

① 대형 선반의 후면 칩 가드는 새들의 전체 길이를 방호할 수 있어야 한다.
② 척 가드의 폭은 공작물의 가공작업에 방해되지 않는 범위에서 척 전체 길이를 방호해야 한다.
③ 수동조작을 위한 제어장치는 정확한 제어를 위해 조작 스위치를 돌출형으로 제작해야 한다.
④ 스핀들 부위를 통한 기어박스에 접촉될 위험이 있는 경우에는 해당 부위에 잠금장치가 구비된 가드를 설치하고 스핀들 회전과 연동회로를 구성해야 한다.

해설 ③ 수동조작을 위한 제어장치는 정확한 제어를 위해 조작 스위치를 밀폐형으로 제작해야 한다.

52 프레스에 금형 조정작업 시 슬라이드가 갑자기 작동함으로써 근로자에게 발생할 우려가 있는 위험을 방지하기 위하여 사용하는 것은?

① 안전블록
② 비상정지장치
③ 감응식 안전장치
④ 양수조작식 안전장치

해설 안전블록의 설명이다.

정답 | 49. ④ 50. ① 51. ③ 52. ①

53 크레인 작업 시 300kg의 질량을 $10m/s^2$의 가속도로 감아올릴 때 로프에 걸리는 총 하중은 약 몇 N인가? (단, 중력가속도는 $9.81m/s^2$로 한다.)

① 2,943　② 3,000
③ 5,943　④ 8,886

해설 $W(\text{총 하중}) = W_1(\text{정하중}) + W_2(\text{동하중})$

$W_2 = \frac{W_1}{g} \times \alpha$

여기서, g : 중력가속도
α : 가속도

$W = 300 + \frac{300}{9.81} \times 10 = 605.81\text{kg}$

$\therefore 605.81 \times 9.81 = 5{,}943\text{N}$

54 사고 체인의 5요소에 해당하지 않는 것은?

① 함정(trap)　② 충격(impact)
③ 접촉(contact)　④ 결함(flaw)

해설 **사고 체인의 5요소**
㉠ ①, ②, ③
㉡ 얽힘, 말림(entanglement)
㉢ 튀어나옴(ejection)

55 프레스 작업 시 왕복운동하는 부분과 고정 부분 사이에서 형성되는 위험점은?

① 물림점　② 협착점
③ 절단점　④ 회전말림점

해설 협착점의 설명이다.

56 기계설비의 안전화를 크게 외관의 안전화, 기능의 안전화, 구조적 안전화로 구분할 때, 기능의 안전화에 해당되는 것은?

① 안전율의 확보
② 위험부위 덮개 설치
③ 기계 외관에 안전 색채 사용
④ 전압 강하 시 기계의 자동정지

해설 ① : 구조적 안전화
②, ③ : 외관의 안전화

57 근로자에게 위험을 미칠 우려가 있는 원동기, 축이음, 풀리 등에 설치하여야 하는 것은?

① 덮개　② 압력계
③ 통풍장치　④ 과압방지기

해설 원동기, 축이음, 풀리 등에 설치하여야 하는 것 : 덮개

58 컨베이어(conveyer)의 역전방지장치 형식이 아닌 것은?

① 램식　② 라쳇식
③ 롤러식　④ 전기브레이크식

해설 **컨베이어 역전방지장치 형식**
㉠ 롤러식
㉡ 전기브레이크식
㉢ 라쳇식

59 롤러기의 급정지를 위한 방호장치를 설치하고자 한다. 앞면 롤러의 지름이 30cm이고, 회전수가 30rpm일 때 요구되는 급정지 거리의 기준은?

① 급정지 거리가 앞면 롤러 원주의 1/3 이상일 것
② 급정지 거리가 앞면 롤러 원주의 1/3 이내일 것
③ 급정지 거리가 앞면 롤러 원주의 1/2.5 이상일 것
④ 급정지 거리가 앞면 롤러 원주의 1/2.5 이내일 것

해설 $V = \frac{\pi DN}{1{,}000}(\text{m/min})$

여기서, V : 표면속도(m/min)
D : 롤러 원통직경(mm)
N : 회전수(rpm)

$V = \frac{3.14 \times 300 \times 30}{1{,}000} = 28.26\text{m/min}$

급정지 장치의 성능

앞면 롤러의 표면속도(m/min)	급정지 거리
30 미만	앞면 롤러 원주의 1/3 이내
30 이상	앞면 롤러 원주의 1/2.5 이내

∴ 표면속도가 30 미만이므로 앞면 롤러 원주의 1/3 이내

60 프레스의 작업시작 전 점검사항으로 거리가 먼 것은?

① 클러치 및 브레이크의 기능
② 금형 및 고정볼트 상태
③ 전단기(剪斷機)의 칼날 및 테이블의 상태
④ 언로드 밸브의 기능

해설 **프레스 작업시작 전 점검사항**
㉠ ①, ②, ③
㉡ 크랭크축 · 플라이휠 · 슬라이드 · 연결봉 및 연결나사의 풀림여부
㉢ 1행정 1정지 기구 · 급정지장치 및 비상정지장치의 기능
㉣ 슬라이드 또는 칼날에 의한 위험방지 기구의 기능
㉤ 방호장치의 기능

제4과목 전기 및 화학설비 위험방지기술

61 혼촉방지판이 부착된 변압기를 설치하고 혼촉방지판을 접지시켰다. 이러한 변압기를 사용하는 주요 이유는?

① 2차측의 전류를 감소시킬 수 있기 때문에
② 누전전류를 감소시킬 수 있기 때문에
③ 2차측에 비접지방식을 채택하면 감전 시 위험을 감소시킬 수 있기 때문에
④ 전력의 손실을 감소시킬 수 있기 때문에

해설 **혼촉방지판이 부착된 변압기를 설치하고 혼촉방지판을 접지시켰다. 변압기를 사용하는 주요 이유** : 2차측에 비접지방식을 채택하면 감전 시 위험을 감소시킬 수 있기 때문에

62 인체가 현저히 젖어있는 상태 또는 금속성의 전기 · 기계 장치나 구조물에 인체의 일부가 상시 접촉되어 있는 상태에서의 허용접촉전압으로 옳은 것은?

① 2.5V 이하　② 25V 이하
③ 50V 이하　④ 75V 이하

해설

종 별	접촉상태	허용접촉전압(V)
제1종	• 인체의 대부분이 수중에 있는 상태	2.5 이하
제2종	• 금속성의 전기 · 기계 장치나 구조물에 인체의 일부가 상시 접촉되어 있는 상태 • 인체가 현저히 젖어 있는 상태	25 이하
제3종	• 통상의 인체상태에 있어서 접촉전압이 가해지면 위험성이 높은 상태	50 이하
제4종	• 접촉전압이 가해질 우려가 없는 상태 • 통상의 인체상태에 있어서 접촉전압이 가해지더라도 위험성이 낮은 상태	제한없음

63 아크용접작업 시 감전재해 방지에 쓰이지 않는 것은?

① 보호면
② 절연장갑
③ 절연용접봉 홀더
④ 자동전격 방지장치

해설 **아크용접작업 시 감전재해 방지에 쓰이는 것**
㉠ 절연장갑
㉡ 절연용접봉 홀더
㉢ 자동전격 방지장치

64 산업안전보건법상 전기기계 · 기구의 누전에 의한 감전 위험을 방지하기 위하여 접지를 하여야 하는 사항으로 틀린 것은?

① 전기기계 · 기구의 금속제 내부 충전부
② 전기기계 · 기구의 금속제 외함
③ 전기기계 · 기구의 금속제 외피
④ 전기기계 · 기구의 금속제 철대

해설 **전기기계 · 기구의 누전에 의한 감전 위험을 방지하기 위하여 접지를 하여야 하는 사항** : 전기기계 · 기구의 금속제 외함, 금속제 외피 및 철대

정답 | 60. ④ 61. ③ 62. ② 63. ① 64. ①

65 변압기 전로의 1선 지락전류가 6A일 때 제2종 접지공사의 접지저항값은? (단, 자동 전로차단장치는 설치되지 않았다.)

① 10Ω ② 15Ω
③ 20Ω ④ 25Ω

해설 제2종 접지공사의 접지저항값

$$=\frac{150}{1선\ 지각전류}$$

$$\therefore \frac{150}{6}=25\,\Omega$$

66 전폐형 방폭구조가 아닌 것은?

① 압력방폭구조
② 내압방폭구조
③ 유입방폭구조
④ 안전증방폭구조

해설 **전폐형 방폭구조**
㉠ 압력방폭구조
㉡ 내압방폭구조
㉢ 유입방폭구조

67 방폭구조의 명칭과 표기기호가 잘못 연결된 것은?

① 안전증방폭구조 : e
② 유입(油入)방폭구조 : o
③ 내압(耐壓)방폭구조 : p
④ 본질안전방폭구조 : ia 또는 ib

해설 ③ 내압방폭구조 : d

68 파이프 등에 유체가 흐를 때 발생하는 유동대전에 가장 큰 영향을 미치는 요인은?

① 유체의 이동거리
② 유체의 점도
③ 유체의 속도
④ 유체의 양

해설 유동대전은 유체의 속도가 가장 큰 영향을 미친다.

69 충전전로의 선간전압이 121kV 초과 145kV 이하의 활선작업 시 충전전로에 대한 접근한계거리(cm)는?

① 130 ② 150
③ 170 ④ 230

해설 **충전전로의 선간전압에 따른 충전전로에 대한 접근한계거리**

충전전로의 선간전압(kV)	충전전로에 대한 접근한계거리(cm)
0.3 이하	접촉금지
0.3 초과 0.75 이하	30
0.75 초과 2 이하	45
2 초과 15 이하	60
15 초과 37 이하	90
37 초과 88 이하	110
88 초과 121 이하	130
121 초과 145 이하	150
145 초과 169 이하	170
169 초과 242 이하	230
242 초과 362 이하	380
362 초과 550 이하	550
550 초과 800 이하	790

70 정전기 발생의 원인에 해당되지 않는 것은?

① 마찰 ② 냉장
③ 박리 ④ 충돌

해설 **정전기 발생원인**
㉠ ①, ③, ④
㉡ 유동
㉢ 분출
㉣ 파괴

71 다음 중 분진폭발에 대한 설명으로 틀린 것은?

① 일반적으로 입자의 크기가 클수록 위험이 더 크다.
② 산소의 농도는 분진폭발 위험에 영향을 주는 요인이다.
③ 주위 공기의 난류확산은 위험을 증가시킨다.
④ 가스폭발에 비하여 불완전연소를 일으키기 쉽다.

정답 | 65. ④ 66. ④ 67. ③ 68. ③ 69. ② 70. ② 71. ①

해설 ① 일반적으로 입자의 크기가 작을수록 위험이 더 크다.

72 다음 중 폭굉(detonation) 현상에 있어서 폭굉파의 진행 전면에 형성되는 것은?

① 증발열
② 충격파
③ 역화
④ 화염의 대류

해설 폭굉현상은 폭굉파의 진행 전면에 충격파가 형성된다.

73 위험물안전관리법령상 제4류 위험물(인화성 액체)이 갖는 일반 성질로 가장 거리가 먼 것은?

① 증기는 대부분 공기보다 무겁다.
② 대부분 물보다 가볍고 물에 잘 녹는다.
③ 대부분 유기화합물이다.
④ 발생 증기는 연소하기 쉽다.

해설 ② 대부분 물보다 가볍고 물에 녹기 어렵다.

74 아세틸렌(C_2H_2)의 공기 중 완전연소 조성농도(C_{st})는 약 얼마인가?

① 6.7vol%
② 7.0vol%
③ 7.4vol%
④ 7.7vol%

해설 완전연소 조성농도(C_{st})

$$= \frac{100}{1+4.773\left(n+\frac{m-f-2\lambda}{4}\right)}(\text{vol\%})$$

$$= \frac{100}{1+4.773\left(2+\frac{2}{4}\right)} = 7.7\text{vol\%}$$

여기서, n : 탄소
m : 수소
f : 할로겐 원소
λ : 산소의 원자수

75 산업안전보건기준에 관한 규칙에 따라 폭발성 물질을 저장 · 취급하는 화학설비 및 그 부속설비를 설치할 때 단위공정시설 및 설비로부터 다른 단위공정시설 및 설비 사이의 안전거리는 설비 바깥면으로부터 몇 m 이상 두어야 하는가? (단, 원칙적인 경우에 한한다.)

① 3
② 5
③ 10
④ 20

해설 **화학설비 및 그 부속설비를 설치할 때, 단위공정시설 및 설비로부터 다른 단위공정시설 및 설비 사이의 안전거리** : 설비 바깥면으로부터 10m 이상 둔다.

76 다음 중 가연성 가스가 아닌 것으로만 나열된 것은?

① 일산화탄소, 프로판
② 이산화탄소, 프로판
③ 일산화탄소, 산소
④ 산소, 이산화탄소

해설 ④ 산소 : 조연(지연)성 가스, 이산화탄소 : 불연성 가스

77 나트륨은 물과 반응할 때 위험성이 매우 크다. 그 이유로 적합한 것은?

① 물과 반응하여 지연성 가스 및 산소를 발생시키기 때문이다.
② 물과 반응하여 맹독성 가스를 발생시키기 때문이다.
③ 물과 발열반응을 일으키면서 가연성 가스를 발생시키기 때문이다.
④ 물과 반응하여 격렬한 흡열반응을 일으키기 때문이다.

해설 $2Na+2H_2O \rightarrow 2NaOH+H_2\uparrow+88.2kcal$

정답 | 72. ② 73. ② 74. ④ 75. ③ 76. ④ 77. ③

78 다음은 산업안전보건기준에 관한 규칙에서 정한 부식방지와 관련한 내용이다. (   )에 해당하지 않은 것은?

> 사업주는 화학설비 또는 그 배관(화학설비 또는 그 배관의 밸브나 콕은 제외한다) 중 위험물 또는 인화점이 섭씨 60도 이상인 물질이 접촉하는 부분에 대해서는 위험물질 등에 의하여 그 부분이 부식되어 폭발·화재 또는 누출되는 것을 방지하기 위하여 위험물질 등의 (   )·(   )·(   ) 등에 따라 부식이 잘 되지 않는 재료를 사용하거나 도장(塗裝) 등의 조치를 하여야 한다.

① 종류 ② 온도
③ 농도 ④ 색상

해설 **부식방지** : 사업주는 위험물질의 종류·온도·농도 등에 따라 부식이 잘 되지 않는 재료를 사용하거나 도장 등의 조치를 하여야 한다.

79 메탄올의 연소반응이 다음과 같을 때 최소산소농도(MOC)는 약 얼마인가? (단, 메탄올의 연소하한값(L)은 6.7vol%이다.)

> $CH_3OH + 1.5O_2 \rightarrow CO_2 + 2H_2O$

① 1.5vol% ② 6.7vol%
③ 10vol% ④ 15vol%

해설 ㉠ 메탄올의 연소반응식
$CH_3OH + 1.5O_2 \rightarrow CO_2 + 2H_2O$
최소산소농도(MOC)
=산소양론계수×연소하한계
=1.5×6.7
=10vol%
㉡ 산소양론계수
$CH_3OH + 1.5O_4 = \frac{1.5}{1} = 1.5$

80 산업안전보건기준에 관한 규칙에서 부식성 염기류에 해당하는 것은?

① 농도 30%인 과염소산
② 농도 30%인 아세틸렌
③ 농도 40%인 디아조화합물
④ 농도 40%인 수산화나트륨

해설 **부식성 염기류** : 농도가 40% 이상인 수산화나트륨, 수산화칼륨, 그 밖에 이와 같은 정도 이상의 부식성을 가지는 염기류

제5과목 건설안전기술

81 근로자가 추락하거나 넘어질 위험이 있는 장소에서 추락방호망의 설치 기준으로 옳지 않은 것은?

① 망의 처짐은 짧은 변 길이의 10% 이상이 되도록 할 것
② 추락방호망은 수평으로 설치할 것
③ 건축물 등의 바깥쪽으로 설치하는 경우 추락방호망의 내민 길이는 벽면으로부터 3m 이상 되도록 할 것
④ 추락방호망의 설치위치는 가능하면 작업면으로부터 가까운 지점에 설치하여야 하며, 작업면으로부터 망의 설치지점까지 수직거리는 10m를 초과하지 아니할 것

해설 ① 망의 처짐은 짧은 변 길이의 12% 이상이 되도록 한다.

82 산업안전보건관리비에 관한 설명으로 옳지 않은 것은?

① 발주자는 수급인이 안전관리비를 다른 목적으로 사용한 금액에 대해서는 계약금액에서 감액 조정할 수 있다.
② 발주자는 수급인이 안전관리비를 사용하지 아니한 금액에 대하여는 반환을 요구할 수 있다.
③ 자기공사자는 원가계산에 의한 예정가격 작성 시 안전관리비를 계상한다.
④ 발주자는 설계변경 등으로 대상액의 변동이 있는 경우 공사 완료 후 정산하여야 한다.

해설 ④ 발주자는 설계변동 등으로 대상액의 변동이 있는 경우 지체 없이 안전관리비를 조정 · 계상하여야 한다.

83 굴착면 붕괴의 원인과 가장 거리가 먼 것은?

① 사면경사의 증가
② 성토높이의 감소
③ 공사에 의한 진동하중의 증가
④ 굴착높이의 증가

해설 **굴착면 붕괴의 원인**
㉠ 사면경사의 증가
㉡ 공사에 의한 진동하중의 증가
㉢ 굴착높이의 증가

84 다음 중 유해 · 위험방지계획서 작성 및 제출대상에 해당되는 공사는?

① 지상높이가 20m인 건축물의 해체공사
② 깊이 9.5m인 굴착공사
③ 최대 지간거리가 50m인 교량건설공사
④ 저수용량 1천만톤인 용수 전용댐

해설 **유해 · 위험방지계획서 작성 및 제출대상(건설업의 경우)**
㉠ 지상높이가 31m 이상인 건축물 또는 인공구조물, 연면적 3만m^2 이상인 건축물 또는 연면적 5천m^2 이상의 문화 및 집회시설, 판매시설, 운수시설, 종교시설, 의료시설 중 종합병원, 숙박시설 중 관광숙박시설, 지하도상가 또는 냉동 · 냉장 창고시설의 건설 · 개조 또는 해체
㉡ 연면적 5천m^2 이상의 냉동 · 냉장 창고시설의 설비공사 및 단열공사
㉢ 최대 지간길이가 50m 이상인 교량건설 등 공사
㉣ 터널 건설 등의 공사
㉤ 다목적 댐, 발전용댐 및 저수용량 2천만톤 이상의 용수 전용댐, 지방상수로 전용댐 건설 등의 공사
㉥ 깊이 10m 이상인 굴착공사

85 철근콘크리트 슬래브에 발생하는 응력에 관한 설명으로 옳지 않은 것은?

① 전단력은 일반적으로 단부보다 중앙부에서 크게 작용한다.
② 중앙부 하부에는 인장응력이 발생한다.
③ 단부 하부에는 압축응력이 발생한다.
④ 휨응력은 일반적으로 슬래브의 중앙부에서 크게 작용한다.

해설 ① 전단력은 일반적으로 단부보다 중앙부에서 작게 작용한다.

86 연약지반을 굴착할 때, 흙막이벽 뒤쪽 흙의 중량이 바닥의 지지력보다 커지면, 굴착저면에서 흙이 부풀어 오르는 현상은?

① 슬라이딩(sliding)
② 보일링(boiling)
③ 파이핑(piping)
④ 히빙(heaving)

해설 히빙(heaving)의 설명이다.

87 철근콘크리트 공사 시 활용되는 거푸집의 필요조건이 아닌 것은?

① 콘크리트의 하중에 대해 뒤틀림이 없는 강도를 갖출 것
② 콘크리트 내 수분 등에 대한 물빠짐이 원활한 구조를 갖출 것
③ 최소한의 재료로 여러 번 사용할 수 있는 전용성을 가질 것
④ 거푸집은 조립 · 해체 · 운반이 용이하도록 할 것

해설 ② 수분이나 모르타르 등의 누출을 방지할 수 있는 수밀성이 있을 것

88 말비계를 조립하여 사용하는 경우에 준수해야 하는 사항으로 옳지 않은 것은?

① 지주부재의 하단에는 미끄럼 방지장치를 한다.
② 근로자는 양측 끝부분에 올라서서 작업하도록 한다.
③ 지주부재와 수평면의 기울기를 75° 이하로 한다.
④ 말비계의 높이가 2m를 초과하는 경우에는 작업발판의 폭을 40cm 이상으로 한다.

정답 ‖ 83. ② 84. ③ 85. ① 86. ④ 87. ② 88. ②

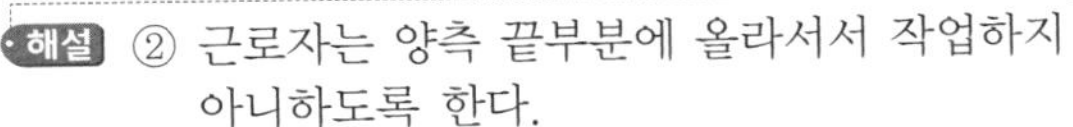

해설 ② 근로자는 양측 끝부분에 올라서서 작업하지 아니하도록 한다.

89 슬레이트, 선라이트 등 강도가 약한 재료로 덮은 지붕 위에서 작업을 할 때 발이 빠지는 등 근로자의 위험을 방지하기 위하여 필요한 발판의 폭 기준은?

① 10cm 이상 ② 20cm 이상
③ 25cm 이상 ④ 30cm 이상

해설 **슬레이트, 선라이트 등 지붕 위 작업 시 발판의 폭** : 30cm 이상

90 추락방지용 방망 그물코의 모양 및 크기의 기준으로 옳은 것은?

① 원형 또는 사각으로서 그 크기는 5cm 이하이어야 한다.
② 원형 또는 사각으로서 그 크기는 10cm 이하이어야 한다.
③ 사각 또는 마름모로서 그 크기는 5cm 이하이어야 한다.
④ 사각 또는 마름모로서 그 크기는 10cm 이하이어야 한다.

해설 **추락방지용 방망 그물코의 모양 및 크기** : 사각 또는 마름모로서 그 크기는 10cm 이하이어야 한다.

91 콘크리트를 타설할 때 안전상 유의하여야 할 사항으로 옳지 않은 것은?

① 콘크리트를 치는 도중에는 거푸집, 지보공 등의 이상유무를 확인한다.
② 진동기 사용 시 지나친 진동은 거푸집 도괴의 원인이 될 수 있으므로 적절히 사용해야 한다.
③ 최상부의 슬래브는 되도록 이어붓기를 하고 여러 번에 나누어 콘크리트를 타설한다.
④ 타워에 연결되어 있는 슈트의 접속이 확실한지 확인한다.

해설 ③ 최상부의 슬래브는 이어붓기를 되도록 피하고 일시에 전체를 타설하도록 하여야 한다.

92 무한궤도식 장비와 타이어식(차륜식) 장비의 차이점에 관한 설명으로 옳은 것은?

① 무한궤도식은 기동성이 좋다.
② 타이어식은 승차감과 주행성이 좋다.
③ 무한궤도식은 경사지반에서의 작업에 부적당하다.
④ 타이어식은 땅을 다지는 데 효과적이다.

해설 ㉠ 타이어식(차륜식)은 기동성이 좋다.
㉡ 타이어식(차륜식)은 경사지반에서의 작업에 부적당하다.
㉢ 무한궤도식은 땅을 다지는 데 효과적이다.

93 사다리식 통로 등을 설치하는 경우 발판과 벽과의 사이는 최소 얼마 이상의 간격을 유지하여야 하는가?

① 10cm 이상
② 15cm 이상
③ 20cm 이상
④ 25cm 이상

해설 **사다리식 통로 등** : 발판과 벽과의 사이는 최소 15cm 이상의 간격을 유지한다.

94 정기안전점검 결과 건설공사의 물리적·기능적 결함 등이 발견되어 보수·보강 등의 조치를 하기 위하여 필요한 경우에 실시하는 것은?

① 자체안전점검
② 정밀안전점검
③ 상시안전점검
④ 품질관리점검

해설 정밀안전점검의 설명이다.

정답 | 89. ④ 90. ④ 91. ③ 92. ② 93. ② 94. ②

95 차량계 하역운반기계에 화물을 적재할 때의 준수사항과 거리가 먼 것은?

① 하중이 한쪽으로 치우치지 않도록 적재할 것
② 구내운반차 또는 화물자동차의 경우 화물의 붕괴 또는 낙하에 의한 위험을 방지하기 위하여 화물에 로프를 거는 등 필요한 조치를 할 것
③ 운전자의 시야를 가리지 않도록 화물을 적재할 것
④ 제동장치 및 조정장치 기능의 이상 유무를 점검할 것

해설 ④ 화물을 적재하는 때에는 최대적재량을 초과하지 아니할 것

96 시스템 비계를 사용하여 비계를 구성하는 경우에 준수하여야 할 사항으로 옳지 않은 것은?

① 수직재와 수직재의 연결철물은 이탈되지 않도록 견고한 구조로 할 것
② 수직재 · 수평재 · 가새재를 견고하게 연결하는 구조가 되도록 할 것
③ 수직재와 받침철물의 연결부 겹침길이는 받침철물 전체 길이의 4분의 1 이상이 되도록 할 것
④ 수평재는 수직재와 직각으로 설치하여야 하며, 체결 후 흔들림이 없도록 견고하게 설치할 것

해설 **시스템 비계 준수사항**
㉠ ①, ②, ④
㉡ 수직재와 받침철물의 연결부 겹침길이는 받침철물 전체 길이의 3분의 1 이상이 되도록 할 것
㉢ 벽 연결재의 설치간격은 제조사가 정한 기준에 따라 설치할 것

97 공사현장에서 낙하물 방지망 또는 방호선반을 설치할 때 설치높이 및 벽면으로부터 내민길이 기준으로 옳은 것은?

① 설치높이 : 10m 이내마다 내민길이 2m 이상
② 설치높이 : 15m 이내마다 내민길이 2m 이상
③ 설치높이 : 10m 이내마다 내민길이 3m 이상
④ 설치높이 : 15m 이내마다 내민길이 3m 이상

해설 **낙하물 방지망 또는 방호선반 설치 시 설치높이 및 벽면으로부터 내민길이 기준** : 설치높이 10m 이내마다 내민길이 2m 이상

98 가설구조물이 갖추어야 할 구비요건과 가장 거리가 먼 것은?

① 영구성　② 경제성
③ 작업성　④ 안전성

해설 **가설구조물이 갖추어야 할 구비요건**
㉠ 경제성
㉡ 작업성
㉢ 안전성

99 가설통로를 설치하는 경우 준수하여야 할 기준으로 옳지 않은 것은?

① 견고한 구조로 할 것
② 경사는 30° 이하로 할 것
③ 경사가 30°를 초과하는 경우에는 미끄러지지 아니하는 구조로 할 것
④ 수직갱에 가설된 통로의 길이가 15m 이상인 경우에는 10m 이내마다 계단참을 설치할 것

해설 ③ 경사가 15°를 초과하는 경우에는 미끄러지지 아니하는 구조로 할 것

100 산업안전보건기준에 관한 규칙에 따른 토사굴착 시 굴착면의 기울기 기준으로 옳지 않은 것은?

① 보통흙인 습지 – 1 : 1 ~ 1 : 1.5
② 풍화암 – 1 : 1.0
③ 연암 – 1 : 1.0
④ 보통흙인 건지 – 1 : 1.2 ~ 1 : 5

해설 ④ 보통흙인 건지 – 1 : 0.5 ~ 1 : 1

정답 ‖ 95. ④ 96. ③ 97. ① 98. ① 99. ③ 100. ④

2019년 제3회 과년도 출제문제

제1과목 산업안전관리론

01 산업안전보건법령상 안전 · 보건표지의 종류에 있어 "안전모 착용"은 어떤 표지에 해당하는가?

① 경고표지
② 지시표지
③ 안내표지
④ 관계자 외 출입금지

해설 **안전모 착용** : 지시표지

02 산업안전보건법상 특별안전 · 보건교육 대상 작업이 아닌 것은?

① 건설용 리프트 · 곤돌라를 이용한 작업
② 전압이 50볼트(V)인 정전 및 활선 작업
③ 화학설비 중 반응기, 교반기, 추출기의 사용 및 세척 작업
④ 액화석유가스 · 수소가스 등 인화성 가스 또는 폭발성 물질 중 가스의 발생장치 취급작업

해설 전압이 75볼트(V) 이상인 정전 및 활선 작업

03 사고의 간접원인이 아닌 것은?

① 물적 원인
② 정신적 원인
③ 관리적 원인
④ 신체적 원인

해설 ① 직접원인

04 다음 재해손실 비용 중 직접손실비에 해당하는 것은?

① 진료비
② 입원 중의 잡비
③ 당일 손실 시간손비
④ 구원, 연락으로 인한 부동 임금

해설 ②, ③, ④ : 간접손실비

05 기업조직의 원리 중 지시 일원화의 원리에 대한 설명으로 가장 적절한 것은?

① 지시에 따라 최선을 다해서 주어진 임무나 기능을 수행하는 것
② 책임을 완수하는 데 필요한 수단을 상사로부터 위임받은 것
③ 언제나 직속 상사에게서만 지시를 받고 특정 부하 직원들에게만 지시하는 것
④ 가능한 조직의 각 구성원이 한 가지 특수직무만을 담당하도록 하는 것

해설 **지시 일원화의 원리** : 언제나 직속 상사에게서만 지시를 받고 특정 부하 직원들에게만 지시하는 것

06 안전모에 관한 내용으로 옳은 것은?

① 안전모의 종류는 안전모의 형태로 구분한다.
② 안전모의 종류는 안전모의 색상으로 구분한다.
③ A형 안전모 : 물체의 낙하, 비래에 의한 위험을 방지, 경감시키는 것으로 내전압성이다.
④ AE형 안전모 : 물체의 낙하, 비래에 의한 위험을 방지 또는 경감하고 머리 부위의 감전에 의한 위험을 방지하기 위한 것으로 내전압성이다.

정답 | 01. ② 02. ② 03. ① 04. ① 05. ③ 06. ④

해설 ① 안전모의 종류는 안전모의 사용 구분, 모체의 재질 및 내전압성에 의하여 구분한다.

종류 기호	사용 구분	내전압성
AB	물체의 낙하, 비래, 추락에 의한 위험을 방지, 경감시키기 위한 것	–
AE	물체의 낙하, 비래에 의한 위험을 방지 또는 경감하고 머리부위 감전에 의한 위험을 방지하기 위한 것	내전압성
ABE	물체의 낙하, 비래, 추락에 의한 위험을 방지 또는 경감하고, 머리부위 감전에 의한 위험을 방지하기 위한 것	내전압성

07 어느 공장의 연평균근로자가 180명이고, 1년간 사상자가 6명이 발생했다면 연천인율은 약 얼마인가? (단, 근로자는 하루 8시간씩 연간 300일을 근무한다.)

① 12.79 ② 13.89
③ 33.33 ④ 43.69

해설 연천인율 $= \dfrac{\text{사상자수}}{\text{연평균 근로자수}} \times 1{,}000$

$= \dfrac{6}{180} \times 1{,}000 = 33.33$

08 교육의 기본 3요소에 해당하지 않는 것은?

① 교육의 형태 ② 교육의 주체
③ 교육의 객체 ④ 교육의 매개체

해설 **교육의 기본 3요소**
㉠ 교육의 주체
㉡ 교육의 객체
㉢ 교육의 매개체

09 안전교육 방법 중 TWI(Training Within Industry)의 교육과정이 아닌 것은?

① 작업지도 훈련 ② 인간관계 훈련
③ 정책수립 훈련 ④ 작업방법 훈련

해설 ③ 작업안전 훈련

10 안전심리의 5대 요소 중 능동적인 감각에 의한 자극에서 일어난 사고의 결과로서, 사람의 마음을 움직이는 원동력이 되는 것은?

① 기질(temper) ② 동기(motive)
③ 감정(emotion) ④ 습관(custom)

해설 동기의 설명이다.

11 지적확인이란 사람의 눈이나 귀 등 오감의 감각기관을 총동원해서 작업의 정확성과 안전을 확인하는 것이다. 지적확인과 정확도가 올바르게 짝지어진 것은?

① 지적확인한 경우–0.3%
② 확인만 하는 경우–1.25%
③ 지적만 하는 경우–1.0%
④ 아무 것도 하지 않은 경우–1.8%

해설

지적확인	정확도(%)
지적확인한 경우	–
확인만 하는 경우	1.25
지적만 하는 경우	–
아무 것도 하지 않은 경우	–

12 토의(회의)방식 중 참가자가 다수인 경우에 전원을 토의에 참가시키기 위하여 소집단으로 구분하고, 각각 자유토의를 행하여 의견을 종합하는 방식은?

① 포럼(forum)
② 심포지엄(symposium)
③ 버즈 세션(buzz session)
④ 패널 디스커션(panel discussion)

해설 버즈 세션의 설명이다.

13 레빈(Lewin)의 법칙에서 환경조건(E)에 포함되는 것은?

$$B = f(P \cdot E)$$

① 지능 ② 소질
③ 적성 ④ 인간관계

정답 | 07.③ 08.① 09.③ 10.② 11.② 12.③ 13.④

해설 **레빈의 행동 법칙**

$B = f(P \cdot E)$

여기서, B : 행동
P : 지능
E : 환경조건(인간관계)
f : 함수

14 매슬로우(Maslow)의 욕구위계이론 5단계를 올바르게 나열한 것은?

① 생리적 욕구 → 안전의 욕구 → 사회적 욕구 → 존경의 욕구 → 자아실현의 욕구
② 생리적 욕구 → 안전의 욕구 → 사회적 욕구 → 자아실현의 욕구 → 존경의 욕구
③ 안전의 욕구 → 생리적 욕구 → 사회적 욕구 → 자아실현의 욕구 → 존경의 욕구
④ 안전의 욕구 → 생리적 욕구 → 사회적 욕구 → 존경의 욕구 → 자아실현의 욕구

해설 **매슬로우의 욕구위계이론 5단계**
생리적 욕구 → 안전의 욕구 → 사회적 욕구 → 존경의 욕구 → 자아실현의 욕구

15 기기의 적정한 배치, 변형, 균열, 손상, 부식 등의 유무를 육안, 촉수 등으로 조사 후 그 설비별로 정해진 점검기준에 따라 양부를 확인하는 점검은?

① 외관점검 ② 작동점검
③ 기능점검 ④ 종합점검

해설 외관점검의 설명이다.

16 재해누발자의 유형 중 작업이 어렵고, 기계설비에 결함이 있기 때문에 재해를 일으키는 유형은?

① 상황성 누발자 ② 습관성 누발자
③ 소질성 누발자 ④ 미숙성 누발자

해설 상황성 누발자의 설명이다.

17 무재해운동의 3원칙에 해당되지 않은 것은?

① 참가의 원칙 ② 무의 원칙
③ 예방의 원칙 ④ 선취의 원칙

해설 **무재해운동의 3원칙**
㉠ 참가의 원칙
㉡ 무의 원칙
㉢ 선취의 원칙

18 적응기제(Adjustment Mechanism) 중 방어적 기제(Defence Mechanism)에 해당하는 것은?

① 고립(isolation)
② 퇴행(regression)
③ 억압(suppression)
④ 합리화(rationalization)

해설 **방어적 기제** : 합리화

19 안전관리 조직의 형태 중 참모식(Staff) 조직에 대한 설명으로 틀린 것은?

① 이 조직은 분업의 원칙을 고도로 이용한 것이며, 책임 및 권한이 직능적으로 분담되어 있다.
② 생산 및 안전에 관한 명령이 각각 별개의 계통에서 나오는 결함이 있어, 응급처치 및 통제수속이 복잡하다.
③ 참모(Staff)의 특성상 업무관장은 계획안의 작성, 조사, 점검결과에 따른 조언, 보고에 머무는 것이다.
④ 참모(Staff)는 각 생산라인의 안전업무를 직접 관장하고 통제한다.

해설 ④ 참모는 안전과 생산을 별개로 취급한다.

20 재해의 근원이 되는 기계장치나 기타의 물(物) 또는 환경을 뜻하는 것은?

① 상해
② 가해물
③ 기인물
④ 사고의 형태

해설 기인물의 설명이다.

정답 | 14. ① 15. ① 16. ① 17. ③ 18. ④ 19. ④ 20. ③

제2과목 인간공학 및 시스템안전공학

21 정적자세 유지 시, 진전(tremor)을 감소시킬 수 있는 방법으로 틀린 것은?

① 시각적인 참조가 있도록 한다.
② 손이 심장높이에 있도록 유지한다.
③ 작업대상물에 기계적 마찰이 있도록 한다.
④ 손을 떨지 않으려고 힘을 주어 노력한다.

해설 ㉠ 진전이 감소하는 경우 : 손이 심장높이에 있을 때
㉡ 진전이 많이 일어나는 경우 : 수직운동

22 인간의 과오를 정량적으로 평가하기 위한 기법으로, 인간과오의 분류 시스템과 확률을 계산하는 안전성 평가기법은?

① THERP ② FTA
③ ETA ④ HAZOP

해설 THERP의 설명이다.

23 어떤 기기의 고장률이 시간당 0.002로 일정하다고 한다. 이 기기를 100시간 사용했을 때 고장이 발생할 확률은?

① 0.1813 ② 0.2214
③ 0.6253 ④ 0.8187

해설 $R(t)=e^{\lambda t}=e^{-0.002\times 100}=0.1813$

24 시스템의 수명곡선에서 고장의 발생형태가 일정하게 나타나는 기간은?

① 초기고장기간
② 우발고장기간
③ 마모고장기간
④ 피로고장기간

해설 우발고장기간의 설명이다.

25 작업장에서 발생하는 소음에 대한 대책으로 가장 먼저 고려하여야 할 적극적인 방법은?

① 소음원의 통제
② 소음원의 격리
③ 귀마개 등 보호구의 착용
④ 덮개 등 방호장치의 설치

해설 **소음에 대한 대책으로 가장 먼저 고려하여야 할 적극적인 방법** : 소음원의 통제

26 반복적 노출에 따라 민감성이 가장 쉽게 떨어지는 표시장치는?

① 시각 표시장치 ② 청각 표시장치
③ 촉각 표시장치 ④ 후각 표시장치

해설 후각 표시장치의 설명이다.

27 Fussell의 알고리즘으로 최소 컷셋을 구하는 방법에 대한 설명으로 틀린 것은?

① OR 게이트는 항상 컷셋의 수를 증가시킨다.
② AND 게이트는 항상 컷셋의 크기를 증가시킨다.
③ 중복 및 반복되는 사건이 많은 경우에 적용하기 적합하고 매우 간편하다.
④ 톱(top) 사상을 일으키기 위해 필요한 최소한의 컷셋이 최소 컷셋이다.

해설 정상사상으로부터 차례로 상당의 사상을 하단의 사상에 바꾸면서, AND 게이트의 곳에서는 옆에 나란히 하고 OR 게이트의 곳에서는 세로로 나란히 서서 써가는 것이고 이렇게 해서 모든 기본사상에 도달하면 이것들의 각 행이 최소 컷셋이다.

28 FMEA 기법의 장점에 해당하는 것은?

① 서식이 간단하다.
② 논리적으로 완벽하다.
③ 해석의 초점이 인간에 맞추어져 있다.
④ 동시에 복수의 요소가 고장나는 경우의 해석이 용이하다.

정답 | 21. ④ 22. ① 23. ① 24. ② 25. ① 26. ④ 27. ③ 28. ①

해설 **FMEA 기법의 장점** : 서식이 간단하다.

29 60fL의 광도를 요하는 시각 표시장치의 반사율이 75%일 때, 소요조명은 몇 fc인가?

① 75
② 80
③ 85
④ 90

해설
$$\text{반사율} = \frac{\text{광속발산도}}{\text{조명}} \times 100$$

$$75 = \frac{60}{\text{조명}} \times 100$$

∴ 조명=80

30 FT에서 사용되는 사상기호에 대한 설명으로 맞는 것은?

① 위험지속 기호 : 정해진 횟수 이상 입력이 될 때 출력이 발생한다.
② 억제 게이트 : 조건부 사건이 일어나는 상황하에서 입력이 발생할 때 출력이 발생한다.
③ 우선적 AND 게이트 : 사건이 발생할 때 정해진 순서대로 복수의 출력이 발생한다.
④ 배타적 OR 게이트 : 동시에 2개 이상의 입력이 존재하는 경우에 출력이 발생한다.

해설 **결함수의 기호**
㉠ 위험지속 기호 : FT에서 입력현상이 발생하여 어떤 일정시간이 지속된 후 출력이 발생하는 것을 나타내는 게이트나 기호
㉡ 조합 AND 게이트 : 3개 이상의 입력현상 중에 언젠가 2개가 일어나면 출력이 생긴다.
㉢ 억제 게이트 : 논리적으로는 수정 기호의 일종으로 억제 모디화이어라고도 불리지만 실질적으로는 수정 기호를 병용하여 게이트의 역할을 한다. 입력현상이 일어나 조건을 만족하면 출력현상이 생기고 만약 조건이 만족되지 않으면 출력이 생길 수 없다. 이때 조건은 수정 기호 내에 쓴다.

31 온도가 적정온도에서 낮은 온도로 내려갈 때의 인체반응으로 옳지 않은 것은?

① 발한을 시작
② 직장온도가 상승
③ 피부온도가 하강
④ 혈액은 많은 양이 몸의 중심부를 순환

해설 ① 몸이 떨리고 소름이 돋는다.

32 인간공학의 연구방법에서 인간-기계 시스템을 평가하는 척도의 요건으로 적합하지 않은 것은?

① 적절성, 타당성 ② 무오염성
③ 주관성 ④ 신뢰성

해설 ③ 민감도

33 NIOSH의 연구에 기초하여, 목과 어깨 부위의 근골격계 질환 발생과 인과관계가 가장 적은 위험요인은?

① 진동 ② 반복작업
③ 과도한 힘 ④ 작업자세

해설 ① 휴식부족

34 인간-기계 시스템에서의 기본적인 기능에 해당하지 않는 것은?

① 행동기능 ② 정보의 설계
③ 정보의 수용 ④ 정보의 저장

해설 **인간-기계 시스템에서의 기본적인 기능**
㉠ 행동기능
㉡ 정보의 수용
㉢ 정보의 저장

35 시력과 대비감도에 영향을 미치는 인자에 해당하지 않는 것은?

① 노출시간 ② 연령
③ 주파수 ④ 휘도 수준

정답 | 29. ② 30. ② 31. ① 32. ③ 33. ① 34. ② 35. ③

해설 **시력과 대비감도에 영향을 미치는 인자**
㉠ 노출시간
㉡ 연령
㉢ 휘도 수준

36 조종장치를 3cm 움직였을 때 표시장치의 지침이 5cm 움직였다면, C/R비는 얼마인가?

① 0.25　② 0.6
③ 1.6　④ 1.7

해설
$$\text{통제표시}(C/R)\text{비} = \frac{\text{통제기기 변위량}}{\text{표시기기 지침변위량}} = \frac{3}{5} = 0.6$$

37 필요한 작업 또는 절차의 잘못된 수행으로 발생하는 과오는?

① 시간적 과오(time error)
② 생략적 과오(omission error)
③ 순서적 과오(sequential error)
④ 수행적 과오(commision error)

해설 수행적 과오의 설명이다.

38 일반적인 FTA 기법의 순서로 맞는 것은?

㉠ FT의 작성	㉡ 시스템의 정의
㉢ 정량적 평가	㉣ 정성적 평가

① ㉠ → ㉡ → ㉢ → ㉣
② ㉠ → ㉡ → ㉣ → ㉢
③ ㉡ → ㉠ → ㉢ → ㉣
④ ㉡ → ㉠ → ㉣ → ㉢

해설 **FTA 기법의 순서** : 시스템의 정의 → FT의 작성 → 정성적 평가 → 정량적 평가

39 인체측정치를 이용한 설계에 관한 설명으로 옳은 것은?

① 평균치를 기준으로 한 설계를 제일 먼저 고려한다.
② 의자의 깊이와 너비는 모두 작은 사람을 기준으로 설계한다.
③ 자세와 동작에 따라 고려해야 할 인체측정치수가 달라진다.
④ 큰 사람을 기준으로 한 설계는 인체측정치의 5%tile을 사용한다.

해설 ① 설계의 원리 적용 순서는 조절식 → 극단치 → 평균치로 한다.
② 의자의 깊이와 너비는 체격이 다른 여러 사람에게 맞게 조절이 가능하도록 설계한다.
④ 큰 사람은 95%tile, 작은 사람은 5%tile 값을 이용한다.

40 제어장치와 표시장치에 있어 물리적 형태나 배열을 유사하게 설계하는 것은 어떤 양립성(compatibility)의 원칙에 해당하는가?

① 시각적 양립성(visual compatibility)
② 양식 양립성(modality compatibility)
③ 공간적 양립성(spatial compatibility)
④ 개념적 양립성(conceptual compatibility)

해설 공간적 양립성의 설명이다.

제3과목 기계위험방지기술

41 프레스기의 방호장치의 종류가 아닌 것은?

① 가드식　② 초음파식
③ 광전자식　④ 양수조작식

해설 **프레스기의 방호장치의 종류**
㉠ ①, ③, ④
㉡ 손쳐내기식
㉢ 수인식

42 다음 중 프레스의 안전작업을 위하여 활용하는 수공구로 가장 거리가 먼 것은?

① 브러시
② 진공 컵
③ 마그넷 공구
④ 플라이어(집게)

정답 | 36. ② 37. ④ 38. ④ 39. ③ 40. ③ 41. ② 42. ①

해설 **프레스 수공구**
㉠ 진공 컵
㉡ 마그넷 공구
㉢ 플라이어(집게)

43 연삭기에서 숫돌의 바깥지름이 180mm라면, 평행 플랜지의 바깥지름은 몇 mm 이상이어야 하는가?

① 30 ② 36
③ 45 ④ 60

해설 플랜지의 바깥지름은 숫돌 바깥지름의 $\frac{1}{3}$ 이상이어야 한다.
$\therefore\ 180 \times \frac{1}{3} = 60\text{mm}$

44 산업안전보건법령에 따라 컨베이어에 부착해야 할 방호장치로 적합하지 않은 것은?

① 비상정지장치
② 과부하방지장치
③ 역주행 방지장치
④ 덮개 또는 낙하방지용 울

해설 **컨베이어 방호장치**
㉠ 비상정지장치
㉡ 역주행 방지장치
㉢ 덮개 또는 낙하방지용 울

45 보일러의 방호장치로 적절하지 않은 것은?

① 압력방출장치
② 과부하방지장치
③ 압력제한 스위치
④ 고저수위 조절장치

해설 **보일러의 방호장치**
㉠ ①, ③, ④
㉡ 도피밸브, 가용전, 방폭문, 화염검출기 등

46 프레스의 손쳐내기식 방호장치에서 방호판의 기준에 대한 설명이다. ( )에 들어갈 내용으로 맞는 것은?

> 방호판의 폭은 금형 폭의 (㉠) 이상이어야 하고, 행정길이가 (㉡)mm 이상인 프레스 기계에서는 방호판의 폭을 (㉢)mm로 해야 한다.

① ㉠ 1/2 ㉡ 300 ㉢ 200
② ㉠ 1/2 ㉡ 300 ㉢ 300
③ ㉠ 1/3 ㉡ 300 ㉢ 200
④ ㉠ 1/3 ㉡ 300 ㉢ 300

해설 **프레스 손쳐내기식 방호장치에서 방호판의 기준** : 방호판의 폭은 금형 폭의 $\frac{1}{2}$ 이상이어야 하고, 행정길이가 300mm 이상인 프레스 기계에서는 방호판의 폭을 300mm로 해야 한다.

47 선반작업에서 가공물의 길이가 외경에 비하여 과도하게 길 때, 절삭저항에 의한 떨림을 방지하기 위한 장치는?

① 센터 ② 심봉
③ 방진구 ④ 돌리개

해설 방진구의 설명이다.

48 산업안전보건법령에 따라 목재가공용 기계에 설치하여야 하는 방호장치에 대한 내용으로 틀린 것은?

① 목재가공용 둥근톱 기계에는 분할날 등 반발예방장치를 설치하여야 한다.
② 목재가공용 둥근톱 기계에는 톱날접촉예방장치를 설치하여야 한다.
③ 모떼기 기계에는 가공 중 목재의 회전을 방지하는 회전방지장치를 설치하여야 한다.
④ 작업대상물이 수동으로 공급되는 동력식 수동대패 기계에 날접촉예방장치를 설치하여야 한다.

해설 ③ 모떼기 기계에는 날접촉예방장치를 설치하여야 한다.

정답 | 43. ④ 44. ② 45. ② 46. ② 47. ③ 48. ③

49 다음 중 산소-아세틸렌 가스용접 시 역화의 원인과 가장 거리가 먼 것은 어느 것인가?

① 토치의 과열
② 토치 팁의 이물질
③ 산소 공급의 부족
④ 압력조정기의 고장

해설 ③ 산소 공급의 과다

50 그림과 같은 지게차가 안정적으로 작업할 수 있는 상태의 조건으로 적합한 것은?

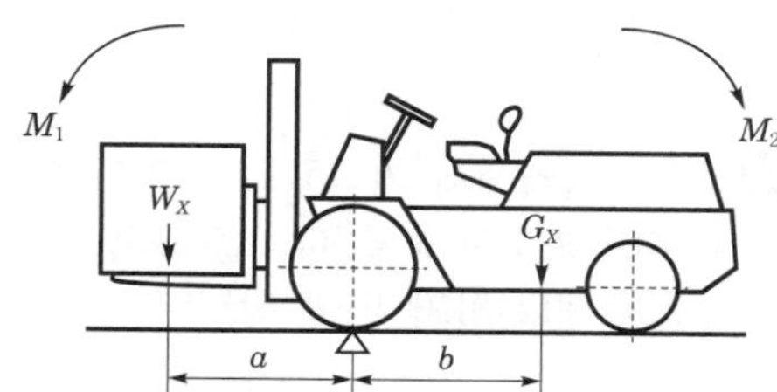

여기서, M_1 : 화물의 모멘트
M_2 : 차의 모멘트

① $M_1 < M_2$　② $M_1 > M_2$
③ $M_1 \geqq M_2$　④ $M_1 > 2M_2$

해설 **지게차가 안정적으로 작업할 수 있는 상태의 조건 :** $M_1 < M_2$

51 그림과 같이 2줄의 와이어로프로 중량물을 달아 올릴 때, 로프에 가장 힘이 적게 걸리는 각도(θ)는?

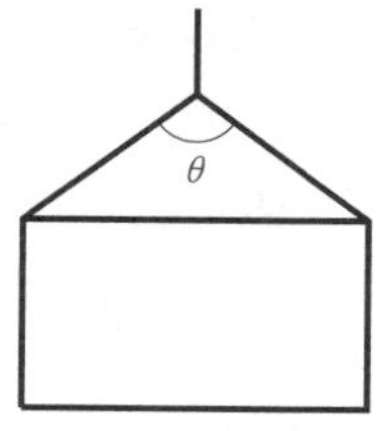

① 30°　② 60°
③ 90°　④ 120°

해설 2줄의 와이어로프로 중량물을 달아 올릴 때 로프에 힘은 각도가 작을수록 적게 걸린다.

52 기계설비의 안전조건에서 구조적 안전화에 해당하지 않는 것은?

① 가공결함
② 재료결함
③ 설계상의 결함
④ 방호장치의 작동결함

해설 **기계설비의 구조적 안전화**
㉠ 가공결함
㉡ 재료결함
㉢ 설계상의 결함

53 2개의 회전체가 회전운동을 할 때에 물림점이 발생할 수 있는 조건은?

① 두 개의 회전체 모두 시계방향으로 회전
② 두 개의 회전체 모두 시계 반대방향으로 회전
③ 하나는 시계방향으로 회전하고 다른 하나는 정지
④ 하나는 시계방향으로 회전하고 다른 하나는 시계 반대방향으로 회전

해설 **2개의 회전체가 회전운동 시 물림점이 발생할 수 있는 조건 :** 하나는 시계방향으로 회전하고 다른 하나는 시계 반대방향으로 회전

54 양수조작식 방호장치에서 누름버튼 상호간의 내측거리는 몇 mm 이상이어야 하는가?

① 250　② 300
③ 350　④ 400

해설 **양수조작식 방호장치 누름버튼 상호간의 내측거리 :** 300m 이상

55 기계의 왕복운동을 하는 동작 부분과 움직임이 없는 고정 부분 사이에 형성되는 위험점으로 프레스 등에서 주로 나타나는 것은?

① 물림점　② 협착점
③ 절단점　④ 회전말림점

해설 협착점의 설명이다.

56 연삭기의 방호장치에 해당하는 것은?

① 주수장치
② 덮개장치
③ 제동장치
④ 소화장치

해설 **연삭기의 방호장치** : 덮개장치

57 산업안전보건법령에 따라 달기 체인을 달비계에 사용해서는 안 되는 경우가 아닌 것은?

① 균열이 있거나 심하게 변형된 것
② 달기 체인의 한 꼬임에서 끊어진 소선의 수가 10% 이상인 것
③ 달기 체인의 길이가 달기 체인이 제조된 때의 길이의 5%를 초과한 것
④ 링의 단면지름이 달기 체인이 제조된 때의 해당 링의 지름의 10%를 초과하여 감소한 것

해설 **달기 체인을 달비계에 사용해서는 안 되는 경우** : ①, ③, ④

58 연삭기의 원주속도 V(m/s)를 구하는 식은? (단, D는 숫돌의 지름(m), n은 회전수(rpm)이다.)

① $V=\dfrac{\pi Dn}{16}$ ② $V=\dfrac{\pi Dn}{32}$
③ $V=\dfrac{\pi Dn}{60}$ ④ $V=\dfrac{\pi Dn}{1,000}$

해설 연삭기의 원주속도(V)$=\dfrac{\pi Dn}{60}$

59 산업용 로봇의 동작형태별 분류에 해당하지 않는 것은?

① 관절 로봇
② 극좌표 로봇
③ 수치제어 로봇
④ 원통좌표 로봇

해설 ③ 직각좌표 로봇

60 기계설비 외형의 안전화 방법이 아닌 것은?

① 덮개
② 안전색채 조절
③ 가드(guard)의 설치
④ 페일 세이프(fail safe)

해설 **기계설비 외형의 안전화 방법**
㉠ 덮개
㉡ 안전색채 조절
㉢ 가드(guard)의 설치

제4과목 전기 및 화학설비 위험방지기술

61 액체가 관내를 이동할 때에 정전기가 발생하는 현상은?

① 마찰대전
② 박리대전
③ 분출대전
④ 유동대전

해설 유동대전의 설명이다.

62 전기기계 · 기구의 누전에 의한 감전의 위험을 방지하기 위하여 코드 및 플러그를 접속하여 사용하는 전기기계 · 기구 중 노출된 비충전 금속체에 접지를 실시하여야 하는 것이 아닌 것은?

① 사용전압이 대지전압 110V인 기구
② 냉장고 · 세탁기 · 컴퓨터 및 주변기기 등과 같은 고정형 전기기계 · 기구
③ 고정형 · 이동형 또는 휴대형 전동기계 · 기구
④ 휴대형 손전등

해설 ① 사용전압이 대지전압 150V를 넘는 것

63 도체의 정전용량 $C=20\mu$F, 대전전위(방전 시 전압) $V=3$kV일 때 정전에너지(J)는?

① 45 ② 90
③ 180 ④ 360

정답 | 56. ② 57. ② 58. ③ 59. ③ 60. ④ 61. ④ 62. ① 63. ②

해설 $E=\frac{1}{2}CV^2$

$\therefore \frac{1}{2}\times 20\times 3^2 = 90\text{J}$

64 사람이 접촉될 우려가 있는 장소에서 제1종 접지공사의 접지선을 시설할 때 접지극의 최소 매설깊이는?

① 지하 30cm 이상
② 지하 50cm 이상
③ 지하 75cm 이상
④ 지하 90cm 이상

해설 제1종 접지공사에서 사용하는 접지선을 사람이 접촉할 우려가 있는 곳에 시설하는 경우에는 접지극은 지하 75cm 이상 매설하여야 한다.

65 산업안전보건기준에 관한 규칙에 따라 꽂음접속기를 설치 또는 사용하는 경우 준수하여야 할 사항으로 틀린 것은?

① 서로 다른 전압의 꽂음접속기는 서로 접속되지 아니한 구조의 것을 사용할 것
② 습윤한 장소에 사용되는 꽂음접속기는 방수형 등 그 장소에 적합한 것을 사용할 것
③ 근로자가 해당 꽂음접속기를 접속시킬 경우에는 땀 등으로 젖은 손으로 취급하지 않도록 할 것
④ 꽂음접속기에 잠금장치가 있을 때에는 접속 후 개방하여 사용할 것

해설 ④ 꽂음접속기에 잠금장치가 있는 때에는 접속 후 잠그고 사용할 것

66 인체가 현저히 젖어 있거나 인체의 일부가 금속성의 전기기구 또는 구조물에 상시 접촉되어 있는 상태의 허용접촉전압(V)은?

① 2.5V 이하 ② 25V 이하
③ 50V 이하 ④ 제한없음

해설 접촉전압

종 별	접촉상태	허용접촉전압(V)
제1종	• 인체의 대부분이 수중에 있는 상태	2.5 이하
제2종	• 금속성의 전기·기계 장치나 구조물에 인체의 일부가 상시 접촉되어 있는 상태 • 인체가 현저히 젖어 있는 상태	25 이하
제3종	• 통상의 인체상태에 있어서 접촉전압이 가해지면 위험성이 높은 상태	50 이하
제4종	• 접촉전압이 가해질 우려가 없는 상태 • 통상의 인체상태에 있어서 접촉접합이 가해지더라도 위험성이 낮은 상태	제한없음

67 방폭전기설비에서 1종 위험장소에 해당하는 것은?

① 이상상태에서 위험분위기를 발생할 염려가 있는 장소
② 보통장소에서 위험분위기를 발생할 염려가 있는 장소
③ 위험분위기가 보통의 상태에서 계속해서 발생하는 장소
④ 위험분위기가 장기간 또는 거의 조성되지 않는 장소

해설 (1) 문제의 내용은 1종 장소에 관한 것이다.
(2) 그 밖의 위험장소에 관한 사항
㉠ 0종 장소 : 위험분위기가 지속적으로 또는 장기간 존재하는 장소
㉡ 2종 장소 : 이상상태 하에서 위험분위기가 단시간 동안 존재할 수 있는 장소

68 과전류차단기로 시설하는 퓨즈 중 고압전로에 사용하는 포장 퓨즈는 정격전류의 몇 배를 견딜 수 있어야 하는가?

① 1.1배
② 1.3배
③ 1.6배
④ 2.0배

정답 ❙ 64. ③ 65. ④ 66. ② 67. ② 68. ②

해설 ㉠ 포장 퓨즈 : 정격전류의 1.3배의 전류에 견딜 수 있어야 한다.
㉡ 비포장 퓨즈 : 정격전류의 1.25배의 전류에 견딜 수 있어야 한다.

69 접지공사의 종류별로 접지선의 굵기 기준이 바르게 연결된 것은?

① 제1종 접지공사－공칭단면적 $1.6mm^2$ 이상의 연동선
② 제2종 접지공사－공칭단면적 $2.6mm^2$ 이상의 연동선
③ 제3종 접지공사－공칭단면적 $2mm^2$ 이상의 연동선
④ 특별 제3종 접지공사－공칭단면적 $2.5mm^2$ 이상의 연동선

해설 ① 제1종 접지공사－공칭단면적 $6mm^2$ 이상의 연동선
② 제2종 접지공사－공칭단면적 $16mm^2$ 이상의 연동선
③ 제3종 접지공사－공칭단면적 $2.5mm^2$ 이상의 연동선

70 신선한 공기 또는 불연성 가스 등의 보호기체를 용기의 내부에 압입함으로써 내부의 압력을 유지하여 폭발성 가스가 침입하지 않도록 하는 방폭구조는?

① 내압방폭구조
② 압력방폭구조
③ 안전증방폭구조
④ 특수 방진방폭구조

해설 압력방폭구조의 설명이다.

71 연소의 3요소에 해당되지 않는 것은?

① 가연물 ② 점화원
③ 연쇄반응 ④ 산소공급원

해설 연소의 3요소
㉠ 가연물
㉡ 점화원
㉢ 산소공급원

72 산업안전보건법령에서 정한 위험물을 기준량으로 제조하거나 취급하는 설비 중 특수화학설비에 해당하지 않는 것은?

① 발열반응이 일어나는 반응장치
② 증류 · 정류 · 증발 · 추출 등 분리를 하는 장치
③ 가열로 또는 가열기
④ 고로 등 점화기를 직접 사용하는 열교환기류

해설 특수화학설비
㉠ ①, ②, ③
㉡ 가열시켜 주는 물질의 온도가 가열되는 위험물질의 분해온도 또는 발화점보다 높은 상태에서 운전되는 설비
㉢ 반응폭주 등 이상 화학반응에 의하여 위험물질이 발생할 우려가 있는 설비
㉣ 온도가 350℃ 이상이거나 게이지압력이 980kPa 이상인 상태에서 운전되는 설비

73 프로판(C_3H_8)의 완전연소 조성농도는 약 몇 vol%인가?

① 4.02 ② 4.19
③ 5.05 ④ 5.19

해설
$$C_{st} = \frac{100}{1+4.773O_2} = \frac{100}{1+4.773\times 5} = 4.02\,\text{vol\%}$$

74 물과의 반응 또는 열에 의해 분해되어 산소를 발생하는 것은?

① 적린 ② 과산화나트륨
③ 유황 ④ 이황화탄소

해설 ㉠ $2Na_2O_2 + 2H_2O \rightarrow 4NaOH + O_2\uparrow$
㉡ $2Na_2O_2 \rightarrow 2Na_2O + O_2\uparrow$

75 위험물안전관리법령상 제3류 위험물이 아닌 것은?

① 황화린 ② 금속나트륨
③ 황린 ④ 금속칼륨

해설 ① 제2류 위험물

정답 | 69. ④ 70. ② 71. ③ 72. ④ 73. ① 74. ② 75. ①

76 환풍기가 고장난 장소에서 인화성 액체를 취급할 때, 부주의로 마개를 막지 않았다. 여기서 작업자가 담배를 피우기 위해 불을 켜는 순간 인화성 액체에서 불꽃이 일어나는 사고가 발생하였다. 이와 같은 사고의 발생 가능성이 가장 높은 물질은? (단, 작업현장의 온도는 20℃이다.)

① 글리세린　② 중유
③ 디에틸에테르　④ 경유

해설

위험물	인화점(℃)
글리세린	160
중유	60 ~ 150
디에틸에테르	−45
경유	50 ~ 70

∴ 작업현장의 온도 20℃보다 인화점이 낮은 위험물이 유증기가 발생하여 인화의 위험이 있다.

77 유해물질의 농도를 c, 노출시간을 t라 할 때 유해물지수(k)와의 관계인 Haber의 법칙을 바르게 나타낸 것은?

① $k=c+t$　② $k=\frac{c}{t}$
③ $k=c\times t$　④ $k=c-t$

해설 Haber의 법칙
$k=c\times t$
여기서, k : 유해물지수
c : 유해물질의 농도
t : 노출시간

78 20℃인 1기압의 공기를 압축비 3으로 단열압축하였을 때, 온도는 약 몇 ℃가 되겠는가? (단, 공기의 비열비는 1.4이다.)

① 84　② 128
③ 182　④ 1,091

해설 단열압축 시 공기의 온도(T_2)
$T_1=273+20(℃)$, $P_1=1$, $P_2=3$, $\gamma=1.4$

$$T_1\times\left(\frac{P_2}{P_1}\right)^{\frac{\gamma-1}{\gamma}}=293\times3^{\frac{1.4-1}{1.4}}=401.41$$

∴ 공기의 온도 $=401.41-273=128℃$

79 절연성 액체를 운반하는 관에서 정전기로 인해 일어나는 화재 및 폭발을 예방하기 위한 방법으로 가장 거리가 먼 것은?

① 유속을 줄인다.
② 관을 접지시킨다.
③ 도전성이 큰 재료의 관을 사용한다.
④ 관의 안지름을 작게 한다.

해설 ④ 관의 안지름을 크게 한다.

80 분진폭발에 대한 안전대책으로 적절하지 않은 것은?

① 분진의 퇴적을 방지한다.
② 점화원을 제거한다.
③ 입자의 크기를 최소화한다.
④ 불활성 분위기를 조성한다.

해설 ③ 입자의 크기는 최대화한다.

제5과목 건설안전기술

81 토석이 붕괴되는 원인을 외적요인과 내적요인으로 나눌 때 외적요인으로 볼 수 없는 것은?

① 사면, 법면의 경사 및 기울기의 증가
② 지진발생, 차량 또는 구조물의 중량
③ 공사에 의한 진동 및 반복하중의 증가
④ 절토사면의 토질, 암질

해설 토석 붕괴의 원인

구분	내용
외적요인	㉠ 사면, 법면의 경사 및 기울기의 증가 ㉡ 절토 및 성토 높이의 증가 ㉢ 지진발생, 차량 또는 구조물의 중량 ㉣ 지표수 및 지하수의 침투에 의한 토사중량의 증가 ㉤ 토사 및 암석의 혼합층 두께 ㉥ 공사에 의한 진동 및 반복하중의 증가
내적요인	㉠ 절토사면의 토질, 암질 ㉡ 성토사면의 토질구성 및 분포 ㉢ 토석의 강도 저하

정답 | 76. ③ 77. ③ 78. ② 79. ④ 80. ③ 81. ④

82 건설용 양중기에 관한 설명으로 옳은 것은?

① 삼각데릭은 인접시설에 장해가 없는 상태에서 360° 회전이 가능하다.
② 이동식 크레인(crane)에는 트럭 크레인, 크롤러 크레인 등이 있다.
③ 휠 크레인에는 무한궤도식과 타이어식이 있으며 장거리 이동에 적당하다.
④ 크롤러 크레인은 휠 크레인보다 기동성이 뛰어나다.

해설 ① 삼각데릭은 인접시설에 장해가 없는 상태에서 270° 회전이 가능하다.
③ 휠 크레인은 원동기가 하나이며, 주행 및 크레인 작업이 가능하다.
④ 크롤러 크레인은 차내에 크레인 부분을 장착한 것이다.

83 다음은 공사진척에 따른 안전관리비의 사용기준이다. 빈칸에 들어갈 내용으로 옳은 것은?

공정률	50% 이상 70% 미만	70% 이상 90% 미만	90% 이상
사용기준		70% 이상	90% 이상

① 30% 이상　② 40% 이상
③ 50% 이상　④ 60% 이상

해설 공사진척에 따른 안전관리비의 사용기준

공정률	50% 이상 70% 미만	70% 이상 90% 미만	90% 이상
사용기준	50% 이상	70% 이상	90% 이상

84 거푸집 동바리 조립도에 명시해야 할 사항과 거리가 먼 것은?

① 작업환경 조건　② 부재의 재질
③ 단면규격　④ 설치간격

해설 거푸집 동바리 조립도에 명시해야 할 사항
㉠ 동바리
㉡ 멍에
㉢ 부재의 재질
㉣ 단면규격
㉤ 설치간격
㉥ 이음방법

85 굴착공사 시 안전한 작업을 위한 사질지반(점토질을 포함하지 않은 것)의 굴착면 기울기와 높이 기준으로 옳은 것은?

① 1 : 1.5 이상, 5m 미만
② 1 : 0.5 이상, 5m 미만
③ 1 : 1.5 이상, 2m 미만
④ 1 : 0.5 이상, 2m 미만

해설 **사질지반(점토질을 포함하지 않는 것)의 굴착면 기울기와 높이**－1 : 1.5 이상 5m 미만

86 철골공사 시 도괴의 위험이 있어 강풍에 대한 안전여부를 확인해야 할 필요성이 가장 높은 경우는?

① 연면적당 철골량이 일반 건물보다 많은 경우
② 기둥에 H형강을 사용하는 경우
③ 이음부가 공장용접인 경우
④ 단면구조가 현저한 차이가 있으며 높이가 20m 이상인 건물

해설 **철골공사 시 강풍에 대한 안전여부를 확인해야 할 필요성이 가장 높은 경우** : 단면구조가 현저한 차이가 있으며 높이가 20m 이상인 건물

87 강관을 사용하여 비계를 구성하는 경우 준수해야 할 기준으로 옳지 않은 것은?

① 비계기둥의 간격은 띠장방향에서는 1.5m 이상 1.8m 이하, 장선(長線) 방향에서는 1.5m 이하로 할 것
② 띠장 간격은 1.5m 이하로 설치하되, 첫 번째 띠장은 지상으로부터 2.5m 이하의 위치에 설치할 것
③ 비계기둥의 제일 윗부분으로부터 31m 되는 지점 밑부분의 비계기둥은 2개의 강관으로 묶어 세울 것
④ 비계기둥 간의 적재하중은 400kg을 초과하지 않도록 할 것

정답 | 82. ② 83. ③ 84. ① 85. ① 86. ④ 87. ②

해설 ② 띠장 간격은 1.5m 이하로 설치하되, 첫 번째 띠장은 지상으로부터 2m 이하의 위치에 설치할 것

88 양중기의 와이어로프 등 달기구의 안전계수 기준으로 옳은 것은? (단, 화물의 하중을 직접 지지하는 달기와이어로프 또는 달기체인의 경우)

① 3 이상 ② 4 이상
③ 5 이상 ④ 6 이상

해설 **양중기의 와이어로프 등 달기구의 안전계수 기준**
㉠ 근로자가 탑승하는 운반구를 지지하는 달기와이어로프 또는 달기체인 : 10 이상
㉡ 화물의 하중을 직접 지지하는 달기와이어로프 또는 달기체인 : 5 이상
㉢ 훅, 섀클, 클램프, 리프팅 빔 : 3 이상
㉣ 그 밖의 경우 : 4 이상

89 옥내작업장에는 비상시에 근로자에게 신속하게 알리기 위한 경보용 설비 또는 기구를 설치하여야 한다. 그 설치대상 기준으로 옳은 것은?

① 연면적이 400m^2 이상이거나 상시 40명 이상의 근로자가 작업하는 옥내작업장
② 연면적이 400m^2 이상이거나 상시 50명 이상의 근로자가 작업하는 옥내작업장
③ 연면적이 500m^2 이상이거나 상시 40명 이상의 근로자가 작업하는 옥내작업장
④ 연면적이 500m^2 이상이거나 상시 50명 이상의 근로자가 작업하는 옥내작업장

해설 **옥내작업장 경보용 설비 또는 기구 설치대상 기준 :** 연면적이 400m^2 이상이거나 상시 50명 이상의 근로자가 작업하는 옥내작업장

90 비탈면 붕괴방지를 위한 붕괴방지 공법과 가장 거리가 먼 것은?

① 배토 공법 ② 압성토 공법
③ 공작물의 설치 ④ 언더피닝 공법

해설 **비탈면 붕괴방지 공법**
㉠ 배토 공법
㉡ 압성토 공법
㉢ 공작물의 설치

91 거푸집 동바리 등을 조립하거나 해체하는 작업을 하는 경우에 준수해야 할 사항으로 옳지 않은 것은?

① 해당 작업을 하는 구역에는 관계 근로자가 아닌 사람의 출입을 금지할 것
② 비, 눈, 그 밖의 기상상태의 불안정으로 날씨가 몹시 나쁜 경우에는 그 작업을 중지할 것
③ 재료, 기구 또는 공구 등을 올리거나 내리는 경우에는 근로자 간 서로 직접 전달하도록 하고 달줄 · 달포대 등의 사용을 금할 것
④ 낙하 · 충격에 의한 돌발적 재해를 방지하기 위하여 버팀목을 설치하고 거푸집 동바리 등을 인양장비에 매단 후에 작업을 하도록 하는 등 필요한 조치를 할 것

해설 ① 해당 작업을 하는 구역에는 근로자가 아닌 사람의 출입을 금지할 것
② 비, 눈 그 밖의 기상상태의 불안정으로 날씨가 몹시 나쁜 경우에는 그 작업을 중지할 것
④ 낙하, 충격에 의한 돌발적 재해를 방지하기 위하여 버팀목을 설치하고 거푸집 동바리 등을 인양장비에 매단 후에 작업을 하도록 하는 등 필요한 조치를 할 것

92 철근의 가스 절단작업 시 안전상 유의해야 할 사항으로 옳지 않은 것은?

① 작업장에는 소화기를 비치하도록 한다.
② 호스, 전선 등은 다른 작업장을 거치는 곡선상의 배선이어야 한다.
③ 전선의 경우 피복이 손상되어 있는지를 확인하여야 한다.
④ 호스는 작업 중에 겹치거나 밟히지 않도록 한다.

정답 ▌ 88. ③ 89. ② 90. ④ 91. ③ 92. ②

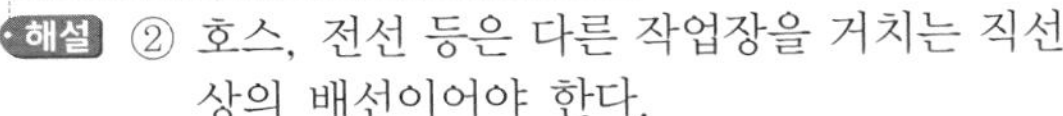

해설 ② 호스, 전선 등은 다른 작업장을 거치는 직선상의 배선이어야 한다.

93 터널 등의 건설작업을 하는 경우에 낙반 등에 의하여 근로자가 위험해질 우려가 있는 경우, 그 위험을 방지하기 위하여 취해야 할 조치와 거리가 먼 것은?

① 터널지보공 설치 ② 록볼트 설치
③ 부석의 제거 ④ 산소의 측정

해설 **터널 등 건설작업 시 낙반 등에 의한 위험방지**
㉠ 터널지보공 설치
㉡ 록볼트 설치
㉢ 부석의 제거

94 철골공사 중 트랩을 이용해 승강할 때 안전과 관련된 항목이 아닌 것은?

① 수평구명줄 ② 수직구명줄
③ 죔줄 ④ 추락방지대

해설 철골공사 중 트랩을 이용해 승강할 때 수평구명줄은 안전과 관련된 항목에 해당되지 않는다.

95 거푸집 및 동바리 설계 시 적용하는 연직방향하중에 해당되지 않는 것은?

① 콘크리트의 측압
② 철근콘크리트의 자중
③ 작업하중
④ 충격하중

해설 **거푸집 및 동바리 설계 시 적용하는 연직방향하중**
㉠ 철근콘크리트의 자중(고정하중)
㉡ 작업하중
㉢ 충격하중

96 철골작업 시의 위험방지와 관련하여 철골작업을 중지하여야 하는 강설량의 기준은?

① 시간당 1mm 이상인 경우
② 시간당 3mm 이상인 경우
③ 시간당 1cm 이상인 경우
④ 시간당 3cm 이상인 경우

해설 **위험방지를 위해 철골작업을 중지하여야 하는 기준**
㉠ 강설량이 시간당 1cm 이상인 경우
㉡ 강우량이 시간당 1mm 이상인 경우
㉢ 풍속이 초당 10m 이상인 경우

97 굴착공사의 경우 유해 · 위험방지계획서 제출대상의 기준으로 옳은 것은?

① 깊이 5m 이상인 굴착공사
② 깊이 8m 이상인 굴착공사
③ 깊이 10m 이상인 굴착공사
④ 깊이 15m 이상인 굴착공사

해설 **굴착공사의 경우 유해 · 위험방지계획서 제출대상 :** 깊이 10m 이상인 굴착공사

98 비계의 높이가 2m 이상인 작업장소에 설치되는 작업발판의 구조에 관한 기준으로 옳지 않은 것은?

① 작업발판의 폭은 40cm 이상으로 할 것
② 발판재료 간의 틈은 5cm 이하로 할 것
③ 작업발판 재료는 뒤집히거나 떨어지지 않도록 둘 이상의 지지물에 연결하거나 고정시킬 것
④ 작업발판을 작업에 따라 이동시킬 경우에는 위험방지에 필요한 조치를 할 것

해설 ② 발판재료 간의 틈을 3cm 이하로 할 것

99 고소작업대를 사용하는 경우 준수해야 할 사항으로 옳지 않은 것은?

① 안전한 작업을 위하여 적정수준의 조도를 유지할 것
② 전로(電路)에 근접하여 작업을 하는 경우에는 작업감시자를 배치하는 등 감전사고를 방지하기 위하여 필요한 조치를 할 것
③ 작업대의 붐대를 상승시킨 상태에서 탑승자는 작업대를 벗어나지 말 것
④ 전환스위치는 다른 물체를 이용하여 고정할 것

정답 | 93. ④ 94. ① 95. ① 96. ③ 97. ③ 98. ② 99. ④

해설 ④ 전환스위치는 다른 물체를 이용하여 고정하지 말 것

100 계단의 개방된 측면에 근로자의 추락위험을 방지하기 위하여 안전난간을 설치하고자 할 때 그 설치기준으로 옳지 않은 것은?

① 안전난간은 상부 난간대, 중간 난간대, 발끝막이판 및 난간기둥으로 구성할 것
② 발끝막이판은 바닥면 등으로부터 10cm 이상의 높이를 유지할 것
③ 난간기둥은 상부 난간대와 중간 난간대를 견고하게 떠받칠 수 있도록 적정한 간격을 유지할 것
④ 난간대는 지름 3.8cm 이상의 금속제 파이프나 그 이상의 강도가 있는 재료일 것

해설 ④ 난간대는 지름 2.7cm 이상의 금속제 파이프나 그 이상의 강도가 있는 재료일 것

2020년 제1 · 2회 과년도 출제문제

▎산업안전산업기사 6월 14일 시행▎

제1과목 산업안전관리론

01 상시 근로자수가 75명인 사업장에서 1일 8시간씩 연간 320일을 작업하는 동안에 4건의 재해가 발생하였다면 이 사업장의 도수율은 약 얼마인가?

① 17.68
② 19.67
③ 20.83
④ 22.83

해설

$$도수율 = \frac{재해발생건수}{연근로시간수} \times 10^6 = \frac{4}{8 \times 320 \times 75} \times 10^6 = 20.83$$

02 보호구 안전인증 고시에 따른 안전화의 정의 중 ( ) 안에 알맞은 것은?

> 경작업용 안전화란 (㉠)mm의 낙하높이에서 시험했을 때의 충격과 (㉡ ±0.1)kN의 압축하중에서 시험했을 때의 압박에 대하여 보호해 줄 수 있는 선심을 부착하여 착용자를 보호하기 위한 안전화를 말한다.

① ㉠ 500, ㉡ 10.0
② ㉠ 250, ㉡ 10.0
③ ㉠ 500, ㉡ 4.4
④ ㉠ 250, ㉡ 4.4

해설 **경작업용 안전화** : 250mm의 낙하높이에서 시험했을 때의 충격과 4.4±0.1kN의 압축하중에서 시험했을 때의 압박에 대하여 보호해 줄 수 있는 선심을 부착하여 착용자를 보호하기 위한 안전화이다.

03 산업안전보건법령상 안전보건표지의 종류와 형태 중 그림과 같은 경고표지는? (단, 바탕은 무색, 기본모형은 빨간색, 그림은 검은색이다.)

① 부식성 물질 경고
② 폭발성 물질 경고
③ 산화성 물질 경고
④ 인화성 물질 경고

해설 보기의 그림은 인화성 물질 경고표지이다.

04 다음 중 일반적으로 사업장에서 안전관리조직을 구성할 때 고려할 사항과 가장 거리가 먼 것은?

① 조직 구성원의 책임과 권한을 명확하게 한다.
② 회사의 특성과 규모에 부합되게 조직되어야 한다.
③ 생산조직과는 동떨어진 독특한 조직이 되도록 하여 효율성을 높인다.
④ 조직의 기능이 충분히 발휘될 수 있는 제도적 체계가 갖추어져야 한다.

해설 ③ 생산조직과 밀착된 조직이 되도록 한다.

05 주의의 특성으로 볼 수 없는 것은?

① 변동성 ② 선택성
③ 방향성 ④ 통합성

해설 **주의의 특성** : 변동성, 선택성, 방향성

정답 ▎01. ③ 02. ④ 03. ④ 04. ③ 05. ④

06 테크니컬 스킬즈(technical skills)에 관한 설명으로 옳은 것은?

① 모럴(morale)을 앙양시키는 능력
② 인간을 사물에게 적응시키는 능력
③ 사물을 인간에게 유리하게 처리하는 능력
④ 인간과 인간의 의사소통을 원활히 처리하는 능력

해설 **테크니컬 스킬즈** : 사물을 인간에게 유리하게 처리하는 능력

07 산업재해 예방의 4원칙 중 "재해발생에는 반드시 원인이 있다."는 원칙은?

① 대책선정의 원칙
② 원인계기의 원칙
③ 손실우연의 원칙
④ 예방가능의 원칙

해설 원인계기의 원칙에 대한 설명이다.

08 심리검사의 특징 중 "검사의 관리를 위한 조건과 절차의 일관성과 통일성"을 의미하는 것은?

① 규준　　② 표준화
③ 객관성　　④ 신뢰성

해설 표준화의 설명이다.

09 조직이 리더에게 부여하는 권한으로 볼 수 없는 것은?

① 보상적 권한
② 강압적 권한
③ 합법적 권한
④ 위임된 권한

해설 **리더 자신이 자신에게 부여하는 권한**
㉠ 위임된 권한
㉡ 전문성의 권한

10 기억의 과정 중 과거의 학습경험을 통해서 학습된 행동이 현재와 미래에 지속되는 것을 무엇이라 하는가?

① 기명(memorizing)
② 파지(retention)
③ 재생(recall)
④ 재인(recognition)

해설 파지의 설명이다.

11 하인리히 재해발생 5단계 중 3단계에 해당하는 것은?

① 불안전한 행동 또는 불안전한 상태
② 사회적 환경 및 유전적 요소
③ 관리의 부재
④ 사고

해설 **하인리히 재해발생 5단계**
㉠ 제1단계 : 사회적 환경과 유전적 요소
㉡ 제2단계 : 개인적 결함
㉢ 제3단계 : 불안전한 행동과 불안전한 상태
㉣ 제4단계 : 사고
㉤ 제5단계 : 상해

12 산업안전보건법령상 특별교육대상 작업별 교육작업 기준으로 틀린 것은?

① 전압이 75V 이상인 정전 및 활선 작업
② 굴착면의 높이가 2m 이상이 되는 암석의 굴착작업
③ 동력에 의하여 작동되는 프레스기계를 3대 이상 보유한 사업장에서 해당 기계로 하는 작업
④ 1톤 미만의 크레인 또는 호이스트를 5대 이상 보유한 사업장에서 해당 기계로 하는 작업

해설 ③ 동력에 의하여 작동되는 프레스기계를 5대 이상 보유한 사업장에서 해당 기계로 하는 작업

정답 | 06. ③ 07. ② 08. ② 09. ④ 10. ② 11. ① 12. ③

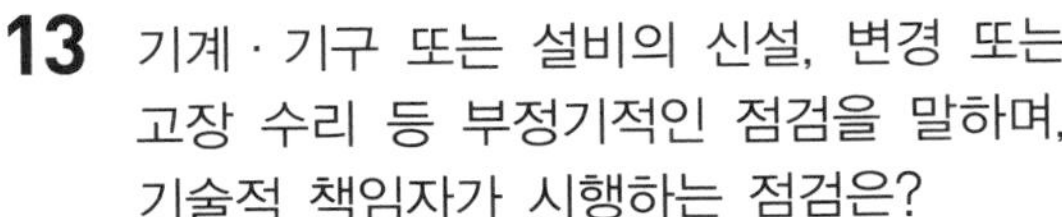

13 기계 · 기구 또는 설비의 신설, 변경 또는 고장 수리 등 부정기적인 점검을 말하며, 기술적 책임자가 시행하는 점검은?

① 정기점검
② 수시점검
③ 특별점검
④ 임시점검

해설 특별점검의 설명이다.

14 재해의 원인 분석법 중 사고의 유형, 기인물 등 분류항목을 큰 순서대로 도표화하여 문제나 목표의 이해가 편리한 것은 어느 것인가?

① 관리도(control chart)
② 파레토도(pareto diagram)
③ 클로즈 분석(close analysis)
④ 특성요인도(cause-reason diagram)

해설 파레토도에 대한 설명이다.

15 다음 중 매슬로우(Maslow)가 제창한 인간의 욕구 5단계 이론을 단계별로 옳게 나열한 것은?

① 생리적 욕구 → 안전 욕구 → 사회적 욕구 → 존경의 욕구 → 자아실현의 욕구
② 안전 욕구 → 생리적 욕구 → 사회적 욕구 → 존경의 욕구 → 자아실현의 욕구
③ 사회적 욕구 → 생리적 욕구 → 안전 욕구 → 존경의 욕구 → 자아실현의 욕구
④ 사회적 욕구 → 안전 욕구 → 생리적 욕구 → 존경의 욕구 → 자아실현의 욕구

해설 **매슬로우의 인간의 욕구 5단계**
생리적 욕구 → 안전 욕구 → 사회적 욕구 → 존경의 욕구 → 자아실현의 욕구

16 교육의 3요소 중 교육의 주체에 해당하는 것은?

① 강사　② 교재
③ 수강자　④ 교육방법

해설 **교육의 3요소**
㉠ 교육의 주체 : 강사
㉡ 교육의 객체 : 수강자
㉢ 교육의 매개체 : 교재

17 O.J.T(On the Job Training) 교육의 장점과 가장 거리가 먼 것은?

① 훈련에만 전념할 수 있다.
② 직장의 실정에 맞게 실제적 훈련이 가능하다.
③ 개개인의 업무능력에 적합하고 자세한 교육이 가능하다.
④ 교육을 통하여 상사와 부하 간의 의사소통과 신뢰감이 깊게 된다.

해설 ①은 off.J.T의 장점에 대한 내용이다.

18 위험예지훈련 기초 4라운드(4R)에서 라운드별 내용이 바르게 연결된 것은?

① 1라운드 : 현상파악
② 2라운드 : 대책수립
③ 3라운드 : 목표설정
④ 4라운드 : 본질추구

해설 ② 2라운드 : 본질추구
③ 3라운드 : 대책수립
④ 4라운드 : 목표설정

19 산업안전보건법령상 근로자 안전 · 보건 교육 중 채용 시의 교육 및 작업 내용 변경 시의 교육사항으로 옳은 것은?

① 물질안전보건자료에 관한 사항
② 건강증진 및 질병예방에 관한 사항
③ 유해 · 위험 작업환경관리에 관한 사항
④ 표준안전작업방법 및 지도요령에 관한 사항

해설 **채용 시의 교육 및 작업내용 변경 시 교육내용**
㉠ 기계 · 기구의 위험성과 작업의 순서 및 동선에 관한 사항
㉡ 작업개시 전 점검에 관한 사항
㉢ 정리정돈 및 청소에 관한 사항
㉣ 사고발생 시 긴급조치에 관한 사항
㉤ 산업보건 및 직업병 예방에 관한 사항
㉥ 물질안전보건자료에 관한 사항
㉦ 산업안전보건법 및 일반관리에 관한 사항

20 산업재해의 발생유형으로 볼 수 없는 것은?
① 지그재그형
② 집중형
③ 연쇄형
④ 복합형

해설 **산업재해 발생유형**
㉠ 집중형
㉡ 연쇄형
㉢ 복합형

제2과목 인간공학 및 시스템안전공학

21 모든 시스템 안전 프로그램 중 최초 단계의 분석으로 시스템 내의 위험요소가 어떤 상태에 있는지를 정성적으로 평가하는 방법은?
① CA ② FHA
③ PHA ④ FMEA

해설 PHA의 설명이다.

22 시스템의 성능저하가 인원의 부상이나 시스템 전체에 중대한 손해를 입히지 않고 제어가 가능한 상태의 위험강도는?
① 범주 Ⅰ : 파국적
② 범주 Ⅱ : 위기적
③ 범주 Ⅲ : 한계적
④ 범주 Ⅳ : 무시

해설 범주 Ⅲ : 한계적의 설명이다.

23 결함수 분석법에서 일정 조합 안에 포함되는 기본사상들이 동시에 발생할 때 반드시 목표사상을 발생시키는 조합을 무엇이라 하는가?
① Cut set ② Decision tree
③ Path set ④ 불대수

해설 Cut set의 설명이다.

24 통제표시비(C/D비)를 설계할 때의 고려할 사항으로 가장 거리가 먼 것은?
① 공차 ② 운동성
③ 조작시간 ④ 계기의 크기

해설 **통제표시비를 설계할 때의 고려할 사항**
㉠ ①, ③, ④
㉡ 목시거리
㉢ 방향성
㉣ 통제표시비

25 건구온도 38℃, 습구온도 32℃일 때의 Oxford 지수는 몇 ℃인가?
① 30.2 ② 32.9
③ 35.3 ④ 37.1

해설 Oxford 지수(WD)
=0.85WB(습구온도)+0.15DB(건구온도)
=0.85×32+0.15×38
=32.9℃

26 건강한 남성이 8시간 동안 특정작업을 실시하고 분당 산소소비량이 1.1L/분으로 나타났다면, 8시간 총 작업시간에 포함될 휴식시간은 약 몇 분인가? (단, Murrell의 방법을 적용하며, 휴식 중 에너지소비율은 1.5kcal/min이다.)
① 30분 ② 54분
③ 60분 ④ 75분

해설 ㉠ 작업의 평균 에너지소비량
=5kcal/L×1.1L/min=5.5kcal/min
㉡ 휴식시간$(R)=\dfrac{480(E-5)}{E-1.5}=\dfrac{480(5.5-5)}{5.5-1.5}$
=60분

정답 ㅣ 20. ① 21. ③ 22. ③ 23. ① 24. ② 25. ② 26. ③

27 점광원(point source)에서 표면에 비추는 조도(lux)의 크기를 나타내는 식으로 옳은 것은? (단, D는 광원으로부터의 거리를 말한다.)

① $\frac{광도[fc]}{D^2[m^2]}$　② $\frac{광도[lm]}{D[m]}$

③ $\frac{광도[cd]}{D^2[m^2]}$　④ $\frac{광도[fL]}{D[m]}$

해설 조도(lux) 크기 $= \frac{광도[cd]}{D^2[m^2]}$

(단, D : 광원으로부터의 거리)

28 인간공학적 수공구의 설계에 관한 설명으로 옳은 것은?

① 수공구 사용 시 무게 균형이 유지되도록 설계한다.
② 손잡이 크기를 수공구 크기에 맞추어 설계한다.
③ 힘을 요하는 수공구의 손잡이는 직경을 60mm 이상으로 한다.
④ 정밀작업용 수공구의 손잡이는 직경을 5mm 이하로 한다.

해설 ② 손잡이는 손바닥의 접촉면이 크도록 설계한다(손잡이의 길이는 10cm 이상).
③ 힘을 요하는 수공구의 손잡이는 직경을 50~60mm로 한다.
④ 정밀작업용 수공구의 손잡이는 직경을 5~12mm로 한다.

29 인간-기계 시스템에서 기계와 비교한 인간의 장점으로 볼 수 없는 것은? (단, 인공지능과 관련된 사항은 제외한다.)

① 완전히 새로운 해결책을 찾아낸다.
② 여러 개의 프로그램된 활동을 동시에 수행한다.
③ 다양한 경험을 토대로 하여 의사결정을 한다.
④ 상황에 따라 변화하는 복잡한 자극 형태를 식별한다.

해설 ②는 기계의 장점에 대한 내용이다.

30 인터페이스 설계 시 고려해야 하는 인간과 기계와의 조화성에 해당되지 않는 것은 어느 것인가?

① 지적 조화성
② 신체적 조화성
③ 감성적 조화성
④ 심미적 조화성

해설 **인터페이스 설계 시 고려해야 하는 인간과 기계와의 조화성**
㉠ 지적 조화성
㉡ 신체적 조화성
㉢ 감성적 조화성

31 반복되는 사건이 많이 있는 경우, FTA의 최소 컷셋과 관련이 없는 것은?

① Fussel Algorithm
② Boolean Algorithm
③ Monte Carlo Algorithm
④ Limnios & Ziani Algorithm

해설 ③ Mocus Algorithm

32 다음 중 설비보전관리에서 설비이력카드, MTBF분석표, 고장원인대책표와 관련이 깊은 관리는?

① 보전기록관리
② 보전자재관리
③ 보전작업관리
④ 예방보전관리

해설 보전기록관리의 설명이다.

33 공간배치의 원칙에 해당되지 않는 것은?

① 중요성의 원칙
② 다양성의 원칙
③ 사용빈도의 원칙
④ 기능별 배치의 원칙

해설 **공간배치의 원칙**
㉠ ①, ③, ④
㉡ 사용순서의 원칙

정답 | 27. ③ 28. ① 29. ② 30. ④ 31. ③ 32. ① 33. ②

34 화학공장(석유화학사업장 등)에서 가동문제를 파악하는 데 널리 사용되며, 위험요소를 예측하고 새로운 공정에 대한 가동문제를 예측하는 데 사용되는 위험성평가방법은?

① SHA ② EVP
③ CCFA ④ HAZOP

해설 HAZOP의 설명이다.

35 다음은 1/100초 동안 발생한 3개의 음파를 나타낸 것이다. 음의 세기가 가장 큰 것과 가장 높은 음은 무엇인가?

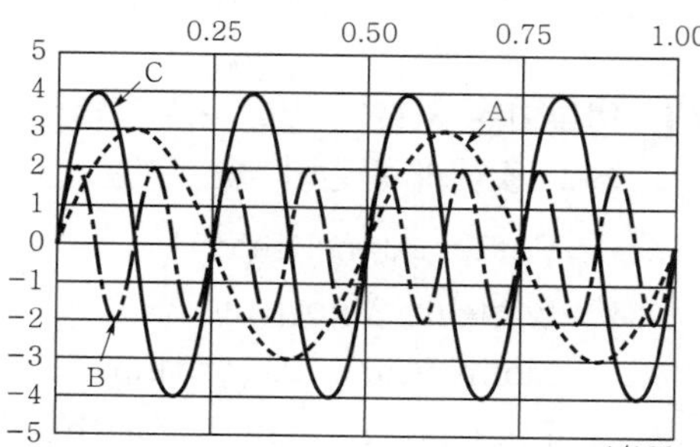

① 가장 큰 음의 세기 : A, 가장 높은 음 : B
② 가장 큰 음의 세기 : C, 가장 높은 음 : B
③ 가장 큰 음의 세기 : C, 가장 높은 음 : A
④ 가장 큰 음의 세기 : B, 가장 높은 음 : C

해설 음파(Sound Wave) : 다른 물질의 진동이나 소리에 의한 공기를 총칭하는 말로서, 음파에 있어 진폭이 크면 클수록 강한 음으로 들리게 되며 진동수가 많으면 많을수록 높은 음으로 들리게 된다.
㉠ 음의 세기란 평면 진행파에 있어서 음파의 진행방향으로 수직인 단위면적을 단위시간에 통과하는 에너지이다.
㉡ 음의 높이가 가장 높은 음은 파형의 주기가 가장 짧다(진동수가 크다).

36 글자의 설계요소 중 검은 바탕에 쓰여진 흰 글자가 번져 보이는 현상과 가장 관련 있는 것은?

① 획폭비 ② 글자체
③ 종이 크기 ④ 글자 두께

해설 ㉠ 획폭비 : 문자나 숫자의 높이에 대한 획 굵기의 비율
㉡ 광삼현상(Irradiation) : 검은색 바탕의 흰색 글씨가 번져 보이는 현상

37 FTA에 사용되는 기호 중 다음 기호에 해당하는 것은?

① 생략사상 ② 부정사상
③ 결함사상 ④ 기본사상

해설
① 생략사상 : ◇
② 부정사상 : ─
③ 결함사상 : ▭

38 휴먼에러(human error)의 분류 중 필요한 임무나 절차의 순서착오로 인하여 발생하는 오류는?

① Ommission error
② Sequential error
③ Commission error
④ Extraneous error

해설 Sequential error의 설명이다.

39 작업자가 100개의 부품을 육안검사하여 20개의 불량품을 발견하였다. 실제 불량품이 40개라면 인간에러(human error) 확률은 약 얼마인가?

① 0.2
② 0.3
③ 0.4
④ 0.5

해설 $40-20=20$

$\therefore \frac{20}{100}=0.2$

정답 | 34. ④ 35. ② 36. ① 37. ④ 38. ② 39. ①

40 가청 주파수 내에서 사람의 귀가 가장 민감하게 반응하는 주파수 대역은?

① 20~20,000Hz
② 50~15,000Hz
③ 100~10,000Hz
④ 500~3,000Hz

해설 **사람의 귀가 가장 민감하게 반응하는 주파수 대역** : 500~3,000Hz

제3과목 기계위험방지기술

41 작업장 내 운반을 주목적으로 하는 구내운반차가 준수해야 할 사항으로 옳지 않은 것은?

① 주행을 제동하거나 정지상태를 유지하기 위하여 유효한 제동장치를 갖출 것
② 경음기를 갖출 것
③ 핸들의 중심에서 차체 바깥 측까지의 거리가 65cm 이내일 것
④ 운전자석이나 차 실내에 있는 것은 좌우에 한 개씩 방향지시기를 갖출 것

해설 ③ 핸들의 중심에서 차체 바깥 측까지의 거리가 65cm 이상일 것

42 다음 중 연삭기를 이용한 작업을 할 경우 연삭숫돌을 교체한 후에는 얼마 동안 시험운전을 하여야 하는가?

① 1분 이상　② 3분 이상
③ 10분 이상　④ 15분 이상

해설 **연삭숫돌 교체 후 시험운전 시간** : 3분 이상

43 프레스기가 작동 후 작업점까지의 도달시간이 0.2초 걸렸다면, 양수기동식 방호장치의 설치거리는 최소 얼마인가?

① 3.2cm　② 32cm
③ 6.4cm　④ 64cm

해설 방호장치의 안전거리(cm)
=160×급정지기구가 작동하여 슬라이드가 정지할 때까지의 시간(프레스 작동 후 작업점까지 도달시간)
=160×0.2=32mm×10
=320mm=32cm

44 대패기계용 덮개의 시험방법에서 날접촉 예방장치인 덮개와 송급 테이블 면과의 간격기준은 몇 mm 이하여야 하는가?

① 3　② 5
③ 8　④ 12

해설 **대패기계용 덮개에서 날접촉 예방장치인 덮개와 송급 테이블 면과의 간격기준** : 8mm 이하

45 프레스 등의 금형을 부착·해체 또는 조정작업 중 슬라이드가 갑자기 작동하여 근로자에게 발생할 수 있는 위험을 방지하기 위하여 설치하는 것은?

① 방호울　② 안전블록
③ 시건장치　④ 게이트가드

해설 안전블록의 설명이다.

46 산업안전보건법령상 프레스를 사용하여 작업을 할 때 작업시작 전 점검항목에 해당하지 않는 것은?

① 전선 및 접속부 상태
② 클러치 및 브레이크의 기능
③ 프레스의 금형 및 고정볼트 상태
④ 1행정 1정지기구·급정지장치 및 비상정지장치의 기능

해설 **프레스 작업 시 작업시작 전 점검항목**
㉠ ②, ③, ④
㉡ 크랭크축, 플라이휠, 슬라이브, 연결봉 및 연결나사의 돌림여부
㉢ 슬라이드 또는 칼날에 의한 위험방지기구의 기능
㉣ 방호장치의 기능
㉤ 절단기의 칼날 및 테이블의 상태

47 선반작업의 안전사항으로 틀린 것은?

① 베드 위에 공구를 올려놓지 않아야 한다.
② 바이트를 교환할 때는 기계를 정지시키고 한다.
③ 바이트는 끝을 길게 장치한다.
④ 반드시 보안경을 착용한다.

해설 ③ 바이트는 끝을 짧게 장치한다.

48 연삭기 숫돌의 파괴 원인으로 볼 수 없는 것은?

① 숫돌의 회전속도가 너무 빠를 때
② 숫돌 자체에 균열이 있을 때
③ 숫돌의 정면을 사용할 때
④ 숫돌에 과대한 충격을 주게 되는 때

해설 ③ 숫돌의 측면을 사용할 때

49 기계설비의 방호를 위험장소에 대한 방호와 위험원에 대한 방호로 분류할 때, 다음 중 위험원에 대한 방호장치에 해당하는 것은 어느 것인가?

① 격리형 방호장치
② 포집형 방호장치
③ 접근거부형 방호장치
④ 위치제한형 방호장치

해설

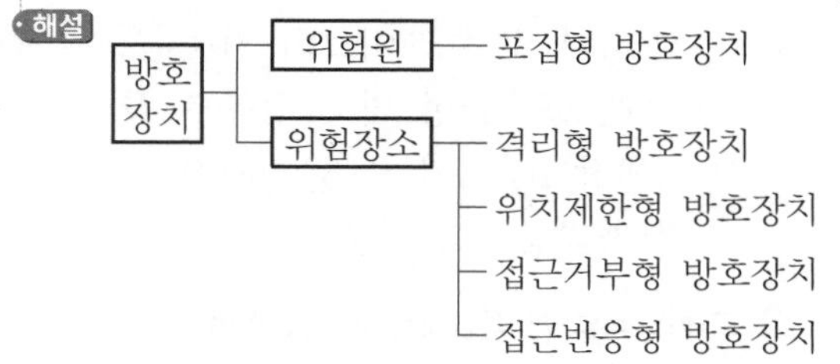

50 산업용 로봇작업 시 안전조치 방법으로 틀린 것은?

① 작업 중 매니퓰레이터의 속도의 지침에 따라 작업한다.
② 로봇의 조작방법 및 순서의 지침에 따라 작업한다.
③ 작업을 하고 있는 동안 해당 작업 근로자 이외에도 로봇의 기동스위치를 조작할 수 있도록 한다.
④ 2명 이상의 근로자에게 작업을 시킬 때는 신호방법의 지침을 정하고 그 지침에 따라 작업한다.

해설 ③ 작업을 하고 있는 동안 로봇의 기동스위치 등에 작업을 종사하고 있는 근로자가 아닌 사람이 그 스위치 등을 조작할 수 없도록 필요한 조치를 한다.

51 크레인 작업 시 조치사항 중 틀린 것은?

① 인양할 하물은 바닥에서 끌어당기거나 밀어내는 작업을 하지 아니할 것
② 유류드럼이나 가스통 등의 위험물 용기는 보관함에 담아 안전하게 매달아 운반할 것
③ 고정된 물체는 직접 분리, 제거하는 작업을 할 것
④ 근로자의 출입을 통제하여 하물이 작업자의 머리 위로 통과하지 않게 할 것

해설 ③ 고정된 물체는 직접 분리, 제거하는 작업을 하지 않을 것

52 산업안전보건법령상 양중기에 사용하지 않아야 하는 달기체인의 기준으로 틀린 것은 어느 것인가?

① 심하게 변형된 것
② 균열이 있는 것
③ 달기체인의 길이가 달기체인이 제조된 때의 길이의 3%를 초과한 것
④ 링의 단면지름이 달기체인이 제조된 때의 해당 링의 지름의 10%를 초과하여 감소한 것

해설 ③ 길이의 증가가 제조된 때의 길이의 5%를 초과한 것

정답 ▎ 47. ③ 48. ③ 49. ② 50. ③ 51. ③ 52. ③

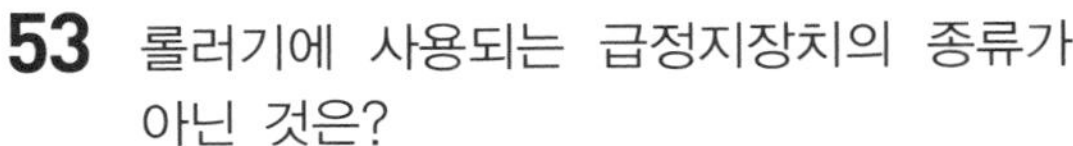

53 롤러기에 사용되는 급정지장치의 종류가 아닌 것은?

① 손 조작식
② 발 조작식
③ 무릎 조작식
④ 복부 조작식

해설 **롤러기 급정지장치**
㉠ 손 조작식
㉡ 무릎 조작식
㉢ 복부 조작식

54 드릴작업의 안전조치 사항으로 틀린 것은 어느 것인가?

① 칩은 와이어브러시로 제거한다.
② 드릴작업에서는 보안경을 쓰거나 안전덮개를 설치한다.
③ 칩에 의한 자상을 방지하기 위해 면장갑을 착용한다.
④ 바이스 등을 사용하여 작업 중 공작물의 유동을 방지한다.

해설 ③ 장갑의 착용을 금한다.

55 개구부에서 회전하는 롤러의 위험점까지 최단거리가 60mm일 때 개구부 간격은?

① 10mm ② 12mm
③ 13mm ④ 15mm

해설 $y = 6 + 0.15 \times x$
$= 6 + 0.15 \times 60 = 15\text{mm}$

56 연삭숫돌과 작업받침대, 교반기의 날개, 하우스 등 기계의 회전운동하는 부분과 고정부분 사이에 위험이 형성되는 위험점은?

① 물림점
② 끼임점
③ 절단점
④ 접선물림점

해설 끼임점의 설명이다.

57 보일러의 연도(굴뚝)에서 버려지는 여열을 이용하여 보일러에 공급되는 급수를 예열하는 부속장치는?

① 과열기 ② 절탄기
③ 공기예열기 ④ 연소장치

해설 절탄기의 설명이다.

58 컨베이어의 안전장치가 아닌 것은?

① 이탈 및 역주행방지장치
② 비상정지장치
③ 덮개 또는 울
④ 비상난간

해설 **컨베이어의 안전장치**
㉠ ①, ②, ③
㉡ 건널다리

59 밀링머신의 작업 시 안전수칙에 대한 설명으로 틀린 것은?

① 커터의 교환 시에는 테이블 위에 목재를 받쳐 놓는다.
② 강력 절삭 시에는 일감을 바이스에 깊게 물린다.
③ 작업 중 면장갑은 착용하지 않는다.
④ 커터는 가능한 컬럼(column)으로부터 멀리 설치한다.

해설 ④ 커터는 가능한 컬럼으로부터 가깝게 설치한다.

60 선반의 크기를 표시하는 것으로 틀린 것은?

① 양쪽 센터 사이의 최대거리
② 왕복대 위의 스윙
③ 베드 위의 스윙
④ 주축에 물릴 수 있는 공작물의 최대지름

해설 **선반의 크기를 표시하는 것**
㉠ 양쪽 센터 사이의 최대거리
㉡ 왕복대 위의 스윙
㉢ 베드 위의 스윙

정답 | 53. ② 54. ③ 55. ④ 56. ② 57. ② 58. ④ 59. ④ 60. ④

제4과목 전기 및 화학설비 위험방지기술

61 최대안전틈새(MESG)의 특성을 적용한 방폭구조는?

① 내압방폭구조 ② 유입방폭구조
③ 안전증방폭구조 ④ 압력방폭구조

해설 내압방폭구조의 설명이다.

62 선간전압이 6.6kV인 충전전로 인근에서 유자격자가 작업하는 경우, 충전전로에 대한 최소 접근한계거리(cm)는? (단, 충전부에 절연조치가 되어 있지 않고, 작업자는 절연장갑을 착용하지 않았다.)

① 20 ② 30
③ 50 ④ 60

해설 **충전전로의 선간전압에 따른 충전전로에 대한 접근한계거리**

충전전로의 선간전압(kV)	충전전로에 대한 접근한계거리(cm)
0.3 이하	접촉금지
0.3 초과 0.75 이하	30
0.75 초과 2 이하	45
2 초과 15 이하	60
15 초과 37 이하	90
37 초과 88 이하	110
88 초과 121 이하	130
121 초과 145 이하	150
145 초과 169 이하	170
169 초과 242 이하	230
242 초과 362 이하	380
362 초과 550 이하	550
550 초과 800 이하	790

63 어떤 도체에 20초 동안에 100C의 전하량이 이동하면 이때 흐르는 전류(A)는?

① 200 ② 50
③ 10 ④ 5

해설 $I=\frac{Q}{t}=\frac{100}{20}=5\text{A}$

64 내전압용 절연장갑의 등급에 따른 최대사용전압이 올바르게 연결된 것은?

① 00등급 : 직류 750V
② 00등급 : 직류 650V
③ 0등급 : 직류 1,000V
④ 0등급 : 직류 800V

해설 내전압용 절연장갑의 00등급은 직류 750V, 교류 500V가 옳다.

65 피뢰기가 반드시 가져야 할 성능 중 틀린 것은?

① 방전개시 전압이 높을 것
② 뇌전류 방전능력이 클 것
③ 속류차단을 확실하게 할 수 있을 것
④ 반복동작이 가능할 것

해설 ① 방전개시 전압이 낮을 것

66 가스 또는 분진 폭발위험장소에는 변전실·배전반실·제어실 등을 설치하여서는 아니된다. 다만, 실내기압이 항상 양압을 유지하도록 하고, 별도의 조치를 한 경우에는 그러하지 않는데 이때 요구되는 조치사항으로 틀린 것은?

① 양압을 유지하기 위한 환기설비의 고장 등으로 양압이 유지되지 아니한 때 경보를 할 수 있는 조치를 한 경우
② 환기설비가 정지된 후 재가동하는 경우 변전실 등에 가스 등이 있는지를 확인할 수 있는 가스검지기 등의 장비를 비치한 경우
③ 환기설비에 의하여 변전실 등에 공급되는 공기는 가스폭발위험장소 또는 분진폭발위험장소가 아닌 곳으로부터 공급되도록 하는 조치를 한 경우
④ 실내 기압이 항상 양압 10Pa 이상이 되도록 장치를 한 경우

해설 ④ 실내 기압이 항상 양압 25Pa 이상이 되도록 장치를 한 경우

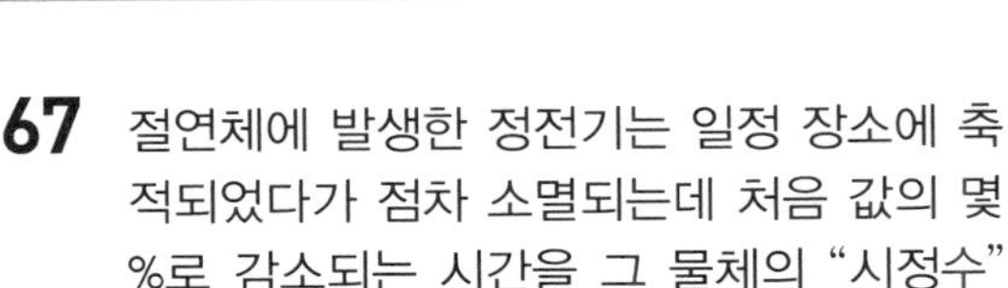

67 절연체에 발생한 정전기는 일정 장소에 축적되었다가 점차 소멸되는데 처음 값의 몇 %로 감소되는 시간을 그 물체의 "시정수" 또는 "완화시간"이라고 하는가?

① 25.8
② 36.8
③ 45.8
④ 67.8

해설 **그 물체의 시정수(완화시간)** : 정전기는 일정 장소에 축적되었다가 점차 소멸되는데 처음 값의 36.8%로 감소되는 시간

68 누전차단기의 선정 및 설치에 대한 설명으로 틀린 것은?

① 차단기를 설치한 전로에 과부하보호장치를 설치하는 경우는 서로 협조가 잘 이루어지도록 한다.
② 정격부동작전류와 정격감도전류와의 차는 가능한 큰 차단기로 선정한다.
③ 감전방지 목적으로 시설하는 누전차단기는 고감도고속형을 선정한다.
④ 전로의 대지정전용량이 크면 차단기가 오동작하는 경우가 있으므로 각 분기회로마다 차단기를 설치한다.

해설 ② 정격부동작전류가 정격감도전류의 50% 이상이어야 하고, 이들의 차는 가장 큰 것이 좋다.

69 정전기 발생량과 관련된 내용으로 옳지 않은 것은?

① 분리속도가 빠를수록 정전기 발생량이 많아진다.
② 두 물질 간의 대전서열이 가까울수록 정전기 발생량이 많아진다.
③ 접촉면적이 넓을수록, 접촉압력이 증가할수록 정전기 발생량이 많아진다.
④ 물질의 표면이 수분이나 기름 등에 오염되어 있으면 정전기 발생량이 많아진다.

해설 두 물질이 대전서열 내에서 가까운 위치에 있으면 대전량이 적고, 먼 위치에 있을수록 대전량이 많다.

70 전기설비 등에는 누전에 의한 감전의 위험을 방지하기 위하여 전기기계·기구에 접지를 실시하도록 하고 있다. 전기기계·기구의 접지에 대한 설명 중 틀린 것은?

① 특별고압의 전기를 취급하는 변전소·개폐소, 그 밖에 이와 유사한 장소에서는 지락(地絡)사고가 발생할 경우 접지극의 전위상승에 의한 감전위험을 감소시키기 위한 조치를 하여야 한다.
② 코드 및 플러그를 접속하여 사용하는 전압이 대지전압 110V를 넘는 전기기계·기구가 노출된 비충전 금속체에는 접지를 반드시 실시하여야 한다.
③ 접지설비에 대하여는 상시 적정상태 유지여부를 점검하고 이상을 발견한 때에는 즉시 보수하거나 재설치하여야 한다.
④ 전기기계·기구의 금속제 외함·금속제 외피 및 철대에는 접지를 실시하여야 한다.

해설 ② 코드 및 플러그를 접속하여 사용하는 전압이 대지전압 150V를 넘는 전기기계·기구가 노출된 비충전 금속체에는 접지를 반드시 실시하여야 한다.

71 다음 가스 중 공기 중에서 폭발범위가 넓은 순서로 옳은 것은?

① 아세틸렌>프로판>수소>일산화탄소
② 수소>아세틸렌>프로판>일산화탄소
③ 아세틸렌>수소>일산화탄소>프로판
④ 수소>프로판>일산화탄소>아세틸렌

해설 **폭발범위**
㉠ 아세틸렌(C_2H_2) : 2.5~81%
㉡ 수소(H_2) : 4~75%
㉢ 일산화탄소(CO) : 12.5~74%
㉣ 프로판(C_3H_8) : 2.1~9.5%

72 산업안전보건법상 물질안전보건자료 작성 시 포함되어야 하는 항목이 아닌 것은? (단, 참고사항은 제외한다.)

① 화학제품과 회사에 관한 정보
② 제조일자 및 유효기간
③ 운송에 필요한 정보
④ 환경에 미치는 영향

해설 **물질안전보건자료 작성 시 포함되어야 하는 항목**
㉠ 화학제품과 회사에 관한 정보
㉡ 유해성, 위험성
㉢ 구성성분의 명칭 및 함유량
㉣ 응급조치 요령
㉤ 폭발 · 화재 시 대처방법
㉥ 누출사고 시 대처방법
㉦ 취급 및 저장 방법
㉧ 노출방지 및 개인보호구
㉨ 물리 · 화학적 특성
㉩ 안정성 및 반응성
㉪ 독성에 관한 정보
㉫ 환경에 미치는 영향
㉬ 폐기 시 주의사항
㉭ 운송에 필요한 정보
㉮ 법적 규제 현황
㉯ 그 밖의 참고사항

73 다음 중 물반응성 물질에 해당하는 것은 어느 것인가?

① 니트로화합물 ② 칼륨
③ 염소산나트륨 ④ 부탄

해설 ① 니트로화합물 : 폭발성 물질 및 유기과산화물
③ 염소산나트륨 : 산화성 액체 및 산화성 고체
④ 부탄 : 인화성 가스

74 위험물을 건조하는 경우 내용적이 몇 m^3 이상인 건조설비일 때 위험물 건조설비 중 건조실을 설치하는 건축물의 구조를 독립된 단층으로 해야 하는가? (단, 건축물은 내화구조가 아니며, 건조실을 건축물의 최상층에 설치한 경우가 아니다.)

① 0.1 ② 1
③ 10 ④ 100

해설 **위험물을 건조하는 경우** : 내용적이 $1m^3$ 이상인 건조설비일 때 위험물 건조설비 중 건조실을 설치하는 건축물의 구조를 독립된 단층으로 해야 한다.

75 다음 중 반응기의 운전을 중지할 때 필요한 주의사항으로 가장 적절하지 않은 것은?

① 급격한 유량변화를 피한다.
② 가연성 물질이 새거나 흘러나올 때의 대책을 사전에 세운다.
③ 급격한 압력변화 또는 온도변화를 피한다.
④ 80~90℃의 염산으로 세정을 하면서 수소가스로 잔류가스를 제거한 후 잔류물을 처리한다.

해설 ④ 불활성 가스에 의해 잔류가스를 제거하고 물, 온수 등으로 잔류물을 제거한다.

76 어떤 물질 내에서 반응전파속도가 음속보다 빠르게 진행되며 이로 인해 발생된 충격파가 반응을 일으키고 유지하는 발열반응을 무엇이라 하는가?

① 점화(ignition)
② 폭연(deflagration)
③ 폭발(explosion)
④ 폭굉(detonation)

해설 폭굉의 설명이다.

77 A가스의 폭발하한계가 4.1vol%, 폭발상한계가 62vol%일 때 이 가스의 위험도는 약 얼마인가?

① 8.94 ② 12.75
③ 14.12 ④ 16.12

해설
$$H=\frac{U-L}{L}=\frac{62-4.1}{4.1}=14.12$$

정답 ❙ 72. ② 73. ② 74. ② 75. ④ 76. ④ 77. ③

78 사업장에서 유해 · 위험물질의 일반적인 보관방법으로 적합하지 않은 것은?

① 질소와 격리하여 저장
② 서늘한 장소에 저장
③ 부식성이 없는 용기에 저장
④ 차광막이 있는 곳에 저장

해설 **유해 · 위험물질의 일반적인 보관방법**
㉠ 서늘한 장소에 저장
㉡ 부식성이 없는 용기에 저장
㉢ 차광막이 있는 곳에 저장

79 분진폭발의 가능성이 가장 낮은 물질은?

① 소맥분 ② 마그네슘분
③ 질석가루 ④ 석탄가루

해설 **분진폭발을 하지 않는 물질** : 질석가루, 시멘트가루, 석회분, 염소산칼륨가루, 모래 등

80 산업안전보건기준에 관한 규칙에서 규정하는 급성 독성물질의 기준으로 틀린 것은?

① 쥐에 대한 경구투입실험에 의하여 실험동물의 50%를 사망시킬 수 있는 물질의 양이 kg당 300mg-(체중) 이하인 화학물질
② 쥐에 대한 경피흡수실험에 의하여 실험동물의 50%를 사망시킬 수 있는 물질의 양이 kg당 1,000mg-(체중) 이하인 화학물질
③ 토끼에 대한 경피흡수실험에 의하여 실험동물의 50%를 사망시킬 수 있는 물질의 양이 kg당 1,000mg-(체중) 이하인 화학물질
④ 쥐에 대한 4시간 동안의 흡입실험에 의하여 실험동물의 50%를 사망시킬 수 있는 가스의 농도가 3,000ppm 이상인 화학물질

해설 ④ 쥐에 대한 4시간 동안의 흡입실험에 의하여 실험동물의 50%를 사망시킬 수 있는 가스의 농도가 2,500ppm 이상인 화학물질

제5과목 건설안전기술

81 건설현장에서 계단을 설치하는 경우 계단의 높이가 최소 몇 미터 이상일 때 계단의 개방된 측면에 안전난간을 설치하여야 하는가?

① 0.8m ② 1.0m
③ 1.2m ④ 1.5m

해설 **건설현장 계단** : 계단의 높이가 최소 1m 이상일 때 계단의 개방된 측면에 안전난간을 설치한다.

82 산업안전보건관리비 중 안전시설비의 항목에서 사용할 수 있는 항목에 해당하는 것은?

① 외부인 출입금지, 공사장 경계표시를 위한 가설울타리
② 작업발판
③ 절토부 및 성토부 등의 토사유실 방지를 위한 설비
④ 사다리 전도방지장치

해설 **안전시설비의 항목에서 사용할 수 있는 항목** : 사다리 전도방지장치

83 포화도 80%, 함수비 28%, 흙 입자의 비중 2.7일 때, 공극비를 구하면?

① 0.940 ② 0.945
③ 0.950 ④ 0.955

해설 $공극비 = \frac{함수비 \times 비중}{포화도} = \frac{28 \times 2.7}{80} = 0.945$

84 다음 터널공법 중 전단면 기계굴착에 의한 공법에 속하는 것은?

① ASSM(American Steel Supported Method)
② NATM(New Austrian Tunneling Method)
③ TBM(Tunnel Boring Machine)
④ 개착식 공법

해설 **전단면 기계굴착에 의한 공법** : TBM

85 크레인의 운전실을 통하는 통로의 끝과 건설물 등의 벽체와의 간격은 최대 얼마 이하로 하여야 하는가?

① 0.3m ② 0.4m
③ 0.5m ④ 0.6m

해설 **크레인의 운전실을 통하는 통로의 끝과 건설물 벽체와의 간격** : 최대 0.3m 이하

86 부두 등의 하역작업장에서 부두 또는 안벽의 선을 따라 설치하는 통로의 최소폭 기준은?

① 30cm 이상 ② 50cm 이상
③ 70cm 이상 ④ 90cm 이상

해설 **부두 등의 하역작업장** : 부두 또는 안벽의 선을 따라 통로의 최소폭은 90cm 이상이다.

87 옹벽 축조를 위한 굴착작업에 관한 설명으로 옳지 않은 것은?

① 수평방향으로 연속적으로 시공한다.
② 하나의 구간을 굴착하면 방치하지 말고 기초 및 본체 구조물 축조를 마무리한다.
③ 절취경사면에 전석, 낙석의 우려가 있고 혹은 장기간 방치할 경우에는 숏크리트, 록볼트, 캔버스 및 모르타르 등으로 방호한다.
④ 작업위치의 좌우에 만일의 경우에 대비한 대피통로를 확보하여 둔다.

해설 ① 수평방향의 연속시공을 금하며, 블록으로 나누어 단위시공 단면적을 최소화하여 분단시공을 한다.

88 가설통로 설치 시 경사가 몇 도를 초과하면 미끄러지지 않는 구조로 설치하여야 하는가?

① 15° ② 20°
③ 25° ④ 30°

해설 **가설통로** : 경사가 15° 초과하면 미끄러지지 않는 구조로 설치한다.

89 이동식 비계작업 시 주의사항으로 옳지 않은 것은?

① 비계의 최상부에서 작업을 하는 경우에는 안전난간을 설치한다.
② 이동 시 작업지휘자가 이동식 비계에 탑승하여 이동하며 안전여부를 확인하여야 한다.
③ 비계를 이동시키고자 할 때는 바닥의 구멍이나 머리 위의 장애물을 사전에 점검한다.
④ 작업발판은 항상 수평을 유지하고 작업발판 위에서 안전난간을 딛고 작업을 하거나 받침대 또는 사다리를 사용하여 작업하지 않도록 한다.

해설 ② 승강용 사다리를 견고하게 설치한다.

90 가설구조물의 특징이 아닌 것은?

① 연결재가 적은 구조로 되기 쉽다.
② 부재결합이 불완전 할 수 있다.
③ 영구적인 구조설계의 개념이 확실하게 적용된다.
④ 단면에 결함이 있기 쉽다.

해설 ③ 임시적인 구조설계의 개념이 확실하게 적용된다.

91 물체가 떨어지거나 날아올 위험 또는 근로자가 추락할 위험이 있는 작업 시 착용하여야 할 보호구는?

① 보안경
② 안전모
③ 방열복
④ 방한복

해설 안전모의 설명이다.

정답 | 85. ① 86. ④ 87. ① 88. ① 89. ② 90. ③ 91. ②

92 건설현장에서 사용하는 공구 중 토공용이 아닌 것은?

① 착암기 ② 포장파괴기
③ 연마기 ④ 점토굴착기

해설 ③ 연마기 : 금속, 목재, 석재 등을 매끄럽게 갈아내는 기계

93 운반작업 중 요통을 일으키는 인자와 가장 거리가 먼 것은?

① 물건의 중량
② 작업자세
③ 작업시간
④ 물건의 표면마감 종류

해설 **운반작업 중 요통을 일으키는 인자**
㉠ ①, ②, ③
㉡ 불규칙한 생활습관

94 콘크리트용 거푸집의 재료에 해당되지 않는 것은?

① 철재 ② 목재
③ 석면 ④ 경금속

해설 **콘크리트용 거푸집 재료** : 철재, 목재, 경금속, 플라스틱, 글라스파이버, FRP 등

95 공사 종류 및 규모별 안전관리비 계상기준표에서 공사 종류의 명칭에 해당되지 않는 것은?

① 철도·궤도 신설공사
② 일반건설공사(병)
③ 중건설공사
④ 특수 및 기타 건설공사

해설 **공사 종류**
㉠ 일반건설공사(갑)
㉡ 일반건설공사(을)
㉢ 중건설공사
㉣ 철도·궤도 신설공사
㉤ 특수 및 기타 건설공사

96 콘크리트 타설작업을 하는 경우에 준수해야 할 사항으로 옳지 않은 것은?

① 콘크리트를 타설하는 경우에는 편심을 유발하여 한쪽 부분부터 밀실하게 타설되도록 유도할 것
② 당일의 작업을 시작하기 전에 해당 작업에 관한 거푸집동바리 등의 변형·변위 및 지반의 침하 유무 등을 점검하고 이상이 있으면 보수할 것
③ 작업 중에는 거푸집동바리 등의 변형·변위 및 침하 유무 등을 감시할 수 있는 감시자를 배치하여 이상이 있으면 작업을 중지하고 근로자를 대피시킬 것
④ 설계도서상의 콘크리트 양생기간을 준수하여 거푸집동바리 등을 해체할 것

해설 ① 콘크리트를 타설하는 경우에는 편심이 발생하지 않도록 골고루 분산하여 타설할 것

97 다음 그림은 풍화암에서 토사붕괴를 예방하기 위한 기울기를 나타낸 것이다. x의 값은?

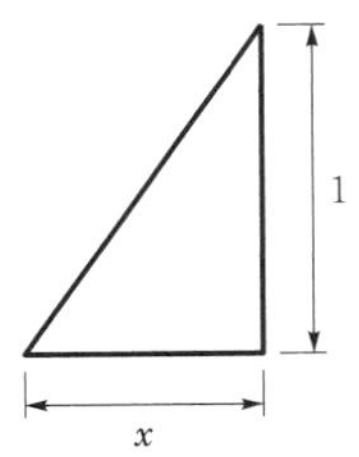

① 1.5 ② 1.0
③ 0.5 ④ 0.3

해설 **굴착면의 기울기 기준**

구 분	지반의 종류	구 배
보통흙	습지	1 : 1~1 : 1.5
	건지	1 : 0.5~1 : 1
암반	풍화암	1 : 1.0
	연암	1 : 1.0
	경암	1 : 0.5

정답 | 92. ③ 93. ④ 94. ③ 95. ② 96. ① 97. ②

98 지반의 사면파괴 유형 중 유한사면의 종류가 아닌 것은?

① 사면내파괴 ② 사면선단파괴
③ 사면저부파괴 ④ 직립사면파괴

해설 **유한사면의 종류**
㉠ ①, ②, ③
㉡ 국부전단파괴

99 철근콘크리트 공사에서 거푸집동바리의 해체시기를 결정하는 요인으로 가장 거리가 먼 것은?

① 시방서상의 거푸집 존치기간의 경과
② 콘크리트 강도시험결과
③ 동절기일 경우 적산온도
④ 후속공정의 착수시기

해설 **철근콘크리트 공사 시 거푸집동바리의 해체시기 결정 요인**
㉠ 시방서상의 거푸집 존치기간의 경과
㉡ 콘크리트 강도시험결과
㉢ 동절기일 경우 적산온도

100 건설현장에서의 PC(Precast Concrete) 조립 시 안전대책으로 옳지 않은 것은?

① 달아 올린 부재의 아래에서 정확한 상황을 파악하고 전달하여 작업한다.
② 운전자는 부재를 달아 올린 채 운전대를 이탈해서는 안 된다.
③ 신호는 사전 정해진 방법에 의해서만 실시한다.
④ 크레인 사용 시 PC판의 중량을 고려하여 아우트리거를 사용한다.

해설 ① 달아 올린 부재의 위에서 정확한 상황을 파악하고 전달하여 작업한다.

정답 | 98. ④ 99. ④ 100. ①

2020년 제3회 과년도 출제문제

▎산업안전산업기사 8월 22일 시행▎

제1과목 산업안전관리론

01 재해 원인을 통상적으로 직접 원인과 간접 원인으로 나눌 때 직접 원인에 해당되는 것은?

① 기술적 원인　　② 물적 원인
③ 교육적 원인　　④ 관리적 원인

해설 **재해의 원인**
(1) 직접 원인
　① 불안전한 행동(인적 원인)
　② 불안전한 상태(물적 원인)
(2) 간접 원인
　① 기술적 원인
　② 교육적 원인
　③ 관리적 원인

02 산업안전보건법령상 안전보건표지의 종류 중 인화성 물질에 관한 표지에 해당하는 것은?

① 금지표시　　② 경고표시
③ 지시표시　　④ 안내표시

해설 **인화성 물질** : 경고표시

03 안전관리조직의 형태 중 라인스태프형에 대한 설명으로 틀린 것은?

① 대규모 사업장(1,000명 이상)에 효율적이다.
② 안전과 생산업무가 분리될 우려가 없기 때문에 균형을 유지할 수 있다.
③ 모든 안전관리업무를 생산라인을 통하여 직선적으로 이루어지도록 편성된 조직이다.
④ 안전업무를 전문적으로 담당하는 스태프 및 생산라인의 각 계층에도 겸임 또는 전임의 안전담당자를 둔다.

해설 ③ : line형

04 상황성 누발자의 재해유발 원인과 거리가 먼 것은?

① 작업의 어려움
② 기계설비의 결함
③ 심신의 근심
④ 주의력의 산만

해설 ④ 환경상 주의력의 집중이 혼란되기 때문

05 인간관계의 메커니즘 중 다른 사람의 행동 양식이나 태도를 투입시키거나, 다른 사람 가운데서 자기와 비슷한 것을 발견하는 것을 무엇이라고 하는가?

① 투사(Projection)
② 모방(Imitation)
③ 암시(Suggestion)
④ 동일화(Identification)

해설 동일화의 설명이다.

06 안전교육 계획 수립 시 고려하여야 할 사항과 관계가 가장 먼 것은?

① 필요한 정보를 수집한다.
② 현장의 의견을 충분히 반영한다.
③ 법 규정에 의한 교육에 한정한다.
④ 안전교육 시행 체계와의 관련을 고려한다.

해설 ③ 교육담당자를 지정한다.

07 사업주가 근로자에게 실시해야 하는 안전보건교육의 교육시간 중 그 밖의 근로자의 채용 시 교육시간으로 옳은 것은?

① 1시간 이상 ② 2시간 이상
③ 3시간 이상 ④ 8시간 이상

해설 **근로자 안전보건교육**

교육과정	교육대상		교육시간
정기교육	사무직 종사 근로자		매 반기 6시간 이상
	그 밖의 근로자	판매업무에 직접 종사하는 근로자	매 반기 6시간 이상
		판매업무에 직접 종사하는 근로자 외의 근로자	매 반기 12시간 이상
채용 시 교육	일용근로자 및 근로계약기간이 1주일 이하인 기간제 근로자		1시간 이상
	근로계약기간이 1주일 초과 1개월 이하인 기간제 근로자		4시간 이상
	그 밖의 근로자		8시간 이상
작업내용 변경 시 교육	일용근로자 및 근로계약기간이 1주일 이하인 기간제 근로자		1시간 이상
	그 밖의 근로자		2시간 이상
특별교육	일용근로자 및 근로계약기간이 1주일 이하인 기간제 근로자(타워크레인 신호작업에 종사하는 근로자 제외)		2시간 이상
	일용근로자 및 근로계약기간이 1주일 이하인 기간제 근로자 중 타워크레인 신호작업에 종사하는 근로자		8시간 이상
	일용근로자 및 근로계약기간이 1주일 이하인 기간제 근로자를 제외한 근로자		㉠ 16시간 이상(최초 작업에 종사하기 전 4시간 이상 실시하고, 12시간은 3개월 이내에서 분할하여 실시 가능) ㉡ 단기간 작업 또는 간헐적 작업인 경우에는 2시간 이상
건설업 기초 안전·보건 교육	건설 일용근로자		4시간 이상

08 무재해 운동의 이념 가운데 직장의 위험요인을 행동하기 전에 예지하여 발견, 파악, 해결하는 것을 의미하는 것은?

① 무의 원칙 ② 선취의 원칙
③ 참가의 원칙 ④ 인간존중의 원칙

해설 선취의 원칙에 대한 설명이다.

09 알더퍼의 ERG(Existence Relation Growth) 이론에서 생리적 욕구, 물리적 측면의 안전욕구 등 저차원적 욕구에 해당하는 것은?

① 관계욕구 ② 성장욕구
③ 존재욕구 ④ 사회적 욕구

해설 존재욕구의 설명이다.

10 O.J.T(On the Job Training)의 특징 중 틀린 것은?

① 훈련과 업무의 계속성이 끊어지지 않는다.
② 직장의 실정에 맞게 실제적 훈련이 가능하다.
③ 훈련의 효과가 곧 업무에 나타나며, 훈련의 개선이 용이하다.
④ 다수의 근로자들에게 조직적 훈련이 가능하다.

해설 ④ : Off. J.T의 특징이다.

11 인지과정 착오의 요인이 아닌 것은?

① 정서 불안정
② 감각차단 현상
③ 작업자의 기능 미숙
④ 생리 · 심리적 능력의 한계

해설 ③ 작업자의 기능 미숙 : 조치과정 착오

정답 | 07. ④ 08. ② 09. ③ 10. ④ 11. ③

12 태풍, 지진 등의 천재지변이 발생한 경우나 이상상태 발생 시 기능상 이상 유무에 대한 안전점검의 종류는?

① 일상점검 ② 정기점검
③ 수시점검 ④ 특별점검

해설 특별점검의 설명이다.

13 기능(기술)교육의 진행방법 중 하버드 학파의 5단계 교수법의 순서로 옳은 것은 어느 것인가?

① 준비 → 연합 → 교시 → 응용 → 총괄
② 준비 → 교시 → 연합 → 총괄 → 응용
③ 준비 → 총괄 → 연합 → 응용 → 교시
④ 준비 → 응용 → 총괄 → 교시 → 연합

해설 **하버드 학파의 5단계 교수법**
준비 → 교시 → 연합 → 총괄 → 응용

14 산업안전보건법령상 안전모의 시험성능기준 항목이 아닌 것은?

① 난연성 ② 인장성
③ 내관통성 ④ 충격흡수성

해설 **안전모의 시험성능기준**
㉠ ①, ③, ④
㉡ 내전압성
㉢ 턱끈풀림
㉣ 내수성

15 리더십(leadership)의 특성에 대한 설명으로 옳은 것은?

① 지휘형태는 민주적이다.
② 권한부여는 위에서 위임된다.
③ 구성원과의 관계는 지배적 구조이다.
④ 권한근거는 법적 또는 공식적으로 부여된다.

해설 ② 권한부여는 밑에서 위임된다.
③ 구성원과의 관계는 개인적 구조이다.
④ 권한근거는 개인능력으로 부여된다.

16 재해예방의 4원칙에 해당하는 내용이 아닌 것은?

① 예방가능의 원칙
② 원인계기의 원칙
③ 손실우연의 원칙
④ 사고조사의 원칙

해설 ④ 대책선정의 원칙

17 연간 근로자수가 300명인 A공장에서 지난 1년간 1명의 재해자(신체장애등급 : 1급)가 발생하였다면 이 공장의 강도율은? (단, 근로자 1인당 1일 8시간씩 연간 300일을 근무하였다.)

① 4.27 ② 6.42
③ 10.05 ④ 10.42

해설
$$\text{강도율} = \frac{\text{근로손실일수}}{\text{연근로시간수}} \times 1,000 = \frac{7,500}{300 \times 2,400} \times 1,000 = 10.42$$

18 재해의 원인과 결과를 연계하여 상호관계를 파악하기 위해 도표화하는 분석방법은?

① 관리도
② 파레토도
③ 특성요인도
④ 크로스분류도

해설 특성요인도의 설명이다.

19 위험예지훈련 4라운드 기법의 진행방법에 있어 문제점 발견 및 중요 문제를 결정하는 단계는?

① 대책수립 단계
② 현상파악 단계
③ 본질추구 단계
④ 행동목표설정 단계

해설 본질추구 단계의 설명이다.

정답 | 12. ④ 13. ② 14. ② 15. ① 16. ④ 17. ④ 18. ③ 19. ③

20 학습 성취에 직접적인 영향을 미치는 요인과 가장 거리가 먼 것은?

① 적성 ② 준비도
③ 개인차 ④ 동기유발

해설 학습 성취에 직접적인 영향을 미치는 요인
㉠ 준비도
㉡ 개인차
㉢ 동기유발

제2과목 인간공학 및 시스템안전공학

21 조종장치의 촉각적 암호화를 위하여 고려하는 특성으로 볼 수 없는 것은?

① 형상 ② 무게
③ 크기 ④ 표면 촉감

해설 조종장치의 촉각적 암호화를 위하여 고려하는 특성
㉠ 형상
㉡ 크기
㉢ 표면 촉감

22 환경요소의 조합에 의해서 부과되는 스트레스나 노출로 인해서 개인에 유발되는 긴장(strain)을 나타내는 환경요소 복합지수가 아닌 것은?

① 카타온도(kata temperature)
② Oxford 지수(wet-dry index)
③ 실효온도(effective temperature)
④ 열 스트레스 지수(heat stress index)

해설 ① 실내에서 사용하는 습구측구온도

23 반복되는 사건이 많이 있는 경우에 FTA의 최소 컷셋을 구하는 알고리즘이 아닌 것은 어느 것인가?

① Fussel Algorithm
② Boolean Algorithm
③ Monte Carlo Algorithm
④ Limnios & Ziani Algorithm

해설 FTA의 최소 컷셋을 구하는 알고리즘의 종류
㉠ Fussel Algorithm
㉡ Boolean Algorithm
㉢ Limnios & Ziani Algorithm
㉣ MOCUS Algorithm

24 인간-기계 시스템을 설계하기 위해 고려해야 할 사항과 거리가 먼 것은?

① 시스템 설계 시 동작경제의 원칙이 만족되도록 고려한다.
② 인간과 기계가 모두 복수인 경우, 종합적인 효과보다 기계를 우선적으로 고려한다.
③ 대상이 되는 시스템이 위치할 환경조건이 인간에 대한 한계치를 만족하는가의 여부를 조사한다.
④ 인간이 수행해야 할 조작이 연속적인가 불연속적인가를 알아보기 위해 특성조사를 실시한다.

해설 ② 인간과 기계가 모두 복수인 경우, 기계보다 종합적인 효과를 우선적으로 고려한다.

25 작업기억(working memory)과 관련된 설명으로 옳지 않은 것은?

① 오랜 기간 정보를 기억하는 것이다.
② 작업기억 내의 정보는 시간이 흐름에 따라 쇠퇴할 수 있다.
③ 작업기억의 정보는 일반적으로 시각, 음성, 의미 코드의 3가지로 코드화된다.
④ 리허설(rehearsal)은 정보를 작업기억 내에 유지하는 유일한 방법이다.

해설 ① 단기적 정보를 기억하는 것이다.

26 다음 중 육체적 활동에 대한 생리학적 측정방법과 가장 거리가 먼 것은?

① EMG ② EEG
③ 심박수 ④ 에너지소비량

정답 | 20. ① 21. ② 22. ① 23. ③ 24. ② 25. ① 26. ②

해설 **육체적 활동에 대한 생리학적 측정방법**
㉠ EMG
㉡ 심박수
㉢ 에너지소비량

27 MIL-STD-882E에서 분류한 심각도(severity) 카테고리 범주에 해당하지 않는 것은?

① 재앙수준(catastrophic)
② 임계수준(critical)
③ 경계수준(precautionary)
④ 무시가능수준(negligible)

해설 **MIL-STD-882E에서 분류한 심각도 카테고리 범주**
㉠ 재앙수준
㉡ 임계수준
㉢ 무시가능수준

28 FTA에 의한 재해사례 연구의 순서를 올바르게 나열한 것은?

> A. 목표사상 선정
> B. FT도 작성
> C. 사상마다 재해원인 규명
> D. 개선계획 작성

① A → B → C → D
② A → C → B → D
③ B → C → A → D
④ B → A → C → D

해설 **FTA에 의한 재해사례 연구순서**
목표사상 선정 → 사상마다 재해원인 규명 → FT도 작성 → 개선계획 작성

29 주물공장 A작업자의 작업지속시간과 휴식시간을 열압박지수(HSI)를 활용하여 계산하니 각각 45분, 15분이었다. A작업자의 1일 작업량(TW)은 얼마인가? (단, 휴식시간은 포함하지 않으며, 1일 근무시간은 8시간이다.)

① 4.5시간　　② 5시간
③ 5.5시간　　④ 6시간

해설 하루 8시간 작업하므로 1시간 작업 시 45분 작업수행한 값에 8시간을 곱한다.
∴ 45분×8=360분=6시간

30 다수의 표시장치(디스플레이)를 수평으로 배열할 경우 해당 제어장치를 각각의 표시장치 아래에 배치하면 좋아지는 양립성의 종류는?

① 공간 양립성　　② 운동 양립성
③ 개념 양립성　　④ 양식 양립성

해설 공간 양립성의 설명이다.

31 다음 형상 암호화 조종장치 중 이산멈춤 위치용 조종장치는?

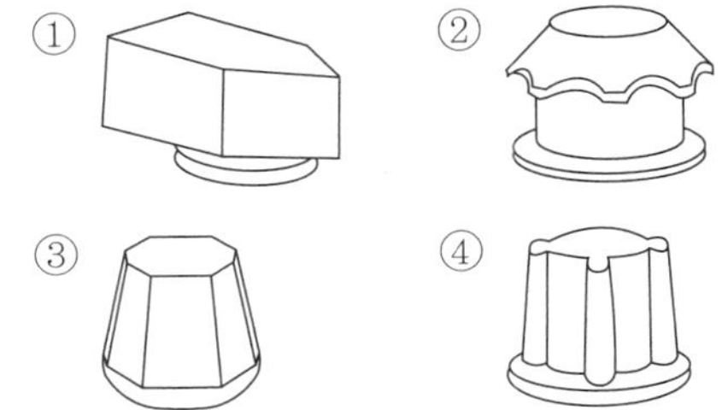

해설 ① 부류 C(이산멈춤 위치용)
②, ③ 부류 A(복수회전)
④ 부류 B(분별회전)

32 작업자의 작업공간과 관련된 내용으로 옳지 않은 것은?

① 서서 작업하는 작업공간에서 발바닥을 높이면 뻗침길이가 늘어난다.
② 서서 작업하는 작업공간에서 신체의 균형에 제한을 받으면 뻗침길이가 늘어난다.
③ 앉아서 작업하는 작업공간은 동적 팔뻗침에 의해 포락면(reach envelope)의 한계가 결정된다.
④ 앉아서 작업하는 작업공간에서 기능적 팔뻗침에 영향을 주는 제약이 적을수록 뻗침길이가 늘어난다.

정답 | 27. ③ 28. ② 29. ④ 30. ① 31. ① 32. ②

해설 ② 서서 작업하는 작업공간에서 신체의 균형에 제한을 받으면 뻗침길이가 줄어든다.

33 활동의 내용마다 "우 · 양 · 가 · 불가"로 평가하고 이 평가내용을 합하여 다시 종합적으로 정규화하여 평가하는 안전성 평가기법은?

① 평점 척도법 ② 쌍대 비교법
③ 계층적 기법 ④ 일관성 검정법

해설 평점 척도법의 설명이다.

34 시스템 수명주기 단계 중 이전 단계들에서 발생되었던 사고 또는 사건으로부터 축적된 자료에 대해 실증을 통한 문제를 규명하고 이를 최소화하기 위한 조치를 마련하는 단계는?

① 구상단계 ② 정의단계
③ 생산단계 ④ 운전단계

해설 운전단계의 설명이다.

35 사용자의 잘못된 조작 또는 실수로 인해 기계의 고장이 발생하지 않도록 설계하는 방법은?

① FMEA ② HAZOP
③ Fail safe ④ Fool proof

해설 Fool proof의 설명이다.

36 한국산업표준상 결함나무분석(FTA) 시 다음과 같이 사용되는 사상기호가 나타내는 사상은?

① 공사상 ② 기본사상
③ 통상사상 ④ 심층분석사상

해설 공사상의 설명이다.

37 표시값의 변화방향이나 변화속도를 나타내어 전반적인 추이의 변화를 관측할 필요가 있는 경우에 가장 적합한 표시장치 유형은?

① 계수형(digital)
② 묘사형(descriptive)
③ 동목형(moving scale)
④ 동침형(moving pointer)

해설 동침형의 설명이다.

38 산업안전보건법령상 정밀작업 시 갖추어져야 할 작업면의 조도 기준은? (단, 갱 내 작업장과 감광재료를 취급하는 작업장은 제외한다.)

① 75럭스 이상 ② 150럭스 이상
③ 300럭스 이상 ④ 750럭스 이상

해설 **산업안전보건법령상 조도 기준**

작업 종류	조도 기준(lux 이상)
초정밀작업	750
정밀작업	300
일반작업	150
그 밖의 작업	75

39 신뢰도가 0.4인 부품 5개가 병렬결합 모델로 구성된 제품이 있을 때 이 제품의 신뢰도는?

① 0.90 ② 0.91
③ 0.92 ④ 0.93

해설 $R_P=1-(1-0.4)(1-0.4)(1-0.4)(1-0.4)(1-0.4)$
$=0.92$

40 조작자 한 사람의 신뢰도가 0.9일 때 요원을 중복하여 2인 1조가 되어 작업을 진행하는 공정이 있다. 작업기간 중 항상 요원지원을 한다면 이 조의 인간 신뢰도는?

① 0.93 ② 0.94
③ 0.96 ④ 0.99

해설 $R_P=1-(1-0.9)(1-0.9)=0.99$

정답 ‖ 33. ① 34. ④ 35. ④ 36. ① 37. ④ 38. ③ 39. ③ 40. ④

제3과목 기계위험방지기술

41 기계설비의 안전조건 중 구조의 안전화에 대한 설명으로 가장 거리가 먼 것은?

① 기계재료의 선정 시 재료 자체에 결함이 없는지 철저히 확인한다.
② 사용 중 재료의 강도가 열화될 것을 감안하여 설계 시 안전율을 고려한다.
③ 기계작동 시 기계의 오동작을 방지하기 위하여 오동작 방지 회로를 적용한다.
④ 가공경화와 같은 가공결함이 생길 우려가 있는 경우는 열처리 등으로 결함을 방지한다.

해설 ③ 기계의 안전화이다.

42 산업안전보건법령상 롤러기의 무릎조작식 급정지장치의 설치위치 기준은? (단, 위치는 급정지장치 조작부의 중심점을 기준으로 한다.)

① 밑면에서 0.7~0.8m 이내
② 밑면에서 0.6m 이내
③ 밑면에서 0.8~1.2m 이내
④ 밑면에서 1.5m 이상

해설 **급정지장치의 설치위치**
㉠ 손조작식 : 밑면에서 1.8m 이내
㉡ 복부조작식 : 밑면에서 0.8m 이상 1.1m 이내
㉢ 무릎조작식 : 밑면에서 0.4m 이상 0.6m 이내

43 밀링작업 시 안전수칙에 해당되지 않는 것은?

① 칩이나 부스러기는 반드시 브러시를 사용하여 제거한다.
② 가공 중에는 가공면을 손으로 점검하지 않는다.
③ 기계를 가동 중에는 변속시키지 않는다.
④ 바이트는 가급적 짧게 고정시킨다.

해설 ④ 강력 절삭을 할 때는 일감을 바이트로부터 깊게 물린다.

44 크레인 작업 시 로프에 1톤의 중량을 걸어 $20m/s^2$의 가속도로 감아올릴 때, 로프에 걸리는 총 하중(kgf)은 약 얼마인가? (단, 중력가속도는 $10m/s^2$이다.)

① 1,000 ② 2,000
③ 3,000 ④ 3,500

해설 W(총 하중)$= W_1$(정하중)$+ W_2$(동하중)

$$W_2 = \frac{W_1}{g} \times \alpha$$

여기서, g : 중력가속도, α : 가속도

$$\therefore\ W = 1{,}000 + \frac{1{,}000}{10} \times 20 = 3{,}000\text{kgf}$$

45 산업안전보건법령상 프레스를 사용하여 작업을 할 때 작업시작 전 점검항목에 해당하지 않는 것은?

① 전선 및 접속부의 상태
② 클러치 및 브레이크의 기능
③ 프레스의 금형 및 고정볼트의 상태
④ 1행정 1정지기구 · 급정지장치 및 비상정지장치의 기능

해설 **프레스 작업시작 전 점검항목**
㉠ ②, ③, ④
㉡ 크랭크축 · 플라이휠 · 슬라이드 · 연결봉 및 연결나사의 풀림 여부
㉢ 슬라이드 또는 칼날에 의한 위험방지기구의 기능
㉣ 방호장치의 기능
㉤ 전단기의 칼날 및 테이블의 상태

46 프레스의 분류 중 동력 프레스에 해당하지 않는 것은?

① 크랭크 프레스 ② 토글 프레스
③ 마찰 프레스 ④ 아버 프레스

해설 **프레스의 종류**
㉠ 인력 프레스
㉡ 동력 프레스 : 크랭크 프레스, 핀클러치 프레스, 키클러치 프레스, 마찰 프레스, 토글 프레스, 스크루 프레스, 특수 프레스
㉢ 액압 프레스 : 수압 프레스, 유압 프레스

정답 | 41. ③ 42. ② 43. ④ 44. ③ 45. ① 46. ④

47 컨베이어의 종류가 아닌 것은?

① 체인 컨베이어
② 스크루 컨베이어
③ 슬라이딩 컨베이어
④ 유체 컨베이어

해설 **컨베이어의 종류**
㉠ ①, ②, ④
㉡ 롤러 컨베이어
㉢ 벨트 컨베이어

48 산업안전보건법령상 양중기에서 절단하중이 100톤인 와이어로프를 사용하여 화물을 직접적으로 지지하는 경우, 화물의 최대허용하중(톤)은?

① 20　② 30
③ 40　④ 50

해설 **양중기 안전율(계수)** : 화물의 하중을 직접 지지하는 달기와이어로프 또는 달기체인의 경우 → 5 이상
∴ 화물의 최대허용하중(톤) $= \frac{100\text{톤}}{5} = 20(\text{톤})$

49 가드(guard)의 종류가 아닌 것은?

① 고정식　② 조정식
③ 자동식　④ 반자동식

해설 **가드의 종류**
㉠ 고정식
㉡ 조정식
㉢ 자동식

50 산업안전보건법령상 리프트의 종류로 틀린 것은?

① 건설작업용 리프트
② 자동차정비용 리프트
③ 이삿짐운반용 리프트
④ 간이 리프트

해설 **산업안전보건법령상 리프트의 종류**
㉠ 건설작업용 리프트
㉡ 자동차정비용 리프트
㉢ 이삿짐운반용 리프트

51 산업안전보건법령상 연삭숫돌의 시운전에 관한 설명으로 옳은 것은?

① 연삭숫돌의 교체 시에는 바로 사용할 수 있다.
② 연삭숫돌의 교체 시 1분 이상 시운전을 하여야 한다.
③ 연삭숫돌의 교체 시 2분 이상 시운전을 하여야 한다.
④ 연삭숫돌의 교체 시 3분 이상 시운전을 하여야 한다.

해설 연삭숫돌을 사용하는 경우 작업시작 전 1분 이상, 연삭숫돌을 교체한 후에는 3분 이상 시운전을 통해 이상 유무를 확인한다.

52 보일러수 속에 불순물 농도가 높아지면서 수면에 거품이 형성되어 수위가 불안정하게 되는 현상은?

① 포밍
② 서징
③ 수격현상
④ 공동현상

해설 포밍의 설명이다.

53 산업안전보건법령상 연삭숫돌의 상부를 사용하는 것을 목적으로 하는 탁상용 연삭기 덮개의 노출각도는?

① 60° 이내
② 65° 이내
③ 80° 이내
④ 125° 이내

해설 **탁상용 연삭기의 덮개**
㉠ 덮개의 최대노출각도 : 90° 이내(원주의 $\frac{1}{4}$ 이내)
㉡ 숫돌 주축에서 수평면 위로 이루는 원주각도 : 65° 이내
㉢ 숫돌의 상부 사용을 목적으로 할 경우 : 60° 이내

정답 | 47. ③ 48. ① 49. ④ 50. ④ 51. ④ 52. ① 53. ①

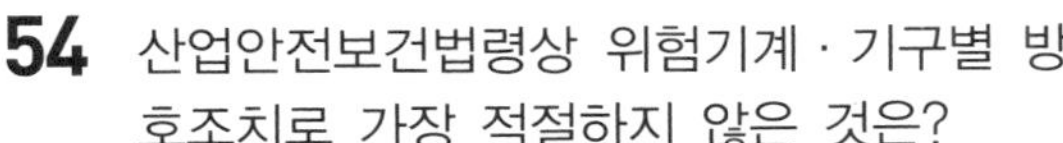

54 산업안전보건법령상 위험기계 · 기구별 방호조치로 가장 적절하지 않은 것은?

① 산업용 로봇 – 안전매트
② 보일러 – 급정지장치
③ 목재가공용 둥근톱기계 – 반발예방장치
④ 산업용 로봇 – 광전자식 방호장치

해설 ② 보일러 – 압력제한스위치, 압력방출장치, 고저수위조절장치

55 산업안전보건법령상 기계 · 기구의 방호조치에 대한 사업주 · 근로자 준수사항으로 가장 적절하지 않은 것은?

① 방호조치의 기능상실에 대한 신고가 있을 시 사업주는 수리, 보수 및 작업중지 등 적절한 조치를 할 것
② 방호조치 해체 사유가 소멸된 경우 근로자는 즉시 원상회복 시킬 것
③ 방호조치의 기능상실을 발견 시 사업주에게 신고할 것
④ 방호조치 해체 시 해당 근로자가 판단하여 해체할 것

해설 ④ 방호조치 해체 시 사업주의 허가를 받아 해체한다.

56 다음 중 선박작업 시 준수하여야 하는 안전사항으로 틀린 것은?

① 작업 중 면장갑 착용을 금한다.
② 작업 시 공구는 항상 정리해둔다.
③ 운전 중에 백기어를 사용한다.
④ 주유 및 청소를 할 때에는 반드시 기계를 정지시키고 한다.

해설 ③ 운전 중 백기어를 사용하지 않는다.

57 산업안전보건법령상 지게차 방호장치에 해당하는 것은?

① 포크 ② 헤드가드
③ 호이스트 ④ 힌지드 버킷

해설 **지게차 방호장치** : 헤드가드, 백레스트, 전조등, 후미등, 안전벨트

58 프레스의 방호장치에 해당되지 않는 것은?

① 가드식 방호장치
② 수인식 방호장치
③ 롤피드식 방호장치
④ 손쳐내기식 방호장치

해설 **프레스 방호장치**
㉠ ①, ②, ④
㉡ 양수조작식 방호장치
㉢ 광전자식(감응식) 방호장치

59 산소–아세틸렌가스 용접에서 산소용기의 취급 시 주의사항으로 틀린 것은?

① 산소용기의 운반 시 밸브를 닫고 캡을 씌워서 이동할 것
② 기름이 묻은 손이나 장갑을 끼고 취급하지 말 것
③ 원활한 산소 공급을 위하여 산소용기는 눕혀서 사용할 것
④ 통풍이 잘되고 직사광선이 없는 곳에 보관할 것

해설 ③ 원활한 산소 공급을 위하여 산소용기는 세워서 사용할 것

60 금형의 안전화에 대한 설명 중 틀린 것은?

① 금형의 틈새는 8mm 이상 충분하게 확보한다.
② 금형 사이에 신체 일부가 들어가지 않도록 한다.
③ 충격이 반복되어 부가되는 부분에는 완충장치를 설치한다.
④ 금형 설치용 홈은 설치된 프레스의 홈에 적합한 형상의 것으로 한다.

해설 ① 금형의 틈새는 8mm 이하로 하여 손가락이 들어가지 않도록 한다.

정답 | 54. ② 55. ④ 56. ③ 57. ② 58. ③ 59. ③ 60. ①

제4과목 전기 및 화학설비위험방지기술

61 제전기의 설치장소로 가장 적절한 것은?

① 대전물체의 뒷면에 접지물체가 있는 경우
② 정전기의 발생원으로부터 5~20cm 정도 떨어진 장소
③ 오물과 이물질이 자주 발생하고 묻기 쉬운 장소
④ 온도가 150℃, 상대습도가 80% 이상인 장소

해설 **제전기 설치장소** : 정전기의 발생원으로부터 5~20cm 정도 떨어진 장소

62 옥내배선에서 누전으로 인한 화재방지의 대책이 아닌 것은?

① 배선불량 시 재시공할 것
② 배선에 단로기를 설치할 것
③ 정기적으로 절연저항을 측정할 것
④ 정기적으로 배선시공 상태를 확인할 것

해설 **옥내배선에서 누전으로 인한 화재방지 대책**
㉠ 배선불량 시 재시공할 것
㉡ 정기적으로 절연저항을 측정할 것
㉢ 정기적으로 배선시공 상태를 확인할 것

63 전기설비에서 제1종 접지공사는 접지저항을 몇 Ω 이하로 해야 하는가?

① 5
② 10
③ 50
④ 100

해설 **접지공사의 종류**

접지공사	접지저항
제1종	10Ω 이하
제2종	$\frac{150}{1선\ 지락전류}$ Ω 이하
제3종	100Ω 이하
특별 제3종	10Ω 이하

64 인체의 대부분이 수중에 있는 상태에서의 허용접촉전압으로 옳은 것은?

① 2.5V 이하
② 25V 이하
③ 50V 이하
④ 100V 이하

해설 **허용접촉전압**
㉠ 제1종(2.5V 이하) : 인체의 대부분이 수중에 있는 상태
㉡ 제2종(25V 이하) : 인체가 현저하게 젖어있는 상태
㉢ 제3종(50V 이하) : 통상의 인체상태에 있어서 접촉전압이 가해지면 위험성이 높은 상태
㉣ 제4종(제한 없음) : 통상의 인체상태에 있어서 접촉전압이 가해지더라도 위험성이 낮은 상태

65 폭발성 가스가 전기기기 내부로 침입하지 못하도록 전기기기의 내부에 불활성 가스를 압입하는 방식의 방폭구조는?

① 내압방폭구조
② 압력방폭구조
③ 본질안전방폭구조
④ 유입방폭구조

해설 압력방폭구조의 설명이다.

66 감전을 방지하기 위해 관계근로자에게 반드시 주지시켜야 하는 정전작업 사항으로 가장 거리가 먼 것은?

① 전원설비 효율에 관한 사항
② 단락접지 실시에 관한 사항
③ 전원 재투입 순서에 관한 사항
④ 작업 책임자의 임명, 정전범위 및 절연용 보호구 작업 등 필요한 사항

해설 **감전 방지를 위해 관계근로자에게 주지시키는 정전작업 사항**
㉠ 단락접지 실시에 관한 사항
㉡ 전원 재투입 순서에 관한 사항
㉢ 작업 책임자의 임명, 정전범위 및 절연용 보호구 작업 등 필요한 사항

정답 | 61. ② 62. ② 63. ② 64. ① 65. ② 66. ①

67 방폭구조 전기기계·기구의 선정기준에 있어 가스폭발 위험장소의 제1종 장소에 사용할 수 없는 방폭구조는?

① 내압방폭구조
② 안전증방폭구조
③ 본질안전방폭구조
④ 비점화방폭구조

해설 **방폭구조 전기기계·기구의 선정기준**

폭발위험 장소의 분류		방폭구조 전기기계·기구의 선정기준	
가스폭발 위험장소	0종 장소	본질안전방폭구조(ia)	그 밖에 관련 공인인증기관이 0종 장소에서 사용이 가능한 방폭구조로 인증한 방폭구조
	1종 장소	내압방폭구조(d) 압력방폭구조(p) 충전방폭구조(q) 유입방폭구조(o) 안전증방폭구조(e) 본질안전방폭구조(ia, ib) 몰드방폭구조(m)	그 밖에 관련 공인인증기관이 1종 장소에서 사용이 가능한 방폭구조로 인증한 방폭구조
	2종 장소	0종 장소 및 1종 장소에 사용 가능한 방폭구조 비점화방폭구조(n)	그 밖에 2종 장소에서 사용하도록 특별히 고안된 비방폭형 구조

68 대전된 물체가 방전을 일으킬 때의 에너지 E(J)를 구하는 식으로 옳은 것은? (단, 도체의 정전용량을 C(F), 대전전위를 V(V), 대전전하량을 Q(C)라 한다.)

① $E=\sqrt{2CQ}$　② $E=\frac{1}{2}CV$

③ $E=\frac{Q^2}{2C}$　④ $E=\sqrt{\frac{2V}{C}}$

해설 **대전된 물체가 방전 시 에너지 E(J) 식**

$E=\frac{Q_2}{2C}$

여기서, C(F) : 도체의 정전용량
V(V) : 대전전위
Q(C) : 대전전하량

69 전기적 불꽃 또는 아크에 의한 화상의 우려가 높은 고압 이상의 충전전로작업에 근로자를 종사시키는 경우에는 어떠한 성능을 가진 작업복을 착용시켜야 하는가?

① 방충처리 또는 방수성능을 갖춘 작업복
② 방염처리 또는 난연성능을 갖춘 작업복
③ 방청처리 또는 난연성능을 갖춘 작업복
④ 방수처리 또는 방청성능을 갖춘 작업복

해설 **전기불꽃 등 화상의 우려가 높은 고압 이상의 충전전로작업에 근로자를 종사시키는 경우 작업복** : 방염처리 또는 난연성능을 갖춘 작업복

70 저압전선로 중 절연부분의 전선과 대지 간 및 전선의 심선 상호 간의 절연저항은 사용전압에 대한 누설전류가 최대공급전류의 얼마를 넘지 않도록 규정하고 있는가?

① $\frac{1}{1,000}$　② $\frac{1}{1,500}$

③ $\frac{1}{2,000}$　④ $\frac{1}{2,500}$

해설 **저압전선로 중 절연부분의 전선과 대지 간 및 전선의 심선 상호 간의 절연저항** : 사용전압에 대한 누설전류가 최대공급전류의 $\frac{1}{2,000}$을 넘지 않도록 규정한다.

71 다음 중 염소산칼륨에 관한 설명으로 옳은 것은?

① 탄소, 유기물과 접촉 시에도 분해폭발 위험은 거의 없다.
② 열에 강한 성질이 있어서 500℃의 고온에서도 안정적이다.
③ 찬물이나 에탄올에도 매우 잘 녹는다.
④ 산화성 고체물질이다.

해설 ① 탄소, 유기물과 접촉 시에는 분해폭발 위험이 있다.
② 열에 약한 성질이 있어서 500℃의 고온에서는 분해한다.
③ 찬물이나 에탄올에는 녹기 어렵다.

정답 | 67. ④　68. ③　69. ②　70. ③　71. ④

72 메탄 20vol%, 에탄 25vol%, 프로판 55vol%의 조성을 가진 혼합가스의 폭발하한계 값(vol%)은 약 얼마인가? (단, 메탄, 에탄 및 프로판가스의 폭발하한값은 각각 5vol%, 3vol%, 2vol%이다.)

① 2.51 ② 3.12
③ 4.26 ④ 5.22

해설
$$\frac{100}{L}=\frac{V_1}{L_1}+\frac{V_2}{L_2}+\frac{V_3}{L_3}$$
$$\frac{100}{L}=\frac{20}{5}+\frac{25}{3}+\frac{55}{2}$$
$$L=\frac{100}{39.83}$$
$$\therefore\ L=2.51$$

73 위험물안전관리법령상 제3류 위험물의 금수성 물질이 아닌 것은?

① 과염소산염 ② 금속나트륨
③ 탄화칼슘 ④ 탄화알루미늄

해설 ① 과염소산염 : 제1류 위험물

74 물과 접촉할 경우 화재나 폭발의 위험성이 더욱 증가하는 것은?

① 칼륨
② 트리니트로톨루엔
③ 황린
④ 니트로셀룰로오스

해설 $2K+2H_2O \rightarrow 2KOH+H_2$

75 다음 중 화재의 종류가 옳게 연결된 것은?

① A급 화재 – 유류화재
② B급 화재 – 유류화재
③ C급 화재 – 일반화재
④ D급 화재 – 일반화재

해설 ① A급 화재 – 일반화재
③ C급 화재 – 전기화재
④ D급 화재 – 금속화재

76 폭발하한농도(vol%)가 가장 높은 것은?

① 일산화탄소
② 아세틸렌
③ 디에틸에테르
④ 아세톤

해설

물질 종류	폭발범위(%)
일산화탄소	12.5~74
아세틸렌	2.5~81
디에틸에테르	1.9~48
아세톤	3~13

77 이산화탄소 소화기에 관한 설명으로 옳지 않은 것은?

① 전기화재에 사용할 수 있다.
② 주된 소화작용은 질식작용이다.
③ 소화약제 자체 압력으로 방출이 가능하다.
④ 전기전도성이 높아 사용 시 감전에 유의해야 한다.

해설 ④ 전기절연성이 우수하여 전기화재에 적합하다.

78 낮은 압력에서 물질의 끓는점이 내려가는 현상을 이용하여 시행하는 분리법으로 온도를 높여서 가열할 경우 원료가 분해될 우려가 있는 물질을 증류할 때 사용하는 방법을 무엇이라 하는가?

① 진공증류 ② 추출증류
③ 공비증류 ④ 수증기증류

해설 진공증류의 설명이다.

79 다음 중 불연성 가스에 해당하는 것은?

① 프로판 ② 탄산가스
③ 아세틸렌 ④ 암모니아

해설 ① 가연성 가스
③ 용해 가스
④ 독성 가스

정답 | 72. ① 73. ① 74. ① 75. ② 76. ① 77. ④ 78. ① 79. ②

80 다음 중 증류탑의 원리로 거리가 먼 것은?

① 끓는점(휘발성) 차이를 이용하여 목적성분을 분리한다.
② 열이동은 도모하지만 물질이동은 관계하지 않는다.
③ 기-액 두 상의 접촉이 충분히 일어날 수 있는 접촉면적이 필요하다.
④ 여러 개의 단을 사용하는 다단탑이 사용될 수 있다.

해설 ② 물질이동은 도모하지만 열이동은 관계하지 않는다.

제5과목 건설안전기술

81 블레이드의 길이가 길고 낮으며 블레이드의 좌우를 전후 25~30° 각도로 회전시킬 수 있어 흙을 측면으로 보낼 수 있는 도저는?

① 레이크도저
② 스트레이트도저
③ 앵글도저
④ 틸트도저

해설 앵글도저의 설명이다.

82 건물 외부에 낙하물 방지망을 설치할 경우 벽면으로부터 돌출되는 거리의 기준은?

① 1m 이상 ② 1.5m 이상
③ 1.8m 이상 ④ 2m 이상

해설 **건물 외부 낙화물 방지망 벽면으로부터 돌출거리** : 2m 이상

83 부두·안벽 등 하역작업을 하는 장소에서 부두 또는 안벽의 선을 따라 통로를 설치하는 경우 그 폭을 최소 얼마 이상으로 하여야 하는가?

① 60cm ② 90cm
③ 120cm ④ 150cm

해설 **부두·안벽 등 하역작업을 하는 장소에서 부두 또는 안벽의 선을 따라 통로를 설치하는 경우 그 폭** : 최소 90cm 이상

84 히빙(heaving)현상이 가장 쉽게 발생하는 토질지반은?

① 연약한 점토지반
② 연약한 사질토지반
③ 견고한 점토지반
④ 견고한 사질토지반

해설 **히빙현상 조건** : 연약한 점토지반

85 다음과 같은 조건에서 추락 시 로프의 지지점에서 최하단까지의 거리 h를 구하면 얼마인가?

- 로프 길이 : 150cm
- 로프 신율 : 30%
- 근로자 신장 : 170cm

① 2.8m ② 3.0m
③ 3.2m ④ 3.4m

해설
$$H = \text{로프 길이} + \text{로프의 늘어난 길이} \times \frac{\text{신장}}{2}$$
$$= 1.5\text{m} + 1.5\text{m} \times 0.3 + \frac{1.7\text{m}}{2}$$
$$= 2.8\text{m}$$

86 신축공사현장에서 강관으로 외부 비계를 설치할 때 비계기둥의 최고높이가 45m라면 관련 법령에 따라 비계기둥을 2개의 강관으로 보강하여야 하는 높이는 지상으로부터 얼마까지인가?

① 14m
② 20m
③ 25m
④ 31m

해설 비계기둥의 제일 윗부분으로부터 31m 지점 밑부분의 기둥은 2개의 강관으로 묶어 세워야 하므로 45−31=14m

정답 | 80. ② 81. ③ 82. ④ 83. ② 84. ① 85. ① 86. ①

87 동바리로 사용하는 파이프 서포트에 관한 설치기준으로 옳지 않은 것은?

① 파이프 서포트를 3개 이상 이어서 사용하지 않도록 할 것
② 파이프 서포트를 이어서 사용하는 경우에는 4개 이상의 볼트 또는 전용철물을 사용하여 이을 것
③ 높이가 3.5m를 초과하는 경우에는 높이 2m 이내마다 수평연결재를 2개 방향으로 만들고 수평연결재의 변위를 방지할 것
④ 파이프 서포트 사이에 교차가새를 설치하여 수평력에 대하여 보강 조치할 것

해설 **동바리로 사용하는 파이프 서포트 설치기준** : ①, ②, ③

88 다음은 비계를 조립하여 사용하는 경우 작업발판 설치에 관한 기준이다. (　)에 들어갈 내용으로 옳은 것은?

> 사업주는 비계(달비계, 달대비계 및 말비계는 제외한다)의 높이가 (　) 이상인 작업장소에 다음 각 호의 기준에 맞는 작업발판을 설치하여야 한다.
> 1. 발판 재료는 작업할 때의 하중을 견딜 수 있도록 견고한 것으로 할 것
> 2. 작업 발판의 폭은 40센티미터 이상으로 하고, 발판 재료 간의 틈은 3센티미터 이하로 할 것

① 1m　② 2m
③ 3m　④ 4m

해설 사업주는 비계(달비계, 달대비계 및 말비계 제외)의 높이가 2m 이상인 작업장소에는 작업발판을 설치한다.

89 건설공사 유해위험방지계획서 제출 시 공통적으로 제출하여야 할 첨부서류가 아닌 것은?

① 공사개요서
② 전체 공정표
③ 산업안전보건관리비 사용계획서
④ 가설도로계획서

해설 **유해위험방지계획서 제출 시 공통적으로 제출하여야 할 첨부서류**
㉠ ①, ②, ③
㉡ 공사현장의 주변 현황 및 주변과의 관계를 나타내는 도면(매설물 현황 포함)
㉢ 건설물, 사용기계설비 등의 배치를 나타내는 도면
㉣ 안전관리조직표
㉤ 재해발생 위험 시 연락 및 대피방법

90 리프트(lift)의 방호장치에 해당하지 않는 것은?

① 권과방지장치
② 비상정지장치
③ 과부하방지장치
④ 자동경보장치

해설 **리프트 방호장치**
㉠ 권과방지장치
㉡ 비상정지장치
㉢ 과부하방지장치

91 흙막이 지보공을 설치하였을 때 붕괴 등의 위험방지를 위하여 정기적으로 점검하고, 이상 발견 시 즉시 보수하여야 하는 사항이 아닌 것은?

① 침하의 정도
② 버팀대의 긴압의 정도
③ 지형 · 지질 및 지층 상태
④ 부재의 손상 · 변형 · 변위 및 탈락의 유무와 상태

해설 ③ 부재의 접속부 · 부착부 및 교차부의 상태

92 암질 변화구간 및 이상 암질 출현 시 판별방법과 가장 거리가 먼 것은?

① R.Q.D
② R.M.R
③ 지표침하량
④ 탄성파 속도

해설 ③ 일축압축강도

정답 ▌ 87. ④　88. ②　89. ④　90. ④　91. ③　92. ③

93 강관을 사용하여 비계를 구성하는 경우의 준수사항으로 옳지 않은 것은?

① 비계기둥의 간격은 띠장 방향에서는 1.85m 이하로 할 것
② 비계기둥의 간격은 장선(長線) 방향에서는 1.0m 이하로 할 것
③ 띠장 간격은 2.0m 이하로 할 것
④ 비계기둥 간의 적재하중은 400kg을 초과하지 않도록 할 것

해설 ② 비계기둥의 간격은 띠장 방향에서는 1.5~1.8m, 장선 방향에서는 1.5m 이하로 할 것

94 산업안전보건법령에 따른 크레인을 사용하여 작업을 하는 때 작업시작 전 점검사항에 해당되지 않는 것은?

① 권과방지장치 · 브레이크 · 클러치 및 운전장치의 기능
② 주행로의 상측 및 트롤리(trolley)가 횡행하는 레일의 상태
③ 원동기 및 풀리(pulley) 기능의 이상 유무
④ 와이어로프가 통하고 있는 곳의 상태

해설 **크레인 작업시작 전 점검사항** : ①, ②, ④

95 철근콘크리트 현장타설공법과 비교한 PC(precast concrete)공법의 장점으로 볼 수 없는 것은?

① 기후의 영향을 받지 않아 동절기 시공이 가능하고, 공기를 단축할 수 있다.
② 현장작업이 감소되고, 생산성이 향상되어 인력절감이 가능하다.
③ 공사비가 매우 저렴하다.
④ 공장 제작이므로 콘크리트 양생 시 최적조건에 의한 양질의 제품생산이 가능하다.

해설 ③ 공사비가 비싸다.

96 다음은 산업안전보건법령에 따른 승강설비의 설치에 관한 내용이다. (   )에 들어갈 내용으로 옳은 것은?

> 사업주는 높이 또는 깊이가 (   )를 초과하는 장소에서 작업하는 경우 해당 작업에 종사하는 근로자가 안전하게 승강하기 위한 건설작업용 리프트 등의 설비를 설치하여야 한다. 다만, 승강설비를 설치하는 것이 작업의 성질상 곤란한 경우에는 그러하지 아니하다.

① 2m
② 3m
③ 4m
④ 5m

해설 사업주는 높이 또는 깊이가 2m를 초과하는 장소에서 작업하는 경우 해당 작업에 종사하는 근로자가 안전하게 승강하기 위한 건설작업용 리프트 등의 설비를 설치한다.

97 콘크리트를 타설할 때 거푸집에 작용하는 콘크리트 측압에 영향을 미치는 요인과 가장 거리가 먼 것은?

① 콘크리트 타설속도
② 콘크리트 타설높이
③ 콘크리트 강도
④ 기온

해설 **콘크리트 타설 시 거푸집의 측압에 영향을 미치는 인자(측압이 큰 경우)**

㉠ 거푸집 부재단면이 클수록
㉡ 거푸집 수밀성이 클수록
㉢ 거푸집의 강성이 클수록
㉣ 철근의 양이 적을수록
㉤ 거푸집 표면이 평활할수록
㉥ 시공연도(workability)가 좋을수록
㉦ 외기온도가 낮을수록
㉧ 타설(부어넣기) 속도가 빠를수록
㉨ 슬럼프가 클수록
㉩ 다짐이 좋을수록
㉪ 콘크리트 비중이 클수록
㉫ 조강시멘트 등 응결시간이 빠른 것을 사용할수록
㉬ 습도가 낮을수록

98 작업발판 및 통로의 끝이나 개구부로서 근로자가 추락할 위험이 있는 장소에서의 방호조치로 옳지 않은 것은?

① 안전난간 설치
② 와이어로프 설치
③ 울타리 설치
④ 수직형 추락방망 설치

해설 **작업발판 등 근로자가 추락할 위험이 있는 장소에서 방호조치**
㉠ 안전난간 설치
㉡ 울타리 설치
㉢ 수직형 추락방망 설치

99 안전관리비의 사용 항목에 해당하지 않는 것은?

① 안전시설비
② 개인보호구 구입비
③ 접대비
④ 사업장의 안전 · 보건진단비

해설 **산업안전보건관리비 사용 항목**
㉠ 안전관리자 등의 인건비 및 각종 업무수당 등
㉡ 안전시설비
㉢ 개인보호구 및 안전장구 구입비 등
㉣ 안전진단비
㉤ 안전보건교육비 및 행사비 등
㉥ 근로자 건강관리비
㉦ 건설재해예방 기술지도비
㉧ 본사 사용비

100 항타기 및 항발기를 조립하는 경우 점검하여야 할 사항이 아닌 것은?

① 과부하장치 및 제동장치의 이상 유무
② 권상장치의 브레이크 및 쐐기장치 기능의 이상 유무
③ 본체 연결부의 풀림 또는 손상의 유무
④ 권상기의 설치상태의 이상 유무

해설 **항타기 및 항발기를 조립하는 경우 점검사항**
㉠ ②, ③, ④
㉡ 권상용 와이어로프, 드럼 및 도르래의 부착상태의 이상 유무
㉢ 버팀의 방법 및 고정상태의 이상 유무

정답 ▎ 98. ② 99. ③ 100. ①

2020년 제4회 CBT 복원문제

▌산업안전산업기사 9월 20일 시행▐

제1과목 산업안전관리론

01 다음 중 위험예지훈련 기초 4라운드(4R)에서 라운드별 내용이 옳게 연결된 것은?

① 1라운드 : 현상파악
② 2라운드 : 대책수립
③ 3라운드 : 목표설정
④ 4라운드 : 본질추구

해설 ② 2라운드 : 본질추구
③ 3라운드 : 대책수립
④ 4라운드 : 목표달성

02 산업재해예방의 4원칙 중 "재해발생은 반드시 원인이 있다."라는 원칙은 무엇에 해당하는가?

① 대책선정의 원칙
② 원인연계의 원칙
③ 손실우연의 원칙
④ 예방가능의 원칙

해설 **산업재해예방의 4원칙**
㉠ 원인연계의 원칙 : 재해발생은 반드시 원인이 있다.
㉡ 손실우연의 원칙
㉢ 예방가능의 원칙
㉣ 대책선정의 원칙

03 산업안전보건법상 사업주는 산업재해로 사망자가 발생한 경우 해당 산업재해가 발생한 날부터 얼마 이내에 산업재해조사표를 작성하여 관할 지방고용노동청장에게 제출하여야 하는가?

① 1일 ② 7일
③ 15일 ④ 1개월

해설 **산업재해로 사망자가 발생한 경우** : 산업재해가 발생한 날부터 1개월 이내에 산업재해조사표를 작성하여 관할 지방고용노동청장에게 제출한다.

04 리더십에 있어서 권한의 역할 중 조직이 지도자에게 부여한 권한이 아닌 것은?

① 보상적 권한 ② 강압적 권한
③ 합법적 권한 ④ 전문성의 권한

해설 (1) 조직이 리더에게 부여하는 권한
㉠ 강압적 권한
㉡ 보상적 권한
㉢ 합법적 권한
(2) 리더자신이 자신에게 부여하는 권한
㉠ 위임된 권한
㉡ 전문성의 권한

05 재해의 원인분석법 중 사고의 유형, 기인물 등 분류항목을 큰 순서대로 도표화하여 문제나 목표의 이해가 편리한 것은?

① 파레토도(pareto diagram)
② 특성 요인도(cause-reason diagram)
③ 클로즈 분석(close analysis)
④ 관리도(control chart)

해설 **통계적 원인분석**
㉠ 파레토도 : 사고의 유형, 기인물 등 분류항목을 큰 순서대로 도표화한다.
㉡ 특성 요인도 : 특성과 요인관계를 도표로 하여 어골상으로 세분화한다.
㉢ 클로즈 분석 : 2개 이상의 문제관계를 분석하는 데 사용하는 것으로 Data를 집계하고 표로 표시하여 요인별 결과내역을 교차한 클로즈 그림을 작성하여 분석한다.
㉣ 관리도 : 재해발생건수 등의 추이를 파악하여 목표관리를 행하는 데 필요한 월별 재해발생수를 Graph화하여 관리선을 설정 관리하는 방법이다.

06 안전교육의 단계 중 표준작업방법의 습관화를 위한 교육은?

① 태도교육 ② 지식교육
③ 기능교육 ④ 기술교육

해설 **태도교육**
㉠ 표준작업방법대로 작업을 행하도록 한다.
㉡ 안전수칙 및 규칙을 실행하도록 한다.
㉢ 의욕을 갖게 한다.

07 다음 중 안전보건관리책임자에 대한 설명과 거리가 먼 것은?

① 해당 사업장에서 사업을 실질적으로 총괄 관리하는 자이다.
② 해당 사업장의 안전교육계획을 수립 및 실시한다.
③ 선임사유가 발생한 때에는 지체 없이 선임하고 지정하여야 한다.
④ 안전관리자와 보건관리자를 지휘, 감독하는 책임을 가진다.

해설 ② 안전관리자의 직무

08 허즈버그(Herzberg)의 동기·위생 이론 중에서 위생요인에 해당하지 않는 것은?

① 보수
② 책임감
③ 작업조건
④ 관리감독

해설 **허즈버그의 동기·위생 요인**
㉠ 동기·유발 요인 : 책임감
㉡ 위생요인 : 보수, 작업조건, 관리감독

09 다음 중 잠재적인 손실이나 손상을 가져올 수 있는 상태나 조건을 무엇이라 하는가?

① 위험 ② 사고
③ 상해 ④ 재해

해설 **위험** : 잠재적인 손실이나 손상을 가져올 수 있는 상태나 조건

10 다음 중 산업안전심리의 5요소와 가장 거리가 먼 것은?

① 동기 ② 기질
③ 감정 ④ 기능

해설 **산업심리의 5요소**
㉠ 동기 ㉡ 기질 ㉢ 감정
㉣ 습성 ㉤ 습관

11 다음의 사고발생 기초원인 중 심리적 요인에 해당하는 것은?

① 작업 중 졸려서 주의력이 떨어졌다.
② 조명이 어두워 정신집중이 안 되었다.
③ 작업공간이 협소하여 압박감을 느꼈다.
④ 적성에 안 맞는 작업이어서 재미가 없었다.

해설 ① 간접 원인 중 신체적 원인
② 직접 원인 중 물적 원인
③ 직접 원인 중 물적 원인

12 안전교육계획 수립 시 고려하여야 할 사항과 관계가 가장 먼 것은?

① 필요한 정보를 수집한다.
② 현장의 의견을 충분히 반영한다.
③ 안전교육 시행체계와의 관련을 고려한다.
④ 법 규정에 의한 교육에 한정한다.

해설 **안전교육계획 수립 시 고려사항**
㉠ 필요한 정보를 수집한다.
㉡ 현장의 의견을 충분히 반영한다.
㉢ 안전교육 시행체계와의 관련을 고려한다.

13 재해는 크게 4가지 방법으로 분류하고 있는데 다음 중 분류방법에 해당되지 않는 것은?

① 통계적 분류
② 상해 종류에 의한 분류
③ 관리적 분류
④ 재해형태별 분류

해설 ③ 상해 정도별 분류(I.L.O)

정답 ❙ 06. ① 07. ② 08. ② 09. ① 10. ④ 11. ④ 12. ④ 13. ③

14 작업지시 기법에 있어 작업 포인트에 대한 지시 및 확인사항이 아닌 것은?

① Weather　② When
③ Where　④ What

해설

포인트	지시 및 확인 사항
작업	㉠ 작업목적 : 왜(Why) ㉡ 작업내용 : 시간(언제 : When) 장소(어디서 : Where) 작업(무엇을 : What)

15 산업안전보건법상 사업 내 안전·보건교육 중 채용 시의 교육내용에 해당하지 않는 것은? (단, 산업안전보건법 및 일반관리에 관한 사항은 제외한다.)

① 사고 발생 시 긴급조치에 관한 사항
② 유해·위험 작업환경관리에 관한 사항
③ 산업보건 및 직업병 예방에 관한 사항
④ 기계·기구의 위험성과 작업의 순서 및 동선에 관한 사항

해설 **채용 시의 교육내용**
㉠ ①, ③, ④
㉡ 작업개시 전 점검에 관한 사항
㉢ 정리정돈 및 청소에 관한 사항
㉣ 산업보건 및 직업병 예방에 관한 사항
㉤ 물질안전보건 자료에 관한 사항
㉥ 산업안전보건법 및 일반관리에 관한 사항

16 다음 중 무재해운동 추진의 3요소가 아닌 것은?

① 최고경영자의 경영자세
② 재해상황 분석 및 해결
③ 직장 소집단의 자주활동 활성화
④ 관리감독자에 의한 안전보건의 추진

해설 **무재해운동 추진의 3요소 :** ①, ③, ④

17 관료주의에 대한 설명으로 틀린 것은?

① 의사결정에는 작업자의 참여가 필수적이다.
② 인간을 조직 내의 한 구성원으로만 취급한다.
③ 개인의 성장이나 자아실현의 기회가 주어지지 않는다.
④ 사회적 여건이나 기술의 변화에 신속하게 대응하기 어렵다.

해설 ①의 경우, 의사결정에는 작업자의 참여가 없다.

18 연평균 근로자 150명이 근무하는 어느 사업장에 1년간 5명의 사상자가 발생했다. 이 사업장의 연천인율은 약 얼마인가?

① 22.20　② 33.33
③ 40.00　④ 45.22

해설

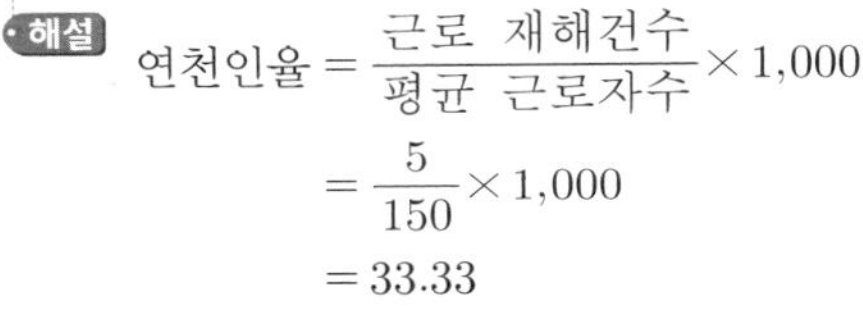

$$연천인율 = \frac{근로\ 재해건수}{평균\ 근로자수} \times 1{,}000 = \frac{5}{150} \times 1{,}000 = 33.33$$

19 다음 중 안전태도교육의 기본과정에 있어 마지막 단계로 가장 적절한 것은?

① 권장한다.　② 모범을 보인다.
③ 이해시킨다.　④ 청취한다.

해설 **안전태도교육의 기본과정**
㉠ 제1단계 : 청취한다.
㉡ 제2단계 : 이해시킨다.
㉢ 제3단계 : 모범을 보인다.
㉣ 제4단계 : 권장(평가)한다.

20 군화의 법칙(群花의 法則)을 그림으로 나타낸 것으로 다음 중 폐합의 요인에 해당되는 것은?

① ●　○　●　○　●　○
② ○ ○　○ ○　○ ○　○ ○
③
④

해설 ① 동류의 요인 : 일반적으로 6개의 동그라미가 정리되어 있지 않고, 흰 동그라미와 검은 동그라미가 각각 정리된 것처럼 보인다. 이것은 비슷한 물건끼리가 하나의 군으로서 인지되기 쉽기 때문이다.
② 근접의 요인 : 일반적으로 전체가 한군데 모여져 있지 않고 가까이 있는 두 개의 동그라미가 각각 1조로 한군데 모여 있는 것처럼 보인다. 이것은 가까이 있는 물건끼리를 하나의 군으로 정리한다고 하는 지각이 있기 때문이다.
③ 연속의 요인 : 변형된 2개의 것이 조합된 것이 똑같은 장소 · 성질이 다른 2개의 부분으로 나누어질 때, 어느 쪽의 부분이 물건이 되는가에 관해서 생각한다.
④ 폐합의 요인 : 일반적으로 3개의 원형이 각각 있다고 할 때, 바깥쪽의 큰 것이 작은 2개의 것을 폐합하는 것처럼 보인다. 이것은 근접, 동류의 요인보다도 폐합 요인의 경향이 강한 것을 나타내고 있다.

제2과목 인간공학 및 시스템안전공학

21 다음 중 시스템 안전분석방법에 대한 설명으로 틀린 것은?

① 해석의 수리적 방법에 따라 정성적, 정량적 방법이 있다.
② 해석의 논리적 방법에 따라 귀납적, 연역적 방법이 있다.
③ FTA는 연역적, 정량적 분석이 가능한 방법이다.
④ PHA는 운용사고해석이라고 말할 수 있다.

해설 PHA(Preliminary Hazard Analysis)는 예비위험분석이라고 말할 수 있다. 즉 명칭이 의미하는 바와 같이 시스템 안전위험분석(SSHA)을 수행하기 위한 예비적인 또는 최초의 작업이다. 그것은 구상단계나 설계 및 발주 단계의 극히 초기에 실시한다.

22 다음 중 위험관리의 내용으로 틀린 것은?

① 위험의 파악
② 위험의 처리
③ 사고의 발생확률 예측
④ 작업 분석

해설 **위험관리의 내용**
㉠ 위험의 파악
㉡ 위험의 처리
㉢ 사고의 발생확률 예측

23 정보 전달용 표시장치에서 청각적 표현이 좋은 경우가 아닌 것은?

① 메시지가 단순하다.
② 메시지가 복잡하다.
③ 메시지가 그때의 사건을 다룬다.
④ 시각장치가 지나치게 많다.

해설 **청각적 표현이 좋은 경우**
㉠ 메시지가 단순하다.
㉡ 메시지가 그때의 사건을 다룬다.
㉢ 시각장치가 지나치게 많다.

24 다음 중 이동전화의 설계에서 사용성 개선을 위해 사용자의 인지적 특성이 가장 많이 고려되어야 하는 사용자 인터페이스 요소는?

① 버튼의 크기
② 전화기의 색깔
③ 버튼의 간격
④ 한글 입력방식

해설 **이동전화 설계 시 사용자 인터페이스 요소** : 한글 입력방식

25 다음 중 불 대수(boolean algebra)의 관계식으로 옳은 것은?

① $A(A \cdot B) = B$
② $A + B = A \cdot B$
③ $A + A \cdot B = A \cdot B$
④ $(A + B)(A + C) = A + B \cdot C$

 정답 | 21. ④ 22. ④ 23. ② 24. ④ 25. ④

해설 불 대수의 관계식

$(A+B)(A+C)=A+B\cdot C$

① $A(A\cdot B)=(AA)B=A\cdot B$

② $A+B=B+A$

③ $A+AB=A\cup(A\cap B)$
$=(A\cup A)\cap(A\cup B)$
$=A\cap(A\cup B)=A$

26 다음 중 일반적인 지침의 설계요령과 가장 거리가 먼 것은?

① 뾰족한 지침의 선각은 약 30° 정도를 사용한다.
② 지침의 끝은 눈금과 맞닿되 겹치지 않게 한다.
③ 원형 눈금의 경우 지침의 색은 선단에서 눈의 중심까지 칠한다.
④ 시차를 없애기 위해 지침을 눈금 면에 밀착시킨다.

해설 ①의 경우, 뾰족한 지침의 선각은 약 15° 정도를 사용한다.

27 완력검사에서 당기는 힘을 측정할 때 가장 큰 힘을 낼 수 있는 팔꿈치의 각도는?

① 90° ② 120°
③ 150° ④ 180°

해설 **큰 힘을 낼 수 있는 팔꿈치 각도** : 150°

28 다음 중 작업장에서 광원으로부터 직사휘광을 처리하는 방법으로 옳은 것은?

① 광원의 휘도를 늘린다.
② 광원을 시선에서 가까이 위치시킨다.
③ 휘광원 주위를 밝게 하여 광도비를 늘린다.
④ 가리개, 차양을 설치한다.

해설 **광원으로부터 직사휘광을 처리하는 방법**

㉠ 광원의 휘도를 줄이고, 광원의 수를 늘린다.
㉡ 광원을 시선에서 멀리 위치시킨다.
㉢ 휘광원 주위를 밝게 하여 광속 발산비를 줄인다.
㉣ 가리개, 갓, 혹은 차양(visor)을 사용한다.

29 다음 중 정성적(아날로그) 표시장치를 사용하기에 가장 적절하지 않은 것은?

① 전력계와 같이 신속하고 정확한 값을 알고자 할 때
② 비행기 고도의 변화율을 알고자 할 때
③ 자동차 시속을 일정한 수준으로 유지하고자 할 때
④ 색이나 형상을 암호화하여 설계할 때

해설 **정량적 표시장치(계수형, digital)** : 전력계나 택시 요금 계기와 같이 기계, 전자적으로 숫자가 표시되는 형

30 반사형 없이 모든 방향으로 빛을 발하는 점 광원에서 2m 떨어진 곳의 조도가 150lux라면 3m 떨어진 곳의 조도는 약 얼마인가?

① 37.5lux ② 66.67lux
③ 337.5lux ④ 600lux

해설 조도 $=\dfrac{\text{광도}}{(\text{거리})^2}$

2m 떨어진 지점의 광도를 구하면

$150=\dfrac{x}{(2)^2}=\dfrac{x}{4}$ 이므로 $x=150\times4=600$ 이다.

다시 3m 떨어진 지점의 조도(lux)를 구하면

$x=\dfrac{600}{(3)^2}$

$\therefore\ x=66.67\text{lux}$

31 다음 중 진동이 인간성능에 끼치는 일반적인 영향이 아닌 것은?

① 진동은 진폭에 반비례하여 시력이 손상된다.
② 진동은 진폭에 비례하여 추적능력이 손상된다.
③ 정확한 근육조절을 요하는 작업은 진동에 의해 저하된다.
④ 주로 중앙신경처리에 관한 임무는 진동의 영향을 덜 받는다.

해설 ①의 경우, 진동은 진폭에 비례하여 시력이 손상된다.

32 다음 중 절대적으로 식별가능한 청각차원의 수준의 수가 가장 적은 것은?

① 강도 ② 진동수
③ 지속시간 ④ 음의 방향

해설 **절대적으로 식별가능한 청각차원의 수준의 수가 가장 적은 것** : 음의 방향

33 다음 중 보전효과 측정을 위해 사용하는 설비고장 강도율의 식으로 옳은 것은?

① 설비고장정지시간/설비가동시간
② 설비고장건수/설비가동시간
③ 총 수리시간/설비가동시간
④ 부하시간/설비가동시간

해설 $\text{설비고장 강도율} = \dfrac{\text{설비고장정지시간}}{\text{설비가동시간}}$

34 FT도에서 사용되는 기호 중 입력현상의 반대현상이 출력되는 게이트는?

① AND 게이트 ② 부정 게이트
③ OR 게이트 ④ 억제 게이트

해설 부정 게이트의 설명이다.

35 다음 중 조작자와 제어버튼 사이의 거리, 조작에 필요한 힘 등을 정할 때 가장 일반적으로 적용되는 인체측정자료 응용원칙은?

① 평균치 설계원칙
② 최대치 설계원칙
③ 최소치 설계원칙
④ 조절식 설계원칙

해설 최소치 설계원칙의 설명이다.

36 인터페이스(계면)를 설계할 때 감성적인 부문을 고려하지 않으면 나타나는 결과는?

① 육체적 압박 ② 정신적 압박
③ 진부감(陳腐感) ④ 편리감

해설 진부감의 설명이다.

37 다음 중 안전성 평가에서 위험관리의 사명으로 가장 적절한 것은?

① 잠재위험의 인식
② 손해에 대한 자금융통
③ 안전과 건강관리
④ 안전공학

해설 **위험관리의 사명** : 손해에 대한 자금융통

38 작업원 2인이 중복하여 작업하는 공정에서 작업자의 신뢰도는 0.85로 동일하며, 작업 중 50%는 작업자 1인이 수행하고 나머지 50%는 중복작업한다면 이 공정의 인간 신뢰도는 약 얼마인가?

① 0.6694 ② 0.7255
③ 0.9138 ④ 0.9888

해설 $R_s = 1-(1-0.85)(1-0.85\times 0.5)$
$= 0.9138$

39 다음 중 사업장에서 인간공학 적용분야와 가장 거리가 먼 것은?

① 작업환경 개선
② 장비 및 공구의 설계
③ 재해 및 질병 예방
④ 신뢰성 설계

해설 **사업장에서 인간공학 적용분야**
㉠ 작업환경 개선
㉡ 장비 및 공구의 설계
㉢ 재해 및 질병 예방

40 다음 중 한 장소에 앉아서 수행하는 작업활동에서 작업에 사용하는 공간을 무엇이라 하는가?

① 작업공간 포락면
② 정상작업 포락면
③ 작업공간 파악한계
④ 정상작업 파악한계

해설 작업공간 포락면의 설명이다.

정답 | 32. ④ 33. ① 34. ② 35. ③ 36. ③ 37. ② 38. ③ 39. ④ 40. ①

제3과목 기계위험방지기술

41 재료에 구멍이 있거나 노치(notch) 등이 있는 재료에 외력이 작용할 때 가장 현저히 나타나는 현상은?

① 가공경화 ② 피로
③ 응력집중 ④ 크리프(creep)

해설 재료에 구멍이 있거나 노치(notch) 등이 있는 재료에 외력이 작용할 때 현저히 나타나는 현상은 응력집중이다.

42 다음 중 드릴 작업 시 가장 안전한 행동에 해당하는 것은?

① 장갑을 끼고 작업한다.
② 작업 중에 브러시로 칩을 털어 낸다.
③ 작은 구멍을 뚫고 큰 구멍을 뚫는다.
④ 드릴을 먼저 회전시키고 공작물을 고정한다.

해설 ① 장갑을 끼고 → 장갑을 벗고
② 작업 중에 → 작업이 끝난 후에
④ 드릴을 먼저 회전시키고 → 드릴을 정지시키고

43 프레스의 금형을 부착, 해체 또는 조정 작업 시 슬라이드의 불시 하강으로 인해 발생되는 사고를 방지하기 위한 방호장치는?

① 접촉예방장치
② 안전블록
③ 전환스위치
④ 과부하방지장치

해설 문제의 내용은 안전블록에 관한 것이다.

44 다음 중 산업안전보건법상 컨베이어 작업시작 전 점검사항이 아닌 것은?

① 원동기 및 풀리기능의 이상 유무
② 이탈 등의 방지장치기능의 이상 유무
③ 비상정지장치의 이상 유무
④ 건널다리의 이상 유무

해설 컨베이어 작업시작 전 점검사항으로는 ①, ②, ③ 이외에 다음과 같다.
원동기, 회전축, 기어 및 풀리 등의 덮개 또는 울 등의 이상 유무

45 다음 중 컨베이어(conveyor)의 주요 구성품이 아닌 것은?

① 롤러(roller) ② 벨트(belt)
③ 지브(jib) ④ 체인(chain)

해설 ③의 지브(jib)는 크레인의 구성품에 해당되는 것이다.

46 동력을 사용하여 중량물을 매달아 상하 및 좌우(수평 또는 선회를 말한다)로 운반하는 것을 목적으로 하는 기계는?

① 크레인 ② 리프트
③ 곤돌라 ④ 승강기

해설 문제의 내용은 크레인에 관한 것이다.

47 다음 중 목재가공용 기계별 방호장치가 틀린 것은?

① 목재가공용 둥근톱기계-반발예방장치
② 동력식 수동대패기계-날접촉예방장치
③ 목재가공용 띠톱기계-날접촉예방장치
④ 모떼기기계-반발예방장치

해설 ④의 경우, 모떼기기계의 방호장치로는 날접촉예방장치를 설치해야 한다.

48 드릴머신에서 얇은 철판이나 동판에 구멍을 뚫을 때 올바른 작업방법은?

① 테이블에 고정한다.
② 클램프로 고정한다.
③ 드릴 바이스에 고정한다.
④ 각목을 밑에 깔고 기구로 고정한다.

해설 드릴머신에서 얇은 철판이나 동판에 구멍을 뚫을 때는 각목을 밑에 깔고 기구로 고정을 하는 것이 올바른 작업방법이다.

정답 | 41. ③ 42. ③ 43. ② 44. ④ 45. ③ 46. ① 47. ④ 48. ④

49 다음 중 프레스 정지 시의 안전수칙이 아닌 것은?

① 정전되면 즉시 스위치를 끈다.
② 안전블록을 바로 고여준다.
③ 클러치를 연결시킨 상태에서 기계를 정지시키지 않는다.
④ 플라이휠의 회전을 멈추기 위해 손으로 누르지 않는다.

해설 ②의 경우, 프레스의 정비·수리 시의 안전수칙에 해당된다.

50 선반작업에서 가공물의 길이가 외경에 비하여 과도하게 길 때, 절삭저항에 의한 떨림을 방지하기 위한 장치는?

① 센터 ② 방진구
③ 돌리개 ④ 심봉

해설 문제의 내용은 방진구에 관한 것이다.

51 크레인의 훅, 버킷 등 달기구 윗면이 드럼 상부 도르래 등 권상장치의 아랫면과 접촉할 우려가 있을 때 직동식 권과방지장치의 조정간격은?

① 0.01m 이상
② 0.02m 이상
③ 0.03m 이상
④ 0.05m 이상

해설 권상장치의 아랫면과 접촉할 우려가 있을 때 직동식 권과방지장치의 조정간격은 0.05m 이상이다.

52 목재가공용 둥근톱의 두께가 3mm일 때, 분할날의 두께는?

① 3.3mm 이상 ② 3.6mm 이상
③ 4.5mm 이상 ④ 4.8mm 이상

해설 분할날의 두께는 둥근톱 두께의 1.1배 이상으로 하여야 한다.
∴ $3\times1.1=3.3$mm 이상

53 탁상용 연삭기에서 일반적으로 플랜지의 직경은 숫돌직경의 얼마 이상이 적정한가?

① $\frac{1}{2}$ ② $\frac{1}{3}$
③ $\frac{1}{5}$ ④ $\frac{1}{10}$

해설 탁상용 연삭기에서 플랜지의 직경은 숫돌직경의 $\frac{1}{3}$ 이상이 적정하다.

54 프레스의 일반적인 방호장치가 아닌 것은?

① 광전자식 방호장치
② 포집형 방호장치
③ 게이트 가드식 방호장치
④ 양수조작식 방호장치

해설 프레스의 일반적인 방호장치로는 ①, ③, ④ 이외에 다음과 같다.
㉠ 수인식 방호장치
㉡ 손쳐내기식 방호장치

55 프레스 가공품의 이송방법으로 2차 가공용 송급배출장치가 아닌 것은?

① 푸셔 피더(pusher feeder)
② 다이얼 피더(dial feeder)
③ 롤 피더(roll feeder)
④ 트랜스퍼 피더(transfer feeder)

해설 (1) 2차 가공용 송급배출장치로는 ①, ②, ④ 이외에 다음과 같다.
㉠ 호퍼 피더
㉡ 슈트
(2) 롤 피더는 그리퍼 피더와 더불어 1차 가공용 송급배출장치에 해당된다.

56 드럼의 직경이 D, 로프의 직경이 d인 윈치에서 D/d가 클수록 로프의 수명은 어떻게 되는가?

① 짧아진다. ② 길어진다.
③ 변화가 없다. ④ 사용할 수 없다.

해설 윈치에서 D/d가 클수록 로프의 수명은 길어진다.

정답 | 49. ② 50. ② 51. ④ 52. ① 53. ② 54. ② 55. ③ 56. ②

57 다음 중 무부하 상태 기준으로 구내 최고 속도가 20km/h인 지게차의 주행 시 좌우 안정도 기준은?

① 4% 이내　② 20% 이내
③ 37% 이내　④ 40% 이내

해설 주행 시의 좌우 안정도(%) $= 15 + 1.1V$
$= 15 + 1.1 \times 20$
$= 37\%$ 이내

58 안전계수가 6인 와이어로프의 파단하중이 300kgf인 경우, 매달기 안전하중은 얼마인가?

① 50kgf 이하　② 60kgf 이하
③ 100kgf 이하　④ 150kgf 이하

해설
$$\text{안전계수} = \frac{\text{파단하중}}{\text{안전하중}}$$
$$6 = \frac{300}{\text{안전하중}}$$
$$\therefore \text{안전하중} = \frac{300}{6} = 50\text{kgf 이하}$$

59 밀링가공 시 안전한 작업방법이 아닌 것은?

① 면장갑은 사용하지 않는다.
② 칩 제거는 회전 중 청소용 솔로 한다.
③ 커터 설치 시에는 반드시 기계를 정지시킨다.
④ 일감은 테이블 또는 바이스에 안전하게 고정한다.

해설 ②의 경우, 칩 제거는 회전이 멈춘 후 청소용 솔로 한다.

60 위험기계 · 기구별 방호조치가 틀린 것은?

① 산업용 로봇－안전매트
② 보일러－급정지장치
③ 목재가공용 둥근톱기계－반발예방장치
④ 활선작업에 필요한 절연용 기구－절연용 방호구

해설 ②의 경우, 보일러는 압력방출장치가 옳다.

제4과목 전기 및 화학설비 위험방지기술

61 다음 중 폭발범위에 영향을 주는 인자가 아닌 것은?

① 성상　② 압력
③ 공기 조성　④ 온도

해설 폭발범위에 영향을 주는 인자
㉠ 온도
㉡ 압력
㉢ 공기 조성
㉣ 농도

62 다음 중 산업안전보건법상 충전전로를 취급하는 경우의 조치사항으로 틀린 것은?

① 고압 및 특별고압의 전로에서 전기작업을 하는 근로자에게 활선작업용 기구 및 장치를 사용하도록 할 것
② 충전전로를 취급하는 근로자에게 그 작업에 적합한 절연용 보호구를 착용시킬 것
③ 충전전로를 정전시키는 경우에는 전기작업 전원을 차단한 후 각 단로기 등을 폐로시킬 것
④ 근로자가 절연용 방호구의 설치 · 해체 작업을 하는 경우에는 절연용 보호구를 착용하거나 활선작업용 기구 및 장치를 사용하도록 할 것

해설 ③의 내용은 충전전로를 취급하는 경우의 조치사항과는 거리가 멀다.

63 다음 중 최소발화에너지에 관한 설명으로 틀린 것은?

① 압력이 증가할수록 낮아진다.
② 온도가 높아질수록 낮아진다.
③ 공기보다 산소 중에서 더 낮아진다.
④ 혼합기체의 흐름이 있으면 유속의 증가에 따라 낮아진다.

정답 | 57. ③ 58. ① 59. ② 60. ② 61. ① 62. ③ 63. ④

해설 최소발화에너지의 특징
㉠ ①, ②, ③
㉡ 질소 농도의 증가는 최소착화에너지를 증가시킨다.
㉢ 일반적으로 분진의 최소착화에너지는 가연성 가스보다 크다.

64 다음 중 스파크 방전으로 인한 가연성 가스, 증기 등에 폭발을 일으킬 수 있는 조건이 아닌 것은?

① 가연성 물질이 공기와 혼합비를 형성, 가연범위 내에 있다.
② 방전에너지가 가연물질의 최소착화에너지 이상이다.
③ 방전에 충분한 전위차가 있다.
④ 대전물체는 신뢰성과 안전성이 있다.

해설 ④의 내용은 가연성 가스, 증기 등에 폭발을 일으킬 수 있는 조건과 거리가 멀다.

65 다음 중 화재 및 폭발 방지를 위하여 질소가스를 주입하는 불활성화 공정에서 적정 최소산소농도(MOC)는?

① 5% ② 10%
③ 21% ④ 25%

해설 화재 및 폭발 방지를 위하여 질소가스를 주입하는 불활성화 공정에서 적정 최소산소농도(MOC)는 10%이고, 분진의 경우에는 대략 8% 정도이다.

66 금속도체 상호 간 혹은 대지에 대하여 전기적으로 절연되어 있는 2개 이상의 금속도체를 전기적으로 접속하여 서로 같은 전위를 형성하여 정전기 사고를 예방하는 기법을 무엇이라 하는가?

① 본딩 ② 1종 접지
③ 대전분리 ④ 특별 접지

해설 문제의 내용은 본딩에 관한 것이다.

67 전기누전 화재경보기의 설치장소 중 제1종 장소의 경우 연면적으로 옳은 것은?

① $200mm^2$ 이상 ② $300mm^2$ 이상
③ $500mm^2$ 이상 ④ $1,000mm^2$ 이상

해설 전기누전 화재경보기의 설치장소

구분	내용
제1종 장소	• 연면적 $300m^2$ 이상인 곳 • 계약전류 용량이 100A를 초과하는 곳
제2종 장소	• 연면적 $500m^2$ 이상(사업장의 경우 $1,000m^2$ 이상)인 곳 • 계약전류 용량이 100A를 초과하는 곳
제3종 장소	연면적 $1,000m^2$ 이상의 창고

68 다음 중 발화성 물질에 해당하는 것은?

① 프로판
② 황린
③ 염소산 및 그 염류
④ 질산에스테르류

해설 ① 가연성 가스
② 발화성 물질
③ 산화성 고체
④ 자기반응성 물질

69 다음 중 산화에틸렌의 분해폭발반응에서 생성되는 가스가 아닌 것은? (단, 연소는 일어나지 않는다.)

① 메탄(CH_4) ② 일산화탄소(CO)
③ 에틸렌(C_2H_4) ④ 이산화탄소(CO_2)

해설 에틸렌의 분해폭발반응
㉠ $C_2H_4 + \frac{1}{2}O_2 \rightarrow C_2H_4O$
㉡ $C_2H_4O \rightarrow CH_4 + CO$

70 누전에 의한 감전위험을 방지하기 위하여 감전방지용 누전차단기의 접속에 관한 사항으로 틀린 것은?

① 분기회로마다 누전차단기를 설치한다.
② 작동시간은 0.03초 이내이어야 한다.
③ 전기기계 · 기구에 설치되어 있는 누전차단기는 정격감도전류가 30mA 이하이어야 한다.
④ 누전차단기는 배전반 또는 분전반 내에 접속하지 않고 별도로 설치한다.

정답 | 64. ④ 65. ② 66. ① 67. ② 68. ② 69. ④ 70. ④

해설 ④의 경우, 누전차단기는 배전반 또는 분전반 내에 접속하거나 꽂음 접속기형 누전차단기를 콘센트에 접속한다는 내용이 옳다.

71 다음 중 물속에 저장이 가능한 물질은?

① 칼륨
② 황린
③ 인화칼슘
④ 탄화알루미늄

해설 ㉠ 물속에 저장 가능한 물질 : 황린(백린), CS_2
㉡ 석유 속에 저장 가능한 물질 : K, Na, 적린

72 산업안전보건법상 전기기계 · 기구의 누전에 의한 감전위험을 방지하기 위하여 접지를 하여야 하는 사항으로 틀린 것은?

① 전기기계 · 기구의 금속제 내부 충전부
② 전기기계 · 기구의 금속제 외함
③ 전기기계 · 기구의 금속제 외피
④ 전기기계 · 기구의 금속제 철대

해설 ②, ③, ④ 이외에 접지를 하여야 하는 사항은 다음과 같다.
㉠ 수중 펌프를 금속제 물탱크 등의 내부에 설치하여 사용하는 경우에는 그 탱크
㉡ 사용전압이 대지전압 150V를 넘는 전기기계 · 기구의 노출된 비충전 금속체 등

73 다음 중 가연성 가스의 폭발범위에 관한 설명으로 틀린 것은?

① 상한과 하한이 있다.
② 압력과 무관하다.
③ 공기와 혼합된 가연성 가스의 체적농도로 표시된다.
④ 가연성 가스의 종류에 따라 다른 값을 갖는다.

해설 대단히 낮은 압력(<50mmHg 절대)을 제외하고는 압력은 연소하한값(LFL)에 거의 영향을 주지 않으며, 그리고 이 압력 이하에서는 화염이 전파되지 않는다. 연소상한값(UFL)은 압력이 증가될 때 현저히 증가되어 연소범위가 넓어진다.

74 다음 중 주요 소화작용이 다른 소화약제는?

① 사염화탄소 ② 할론
③ 이산화탄소 ④ 중탄산나트륨

해설 ① 사염화탄소 : 질식효과
② 할론 : 질식효과
③ 이산화탄소 : 질식 및 냉각 효과
④ 중탄산나트륨 : 질식효과

75 다음 중 현장에 안전밸브를 설치하는 경우의 주의사항으로 틀린 것은?

① 검사하기 쉬운 위치에 밸브축을 수평으로 설치한다.
② 분출 시의 반발력을 충분히 고려하여 설치한다.
③ 용기에서 안전밸브 입구까지의 압력차가 안전밸브 설정압력의 3%를 초과하지 않도록 한다.
④ 방출관이 긴 경우는 배압에 주의하여야 한다.

해설 ①의 경우, 검사하기 쉬운 위치에 밸브축을 수직으로 설치한다.

76 다음 중 섬락의 위험을 방지하기 위한 이격거리는 대지전압, 뇌서지, 개폐서지 외에 어느 것을 고려하여 결정하여야 하는가?

① 정상전압 ② 다상전압
③ 단상전압 ④ 이상전압

해설 섬락의 위험을 방지하기 위한 이격거리는 대지전압, 뇌서지, 개폐서지 외에 이상전압을 고려하여 결정한다.

77 에틸에테르(폭발하한값 1.9vol%)와 에틸알코올(폭발하한값 4.3vol%)이 4 : 1로 혼합된 증기의 폭발하한계(vol%)는 약 얼마인가? (단, 혼합증기는 에틸에테르가 80%, 에틸알코올이 20%로 구성되고, 르 샤틀리에(Le Chatelier) 법칙을 이용한다.)

① 2.14vol% ② 3.14vol%
③ 4.14vol% ④ 5.14vol%

해설 $\frac{100}{L}=\frac{V_1}{L_1}+\frac{V_2}{L_2}$

$\frac{100}{L}=\frac{80}{1.9}+\frac{20}{4.3}$

$\therefore L=2.14\text{vol\%}$

78 다음 중 폭발등급 1~2등급, 발화도 G1~G4까지의 폭발성 가스가 존재하는 1종 위험장소에 사용될 수 있는 방폭전기설비의 기호로 옳은 것은?

① d2G4
② m1G1
③ e2G4
④ e1G1

해설 문제의 내용은 d2G4에 관한 것이다.

79 내압(耐壓)방폭구조에서 방폭전기기기의 폭발등급에 따른 최대안전틈새의 범위(mm) 기준으로 옳은 것은?

① ⅡA−0.65 이상
② ⅡA−0.5 초과 0.9 미만
③ ⅡC−0.25 미만
④ ⅡC−0.5 이하

해설 **내압방폭구조에서 방폭전기기기의 폭발등급에 따른 최대안전틈새의 범위**
㉠ ⅡA−0.9mm 이상
㉡ ⅡB−0.5mm 초과 0.9mm 미만
㉢ ⅡC−0.5mm 이하

80 다음 중 교류 아크용접기에 의한 용접작업에 있어 용접이 중지된 때 감전방지를 위해 설치해야 하는 방호장치는?

① 누전차단기
② 단로기
③ 리미트스위치
④ 자동전격방지장치

해설 문제의 내용은 자동전격방지장치에 관한 것이다.

제5과목 건설안전기술

81 지반개량 공법 중 고결안정 공법에 해당하지 않는 것은?

① 생석회 말뚝 공법
② 동결 공법
③ 동다짐 공법
④ 소결 공법

해설 지반개량 공법 중 고결안정 공법으로는 생석회 말뚝 공법, 동결 공법, 소결 공법이 있다.

82 콘크리트 타설 후 물이나 미세한 불순물이 분리 상승하여 콘크리트 표면에 떠오르는 현상을 가리키는 용어와 이때 표면에 발생하는 미세한 물질을 가리키는 용어를 옳게 나열한 것은?

① 블리딩−레이턴스
② 브링−샌드드레인
③ 히빙−슬라임
④ 블로홀−슬래그

해설 문제의 내용은 블리딩−레이턴스에 관한 것이다.

83 주행크레인 및 선회크레인과 건설물 사이에 통로를 설치하는 경우, 그 폭은 최소 얼마 이상으로 하여야 하는가? (단, 건설물의 기둥에 접촉하지 않는 부분인 경우)

① 0.3m ② 0.4m
③ 0.5m ④ 0.6m

해설 주행크레인 및 선회크레인과 건설물 사이에 통로를 설치하는 경우, 그 폭은 최소 0.6m 이상으로 하여야 한다.

84 크레인의 종류에 해당하지 않는 것은?

① 자주식 트럭크레인
② 크롤러크레인
③ 타워크레인
④ 가이데릭

정답 | 78. ① 79. ④ 80. ④ 81. ③ 82. ① 83. ④ 84. ④

해설 크레인의 종류로는 ①, ②, ③ 이외에 휠크레인, 트럭크레인, 천장크레인, 지브크레인 등이 있다.

85 작업으로 인하여 물체가 떨어지거나 날아올 위험이 있을 때 위험방지조치 및 설치준수사항으로 옳지 않은 것은?

① 수직보호망 또는 방호선반 설치
② 낙하물 방지망의 내민 길이는 벽면으로부터 2m 이상 유지
③ 낙하물 방지망의 수평면과의 각도는 20° 내지 30° 유지
④ 낙하물 방지망의 설치높이는 10m 이상마다 설치

해설 ④의 경우, 낙하물 방지망의 설치높이는 10m 이내마다 설치하는 것이 옳다.

86 철골작업을 실시할 때 작업을 중지하여야 하는 악천후의 기준에 해당하지 않는 것은?

① 풍속이 10m/s 이상인 경우
② 지진이 진도 3 이상인 경우
③ 강우량이 1mm/h 이상의 경우
④ 강설량이 1cm/h 이상의 경우

해설 ②의 내용은 철골작업을 실시할 때 작업을 중지하여야 하는 악천후의 기준에 해당되지 않는다.

87 사다리식 통로의 구조에 대한 설명으로 옳지 않은 것은?

① 견고한 구조로 할 것
② 폭은 20cm 이상의 간격을 유지할 것
③ 심한 손상·부식 등이 없는 재료를 사용할 것
④ 발판과 벽과의 사이는 15cm 이상을 유지할 것

해설 ②의 경우, 폭은 30cm 이상의 간격을 유지하는 것이 옳다.

88 사업주가 높이 1m 이상인 계단의 개방된 측면에 안전난간을 설치하고자 할 때 그 설치기준으로 옳지 않은 것은?

① 난간의 높이는 90~120cm가 되도록 할 것
② 난간은 계단참을 포함하여 각 층의 계단 전체에 걸쳐서 설치할 것
③ 금속제 파이프로 된 난간은 2.7cm 이상의 지름을 갖는 것일 것
④ 난간은 임의의 점에 있어서 임의의 방향으로 움직이는 80kg 이하의 하중에 견딜 수 있는 튼튼한 구조일 것

해설 ④의 경우, 난간은 임의의 점에 있어서 임의의 방향으로 움직이는 100kg 이상의 하중에 견딜 수 있는 튼튼한 구조일 것이 옳다.

89 공사용 가설도로의 일반적으로 허용되는 최고경사도는 얼마인가?

① 5%
② 10%
③ 20%
④ 30%

해설 공사용 가설도로의 일반적으로 허용되는 최고경사도는 10%이다.

90 가설통로의 설치기준으로 옳지 않은 것은?

① 경사는 30° 이하로 할 것
② 경사가 15°를 초과하는 경우에는 미끄러지지 아니하는 구조로 할 것
③ 높이 8m 이상인 비계다리에는 8m 이내마다 계단참을 설치할 것
④ 수직갱에 가설된 통로의 길이가 15m 이상인 경우에는 10m 이내마다 계단참을 설치할 것

해설 ③의 경우, 높이 8m 이상인 비계다리에는 7m 이내마다 계단참을 설치할 것이 옳다.

정답 | 85. ④ 86. ② 87. ② 88. ④ 89. ② 90. ③

91 콘크리트 거푸집 해체작업 시의 안전 유의사항으로 옳지 않은 것은?

① 해당 작업을 하는 구역에는 관계 근로자가 아닌 사람의 출입을 금지해야 한다.
② 비, 눈, 그 밖의 기상상태의 불안정으로 날씨가 몹시 나쁜 경우에는 그 작업을 중지해야 한다.
③ 안전모, 안전대, 산소마스크 등을 착용하여야 한다.
④ 재료, 기구 또는 공구 등을 올리거나 내리는 경우에는 근로자로 하여금 달줄·달포대 등을 사용하도록 한다.

해설 ③의 경우, 산소마스크 등의 착용은 거푸집 해체작업 시의 안전 유의사항으로는 거리가 멀다.

92 콘크리트 측압에 관한 설명 중 옳지 않은 것은?

① 슬럼프가 클수록 측압은 커진다.
② 벽 두께가 두꺼울수록 측압은 커진다.
③ 부어넣는 속도가 빠를수록 측압은 커진다.
④ 대기온도가 높을수록 측압은 커진다.

해설 ④의 경우, 대기온도가 낮을수록 측압은 커진다가 옳다.

93 산업안전보건관리비 중 안전관리자 등의 인건비 및 각종 업무수당 등의 항목에서 사용할 수 없는 내역은?

① 교통통제를 위한 신호수 인건비
② 안전관리자 퇴직급여 충당금
③ 건설용 리프트의 운전자
④ 고소작업대 작업 시 하부 통제를 위한 신호자

해설 ①의 교통통제를 위한 신호수의 인건비는 업무수당 등의 항목에 사용할 수 없는 내역에 해당된다.

94 2가지의 거푸집 중 먼저 해체해야 하는 것으로 옳은 것은?

① 기온이 높을 때 타설한 거푸집과 낮을 때 타설한 거푸집 – 높을 때 타설한 거푸집
② 조강시멘트를 사용하여 타설한 거푸집과 보통시멘트를 사용하여 타설한 거푸집 – 보통시멘트를 사용하여 타설한 거푸집
③ 보와 기둥 – 보
④ 스팬이 큰 빔과 작은 빔 – 큰 빔

해설 ② 보통시멘트를 사용하여 타설한 거푸집
→ 조강시멘트를 사용하여 타설한 거푸집
③ 보 → 기둥
④ 큰 빔 → 작은 빔

95 건설현장의 중장비작업 시 일반적인 안전수칙으로 옳지 않은 것은?

① 승차석 외의 위치에 근로자를 탑승시키지 아니 한다.
② 중기 및 장비는 항상 사용 전에 점검한다.
③ 중장비의 사용법을 확실히 모를 때는 관리감독자가 현장에서 시운전을 해 본다.
④ 경우에 따라 취급자가 없을 경우에는 사용이 불가능하다.

해설 ③의 경우 관리감독자가 현장에서 시운전을 해본다는 것은 안전수칙에 어긋난다. 반드시 중장비 면허소지자 등 담당자가 시운전을 해야 한다.

96 양끝이 힌지(hinge)인 기둥에 수직하중을 가하면 기둥이 수평방향으로 휘게 되는 현상은?

① 피로한계 ② 파괴한계
③ 좌굴 ④ 부재의 안전도

해설 문제의 내용은 좌굴에 관한 것이다.

정답 | 91. ③ 92. ④ 93. ① 94. ① 95. ③ 96. ③

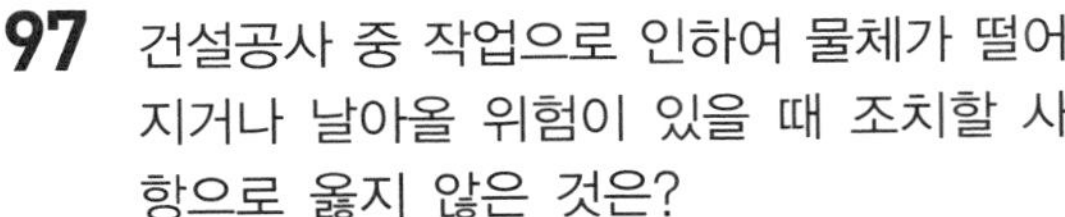

97 건설공사 중 작업으로 인하여 물체가 떨어지거나 날아올 위험이 있을 때 조치할 사항으로 옳지 않은 것은?

① 안전난간 설치
② 보호구 착용
③ 출입금지구역 설정
④ 낙하물방지망 설치

해설 물체가 떨어지거나 날아올 위험이 있을 때 조치할 사항으로는 ②, ③, ④ 세 가지가 있다.

98 흙을 크게 분류하면 사질토와 점성토로 나눌 수 있는데 그 차이점으로 옳지 않은 것은 어느 것인가?

① 흙의 내부마찰각은 사질토가 점성토보다 크다.
② 지지력은 사질토가 점성토보다 크다.
③ 점착력은 사질토가 점성토보다 작다.
④ 장기침하량은 사질토가 점성토보다 크다.

해설 ④의 경우, 장기침하량은 사질토가 점성토보다 작다가 옳다.

99 가설통로의 설치기준으로 옳지 않은 것은?

① 경사가 20°를 초과하는 때에는 미끄러지지 않는 구조로 하여야 한다.
② 경사는 30° 이하로 하여야 한다.
③ 수직갱에 가설된 통로의 길이가 15m 이상인 때에는 10m 이내마다 계단참을 설치한다.
④ 높이 8m 이상인 비계다리에는 7m 이내마다 계단참을 설치한다.

해설 ①의 경우 경사가 15°를 초과할 때에는 미끄러지지 않는 구조로 하여야 한다는 내용이 옳다.

100 거푸집의 조립순서로 옳은 것은?

① 기둥 → 보받이 내력벽 → 큰 보 → 작은 보 → 바닥 → 내벽 → 외벽
② 기둥 → 보받이 내력벽 → 큰 보 → 작은 보 → 바닥 → 외벽 → 내벽
③ 기둥 → 보받이 내력벽 → 작은 보 → 큰 보 → 바닥 → 내벽 → 외벽
④ 기둥 → 보받이 내력벽 → 내벽 → 외벽 → 큰 보 → 작은 보 → 바닥

해설 거푸집의 조립순서로 옳은 것은 ①이다.

인생의 희망은

늘 괴로운 언덕길 너머에서 기다린다.

-폴 베를렌(Paul Verlaine)-

☆

어쩌면 지금이 언덕길의 마지막 고비일지도 모릅니다.

다시 힘을 내서 힘차게 넘어보아요.

희망이란 녀석이 우릴 기다리고 있을 테니까요.^^

2021년 제1회 CBT 복원문제

▌산업안전산업기사 3월 2일 시행▌

제1과목 산업안전관리론

01 다음 중 위험예지훈련 기초 4라운드(4R)에서 라운드별 내용이 옳게 연결된 것은?

① 1라운드 : 현상파악
② 2라운드 : 대책수립
③ 3라운드 : 목표설정
④ 4라운드 : 본질추구

해설 ② 2라운드 : 본질추구
③ 3라운드 : 대책수립
④ 4라운드 : 목표달성

02 산업재해예방의 4원칙 중 "재해발생은 반드시 원인이 있다."라는 원칙은 무엇에 해당하는가?

① 대책선정의 원칙
② 원인연계의 원칙
③ 손실우연의 원칙
④ 예방가능의 원칙

해설 **산업재해예방의 4원칙**
㉠ 원인연계의 원칙 : 재해발생은 반드시 원인이 있다.
㉡ 손실우연의 원칙
㉢ 예방가능의 원칙
㉣ 대책선정의 원칙

03 산업안전보건법상 사업주는 산업재해로 사망자가 발생한 경우 해당 산업재해가 발생한 날부터 얼마 이내에 산업재해조사표를 작성하여 관할 지방고용노동청장에게 제출하여야 하는가?

① 1일 ② 7일
③ 15일 ④ 1개월

해설 **산업재해로 사망자가 발생한 경우** : 산업재해가 발생한 날부터 1개월 이내에 산업재해조사표를 작성하여 관할 지방고용노동청장에게 제출한다.

04 리더십에 있어서 권한의 역할 중 조직이 지도자에게 부여한 권한이 아닌 것은?

① 보상적 권한 ② 강압적 권한
③ 합법적 권한 ④ 전문성의 권한

해설 (1) 조직이 리더에게 부여하는 권한
㉠ 강압적 권한
㉡ 보상적 권한
㉢ 합법적 권한
(2) 리더자신이 자신에게 부여하는 권한
㉠ 위임된 권한
㉡ 전문성의 권한

05 재해의 원인분석법 중 사고의 유형, 기인물 등 분류항목을 큰 순서대로 도표화하여 문제나 목표의 이해가 편리한 것은?

① 파레토도(pareto diagram)
② 특성 요인도(cause-reason diagram)
③ 클로즈 분석(close analysis)
④ 관리도(control chart)

해설 **통계적 원인분석**
㉠ 파레토도 : 사고의 유형, 기인물 등 분류항목을 큰 순서대로 도표화한다.
㉡ 특성 요인도 : 특성과 요인관계를 도표로 하여 어골상으로 세분화한다.
㉢ 클로즈 분석 : 2개 이상의 문제관계를 분석하는 데 사용하는 것으로 Data를 집계하고 표로 표시하여 요인별 결과내역을 교차한 클로즈 그림을 작성하여 분석한다.
㉣ 관리도 : 재해발생건수 등의 추이를 파악하여 목표관리를 행하는 데 필요한 월별 재해발생수를 Graph화하여 관리선을 설정 관리하는 방법이다.

06 안전교육의 단계 중 표준작업방법의 습관화를 위한 교육은?

① 태도교육
② 지식교육
③ 기능교육
④ 기술교육

해설 **태도교육**
㉠ 표준작업방법대로 작업을 행하도록 한다.
㉡ 안전수칙 및 규칙을 실행하도록 한다.
㉢ 의욕을 갖게 한다.

07 다음 중 안전보건관리책임자에 대한 설명과 거리가 먼 것은?

① 해당 사업장에서 사업을 실질적으로 총괄 관리하는 자이다.
② 해당 사업장의 안전교육계획을 수립 및 실시한다.
③ 선임사유가 발생한 때에는 지체 없이 선임하고 지정하여야 한다.
④ 안전관리자와 보건관리자를 지휘, 감독하는 책임을 가진다.

해설 ② 안전관리자의 직무

08 허즈버그(Herzberg)의 동기 · 위생 이론 중에서 위생 요인에 해당하지 않는 것은?

① 보수 ② 책임감
③ 작업조건 ④ 관리감독

해설 **허즈버그의 동기 · 위생 요인**
㉠ 동기 · 유발 요인 : 책임감
㉡ 위생 요인 : 보수, 작업조건, 관리감독

09 다음 중 잠재적인 손실이나 손상을 가져올 수 있는 상태나 조건을 무엇이라 하는가?

① 위험 ② 사고
③ 상해 ④ 재해

해설 **위험** : 잠재적인 손실이나 손상을 가져올 수 있는 상태나 조건

10 다음 중 산업안전심리의 5요소와 가장 거리가 먼 것은?

① 동기 ② 기질
③ 감정 ④ 기능

해설 **산업심리의 5요소**
㉠ 동기
㉡ 기질
㉢ 감정
㉣ 습성
㉤ 습관

11 다음 중 인간의식의 레벨(Level)에 관한 설명으로 틀린 것은?

① 24시간의 생리적 리듬의 계곡에서 Tension Level은 낮에는 높고 밤에는 낮다.
② 24시간의 생리적 리듬의 계곡에서 Tension Level은 낮에는 낮고 밤에는 높다.
③ 피로 시의 Tension Level은 저하정도가 크지 않다.
④ 졸았을 때는 의식상실의 시기로 Tension Level은 0이다.

해설 의식수준이란 긴장의 정도를 뜻하는 것이다. 긴장의 정도에 따라 인간의 뇌파에 변화가 일어나는데 이 변화의 정도에 따라 의식수준이 변동된다.

12 산업안전보건법상 안전관리자의 업무에 해당되지 않는 것은?

① 업무수행 내용의 기록 · 유지
② 산업재해에 관한 통계의 유지 · 관리 · 분석을 위한 보좌 및 조언 · 지도
③ 안전에 관한 사항의 이행에 관한 보좌 및 조언 · 지도
④ 작업장 내에서 사용되는 전체환기장치 및 국소배기장치 등에 관한 설비의 점검과 작업방법의 공학적 개선에 관한 보좌 및 조언 · 지도

정답 ┃ 06. ① 07. ② 08. ② 09. ① 10. ④ 11. ② 12. ④

해설 **안전관리자의 업무**

㉠ ①, ②, ③
㉡ 사업장 안전교육계획의 수립 및 안전교육 실시에 관한 보좌 및 조언·지도
㉢ 안전인증 대상 기계·기구 등과 자율안전확인 대상 기계·기구 등 구입 시 적격품의 선정에 관한 보좌 및 조언·지도
㉣ 위험성평가에 관한 보좌 및 조언·지도
㉤ 산업안전보건위원회 또는 노사협의체, 안전보건 관리규정 및 취업규칙에서 정한 직무
㉥ 사업장 순회점검·지도 및 조치의 건의
㉦ 산업재해 발생의 원인 조사·분석 및 재발 방지를 위한 기술적 보좌 및 조언·지도
㉧ 그 밖에 안전에 관한 사항으로서 노동부 장관이 정하는 사항

13 다음 중 교육의 3요소에 해당되지 않는 것은?

① 교육의 주체 ② 교육의 객체
③ 교육결과의 평가 ④ 교육의 매개체

해설 **교육의 3요소**

㉠ 교육의 주체
㉡ 교육의 객체
㉢ 교육의 매개체

14 안전점검의 직접적 목적과 관계가 먼 것은?

① 결함이나 불안전 조건의 제거
② 합리적인 생산관리
③ 기계설비의 본래 성능 유지
④ 인간생활의 복지 향상

해설 **안전점검의 직접적 목적** : ①, ②, ③

15 안전모의 일반구조에 있어 안전모를 머리모형에 장착하였을 때 모체 내면의 최고점과 머리모형 최고점과의 수직거리의 기준으로 옳은 것은?

① 20mm 이상 40mm 이하
② 20mm 이상 50mm 미만
③ 25mm 이상 40mm 이하
④ 25mm 이상 55mm 미만

해설 **안전모의 모체 내면의 최고점과 머리모형 최고점과의 수직거리** : 25mm 이상 55mm 미만

16 강의계획에서 주제를 학습시킬 범위와 내용의 정도를 무엇이라 하는가?

① 학습목적
② 학습목표
③ 학습정도
④ 학습성과

해설 ① 학습목적 : 구성요소 중 학습정도는 학습의 범위와 내용의 폭을 말한다.
② 학습목표 : 학습을 통해 달성하려는 지표
④ 학습성과 : 학습을 통해 성취해야 하는 궁극적인 목표

17 다음 중 기계적 위험에서 위험의 종류와 사고의 형태를 올바르게 연결한 것은 어느 것인가?

① 접촉점 위험－충돌
② 물리적 위험－협착
③ 작업방법적 위험－전도
④ 구조적 위험－이상온도 노출

해설 ㉠ 충돌 : 사람이 정지물에 부딪힌 경우
㉡ 협착 : 물건에 끼워진 상태, 말려든 상태
㉢ 전도 : 사람이 평면상으로 넘어졌을 때를 말함
㉣ 이상온도 노출 : 고온이나 저온에 접촉한 경우

18 맥그리거(McGregor)의 X이론과 Y이론 중 Y이론에 해당되는 것은?

① 인간은 서로 믿을 수 없다.
② 인간은 태어나서부터 악하다.
③ 인간은 정신적 욕구를 우선시 한다.
④ 인간은 통제에 의한 관리를 받고자 한다.

해설 **맥그리거**

㉠ X이론(인간을 부정적 측면으로 봄) : ①, ②, ④
㉡ Y이론(인간을 긍정적 측면으로 봄) : ③

정답 | 13. ③ 14. ④ 15. ④ 16. ③ 17. ③ 18. ③

19 다음 중 사고예방대책의 기본원리를 단계적으로 나열한 것은?

① 조직 → 사실의 발견 → 평가 분석 → 시정책의 적용 → 시정책의 선정
② 조직 → 사실의 발견 → 평가 분석 → 시정책의 선정 → 시정책의 적용
③ 사실의 발견 → 조직 → 평가 분석 → 시정책의 적용 → 시정책의 선정
④ 사실의 발견 → 조직 → 평가 분석 → 시정책의 선정 → 시정책의 적용

해설 **사고예방대책의 기본원리**
㉠ 제1단계 : 조직
㉡ 제2단계 : 사실의 발견
㉢ 제3단계 : 평가 분석
㉣ 제4단계 : 시정책의 선정
㉤ 제5단계 : 시정책의 적용

20 산업안전보건법상 안전 · 보건표지의 종류 중 "방독마스크 착용"은 무슨 표지에 해당하는가?

① 경고표지 ② 지시표지
③ 금지표지 ④ 안내표지

해설 **방독마스크 착용** : 지시표지

제2과목 인간공학 및 시스템안전공학

21 다음 중 시스템 안전분석방법에 대한 설명으로 틀린 것은?

① 해석의 수리적 방법에 따라 정성적, 정량적 방법이 있다.
② 해석의 논리적 방법에 따라 귀납적, 연역적 방법이 있다.
③ FTA는 연역적, 정량적 분석이 가능한 방법이다.
④ PHA는 운용사고해석이라고 말할 수 있다.

해설 PHA(Preliminary Hazard Analysis)는 예비위험분석이라고 말할 수 있다. 즉 명칭이 의미하는 바와 같이 시스템 안전위험분석(SSHA)을 수행하기 위한 예비적인 또는 최초의 작업이다. 그것은 구상단계나 설계 및 발주 단계의 극히 초기에 실시한다.

22 다음 중 위험관리의 내용으로 틀린 것은?

① 위험의 파악
② 위험의 처리
③ 사고의 발생확률 예측
④ 작업분석

해설 **위험관리의 내용**
㉠ 위험의 파악
㉡ 위험의 처리
㉢ 사고의 발생확률 예측

23 정보 전달용 표시장치에서 청각적 표현이 좋은 경우가 아닌 것은?

① 메시지가 단순하다.
② 메시지가 복잡하다.
③ 메시지가 그때의 사건을 다룬다.
④ 시각장치가 지나치게 많다.

해설 **청각장치와 시각장치의 선택**

청각적 표현이 좋은 경우	시각적 표현이 좋은 경우
• 메시지가 단순하다. • 메시지가 그때의 사건을 다룬다. • 시각장치가 지나치게 많다.	• 메시지가 복잡하다. • 메시지가 공간적인 위치를 다룬다. • 수신장소의 소음이 심하다.

24 이동전화의 설계에서 사용성 개선을 위해 사용자의 인지적 특성이 가장 많이 고려되어야 하는 사용자 인터페이스 요소는?

① 버튼의 크기 ② 전화기의 색깔
③ 버튼의 간격 ④ 한글입력방식

해설 **이동전화의 설계**

사용자 인터페이스 요소	제품 인터페이스 요소
• 한글입력방식 • 영문이나 기호 입력방식	• 버튼의 크기 • 전화기의 색깔 • 버튼의 간격

정답 | 19. ② 20. ② 21. ④ 22. ④ 23. ② 24. ④

25 다음 중 불 대수(boolean algebra)의 관계식으로 옳은 것은?

① $A(A \cdot B) = B$
② $A + B = A \cdot B$
③ $A + A \cdot B = A \cdot B$
④ $(A + B)(A + C) = A + B \cdot C$

해설 불 대수의 관계식
$(A+B)(A+C) = A+B \cdot C$
① $A(A \cdot B) = (AA)B = A \cdot B$
② $A+B = B+A$
③ $A+AB = A \cup (A \cap B)$
$= (A \cup A) \cap (A \cup B)$
$= A \cap (A \cup B) = A$

26 다음 중 일반적인 지침의 설계요령과 가장 거리가 먼 것은?

① 뾰족한 지침의 선각은 약 30° 정도를 사용한다.
② 지침의 끝은 눈금과 맞닿되 겹치지 않게 한다.
③ 원형 눈금의 경우 지침의 색은 선단에서 눈의 중심까지 칠한다.
④ 시차를 없애기 위해 지침을 눈금 면에 밀착시킨다.

해설 ①의 경우 뾰족한 지침의 선각은 약 15° 정도를 사용한다.

27 다음 중 완력검사에서 당기는 힘을 측정할 때 가장 큰 힘을 낼 수 있는 팔꿈치의 각도는?

① 90° ② 120°
③ 150° ④ 180°

해설 가장 큰 힘을 낼 수 있는 팔꿈치 각도

각 도	작 업
90~120°	밀어올리기 작업
120°	아래로 당기기 작업
150°	당기기 작업
180°	밀기 작업

28 다음 중 작업장에서 광원으로부터 직사휘광을 처리하는 방법으로 옳은 것은?

① 광원의 휘도를 늘린다.
② 광원을 시선에서 가까이 위치시킨다.
③ 휘광원 주위를 밝게 하여 광도비를 늘린다.
④ 가리개, 차양을 설치한다.

해설 광원으로부터 직사휘광을 처리하는 방법
㉠ 광원의 휘도를 줄이고, 광원의 수를 늘린다.
㉡ 광원을 시선에서 멀리 위치시킨다.
㉢ 휘광원 주위를 밝게 하여 광속 발산비를 줄인다.
㉣ 가리개, 갓, 혹은 차양(Visor)을 사용한다.

29 다음 중 정성적(아날로그) 표시장치를 사용하기에 가장 적절하지 않은 것은?

① 전력계와 같이 신속하고 정확한 값을 알고자 할 때
② 비행기 고도의 변화율을 알고자 할 때
③ 자동차 시속을 일정한 수준으로 유지하고자 할 때
④ 색이나 형상을 암호화하여 설계할 때

해설 **정량적 표시장치(계수형, digital)** : 전력계나 택시 요금 계기와 같이 기계, 전자적으로 숫자가 표시되는 형

30 다음 중 반사형 없이 모든 방향으로 빛을 발하는 점광원에서 2m 떨어진 곳의 조도가 150lux라면 3m 떨어진 곳의 조도는 약 얼마인가?

① 37.5lux ② 66.67lux
③ 337.5lux ④ 600lux

해설 $조도 = \frac{광도}{(거리)^2}$
2m 떨어진 지점의 광도를 구하면
$150 = \frac{x}{(2)^2} = \frac{x}{4}$ 이므로 $x = 150 \times 4 = 600$ 이다.
다시 3m 떨어진 지점의 조도(lux)를 구하면
$x = \frac{600}{(3)^2}$
$\therefore\ x = 66.67\text{lux}$

31 다음 중 FTA에 의한 재해사례연구의 순서를 올바르게 나열한 것은?

A : 목표사상 선정
B : FT도 작성
C : 사상마다 재해원인 규명
D : 개선계획 작성

① A → B → C → D
② A → C → B → D
③ B → C → A → D
④ B → A → C → D

해설 **FTA에 의한 재해사례연구 순서** : 목표사상 선정 → 사상마다 재해원인 규명 → FT도 작성 → 개선계획 작성

32 스웨인(Swain)의 인적오류(혹은 휴먼에러) 분류방법에 의할 때, 자동차 운전 중 습관적으로 손을 창문 밖으로 내어 놓았다가 다쳤다면 다음 중 이때 운전자가 행한 에러의 종류로 옳은 것은?

① 실수(slip)
② 작위오류(commission error)
③ 불필요한 수행오류(extraneous error)
④ 누락오류(omission error)

해설 ① 실수 : 의도는 올바른 것이지만 행동이 의도한 것과는 다르게 나타나는 오류
② 작위오류 : 필요한 작업 또는 절차의 잘못된 수행으로 발생하는 과오
④ 누락오류 : 필요한 작업 또는 절차를 수행하지 않는 데 기인한 과오

33 다음 중 바닥의 추천 반사율로 가장 적당한 것은?

① 0~20%
② 20~40%
③ 40~60%
④ 60~80%

해설 ㉠ 바닥 : 20~40%
㉡ 천장 : 80~90%
㉢ 벽 : 40~60%
㉣ 가구 : 25~45%

34 다음 중 보험으로 위험조정을 하는 방법을 무엇이라 하는가?

① 전가
② 보류
③ 위험감축
④ 위험회피

해설 **위험통제를 위한 4가지 방법**
㉠ 위험전가 : 보험으로 위험조정을 하는 방법
㉡ 위험보류 : 위험에 따른 장래의 손실을 스스로 부담하는 방법
예 충당금
㉢ 위험감축 : 손실발생 횟수 및 규모를 축소하는 방법
㉣ 위험회피 : 가장 일반적인 위험조정기술

35 다음 중 지침이 고정되어 있고 눈금이 움직이는 형태의 정량적 표시장치는?

① 정목동침형 표시장치
② 정침동목형 표시장치
③ 계수형 표시장치
④ 점멸형 표시장치

해설 **정량적 표시장치 종류**
㉠ 동침형
㉡ 동목형
㉢ 계수형

36 다음 중 작업장의 조명수준에 대한 설명으로 가장 적절한 것은?

① 작업환경의 추천 광도비는 5 : 1 정도이다.
② 천장은 80~90% 정도의 반사율을 가지도록 한다.
③ 작업영역에 따라 휘도의 차이를 크게 한다.
④ 실내표면의 반사율은 천장에서 바닥의 순으로 증가시킨다.

해설 ① 작업환경의 추천 광도비는 3 : 1 정도이다.
③ 작업영역에 따라 휘도의 차이를 작게 한다.
④ 실내표면의 반사율은 바닥에서 천장의 순으로 증가시킨다.

정답 | 31. ② 32. ③ 33. ② 34. ① 35. ② 36. ②

37 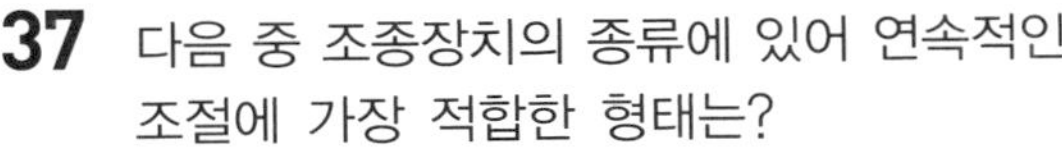
다음 중 조종장치의 종류에 있어 연속적인 조절에 가장 적합한 형태는?

① 토글스위치(toggle switch)
② 푸시버튼(push button)
③ 로터리스위치(rotary switch)
④ 레버(lever)

해설 레버의 설명이다.

38 다음과 같은 시스템의 신뢰도는 약 얼마인가?

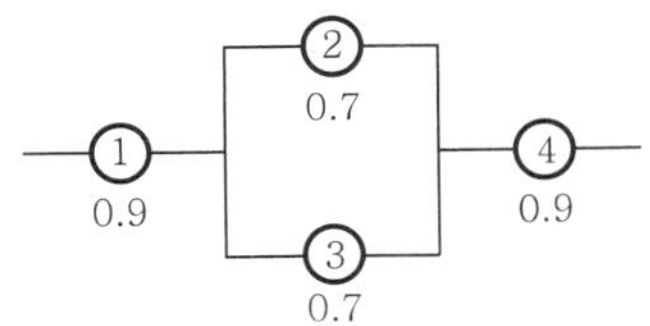

① 0.5152 ② 0.6267
③ 0.7371 ④ 0.8483

해설 $R_s = 0.9 \times \{1-(1-0.7)(1-0.7)\} \times 0.9$
$= 0.7371 = 73.71\%$

39 다음 [그림]의 결함수에서 최소 컷셋(minimal cut sets)과 신뢰도를 올바르게 나타낸 것은 어느 것인가? (단, 각각의 부품 고장률은 0.01이다.)

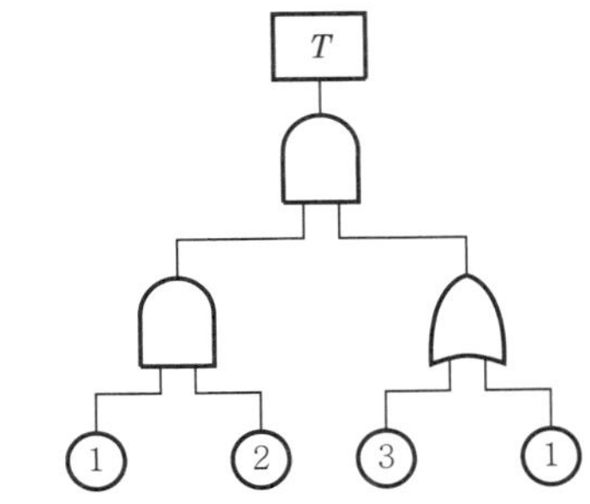

① $\begin{matrix}(1,\ 3)\\(1,\ 2)\end{matrix}$, $R(t) = 96.99\%$
② $\begin{matrix}(1,\ 3)\\(1,\ 2,\ 3)\end{matrix}$, $R(t) = 97.99\%$
③ (1, 2, 3), $R(t) = 98.99\%$
④ (1, 2), $R(t) = 99.99\%$

해설 최소 컷셋은 (1, 2)로부터 가져온다.
$\therefore R(t) = 0.01 - 100\% = 99.99\%$

40 심장의 박동주기 동안 심근의 전기적 신호를 피부에 부착한 전극들로부터 측정하는 것으로 심장이 수축과 확장을 할 때 일어나는 전기적 변동을 기록한 것은?

① 뇌전도계 ② 심전도계
③ 근전도계 ④ 안전도계

해설 심전도계의 설명이다.

제3과목 기계위험방지기술

41 재료에 구멍이 있거나 노치(notch) 등이 있는 재료에 외력이 작용할 때 가장 현저히 나타나는 현상은?

① 가공경화
② 피로
③ 응력집중
④ 크리프(Creep)

해설 ① 가공경화 : 항복응력이 소성변형의 진행과 함께 증가하는 현상이다.
② 피로 : 시간적으로 변동하는 하중하에서 생기는 재료의 파괴를 피로파괴라 하고 그 현상을 피로라고 한다.
④ 크리프 : 소재의 일정한 하중이 가해진 상태에서 시간의 경과에 따라 소재의 변형이 계속되는 현상이다.

42 다음 중 드릴 작업 시 가장 안전한 행동에 해당하는 것은?

① 장갑을 끼고 작업한다.
② 작업 중에 브러시로 칩을 털어 낸다.
③ 작은 구멍을 뚫고 큰 구멍을 뚫는다.
④ 드릴을 먼저 회전시키고 공작물을 고정한다.

해설 ① 장갑을 끼고 → 장갑을 벗고
② 작업 중에 → 작업이 끝난 후에
④ 드릴을 먼저 회전시키고 → 드릴을 정지시키고

43 프레스의 금형을 부착, 해체 또는 조정작업 시 슬라이드의 불시 하강으로 인해 발생되는 사고를 방지하기 위한 방호장치는?

① 접촉예방장치
② 안전블록
③ 전환스위치
④ 과부하방지장치

해설 문제의 내용은 안전블록에 관한 것이다.

44 다음 중 산업안전보건법상 컨베이어 작업시작 전 점검사항이 아닌 것은?

① 원동기 및 풀리기능의 이상 유무
② 이탈 등의 방지장치기능의 이상 유무
③ 비상정지장치의 이상 유무
④ 건널다리의 이상 유무

해설 컨베이어 작업시작 전 점검사항으로는 ①, ②, ③ 이외에 다음과 같다.
원동기, 회전축, 기어 및 풀리 등의 덮개 또는 울 등의 이상 유무

45 다음 중 컨베이어(conveyor)의 주요 구성품이 아닌 것은?

① 롤러(roller) ② 벨트(belt)
③ 지브(jib) ④ 체인(chain)

해설 ③의 지브(jib)는 크레인의 구성품에 해당되는 것이다.

46 동력을 사용하여 중량물을 매달아 상하 및 좌우(수평 또는 선회를 말한다)로 운반하는 것을 목적으로 하는 기계는?

① 크레인 ② 리프트
③ 곤돌라 ④ 승강기

해설 ② 리프트 : 동력을 이용해 사람이나 화물을 운반하는 기계
③ 곤돌라 : 와이어로프 또는 달기강선에 연결된 달기발판 또는 운반구가 전용 승강장치에 의하여 오르내리는 기계
④ 승강기 : 건축물이나 고정된 시설물에 설치되어 일정한 경로에 따라 사람이나 화물을 승강장으로 옮기는 데 사용되는 기계

47 목재가공용 기계별 방호장치가 틀린 것은?

① 목재가공용 둥근톱 기계-반발예방장치
② 동력식 수동대패 기계-날접촉예방장치
③ 목재가공용 띠톱 기계-날접촉예방장치
④ 모떼기 기계-반발예방장치

해설 ④의 경우, 모떼기 기계의 방호장치로는 날접촉예방장치를 설치해야 한다.

48 드릴머신에서 얇은 철판이나 동판에 구멍을 뚫을 때 올바른 작업방법은?

① 테이블에 고정한다.
② 클램프로 고정한다.
③ 드릴 바이스에 고정한다.
④ 각목을 밑에 깔고 기구로 고정한다.

해설 드릴머신에서 얇은 철판이나 동판에 구멍을 뚫을 때는 각목을 밑에 깔고 기구로 고정을 하는 것이 올바른 작업방법이다.

49 프레스 정지 시의 안전수칙이 아닌 것은?

① 정전되면 즉시 스위치를 끈다.
② 안전블록을 바로 고여준다.
③ 클러치를 연결시킨 상태에서 기계를 정지시키지 않는다.
④ 플라이휠의 회전을 멈추기 위해 손으로 누르지 않는다.

해설 ②의 경우 프레스의 정비 · 수리 시의 안전수칙에 해당된다.

50 선반작업에서 가공물의 길이가 외경에 비하여 과도하게 길 때, 절삭저항에 의한 떨림을 방지하기 위한 장치는?

① 센터 ② 방진구
③ 돌리개 ④ 심봉

해설 ① 센터 : 공작물을 지지하는 장치
③ 돌리개 : 공작물에 설치하여 주축의 회전력을 공작물에 전달하는 장치
④ 심봉 : 구멍이 있는 공작물의 측면이나 바깥지름을 가공할 때 사용하는 고정장치

정답 | 43. ② 44. ④ 45. ③ 46. ① 47. ④ 48. ④ 49. ② 50. ②

51 아세틸렌용접 시 역화를 방지하기 위하여 설치하는 것은?

① 압력기 ② 청정기
③ 안전기 ④ 발생기

해설 아세틸렌용접 시 역화를 방지하기 위하여 설치하는 것은 안전기이다.

52 다음 중 기계설비에 의해 형성되는 위험점이 아닌 것은?

① 회전말림점 ② 접선분리점
③ 협착점 ④ 끼임점

해설 기계설비에 의해 형성되는 위험점으로는 ①, ③, ④ 이외에 다음과 같다.
㉠ 물림점
㉡ 접선물림점
㉢ 절단점

53 산업안전보건법상 산업용 로봇의 교시작업 시작 전 점검하여야 할 부위가 아닌 것은?

① 제동장치
② 매니퓰레이터
③ 지그
④ 전선의 피복상태

해설 산업용 로봇의 교시작업 시작 전 점검사항으로는 ①, ②, ④ 이외에 다음과 같다.
㉠ 외장의 손상 유무
㉡ 비상정지장치의 기능

54 2줄의 와이어로프로 중량물을 달아올릴 때, 로프에 가장 힘이 적게 걸리는 각도는?

① 30° ② 60°
③ 90° ④ 120°

해설 2줄의 와이어로프로 중량물을 달아올릴 때 로프의 각도가 작을수록 힘이 적게 걸린다.

55 위험기계에 조작자의 신체부위가 의도적으로 위험점 밖에 있도록 하는 방호장치는?

① 덮개형 방호장치
② 차단형 방호장치
③ 위치제한형 방호장치
④ 접근반응형 방호장치

해설 문제의 내용은 위치제한형 방호장치에 관한 것으로 이에 해당하는 것은 프레스기의 양수조작식 방호장치이다.

56 기계설비의 안전조건 중 구조부분의 안전화에서 검토되어야 할 내용이 아닌 것은?

① 가공의 결함
② 재료의 결함
③ 설계의 결함
④ 정비의 결함

해설 기계설비의 안전조건 중 구조부분의 안전화에서 검토되어야 할 사항은 ①, ②, ③ 세 가지이다.

57 근로자에게 위험을 미칠 우려가 있는 원동기, 축이음, 풀리 등에 설치하여야 하는 것은?

① 통풍장치
② 덮개
③ 과압방지기
④ 압력계

해설 근로자에게 위험을 미칠 우려가 있는 원동기, 축이음, 풀리 등에 설치하여야 하는 것은 덮개이다.

58 동력 프레스기의 No-hand in die 방식의 방호대책이 아닌 것은?

① 방호울이 부착된 프레스
② 가드식 방호장치 도입
③ 전용 프레스의 도입
④ 안전금형을 부착한 프레스

해설 **동력프레스에 대한 안전조치**

No-hand in die	Hand in die
• 방호울식 • 안전금형 부착식 • 전용식 • 자동식	• 가드식 • 손쳐내기식 • 수인식 • 양수조작식 • 감응식(광전자식)

정답 | 51. ③ 52. ② 53. ③ 54. ① 55. ③ 56. ④ 57. ② 58. ②

59 다음 (　　) 안에 들어갈 내용으로 옳은 것은?

> 광전자식 프레스 방호장치에서 위험한계까지의 거리가 짧은 200mm 이하의 프레스에는 연속 차광폭이 작은 (　　)의 방호장치를 선택한다.

① 30mm 초과　② 30mm 이하
③ 50mm 초과　④ 50mm 이하

해설 (　) 안에 들어갈 내용으로 옳은 것은 30mm 이하이다.

60 가공물 또는 공구를 회전시켜 나사나 기어 등을 소성가공하는 방법은?

① 압연
② 압출
③ 인발
④ 전조

해설 ① 압연 : 회전하는 롤러 사이에 재료를 끼워 넣고 소성변형으로 잡아 늘리는 것
② 압출 : 소성상태의 재료를 다이에 통과시켜서 압출하여 다이의 구멍과 같은 단면 모양의 긴 것을 제작하는 것
③ 인발 : 일정한 모양의 구멍으로 금속을 눌러 짜서 뽑아내어 자른 면의 단면이 그 구멍과 같고 길이가 긴 제품을 만들어 내는 것

제4과목 전기 및 화학설비 위험방지기술

61 다음 중 폭발범위에 영향을 주는 인자가 아닌 것은?

① 성상　② 압력
③ 공기조성　④ 온도

해설 **폭발범위에 영향을 주는 인자**
㉠ 온도
㉡ 압력
㉢ 공기조성
㉣ 농도

62 다음 중 산업안전보건법상 충전전로를 취급하는 경우의 조치사항으로 틀린 것은?

① 고압 및 특별고압의 전로에서 전기작업을 하는 근로자에게 활선작업용 기구 및 장치를 사용하도록 할 것
② 충전전로를 취급하는 근로자에게 그 작업에 적합한 절연용 보호구를 착용시킬 것
③ 충전전로를 정전시키는 경우에는 전기작업 전원을 차단한 후 각 단로기 등을 폐로시킬 것
④ 근로자가 절연용 방호구의 설치 · 해체작업을 하는 경우에는 절연용 보호구를 착용하거나 활선작업용 기구 및 장치를 사용하도록 할 것

해설 ③의 내용은 충전전로를 취급하는 경우의 조치사항과는 거리가 멀다.

63 최소발화에너지에 관한 설명으로 틀린 것은?

① 압력이 증가할수록 낮아진다.
② 온도가 높아질수록 낮아진다.
③ 공기보다 산소 중에서 더 낮아진다.
④ 혼합기체의 흐름이 있으면 유속의 증가에 따라 낮아진다.

해설 **최소발화에너지의 특징**
㉠ ①, ②, ③
㉡ 질소 농도의 증가는 최소착화에너지를 증가시킨다.
㉢ 일반적으로 분진의 최소착화에너지는 가연성 가스보다 크다.

64 다음 중 화재 및 폭발 방지를 위하여 질소가스를 주입하는 불활성화 공정에서 적정 최소산소농도(MOC)는?

① 5%　② 10%
③ 21%　④ 25%

해설 화재 및 폭발 방지를 위하여 질소가스를 주입하는 불활성화 공정에서 적정 최소산소농도(MOC)는 10%이고, 분진의 경우에는 대략 8% 정도이다.

정답 | 59. ② 60. ④ 61. ① 62. ③ 63. ④ 64. ②

65 다음 중 스파크 방전으로 인한 가연성 가스, 증기 등에 폭발을 일으킬 수 있는 조건이 아닌 것은?

① 가연성 물질이 공기와 혼합비를 형성, 가연범위 내에 있다.
② 방전에너지가 가연물질의 최소착화에너지 이상이다.
③ 방전에 충분한 전위차가 있다.
④ 대전물체는 신뢰성과 안전성이 있다.

해설 ④의 내용은 가연성 가스, 증기 등에 폭발을 일으킬 수 있는 조건과 거리가 멀다.

66 금속도체 상호간 혹은 대지에 대하여 전기적으로 절연되어 있는 2개 이상의 금속도체를 전기적으로 접속하여 서로 같은 전위를 형성하여 정전기 사고를 예방하는 기법을 무엇이라 하는가?

① 본딩
② 1종 접지
③ 대전분리
④ 특별 접지

해설 문제의 내용은 본딩에 관한 것이다.

67 전기누전 화재경보기의 설치장소 중 제1종 장소의 경우 연면적으로 옳은 것은?

① $200m^2$ 이상
② $300m^2$ 이상
③ $500m^2$ 이상
④ $1,000m^2$ 이상

해설 **전기누전 화재경보기의 설치장소**

구분	내용
제1종 장소	• 연면적 $300m^2$ 이상인 곳 • 계약전류 용량이 100A를 초과하는 곳
제2종 장소	• 연면적 $500m^2$ 이상(사업장의 경우 $1,000m^2$ 이상)인 곳 • 계약전류 용량이 100A를 초과하는 곳
제3종 장소	연면적 $1,000m^2$ 이상의 창고

68 다음 중 발화성 물질에 해당하는 것은?

① 프로판
② 황린
③ 염소산 및 그 염류
④ 질산에스테르류

해설 ① 가연성 가스
② 발화성 물질
③ 산화성 고체
④ 자기반응성 물질

69 다음 중 산화에틸렌의 분해폭발 반응에서 생성되는 가스가 아닌 것은? (단, 연소는 일어나지 않는다.)

① 메탄(CH_4)
② 일산화탄소(CO)
③ 에틸렌(C_2H_4)
④ 이산화탄소(CO_2)

해설 **에틸렌의 분해폭발 반응**

㉠ $C_2H_4 + \frac{1}{2}O_2 \rightarrow C_2H_4O$
㉡ $C_2H_4O \rightarrow CH_4 + CO$

70 누전에 의한 감전위험을 방지하기 위하여 감전방지용 누전차단기의 접속에 관한 사항으로 틀린 것은?

① 분기회로마다 누전차단기를 설치한다.
② 작동시간은 0.03초 이내이어야 한다.
③ 전기기계·기구에 설치되어 있는 누전차단기는 정격감도전류가 30mA 이하이어야 한다.
④ 누전차단기는 배전반 또는 분전반 내에 접속하지 않고 별도로 설치한다.

해설 ④의 경우 누전차단기는 배전반 또는 분전반 내에 접속하거나 꽂음 접속기형 누전차단기를 콘센트에 접속한다는 내용이 옳다.

71 다음 중 물속에 저장이 가능한 물질은?

① 칼륨
② 황린
③ 인화칼슘
④ 탄화알루미늄

해설 ㉠ 물속에 저장 가능한 물질 : 황린(백린), CS_2
㉡ 석유 속에 저장 가능한 물질 : K, Na, 적린

72 산업안전보건법상 전기기계 · 기구의 누전에 의한 감전위험을 방지하기 위하여 접지를 하여야 하는 사항으로 틀린 것은 어느 것인가?

① 전기기계 · 기구의 금속제 내부 충전부
② 전기기계 · 기구의 금속제 외함
③ 전기기계 · 기구의 금속제 외피
④ 전기기계 · 기구의 금속제 철대

해설 ②, ③, ④ 이외에 접지를 하여야 하는 사항은 다음과 같다.
㉠ 수중 펌프를 금속제 물탱크 등의 내부에 설치하여 사용하는 경우에는 그 탱크
㉡ 사용전압이 대지전압 150V를 넘는 전기기계 · 기구의 노출된 비충전 금속체 등

73 다음 중 가연성 가스의 폭발범위에 관한 설명으로 틀린 것은?

① 상한과 하한이 있다.
② 압력과 무관하다.
③ 공기와 혼합된 가연성 가스의 체적농도로 표시된다.
④ 가연성 가스의 종류에 따라 다른 값을 갖는다.

해설 대단히 낮은 압력(<50mmHg 절대)을 제외하고는 압력은 연소하한값(LFL)에 거의 영향을 주지 않으며 이 압력 이하에서는 화염이 전파되지 않는다. 연소상한값(UFL)은 압력이 증가될 때 현저히 증가되어 연소범위가 넓어진다.

74 다음 중 주요 소화작용이 다른 소화약제는 어느 것인가?

① 사염화탄소
② 할론
③ 이산화탄소
④ 중탄산나트륨

해설 ① 사염화탄소 : 질식효과
② 할론 : 질식효과
③ 이산화탄소 : 질식 및 냉각 효과
④ 중탄산나트륨 : 질식효과

75 다음 중 현장에 안전밸브를 설치하는 경우의 주의사항으로 틀린 것은?

① 검사하기 쉬운 위치에 밸브축을 수평으로 설치한다.
② 분출 시의 반발력을 충분히 고려하여 설치한다.
③ 용기에서 안전밸브 입구까지의 압력차가 안전밸브 설정압력의 3%를 초과하지 않도록 한다.
④ 방출관이 긴 경우는 배압에 주의하여야 한다.

해설 ①의 경우 검사하기 쉬운 위치에 밸브축을 수직으로 설치한다.

76 다음 중 섬락의 위험을 방지하기 위한 이격거리는 대지전압, 뇌서지, 개폐서지 외에 어느 것을 고려하여 결정하여야 하는가?

① 정상전압
② 다상전압
③ 단상전압
④ 이상전압

해설 섬락의 위험을 방지하기 위한 이격거리는 대지전압, 뇌서지, 개폐서지 외에 이상전압을 고려하여 결정한다.

77 에틸에테르(폭발하한값 1.9vol%)와 에틸알코올(폭발하한값 4.3vol%)이 4 : 1로 혼합된 증기의 폭발하한계(vol%)는 약 얼마인가? (단, 혼합증기는 에틸에테르가 80%, 에틸알코올이 20%로 구성되고, 르 샤틀리에(Le Chatelier) 법칙을 이용한다.)

① 2.14vol% ② 3.14vol%
③ 4.14vol% ④ 5.14vol%

해설 $\frac{100}{L} = \frac{V_1}{L_1} + \frac{V_2}{L_2}$

$\frac{100}{L} = \frac{80}{1.9} + \frac{20}{4.3}$

$\therefore L = 2.14\text{vol\%}$

정답 | 72. ① 73. ② 74. ③ 75. ① 76. ④ 77. ①

78 다음 중 폭발등급 1~2등급, 발화도 G1~G4까지의 폭발성 가스가 존재하는 1종 위험장소에 사용될 수 있는 방폭전기설비의 기호로 옳은 것은?

① d2G4　　② m1G1
③ e2G4　　④ e1G1

해설 문제의 내용은 d2G4에 관한 것이다.

79 내압(耐壓)방폭구조에서 방폭전기기기의 폭발등급에 따른 최대안전틈새의 범위(mm) 기준으로 옳은 것은?

① ⅡA–0.65 이상
② ⅡA–0.5 초과 0.9 미만
③ ⅡC–0.25 미만
④ ⅡC–0.5 이하

해설 **내압방폭구조에서 방폭전기기기의 폭발등급에 따른 최대안전틈새의 범위**
㉠ ⅡA–0.9mm 이상
㉡ ⅡB–0.5mm 초과 0.9mm 미만
㉢ ⅡC–0.5mm 이하

80 다음 중 교류아크용접기에 의한 용접작업에 있어 용접이 중지된 때 감전방지를 위해 설치해야 하는 방호장치는?

① 누전차단기
② 단로기
③ 리밋스위치
④ 자동전격방지장치

해설 문제의 내용은 자동전격방지장치에 관한 것이다.

제5과목 건설안전기술

81 지반개량 공법 중 고결안정 공법에 해당하지 않는 것은?

① 생석회말뚝 공법
② 동결 공법
③ 동다짐 공법
④ 소결 공법

해설 지반개량 공법 중 고결안정 공법으로는 생석회 말뚝 공법, 동결 공법, 소결 공법이 있다.

82 콘크리트 타설 후 물이나 미세한 불순물이 분리 상승하여 콘크리트 표면에 떠오르는 현상을 가리키는 용어와 이때 표면에 발생하는 미세한 물질을 가리키는 용어를 옳게 나열한 것은?

① 블리딩–레이턴스
② 브링–샌드드레인
③ 히빙–슬라임
④ 블로홀–슬래그

해설 레이턴스는 블리딩으로 인해 콘크리트나 모르타르의 표면에 떠올라서 가라앉는 물질이다.

83 주행크레인 및 선회크레인과 건설물 사이에 통로를 설치하는 경우, 그 폭은 최소 얼마 이상으로 하여야 하는가? (단, 건설물의 기둥에 접촉하지 않는 부분인 경우)

① 0.3m
② 0.4m
③ 0.5m
④ 0.6m

해설 주행크레인 및 선회크레인과 건설물 사이에 통로를 설치하는 경우, 그 폭은 최소 0.6m 이상으로 하여야 한다.

84 다음 중 크레인의 종류에 해당하지 않는 것은?

① 자주식 트럭크레인
② 크롤러크레인
③ 타워크레인
④ 가이데릭

해설 크레인의 종류로는 ①, ②, ③ 이외에 휠크레인, 트럭크레인, 천장크레인, 지브크레인 등이 있다.

정답 | 78. ① 79. ④ 80. ④ 81. ③ 82. ① 83. ④ 84. ④

85 작업으로 인하여 물체가 떨어지거나 날아올 위험이 있을 때 위험방지조치 및 설치 준수사항으로 옳지 않은 것은?

① 수직보호망 또는 방호선반 설치
② 낙하물방지망의 내민 길이는 벽면으로부터 2m 이상 유지
③ 낙하물방지망의 수평면과의 각도는 20° 내지 30° 유지
④ 낙하물방지망의 설치높이는 10m 이상마다 설치

해설 ④의 경우 낙하물방지망의 설치높이는 10m 이내마다 설치해야 한다.

86 철골작업을 실시할 때 작업을 중지하여야 하는 악천후의 기준에 해당하지 않는 것은?

① 풍속이 10m/s 이상인 경우
② 지진이 진도 3 이상인 경우
③ 강우량이 1mm/h 이상의 경우
④ 강설량이 1cm/h 이상의 경우

해설 ②의 내용은 철골작업을 실시할 때 작업을 중지하여야 하는 악천후의 기준에 해당되지 않는다.

87 사다리식 통로의 구조에 대한 설명으로 옳지 않은 것은?

① 견고한 구조로 할 것
② 폭은 20cm 이상의 간격을 유지할 것
③ 심한 손상·부식 등이 없는 재료를 사용할 것
④ 발판과 벽과의 사이는 15cm 이상을 유지할 것

해설 ②의 경우, 폭은 30cm 이상의 간격을 유지해야 한다.

88 사업주가 높이 1m 이상인 계단의 개방된 측면에 안전난간을 설치하고자 할 때 그 설치기준으로 옳지 않은 것은?

① 난간의 높이는 90~120cm가 되도록 할 것
② 난간은 계단참을 포함하여 각 층의 계단 전체에 걸쳐서 설치할 것
③ 금속제 파이프로 된 난간은 2.7cm 이상의 지름을 갖는 것일 것
④ 난간은 임의의 점에 있어서 임의의 방향으로 움직이는 80kg 이하의 하중에 견딜 수 있는 튼튼한 구조일 것

해설 ④의 경우 난간은 임의의 점에 있어서 임의의 방향으로 움직이는 100kg 이상의 하중에 견딜 수 있는 튼튼한 구조이어야 한다.

89 공사용 가설도로의 일반적으로 허용되는 최고경사도는 얼마인가?

① 5%
② 10%
③ 20%
④ 30%

해설 공사용 가설도로의 일반적으로 허용되는 최고경사도는 10%이다.

90 콘크리트 거푸집 해체작업 시의 안전 유의사항으로 옳지 않은 것은?

① 해당 작업을 하는 구역에는 관계 근로자가 아닌 사람의 출입을 금지해야 한다.
② 비, 눈, 그 밖의 기상상태의 불안정으로 날씨가 몹시 나쁜 경우에는 그 작업을 중지해야 한다.
③ 안전모, 안전대, 산소마스크 등을 착용하여야 한다.
④ 재료, 기구 또는 공구 등을 올리거나 내리는 경우에는 근로자로 하여금 달줄·달포대 등을 사용하도록 한다.

해설 ③의 경우 산소마스크 등의 착용은 거푸집 해체작업 시의 안전 유의사항으로는 거리가 멀다.

정답 ┃ 85. ④ 86. ② 87. ② 88. ④ 89. ② 90. ③

91 가설통로의 설치기준으로 옳지 않은 것은?

① 경사는 30° 이하로 할 것
② 경사가 15°를 초과하는 경우에는 미끄러지지 아니하는 구조로 할 것
③ 높이 8m 이상인 비계다리에는 8m 이내마다 계단참을 설치할 것
④ 수직갱에 가설된 통로의 길이가 15m 이상인 경우에는 10m 이내마다 계단참을 설치할 것

해설 ③의 경우 높이 8m 이상인 비계다리에는 7m 이내마다 계단참을 설치해야 한다.

92 콘크리트 측압에 관한 설명 중 옳지 않은 것은?

① 슬럼프가 클수록 측압은 커진다.
② 벽 두께가 두꺼울수록 측압은 커진다.
③ 부어넣는 속도가 빠를수록 측압은 커진다.
④ 대기온도가 높을수록 측압은 커진다.

해설 ④의 경우 대기온도가 낮을수록 측압은 커진다.

93 2가지의 거푸집 중 먼저 해체해야 하는 것으로 옳은 것은?

① 기온이 높을 때 타설한 거푸집과 낮을 때 타설한 거푸집－높을 때 타설한 거푸집
② 조강시멘트를 사용하여 타설한 거푸집과 보통시멘트를 사용하여 타설한 거푸집－보통시멘트를 사용하여 타설한 거푸집
③ 보와 기둥－보
④ 스팬이 큰 빔과 작은 빔－큰 빔

해설 ② 보통시멘트를 사용하여 타설한 거푸집
→ 조강시멘트를 사용하여 타설한 거푸집
③ 보 → 기둥
④ 큰 빔 → 작은 빔

94 산업안전보건관리비 중 안전관리자 등의 인건비 및 각종 업무수당 등의 항목에서 사용할 수 없는 내역은?

① 교통통제를 위한 신호수 인건비
② 안전관리자 퇴직급여 충당금
③ 건설용 리프트의 운전자
④ 고소작업대 작업 시 하부통제를 위한 신호자

해설 **산업안전보건관리비 중 안전관리자 등의 인건비 및 각종 업무수당 등의 항목에서 사용할 수 없는 내역**

구분	내역
안전 · 보건관리자의 인건비	• 안전 · 보건관리자의 업무를 전담하지 않는 경우 • 지방노동관서에 선임 신고하지 아니한 경우 • 자격을 갖추지 아니한 경우
유도자 또는 신호자의 인건비	• 공사 도급내역서에 유도자 또는 신호자 인건비가 반영된 경우 • 타워크레인 등 양중기를 사용할 경우 자재운반을 위한 유도 또는 신호의 경우 • 원활한 공사 수행을 위하여 사업장 주변 교통정리, 인원 및 환경관리 등의 목적이 포함되어 있는 경우
안전 · 보건보조원의 인건비	• 전담 안전 · 보건관리자가 선임되지 아니한 현장의 경우 • 보조원이 안전 · 보건관리업무 외의 업무를 겸임하는 경우 • 경비원, 청소원, 폐자재 처리원 등 산업안전보건과 무관하거나 사무보조원(안전보건관리자의 사무를 보조하는 경우 포함)의 인건비

95 건설공사 중 작업으로 인하여 물체가 떨어지거나 날아올 위험이 있을 때 조치할 사항으로 옳지 않은 것은?

① 안전난간의 설치
② 보호구의 착용
③ 출입금지구역의 설정
④ 낙하물방지망의 설치

해설 물체가 떨어지거나 날아올 위험이 있을 때 조치할 사항으로는 ②, ③, ④ 세 가지가 있다.

96 건설현장의 중장비작업 시 일반적인 안전수칙으로 옳지 않은 것은?

① 승차석 외의 위치에 근로자를 탑승시키지 아니 한다.
② 중기 및 장비는 항상 사용 전에 점검한다.
③ 중장비의 사용법을 확실히 모를 때는 관리감독자가 현장에서 시운전을 해본다.
④ 경우에 따라 취급자가 없을 경우에는 사용이 불가능하다.

해설 ③의 경우 관리감독자가 현장에서 시운전을 해본다는 것은 안전수칙에 어긋난다. 반드시 중장비 면허소지자 등 담당자가 시운전을 해야 한다.

97 양끝이 힌지(Hinge)인 기둥에 수직하중을 가하면 기둥이 수평방향으로 휘게 되는 현상은?

① 피로한계　② 파괴한계
③ 좌굴　④ 부재의 안전도

해설 ① 피로한계 : 재료에 끊임없이 반복하여 외력을 가하여도 파괴되지 아니하는 응력변동의 최댓값
② 파괴한계 : 부재가 외부의 힘을 받아 파괴되기까지 버티는 최댓값
④ 부재의 안전도 : 부재의 안전계수

98 흙을 크게 분류하면 사질토와 점성토로 나눌 수 있는데 그 차이점으로 옳지 않은 것은?

① 흙의 내부마찰각은 사질토가 점성토보다 크다.
② 지지력은 사질토가 점성토보다 크다.
③ 점착력은 사질토가 점성토보다 작다.
④ 장기침하량은 사질토가 점성토보다 크다.

해설 ④의 경우 장기침하량은 사질토가 점성토보다 작다가 옳다.

99 가설통로의 설치기준으로 옳지 않은 것은?

① 경사가 20°를 초과하는 때에는 미끄러지지 않는 구조로 하여야 한다.
② 경사는 30° 이하로 하여야 한다.
③ 수직갱에 가설된 통로의 길이가 15m 이상인 때에는 10m 이내마다 계단참을 설치한다.
④ 높이 8m 이상인 비계다리에는 7m 이내마다 계단참을 설치한다.

해설 ①의 경우 경사가 15°를 초과할 때에는 미끄러지지 않는 구조로 하여야 한다.

100 거푸집의 조립순서로 옳은 것은?

① 기둥 → 보받이 내력벽 → 큰 보 → 작은 보 → 바닥 → 내벽 → 외벽
② 기둥 → 보받이 내력벽 → 큰 보 → 작은 보 → 바닥 → 외벽 → 내벽
③ 기둥 → 보받이 내력벽 → 작은 보 → 큰 보 → 바닥 → 내벽 → 외벽
④ 기둥 → 보받이 내력벽 → 내벽 → 외벽 → 큰 보 → 작은 보 → 바닥

해설 거푸집의 조립순서로 옳은 것은 ①이다.

정답 | 96. ③ 97. ③ 98. ④ 99. ① 100. ①

2021년 제2회 CBT 복원문제

ㅣ산업안전산업기사 5월 9일 시행ㅣ

제1과목 산업안전관리론

01 다음 중 생체리듬(biorhythm)의 종류에 속하지 않는 것은?

① 육체적 리듬
② 지성적 리듬
③ 감성적 리듬
④ 정서적 리듬

해설 **생체리듬(biorhythm)의 종류**
㉠ 육체적 리듬 : 23일 주기
㉡ 지성적 리듬 : 33일 주기
㉢ 감성적 리듬 : 28일 주기

02 산업안전보건법령상 안전 · 보건관리규정에 포함되어 있지 않는 내용은? (단, 기타 안전 · 보건관리에 관한 사항은 제외한다.)

① 작업자 선발에 관한 사항
② 안전 · 보건교육에 관한 사항
③ 사고조사 및 대책수립에 관한 사항
④ 작업장 보건관리에 관한 사항

해설 **산업안전보건법령상 안전 · 보건관리규정**
㉠ 안전 · 보건관리조직과 그 직무에 관한 사항
㉡ 안전 · 보건교육에 관한 사항
㉢ 작업장 안전관리에 관한 사항
㉣ 작업장 보건관리에 관한 사항
㉤ 사고조사 및 대책수립에 관한 사항
㉥ 그 밖의 안전 · 보건에 관한 사항

03 다음 중 리더십(leadership) 과정에 있어 구성요소와의 함수관계를 의미하는 "$L=f(l,\ f_1,\ s)$"의 용어를 잘못 나타낸 것은?

① f : 함수(function)
② l : 청취(listening)
③ f_1 : 멤버(follower)
④ s : 상황요인(situational variables)

해설 리더십이란 일정한 상황에서 목표달성을 위하여 개인이나 집단(추정자)의 행위에 영향력을 행사하는 과정 또는 능력을 의미한다.
$L=f(l,\ f_1,\ s)$
여기서, L : 리더십
f : 함수(function)
l : 리더(leader)
f_1 : 추종자(멤버, follower)
s : 상황요인(situational variables)

04 안전한 방법에 대한 지식을 가지고 있으며 또 그것을 해낼 수 있는 능력을 가지고 있는 사람이 불안전행위를 범해서 재해를 일으키는 경우가 있는데 다음 중 이에 해당되지 않는 경우는?

① 무의식으로 하는 경우
② 사태의 파악에 잘못이 있을 경우
③ 좋지 않다는 것을 의식하면서 행위를 할 경우
④ 작업량이 능력에 비하여 과다한 경우

해설 **안전한 방법 등의 능력을 가지고 있는 사람이 불안전행위를 범해서 재해를 일으키는 경우**
㉠ 무의식으로 하는 경우
㉡ 사태의 파악에 잘못이 있을 경우
㉢ 좋지 않다는 것을 의식하면서 행위를 할 경우

05 다음 중 인간의 적응기제(適應機制)에 포함되지 않는 것은?

① 갈등(conflict)
② 억압(repression)
③ 공격(aggression)
④ 합리화(rationalization)

해설 **인간의 적응기제**
㉠ 억압(repression)
㉡ 반동형성(reaction formation)
㉢ 공격(aggression)
㉣ 고립(isolation)
㉤ 도피(withdrawal)
㉥ 퇴행(regression)
㉦ 합리화(rationalization)
㉧ 투사(projection)
㉨ 동일화(identification)
㉩ 백일몽(day-dreaming)
㉪ 보상(compensation)
㉫ 승화(sublimation)

06 인간의 행동특성 중 주의(attention)의 일점집중현상에 대한 대책으로 가장 적절한 것은?

① 적성배치 ② 카운슬링
③ 위험예지훈련 ④ 작업환경의 개선

해설 **일점집중현상에 대한 대책** : 위험예지훈련

07 재해예방의 4원칙 중 '대책선정의 원칙'에 대한 설명으로 옳은 것은?

① 재해의 발생은 반드시 그 원인이 존재한다.
② 손실은 우연히 일어나므로 반드시 예방이 가능하다.
③ 재해는 원칙적으로 원인만 제거되면 예방이 가능하다.
④ 재해예방을 위한 가능한 안전대책은 반드시 존재한다.

해설 **대책선정의 원칙** : 재해예방을 위한 가능한 안전대책은 반드시 존재한다.

08 매슬로우(Maslow A.H.)의 욕구 5단계 중 자신의 잠재력을 발휘하여 자기가 하고 싶은 일을 실현하는 욕구는 어느 단계인가?

① 생리적 욕구 ② 안전의 욕구
③ 존경의 욕구 ④ 자아실현의 욕구

해설 **매슬로우의 욕구 5단계**
㉠ 제1단계 : 생리적 욕구
㉡ 제2단계 : 안전과 안정의 욕구
㉢ 제3단계 : 사회적인 욕구
㉣ 제4단계 : 인정 받으려는 욕구
㉤ 제5단계 : 자아실현의 욕구(자신의 잠재력을 발휘하여 자기가 하고 싶은 일을 실현하는 욕구)

09 재해손실비용 중 직접비에 해당되는 것은?

① 인적 손실 ② 생산손실
③ 산재보상비 ④ 특수손실

해설 **재해손실비용**
㉠ 직접비 : 사고의 피해자에게 지급되는 산재보상비
㉡ 간접비 : 인적 손실, 생산손실, 특수손실 등

10 다음 중 산업안전보건법령상 관리감독자 정기안전 · 보건교육의 내용에 포함되지 않는 것은? (단, 기타 산업안전보건법 및 일반관리에 관한 사항은 제외한다.)

① 인원 활용 및 생산성 향상에 관한 사항
② 작업공정의 유해 · 위험과 재해예방대책에 관한 사항
③ 표준안전작업방법 및 지도요령에 관한 사항
④ 유해 · 위험 작업환경관리에 관한 사항

해설 **관리감독자 정기안전 · 보건교육의 내용**
㉠ ②, ③, ④
㉡ 관리감독자의 역할과 임무에 관한 사항
㉢ 산업보건 및 직업병 예방에 관한 사항
㉣ 산업안전보건법 및 일반관리에 관한 사항

11 다음 중 교육훈련평가의 4단계를 올바르게 나열한 것은?

① 학습 → 반응 → 행동 → 결과
② 학습 → 행동 → 반응 → 결과
③ 행동 → 반응 → 학습 → 결과
④ 반응 → 학습 → 행동 → 결과

정답 | 06. ③ 07. ④ 08. ④ 09. ③ 10. ① 11. ④

해설 **교육훈련평가의 4단계**

㉠ 제1단계 : 반응
㉡ 제2단계 : 학습
㉢ 제3단계 : 행동
㉣ 제4단계 : 결과

12 다음 중 산업안전보건법에 따라 안전 · 보건진단을 받아 안전보건개선계획을 수립 · 제출하도록 명할 수 있는 사업장에 해당하지 않는 것은?

① 직업병에 걸린 사람이 연간 1명 발생한 사업장
② 산업재해발생률이 같은 업종 평균 산업재해발생률의 3배인 사업장
③ 작업환경 불량, 화재, 폭발 또는 누출사고 등으로 사회적 물의를 일으킨 사업장
④ 산업재해율이 같은 업종의 규모별 평균 산업재해율보다 높은 사업장 중 사업주가 안전 · 보건 조치의무를 이행하지 아니하여 중대재해가 발생한 사업장

해설 **안전 · 보건진단을 받아 개선계획을 수립 · 제출해야 하는 사업장**

㉠ 산업재해율이 동종 업종의 평균 재해율보다 높은 사업장 중 중대재해가 발생한 사업장
㉡ 재해율이 동종 업종의 평균 재해율의 2배 이상인 사업장
㉢ 직업병에 걸린 자가 연간 2명 이상 발생한 사업장
㉣ 작업환경 불량, 화재, 폭발 또는 누출사고로 사회적 물의를 야기한 사업장
㉤ ㉠ 내지 ㉣의 규정에 준하는 사업장으로 노동부 장관이 따로 정하는 사업장

13 의무안전인증 대상 보호구 중 차광보안경의 사용구분에 따른 종류가 아닌 것은?

① 보정용
② 용접용
③ 복합용
④ 적외선용

해설 **의무안전인증(차광보안경)**

㉠ 자외선용
㉡ 적외선용
㉢ 복합용(자외선 및 적외선)
㉣ 용접용(자외선, 적외선 및 강렬한 가시광선)

14 다음 중 인간이 자기의 실패나 약점을 그럴듯한 이유를 들어 남의 비난을 받지 않도록 하며 또한 자위하는 방어기제를 무엇이라 하는가?

① 보상
② 투사
③ 합리화
④ 전이

해설 ① 보상(compensation) : 욕구가 저지되면 그것을 대신한 목표로서 만족을 얻고자 한다.
② 투사(projection) : 자신조차 승인할 수 없는 욕구나 특성을 타인이나 사물로 전환시켜 자신의 바람직하지 않은 욕구로부터 자신을 지키고 또한 투사한 대상에 대해서 공격을 가함으로써 한층 더 확고하게 안정을 얻으려고 한다.
③ 합리화(rationalization) : 인간이 자기의 실패나 약점을 그럴듯한 이유를 들어 남의 비난을 받지 않도록 하며 또한 자위하는 방어기제이다.
④ 전이(transference) : 어떤 내용이 다른 내용에 영향을 주는 현상이다.

15 사업장 무재해운동 추진 및 운영에 있어 무재해 목표설정의 기준이 되는 무재해시간은 무재해운동을 개시하거나 재개시한 날부터 실근무자수와 실근로시간을 곱하여 산정하는데 다음 중 실근로시간의 산정이 곤란한 사무직 근로자 등의 경우에는 1일 몇 시간 근무한 것으로 보는가?

① 6시간 ② 8시간
③ 9시간 ④ 10시간

해설 실근로시간의 산정이 곤란한 사무직 근로자 등의 경우에는 1일 8시간 근무한 것으로 본다.

정답 | 12. ① 13. ① 14. ③ 15. ②

16 상시 근로자수가 75명인 사업장에서 1일 8시간씩 연간 320일을 작업하는 동안에 4건의 재해가 발생하였다면 이 사업장의 도수율은 약 얼마인가?

① 17.68
② 19.67
③ 20.83
④ 22.8

해설

$$도수율 = \frac{재해건수}{연근로시간수} \times 1{,}000{,}000$$
$$= \frac{4}{75 \times 8 \times 320} \times 1{,}000{,}000$$
$$= 20.833$$
$$\fallingdotseq 20.83$$

17 다음 중 산업안전보건법상 용어의 정의가 잘못 설명된 것은?

① "사업주"란 근로자를 사용하여 사업을 하는 자를 말한다.
② "근로자대표"란 근로자의 과반수로 조직된 노동조합이 없는 경우에는 사업주가 지정하는 자를 말한다.
③ "산업재해"란 근로자가 업무에 관계되는 건설물·설비·원재료·가스·증기·분진·분진 등에 의하거나 작업 또는 그 밖의 업무로 인하여 사망 또는 부상하거나 질병에 걸리는 것을 말한다.
④ "안전·보건진단"이란 산업재해를 예방하기 위하여 잠재적 위험성을 발견하고 그 개선대책을 수립할 목적으로 고용노동부 장관이 지정하는 자가 하는 조사·평가를 말한다.

해설 **산업안전보건법-제2조(정의)**
"근로자대표"란 근로자의 과반수로 조직된 노동조합이 있는 경우에는 그 노동조합을, 근로자의 과반수로 조직된 노동조합이 없는 경우에는 근로자의 과반수를 대표하는 자를 말한다.

18 다음 설명에 해당하는 위험예지활동은?

> 작업을 오조작 없이 안전하게 하기 위하여 작업공정의 요소에서 자신의 행동을 하고 대상을 가리킨 후 큰 소리로 확인하는 것

① 지적확인
② Tool Box Meeting
③ 터치 앤 콜
④ 삼각위험예지훈련

해설 작업자가 낮은 의식수준으로 작업하는 경우에라도, 지적확인을 실시하면 신뢰성이 높은 Phase Ⅲ까지 의식수준을 끌어올릴 수 있다.

19 매슬로우(Maslow)의 욕구단계 이론 중 인간에게 영향을 줄 수 있는 불안, 공포, 재해 등 각종 위험으로부터 해방되고자 하는 욕구에 해당되는 것은?

① 사회적 욕구
② 존경의 욕구
③ 안전의 욕구
④ 자아실현의 욕구

해설 **매슬로우(Maslow)의 인간 욕구 5단계**
㉠ 제1단계 : 생리적인 욕구
㉡ 제2단계 : 안전과 안정의 욕구(인간에게 영향을 줄 수 있는 불안, 공포, 재해 등 각종 위험으로부터 해방되고자 하는 욕구)
㉢ 제3단계 : 사회적인 욕구
㉣ 제4단계 : 인정을 받으려는 욕구
㉤ 제5단계 : 자아실현 욕구

20 기억의 과정 중 과거의 학습경험을 통해서 학습된 행동이 현재와 미래에 지속되는 것을 무엇이라 하는가?

① 기명(memorizing)
② 파지(retention)
③ 재생(recall)
④ 재인(recognition)

정답 ▌ 16. ③ 17. ② 18. ① 19. ③ 20. ②

해설 기억의 4단계
㉠ 기명(memorizing) : 새로운 사상(event)이 중추신경계에 기록되는 것
㉡ 파지(retention) : 일단 획득된 행동이나 학습의 내용은 시간의 경과에 따라 변화하여 어떤 것은 잊어버리게 되고 또 어떤 것은 언제까지나 잊어버리지 않는 것. 즉 과거의 학습경험이 어떠한 형태로 현재와 미래의 행동에 영향을 주는 작용을 하며 이와 같이 학습된 행동이 지속되는 것
㉢ 재생(recall) : 간직된 기록이 다시 의식 속으로 떠오르는 것
㉣ 재인(recognition) : 재생을 실현할 수 있는 상태

제2과목 인간공학 및 시스템안전공학

21 그림에 있는 조종구(ball control)와 같이 상당한 회전운동을 하는 조종장치가 선형 표시장치를 움직일 때는 L을 반경(지레의 길이), a를 조종장치가 움직인 각도라 할 때 조종표시장치의 이동비율(control display ratio)을 나타낸 것은?

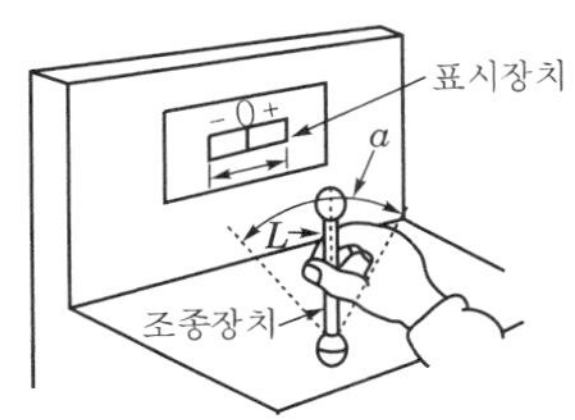

① $\dfrac{(a/360)\times 2\pi L}{\text{표시장치 이동거리}}$

② $\dfrac{\text{표시장치 이동거리}}{(a/360)\times 4\pi L}$

③ $\dfrac{(a/360)\times 4\pi L}{\text{표시장치 이동거리}}$

④ $\dfrac{\text{표시장치 이동거리}}{(a/360)\times 2\pi L}$

해설 $C/D\text{비} = \dfrac{(a/360)\times 2\pi L}{\text{표시장치 이동거리}}$
회전 손잡이(knob)의 경우 C/D비는 손잡이 1회전에 상당하는 표시장치 이동거리의 역수이다.

22 다음 중 예방보전을 수행함으로써 기대되는 이점이 아닌 것은?

① 정지시간의 감소로 유휴손실 감소
② 신뢰도 향상으로 인한 제조원가의 감소
③ 납기엄수에 따른 신용 및 판매기회 증대
④ 돌발고장 및 보전비의 감소

해설 예방보전의 이점
㉠ 정지시간의 감소로 유휴손실 감소
㉡ 신뢰도 향상으로 인한 제조원가의 감소
㉢ 납기엄수에 따른 신용 및 판매기회 증대

23 다음 중 활동의 내용마다 "우 · 양 · 가 · 불가"로 평가하고 이 평가내용을 합하여 다시 종합적으로 정규화하여 평가하는 안전성 평가기법은?

① 계층적 기법
② 일관성 검정법
③ 쌍대비교법
④ 평점척도법

해설 문제의 내용은 평점척도법에 관한 설명이다.

24 러닝벨트(treadmill) 위를 일정한 속도로 걷는 사람의 배기가스를 5분간 수집한 표본을 가스성분 분석기로 조사한 결과, 산소 16%, 이산화탄소 4%로 나타났다. 배기가스 전부를 가스미터에 통과시킨 결과, 배기량이 90L였다면 분당 산소 소비량과 에너지가(價)는 약 얼마인가?

① 산소 소비량 : 0.95L/분,
에너지가(價) : 4.75kcal/분
② 산소 소비량 : 0.97L/분,
에너지가(價) : 4.80kcal/분
③ 산소 소비량 : 0.95L/분,
에너지가(價) : 4.85kcal/분
④ 산소 소비량 : 0.97L/분,
에너지가(價) : 4.90kcal/분

해설 산소 소비량

$=$흡기량 속의 산소량$-$배기량 속의 산소량

$=\left(\text{흡기량}\times\frac{21}{100}\%\right)-\left(\text{배기량}\times\frac{O_2}{100}(\%)\right)$

$=\left(18.22\times\frac{21}{100}\right)-\left(18\times\frac{16}{100}\right)=0.95\text{L/분}$

여기서,

㉠ 흡기량$\times 79\% =$ 배기량$\times N_2(\%)$,

$N_2(\%)=100-CO_2(\%)-O_2(\%)$

$\text{흡기량}=\text{배기량}\times\frac{100-CO_2(\%)-O_2(\%)}{79}$

$=18\times\frac{(100-16-4)}{79}=18.22\text{L/분}$

㉡ 분당 배기량 $=\frac{90}{5}=18\text{L/분}$

㉢ 에너지가 $=$산소소비량$\times$평균에너지소비량

$=0.95\times5=4.75\text{kcal/분}$

여기서, 평균에너지소비량은 5kcal/분이다.

25 어리를 신속하게 탐지하는 경보 시스템은 영구적이며, 경계나 부주의로 광점을 탐지하지 못하는 조작자 실수율은 0.001t/시간이고, 균질(homogeneous)하다. 또한, 조작자는 15분마다 스위치를 작동해야 하는데 인간실수확률(HEP)이 0.01인 경우에 2시간에서 3시간 사이 인간－기계 시스템의 신뢰도는 약 얼마인가?

① 94.96% ② 95.96%
③ 96.96% ④ 97.96%

해설 인간 신뢰도$(R)=(1-\text{HEP})=(1-P)$

26 다음 중 인간 에러(human error)를 예방하기 위한 기법과 가장 거리가 먼 것은?

① 작업상황의 개선
② 위급사건기법의 적용
③ 작업자의 변경
④ 시스템의 영향 감소

해설 **인간 에러를 예방하기 위한 기법**
㉠ 작업상황의 개선
㉡ 작업자의 변경
㉢ 시스템의 영향 감소

27 다음 중 음성통신 시스템의 구성요소가 아닌 것은?

① Noise ② Blackboard
③ Message ④ Speaker

해설 **음성통신 시스템의 구성요소**
㉠ Noise
㉡ Message
㉢ Speaker

28 다음 [보기]의 ㉠과 ㉡에 해당하는 내용은?

[보기]
㉠ 그 속에 포함되어 있는 모든 기본사상이 일어났을 때에 정상사상을 일으키는 기본사상의 집합
㉡ 그 속에 포함되는 기본사상이 일어나지 않았을 때에 처음으로 정상사상이 일어나지 않는 기본사상의 집합

① ㉠ Path Set, ㉡ Cut Set
② ㉠ Cut Set, ㉡ Path Set
③ ㉠ AND, ㉡ OR
④ ㉠ OR, ㉡ AND

해설 ㉠ Cut Set : 그 속에 포함되어 있는 모든 기본사상이 일어났을 때에 정상사상을 일으키는 기본사상의 집합
㉡ Path Set : 그 속에 포함되는 기본사상이 일어나지 않았을 때에 처음으로 정상사상이 일어나지 않는 기본사상의 집합

29 인간공학에 있어 시스템 설계과정의 주요 단계를 다음과 같이 6단계로 구분하였을 때 다음 중 올바른 순서로 나열한 것은?

ⓐ 기본 설계 ⓑ 계면(Interface) 설계
ⓒ 시험 및 평가 ⓓ 목표 및 성능명세 결정
ⓔ 촉진물 설계 ⓕ 체계의 정의

① ⓐ → ⓑ → ⓕ → ⓓ → ⓔ → ⓒ
② ⓑ → ⓐ → ⓕ → ⓓ → ⓔ → ⓒ
③ ⓓ → ⓕ → ⓐ → ⓑ → ⓔ → ⓒ
④ ⓕ → ⓐ → ⓑ → ⓓ → ⓔ → ⓒ

정답 | 25. ② 26. ② 27. ② 28. ② 29. ③

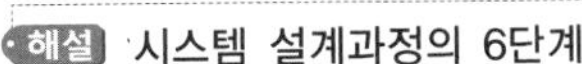

해설 **시스템 설계과정의 6단계**

㉠ 제1단계 : 목표 및 성능명세 결정
㉡ 제2단계 : 체계의 정의
㉢ 제3단계 : 기본 설계
㉣ 제4단계 : 계면 설계
㉤ 제5단계 : 촉진물 설계
㉥ 제6단계 : 시험 및 평가

30 다음 중 열압박 지수(HSI ; Heat Stress Index)에서 고려하고 있지 않은 항목은 어느 것인가?

① 공기속도
② 습도
③ 압력
④ 온도

해설 **열압박 지수에서 고려하는 항목**

㉠ 공기속도
㉡ 습도
㉢ 온도

31 다음 중 위험처리방법에 관한 설명으로 적절하지 않은 것은?

① 위험처리대책 수립 시 비용문제는 제외된다.
② 재정적으로 처리하는 방법에는 보유와 전가방법이 있다.
③ 위험의 제어방법에는 회피, 손실제어, 위험분리, 책임전가 등이 있다.
④ 위험처리방법에는 위험을 제어하는 방법과 재정적으로 처리하는 방법이 있다.

해설 ①의 경우 위험처리대책 수립 시 비용문제는 포함된다는 내용이 옳다.

32 다음 중 조종-반응비율(C/R비)에 따른 이동시간과 조정시간의 관계로 옳은 것은?

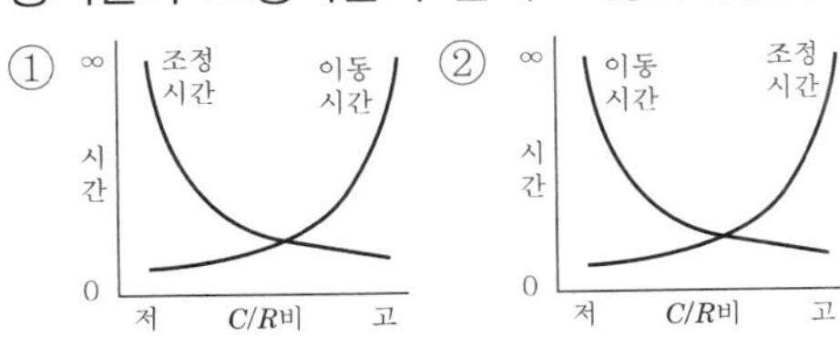

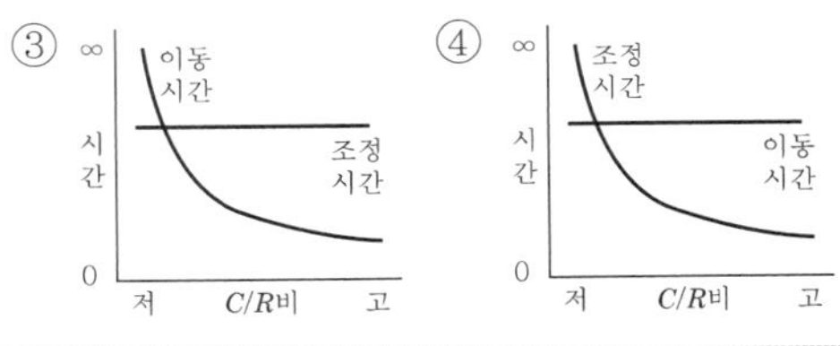

해설 C/R비가 감소함에 따라 이동시간은 급격히 감소하다가 안정되며, 조정시간은 이와 반대의 형태를 갖는다.

33 빨강, 노랑, 파랑, 화살표 등 모두 4종류의 신호등이 있다. 신호등은 한 번에 하나의 등만 켜지도록 되어 있고 1시간 동안 측정한 결과 4가지 신호등이 모두 15분씩 켜져 있었다. 이 신호등의 총 정보량(bit)은 얼마인가?

① 1
② 2
③ 3
④ 4

해설

(1) A(빨강) 확률 $= \dfrac{15분}{60분} = 0.25$

B(노랑) 확률 $= \dfrac{15분}{60분} = 0.25$

C(파랑) 확률 $= \dfrac{15분}{60분} = 0.25$

D(화살표) 확률 $= \dfrac{15분}{60분} = 0.25$

(2) $A = \dfrac{\log\left(\dfrac{1}{0.25}\right)}{\log 2} = 2$

$B = \dfrac{\log\left(\dfrac{1}{0.25}\right)}{\log 2} = 2$

$C = \dfrac{\log\left(\dfrac{1}{0.25}\right)}{\log 2} = 2$

$D = \dfrac{\log\left(\dfrac{1}{0.25}\right)}{\log 2} = 2$

(3) $정보량 = (0.25 \times A) + (0.25 \times B) + (0.25 \times C) + (0.25 \times D)$
$= (0.25 \times 2) + (0.25 \times 2) + (0.25 \times 2) + (0.25 \times 2)$
$= 2\text{bit}$

34 다음 중 정량적 표시장치의 눈금 수열로 가장 인식하기 쉬운 것은?

① 1, 2, 3, …
② 2, 4, 6, …
③ 3, 6, 9, …
④ 4, 8, 12, …

해설 정량적 표시장치의 눈금 수열로 가장 인식하기 쉬운 것 : 1, 2, 3, …

35 인간-기계 시스템의 구성요소에서 다음 중 일반적으로 신뢰도가 가장 낮은 요소는? (단, 관련요건은 동일하다는 가정이다.)

① 수공구 ② 작업자
③ 조종장치 ④ 표시장치

해설 인간-기계 시스템의 구성요소 중 신뢰도가 가장 낮은 요소는 작업자이다. 즉 신뢰도는 기계쪽으로 갈수록 높아지고 인간쪽으로 올수록 낮아진다.

36 FT도에 사용되는 다음의 기호가 의미하는 내용으로 옳은 것은?

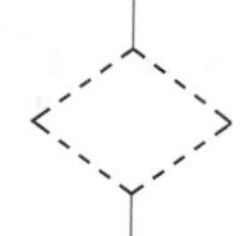

① 생략사상으로서 간소화
② 생략사상으로서 인간의 실수
③ 생략사상으로서 조직자의 간과
④ 생략사상으로서 시스템의 고장

해설 생략사상

명 칭	기 호
생략사상	
생략사상 (인간의 실수)	
생략사상 (조작자의 간과)	

37 다음 중 FTA를 이용하여 사고원인의 분석 등 시스템의 위험을 분석할 경우 기대효과와 관계없는 것은?

① 사고원인 분석의 정량화 가능
② 사고원인 규명의 귀납적 해석 가능
③ 안전점검을 위한 체크리스트 작성 가능
④ 복잡하고 대형화된 시스템의 신뢰성 분석 및 안전성 분석 가능

해설 ②의 경우 사고원인 규명의 간편화가 옳은 내용이다.

38 다음 중 인체계측에 있어 구조적 인체치수에 관한 설명으로 옳은 것은?

① 움직이는 신체의 자세로부터 측정한다.
② 실제의 작업 중 움직임을 계측, 자료를 취합하여 통계적으로 분석한다.
③ 정해진 동작에 있어 자세, 관절 등의 관계를 3차원 디지타이저(digitizer), 모아레(moire)법 등의 복합적인 장비를 활용하여 측정한다.
④ 고정된 자세에서 마틴(martin)식 인체측정기로 측정한다.

해설 ① 표준자세에서 움직이지 않는 피측정자를 인체측정기 등으로 측정한 것이다.
② 어떤 부위 특성의 측정치는 수화기(earphone), 색안경 등을 설계할 때와 같이 특수용도에 사용되는 것도 있다.
③ 수치들은 연령이 다른 여러 피측정자들에 대한 것이고, 특히 신장과 체중은 연령에 따라 상당한 차이가 있다는 것을 유념해야 한다.

39 다음 중 사고나 위험, 오류 등의 정보를 근로자의 직접면접, 조사 등을 사용하여 수집하고, 인간-기계 시스템 요소들의 관계 규명 및 중대작업 필요조건 확인을 통한 시스템 개선을 수행하는 기법은?

① 직무위급도 분석
② 인간실수율 예측기법
③ 위급사건기법
④ 인간실수 자료은행

정답 | 34. ① 35. ② 36. ② 37. ② 38. ④ 39. ③

해설 **위급사건기법** : 사고나 위험, 오류 등의 정보를 근로자의 직접면접, 조사 등을 사용하여 수집하고, 인간-기계 시스템 요소들의 관계규명 및 중대작업 필요조건 확인을 통한 시스템 개선을 수행하는 기법

40 각각 10,000시간의 수명을 가진 A, B 두 요소가 병렬계를 이루고 있을 때 이 시스템의 수명은 얼마인가? (단, 요소 A, B의 수명은 지수분포를 따른다.)

① 5,000시간
② 10,000시간
③ 15,000시간
④ 20,000시간

해설

$$\text{병렬체계의 수명} = \left(1+\frac{1}{2}+\cdots+\frac{1}{n}\right)\times \text{시간}$$
$$= \left(1+\frac{1}{2}\right)\times 10,000$$
$$= 15,000\text{시간}$$

제3과목 기계위험방지기술

41 정(chisel) 작업의 일반적인 안전수칙에서 틀린 것은?

① 따내기 및 칩이 튀는 가공에서는 보안경을 착용하여야 한다.
② 절단작업 시 절단된 끝이 튀는 것을 조심하여야 한다.
③ 작업을 시작할 때는 가급적 정을 세게 타격하고 점차 힘을 줄여간다.
④ 절단이 끝날 무렵에는 정을 세게 타격해서는 안 된다.

해설 ③의 경우, 정작업을 시작할 때는 가급적 정을 약하게 타격하고 점차 힘을 늘려간다는 내용이 옳다.

42 프레스 광전자식 방호장치의 광선에 신체의 일부가 감지된 후로부터 급정지기구 작동 시까지의 시간이 30ms이고, 급정지기구의 작동 직후로부터 프레스기가 정지될 때까지의 시간이 20ms라면 광축의 최소 설치거리는?

① 75mm
② 80mm
③ 100mm
④ 150mm

해설 광축의 설치거리(mm) $= 1.6(T_l + T_s)$

$\therefore\ 1.6(30+20) = 80\text{mm}$

43 선반작업의 안전수칙으로 적합하지 않은 것은 어느 것인가?

① 작업 중 장갑을 착용하여서는 안 된다.
② 공작물의 측정은 기계를 정지시킨 후 실시한다.
③ 사용 중인 공구는 선반의 베드 위에 올려놓는다.
④ 가공물의 길이가 지름의 12배 이상이면 방진구를 사용한다.

해설 ③의 경우 사용 중인 공구는 선반의 베드 위에 올려놓지 않는다는 내용이 옳다.

44 다음 중 아세틸렌 용접장치에서 역화의 발생원인과 가장 관계가 먼 것은?

① 압력조정기가 고장으로 작동이 불량할 때
② 수봉식 안전기가 지면에 대해 수직으로 설치될 때
③ 토치의 성능이 좋지 않을 때
④ 팁이 과열되었을 때

해설 **아세틸렌 용접장치에서 역화의 발생원인**
㉠ ①, ③, ④
㉡ 산소공급이 과다할 때
㉢ 팁에 이물질이 묻었을 때

정답 | 40. ③ 41. ③ 42. ② 43. ③ 44. ②

45 일반 연삭작업 등에 사용하는 것을 목적으로 하는 탁상용 연삭기 덮개의 노출각도로 옳은 것은?

① 30° 이내 ② 45° 이내
③ 125° 이내 ④ 150° 이내

해설 **연삭기 덮개의 노출각도**
㉠ 탁상용 연삭기 : 125° 이내
㉡ 평면, 절단연삭기 : 150° 이내
㉢ 원통, 만능 휴대용, 원통연삭기 : 180° 이내

46 기계설비의 안전조건 중 외관의 안전화에 해당하는 조치는?

① 고장발생을 최소화하기 위해 정기점검을 실시하였다.
② 전압강하, 정전 시의 오동작을 방지하기 위하여 제어장치를 설치하였다.
③ 기계의 예리한 돌출부 등에 안전덮개를 설치하였다.
④ 강도를 감안하고 안전율을 최대로 고려하여 설비를 설계하였다.

해설 ① 보전작업의 안전화
② 기능의 안전화
③ 외관의 안전화
④ 구조의 안전화

47 다음 중 드릴링 머신(drilling machine)에서 구멍을 뚫는 작업 시 가장 위험한 시점은?

① 드릴작업의 끝
② 드릴작업의 처음
③ 드릴이 공작물을 관통한 후
④ 드릴이 공작물을 관통하기 전

해설 드릴링 머신에서 구멍을 뚫는 작업 시 가장 위험한 시점은 드릴이 공작물을 관통하기 전이다.

48 프레스의 양수조작식 방호장치에서 양쪽 버튼의 작동시간 차이는 최대 얼마 이내일 때 프레스가 동작되도록 해야 하는가?

① 0.1초 ② 0.5초
③ 1.0초 ④ 1.5초

해설 양수조작식 방호장치에서 양쪽 버튼의 작동시간 차이는 최대 0.5초 이내일 때 프레스가 동작되도록 해야 한다.

49 개구부에서 회전하는 롤러의 위험점까지 최단거리가 60mm일 때 개구부 간격은?

① 10mm ② 12mm
③ 13mm ④ 15mm

해설 $Y = 6 + 0.15X$
$= 6 + 0.15 \times 60 = 15\text{mm}$

50 기계설비 방호 가드의 설치조건으로 틀린 것은?

① 충분한 강도를 유지할 것
② 구조가 단순하고 위험점 방호가 확실할 것
③ 개구부(틈새)의 간격은 임의로 조정이 가능할 것
④ 작업, 점검, 주유 시 장애가 없을 것

해설 ③의 경우 개구부(틈새)의 간격은 임의로 조정이 불가능할 것이 옳은 내용이다.

51 다음 중 인력운반작업 시의 안전수칙으로 적절하지 않은 것은?

① 물건을 들어올릴 때는 팔과 무릎을 사용하고 허리를 구부린다.
② 운반대상물의 특성에 따라 필요한 보호구를 확인, 착용한다.
③ 화물에 가능한 한 접근하여 화물의 무게중심을 몸에 가까이 밀착시킨다.
④ 무거운 물건은 공동작업으로 하고 보조기구를 이용한다.

해설 ①의 경우 물건을 들어올릴 때는 팔과 무릎을 사용하고 허리를 곧게 편다는 내용이 옳다.

정답 | 45. ③ 46. ③ 47. ④ 48. ② 49. ④ 50. ③ 51. ①

52 다음 설명 중 ( )의 내용으로 옳은 것은?

> 간이리프트란 동력을 사용하여 가드레일을 따라 움직이는 운반구를 매달아 소형 화물 운반을 주목적으로 하며 승강기와 유사한 구조로서 운반구의 바닥면적이 (㉠) 이하이거나 천장높이가 (㉡) 이하인 것 또는 동력을 사용하여 가드레일을 따라 움직이는 지지대로 자동차 등을 일정한 높이로 올리거나 내리는 구조의 자동차 정비용 리프트를 말한다.

① ㉠ $0.5m^2$, ㉡ 1.0m
② ㉠ $1.0m^2$, ㉡ 1.2m
③ ㉠ $1.5m^2$, ㉡ 1.5m
④ ㉠ $2.0m^2$, ㉡ 2.5m

해설 **간이리프트** : 승강기와 유사한 구조로서 운반구의 바닥면적이 $1.0m^2$ 이하이거나 천장높이가 1.2m 이하인 것

53 크레인작업 시 2톤 크기의 화물을 걸어 $25m/s^2$ 가속도로 감아올릴 때 로프에 걸리는 총 하중은 약 몇 kN인가?

① 16.9 ② 50.0
③ 69.6 ④ 94.8

해설 $W = W_1 + W_2$

$\therefore\ 2{,}000 + \dfrac{2{,}000}{9.8} \times 25 = 7{,}102\text{kg}$

장력(kN) = 총 하중 × 중력가속도

$= 7.102 \times 9.8$

$= 69.599$

$\fallingdotseq 69.6\text{kN}$

54 다음 중 일반적으로 기계절삭에 의하여 발생하는 칩이 가장 가늘고 예리한 것은?

① 밀링
② 셰이퍼
③ 드릴
④ 플레이너

해설 일반적으로 기계절삭에 의하여 발생하는 칩이 가장 가늘고 예리한 것은 ①의 밀링 칩이다.

55 롤러기 방호장치의 무부하 동작시험 시 앞면 롤러의 지름이 150mm이고 회전수가 30rpm인 롤러기의 급정지거리는 몇 mm 이내이어야 하는가?

① 157 ② 188
③ 207 ④ 237

해설 $V = \dfrac{\pi DN}{1{,}000}$

$\therefore\ \dfrac{3.14 \times 150 \times 30}{1{,}000} = 14.13\text{m/min}$

따라서 앞면 롤러의 표면속도가 30m/min 미만이므로 급정지거리는 앞면 롤러 원주의 1/3이 된다.

$\therefore\ 3.14 \times 150 \times \dfrac{1}{3} = 157\text{mm}$ 이내

56 산업안전보건법령에 따라 보일러에서 압력방출장치가 2개 이상 설치될 경우 최고사용압력 이하에서 1개가 작동하고, 다른 압력방출장치는 최고사용압력의 얼마 이하에서 작동되도록 부착하여야 하는가?

① 1.03배 ② 1.05배
③ 1.3배 ④ 1.5배

해설 보일러에서 압력방출장치가 2개 이상 설치될 경우 최고사용압력 이하에서 1개가 작동하고, 다른 압력방출장치는 최고사용압력의 1.05배 이하에서 작동하도록 부착하여야 한다.

57 다음 중 양중기에서 사용하는 와이어로프에 관한 설명으로 틀린 것은?

① 달기 체인의 길이 증가는 제조 당시의 7%까지 허용된다.
② 와이어로프의 지름 감소가 공칭지름의 7% 초과 시 사용할 수 없다.
③ 훅, 섀클 등의 철구로서 변형된 것은 크레인의 고리걸이용구로 사용하여서는 아니 된다.
④ 양중기에서 사용되는 와이어로프는 화물하중을 직접 지지하는 경우 안전계수를 5 이상으로 해야 한다.

정답 | 52. ② 53. ③ 54. ① 55. ① 56. ② 57. ①

해설 ①의 경우 달기 체인의 길이 증가는 제조 당시의 5%까지 허용된다는 내용이 옳다.

58 급정지기구가 있는 1행정 프레스에서의 광전자식 방호장치에서 광선에 신체의 일부가 감지된 후로부터 급정지기구의 작동 시까지의 시간이 40ms이고, 급정지기구의 작동 직후로부터 프레스기가 정지될 때까지의 시간이 20ms라면 안전거리는 몇 mm 이상이어야 하는가?

① 60 ② 76
③ 80 ④ 96

해설 안전거리$=1.6(T_l+T_s)$
$\therefore\ 1.6(40+20)=96\text{mm}$

59 다음 중 컨베이어(conveyer)의 역전방지장치 형식이 아닌 것은?

① 라쳇식 ② 전기브레이크식
③ 램식 ④ 롤러식

해설 **컨베이어의 역전방지장치 형식**
라쳇식, 전기브레이크식, 롤러식

60 다음 중 작업장에 대한 안전조치 사항으로 틀린 것은?

① 상시 통행을 하는 통로에는 75lux 이상의 채광 또는 조명 시설을 하여야 한다.
② 산업안전보건법으로 규정된 위험물질을 취급하는 작업장에 설치하여야 하는 비상구는 너비 0.75m 이상, 높이 1.5m 이상이어야 한다.
③ 높이가 3m를 초과하는 계단에는 높이 3m 이내마다 너비 90cm 이상의 계단참을 설치하여야 한다.
④ 상시 50명 이상의 근로자가 작업하는 옥내 작업장에는 비상시 근로자에게 신속하게 알리기 위한 경보용 설비를 설치하여야 한다.

해설 ③의 경우 높이가 3m를 초과하는 계단에는 높이 3m 이내마다 너비 1.2m 이상의 계단참을 설치하여야 한다는 내용이 옳다.

제4과목 전기 및 화학설비위험방지기술

61 다음 중 방폭전기설비가 설치되는 표준환경조건에 해당되지 않는 것은?

① 주변온도 : −20 ~ 40℃
② 표고 : 1,000m 이하
③ 상대습도 : 20~60%
④ 전기설비에 특별한 고려를 필요로 하는 정도의 공해, 부식성 가스, 진동 등이 존재하지 않는 장소

해설 ③의 경우 상대습도는 45~85%가 옳은 내용이다.

62 분말소화제의 조성과 관계가 없는 것은?

① 중탄산나트륨 ② T.M.B
③ 탄산마그네슘 ④ 인산칼슘

해설 **분말소화제의 조성**
㉠ 중탄산나트륨($NaHCO_3$)
㉡ 탄산마그네슘($MgCO_3$)
㉢ 인산칼슘($CaPO_3$)

63 다음 중 이상적인 피뢰기가 가져야 할 성능이 아닌 것은?

① 제한전압이 높을 것
② 방전개시전압이 낮을 것
③ 뇌전류 방전능력이 높을 것
④ 속류차단을 빠르게 할 것

해설 (1) ①의 경우 제한전압이 낮을 것이 옳은 내용이다.
(2) 피뢰기가 가져야 할 성능
㉠ ②, ③, ④
㉡ 충격방전개시전압이 낮을 것
㉢ 반복동작이 가능할 것
㉣ 점검, 보수가 간단할 것

정답 | 58. ④ 59. ③ 60. ③ 61. ③ 62. ② 63. ①

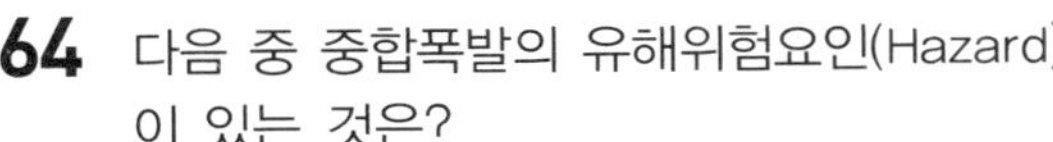

64 다음 중 중합폭발의 유해위험요인(Hazard)이 있는 것은?

① 아세틸렌　② 시안화수소
③ 산화에틸렌　④ 염소산칼륨

해설 시안화수소(HCN)는 순수한 액체이므로 안전하지만, 소량의 수분이나 알칼리성 물질을 함유하면 중합이 촉진되고, 중합열(발열반응)에 의해 폭발하는 경우가 있다.

65 다음 중 습윤한 장소의 배선공사에 있어 유의하여야 할 사항으로 틀린 것은?

① 애자사용 배선에 사용하는 애자는 400V 미만인 경우 핀 애자 이상의 크기를 사용한다.
② 이동전선을 사용하는 경우 단면적 0.75mm^2 이상의 코드 또는 캡타이어 케이블공사를 한다.
③ 배관공사인 경우 습기나 물기가 침입하지 않도록 처치한다.
④ 전선의 접속 개소는 가능한 작게 하고 전선접속부분에는 절연처리를 한다.

해설 **습윤한 장소의 배선공사에 있어 유의하여야 할 사항**
㉠ ②, ③, ④
㉡ 전선의 접속 시 기계적 강도를 20% 이상 감소시키지 않아야 한다.
㉢ 충전될 우려가 있는 금속제 등은 확실하게 접지한다.

66 다음 중 전기기계 · 기구의 접지에 관한 설명으로 틀린 것은?

① 접지저항이 크면 클수록 좋다.
② 접지봉이나 접지극은 도전율이 좋아야 한다.
③ 접지판은 동판이나 아연판 등을 사용한다.
④ 접지극 대신 가스관을 사용해서는 안 된다.

해설 ①의 경우 접지저항이 작으면 작을수록 좋다는 내용이 옳다.

67 다음 중 인화성 액체를 소화할 때 내알코올포를 사용해야 하는 물질은?

① 특수 인화물
② 소포성의 수용성 액체
③ 인화점이 영하 이하의 인화성 물질
④ 발생하는 증기가 공기보다 무거운 인화성 액체

해설 **내알코올포(특수포)** : 소포성의 수용성 액체

68 산업안전보건법령에 따라 사업주는 공정안전보고서의 심사결과를 송부 받은 경우 몇 년간 보존하여야 하는가?

① 2년　② 3년
③ 5년　④ 10년

해설 사업주는 공정안전보고서의 심사결과를 송부 받은 경우 5년간 보존한다.

69 다음 중 황린에 대한 설명으로 옳은 것은 어느 것인가?

① 주수에 의한 냉각소화는 황화수소를 발생시키므로 사용을 금한다.
② 황린은 자연발화하므로 물속에 보관한다.
③ 황린은 황과 인의 화합물이다.
④ 독성 및 부식성이 없다.

해설 **황린** : 자연발화성이 있어 물속에 저장하며, 온도상승 시 물의 산성화가 빨라져서 용기를 부식시키므로 직사광선을 막는 차광덮개를 하여 저장한다.

70 화재발생 시 발생되는 연소생성물 중 독성이 높은 것부터 낮은 순으로 올바르게 나열한 것은?

① 염화수소 > 포스겐 > CO > CO_2
② CO > 포스겐 > 염화수소 > CO_2
③ CO_2 > CO > 포스겐 > 염화수소
④ 포스겐 > 염화수소 > CO > CO_2

해설 **독성 가스의 허용농도(ppm)**
㉠ 포스겐($COCl_2$) : 0.1ppm
㉡ 염화수소(HCl) : 5ppm
㉢ 일산화탄소(CO) : 50ppm
㉣ 이산화탄소(CO_2) : 5,000ppm

71 다음 중 감전에 영향을 미치는 요인으로 통전경로별 위험도가 가장 높은 것은?

① 왼손 – 등 ② 오른손 – 가슴
③ 왼손 – 가슴 ④ 오른손 – 등

해설 **통전경로별 위험도**
㉠ 왼손 – 등 : 0.7
㉡ 오른손 – 가슴 : 1.3
㉢ 왼손 – 가슴 : 1.5
㉣ 오른손 – 등 : 0.3

72 다음 중 글로코로나(glow corona)에 대한 설명으로 틀린 것은?

① 전압이 200V 정도에 도달하면 코로나가 발생하는 전극의 끝단에 자색의 광정이 나타난다.
② 회로에 예민한 전류계가 삽입되어 있으면, 수 μA 정도의 전류가 흐르는 것을 감지할 수 있다.
③ 전압을 상승시키면 전류도 점차로 증가하여 스파크방전에 의해 전극 간이 교락된다.
④ Glow Corona는 습도에 의하여 큰 영향을 받는다.

해설 ④ Glow Corona는 습도에 의하여 큰 영향을 받지 않는다.

73 다음 중 전기기기의 불꽃 또는 열로 인해 폭발성 위험분위기에 점화되지 않도록 콤파운드를 충전해서 보호하는 방폭구조는?

① 몰드 방폭구조
② 비점화 방폭구조
③ 안전등 방폭구조
④ 본질안전 방폭구조

해설 문제의 내용은 몰드 방폭구조에 관한 것이다.

74 다음 중 220V 회로에서 인체저항이 550Ω인 경우 안전범위에 들어갈 수 있는 누전차단기의 정격으로 가장 적절한 것은?

① 30mA, 0.03초 ② 30mA, 0.1초
③ 50mA, 0.2초 ④ 50mA, 0.3초

해설 220V 회로에서 인체저항이 550Ω인 경우 안전범위에 들어갈 수 있는 누전차단기의 정격으로 가장 적절한 것은 30mA, 0.03초이다.

75 다음 중 누전화재라는 것을 입증하기 위한 요건이 아닌 것은?

① 누전점 ② 발화점
③ 접지점 ④ 접속점

해설 **누전화재를 입증하기 위한 요건**
㉠ 누전점
㉡ 발화점
㉢ 접지점

76 산화성 물질을 가연물과 혼합할 경우 혼합위험성 물질이 되는데 다음 중 그 이유로 가장 적당한 것은?

① 산화성 물질에 조해성이 생기기 때문이다.
② 산화성 물질이 가연성 물질과 혼합되어 있으면 주수소화가 어렵기 때문이다.
③ 산화성 물질이 가연성 물질과 혼합되어 있으면 산화·환원 반응이 더욱 잘 일어나기 때문이다.
④ 산화성 물질과 가연물이 혼합되어 있으면 가열·마찰·충격 등의 점화에너지원에 의해 더욱 쉽게 분해하기 때문이다.

해설 산화성 물질을 가연물과 혼합할 경우 혼합위험성 물질이 되는 이유는 산화성 물질이 가연성 물질과 혼합되어 있으면 산화·환원 반응이 더욱 잘 일어나기 때문이다.

정답 | 71. ③ 72. ④ 73. ① 74. ① 75. ④ 76. ③

77 다음 중 F, Cl, Br 등 산화력이 큰 할로겐 원소의 반응을 이용하여 소화(消火)시키는 방식을 무엇이라 하는가?

① 희석식 소화
② 냉각에 의한 소화
③ 연료제거에 의한 소화
④ 연소억제에 의한 소화

해설 **연소억제에 의한 소화(부촉매 효과)** : F, Cl, Br, I의 연쇄반응 억제를 이용한다.

78 산업안전보건법령상 공정안전보고서에 포함되어야 하는 사항 중 공정안전자료의 세부 내용에 해당하는 것은?

① 주민홍보계획
② 안전운전지침서
③ 위험과 운전분석(HAZOP)
④ 각종 건물 · 설비의 배치도

해설 **공정안전보고서의 공정안전자료 세부 내용**
㉠ 취급 · 저장하고 있거나 취급 · 저장하려는 유해 · 위험물질의 종류 및 수량
㉡ 유해 · 위험물질에 대한 물질안전보건자료
㉢ 유해 · 위험설비의 목록 및 사양
㉣ 유해 · 위험설비의 운전방법을 알 수 있는 공정도면
㉤ 각종 건물 · 설비의 배치도
㉥ 폭발위험장소의 구분도 및 전기단선도
㉦ 위험설비의 안전설계 · 제작 및 설치 관련 지침서

79 다음 중 반응기의 운전을 중지할 때 필요한 주의사항으로 가장 적절하지 않은 것은?

① 급격한 유량변화, 압력변화, 온도변화를 피한다.
② 가연성 물질이 새거나 흘러나올 때의 대책을 사전에 세운다.
③ 개방을 하는 경우, 우선 최고 윗부분, 최고 아랫부분의 뚜껑을 열고 자연통풍냉각을 한다.
④ 잔류물을 제거한 후에는 먼저 물, 온수 등으로 세정한 후 불활성 가스에 의해 잔류가스를 제거한다.

해설 ④의 경우 불활성 가스에 의해 잔류가스를 제거하고 물, 온수 등으로 잔류물을 제거한다는 내용이 옳다.

80 다음 중 화학공정에서 반응을 시키기 위한 조작조건에 해당되지 않는 것은?

① 반응높이
② 반응농도
③ 반응온도
④ 반응압력

해설 **화학공정에서 반응을 시키기 위한 조작조건**
㉠ 반응온도
㉡ 반응농도
㉢ 반응압력
㉣ 표면적 및 촉매

제5과목 건설안전기술

81 철골공사에서 부재의 건립용 기계로 거리가 먼 것은?

① 타워크레인
② 가이데릭
③ 삼각데릭
④ 항타기

해설 **철골공사에서 부재의 건립용 기계**
㉠ ①, ②, ③
㉡ 소형 지브크레인
㉢ 트럭크레인
㉣ 크롤러크레인
㉤ 휠크레인
㉥ 진폴데릭

82 연면적 6,000m^{2}인 호텔공사의 유해 · 위험 방지계획서 확인검사주기는?

① 1개월 ② 3개월
③ 5개월 ④ 6개월

해설 유해 · 위험 방지계획서 확인검사주기는 6개월이다.

83 하루의 평균기온이 4℃ 이하로 될 것이 예상되는 기상조건에서 낮에도 콘크리트가 동결의 우려가 있는 경우에 사용되는 콘크리트는?

① 고강도 콘크리트
② 경량 콘크리트
③ 서중 콘크리트
④ 한중 콘크리트

해설 문제의 내용은 한중 콘크리트에 관한 것으로 계획배합 시 물 · 시멘트비는 60% 이하로 하고, AE제 또는 AE감수제 등의 표면활성제를 사용한다.

84 다음 건설기계 중 360° 회전작업이 불가능한 것은?

① 타워크레인 ② 타이어크레인
③ 가이데릭 ④ 삼각데릭

해설 ④의 삼각데릭의 작업회전 반경은 약 270° 정도이다.

85 다음 중 흙막이 공법에 해당하지 않는 것은?

① Soil Cement Wall
② Cast In Concrete Pile
③ 지하연속벽 공법
④ Sand Compaction Pile

해설 ④의 Sand Compaction Pile은 지반개량 공법에 해당되는 것이다.

86 콘크리트 타설 시 거푸집의 측압에 영향을 미치는 인자에 대한 설명으로 옳지 않은 것은?

① 부재의 단면이 클수록 크다.
② 슬럼프가 작을수록 크다.
③ 거푸집 속의 콘크리트 온도가 낮을수록 크다.
④ 붓는 속도가 빠를수록 크다.

해설 ②의 경우 슬럼프가 클수록 크다는 내용이 옳다.

87 달비계의 발판 위에 설치하는 발끝막이판의 높이는 몇 cm 이상 설치하여야 하는가?

① 10cm 이상 ② 8cm 이상
③ 6cm 이상 ④ 5cm 이상

해설 달비계의 발판 위에 설치하는 발끝막이판의 높이는 10cm 이상 설치하여야 한다.

88 유한사면 중 사면기울기가 비교적 완만한 점성토에서 주로 발생되는 사면파괴의 형태는?

① 저부파괴
② 사면선단파괴
③ 사면내파괴
④ 국부전단파괴

해설 사면기울기가 비교적 완만한 점성토에서 주로 발생되는 사면파괴의 형태는 저부파괴이다.

89 다음 건설공사현장 중 재해예방기술지도를 받아야 하는 대상공사에 해당하지 않는 것은?

① 공사금액 5억원인 건축공사
② 공사금액 140억원인 토목공사
③ 공사금액 5천만원인 전기공사
④ 공사금액 2억원인 정보통신공사

해설 **재해예방기술지도를 받아야 하는 대상공사**
㉠ 전기 및 정보통신공사 : 1억원 이상 120억원 미만인 공사
㉡ 건축공사 : 3억원 이상 120억원 미만인 공사
㉢ 토목공사 : 3억원 이상 150억원 미만인 공사

90 다음 중 추락재해의 발생을 막기 위한 대책이라고 볼 수 없는 것은?

① 추락방지망의 설치
② 안전대의 착용
③ 투하설비의 설치
④ 안전난간의 설치

해설 ③의 투하설비의 설치는 낙하재해의 발생을 막기 위한 대책에 해당한다.

정답 ‖ 83. ④ 84. ④ 85. ④ 86. ② 87. ① 88. ① 89. ③ 90. ③

91 포화도 80%, 함수비 28%, 흙입자의 비중 2.7일 때 공극비를 구하면?

① 0.940
② 0.945
③ 0.950
④ 0.955

해설 공극비 $= \frac{\text{함수비} \times \text{비중}}{\text{포화도}} = \frac{28 \times 2.7}{80}$
$= 0.945$

92 거푸집에 작용하는 하중 중에서 연직하중이 아닌 것은?

① 거푸집의 자중
② 작업원의 작업하중
③ 가설설비의 충격하중
④ 콘크리트의 측압

해설 (1) ④의 콘크리트 측압은 수평하중에 해당하는 것이다.
(2) ①, ②, ③ 이외에 연직(수직)하중에 해당하는 것은 적재하중이다.

93 다음 중 콘크리트 타설 시 안전수칙으로 옳지 않은 것은?

① 콘크리트 콜드조인트 발생을 억제하기 위하여 한 곳부터 집중 타설한다.
② 타설순서 및 타설속도를 준수한다.
③ 콘크리트 타설 도중에는 동바리, 거푸집 등의 이상유무를 확인하고 감시인을 배치한다.
④ 진동기의 지나친 사용은 재료분리를 일으킬 수 있으므로 적절히 사용하여야 한다.

해설 ①의 경우 콘크리트는 먼 곳으로부터 가까운 곳으로, 낮은 곳에서 높은 곳으로 타설한다는 내용이 옳다.

94 철골용접 작업자의 전격방지를 위한 주의사항으로 옳지 않은 것은?

① 보호구와 복장을 구비하고, 기름기가 묻었거나 젖은 것은 착용하지 않을 것
② 작업중지의 경우에는 스위치를 떼어 놓을 것
③ 개로전압이 높은 교류용접기를 사용할 것
④ 좁은 장소에서의 작업 시에는 신체를 노출시키지 않을 것

해설 ③의 내용은 철골용접 작업자의 전격방지를 위한 주의사항과는 거리가 멀다.

95 건물 외벽의 도장작업을 위하여 섬유로프 등의 재료로 상부지점에서 작업용 발판을 매다는 형식의 비계는?

① 달비계　② 단관비계
③ 브래킷비계　④ 이동식 비계

해설 문제의 내용은 달비계에 관한 것이다.

96 강관틀비계를 조립하여 사용하는 경우 벽이음의 수직방향 조립간격은?

① 2m 이내마다　② 5m 이내마다
③ 6m 이내마다　④ 8m 이내마다

해설 강관틀비계의 경우 벽이음의 수직방향 조립간격은 6m 이내마다, 수평방향 조립간격은 8m 이내마다로 한다.

97 유해 · 위험방지계획서 제출대상공사에 해당하는 것은?

① 지상높이가 21m인 건축물 해체공사
② 최대지간거리가 50m인 교량 건설공사
③ 연면적 $5,000m^2$인 동물원 건설공사
④ 깊이가 9m인 굴착공사

해설 유해 · 위험방지계획서 제출대상공사의 옳은 내용은 다음과 같다.
① 21m → 31m 이상
③ 동물원 건설공사 → 동물원을 제외한 건설공사
④ 9m → 10m 이상

98 물체의 낙하 · 충격, 물체에의 끼임, 감전 또는 정전기의 대전에 의한 위험이 있는 작업 시 공통으로 근로자가 착용하여야 하는 보호구로 적합한 것은?

① 방열복 ② 안전대
③ 안전화 ④ 보안경

해설 문제의 내용에 적합한 보호구는 안전화이다.

99 화물자동차에서 짐을 싣는 작업 또는 내리는 작업을 할 때 바닥과 짐 윗면과의 높이가 최소 몇 m 이상이면 승강설비를 설치해야 하는가?

① 1 ② 1.5
③ 2 ④ 3

해설 바닥과 짐 윗면과의 높이가 최소 2m 이상이면 승강설비를 설치하여야 한다.

100 철골보 인양작업 시 준수사항으로 옳지 않은 것은?

① 인양용 와이어로프의 체결지점은 수평부재의 1/4지점을 기준으로 한다.
② 인양용 와이어로프의 매달기 각도는 양변 60°를 기준으로 한다.
③ 흔들리거나 선회하지 않도록 유도로프로 유도한다.
④ 훅은 용접의 경우 용접규격을 반드시 확인한다.

해설 ①의 경우 인양용 와이어로프의 체결지점은 수평부재의 1/3지점을 기준으로 한다는 내용이 옳다.

정답 | 98. ③ 99. ③ 100. ①

2021년 제3회 CBT 복원문제

▌산업안전산업기사 8월 8일 시행▐

제1과목 산업안전관리론

01 하인리히의 재해손실비용 평가방식에서 총 재해손실비용을 직접비와 간접비로 구분하였을 때 그 비율로 옳은 것은? (단, 순서는 직접비 : 간접비이다.)

① 1 : 4
② 4 : 1
③ 3 : 2
④ 2 : 3

해설 하인리히 총 재해손실비용 = 직접비(1) + 간접비(4)

02 인간의 착각현상 중 버스나 전동차의 움직임으로 인하여 자신이 승차하고 있는 정지된 자가용이 움직이는 것 같은 느낌을 받거나 구름 사이의 달 관찰 시 구름이 움직일 때 구름은 정지되어 있고 달이 움직이는 것처럼 느껴지는 현상을 무엇이라 하는가?

① 자동운동　② 유도운동
③ 가현운동　④ 플리커현상

해설 ① 자동운동 : 암실 내에서 정지된 소광점을 응시하고 있으면 그 광점이 움직이는 것처럼 보이는 현상
② 유도운동 : 실제로는 움직이지 않는 것이 어느 기준의 이동에 유도되어 움직이는 것처럼 느껴지는 현상
③ 가현운동 : 객관적으로 정지하고 있는 대상물이 급속히 나타나든가 소멸하는 것으로 인하여 일어나는 운동으로 대상물이 운동하는 것처럼 인식되는 현상
④ 플리커(flicker)현상 : 불안정한 전압이나 카메라 구동속도의 변화로 인해 발생하는 화면이 깜빡거리는 현상

03 다음 중 테크니컬 스킬즈(technical skills)에 관한 설명으로 옳은 것은?

① 모랄(morale)을 앙양시키는 능력
② 인간을 사물에게 적응시키는 능력
③ 사물을 인간에게 유리하게 처리하는 능력
④ 인간과 인간의 의사소통을 원활히 처리하는 능력

해설 Mayo의 인간관계 관리방식 이론
㉠ 테크니컬 스킬즈 : 사물을 인간에게 유리하게 처리하는 능력
㉡ 소설 스킬즈 : 사람과 사람 사이의 커뮤니케이션을 양호하게 하고 사람들의 요구를 충족시키면서 감정을 제고시키는 능력

04 다음 중 연간 총 근로시간 합계 100만 시간당 재해발생건수를 나타내는 재해율은?

① 연천인율　② 도수율
③ 강도율　④ 종합재해지수

해설 ㉠ 도수율 $= \frac{\text{재해건수}}{\text{연근로시간수}} \times 1,000,000$
∴ 100만 시간
㉡ 강도율 $= \frac{\text{총 근로손실일수}}{\text{연근로시간수}} \times 1,000$
∴ 1,000시간

05 다음 중 인간의 욕구를 5단계로 구분한 이론을 발표한 사람은?

① 허즈버그(Herzberg)
② 하인리히(Heinrich)
③ 매슬로우(Maslow)
④ 맥그리거(McGregor)

정답 ▌01. ① 02. ② 03. ③ 04. ② 05. ③

해설 **인간의 욕구와 동기부여**

(1) 허즈버그(Herzberg)
- ㉠ 위생요인 : 금전, 안전, 작업조건 등의 환경적 요인
- ㉡ 동기부여요인 : 생산을 증대시키는 요인으로서 보람있는 일을 할 때 작업자가 경험하는 달성감, 안정성장 및 발전, 기타 작업자에게 만족감을 주는 요인

(2) 매슬로우(Maslow)
- ㉠ 제1단계 : 생리적 욕구
- ㉡ 제2단계 : 안전의 욕구
- ㉢ 제3단계 : 사회적 욕구
- ㉣ 제4단계 : 인정 받으려는 욕구
- ㉤ 제5단계 : 자아실현의 욕구

(3) 맥그리거(McGregor)
- ㉠ X이론 : 인간의 생리적인 욕구라든가 안전 및 안정의 욕구 등과 같이 저차적인 물질적 욕구를 만족시키는 면에서 행동을 구한다.
- ㉡ Y이론 : 회사의 목표와 종업원의 목표 간의 중계자로서 역할을 말한다.

06 안전교육의 방법 중 프로그램 학습법(programmed self-instruction method)에 관한 설명으로 틀린 것은?

① 개발비가 적게 들어 쉽게 적용할 수 있다.
② 수업의 모든 단계에서 적용이 가능하다.
③ 한 번 개발된 프로그램자료는 개조하기 어렵다.
④ 수강자들이 학습 가능한 시간대의 폭이 넓다.

해설 **프로그램 학습법(programmed self-instruction method)**

적용의 경우	㉠ 수업의 모든 단계 ㉡ 학교수업, 방송수업, 직업훈련의 경우 ㉢ 학생들의 개인차가 최대한으로 조절되어야 할 경우 ㉣ 학생들이 자기에게 허용된 어느 시간에나 학습이 가능할 경우 ㉤ 보충학습의 경우
제약 조건	㉠ 한 번 개발한 프로그램자료를 개조하기가 어려움 ㉡ 개발비가 높음 ㉢ 학생들의 사회성이 결여되기 쉬움

07 모랄 서베이(Morale Survey)의 주요방법 중 태도 조사법에 해당하는 것은?

① 사례연구법　② 관찰법
③ 실험연구법　④ 문답법

해설 **모랄 서베이(사기조사) 방법**
- ㉠ 통계에 의한 방법 : 사고재해율, 결근, 지각, 조퇴, 이직 등
- ㉡ 사례연구법 : Case Study로서 현상파악
- ㉢ 관찰법 : 종업원의 근무실태 관찰
- ㉣ 실험연구법 : 실험그룹과 통제그룹으로 나누어 정황, 자극을 주어 태도 변화여부 조사
- ㉤ 태도조사법 : 문답법, 면접법, 투사법, 집단토의법 등

08 인간의 안전교육 형태에서 행위나 난이도가 점차적으로 높아지는 순서를 옳게 표시한 것은?

① 지식 → 태도변형 → 개인행위 → 집단행위
② 태도변형 → 지식 → 집단행위 → 개인행위
③ 개인행위 → 태도변형 → 집단행위 → 지식
④ 개인행위 → 집단행위 → 지식 → 태도변형

해설 **인간의 안전교육 형태에서 행위나 난이도가 점차적으로 높아지는 순서**
지식 → 태도변형 → 개인행위 → 집단행위

09 다음 중 안전교육의 단계에 있어 안전한 마음가짐을 몸에 익히는 심리적인 교육방법을 무엇이라 하는가?

① 지식교육　② 실습교육
③ 태도교육　④ 기능교육

해설 **안전교육의 단계**
- ㉠ 제1단계(지식교육) : 작업에 관련된 취약점과 거기에 대응되는 작업방법을 알도록 하는 교육
- ㉡ 제2단계(기능교육) : 안전작업방법을 시범보이고 실습시켜 할 수 있도록 하는 교육
- ㉢ 제3단계(태도교육) : 안전한 마음가짐을 몸에 익히는 심리적인 교육

정답 | 06. ① 07. ④ 08. ① 09. ③

10 다음 중 산업안전보건법령상 안전보건총괄책임자 지정대상사업이 아닌 것은? (단, 근로자수 또는 공사금액은 충족한 것으로 본다.)

① 서적, 잡지 및 기타 인쇄물 출판업
② 선박 및 보트 건조업
③ 토사석 광업
④ 서비스업

해설 **산업안전보건법령상 안전보건총괄책임자 지정대상사업**
㉠ 1차 금속 제조업
㉡ 선반 및 보트 건조업
㉢ 토사석 광업
㉣ 제조업(㉠, ㉡은 제외한다.)
㉤ 서적, 잡지 및 기타 인쇄물 출판업
㉥ 음악 및 기타 오디오물 출판업
㉦ 금속 및 비금속 원료 재생업

11 다음 중 사람이 인력(중력)에 의하여 건축물, 구조물, 가설물, 수목, 사다리 등의 높은 장소에서 떨어지는 재해의 발생형태를 무엇이라 하는가?

① 추락　② 비래
③ 낙하　④ 전도

해설 ② 비래, ③ 낙하 : 물건이 주체가 되어 사람이 맞은 경우
④ 전도 : 사람이 평면상으로 넘어졌을 경우(과속, 미끄러짐 포함)

12 다음 중 무재해운동의 3요소에 해당되지 않는 것은?

① 이념　② 기법
③ 실천　④ 경쟁

해설 **무재해운동의 3요소**
㉠ 이념
㉡ 기법
㉢ 실천

13 다음 중 산업안전보건법령상 특별안전 · 보건교육 대상의 작업에 해당하지 않는 것은?

① 방사선 업무에 관계되는 작업
② 전압이 50V인 정전 및 활선 작업
③ 굴착면의 높이가 3m되는 암석의 굴착작업
④ 게이지압력을 $2kgf/cm^2$ 이상으로 사용하는 압력용기 설치 및 취급 작업

해설 ② 전압이 75V 이상인 정전 및 활선 작업

14 다음 중 인지과정 착오의 요인과 가장 거리가 먼 것은?

① 정서 불안정
② 감각차단 현상
③ 작업자의 기능 미숙
④ 생리 · 심리적 능력의 한계

해설 **인지과정 착오의 요인**
㉠ 정서 불안정
㉡ 감각차단 현상
㉢ 생리 · 심리적 능력의 한계
㉣ 정보량 저장능력의 한계

15 사업주가 근로자에게 실시해야 하는 안전보건교육의 교육시간 중 그 밖의 근로자의 채용 시 교육시간으로 옳은 것은?

① 1시간 이상　② 2시간 이상
③ 3시간 이상　④ 8시간 이상

해설 **근로자 안전보건교육**

<table>
<tr><th>교육과정</th><th colspan="2">교육대상</th><th>교육시간</th></tr>
<tr><td rowspan="3">정기교육</td><td colspan="2">사무직 종사 근로자</td><td>매 반기 6시간 이상</td></tr>
<tr><td rowspan="2">그 밖의 근로자</td><td>판매업무에 직접 종사하는 근로자</td><td>매 반기 6시간 이상</td></tr>
<tr><td>판매업무에 직접 종사하는 근로자 외의 근로자</td><td>매 반기 12시간 이상</td></tr>
<tr><td rowspan="3">채용 시 교육</td><td colspan="2">일용근로자 및 근로계약기간이 1주일 이하인 기간제 근로자</td><td>1시간 이상</td></tr>
<tr><td colspan="2">근로계약기간이 1주일 초과 1개월 이하인 기간제 근로자</td><td>4시간 이상</td></tr>
<tr><td colspan="2">그 밖의 근로자</td><td>8시간 이상</td></tr>
<tr><td rowspan="2">작업내용 변경 시 교육</td><td colspan="2">일용근로자 및 근로계약기간이 1주일 이하인 기간제 근로자</td><td>1시간 이상</td></tr>
<tr><td colspan="2">그 밖의 근로자</td><td>2시간 이상</td></tr>
</table>

정답 | 10. ④ 11. ① 12. ④ 13. ② 14. ③ 15. ④

교육과정	교육대상	교육시간
특별교육	일용근로자 및 근로계약기간이 1주일 이하인 기간제 근로자(타워크레인 신호작업에 종사하는 근로자 제외)	2시간 이상
	일용근로자 및 근로계약기간이 1주일 이하인 기간제 근로자 중 타워크레인 신호작업에 종사하는 근로자	8시간 이상
	일용근로자 및 근로계약기간이 1주일 이하인 기간제 근로자를 제외한 근로자	㉠ 16시간 이상(최초 작업에 종사하기 전 4시간 이상 실시하고, 12시간은 3개월 이내에서 분할하여 실시 가능) ㉡ 단기간 작업 또는 간헐적 작업인 경우에는 2시간 이상
건설업 기초 안전·보건 교육	건설 일용근로자	4시간 이상

16 위험예지훈련 4R(라운드)의 진행방법에서 3R(라운드)에 해당하는 것은?

① 목표설정 ② 본질추구
③ 현상파악 ④ 대책수립

해설 **위험예지훈련 4R(라운드)의 진행방법**
㉠ 1R : 현상파악 ㉡ 2R : 본질추구
㉢ 3R : 대책수립 ㉣ 4R : 목표설정

17 도수율이 12.57, 강도율이 17.45인 사업장에서 한 근로자가 평생 근무한다면 며칠의 근로손실이 발생하겠는가? (단, 1인 근로자의 평생근로시간은 10^5시간이다.)

① 1,257일 ② 126일
③ 1,745일 ④ 175일

해설

$$강도율 = \frac{근로손실일수}{연근로시간수} \times 1,000$$

$$\therefore 근로손실일수 = \frac{강도율 \times 연근로시간수}{1,000} = \frac{17.45 \times 10^5}{1,000} = 1,745일$$

18 다음 중 학습정도(level of learning)의 4단계에 포함되지 않는 것은?

① 지각한다. ② 적용한다.
③ 인지한다. ④ 정리한다.

해설 **학습정도의 4단계**
㉠ 제1단계 : 인지한다.
㉡ 제2단계 : 지각한다.
㉢ 제3단계 : 이해한다.
㉣ 제4단계 : 적용한다.

19 다음 중 재해 통계적 원인분석 시 특성과 요인관계를 도표로 하여 어골상(魚骨象)으로 세분화한 것은?

① 파레토도 ② 특성요인도
③ 크로스도 ④ 관리도

해설 **통계적 원인분석**
① 파레토(pareto)도 : 사고의 유형, 기인물 등 분류항목을 큰 순서대로 도표화한다. 문제 목표의 이해에 편리하다.
② 특성요인도 : 특성과 요인관계를 도표로 하여 어골상으로 세분화한 것이다.
③ 크로스(cross)도 : 2개 이상의 문제 관계를 분석하는 데 사용하는 것으로, 데이터(data)를 집계하고 표로 표시하여 요인별 결과내역을 교차한 크로스 그림을 작성하여 분석한다.
④ 관리도 : 재해발생 건수 등의 추이를 파악하여 목표관리를 행하는 데 필요한 월별 재해발생수를 그래프(graph)화하여 관리선을 설정·관리하는 방법이다.

20 다음은 안전화의 정의에 관한 설명이다. ㉠과 ㉡에 해당하는 값으로 옳은 것은?

> 중작업용 안전화란 (㉠)mm의 낙하높이에서 시험했을 때 충격과 (㉡)kN의 압축하중에서 시험했을 때 압박에 대하여 보호해 줄 수 있는 선심을 부착하여 착용자를 보호하기 위한 안전화를 말한다.

① ㉠ 250, ㉡ 4.5 ② ㉠ 500, ㉡ 5.0
③ ㉠ 750, ㉡ 7.5 ④ ㉠ 1,000, ㉡ 15.0

해설 **중작업용 안전화** : 1,000mm의 낙하높이에서 시험했을 때 충격과 15.0kN의 압축하중에서 시험했을 때 압박에 대하여 보호해 줄 수 있는 선심을 부착하여 착용자를 보호하기 위한 안전화이다.

정답 | 16. ④ 17. ③ 18. ④ 19. ② 20. ④

제2과목 인간공학 및 시스템안전공학

21 다음 중 한 자극차원에서의 절대식별수에 있어 순음의 경우 평균식별수는 어느 정도 되는가?

① 1　　② 5
③ 9　　④ 13

해설 한 자극차원에서의 절대식별수에 있어 순음의 경우 평균식별수는 5이다.

22 시력 및 조명에 관한 설명으로 옳은 것은?

① 표적물체가 움직이거나 관측자가 움직이면 시력의 역치는 증가한다.
② 필터를 부착한 VDT 화면에 표시된 글자의 밝기는 줄어들지만 대비는 증가한다.
③ 대비는 표적물체 표면에 도달하는 조도와 경과하는 광도와의 차이를 나타낸다.
④ 관측자의 시야 내에 있는 주시영역과 그 주변영역의 조도의 비를 조도비라고 한다.

해설 ① 표적물체가 움직이거나 관측자가 움직이면 시력의 역치는 감소한다.
③ 대비는 표적의 광속발산도와 배경의 광속발산도의 차를 나타내는 척도이다.
④ 조도비는 조명으로 인해 생기는 밝은 곳과 어두운 곳의 비이다.

23 다음 중 제조나 생산과정에서의 품질관리 미비로 생기는 고장으로, 점검작업이나 시운전으로 예방할 수 있는 고장은?

① 초기고장　　② 마모고장
③ 우발고장　　④ 평상고장

해설 **설비의 신뢰도**
㉠ 초기고장 : 제조나 생산과정에서의 품질관리 미비로 생기는 고장으로, 점검작업이나 시운전으로 예방할 수 있다.
㉡ 마모고장 : 장치의 일부가 수명을 다해서 생기는 고장으로, 적당한 보수에 의해 이같은 부품을 미리 바꾸어 끼워서 방지할 수 있는 고장이다.
㉢ 우발고장 : 예측할 수 없을 때 생기는 고장이다.

24 다음 중 인간-기계 시스템의 설계단계를 6단계로 구분할 때 제3단계인 기본설계단계에 속하지 않는 것은?

① 직무 분석
② 기능의 할당
③ 인터페이스 설계
④ 인간성능요건 명세

해설 **기본설계단계**
㉠ 직무 분석　㉡ 기능의 할당
㉢ 인간성능요건 명세　㉣ 작업 설계

25 작업종료 후에도 체내에 쌓인 젖산을 제거하기 위하여 추가로 요구되는 산소량을 무엇이라 하는가?

① ATP　　② 에너지대사율
③ 산소 빚　　④ 산소 최대섭취능

해설 **산소 빚** : 작업종료 후에도 체내에 쌓인 젖산을 제거하기 위하여 추가로 요구되는 산소량

26 FT도에 의한 컷셋(cut set)이 다음과 같이 구해졌을 때 최소 컷셋(minimal cut set)으로 옳은 것은?

- $(X_1,\ X_3)$
- $(X_1,\ X_2,\ X_3)$
- $(X_1,\ X_3,\ X_4)$

① $(X_1,\ X_3)$　　② $(X_1,\ X_2,\ X_3)$
③ $(X_1,\ X_3,\ X_4)$　　④ (X_1, X_2, X_3, X_4)

해설 ㉠ 조건을 식으로 만들면
$$T = (X_1 + X_3) \cdot (X_1 + X_2 + X_3) \cdot (X_1 + X_3 + X_4)$$
㉡ FT도를 보면 $(X_1,\ X_3)$를 대입했을 때 T가 발생되었다.

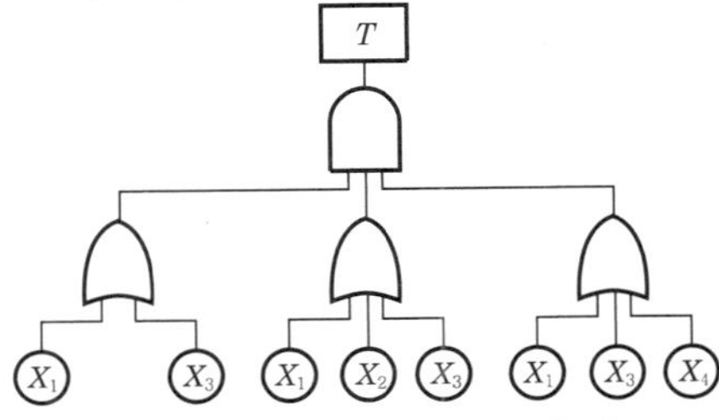

㉢ 미니멀 컷셋은 컷셋 중에 공통이 되는 $(X_1,\ X_3)$가 된다.

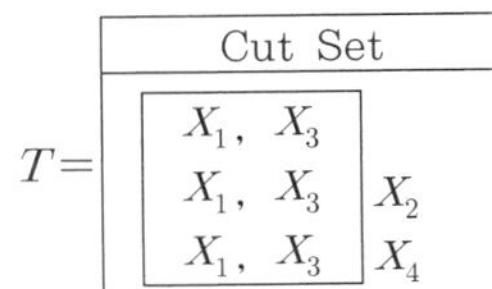

정답 | 21. ② 22. ② 23. ① 24. ③ 25. ③ 26. ①

27 다음 중 FTA의 기대효과로 볼 수 없는 것은?

① 사고원인 규명의 간편화
② 사고원인 분석의 정량화
③ 시스템의 결함 진단
④ 사고결과의 분석

해설 **FTA의 기대효과**
㉠ 사고원인 규명의 간편화
㉡ 사고원인 분석의 일반화
㉢ 사고원인 분석의 정량화
㉣ 노력, 시간의 절감
㉤ 시스템의 결함 진단
㉥ 안전점검표 작성

28 [보기]와 같은 위험관리의 단계를 순서대로 나열한 것으로 옳은 것은?

[보기]
ⓐ 위험의 분석 ⓑ 위험의 파악
ⓒ 위험의 처리 ⓓ 위험의 평가

① ⓐ→ⓑ→ⓓ→ⓒ
② ⓑ→ⓒ→ⓐ→ⓓ
③ ⓐ→ⓒ→ⓑ→ⓓ
④ ⓑ→ⓐ→ⓓ→ⓒ

해설 **위험관리의 단계**
위험의 파악→위험의 분석→위험의 평가→위험의 처리

29 시스템의 수명주기를 구상, 정의, 개발, 생산, 운전의 5단계로 구분할 때 시스템 안전성 위험분석(SSHA)은 다음 중 어느 단계에서 수행되는 것이 가장 적합한가?

① 구상(concept)단계
② 운전(deployment)단계
③ 생산(production)단계
④ 정의(definition)단계

해설 SSHA는 PHA를 계속하고 발전시킨 것으로서 시스템 또는 요소가 보다 한정적인 것이 됨에 따라서 안전성 분석도 또한 보다 한정적인 것이 된다. 그러므로 정의단계에서 수행하는 것이 가장 적합하다.

30 통신에서 잡음 중 일부를 제거하기 위해 필터(filter)를 사용하였다면 이는 다음 중 어느 것의 성능을 향상시키는 것인가?

① 신호의 검출성
② 신호의 양립성
③ 신호의 산란성
④ 신호의 표준성

해설 통신에서 잡음 중의 일부를 제거하기 위해 필터를 사용하였다면 신호의 검출성의 성능을 향상시키는 것이다.

31 모든 시스템안전 프로그램 중 최초 단계의 분석으로 시스템 내의 위험요소가 어떤 상태에 있는지를 정성적으로 평가하는 방법은?

① CA ② PHA
③ FHA ④ FMEA

해설 ① CA(Criticality Analysis) : 높은 위험도를 가진 요소 또는 그 고장의 형태에 따른 분석 방법
② PHA(Preliminary Hazards Analysis) : 모든 시스템안전 프로그램 중 최초 단계의 분석으로 시스템 내의 위험요소가 어떤 상태에 있는지를 정성적으로 평가하는 방법
③ FHA(Fault Hazards Analysis) : 전체 시스템을 구성하고 있는 시스템의 한 구성요소의 분석에 사용되는 분석방법
④ FMEA(Failure Modes and Effects Analysis) : 고장형태와 영향분석이라고도 하며, 이 분석기법은 각 요소의 고장유형과 그 고장이 미치는 영향을 분석하는 방법으로 귀납적이면서 정성적으로 분석하는 방법

32 다음 중 수명주기(life cycle) 6단계에서 "운전단계"와 가장 거리가 먼 것은 어느 것인가?

① 사고조사 참여
② 기술변경의 개발
③ 고객에 의한 최종 성능검사
④ 최종 생산물의 수용여부 결정

정답 ‖ 27. ④ 28. ④ 29. ④ 30. ① 31. ② 32. ④

해설 수명주기 6단계
㉠ 1단계 : 구상
㉡ 2단계 : 정의
㉢ 3단계 : 개발
예 최종 생산물의 수용여부 결정
㉣ 4단계 : 생산
㉤ 5단계 : 운전
예 사고조사 참여, 기술변경의 개발, 고객에 의한 최종 성능검사
㉥ 6단계 : 폐기

33 다음과 같은 FT도에서 Minimal Cut Set으로 옳은 것은?

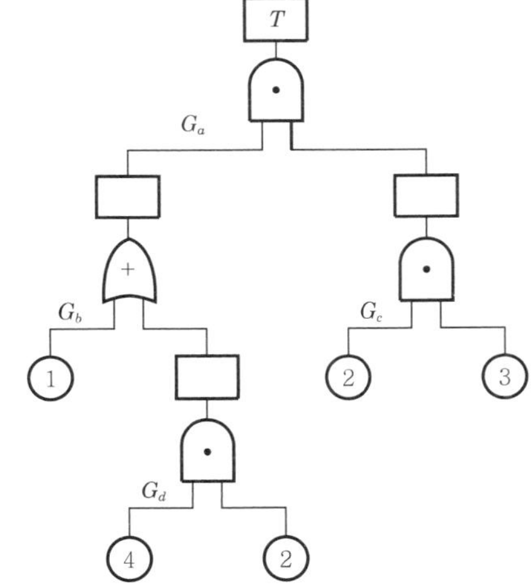

① (2, 3)
② (1, 2, 3)
③ (1, 2, 3)
(2, 3, 4)
④ (1, 2, 3)
(1, 3, 4)

해설 $G_a \to G_b G_c \to$ ㉠$G_c \to$ ㉠, ㉡, ㉢
$G_d G_c \to$ ㉡, ㉢, ㉣

34 공정 분석에 있어 활용하는 공정도(process chart)의 도시기호 중 가공 또는 작업을 나타내는 기호는?

① 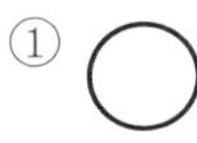
② 
③ 
④ □

해설 ① 가공 또는 작업 ② 운반
③ 정체 ④ 검사

35 제어장치에서 조종장치의 위치를 1cm 움직였을 때 표시장치의 지침이 4cm 움직였다면 이 기기의 C/R비는 약 얼마인가?

① 0.25
② 0.6
③ 1.5
④ 1.7

해설 통제비(통제표시비)

$$\frac{C}{R}\text{비} = \frac{\text{통제기기의 변위량}}{\text{표시계기 지침의 변위량}} = \frac{1\text{cm}}{4\text{cm}} = 0.25$$

36 감각기관 중 반응속도가 가장 빠른 것은?

① 시각
② 촉각
③ 후각
④ 미각

해설 감각기관과 반응속도
청각(0.17초) > 촉각(0.18초) > 시각(0.20초) > 미각(0.29초) > 후각(0.70초)

37 FT도에 사용되는 기호 중 다음 그림에 해당하는 것은?

① 생략사상
② 부정사상
③ 결함사상
④ 기본사상

해설 기본사상 : 더이상 해석을 할 필요가 없는 기본적인 기계의 결함 또는 작업자의 오동작을 나타낸 것

38 작업형태나 작업조건 중에서 다른 문제가 생겨 필요사항을 실행할 수 없는 경우나 어떤 결함으로부터 파생하여 발생하는 오류를 무엇이라 하는가?

① Commission Error
② Command Error
③ Extraneous Error
④ Secondart Error

해설 ① Commission Error : 불확실한 수행
② Command Error : 작업자가 움직이려 해도 움직일 수 없으므로 발생하는 과오
③ Extraneous Error : 불필요한 업무절차 수행

정답 ‖ 33. ③ 34. ① 35. ① 36. ② 37. ④ 38. ④

39 다음 중 역치(threshold value)의 설명으로 가장 적절한 것은?

① 표시장치의 설계와 역치는 아무런 관계가 없다.
② 에너지의 양이 증가할수록 차이역치는 감소한다.
③ 역치는 감각에 필요한 최소량의 에너지를 말한다.
④ 표시장치를 설계할 때는 신호의 강도를 역치 이하로 설계하여야 한다.

해설 ① 표시장치의 설계와 역치는 밀접한 관계가 있다.
② 에너지의 양이 증가할수록 차이역치는 증가한다.
④ 표시장치를 설계할 때는 신호의 강도를 역치 이상으로 설계하여야 한다.

40 다음 중 청각적 표시장치에서 300m 이상의 장거리용 경보기에 사용하는 진동수로 가장 적절한 것은?

① 800Hz 전후 ② 2,200Hz 전후
③ 3,500Hz 전후 ④ 4,000Hz 전후

해설 장거리(300m 이상)용은 1,000Hz 이하의 진동수를 사용한다.

제3과목 기계위험방지기술

41 다음 중 연삭기의 사용상 안전대책으로 적절하지 않은 것은?

① 방호장치로 덮개를 설치한다.
② 숫돌 교체 후 1분 정도 시운전을 실시한다.
③ 숫돌의 최고사용회전속도를 초과하여 사용하지 않는다.
④ 축 회전속도(rpm)는 영구히 지워지지 않도록 표시한다.

해설 ② 숫돌 교체 후 3분 정도 시운전을 실시한다.

42 롤러작업에서 울(guard)의 적절한 위치까지의 거리가 40mm일 때 울의 개구부와의 설치간격은 얼마 정도로 하여야 하는가? (단, 국제노동기구의 규정을 따른다.)

① 12mm ② 15mm
③ 18mm ④ 20mm

해설 $Y = 6 + 0.15 \times X$
$= 6 + 0.15 \times 40$
$= 12\text{mm}$

동력기계	롤러기	
	전동체가 아닌 경우	전동체인 경우
$Y=6+0.1 \cdot X$	$Y=6+0.15 \cdot X$	$Y=6+0.1 \cdot X$

43 다음 중 밀링작업 시 안전조치사항으로 틀린 것은?

① 절삭속도는 재료에 따라 정한다.
② 절삭 중 칩 제거는 칩 브레이커로 한다.
③ 커터를 끼울 때는 아버를 깨끗이 닦는다.
④ 일감을 고정하거나 풀어낼 때는 기계를 정지시킨다.

해설 ②의 경우 칩 제거는 브러시로 한다는 내용이 옳다.

44 와이어로프의 절단하중이 1,116kgf이고, 한 줄로 물건을 매달고자 할 때 안전계수를 6으로 하면 몇 kgf 이하의 물건을 매달 수 있는가?

① 126 ② 372
③ 588 ④ 6,696

해설 $\text{안전계수} = \dfrac{\text{절단하중}}{\text{안전하중}}$

$6 = \dfrac{1,116}{x}$

$\therefore x = \dfrac{1,116}{6} = 186\text{kgf}$

따라서 186kgf 이하인 126kgf가 정답이다.

정답 | 39. ③ 40. ① 41. ② 42. ① 43. ② 44. ①

45 드릴작업의 안전대책과 거리가 먼 것은?

① 칩은 와이어브러시로 제거한다.
② 구멍 끝 작업에서는 절삭압력을 주어서는 안 된다.
③ 칩에 의한 자상을 방지하기 위해 면장갑을 착용한다.
④ 바이스 등을 사용하여 작업 중 공작물의 유도를 방지한다.

해설 ③의 경우 면장갑을 착용하지 않는다는 내용이 옳다.

46 일반연삭작업 등에 사용하는 것을 목적으로 하는 탁상용 연삭기의 덮개 각도에 있어 숫돌이 노출되는 전체 범위의 각도 기준으로 옳은 것은?

① 65° 이상　② 75° 이상
③ 125° 이내　④ 150° 이내

해설 탁상용 연삭기의 덮개 각도에 있어 숫돌이 노출되는 전체 범위의 각도 기준은 125° 이내이다.

47 지게차로 20km/h의 속력으로 주행할 때 좌우 안정도는 몇 % 이내이어야 하는가? (단, 무부하상태를 기준으로 한다.)

① 37　② 39
③ 40　④ 42

해설 지게차의 주행 시의 좌우 안정도(%)
$= 15 + 1.1 \times V$
$\therefore\ 15 + 1.1 \times 20 = 37\%$ 이내

48 다음 중 기계구조 부분의 안전화에 대한 결함에 해당되지 않는 것은?

① 재료의 결함
② 기계설계의 결함
③ 가공상의 결함
④ 작업환경상의 결함

해설 기계구조 부분의 안전화에 대한 결함으로는 ①, ②, ③의 세 가지가 있다.

49 다음 중 보일러수 속이 유지류, 용해 고형물 등에 의해 거품이 생겨 수위가 불안정하게 되는 현상을 무엇이라 하는가?

① 스케일(scale)
② 보일링(boiling)
③ 프린팅(printing)
④ 포밍(foaming)

해설 문제의 내용은 포밍(foaming)현상에 관한 것이다.

50 다음 중 셰이퍼(shaper)에 관한 설명으로 틀린 것은?

① 바이트는 가능한 짧게 물린다.
② 셰이퍼의 크기는 램의 행정으로 표시한다.
③ 작업 중 바이트가 운동하는 방향에 서지 않는다.
④ 각도 가공을 위해 헤드를 회전시킬 때는 최대행정으로 가동시킨다.

해설 ①, ②, ③ 이외에 셰이퍼에 관한 사항은 다음과 같다.
㉠ 행정의 길이 및 공작물, 바이트의 재질에 따라 절삭속도를 정할 것
㉡ 시동하기 전에 행정조정용 핸들을 빼놓을 것
㉢ 램은 필요 이상 긴 행정으로 하지 말고 일감에 맞는 행정용으로 조정할 것

51 다음 중 산소-아세틸렌 가스용접 시 역화의 원인과 가장 거리가 먼 것은 어느 것인가?

① 토치의 과열
② 팁의 이물질 부착
③ 산소공급의 부족
④ 압력조정기의 고장

해설 ①, ②, ④ 이외에 산소-아세틸렌 가스용접 시 역화의 원인은 다음과 같다.
㉠ 산소공급의 과다
㉡ 토치의 성능 부족

정답 | 45. ③ 46. ③ 47. ① 48. ④ 49. ④ 50. ④ 51. ③

52 다음 중 지름이 60cm이고, 20rpm으로 회전하는 롤러에 적합한 급정지장치의 성능으로 옳은 것은?

① 앞면 롤러 원주의 1/1.5 거리에서 급정지
② 앞면 롤러 원주의 1/2 거리에서 급정지
③ 앞면 롤러 원주의 1/2.5 거리에서 급정지
④ 앞면 롤러 원주의 1/3 거리에서 급정지

해설 표면속도 $V = \frac{\pi DN}{1,000}$

$\therefore \frac{3.14 \times 600 \times 20}{1,000} = 37.68\text{m/min}$

따라서 앞면 롤러의 표면속도가 30m/min 이상이므로 앞면 롤러 원주의 1/2.5 거리에서 급정지한다.

53 다음 중 프레스 금형을 부착, 해체 또는 조정작업을 할 때에 사용하여야 하는 장치는?

① 안전블록
② 안전방책
③ 수인식 방호장치
④ 손쳐내기식 방호장치

해설 프레스 금형을 부착, 해체 또는 조정작업을 할 때 사용하여야 하는 장치는 안전블록이다.

54 다음 중 선반작업에서 가늘고 긴 공작물의 처짐이나 휨을 방지하는 부속장치는?

① 방진구　② 심봉
③ 돌리개　④ 면판

해설 선반작업에서 가늘고 긴 공작물의 처짐이나 휨을 방지하는 부속장치는 방진구이다.

55 다음 중 위험구역에서 가드까지의 거리가 200mm인 롤러기에 가드를 설치하는 데 허용가능한 가드의 개구부 간격으로 옳은 것은?

① 최대 20mm
② 최대 30mm
③ 최대 36mm
④ 최대 40mm

해설 $Y = 6 + 0.15X$

$\therefore 6 + (0.15 \times 200) = 36\text{mm}$

56 보일러수 속에 유지(油脂)류, 용해 고형물, 부유물 등의 농도가 높아지면 드럼 수면에 안정한 거품이 발생하고 또한 거품이 증가하여 드럼의 기실(氣室)에 전체로 확대되는 현상을 무엇이라 하는가?

① 포밍(forming)
② 프라이밍(priming)
③ 수격현상(water hammer)
④ 공동화현상(cavitation)

해설 ① 포밍 : 거품작용
② 프라이밍 : 비수작용. 보일러수가 비등하여 수면으로부터 증기가 비산하고 기실에 충만하여 수위가 불안정하게 되는 현상
③ 수격현상 : 배관 내의 응축수가 송기 시 배관 내부를 이격하여 소음을 발생시키는 현상
④ 공동화현상 : 액체가 고속으로 회전할 때 압력이 낮아지는 부분에 기포가 형성되는 현상

57 다음 중 드릴작업 시 안전수칙으로 적절하지 않은 것은?

① 장갑의 착용을 금한다.
② 드릴은 사용 전에 검사한다.
③ 작업자는 보안경을 착용한다.
④ 드릴의 이송은 최대한 신속하게 한다.

해설 ④ 드릴의 이송은 최대한 안전하게 한다.

58 다음 중 재료에 있어서의 결함에 해당하지 않는 것은?

① 미세 균열　② 용접 불량
③ 불순물 내재　④ 내부 구멍

해설 ②의 용접 불량은 작업방법에 있어서의 결함에 해당한다.

정답 ‖ 52. ③ 53. ① 54. ① 55. ③ 56. ① 57. ④ 58. ②

59 다음은 지게차의 헤드가드에 관한 기준이다. ( ) 안에 들어갈 내용으로 옳은 것은?

> 지게차 사용 시 화물 낙하위험의 방호조치 사항으로 헤드가드를 갖추어야 한다. 그 강도는 지게차 최대하중의 ( ) 값의 등분포 정하중(等分布靜荷重)에 견딜 수 있어야 한다. 단, 그 값이 4ton을 넘는 것에 대하여서는 4ton으로 한다.

① 1.5배 ② 2배
③ 3배 ④ 5배

해설 지게차 헤드가드의 강도는 최대하중의 2배 값(그 값이 4ton을 넘는 것은 4ton으로 한다)의 등분포 정하중에 견딜 수 있어야 한다.

60 셰이퍼의 방호장치와 가장 거리가 먼 것은?

① 방책 ② 칸막이
③ 칩받이 ④ 시건장치

해설 **셰이퍼의 방호장치** : 방책, 칩받이, 칸막이

제4과목 전기 및 화학설비 위험방지기술

61 전기화재의 주요 원인이 되는 전기의 발열현상에서 가장 큰 열원에 해당하는 것은?

① 줄(Joule) 열
② 고주파 가열
③ 자기유도에 의한 열
④ 전기화학 반응열

해설 전기화재의 주요 원인이 되는 전기의 발열현상에서 가장 큰 열원에 해당하는 것은 줄(Joule) 열이다.

62 다음 중 감지전류에 미치는 주파수의 영향에 대한 설명으로 옳은 것은?

① 주파수의 감전은 아무 상관관계가 없다.
② 주파수를 증가시키면 감지전류는 증가한다.
③ 주파수가 높을수록 전력의 영향은 증가한다.
④ 주파수가 낮을수록 고온증으로 사망하는 경우가 많다.

해설 감지전류에 주파수를 증가시키면 감지전류는 증가한다.

63 다음 중 분진폭발 위험장소의 구분에 해당하지 않는 것은?

① 20종 ② 21종
③ 22종 ④ 23종

해설 **분진폭발 위험장소의 구분**
① 20종 : 호퍼 · 분진저장소 · 집진장치 · 필터 등의 내부
② 21종 : 집진장치 · 백필터 · 배기구 등의 주위, 이송벨트 샘플링 지역 등
③ 22종 : 21종 장소에서 예방조치가 취해진 지역, 환기설비 등과 같은 안전장치 배출구 주위 등

64 다음 중 인체의 접촉상태에 따른 최대허용 접촉전압의 연결이 올바른 것은?

① 인체의 대부분이 수중에 있는 상태 : 10V 이하
② 인체가 현저하게 젖어있는 상태 : 25V 이하
③ 통상의 인체상태에 있어서 접촉전압이 가해지더라도 위험성이 낮은 상태 : 30V 이하
④ 금속성의 전기기계장치나 구조물에 인체의 일부가 상시 접촉되어 있는 상태 : 50V 이하

해설 **인체의 접촉상태에 따른 최대허용접촉전압**
㉠ 인체의 대부분이 수중에 있는 상태 : 2.5V 이하
㉡ 통상의 인체상태에 있어서 접촉전압이 가해지더라도 위험성이 낮은 상태 : 제한 없음
㉢ 통상의 인체상태에 있어서 접촉전압이 가해지면 위험성이 높은 상태 : 50V 이하
㉣ 금속성의 전기기계장치나 구조물에 인체의 일부가 상시 접촉되어있는 상태 : 25V 이하

65 방폭구조의 종류 중 전기기기의 과도한 온도상승, 아크 또는 불꽃발생의 위험을 방지하기 위하여 추가적인 안전조치를 통한 안전도를 증가시킨 방폭구조를 무엇이라 하는가?

① 안전증방폭구조
② 본질안전방폭구조
③ 충전방폭구조
④ 비점화방폭구조

해설 문제의 내용은 안전증방폭구조에 관한 것이다.

66 어떤 혼합가스의 성분가스 용량이 메탄은 75%, 에탄은 13%, 프로판은 8%, 부탄은 4%인 경우 이 혼합가스의 공기 중 폭발하한계(vol%)는 얼마인가? (단, 폭발하한값이 메탄은 5.0%, 에탄은 3.0%, 프로판은 2.1%, 부탄은 1.8%이다.)

① 3.94 ② 4.28
③ 6.63 ④ 12.24

해설 **하한계값**

$$\frac{100}{L} = \frac{V_1}{L_1} + \frac{V_2}{L_2} + \frac{V_3}{L_3} + \frac{V_4}{L_4}$$

$$\therefore L = \frac{100}{\frac{75}{5} + \frac{13}{3} + \frac{8}{2.1} + \frac{4}{1.8}}$$

$$= 3.942 = 3.94 \text{vol\%}$$

67 다음 중 유해 · 위험물질이 유출되는 사고가 발생했을 때의 대처요령으로 적절하지 않은 것은?

① 중화 또는 희석을 시킨다.
② 안전한 장소일 경우 소각시킨다.
③ 유출 부분을 억제 또는 폐쇄시킨다.
④ 유출된 지역의 인원을 대피시킨다.

해설 **유해 · 위험물질이 유출되는 사고가 발생했을 때 대처요령**
㉠ 중화 또는 희석을 시킨다.
㉡ 유출 부분을 억제 또는 폐쇄시킨다.
㉢ 유출된 지역의 인원을 대피시킨다.

68 고압가스 용기에 사용되며 화재 등으로 용기의 온도가 상승하였을 때 금속의 일부분을 녹여 가스의 배출구를 만들어 압력을 분출시켜 용기의 폭발을 방지하는 안전장치는?

① 가용합금 안전밸브
② 파열판
③ 폭압방산공
④ 폭발억제장치

해설 ② 파열판 : 고압용기 등에 설치하는 안전장치를 용기에 이상압력이 발생될 경우 용기의 내압보다 적은 압력에서 막판(disk)이 파열되어 내부압력이 급격히 방출되도록 하는 장치
③ 폭압방산공 : 내부에서 폭발을 일으킬 염려가 있는 건물, 설비, 장치 등과 이런 것에 부속된 덕트류 등의 일부에 설계강도가 가장 낮은 부분을 설치하여 내부에서 일어난 폭발압력을 그곳으로 방출함으로써 장치 등의 전체적인 파괴를 방지하기 위하여 설치한 압력방출장치의 일종
④ 폭발억제장치 : 밀폐된 설비, 탱크에서 폭발이 발생되는 경우 폭발성 혼합기 전체로 전파되어 급격한 온도상승과 압력이 발생된다. 이 경우 압력상승현상을 신속히 감지할 수 있도록 하여 전자기기를 이용 소화제를 자동적으로 착화된 수면에 분사하여 폭발확대를 제거하는 장치

69 다음 중 화학장치에서 반응기의 유해 · 위험 요인(Hazard)으로 화학반응이 있을 때 특히 유의해야 할 사항은?

① 낙하, 절단
② 감전, 협착
③ 비래, 붕괴
④ 반응폭주, 과압

해설 ㉠ 반응폭주 : 메탄올 합성원료용 가스압축기 배기 파이프의 이음새로부터 미량의 공기가 흡수되고 원료로 사용된 질소 중 미량의 산소가 수소와 반응해 승온되어 반응폭주가 시작되며, 강관이 연화되고 부분적으로 팽출되며 가스가 분출되어 착화한다.
㉡ 과압 : 압력을 가하는 것이다. 일정 체적의 물체에 압력을 가하면 체적이 줄어들게 되고 이때 발생하는 응력과 변형은 서로 비례한다.

정답 ‖ 65. ① 66. ① 67. ② 68. ① 69. ④

70 다음 중 자기반응성 물질에 관한 설명으로 틀린 것은?

① 가열 · 마찰 · 충격에 의해 폭발하기 쉽다.
② 연소속도가 대단히 빨라서 폭발적으로 반응한다.
③ 소화에는 이산화탄소, 할로겐화합물 소화약제를 사용한다.
④ 가연성 물질이면서 그 자체 산소를 함유하므로 자기연소를 일으킨다.

해설 ③의 경우 소화에는 다량의 물을 사용한다는 내용이 옳다.

71 정전용량 10μF인 물체에 전압을 1,000V로 충전하였을 때 물체가 가지는 정전에너지는 몇 Joule인가?

① 0.5
② 5
③ 14
④ 50

해설

$E = \frac{1}{2}CV^2$

$\therefore \frac{1}{2} \times 10 \times 10^{-6} \times 1{,}000^2 = 5\text{Joule}$

72 접지저항계로 3개의 접지봉의 접지저항을 측정한 값이 각각 R_1, R_2, R_3일 경우 접지저항 G_1으로 옳은 것은?

① $\frac{1}{2}(R_1 + R_2 + R_3) - R_1$
② $\frac{1}{2}(R_1 + R_2 + R_3) - R_2$
③ $\frac{1}{2}(R_1 + R_2 + R_3) - R_3$
④ $\frac{1}{2}(R_2 + R_3) - R_1$

해설 **접지저항**

$G_1 = \frac{1}{2}(R_1 + R_2 + R_3) - R_2$

73 계전기의 종류에 해당하지 않는 것은?

① 전류제어식 ② 전압인가식
③ 자기방전식 ④ 방사선식

해설 **계전기의 종류** : 전압인가식(코로나방전식), 자기방전식, 방사선식(이온식)

74 교류 아크용접기의 자동전격방지기는 대상으로 하는 용접기의 주회로를 제어하는 장치를 가지고 있어 용접봉의 조작에 따라 용접할 때에만 용접기의 주회로를 형성하고 그 외에는 용접기 출력측의 무부하전압을 얼마 이하로 저하시키도록 동작하는 장치를 말하는가?

① 15V ② 25V
③ 30V ④ 50V

해설 교류 아크용접기의 자동전격방지기는 용접기 출력측의 무부하전압을 25V 이하로 저하시키도록 동작하는 장치이다.

75 다음 중 절연용 고무장갑과 가죽장갑의 안전한 사용방법으로 가장 적합한 것은?

① 활선작업에서는 가죽장갑만 사용한다.
② 활선작업에서는 고무장갑만 사용한다.
③ 먼저 가죽장갑을 끼고 그 위에 고무장갑을 낀다.
④ 먼저 고무장갑을 끼고 그 위에 가죽장갑을 낀다.

해설 절연용 장갑의 착용 시 먼저 고무장갑을 끼고 그 위에 가죽장갑을 낀다.

76 분해폭발하는 가스의 폭발장치를 위하여 첨가하는 불활성 가스로 가장 적합한 것은?

① 산소 ② 질소
③ 수소 ④ 프로판

해설 ① 산소 : 지연성(조연성) 가스
② 질소 : 불활성 가스
③ 수소 : 가연성 가스
④ 프로판 : 가연성 가스

정답 | 70. ③ 71. ② 72. ② 73. ① 74. ② 75. ④ 76. ②

77 산업안전보건법령에 따라 인화성 액체를 저장·취급하는 대기압 탱크에 가압이나 진공발생 시 압력을 일정하게 유지하기 위하여 설치하여야 하는 장치는?

① 통기밸브 ② 체크밸브
③ 스팀트랩 ④ 프레임어레스터

해설 ② 체크밸브(check valve) : 유체를 한쪽 방향으로만 흐르게 하고 반대 방향으로는 흐르지 못하도록 하는 밸브
③ 스팀트랩(steam trap) : 드럼이나 관 속의 증기가 일부 응결하여 물이 되었을 때 자동적으로 물만을 외부로 배출하는 장치
④ 프레임어레스터(flame arrester) : 인화방지망이라 하며, 인화성 Gas 또는 Vapor가 흐르는 배관시스템에 설치

78 폭굉유도거리에 대한 설명으로 틀린 것은?

① 압력이 높을수록 짧다.
② 점화원의 에너지가 강할수록 짧다.
③ 정상연소속도가 큰 혼합가스일수록 짧다.
④ 관 속에 방해물이 없거나 관의 지름이 클수록 짧다.

해설 ④ 관 속에 방해물이 있거나 관 지름이 가늘수록 짧다.

79 메탄(CH_4) 100mol이 산소 중에서 완전연소하였다면 이때 소비된 산소량 몇 mol인가?

① 50 ② 100
③ 150 ④ 200

해설 $CH_4 + 2CO_2 \rightarrow CO_2 + 2H_2O$
$1 : 2 = 100 : x$
$\therefore x = 200$

80 25℃, 1기압에서 공기 중 벤젠(C_6H_6)의 허용농도가 10ppm일 때 이를 mg/m^{3}의 단위로 환산하면 약 얼마인가? (단, C, H의 원자량은 각각 12, 1이다.)

① 28.7 ② 31.9
③ 34.8 ④ 45.9

해설
$$\text{mg/m}^3 = \frac{\text{ppm} \times \text{분자량(g)}}{24.45(25℃ \cdot 1\text{기압})} = \frac{10 \times (6 \times 12 + 6 \times 1)}{24.45} = 31.9\text{mg/m}^3$$

제5과목 건설안전기술

81 건설현장에서 근로자가 안전하게 통행할 수 있도록 통로에 설치하는 조명의 조도기준은?

① 65lux ② 75lux
③ 85lux ④ 95lux

해설 건설현장에서 근로자가 안전하게 통행할 수 있도록 통로에 설치하는 조명의 조도기준은 75lux이다.

82 옹벽의 활동에 대한 저항력은 옹벽에 작용하는 수평력보다 최소 몇 배 이상 되어야 안전한가?

① 0.5 ② 1.0
③ 1.5 ④ 2.0

해설 옹벽의 활동에 대한 저항력은 옹벽에 작용하는 수평력보다 최소 1.5배 이상 되어야 안전하다.

83 콘크리트를 타설할 때 안전상 유의하여야 할 사항으로 옳지 않은 것은?

① 콘크리트를 치는 도중에는 거푸집, 지보공 등의 이상유무를 확인한다.
② 진동기 사용 시 지나친 진동은 거푸집 도괴의 원인이 될 수 있으므로 적절히 사용해야 한다.
③ 최상부의 슬래브는 되도록 이어붓기를 하고 여러 번에 나누어 콘크리트를 타설한다.
④ 타워에 연결되어 있는 슈트의 접속은 확실한지 확인한다.

정답 | 77. ① 78. ④ 79. ④ 80. ② 81. ② 82. ③ 83. ③

해설 ③의 경우 최상부의 슬래브는 되도록 이어붓기를 피하고 여러 번에 나누어 콘크리트를 타설한다는 내용이 옳다.

84 철근콘크리트 공사 시 거푸집의 필요조건이 아닌 것은?

① 콘크리트의 하중에 대해 뒤틀림이 없는 강도를 갖출 것
② 콘크리트 내 수분 등에 대한 물빠짐이 원활한 구조를 갖출 것
③ 최소한의 재료로 여러 번 사용할 수 있는 전용성을 가질 것
④ 거푸집은 조립 · 해체 · 운반이 용이하도록 할 것

해설 ②의 경우 콘크리트 내 수분 등에 대한 누출을 방지할 수 있는 수밀성이 있을 것이 옳은 내용이다.

85 트렌치 굴착 시 흙막이지보공을 설치하지 않는 경우 굴착깊이는 몇 m 이하로 해야 하는가?

① 1.5　② 2
③ 3.5　④ 4

해설 트렌치 굴착 시 흙막이지보공을 설치하지 않는 경우 굴착깊이는 1.5m 이하로 해야 한다.

86 산업안전보건기준에 관한 규칙에 따른 계단 및 계단참을 설치하는 경우 매 m^2당 최소 얼마 이상의 하중에 견딜 수 있는 강도를 가진 구조로 설치하여야 하는가?

① 500kg
② 600kg
③ 700kg
④ 800kg

해설 산업안전보건기준에 관한 규칙에 따른 계단 및 계단참을 설치하는 경우 매 m^2당 500kg 이상의 하중에 견딜 수 있는 강도를 가진 구조로 설치하여야 한다.

87 차량계 하역운반기계 등을 이송하기 위하여 자주 또는 견인에 의하여 화물자동차에 싣거나 내리는 작업을 할 때에 준수하여야 할 사항으로 옳지 않은 것은?

① 발판을 사용하는 경우에는 충분한 길이, 폭 및 강도를 가진 것을 사용할 것
② 지정운전자의 성명, 연락처 등을 보기 쉬운 곳에 표시하고 지정운전자 외에는 운전하지 않도록 할 것
③ 가설대 등을 사용하는 경우에는 충분한 폭 및 강도와 적당한 경사를 확보할 것
④ 싣거나 내리는 작업을 할 때는 편의를 위해 경사지고 견고한 지대에서 할 것

해설 ④의 경우 싣거나 내리는 작업을 할 때는 평탄하고 견고한 지대에서 할 것이 옳은 내용이다.

88 콘크리트 타설작업 시 거푸집에 작용하는 연직하중이 아닌 것은?

① 콘크리트의 측압
② 거푸집의 중량
③ 굳지 않은 콘크리트의 중량
④ 작업원의 작업하중

해설 ㉠ 콘크리트의 측압은 거푸집에 작용하는 수평하중이다.
㉡ 콘크리트 측압 이외에 수평하중으로는 풍하중, 지진하중이 있다.

89 철골작업에서 작업을 중지해야 하는 규정에 해당되지 않는 경우는?

① 풍속이 초당 10m 이상인 경우
② 강우량이 시간당 1mm 이상인 경우
③ 강설량이 시간당 1cm 이상인 경우
④ 겨울철 기온이 영하 4℃ 이상인 경우

해설 철골작업에서 작업을 중지해야 하는 규정에 해당되는 경우는 ①, ②, ③의 세 가지가 있다.

정답 ▌84. ② 85. ① 86. ① 87. ④ 88. ① 89. ④

90 모래질 지반에서 포화된 가는 모래에 충격을 가하면 모래가 약간 수축하여 정(+)의 공극수압이 발생하며 이로 인하여 유효응력이 감소하여 전단강도가 떨어져 순간침하가 발생하는 현상은?

① 동상현상 ② 연화현상
③ 리칭현상 ④ 액상화현상

해설 문제의 내용은 액상화현상에 관한 것이다.

91 안전난간은 구조적으로 가장 취약한 지점에서 가장 취약한 방향으로 작용하는 최소 얼마 이상의 하중에 견딜 수 있는 구조이어야 하는가?

① 100kg ② 150kg
③ 200kg ④ 250kg

해설 안전난간은 구조적으로 가장 취약한 지점에서 가장 취약한 방향으로 작용하는 최소 100kg 이상의 하중에 견딜 수 있는 구조이어야 한다.

92 산업안전보건관리비 중 안전관리자 등의 인건비 및 각종 업무수당 등의 항목에서 사용할 수 없는 내역은?

① 교통통제를 위한 교통정리 신호수의 인건비
② 공사장 내에서 양중기·건설기계 등의 움직임으로 인한 위험으로부터 주변 작업자를 보호하기 위한 유도자의 인건비
③ 건설용 리프트의 운전자 인건비
④ 고소작업대 작업 시 낙하물 위험예방을 위한 하부 통제 등 공사현장의 특성에 따라 근로자 보호만을 목적으로 배치된 유도자의 인건비

해설 ①의 교통통제를 위한 교통정리 신호수의 인건비는 제외한다.

93 동바리로 사용하는 파이프 서포트에 대한 준수사항과 가장 거리가 먼 것은?

① 파이프 서포트를 3개 이상 이어서 사용하지 않도록 할 것
② 파이프 서포트를 이어서 사용하는 경우에는 4개 이상의 볼트 또는 전용 철물을 사용하여 이을 것
③ 높이가 3.5m를 초과하는 경우에는 높이 2m 이내마다 수평연결재를 2개 방향으로 만들 것
④ 파이프 서포트 사이에 교차가새를 설치하여 보강조치할 것

해설 ④ 강관틀과 강관틀 사이에 교차가새를 설치하여 보강조치할 것

94 산업안전보건기준에 관한 규칙에 따른 토사 굴착 시 굴착면의 기울기 기준으로 옳지 않은 것은?

① 보통흙인 습지 – 1 : 1 ~ 1 : 1.5
② 풍화암 – 1 : 1.0
③ 연암 – 1 : 1.0
④ 보통흙인 건지 – 1 : 1.2 ~ 1 : 5

해설 ④ 보통흙인 건지의 기울기 기준 – 1 : 0.5 ~ 1

95 콘크리트 슬럼프 시험방법에 대한 설명 중 옳지 않은 것은?

① 슬럼프 시험 기구는 강제평판, 슬럼프 테스트 콘, 다짐막대, 측정기기로 이루어진다.
② 콘크리트 타설 시 작업의 용이성을 판단하는 방법이다.
③ 슬럼프 콘에 비빈 콘크리트를 같은 양의 3층으로 나누어 25회씩 다지면서 채운다.
④ 슬럼프는 슬럼프 콘을 들어올려 강제평판으로부터 콘크리트가 무너져 내려앉은 높이까지의 거리를 mm로 표시한 것이다.

해설 ④ 슬럼프는 슬럼프 콘(시험통)을 들어올려 강제평판으로부터 콘크리트가 무너져 내려앉은 높이까지의 거리를 cm로 표시한 것이다.

정답 | 90. ④ 91. ① 92. ① 93. ④ 94. ④ 95. ④

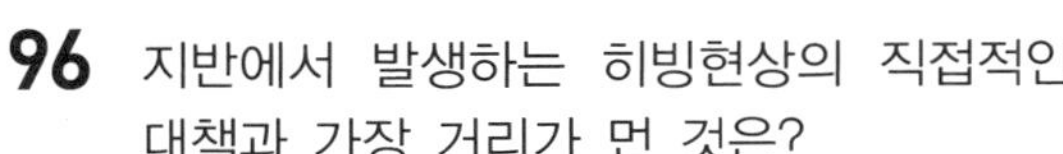

96 지반에서 발생하는 히빙현상의 직접적인 대책과 가장 거리가 먼 것은?

① 굴착 주변의 상재하중을 제거한다.
② 토류벽의 배면토압을 경감시킨다.
③ 굴착 저면에 토사 등 인공중력을 가중시킨다.
④ 수밀성 있는 흙막이 공법을 채택한다.

해설 ①, ②, ③ 이외에 히빙현상의 직접적인 대책은 다음과 같다.
㉠ 시트파일 등의 근입심도를 검토한다.
㉡ 버팀대, 브래킷, 흙막이를 점검한다.
㉢ 1.3m 이하 굴착 시에는 버팀대를 설치한다.
㉣ 굴착 주변을 웰포인트 공법과 병행한다.
㉤ 굴착 방식을 개선(아일랜드컷 공법 등)한다.

97 철골작업을 중지해야 할 강설량 기준으로 옳은 것은?

① 강설량이 시간당 1mm 이상인 경우
② 강설량이 시간당 5mm 이상인 경우
③ 강설량이 시간당 1cm 이상인 경우
④ 강설량이 시간당 5cm 이상인 경우

해설 철골작업을 중지해야 할 강설량 기준은 시간당 1cm 이상인 경우이다.

98 높이 2m를 초과하는 말비계를 조립하여 사용하는 경우 작업발판의 최소폭 기준으로 옳은 것은?

① 20cm 이상　② 30cm 이상
③ 40cm 이상　④ 50cm 이상

해설 높이 2m를 초과하는 말비계를 조립하여 사용하는 경우 작업발판의 최소폭 기준은 40cm 이상으로 한다.

99 부두, 안벽 등 하역작업을 하는 장소에 대하여 부두 또는 안벽의 선을 따라 통로를 설치할 때 통로의 최소폭은?

① 70cm　② 80cm
③ 90cm　④ 100cm

해설 부두 또는 안벽의 선을 따라 통로를 설치할 때 통로의 최소폭은 90cm로 한다.

100 양중기의 분류에서 고정식 크레인에 해당되지 않는 것은?

① 천장 크레인　② 지브 크레인
③ 타워 크레인　④ 트럭 트레인

해설 ④의 트럭 크레인은 이동식 크레인에 해당된다.

정답 | 96. ④ 97. ③ 98. ③ 99. ③ 100. ④

길을 가다가 돌이 나타나면
약자는 그것을 걸림돌이라 말하고,
강자는 그것을 디딤돌이라고 말한다.

-토마스 칼라일(Thomas Carlyle)-

같은 돌이지만 바라보는 시각에 따라 그리고 마음가짐에 따라
걸림돌이 되기도 하고 디딤돌이 되기도 합니다.
자기에게 주어진 상황을 활용할 줄 아는 자만이
성공의 문에 도달할 수 있답니다.^^

2022년 제1회 CBT 복원문제

▌산업안전산업기사 3월 2일 시행▌

제1과목 산업안전관리론

01 슈퍼(Super)의 역할 이론 중 역할연기에 대한 설명으로 옳은 것은?

① 인간을 사물에 적응시키는 능력이다.
② 자아탐색인 동시에 자아실현의 수단이다.
③ 개인의 역할을 기대하고 감수하는 수단이다.
④ 다른 역할을 해내기 위해 다른 일을 구할 때도 있다.

해설 ① 인간을 사물에 적응시키는 능력이 없다.
③ 개인의 역할을 기대하고 감수하는 수단이 아니다.
④ 다른 역할을 해내기 위해 다른 일을 구할 수 없다.

02 다음 중 헤드십에 관한 내용으로 볼 수 없는 것은?

① 권한의 부여는 조직으로부터 위임받는다.
② 권한에 대한 근거는 법적 또는 규정에 의한다.
③ 부하와의 사회적 간격이 좁다.
④ 지휘의 형태는 권위주의적이다.

해설 ③ 부하와의 사회적 간격이 넓다.

03 다음 중 유기가스용 방독마스크의 정화통 색은?

① 녹색 ② 흑색
③ 적색 ④ 백색

해설 방독마스크 정화통의 종류

종 류	색
보통가스용	흑색, 회색
산성가스용	회색
유기가스용	흑색

04 다음 중 감각차단 현상이 발생하기 가장 쉬운 경우는?

① 복잡한 업무가 장시간 지속될 때
② 정신적인 업무가 장시간 지속될 때
③ 단조로운 업무가 장시간 지속될 때
④ 주의력의 배분을 요하는 작업을 장시간 지속할 때

해설 감각차단 현상은 단조로운 업무가 장시간 지속될 때 발생한다.

05 다음의 재해원인 중 간접원인으로 볼 수 없는 것은?

① 안전교육 미시행
② 생산방법의 부적당
③ 구조재료의 부적합
④ 보호구의 미사용

해설 (1) 재해의 간접원인 : ①, ②, ③
(2) 직접원인 : ④

06 안전행동을 실행해 낼 수 있는 동기를 부여하는 데 가장 적절한 교육은?

① 안전지식교육 ② 안전기능교육
③ 안전태도교육 ④ 안전환경교육

해설 안전태도교육은 안전행동을 실행해 낼 수 있는 동기를 부여하는 데 가장 적절하다.

정답 ▌01. ② 02. ③ 03. ② 04. ③ 05. ④ 06. ③

07 다음 중 하인리히 재해발생 5단계 중 제3단계에 해당하는 것은?

① 불안전한 행동 또는 불안전한 상태
② 사회적 환경 및 유전적 요소
③ 관리의 부재
④ 사고

해설 **하인리히 재해발생 5단계**
㉠ 제1단계 : 사회적 환경과 유전적 요소
㉡ 제2단계 : 개인적 결함
㉢ 제3단계 : 불안전한 행동 및 불안전한 상태
㉣ 제4단계 : 사고
㉤ 제5단계 : 상해

08 연간 근로시간이 240,000시간인 A공장에서 지난해 5건의 재해가 발생하여 총 330일의 휴업일수가 발생하였다면 이 공장의 강도율은 약 얼마인가?

① 1.03　② 1.13
③ 1.23　④ 1.33

해설
$$강도율 = \frac{근로손실일수}{연근로\ 총\ 시간수} \times 10^3$$
$$= \frac{300 \times \frac{300}{365}}{240,000} \times 10^3 = 1.13$$

09 다음 중 학습의 전개단계에서 주제를 논리적으로 체계화하는 방법과 거리가 가장 먼 것은?

① 간단한 것에서 복잡한 것으로
② 부분적인 것에서 전체적인 것으로
③ 미리 알려져 있는 것에서 미지의 것으로
④ 많이 사용하는 것에서 적게 사용하는 것으로

해설 ② 전체적인 것에서 부분적인 것으로

10 다음의 적응기제 중 자기의 난처한 입장이나 실패의 결점을 이유나 변명으로 일관하는 것 또는 실제의 행위나 상태보다 훌륭하게 평가되기 위하여 구실을 내세우는 행위를 무엇이라 하는가?

① 투사　② 도피
③ 합리화　④ 동일화

해설 합리화에 대한 설명이다.

11 다음 중 피로의 정신적 증상으로 가장 관련이 깊은 것은?

① 주의력이 감소 또는 경감된다.
② 작업의 효과나 작업량이 감퇴 및 저하된다.
③ 작업에 대한 무감각 · 무표정 · 경련 등이 일어난다.
④ 작업에 대한 몸의 자세가 흐트러지고 지치게 된다.

해설 (1) 피로의 정신적 증상 : ①
(2) 피로의 생리적 증상 : ②, ③, ④

12 다음 중 재해예방의 4원칙에 해당되지 않는 것은?

① 대책선정의 원칙
② 손실우연의 원칙
③ 예방가능의 원칙
④ 통계방법의 원칙

해설 **재해예방의 4원칙**
㉠ ①, ②, ③
㉡ 원인연계의 원칙

13 다음 중 Project Method의 4단계를 올바르게 나열한 것은?

① 계획 → 목적 → 수행 → 평가
② 계획 → 수행 → 목적 → 평가
③ 목적 → 수행 → 계획 → 평가
④ 목적 → 계획 → 수행 → 평가

해설 **Project Method(구안법)의 4단계**
㉠ 제1단계 : 목적
㉡ 제2단계 : 계획
㉢ 제3단계 : 수행
㉣ 제4단계 : 평가

정답 | 07. ① 08. ② 09. ② 10. ③ 11. ① 12. ④ 13. ④

14 다음 중 개인적 카운슬링(Counseling) 방법으로 가장 거리가 먼 것은?

① 직접적 충고 ② 반복적 충고
③ 설명적 방법 ④ 설득적 방법

해설 **개인적 카운슬링(Counseling) 방법**
①, ③, ④

15 다음 중 주의의 특징으로 볼 수 없는 것은?

① 변동성 ② 선택성
③ 방향성 ④ 통합성

해설 **주의의 특징** : ①, ②, ③

16 모랄 서베이(Morale Survey) 주요방법 중 태도 조사법에 해당하는 것은?

① 사례연구법 ② 관찰법
③ 실험연구법 ④ 문답법

해설 **태도 조사법의 종류**
㉠ 문답법
㉡ 면접법
㉢ 집단토의법
㉣ 투사법

17 다음 중 교육 대상자수가 많고, 교육 대상자의 학습 능력의 차이가 큰 경우 집단안전 교육방법으로서 가장 효과적인 방법은?

① 문답식 교육 ② 토의식 교육
③ 시청각 교육 ④ 상담식 교육

해설 시청각 교육은 교육 대상자수가 많고, 교육 대상자의 학습 능력의 차이가 큰 경우 집단안전 교육방법으로서 가장 효과적인 방법이다.

18 다음 중 점검시기에 의한 안전점검의 분류에 해당하지 않는 것은?

① 성능점검 ② 정기점검
③ 임시점검 ④ 특별점검

해설 **안전점검의 분류**
㉠ ②, ③, ④
㉡ 수시점검

19 다음 중 허즈버그(Herzberg)의 2요인 이론에 대한 설명으로 옳은 것은?

① 위생요인은 직무내용에 관련된 요인이다.
② 동기요인은 직무에 만족을 느끼는 주요인이다.
③ 위생요인은 매슬로우 욕구단계 중 존경, 자아실현의 욕구와 유사하다.
④ 동기요인은 매슬로우 욕구단계 중 생리적 욕구와 유사하다.

해설 ① 위생요인은 인간의 동물적 욕구와 관련된 요인이다.
③ 위생요인은 매슬로우 욕구단계 중 생리적 안전, 사회적 욕구와 유사하다.
④ 동기요인은 매슬로우 욕구단계 중 자아실현의 욕구와 유사하다.

20 산업안전보건법상 다음 그림의 안전·보건표지의 명칭은?

① 화재 경고
② 인화성 물질 경고
③ 폭발성 물질 경고
④ 산화성 물질 경고

해설 인화성 물질은 인화점 이상이 되면 인화의 위험이 있다.

제2과목 인간공학 및 시스템안전공학

21 어떤 기기의 고장률이 시간당 0.002로 일정하다고 한다. 이 기기를 100시간 사용했을 때 고장이 발생할 확률은?

① 0.1813 ② 0.2214
③ 0.6253 ④ 0.8187

해설 고장이 발생할 확률$(F)=1-e^{-\lambda t}$
$=1-e^{-0.002\times 100}$
$=0.1813$

22 암호체계 사용상의 일반적 지침 중 부호의 양립성(Compatibility)에 대한 설명은?

① 자극은 주어진 상황하의 감지장치나 사람이 감지할 수 있는 것이어야 한다.
② 암호의 표시는 다른 암호표시와 구별될 수 있어야 한다.
③ 자극과 반응 간의 관계가 인간의 기대와 모순되지 않아야 한다.
④ 두 가지 이상을 조합하여 사용하면 정보의 전달이 촉진된다.

해설 **부호의 양립성(Compatibility)** : 자극과 반응 간의 관계가 인간의 기대와 모순되지 않아야 한다.

23 다음 시스템의 신뢰도는 약 얼마인가? (단, A와 B의 신뢰도는 0.9이고, C, D, E의 신뢰도는 모두 0.8이다.)

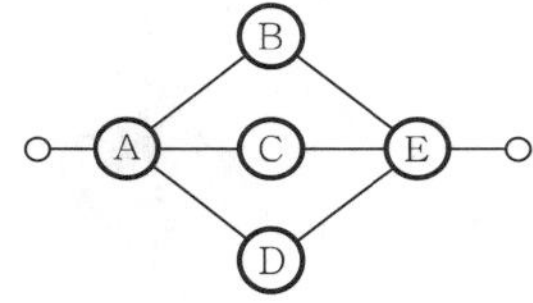

① 0.48 ② 0.60
③ 0.72 ④ 0.84

해설 $R_s = A \times [1-(1-B)(1-C)(1-D)] \times E$
$= 0.9 \times [1-(1-0.9)(1-0.8)(1-0.8)] \times 0.8$
$= 0.72$

24 다음 중 체계가 감지, 정보보관, 정보처리 및 의사결정, 행동을 포함한 모든 임무를 수행하는 체계를 무엇이라 하는가?

① 수동체계 ② 기계화체계
③ 자동체계 ④ 반자동체계

해설 **자동체계** : 감지, 정보보관, 정보처리 및 의사결정, 행동을 포함한 모든 임무를 수행하는 체계

25 다음 통제용 조종장치의 형태 중 그 성격이 다른 것은?

① 푸시버튼(Push Button)
② 토글스위치(Toggle Switch)
③ 노브(Knob)
④ 로터리 선택스위치(Rotary Select Switch)

해설 **통제용 조종장치**
(1) 양의 조절에 의한 통제 : 노브(Knob), 크랭크, 핸들 등
(2) 개폐에 의한 통제 : ①, ②, ④

26 집단으로부터 얻은 자료를 선택하여 사용할 때에 특정한 설계 문제에 따라 대상자료를 선택하는 인체계측 자료의 응용원칙 3가지와 거리가 먼 것은?

① 사용빈도에 따른 설계
② 조절범위식 설계
③ 극단치에 속한 사람을 위한 설계
④ 평균치를 기준으로 한 설계

해설 **인체계측 자료의 응용원칙 3가지** : ②, ③, ④

27 위 팔을 자연스럽게 수직으로 늘어뜨린 채, 아래 팔만으로 편하게 뻗어 파악할 수 있는 구역을 무엇이라 하는가?

① 파악한계역 ② 최소작업역
③ 정상작업역 ④ 최대작업역

해설 **정상작업역** : 위 팔을 자연스럽게 수직으로 늘어뜨린 채 아래 팔만으로 편하게 뻗어 파악할 수 있는 구역

28 다음 중 수공구의 일반적인 설계원칙과 거리가 먼 것은?

① 손목은 곧게 유지되도록 설계한다.
② 손가락 동작의 반복을 피하도록 설계한다.
③ 손잡이는 손바닥과의 접촉면적을 작게 설계한다.
④ 공구의 무게를 줄이고 사용 시 균형이 유지되도록 한다.

정답 ┃ 22. ③ 23. ③ 24. ③ 25. ③ 26. ① 27. ③ 28. ③

해설 ③ 손잡이는 손바닥과의 접촉면적을 크게 설계한다.

29 5,000개의 베어링을 품질검사하여 400개의 불량품을 처리하였으나 실제로는 1,000개의 불량 베어링이 있었다면 이러한 상황의 HEP(Human Error Probability)는?

① 0.04　② 0.08
③ 0.12　④ 0.16

해설 HEP(Human Error Probability)

$$\frac{1{,}000-400}{5{,}000}=0.12$$

30 FTA(Fault Tree Analysis)에 사용되는 논리 중에서 입력사상 중 어느 하나만이라도 발생하게 되면 출력사상이 발생하는 것은?

① AND GATE　② OR GATE
③ 기본사상　④ 통상사상

해설 OR GATE : 입력사상 중 어느 하나만이라도 발생하게 되면 출력사상이 발생한다.

31 반경 20cm의 조종구(Ball Control)를 30° 움직였을 때 2cm 이동하였다면 통제표시비는 약 얼마인가?

① 8.25　② 7.73
③ 6.27　④ 5.24

해설

$$\frac{C}{D}(\text{통제표시비})=\frac{\frac{\alpha}{360}\times 2\pi L}{\text{표시기의 이동거리}}$$

$$=\frac{\frac{30°}{360}\times 2\times\pi\times 20}{2}$$

$$=5.24$$

32 화학설비에 대한 안정성 평가단계 중 제2단계의 주요진단 항목이 아닌 것은?

① 건조물　② 공정계통도
③ 중간제품　④ 소방설비

해설 화학설비에서 안전성 평가단계 중 제2단계의 주요진단 항목

㉠ 건조물　㉡ 중간제품　㉢ 소방설비

33 어떤 음의 청취가 다른 음에 의해 방해되는 청각현상을 무엇이라 하는가?

① Debug
② Masking
③ Vigilance
④ Anthropometry

해설 Masking : 어떤 음의 청취가 다른 음에 의해 방해되는 청각현상

34 다음 중 인간실수확률에 대한 추정기법에 해당하는 것은?

① OHA　② PHA
③ HAZOP　④ THERP

해설 THERP : 인간실수확률에 대한 추정기법

35 그림과 같은 FT도에서 G_1의 발생확률은? (단, $G_2=0.1$, $G_3=0.2$, $G_4=0.3$의 발생확률을 갖는다.)

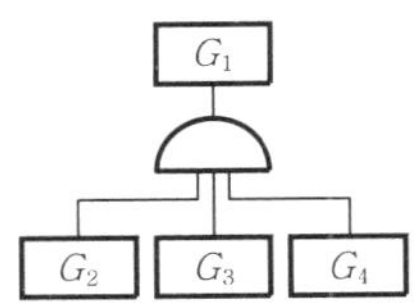

① 0.006　② 0.300
③ 0.496　④ 0.600

해설 $G_1=G_2\times G_3\times G_4$

$=0.1\times 0.2\times 0.3$

$=0.006$

36 다음 중 인간의 눈에서 빛이 가장 먼저 접촉하는 부분은?

① 각막　② 망막
③ 초자체　④ 수정체

해설 각막은 인간 눈에서 빛이 가장 먼저 접촉한다.

37 그림에서 A는 자극의 불확실성, B는 반응의 불확실성을 나타낸다. 이때 C부분이 나타내는 것은?

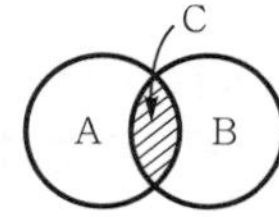

① 전달된 정보량
② 불안전한 행동의 양
③ 자극과 반응의 확실성
④ 자극과 반응의 검출성

해설 A : 자극의 불확실성
B : 반응의 불확실성
C : 전달된 정보량

38 원자력산업과 같이 이미 상당한 안전이 확보되어 있는 장소에서 관리, 설계, 생산, 보전 등 광범위하고 고도의 안전달성을 목적으로 하는 시스템 해석법은?

① ETA
② FHA
③ MORT
④ FMECA

해설 MORT : 원자력산업과 같이 이미 상당한 안전이 확보되어 있는 장소에서 관리, 설계, 생산, 보전 등 광범위하고 고도의 안전달성을 목적으로 하는 시스템의 해석법이다.

39 다음 중 점광원에 적용할 때 조도를 나타낸 식으로 옳은 것은?

① $\dfrac{광도}{거리}$　② $\dfrac{광도^2}{거리}$
③ $\dfrac{광도}{거리^2}$　④ $\left(\dfrac{광도}{거리}\right)^2$

해설 $조도 = \dfrac{광도}{거리^2}$

40 다음 중 동작경제의 원칙으로 틀린 것은?

① 동작의 범위는 최대로 할 것
② 동작은 연속된 곡선운동으로 할 것
③ 양손은 좌우 대칭적으로 움직일 것
④ 양손은 동시에 시작하고 동시에 끝내도록 할 것

해설 ① 동작의 범위는 최소로 할 것

제3과목 기계위험방지기술

41 프레스의 일반적인 방호장치가 아닌 것은?

① 광전자식 방호장치
② 포집형 방호장치
③ 게이트가드식 방호장치
④ 양수조작식 방호장치

해설 (1) 프레스의 방호장치
㉠ ①, ③, ④
㉡ 수인식 방호장치
㉢ 손쳐내기식 방호장치
(2) 포집형 방호장치
㉠ 반발예방장치
㉡ 덮개

42 4.2ton의 화물을 그림과 같이 60°의 각을 갖는 와이어로프로 매달아 올릴 때 와이어로프 A에 걸리는 장력 W_1은 약 얼마인가?

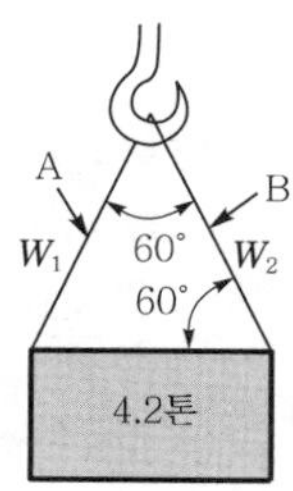

① 2.10ton　② 2.42ton
③ 4.20ton　④ 4.82ton

해설
$$W_1 = \frac{\frac{W}{2}}{\cos\frac{\theta}{2}} = \frac{\frac{4.2}{2}}{\cos\frac{60°}{2}} ≒ 2.42\text{ton}$$

 정답 | 37. ① 38. ③ 39. ③ 40. ① 41. ② 42. ②

43 다음 중 보일러 발생증기의 이상현상이 아닌 것은?

① 캐리오버(Carry Over)
② 프라이밍(Priming)
③ 포밍(Foaming)
④ 비등(Boiling)

해설 보일러 발생증기의 이상현상 : ①, ②, ③

44 와이어로프 구성 기호 '6×19'의 표기에서 '6'의 의미는?

① 소선의 직경(mm) ② 소선수
③ 스트랜드수 ④ 로프의 인장강도

해설 와이억로프의 구성 기호 '6×19'의 표기에서 '6'은 스트랜드수(자승수), '19'는 소선수의 의미를 가진다.

45 연삭숫돌작업 시 당해 기계의 이상여부를 확인하기 위하여 산업안전기준에 관한 규칙에서 규정한 시운전 시간으로 옳은 것은?

① 작업 시작하기 전 2분 이상
② 작업 시작하기 전 4분 이상
③ 연삭숫돌 교체 후 1분 이상
④ 연삭숫돌 교체 후 3분 이상

해설 연삭숫돌의 시운전 시간
작업 시작하기 전 1분 이상, 연삭숫돌 교체 후 3분 이상 하는 것이 옳다.

46 용접장치의 산업안전기준에 관한 내용으로 옳은 것은?

① 아세틸렌 발생기실 출입구의 문은 목재로 한다.
② 게이지압력이 매 제곱센티미터당 1.3킬로그램을 초과하는 압력의 아세틸렌을 발생시켜 사용한다.
③ 아세틸렌 용접장치에는 취관마다 안전기를 설치하여야 한다(단, 근접한 분기관마다 안전기를 부착했음).
④ 아세틸렌 발생기실은 건물의 최상층에 위치하게 하여야 한다.

해설 용접장치의 산업안전기준에 관한 내용으로 옳은 것은 다음과 같다.
① 아세틸렌 발생기실 출입구의 문은 불연성 재료로 한다.
② 게이지압력이 매 제곱센티미터당 1.3킬로그램을 미만으로 하는 압력의 아세틸렌을 발생시켜 사용한다.
③ 아세틸렌 용접장치에는 취관마다 안전기를 설치하지 않아도 된다(단, 근접한 분기관마다 안전기를 부착했음).
※ 단, 근접한 분기관마다 안전기를 부착하였으므로 안전기를 설치하지 않아도 된다는 내용이 옳은 것이다.

47 가스집합장치의 위험방지를 위하여 사업주는 화기를 사용하는 설비로부터 몇 m 이상 떨어진 장소에 가스집합장치를 설비하여야 하는가?

① 20 ② 10
③ 7 ④ 5

해설 화기를 사용하는 설비로부터 5m 이상 떨어진 장소에 가스집합장치를 설치해야 된다.

48 연삭기에서 숫돌의 회전속도가 너무 빠르면 위험하다. 숫돌의 원주속도를 옳게 표시한 것은?

① 원주속도 $=\pi\times$숫돌반지름$\times$숫돌의 매분 회전수
② 원주속도 $=\frac{1}{2}\pi\times$숫돌반지름$\times$숫돌의 매분 회전수
③ 원주속도 $=\pi\times$숫돌지름$\times$숫돌의 매분 회전수
④ 원주속도 $=\frac{1}{2}\pi\times$숫돌의 매분 회전수

해설 $V=\pi DN$(mm/min)

$V=\frac{\pi DN}{1,000}$(m/min)

여기서, V : 원주속도
D : 숫돌지름
N : 숫돌의 매분 회전수

49 작업장에 대한 안전조치사항 중 틀린 것은?

① 상시 통행을 하는 통로에는 75럭스 이상의 채광 또는 조명시설을 하여야 한다.
② 규정된 위험물질을 취급하는 작업장에 설치하여야 하는 비상구는 너비 0.75미터 이상, 높이 1.5미터 이상이어야 한다.
③ 높이가 3미터를 초과하는 계단에는 높이 3미터 이내마다 너비 1미터 이상의 계단참을 설치하여야 한다.
④ 상시 50인 이상의 근로자가 작업하는 옥내작업장에는 비상시 근로자에게 신속하게 알리기 위한 경보용설비를 설치하여야 한다.

해설 ③ 높이가 3m를 초과하는 계단에는 높이 3m 이내마다 너비 1.2m 이상의 계단참을 설치하여야 한다.

50 정(Chisel)작업의 일반적인 안전수칙으로 잘못된 것은?

① 보안경을 착용하여야 한다.
② 절단작업 시 철편이 날아 튀는 것을 조심하여야 한다.
③ 작업을 시작할 때는 가급적 정을 세게 타격하고 점차 힘을 줄여간다.
④ 절단이 끝날 무렵에는 정을 세게 타격 해서는 안 된다.

해설 ③ 작업을 시작할 때는 가급적 정을 약하게 타격하고 점차 힘을 높여간다.

51 연삭숫돌이 변형되어 연삭 시 진동이 생길 경우 발생되는 현상 중 가장 관계가 깊은 것은?

① 글레이징(Glazing) 현상이 생긴다.
② 숫돌이 경우에 따라 파손될 수 있다.
③ 로딩(Loading) 현상이 생긴다.
④ 숫돌입자의 탈락이 잘 안 된다.

해설 연삭숫돌이 변형되어 진동이 생길 경우 숫돌이 파손될 수 있다.

52 산압안전기준에 따르면 가스집합용접장치의 배관 시에 있어서 하나의 취관에 대하여 설치해야 할 안전기는 최소 몇 개 이상인가?

① 1개　② 2개
③ 3개　④ 5개

해설 가스집합용접장치에는 주관 및 분기관에 안전기를 설치하는데, 이 경우 하나의 취관에 대하여 설치할 안전기는 최소 2개 이상 되도록 설치해야 된다.

53 크레인 와이어로프의 절단하중이 4ton일 때, 이 로프에 사용할 수 있는 최대사용하중은 몇 kgf인가? (단, 안전계수는 5이다.)

① 400　② 500
③ 600　④ 800

해설

$$\text{안전계수} = \frac{\text{절단하중}}{\text{최대사용하중}} \text{이므로}$$

$$\text{최대사용하중} = \frac{\text{절단하중}}{\text{안전계수}} \text{이다.}$$

$$\therefore \frac{4{,}000}{5} = 800\,\text{kgf}$$

54 롤러방호장치의 무부하 동작시험 시 앞면 롤러의 지름이 150mm이고, 회전수가 30rpm인 롤러기를 사용하고 있다. 이 롤러기의 급정지 거리는 몇 mm 이내여야 하는가?

① 157　② 207
③ 257　④ 307

해설

㉠ $V = \frac{\pi DN}{1{,}000}$

여기서, V : 표면속도(m/min)
D : 롤러의 지름(mm)
N : 회전수(rpm)

$$V = \frac{3.14 \times 150 \times 30}{1{,}000} = 14.13\,\text{m/min}$$

㉡ 급정지 거리는 표면속도가 30m/min 미만일 때는 앞면 롤러 원주의 $\frac{1}{3}$ 이다.

$$\therefore \pi D \times \frac{1}{3} = 3.14 \times 150 \times \frac{1}{3} = 157\,\text{mm}$$

정답 | 49. ③　50. ③　51. ②　52. ②　53. ④　54. ①

55 다음 가스용접작업의 안전수칙 중 잘못된 것은?

① 용접하기 전에 소화기, 소화수의 위치를 확인할 것
② 보호안경을 반드시 쓸 것
③ 아세틸렌의 사용압력을 1.3kgf/cm² 이하로 할 것
④ 작업 후에는 아세틸렌밸브를 먼저 닫고, 산소밸브를 닫을 것

해설 ④ 작업 후에는 산소밸브를 먼저 닫고, 아세틸렌밸브를 닫을 것

56 다음 중 산업용 로봇에의 교시작업을 개시하기 전에 점검하여야 할 사항으로 거리가 먼 것은?

① 비상정지장치의 기능상태
② 외부 전선의 피복 손상 유무
③ 매니퓰레이터 작동의 이상 유무
④ 비정상적인 소음 및 진동의 유무

해설 ④는 산업용 로봇의 작업개시 전 점검사항에 해당된다.

57 탁상용 연삭기에 사용하는 것으로 공작물을 연삭할 때 가공물 지지점이 되도록 받쳐주는 것은?

① 주판 ② 측판
③ 심압대 ④ 워크레스트

해설 공작물을 연삭할 때 가공물 지지점이 되도록 받쳐주는 것을 워크레스트(작업받침대)라고 하며, 워크레스트와 숫돌과의 간격은 3mm 이내로 설치하는 것이 좋다.

58 산업안전기준에 관한 규칙에 따라 회전축, 기어, 풀리, 플라이휠 등에 부속하는 키, 핀 등의 고정구는 어떤 형으로 설치하여야 하는가?

① 묻힘형 고정구 ② 돌출형 고정구
③ 개방형 고정구 ④ 폐쇄형 고정구

해설 키, 핀 등은 돌출부위로서 고정구는 묻힘형 고정구로 해야만 안전하다.

59 둥근톱기계에서 분할날의 설치에 관한 사항이다. 옳지 않은 것은?

① 분할날 조임볼트는 이완방지 조치가 되어야 한다.
② 분할날과 톱날 원주면과의 거리는 12mm 이내로 조정, 유지해야 한다.
③ 둥근톱의 두께가 1.20mm라면 분할날의 두께는 1.32mm 이상이어야 한다.
④ 분할날은 표준 테이블면(승강반에 있어서도 테이블을 최하로 내릴 때의 면)상의 톱의 후면날의 1/3 이상을 덮도록 하여야 한다.

해설 ④ 분할날은 표준 테이블면상의 톱의 후면날의 2/3 이상을 덮도록 하여야 한다.

60 동력 프레스기의 no-hand in die 방식의 방호대책이 아닌 것은?

① 방호 울이 부착된 프레스
② 가드식 방호장치 도입
③ 전용 프레스의 도입
④ 안전금형을 부착한 프레스

해설 no-hand in die 방식의 방호대책
㉠ ①, ③, ④
㉡ 자동 프레스의 도입
※ 가드식 방호장치의 도입은 hand in die 방식에 해당된다.

제4과목 전기위험방지기술

61 다음 중 산업안전보건법상 폭발성 물질에 해당하는 것은?

① 유기과산화물 ② 칼슘
③ 황 ④ 알킬알루미늄

정답 | 55. ④ 56. ④ 57. ④ 58. ① 59. ④ 60. ② 61. ①

해설 ① 유기과산화물 : 폭발성(자기반응성) 물질
② 칼슘 : 자연발화성 및 금수성 물질
③ 황 : 가연성 물체
④ 알킬알루미늄 : 자연발화성 및 금수성 물질

62 혼합가스의 조성이 다음 [표]와 같을 때 공기 중 폭발하한계는 약 몇 vol%인가?

가 스	조 성	폭발하한계 (vol%)	폭발상한계 (vol%)
프로판	50%	2.2	9.5
이황화탄소	30%	1.2	44
일산화탄소	20%	12.5	74

① 1.20　② 2.03
③ 3.67　④ 5.30

해설
$$\frac{100}{L}=\frac{V_1}{L_1}+\frac{V_2}{L_2}+\frac{V_3}{L_3}$$
$$\therefore\ L=\frac{100}{\frac{50}{2.2}+\frac{30}{1.2}+\frac{20}{12.5}}$$
$$=\frac{100}{49.33}=2.027 \fallingdotseq 2.03\text{vol\%}$$

63 분진폭발에 대한 설명으로 틀린 것은?

① 일반적으로 입자의 크기가 클수록 위험이 더 크다.
② 산소의 농도가 증가될 경우 폭발위험은 증가된다.
③ 주위 공기의 난류확산은 위험을 증가시킨다.
④ 가스폭발에 비하여 불완전연소를 일으키기 쉽다.

해설 ① 일반적으로 입자의 크기가 작을수록 위험이 더 크다.

64 저항값이 0.1Ω인 도체에 10A의 전류가 1분간 흘렀을 경우 발생하는 열량은 몇 cal인가?

① 124　② 144
③ 166　④ 250

해설
$$W=0.24I^2RT$$
$$=0.24\times10^2\times0.1\times60=144\text{cal}$$

65 다음 중 자연발화에 대한 설명으로 가장 적절한 것은?

① 점화원을 잘 관리하면 자연발화를 방지할 수 있다.
② 자연발화는 외부로 방열하는 열보다 내부에서 발생하는 열의 양이 많은 경우에 발생한다.
③ 습도를 높게 하면 자연발화를 방지할 수 있다.
④ 윤활유를 닦은 걸레의 보관용기로는 금속제보다는 플라스틱 제품이 더 좋다.

해설 자연발화는 외부로 방열하는 열보다 내부에서 발생하는 열의 양이 많은 경우에 발생이 된다.

66 위험물, 폭발물 등의 저장장소에 설치하는 피뢰침의 보호각은 얼마 이하로 하는가?

① 60도
② 45도
③ 30도
④ 20도

해설 피뢰침의 보호각은 위험물, 폭발물 등의 저장장소에 설치할 때는 45° 이하, 일반건축물에 설치할 때는 60° 이하로 한다.

67 접지공사 시 접지공사의 종류와 접지선의 굵기가 서로 잘못 연결된 것은?

① 제1종－지름 2.6mm 이상의 연동선
② 제2종－지름 4mm 이상의 연동선
③ 제3종－지름 1.6mm 이상의 연동선
④ 특별 제3종－지름 2.6mm 이상의 연동선

해설 ④ 특별 제3종 접지공사의 접지선 굵기는 지름 1.6mm 이상의 연동선이 옳다.

정답 | 62. ② 63. ① 64. ② 65. ② 66. ② 67. ④

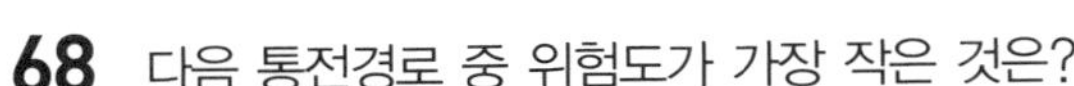

68 다음 통전경로 중 위험도가 가장 작은 것은?

① 왼손－가슴
② 오른손－가슴
③ 왼손－오른손
④ 왼손－한발 또는 양발

해설 통전경로별 위험도(심장전류계수)

통전경로	위험도
왼손－가슴	1.5
오른손－가슴	1.3
왼손－한발 또는 양발	1.0
양손－양발	1.0
오른손－한발 또는 양발	0.8
왼손－등	0.7
한손 또는 양손－앉아 있는 자리	0.7
왼손－오른손	0.4
오른손－등	0.3

69 다음 중 정전기 방전현상에 해당되지 않는 것은?

① 연면방전 ② 불꽃방전
③ 뇌상방전 ④ 마찰방전

해설 ④ 마찰대전현상은 정전기 발생현상에 해당된다.

70 폭발범위가 1.8~8.5vol%인 가스의 위험도는 얼마인가?

① 0.8 ② 3.7
③ 5.7 ④ 6.7

해설 가스의 위험도$(H)=\dfrac{U-L}{L}=\dfrac{8.5-1.8}{1.8}=3.7$

71 다음 중 방폭구조의 명칭과 표기 기호가 잘못 연결된 것은?

① 안전증방폭구조－e
② 본질안전방폭구조－ia
③ 유입(油入)방폭구조－o
④ 내압(耐壓)방폭구조－p

해설 방폭구조의 종류와 기호

방폭구조의 종류	기 호
본질안전방폭구조	id
내압방폭구조	d
압력방폭구조	p
충전방폭구조	k
유입방폭구조	o
안전증방폭구조	e
본질안전방폭구조	ia, ib
몰드방폭구조	m
비점화방폭구조	n

72 정전기에 의한 재해방지 대책으로 틀린 것은?

① 대전방지제 등을 사용한다.
② 공기 중의 습기를 제거한다.
③ 금속 등의 도체를 접지시킨다.
④ 배관 내 액체가 흐를 경우 유속을 제한한다.

해설 정전기에 의한 재해방지 대책
㉠ ①, ③, ④
㉡ 공기 중의 습기를 증가시킨다.
㉢ 보호구를 착용한다.

73 다음 [표]는 공기 중 표준상태에서 가연성 물질의 연소한계를 나타낸 것이다. 위험도가 가장 높은 것은?

물 질	상한계(vol%)	하한계(vol%)
프로판	9.5	2.1
메탄	15.0	5.0
헥산	7.4	1.2
톨루엔	5.7	1.4

① 프로판 ② 메탄
③ 헥산 ④ 톨루엔

해설 ① 프로판 : $\dfrac{9.5-2.1}{2.1}=3.52$

② 메탄 : $\dfrac{15.0-5.0}{5.0}=2$

③ 헥산 : $\dfrac{7.4-1.2}{1.2}=5.17$

④ 톨루엔 : $\dfrac{6.7-1.4}{1.4}=3.79$

정답 68. ③ 69. ④ 70. ② 71. ④ 72. ② 73. ③

74 다음 중 가연성 가스의 폭발한계에 대한 설명으로 옳은 것은?

① 불활성 가스를 첨가하면 폭발범위는 좁아진다.
② 일반적으로 압력이 증가되면 폭발범위는 좁아진다.
③ 일반적으로 온도가 상승되면 폭발범위는 좁아진다.
④ 공기 중에서보다 산소 중에서 폭발범위는 좁아진다.

해설 가연성 가스의 폭발한계에서 불활성 가스를 첨가하면 폭발범위는 좁아진다.

75 가연성 가스가 발생할 우려가 있는 지하작업장에서의 작업 시 폭발 또는 화재를 방지하기 위하여 가스의 농도가 폭발하한계값의 몇 % 이상으로 밝혀진 경우 즉시 근로자를 안전한 장소에 대피시켜야 하는가?

① 15　　② 25
③ 33　　④ 40

해설 가스의 농도가 폭발하한계값의 25% 이상으로 밝혀진 경우 즉시 근로자를 안전한 장소에 대피시킨다.

76 다음 중 특별 제3종 접지공사의 접지저항으로 옳은 것은?

① 5Ω 이하　　② 10Ω 이하
③ 50Ω 이하　　④ 100Ω 이하

해설 옥내 또는 지상에서 사용하는 400V를 넘는 저압기기의 외함에는 특별 제3종 접지공사를 행하는데 접지저항은 10Ω 이하, 접지선의 굵기는 지름 1.6mm 이상으로 하는 것이 좋다.

77 다음 중 폭발위험장소를 분류할 때 가스폭발 위험장소의 종류에 해당하지 않는 것은?

① 0종 장소　　② 1종 장소
④ 2종 장소　　④ 3종 장소

해설 가스폭발 위험장소는 0종, 1종, 2종, 준위험, 비위험 장소로 분류한다.

78 SO_2 20ppm은 약 몇 g/m³인가? (단, SO_2의 분자량은 64이고, 온도는 21℃, 압력은 1기압으로 한다.)

① 0.571　　② 0.531
③ 0.0571　　④ 0.0531

해설
$$(\text{g/m}^3) = \text{ppm} \times 10^{-3} \times \frac{M(\text{분자량})}{22.4(0℃,\ 1\text{atm})}$$
$$= 20 \times 10^{-3} \times \frac{64}{22.4 \times \frac{(273+21)\text{K}}{273\text{K}}}$$
$$= 20 \times 10^{-3} \times 2.653 = 0.05306\text{g/m}^3$$

79 다음 중 반응기를 구조형식에 의하여 분류할 때 이에 해당하지 않는 것은?

① 탑형
② 회분식
③ 교반조형
④ 유동층형

해설 **반응기의 구조형식의 분류** : ①, ③, ④

80 다음 중 CO_2 소화기의 주된 소화효과는?

① 희석소화　　② 제거소화
③ 억제소화　　④ 질식소화

해설 CO_2 소화기의 주된 소화효과는 질식소화이다.

제5과목 화학설비위험방지기술

81 건물 외부에 설치하는 안전방망의 수평면과의 설치 각도로 옳은 것은?

① 20~30°　　② 40~50°
③ 60~70°　　④ 80° 이상

해설 안전방망의 수평면과의 설치 각도는 20° 이상, 돌출 수평길이는 2m 이상, 그물코 규격은 10cm×10cm 이하로 하는 것이 옳다.

정답 | 74. ① 75. ② 76. ② 77. ④ 78. ④ 79. ② 80. ④ 81. ①

82 고소작업을 할 때 재료나 공구 등의 낙하로 인한 피해를 방지하기 위해 설치하는 설비에 해당하지 않는 것은?

① 낙하물방지망
② 수직보호망
③ 안전난간
④ 방호선반

해설 안전난간은 추락으로 인한 피해를 방지하기 위해 설치하는 설비이다.

83 현장에서 강관을 사용하여 비계를 구성하는 때에 비계기둥 간의 적재하중은 얼마를 초과해서는 안 되는가?

① 200kg ② 300kg
③ 400kg ④ 500kg

해설 비계기둥 간의 적재하중은 400kg을 초과해서는 안 된다.

84 유해 · 위험방지계획서의 제출 시 첨부서류의 항목이 아닌 것은?

① 공사개요
② 안전보건관리계획
③ 작업환경 조성계획
④ 보호장비 폐기계획

해설 **유해 · 위험방지계획서의 제출 시 첨부서류**
㉠ ①, ②, ③
㉡ 작업공종별 유해 · 위험 방지계획

85 화물을 차량계 하역운반 기계 · 기구에 싣고 내리는 작업 시 작업지휘자를 지정하여야 하는 것은 단위화물 중량이 얼마 이상일 때를 기준으로 하는가?

① 100kg
② 200kg
③ 300kg
④ 400kg

해설 작업지휘자를 지정하여야 하는 것은 단위화물 중량이 100kg 이상일 때이다.

86 가설통로의 구조로서 적당하지 않은 것은?

① 일반적으로 경사는 30° 이하로 할 것
② 높이가 2m 미만인 경우 튼튼한 손잡이를 설치할 때 경사는 30°를 초과할 수 있다.
③ 경사가 15°를 초과하는 때에는 미끄러지지 아니 하는 구조로 할 것
④ 높이 10m 이상인 비계다리에는 8m 이내마다 계단참을 설치할 것

해설 ④ 높이 8m 이상인 비계다리에는 7m 이내마다 계단참을 설치할 것

87 지반의 굴착작업에 있어 지반의 붕괴 또는 매설물 등의 손괴 등에 의하여 근로자에게 위험이 미칠 우려가 있을 때 미리 작업장소 및 주변에 대하여 조사하여 굴착시기와 작업 순서를 정하여야 한다. 이때의 조사사항과 거리가 먼 것은?

① 형상, 지질 및 지층의 상태
② 균열, 함수, 용수의 유무 및 동결의 유무 또는 상태
③ 매설물 등의 유무 또는 상태
④ 흙막이 지보공의 상태

해설 **굴착작업 시 조사사항**
㉠ ①, ②, ③
㉡ 지면의 지하수위 상태

88 사질토지반 굴착 시 모래의 보일링현상에 의한 흙막이공의 붕괴를 예방하기 위한 대책으로 틀린 것은?

① 흙막이벽의 근입장 증가
② 주변의 지하수위 저하
③ 투수거리를 길게 하기 위한 지수벽 설치
④ 굴착주변의 상재하중 증가

해설 **보일링현상 예방대책**
㉠ ①, ②, ③
㉡ 굴착토를 즉시 원상 매립

정답 | 82. ③ 83. ③ 84. ④ 85. ① 86. ④ 87. ④ 88. ④

89 건설공사에서 발코니 단부, 엘리베이터 입구, 재료 반입구 등과 같이 벽면 혹은 바닥에 추락의 위험이 우려되는 장소를 가리키는 용어는?

① 비계 ② 개구부
③ 가설구조물 ④ 연결통로

해설 발코니 단부, 엘리베이터 입구, 재료 반입구 등에서 추락의 위험이 우려되는 장소는 개구부이다.

90 교류 아크용접기에 부착해야 할 방호장치는?

① 권과방지장치
② 과부하방지장치
③ 자동전격방지장치
④ 양수조작식 방호장치

해설 권과방지장치, 과부하방지장치는 크레인에 부착하고, 양수조직식 방호장치는 프레스에 부착하는 방호장치이다.

91 통나무비계는 지상높이 4층 이하 또는 몇 m 이하인 건축물, 공작물 등의 해체 및 조립 작업에서만 사용하여야 하는가?

① 5m ② 12m
③ 15m ④ 20m

해설 통나무비계는 4층 이하 또는 12m 이하인 건축물·공작물 등의 해체 및 조립 작업에 사용한다.

92 그림과 같이 무게 500kg의 화물을 인양하려고 한다. 이 와이어로프 1가닥에 작용되는 장력(T)은 약 얼마인가?

① 500kg
② 357kg
③ 289kg
④ 144kg

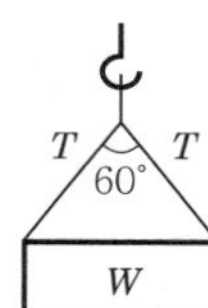

해설

$$T=\frac{\frac{W}{2}}{\frac{\cos\theta}{2}}=\frac{\frac{500}{2}}{\frac{\cos 60°}{2}}\fallingdotseq 289\text{kg}$$

93 개착식 골착공사의 흙막이 공법 중 버팀보 공법을 적용하여 굴착할 때 지반붕괴를 방지하기 위하여 사용하는 계측장치로 거리가 먼 것은?

① 지하수위계 ② 경사계
③ 록볼트 응력계 ④ 변형률계

해설 버팀보 공법을 적용하여 굴착할 때 지반붕괴를 방지하기 위해 사용하는 계측장치는 지하수위계(Piezometer), 경사계(Imclinometer), 변형률계(Strain Gauge), 하중계(Load Cell)가 있다.

94 압밀에 대한 설명으로 옳지 않은 것은?

① 압밀이란 흙의 간극 속에서 물이 배수됨으로써 오랜시간에 걸쳐 압축되는 현상을 말한다.
② 압밀시험의 목적은 지반의 침하속도와 침하량을 추정해서 설계 시공의 자료를 얻는 데 있다.
③ 일반적으로 점토는 투수계수가 작아 압밀이 장시간에 걸쳐 일어나나 간극비가 작아 침하량은 작다.
④ 압밀이 완료되면 과잉간극수압(U_e)은 0이 된다.

해설 **압밀에 대한 사항**
㉠ ①, ②, ④
㉡ 일반적으로 점토는 투수계수가 작아 압밀이 장시간에 걸쳐 일어나나 간극비가 작아 침하량은 크다
㉢ 압밀시간은 배수거리의 제곱에 비례한다.
㉣ 압밀침하량은 압밀하중의 크기에 따라 증가한다.

95 자재 등의 물체 투하에 투하설비를 설치하거나 감시인을 배치하는 등의 조치를 취하여야 하는 최소높이는 얼마 이상부터인가?

① 2m ② 3m
③ 4m ④ 5m

해설 투하설비를 설치하거나 감시인을 배치하는 등의 조치를 취하여야 하는 최소높이는 3m 이상이다.

정답 ‖ 89. ② 90. ③ 91. ② 92. ③ 93. ③ 94. ③ 95. ②

96 건설현장에서 거푸집동바리를 조립할 때 준수사항으로 틀린 것은?

① 동바리의 이음은 맞댄이음 또는 장부이음으로 할 것
② 깔목의 사용, 콘크리트 타설, 말뚝박기 등 동바리의 침하방지 조치를 할 것
③ 동바리로 사용하는 강관(파이프서포트 제외)은 높이 3미터 이내마다 수평연결재를 3개 방향으로 설치할 것
④ 강재와 강재와의 접속부 및 교차부는 클램프 등 전용철물을 사용하여 연결할 것

해설 ③ 동바리로 사용하는 강관은 높이 2m 이내마다 수평연결재를 2개 방향으로 설치할 것

97 달비계에 설치되는 작업발판의 폭에 대한 기준으로 옳은 것은?

① 20cm 이상 ② 40cm 이상
③ 60cm 이상 ④ 80cm 이상

해설 ㉠ 달비계에 설치되는 작업발판의 폭은 40cm 이상으로 하고, 발판재료 간의 틈은 3cm 이하로 한다.
㉡ 비계재료의 연결, 해체작업을 하는 때에는 폭 20cm 이상의 발판을 설치해야 한다.

98 높이 2m 이상의 작업발판의 끝이나 개구부 등에서 추락을 방지하기 위한 설비로 가장 거리가 먼 것은?

① 안전난간 ② 덮개
③ 방호선반 ④ 울타리

해설 방호선반은 낙하물 방지망, 수직보호망과 더불어 낙하비래를 방지하기 위한 설비에 해당된다.

99 거푸집동바리의 조립 또는 해체작업 시 준수사항으로 틀린 것은?

① 보, 슬래브 등의 거푸집 동바리 등을 해체할 때에는 낙하, 충격에 의한 돌발재해를 방지하기 위하여 버팀목을 설치하는 등의 조치를 할 것
② 공구 등을 올리거나 내릴 때에는 달줄, 달포대 등을 사용할 것
③ 비·눈 그 밖의 기상상태의 불안정으로 날씨가 몹시 나쁠 때 작업을 중지시킬 것
④ 크레인 등 양중기로 철근을 운반할 경우에는 중앙의 1개소 이상을 묶어 수평으로 운반할 것

해설 ④ 크레인 등 양중기로 철근을 운반할 경우에는 중앙의 2개소 이상을 묶어 수평으로 운반할 것

100 지면을 절삭하여 평활하게 다듬는 장비로서 노면의 성형과 정지작업에 가장 적당한 장비는?

① 모터그레이더
② 백호
③ 트랜처
④ 클램셸

해설 모터그레이더는 토공기계의 대패라고 하며, 지면을 절삭하여 평활하게 다듬는 장비이다.

정답 | 96. ③ 97. ② 98. ③ 99. ④ 100. ①

2022년 제2회 CBT 복원문제

제1과목 산업안전관리론

01 사고예방 대책 제5단계의 '시정책의 적용'에서 3E와 관계가 없는 것은?

① 교육(Education)
② 기술(Engineering)
③ 재정(Economics)
④ 관리(Enforcement)

해설 3E
㉠ 교육(Education)
㉡ 기술(Engineering)
㉢ 관리(Enforcement)

02 다음 중 안전모의 성능시험 항목이 아닌 것은?

① 내관통성
② 충격흡수성
③ 내구성
④ 난연성

해설 안전모의 성능시험 항목
㉠ ①, ②, ④
㉡ 내수성
㉢ 내전압성

03 다음 중 100~1,000명 미만의 중규모 사업장에 가장 적합한 안전조직은?

① 참모식 조직
② 라인식 조직
③ 위원회 조직
④ 라인 및 참모 혼합식 조직

해설 참모식 조직은 100~1,000명 미만의 중규모 사업장에 가장 적합한 안전조직이다.

04 산업안전보건법에 규정된 안전 · 보건표지에 관한 설명으로 옳은 것은?

① 안내표지는 청색의 원형 바탕에 백색으로 표시되어 있으며 9종류가 있다.
② "인화성 물질의 경고" 표지는 검정 삼각형 모양의 노랑의 바탕색을 사용한다.
③ 안전 · 보건표지에 사용되는 흰색은 파랑 또는 녹색에 대한 보조색이다.
④ 안전 · 보건표지에 사용되는 기본모형의 색채 중 빨강은 경고표지에 사용할 수 없다.

해설 ① 안내표지는 녹색으로 색채가 되어 있다.
② 인화성 물질의 경고표지는 노랑으로 색채가 되어 있다.
④ 금지 또는 경고표지는 빨강으로 색채가 되어 있다.

05 연평균 1,000명의 근로자가 작업하는 사업장에서 1일 8시간 동안 연간 300일을 근무하는 동안 24건의 재해가 발생하였다. 만약, 이 사업장에서 한 작업자가 평생 동안 근무한다면 약 몇 건의 재해를 당하겠는가? (단, 1인당 평생근로시간은 100,000시간으로 한다.)

① 1건 ② 3건
③ 7건 ④ 10건

해설 ㉠ 도수율 $= \dfrac{\text{연간재해건수}}{\text{연근로 총 시간수}} \times 1{,}000{,}000$

$= \dfrac{24}{1{,}000 \times 8 \times 300} \times 1{,}000{,}000$

$= 10$

㉡ 환산도수율 = 도수율 ÷ 10 = 10 ÷ 10 = 1건

정답 ▌01. ③ 02. ③ 03. ① 04. ③ 05. ①

06 재해예방의 4원칙에 해당하지 않는 것은?

① 예방가능의 원칙
② 대책선정의 원칙
③ 손실우연의 원칙
④ 통계확률의 원칙

해설 **재해예방의 4원칙**
㉠ ①, ②, ③
㉡ 원인연계의 원칙

07 다음 중 위험예지훈련 기초 4라운드(4R)에 대한 내용으로 틀린 것은?

① 1라운드 : 본질추구
② 2라운드 : 본질추구
③ 3라운드 : 대책수립
④ 4라운드 : 목표설정

해설 ① 1라운드 : 현상파악

08 안전교육방법 중 사례연구법의 장점으로 볼 수 없는 것은?

① 흥미가 있고, 학습동기를 유발할 수 있다.
② 현실적인 문제의 학습이 가능하다.
③ 관찰력과 분석력을 높일 수 있다.
④ 원칙과 규정의 체계적 습득이 용이하다.

해설 **사례연구법의 장점** : ①, ②, ③

09 안전관리자의 안전교육의 효과를 높이기 위해서 안전퀴즈 대회를 열어 우승자에게 상을 주었다면, 이는 어떤 학습원리를 학습자에게 적용한 것인가?

① Thorndike의 연습의 법칙
② Thorndike의 준비성의 법칙
③ Pavlov의 강도의 원리
④ Skinner의 강화의 원리

해설 **Skinner의 강화의 원리** : 안전관리자가 안전교육의 효과를 높이기 위해서 안전퀴즈 대회를 열어 우승자에게 상을 주었다.

10 다음 피로의 요인 중 외부인자에 속하지 않는 것은?

① 작업조건 ② 환경조건
③ 생활조건 ④ 경험조건

해설 ㉠ 외부인자 : ①, ②, ③
㉡ 내부인자 : ④

11 부주의 발생현상 중 주의의 일점 집중현상과 가장 관련이 깊은 것은?

① 의식의 과잉
② 의식의 우회
③ 의식의 단절
④ 의식수준의 저하

해설 의식의 과잉은 주의의 일점 집중현상과 가장 관계가 깊다.

12 B 사업장의 도수율이 10이고, 강도율이 1.7이라고 하면, 이 사업장의 종합재해지수(FSI)는 약 얼마인가?

① 2.74 ② 3.74
③ 3.87 ④ 4.12

해설 종합재해지수(FSI) $= \sqrt{\text{빈도율} \times \text{강도율}}$
$= \sqrt{10 \times 1.7}$
$= 4.12$

13 매슬로우(Maslow)의 욕구 5단계 중 전쟁, 재해, 질병 등으로부터 초래되는 위협이나 위험으로부터 자유로워 지려는 욕구에 해당하는 것은?

① 자아실현의 욕구 ② 사회적 욕구
③ 생리적 욕구 ④ 안전욕구

해설 **매슬로우(Maslow)의 욕구 5단계**
㉠ 제1단계 : 생리적 욕구
㉡ 제2단계 : 안전의 욕구
㉢ 제3단계 : 사회적 욕구
㉣ 제4단계 : 존경욕구
㉤ 제5단계 : 자아실현의 욕구

정답 | 06. ④ 07. ① 08. ④ 09. ④ 10. ④ 11. ① 12. ④ 13. ④

14 다음 중 맥그리거(McGregor)의 X 이론에 따른 관리처방으로 볼 수 없는 것은?

① 목표에 의한 관리
② 권위주의적 리더십 확립
③ 경제적 보상체제의 강화
④ 면밀한 감독과 엄격한 통제

해설 맥그리거의 X 이론과 Y 이론의 비교

X 이론	Y 이론
인간 불신감(성악설)	상호 신뢰감(성선설)
저차(물질적)의 욕구 (경제적 보상체제의 강화)	고차(정신적)의 욕구만족에 의한 동기부여
명령통제에 의한 관리 (규제관리)	목표통합과 자기통제에 의한 관리
저개발국형	선진국형

15 다음 중 산업안전보건법상 특별안전보건교육 대상작업이 아닌 것은?

① 주물 및 단조 작업
② 전압기 50V의 정전 및 활선 작업
③ 화학설비 중 반응기, 교반기, 추출기의 사용 및 세척 작업
④ 액화석유가스, 수소가스 등 가연성, 폭발성 가스의 발생장치 취급 작업

해설 ② 전압기 75V 이상의 정전 및 활선 작업

16 연평균 근로자수가 200명인 A 사업장에 지난 1년간 9명의 사상자가 발생하였다. 이 사업장의 연천인율은 얼마인가?

① 40 ② 45
③ 50 ④ 55

해설

$$연천인율 = \frac{연간\ 재해자수}{연평균\ 근로자수} \times 10^3$$
$$= \frac{9}{200} \times 10^3 = 45$$

17 다음 중 물체의 낙하 및 비래에 의한 위험을 방지 또는 경감하고, 머리부위 감전에 의한 위험을 방지하기 위한 경우 가장 적절한 안전모의 종류는?

① A ② AB
③ AE ④ BE

해설 안전모의 종류 및 사용 구분

종류 기호	사용 구분
AB	물체 낙하, 비래, 추락에 의한 위험을 방지, 경감시키는 것
AE	물체 낙하, 비래에 의한 위험을 방지 또는 경감하고 머리부위 감전에 의한 위험을 방지하기 위한 것
ABE	물체의 낙하 비래 및 추락에 의한 위험을 방지하기 위한 것 및 감전 방지용

18 다음 중 산업안전보건위원회의 구성원으로 잘못된 것은?

① 해당 사업의 대표자
② 근로자대표가 지명하는 1인 이상의 명예산업안전감독관
③ 근로자대표가 지명하는 10인 이내의 해당 사업장의 근로자
④ 해당 사업의 대표자가 지명하는 9인 이내의 해당 사업장 부서의 장

해설 산업안전보건위원회의 구성원

(1) 근로자위원
㉠ 근로자대표
㉡ 근로자대표가 지명하는 1인 이상의 명예산업안전감독관
㉢ 근로자대표가 지명하는 9인 이내의 해당 사업장의 근로자

(2) 사용자위원
㉠ 해당 사업의 대표자
㉡ 안전관리자 1인
㉢ 보건관리자 1인
㉣ 산업보건의
㉤ 해당 사업의 대표자가 지명하는 9인 이내의 해당 사업장 부서의 장

19 다음 중 토의법의 장점으로 볼 수 없는 것은?

① 사고표현력을 길러준다.
② 결정된 사항에 따르도록 한다.
③ 내용에 대한 사전지식이 필요없다.
④ 자기 스스로 사고하는 능력을 길러준다.

해설 ③ 내용에 따른 사전지식이 필요하다.

정답 | 14. ① 15. ② 16. ② 17. ③ 18. ③ 19. ③

20 다음 중 피로 측정에 관한 감각기능 검사의 측정대상 항목과 가장 거리가 먼 것은?

① 뇌파
② 플리커
③ 안구운동
④ 체온 · 피부온도

해설 감각기능 검사의 측정대상 항목
①, ②, ③

제2과목 인간공학 및 시스템안전공학

21 다음 중 시스템 안전해석에 대한 설명으로 옳은 것은?

① 해석의 수리적 방법에 따라 귀납적, 연역적 방법이 있다.
② 해석의 논리적 견지에 따라 정성적, 연역적 방법이 있다.
③ FTA는 연역적, 정량적 분석이 가능한 방법이다.
④ FMEA를 인간과오율 추정법이라 한다.

해설 FTA : 결함수 분석법이라 하며 연역적, 정량적 분석법이다.

22 다음 인간공학의 중요한 연구과제의 계면(Interface) 설계에 있어서 다음 중 계면에 해당되지 않는 것은?

① 작업공간 ② 표시장치
③ 조종장치 ④ 조명시설

해설 계면(Interface)의 종류 : ①, ②, ③

23 다음 중 통제표시비의 설계 시 고려하여야 할 사항으로 볼 수 없는 것은?

① 계기의 크기
② 작업자의 시력
③ 조작시간
④ 방향성

해설 통제표시비의 설계 시 고려사항
㉠ ①, ③, ④
㉡ 공차
㉢ 목측거리

24 평균고장시간(MTTF)이 4×10^8시간인 요소 2개가 병렬체계로 이루었을 때 이 체계의 수명은 얼마인가?

① 2×10^8시간 ② 4×10^8시간
③ 6×10^8시간 ④ 8×10^8시간

해설 병렬체계의 수명 $=4\times10^8\times\left(1+\frac{1}{2}\right)$
$=6\times10^8$시간

25 다음 중 작업방법의 개선원칙(ECRS)에 해당되지 않는 것은?

① 결합(Combine)
② 단순화(Simplify)
③ 재배치(Rearrange)
④ 교육(Education)

해설 작업방법의 개선원칙(ECRS)
㉠ ①, ②, ③
㉡ 단순화(Simplify)

26 다음 중 인간의 과오를 평가하기 위한 정량적 해석방법은?

① THERP ② FTA
③ CA ④ PHA

해설 FTA : 인간의 과오를 평가하기 위한 정량적 해석방법

27 다음 중 작위적 오류(Commission Error)에 해당되지 않는 것은?

① 전선(Cable)이 바뀌었다.
② 틀린 부품을 사용하였다.
③ 부품이 거꾸로 조립되었다.
④ 부품을 빠뜨리고 조립하였다.

해설 ④ 생략적 오류(Omission Error) : 부품을 빠뜨리고 조립하였다.

28 다음 중 인간이 기계보다 능가하는 기능이라고 할 수 없는 것은?

① 완전히 새로운 해결책을 찾아내는 기능
② 반복적인 작업을 신뢰성 있게 수행하는 기능
③ 관찰을 통해서 일반화하여 귀납적으로 추리하는 기능
④ 불시에 발생한 부적절한 일에 대하여 능숙하게 진행시키는 기능

해설 (1) 인간의 기계보다 능가하는 기능 : ①, ③, ④
(2) 기계가 인간보다 능가하는 기능 : ②

29 다음 중 진동이 인간성능에 미치는 일반적인 영향과 거리가 먼 것은?

① 진동은 진폭에 비례하여 시력을 손상하며, 10~25Hz의 경우 가장 심하다.
② 진동은 진폭에 비례하여 추적능력을 손상하며, 5Hz 이하의 낮은 진동수에서 가장 심하다.
③ 안정되고 정확한 근육조절을 요하는 작업은 진동에 의해서 저하된다.
④ 반응시간, 감시, 형태 식별 등 주로 중앙신경 처리에 달린 임무는 진동의 영향에 민감하다.

해설 ④ 반응시간, 감시, 형태 식별 등 주로 중앙신경 처리에 달린 임무는 진동의 영향에 민감하지 않다.

30 한 사무실에서 타자기의 소리 때문에 말소리가 묻히는 현상을 무엇이라 하는가?

① CAS ② dBA
③ Masking ④ Phon

해설 Masking : 한 사무실에서 타자기의 소리 때문에 말소리가 묻히는 현상

31 다음 중 수치를 정확히 읽어야 할 경우에 가장 적합한 시각적 표시장치는?

① 동침형 ② 동목형
③ 수평형 ④ 계수형

해설 계수형은 수치를 정확히 읽어야 할 경우에 가장 적합한 시각적 표시장치이다.

32 다음 기준의 유형 가운데 체계기준(System Criteria)에 해당되지 않는 것은?

① 운영비
② 신뢰도
③ 사고빈도
④ 사용상의 용이성

해설 체계기준(System Criteria)의 종류
①, ②, ④

33 암호체계 사용상의 일반적인 지침에서 '암호의 변별성'을 의미하는 것으로 가장 적절한 것은?

① 암호화한 자극은 감지장치나 사람이 감지할 수 있어야 한다.
② 모든 암호의 표시는 다른 암호표시와 구분될 수 있어야 한다.
③ 암호를 사용할 때에는 사용자가 그 뜻을 분명히 알 수 있어야 한다.
④ 두 가지 이상의 암호차원을 조합해서 사용하면 정보전달이 촉진된다.

해설 암호의 변별성에서 모든 암호의 표시는 다른 암호표시와 구분될 수 있어야 한다.

34 그림과 같은 시스템의 신뢰도는 얼마인가?

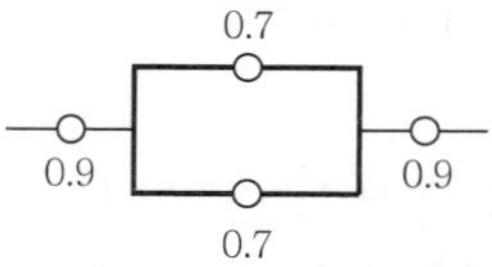

① 0.6261 ② 0.7371
③ 0.8481 ④ 0.9591

해설 $R_s = 0.9 \times [1-(1-0.7)(1-0.7)] \times 0.9$
$= 0.7371$

정답 | 28. ② 29. ④ 30. ③ 31. ④ 32. ③ 33. ② 34. ②

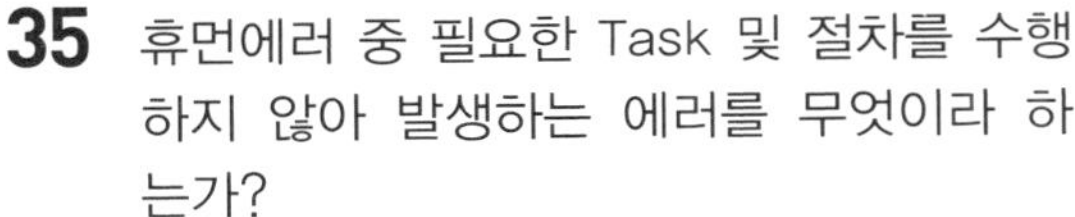

35 휴먼에러 중 필요한 Task 및 절차를 수행하지 않아 발생하는 에러를 무엇이라 하는가?

① Time Error
② Omission Error
③ Commission Error
④ Extraneous Error

해설 Omission Error
필요한 Task 및 절차를 수행하지 않아 발생하는 에러

36 정적자세를 유지할 때 진전(Tremor)을 감소시킬 수 있는 방법으로 거리가 먼 것은?

① 시각적인 참조가 있도록 한다.
② 손을 심장높이가 되도록 유지한다.
③ 작업대상물에 기계적 마찰이 있도록 한다.
④ 근로자가 떨지 않으려고 힘을 주어 노력한다.

해설 진전(Tremor)이 증가되는 것
근로자가 떨지 않으려고 힘을 주어 노력한다.

37 다음 중 작업장의 조명수준에 대한 설명으로 가장 적절한 것은?

① 작업환경의 추천 광도비는 5 : 1 정도이다.
② 천장은 80~90% 정도의 반사율을 가지도록 한다.
③ 작업영역에 따라 휘도의 차이를 크게 한다.
④ 실내표면의 반사율은 천장에서 바닥의 순으로 증가시킨다.

해설 작업장의 조명수준
㉠ 바닥 : 20~40%
㉡ 가구 : 25~45%
㉢ 벽 : 40~60%
㉣ 천장 : 80~90%

38 다음 중 일반적인 수공구의 설계원칙으로 볼 수 없는 것은?

① 손목을 곧게 유지한다.
② 반복적인 손가락 동작을 피한다.
③ 사용이 용이한 검지만을 주로 사용한다.
④ 손잡이는 접촉면적을 가능하면 크게 한다.

해설 ③ 모든 손가락을 사용해야 한다.

39 다음 중 신뢰도 구조상으로 직렬구조에 해당되는 것은?

① 세발자전거의 바퀴
② 건물 내의 스프링클러
③ 검사인원의 중복 투입
④ 자동차의 브레이크 시스템

해설 (1) 직렬구조 : ① 세발자전거의 바퀴(한바퀴라도 고장이 나면 운행이 불가능하다.)
(2) 병렬구조 : ②, ③, ④

40 자극들 간, 반응들 간 혹은 자극과 반응조합의 관계가 인간의 기대와 모순되지 않는 것을 무엇이라 하는가?

① 검출성 ② 변별성
③ 양립성 ④ 표준화

해설 양립성에 대한 설명이다.

제3과목 기계위험방지기술

41 재료에 구멍이 있거나 노치(Notch) 등이 있을 때 외력이 작용하면 국부적으로 응력이 커지는 현상은?

① 가공경화 ② 피로
③ 응력집중 ④ 크리프(Creep)

정답 | 35. ② 36. ④ 37. ② 38. ③ 39. ① 40. ③ 41. ③

해설 ③ 응력집중에 대한 설명이다.
④ 크리프 현상은 재료가 350℃ 이상에서 일정한 응력이 작용할 때 시간이 경과함에 따라 변형이 증대되고 때로는 파괴되는 것을 말한다.

42 다음 중 보일러의 폭발사고 예방을 위한 방호장치가 아닌 것은?

① 긴급이탈방지장치
② 압력방출장치
③ 압력제한스위치
④ 고저수위조절장치

해설 **보일러의 방호장치**
㉠ ②, ③, ④
㉡ 도피밸브
㉢ 가용전
㉣ 방폭문
㉤ 화염검출기

43 어떤 로프의 안전하중이 200kgf이고, 파단하중이 600kgf일 때 이 로프의 안전율은?

① 0.33　② 3
③ 200　④ 300

해설 $\text{안전율} = \frac{\text{파단하중}}{\text{안전하중}} = \frac{600}{200} = 3$

44 다음 중 슬로터(Slotter)의 방호장치로 적합하지 않은 것은?

① 칩받이　② 방책
③ 칸막이　④ 인발블록

해설 **슬로터의 방호장치** : ①, ②, ③

45 다음 중 목재가공용 둥근톱기계의 방호장치인 반발예방장치가 아닌 것은?

① 반발방지 발톱(Finger)
② 분할날(Spreader)
③ 반발방지 롤(Roll)
④ 가동식 접촉예방장치

해설 가동식 접촉예방장치는 톱날접촉예방장치의 일종이다.

46 연삭작업 시 안전사항으로 옳지 않은 것은?

① 플랜지의 지름은 반드시 숫돌지름의 1/5 이상 되는 것을 사용한다.
② 연삭숫돌의 최고사용 원주속도를 초과하지 않는다.
③ 숫돌의 결합 시에는 축과 0.05~0.15mm 정도의 틈새를 두어야 한다.
④ 연삭작업은 숫돌의 측면에 서서 한다.

해설 ① 플랜지의 지름은 숫돌지름의 1/3 이상 되는 것을 사용하고, 고정측과 이동측의 직경은 같아야 한다.

47 선반작업에 대한 안전수칙으로 틀린 것은?

① 척렌치는 반드시 척에 끼워둔다.
② 베드 위에 공구를 올려놓지 않아야 한다.
③ 바이트를 교환할 때는 기계를 정지시키고 한다.
④ 기계점검을 한 후 작업을 시작한다.

해설 척렌치는 척에서 빼어 두는 것이 안전수칙으로 옳은 내용이다.

48 수공구의 재해방지를 위한 일반적인 유의사항이 아닌 것은?

① 사용 전 이상 유무를 점검한다.
② 작업자에게 필요한 보호구를 착용시킨다.
③ 적합한 수공구가 없을 경우 유사한 것을 선택하여 사용한다.
④ 사용 전 충분한 사용법을 숙지하고 익힌다.

해설 수공구 재해방지를 위해서는 작업에 맞는 적합한 공구의 선택과 올바른 취급이 중요하다.

정답 | 42. ① 43. ② 44. ④ 45. ④ 46. ① 47. ① 48. ③

49 기계의 원동기, 회전축 및 체인 등 근로자에게 위험을 미칠 우려가 있는 부위에 설치해야 하는 위험방지장치로 적합하지 않은 것은?

① 덮개 ② 건널다리
③ 클러치 ④ 슬리브

해설 근로자에게 위험을 미칠 우려가 있는 부위에 설치해야 하는 위험방지장치로는 덮개, 건널다리, 슬리브, 울이 있다.

50 크레인작업 시 로프에 1ton의 중량을 걸어, 20m/s^2의 가속도로 감아올릴 때 로프에 걸리는 총 하중(kgf)은 약 얼마인가?

① 1040.34
② 2040.53
③ 3040.82
④ 3540.91

해설
$W = W_1 + W_2$에서 $W_2 = \frac{W_1}{g} \cdot a$

여기서, W : 총 하중(kgf)
W_1 : 정하중(kgf)
W_2 : 동하중(kgf)
g : 중력가속도(9.8m/s^2)
a : 가속도(m/s^2)

$\therefore 1{,}000 + \frac{1{,}000}{9.8} \times 20 ≒ 3040.82\text{kgf}$

51 목재가공용 둥근톱의 목재반발 예방장치가 아닌 것은?

① 반발방지 발톱(Finger)
② 분할날(Spreader)
③ 덮개(Cover)
④ 반발방지 롤(Roll)

해설 ③ 덮개는 목재가공용 둥근톱의 톱날접촉 예방장치이다.

52 산소－아세틸렌 가스용접장치에 사용되는 호스 색깔 중 [산소 호스 : 아세틸렌 호스] 색이 바르게 짝지어진 것은?

① 적색 : 흑색 ② 적색 : 녹색
③ 흑색 : 적색 ④ 녹색 : 흑색

해설 산소 호스는 흑색, 아세틸렌 호스는 적색이고, 아세틸렌 용기는 황색, 산소용기는 녹색으로 한다.

53 달기 체인의 사용제한 조치로 부적당한 것은?

① 변형이 심한 것
② 균열이 있는 것
③ 길이의 증가가 제조 시보다 3%를 초과한 것
④ 링의 단면지름의 감소가 링 지름의 10%를 초과한 것

해설 ③ 길이의 증가가 제조 시보다 5%를 초과한 것

54 와이어로프로 동일 중량물을 달아올릴 때 다음 중 로프에 가장 힘이 크게 실리는 각도(θ)는?

① 30° ② 60°
③ 120° ④ 150°

해설 와이어로프로 동일 중량물을 달아올릴 때 슬링 와이어의 각도(θ)가 클수록 힘이 크게 실린다.

55 위험기계 및 위험기구 방호조치 기준상 작업자의 신체부위가 위험한계 내로 접근하였을 때 기계적인 작용에 의하여 근접을 저지하는 방호장치에 해당하는 것은?

① 위치제한형 방호장치
② 접근거부형 방호장치
③ 접근반응형 방호장치
④ 감지형 방호장치

해설 접근거부형 방호장치에 대한 설명으로, 프레스기의 수인식, 손쳐내기식 등의 방호장치가 이에 해당된다.

정답 | 49. ③ 50. ③ 51. ③ 52. ③ 53. ③ 54. ④ 55. ②

56 클러치 프레스에 부착한 양수조작식 방호장치에 있어서 클러치 맞물림 개소수가 4군데, 매분 행정수가 300SPM일 때 양수조작식 조작부의 최소안전거리는? (단, 인간의 손의 기준속도는 1.6m/s로 한다.)

① 360mm ② 260mm
③ 240mm ④ 340mm

해설 $D_m = 1.6\,T_m$
여기서, D_m : 안전거리(mm)
T_m : 양손으로 누름단추를 누르기 시작할 때부터 슬라이드가 하사점에 도달하기까지 소요시간(ms)

$$T_m = \left(\frac{1}{\text{클러치 맞물림 개소수}} + \frac{1}{2}\right) \times \frac{60{,}000}{\text{매분 행정수}}$$

$$\therefore\ 1.6 \times \left(\frac{1}{4} + \frac{1}{2}\right) \times \frac{60{,}000}{300} = 240\text{mm}$$

57 일반적인 연삭기로 발생할 수 있는 재해가 아닌 것은?

① 연삭 분진이 눈에 튀어 들어가는 것
② 숫돌파괴로 인한 파편의 비래
③ 가공중 공작물의 반발
④ 숫돌의 자생작용에 의한 입자의 탈락

해설 ①, ②, ③ 이외에 연삭기로 발생할 수 있는 재해의 형태로는 숫돌에 인체 접촉이 있다.

58 산업안전기준에 관한 규칙에 따르면 양수조작식 방호장치에서 양쪽 누름버튼 간의 내측 최단거리는 몇 mm 이상이어야 하는가?

① 100 ② 200
③ 300 ④ 400

해설 양수조작식 방호장치에서 양쪽 누름버튼 간의 내측 최단거리는 300mm 이상으로 해야만 안전이 확보된다.

59 보일러에서 사용하는 압력방출장치의 종류가 아닌 것은?

① 중추식 안전밸브
② 스프링식 안전밸브
③ 지렛대식 안전밸브
④ 고저수위 조절장치

해설 **보일러의 압력방출장치의 종류**
중추식, 스프링식, 지렛대식이 있는데, 이 중 스프링식이 가장 많이 사용된다.

60 다음 위험점 중 기계의 회전운동하는 부분과 고정부 사이에 위험이 형성되는 점은?

① 접선물림점(Tangential Point)
② 물림점(Nip Point)
③ 끼임점(Shear Point)
④ 절단점(Cutting Point)

해설 끼임점(Shear Point)에 대한 설명으로, 연삭숫돌과 작업대, 교반기의 교반날개와 몸체 사이, 반복동작되는 링크 기구 등이 이에 해당된다.

제4과목 전기위험방지기술

61 다음 중 분말소화약제에 대한 설명으로 틀린 것은?

① B급, C급 화재의 소화에 적당하다.
② 방사원으로는 질소가스를 사용한다.
③ 주된 소화효과는 희석효과이다.
④ 축압식과 가스가압식이 있다.

해설 ③ 주된 소화효과는 질식효과이다.

62 다음 중 폭발의 최소발화에너지에 대한 설명으로 틀린 것은?

① 불활성 기체의 첨가는 최소발화에너지를 크게 한다.
② 최소발화에너지는 화학양론농도보다 조금 높은 농도일 때 최소값이 된다.
③ 혼합기체의 농도가 증가함에 따라 최소발화에너지는 상승한다.
④ 혼합기체의 온도가 상승하면 최소발화에너지도 상승한다.

정답 | 56. ③ 57. ④ 58. ③ 59. ④ 60. ③ 61. ③ 62. ④

해설 ④ 혼합기체의 온도가 상승하면 최소발화에너지는 변하지 않는다.

63 다음 배관설비 중 역류를 방지하기 위하여 설치하는 밸브는?

① 글로브밸브
② 체크밸브
③ 게이트밸브
④ 시퀀스밸브

해설 **체크밸브** : 역류를 방지하기 위하여 설치하는 밸브

64 인체의 피부를 절연파괴시키는 임계전압은 일반적인 경우 몇 V 이상으로 보는가?

① 100 ② 380
③ 440 ④ 1,000

해설 인체의 피부를 절연파괴시키는 임계전압은 일반적인 경우 1,000V 이상으로 보는 것이 옳다.

65 위험물의 저장 및 취급방법이 잘못된 것은?

① 나트륨, 칼륨은 석유 속에 저장한다.
② 황린은 통풍이 잘 되는 서늘한 외부에 보관한다.
③ 마그네슘은 물과의 접촉을 피한다.
④ 질산암모늄은 가열, 충격, 마찰을 피한다.

해설 ② 황린을 수조(물속)에 보관한다.

66 다음 중 정전기의 발생에 영향을 주는 요인이 아닌 것은?

① 접촉면적 및 압력
② 분리속도
③ 물체의 표면상태
④ 외부공기의 풍속

해설 **정전기의 발생에 영향을 주는 요인**
㉠ ①, ②, ③
㉡ 물체의 특성
㉢ 물체의 분리력

67 다음 중 방폭구조의 종류와 기호가 잘못 연결된 것은?

① 유입방폭구조 – o
② 압력방폭구조 – p
③ 내압방폭구조 – d
④ 본질안전방폭구조 – e

해설 ④ 본질안전방폭구조 – ia, ib

68 다음 중 산업안전보건법상 교류전압의 분류가 잘못된 것은?

① 저압 – 1,000볼트 이하의 교류전압
② 고압 – 1,000볼트 초과 7,000볼트 이하의 교류전압
③ 특고압 – 7,000볼트를 초과하는 교류전압
④ 초고압 – 10,000볼트를 초과하는 교류전압

해설 ④ 초고압이라는 분류 자체가 없다.

69 다음 중 전기화재의 발생원인으로 볼 수 없는 것은?

① 누전 ② 접지
③ 단락 ④ 정전기

해설 **전기화재의 발생원인**
㉠ ①, ③, ④
㉡ 과전류
㉢ 전기스파크
㉣ 절연열화(탄화)
㉤ 접속부 과열

70 다음 중 물질안전보건자료(MSDS)의 작성 항목이 아닌 것은?

① 유해 · 위험성
② 물리 · 화학적 특성
③ 유해물질의 제조법
④ 누출사고 시 대처방법

정답 | 63. ② 64. ④ 65. ② 66. ④ 67. ④ 68. ④ 69. ② 70. ③

해설 물질안전보건자료(MSDS)의 작성항목
㉠ ①, ②, ④
㉡ 응급조치 요령
㉢ 기타 고용노동부장관이 정하는 사항

71 다음 중 폭발한계가 가장 넓은 가스는?

① 수소 ② 메탄
③ 프로판 ④ 아세틸렌

해설 위험도
㉠ 수소(H_2) $= \dfrac{75-4}{4} = 17.75$
㉡ 메탄(CH_4) $= \dfrac{15-5}{5} = 2$
㉢ 프로판(C_3H_8) $= \dfrac{9.5-2.1}{2.1} = 3.52$
㉣ 아세틸렌(C_2H_2) $= \dfrac{81-2.5}{2.5} = 31.4$

72 다음 중 정전작업 종료 시 조치사항에 해당하지 않는 것은?

① 송전 재개
② 단락접지기구의 철거
③ 검전기에 의한 정전확인
④ 개폐기의 시건장치 제거

해설 정전작업 종료 시 조치사항
㉠ ①, ②, ④
㉡ 근로자에게 감전의 우려가 없도록 통지할 것
㉢ 통전금지 표찰을 제거할 것
※ 검전기에 의한 정전확인은 정전작업 시 조치사항에 해당된다.

73 다음 중 전자, 통신기기 등의 전자파장해(EMI)를 방지하기 위한 조치로 가장 거리가 먼 것은?

① 접지를 실시한다.
② 차폐제를 설치한다.
③ 필터를 설치한다.
④ 절연을 보강한다.

해설 ④는 전기의 감전방지 대책에 해당한다.

74 착화에너지가 0.1mJ인 가스가 있는 사업장의 전기설비의 정전용량이 0.6μF일 때 방전 시 착화가능한 최소대전전위는 약 몇 V인가?

① 289
② 385
③ 577
④ 1,154

해설 $E = \dfrac{1}{2}CV^2$
여기서, E : 착화에너지(mJ)
C : 정전용량(F)
V : 최소대전전위(V)

$$\therefore V = \sqrt{\frac{2E}{C}} = \sqrt{\frac{2\times(0.1\times10^3)}{0.6\times10^{-3}}} ≒ 577\text{V}$$

75 다음 중 증류탑의 일상점검 항목으로 볼 수 없는 것은?

① 도장의 상태
② 트레이(Tray)의 부식상태
③ 보온재, 보냉재의 파손 여부
④ 접속보, 맨홀부 및 용접부에서의 외부 누출 유무

해설 증류탑의 일상점검 항목 : ①, ③, ④

76 다음 메탄 20vol%, 에탄 25vol%, 프로판 55vol%의 조성을 가진 혼합가스의 폭발하한계값(vol%)은 약 얼마인가? (단, 메탄, 에탄 및 프로판가스의 폭발하한값은 각각 5vol%, 3vol%, 2vol%이다.)

① 2.51 ② 0.12
③ 4.26 ④ 5.22

해설
$$\text{폭발하한계} = \frac{100}{\dfrac{V_1}{L_1}+\dfrac{V_2}{L_2}+\cdots+\dfrac{V_n}{L_n}} = \frac{100}{\dfrac{20}{5.0}+\dfrac{25}{3.0}+\dfrac{55}{2.0}} = 2.51\%$$

정답 | 71. ④ 72. ③ 73. ④ 74. ③ 75. ② 76. ①

77 다음 중 위험물의 분류상 금수성 물질이 아닌 것은?

① 칼슘 ② 칼륨
③ 나트륨 ④ 마그네슘

해설 ④ 마그네슘 : 가연성 고체

78 다음 중 인체의 통전경로별 위험도가 가장 큰 것은?

① 왼손 - 오른손
② 왼손 - 등
③ 오른손 - 가슴
④ 오른손 - 왼발

해설 **인체의 통전경로별 위험도**
㉠ 왼손 - 오른손 : 0.4
㉡ 왼손 - 등 : 0.7
㉢ 오른손 - 가슴 : 1.3
㉣ 오른손 - 왼발 : 0.8

79 다음 중 전기로 인한 화재의 종류에 해당하는 것은?

① A급 ② B급
③ C급 ④ D급

해설 **화재의 구분**

화재의 종류	가연물질의 종류
A급	일반화재
B급	유류화재
C급	전기화재
D급	금속화재

80 다음 중 릴리프밸브(Relief Valve)의 주된 사용 대상으로 가장 적절한 것은?

① 액체
② 가스
③ 기체
④ 증기

해설 액체의 압력상승을 방지하기 위해 펌프나 배관 내에 릴리프밸브(Relief Valve)를 사용한다.

제5과목 화학설비위험방지기술

81 암반 굴착공사에서 굴착높이가 5m, 굴착기 초면의 폭이 5m인 경우 양단면 굴착을 할 때 상부 단면의 폭은? (단, 굴착 기울기는 1 : 0.5로 한다.)

① 5m ② 10m
③ 15m ④ 20m

해설 굴착 기울기가 1 : 0.5이므로,
$1 : 0.5 = x : 5$
$0.5x = 5$
$\therefore\ x = \dfrac{5}{0.5} = 10\text{m}$

82 크레인의 조립 또는 해체작업 시 취해야 할 조치로서 적당하지 않은 것은?

① 작업 순서를 정하고 그 순서에 의해 작업을 한다.
② 악천후 시에는 작업을 중지시킨다.
③ 충분한 공간을 확보하고 장애물이 없도록 한다.
④ 작업구역에는 자격증을 보유한 자만 출입시킨다.

해설 ④ 작업구역에는 관계 근로자 외의 출입을 금지시킨다.

83 부득이한 경우를 제외한 일반적인 경우에 공사용 가설도로의 최고허용경사도는 얼마인가?

① 5% ② 10%
③ 20% ④ 30%

해설 부득이한 경우를 제외한 일반적인 경우에 공사용 가설도로의 최고허용경사도는 10%이다.

84 안전대의 등급을 5개로 분류할 때 작업장 작업발판을 설치하기 곤란할 때 착용하는 1개 걸이 전용 안전대의 등급은?

① 1종 ② 2종
③ 3종 ④ 4종

정답 | 77. ④ 78. ③ 79. ③ 80. ① 81. ② 82. ④ 83. ② 84. ②

해설 안전대 등급에 따른 사용방법
㉠ 1종 : U자 걸이 전용
㉡ 3종 : 1개 걸이, U자 걸이 공용

85 기초의 안전상 부등침하를 방지하는 대책이 아닌 것은?

① 구조물의 전체 하중이 기초에 균등하게 분포되도록 한다.
② 기초 상호간을 지중보로 연결한다.
③ 한 구조물의 기초는 두 종류 이상의 복합적인 기초형식으로 한다.
④ 기초지반 아래의 토질이 연약할 경우는 연약지반처리 공법으로 보강한다.

해설 부등침하 방지대책
㉠ ①, ②, ④
㉡ 한 구조물의 기초는 통일하고 동일 지지층에 붙여 놓는다.
㉢ 구조물을 가볍게 한다.
㉣ 구조물의 수평방향 강성을 크게 한다.
㉤ 적당한 장소에 신축 조인트를 설치한다.

86 콘크리트 타설 시 안전에 유의해야 할 사항으로 적절하지 않은 것은?

① 타설 순서는 계획에 의하여 실시한다.
② 타설속도는 하계 1.0m/h, 동계 1.5m/h를 표준으로 한다.
③ 콘크리트를 치는 도중에는 거푸집, 동바리 등의 이상 유무를 확인하여야 한다.
④ 타설 시 공동이 발생되지 않도록 밀실하게 부어넣는다.

해설 ② 타설속도는 하계 1.5m/h, 동계 1.0m/h를 표준으로 한다.

87 크레인을 사용하여 양중작업을 하는 때에 안전한 작업을 위해 준수하여야 할 내용으로 틀린 것은?

① 인양할 하물(荷物)을 바닥에서 끌어당기거나 밀어 정위치 작업을 할 것
② 가스통 등 운반도중에 떨어져 폭발 가능성이 있는 위험물 용기는 보관함에 담아 매달아 운반할 것
③ 인양중인 하물이 작업자의 머리 위로 통과하게 하지 아니할 것
④ 인양할 하물이 보이지 아니 하는 경우에는 어떠한 동작도 하지 아니할 것

해설 ① 인양할 하물을 바닥에서 끌어당기거나 밀지 않을 것

88 2m 이상의 비계(달비계, 달대비계 및 말비계 제외)에서 작업할 때 작업발판의 구조에 대한 기준으로 옳은 것은?

① 작업발판의 폭(외줄비계 제외) : 30cm 이상, 발판 재료간의 틈 : 3cm 이하
② 작업발판의 폭(외줄비계 제외) : 40cm 이상, 발판 재료간의 틈 : 3cm 이하
③ 작업발판의 폭(외줄비계 제외) : 30cm 이상, 발판 재료간의 틈 : 5cm 이하
④ 작업발판의 폭(외줄비계 제외) : 40cm 이상, 발판 재료간의 틈 : 5cm 이하

해설 작업발판의 구조에 대한 기준으로 옳은 것은 ②이다.

89 거푸집동바리 설치기준을 잘못 설명한 것은?

① 파이프서포트는 3본 이상 이어서 사용하지 않는다.
② 강관을 지주로 사용할 때에 수평연결재를 2m 이내마다 2개방향으로 설치한다.
③ 조립강주를 지주로 사용할 때는 높이 5m 이내마다 수평연결재를 2방향으로 설치한다.
④ 강관틀을 지주로 사용할 때는 강관틀과 강관틀의 사이에 교차가새를 설치한다.

해설 ③ 조립강주를 지주로 사용할 때는 높이가 4m를 초과할 때는 높이 4m 이내마다 수평연결재를 2개방향으로 설치한다는 내용이 옳다.

정답 ▎ 85. ③ 86. ② 87. ① 88. ② 89. ③

90 기준에 적합한 작업발판의 설치가 필요한 비계의 최소높이는?

① 1m ② 2m
③ 3m ④ 4m

해설 작업발판의 설치가 필요한 비계의 최소높이는 2m이다.

91 산업안전기준에 관한 규칙에 따른 근로자의 안전한 통행을 위하여 통로에 설치하여야 하는 조명시설의 조도는?

① 30럭스 이상
② 75럭스 이상
③ 150럭스 이상
④ 300럭스 이상

해설 근로자의 안전한 통행을 위해 통로에 설치하여야 하는 조명시설의 조도는 75럭스 이상으로 한다.

92 콘크리트 거푸집을 설계할 때 고려해야 하는 연직하중으로 거리가 먼 것은?

① 작업하중 ② 콘크리트 자중
③ 충격하중 ④ 풍하중

해설 (1) 연직하중(수직하중)으로는 ①, ②, ③ 이외에 적재하중이 있다.
(2) 풍하중은 콘크리트의 측압, 지진하중 등과 더불어 수평하중에 해당된다.

93 히빙(Heaving)현상이 잘 발생하는 토질지반은?

① 연약한 점토지반
② 연약한 사질토지반
③ 견고한 점토지반
④ 견고한 사질토지반

해설 히빙현상은 연약한 점토지반, 보일링현상은 지하수위가 높은 사질토지반에서 잘 발생한다.

94 다음 중 터널굴착작업 시 시공계획의 내용이 아닌 것은?

① 터널굴착방법
② 터널지보공 및 복공의 시공방법과 용수처리방법
③ 자동경보장치의 설치방법
④ 환기 또는 조명시설을 하는 때에는 그 방법

해설 ③의 자동경보장치의 설치방법은 터널굴착 작업 시 시공계획과는 거리가 멀다.

95 표준안전작업 지침에 의하면 인력굴착작업 시 굴착면이 높아 계단식 굴착을 할 때 소단의 폭은 수평거리 얼마 정도로 하여야 하는가?

① 1m ② 1.5m
③ 2m ④ 2.5m

해설 인력굴착작업 시 굴착면이 높아 계단식 굴착을 할 때 소단의 폭은 수평거리 2m 정도로 하여야 한다.

96 차량계 건설기계를 사용하여 작업을 하는 때에 건설기계의 전도 또는 전락에 의한 근로자의 위험을 방지하기 위하여 사업주가 취하여야 할 조치사항으로 적당하지 않은 것은?

① 도로폭의 유지
② 지반의 부등침하방지
③ 울, 손잡이 설치
④ 갓길의 붕괴방지

해설 ③ 울, 손잡이 설치는 건설작업 시 추락에 의한 근로자의 위험을 방지하기 위한 조치에 해당된다.

97 와이어로프나 철선 등을 이용하여 상부지점에서 작업용 발판을 매다는 형식의 비계로서 건물 외벽도장이나 청소 등의 작업에서 사용되는 비계는?

① 브래킷비계 ② 달비계
③ 이동식비계 ④ 말비계

해설 달비계에 대한 설명이다.

정답 | 90. ② 91. ② 92. ④ 93. ① 94. ③ 95. ③ 96. ③ 97. ②

98 가설통로 중 경사로의 설치기준으로 틀린 것은?

① 경사로의 폭은 최소 90cm 이상이어야 한다.
② 발판폭은 40cm 이상이어야 한다.
③ 비탈면의 경사각은 30° 이내이어야 한다.
④ 경사로의 지지 기둥은 5m 이내로 설치한다.

해설 ④ 경사로의 지지 기둥은 3m 이내로 설치한다.

99 채석작업 시 붕괴 또는 낙하에 의해 근로자에게 위험의 우려가 있을 때 설치해야 하는 것은?

① 건널다리
② 천막덮개
③ 손잡이
④ 방호망

해설 채석작업 시 붕괴 또는 낙하에 의해 근로자에게 위험의 우려가 있을 때 설치하는 것은 방호망이다.

100 항타기 또는 항발기를 조립할 때 점검하여야 하는 사항과 거리가 먼 것은?

① 권상기의 설치상태의 이상 유무
② 본체 연결부의 풀림 또는 손상의 유무
③ 이동제동장치 기능의 이상 유무
④ 권상장치의 브레이크 및 쐐기장치 기능의 이상 유무

해설 **항타기 또는 항발기를 조립할 때 점검사항**
㉠ ①, ②, ④
㉡ 권상용 와이어로프, 로프차 및 풀림장치의 부착상태 이상 유무
㉢ 버팀의 설치방법 및 고정상태의 이상 유무

 정답 ‖ 98. ④ 99. ④ 100. ③

2022년 제3회 CBT 복원문제

▌산업안전산업기사 7월 2일 시행▐

제1과목 산업안전관리론

01 A사업장의 연간 근로시간수가 110만 시간이고, 이 기간 중 재해가 12건 발생하여 120일의 근로손실이 발생하였다면 이 사업장의 도수율은 약 얼마인가?

① 0.11　　② 1.11
③ 10.91　　④ 109

해설
$$도수율 = \frac{재해건수}{근로\ 총\ 시간수} \times 1{,}000{,}000$$
$$= \frac{12}{1{,}100{,}000} \times 1{,}000{,}000 = 10.91$$

02 다음 중 하인리히의 사고연쇄반응 이론(도미노 이론)에서 사고를 가져오기 바로 직전의 단계에 해당하는 것은?

① 유전적 요소
② 개인적 결함
③ 사회적 환경
④ 불안전성 행동 및 상태

해설 **하인리히의 사고연쇄반응 이론**
㉠ 제1단계 : 사회적 환경과 유전적 요소
㉡ 제2단계 : 개인적 결함
㉢ 제3단계 : 불안전한 행동 및 불안전한 상태
㉣ 제4단계 : 사고
㉤ 제5단계 : 재해

03 다음 중 S-R 이론에 대한 설명으로 가장 적절한 것은?

① 학습을 자극에 의한 반응으로 보는 이론
② 학습은 자극에 의한 무반응의 강도
③ 학습은 유전과 환경 사이의 반응
④ 학습과 학습자료에 관한 이론

해설 **S-R 이론** : 학습을 자극에 의한 반응으로 보는 이론

04 다음 안전교육의 방법 중 프로그램 학습법(Programed Self-instruction Method)에 관한 설명으로 틀린 것은?

① 개발비가 적게 들어 쉽게 적용할 수 있다.
② 수업의 모든 단계에서 적용이 가능하다.
③ 한 번 개발된 프로그램자료는 개조하기 어렵다.
④ 수강자들이 학습이 가능한 시간대의 폭이 넓다.

해설 ① 개발비가 많이 들고, 쉽게 적용할 수 없다.

05 다음 중 위험예지훈련 기초 4R(라운드) 기법에서 2R(라운드)에 해당되는 내용은?

① 사실을 파악한다.
② 요인을 찾아낸다.
③ 행동계획을 정한다.
④ 대책을 선정한다.

해설 **위험예지훈련 기초 4R(라운드)**
㉠ 제1R : 사실을 파악한다.
㉡ 제2R : 요인을 찾아낸다.
㉢ 제3R : 대책을 선정한다.
㉣ 제4R : 행동계획을 정한다.

06 재해의 발생형태 분류 중 사람이 평면상으로 넘어졌을 경우를 무엇이라고 하는가?

① 추락　　② 충돌
③ 전도　　④ 협착

해설 **전도** : 사람이 평면상으로 넘어졌다.

정답 ▌01. ③ 02. ④ 03. ① 04. ① 05. ② 06. ③

07 다음 중 기억과정에 있어 '파지(Retention)'에 대한 설명으로 가장 적절한 것은?

① 사물의 인상을 마음 속에 간직하는 것
② 사물의 보존된 인상을 다시 의식으로 떠오르는 것
③ 과거의 경험이 어떤 형태로 미래의 행동에 영향을 주는 작용
④ 과거의 학습경험을 통하여 학습된 행동이나 내용이 지속되는 것

해설 **파지(Retention)** : 과거의 학습경험을 통하여 학습된 행동이나 내용이 지속되는 것이다.

08 작업 중 걱정, 고민, 욕구불만 등에 의하여 정신을 빼앗기는 것에 해당되는 것은?

① 의식의 과잉　② 의식의 중단
③ 의식의 우회　④ 의식수준의 저하

해설 **의식의 우회** : 작업 중 걱정, 고민, 욕구불만 등에 의하여 정신을 빼앗긴다.

09 다음 중 재해발생의 원인별 분류 시 물적 원인으로 볼 수 없는 것은?

① 불안전한 설계
② 방호장치의 불충분
③ 주변환기의 부족
④ 안전장치의 제거

해설 **물적 원인으로 볼 수 없는 것** : ①, ②, ③

10 매슬로우(Maslow)의 욕구 5단계 이론 중 2단계의 욕구에 해당하는 것은?

① 안전욕구　② 사회적 욕구
③ 존경의 욕구　④ 자아실현의 욕구

해설 **매슬로우(Maslow)의 욕구 5단계**
㉠ 제1단계 : 생리적 욕구
㉡ 제2단계 : 안전욕구
㉢ 제3단계 : 사회적 욕구
㉣ 제4단계 : 인정 받으려는 욕구(자존심, 명예, 성취, 지위, 승인의 욕구)
㉤ 제5단계 : 자아실현의 욕구

11 산업스트레스의 요인 중 직무특성과 관련된 요인으로 볼 수 없는 것은?

① 조직구조　② 작업속도
③ 근무시간　④ 업무의 반복성

해설 **직무특성과 관련된 스트레스 요인**
②, ③, ④

12 다음 중 무재해운동 추진의 3요소가 아닌 것은?

① 최고경영자의 경영자세
② 재해상황 분석 및 해결
③ 직장 소집단의 자주활동의 활성화
④ 관리감독자에 의한 안전보건의 추진

해설 **무재해운동 추진의 3요소** : ①, ③, ④

13 상시 근로자가 1,500명인 사업장에서 1년에 8건의 재해로 인하여 10명의 사상자가 발생하였을 경우 이 사업장의 연천인율은 약 얼마인가?

① 5.33　② 6.67
③ 7.43　④ 8.28

해설 $\text{연천인율} = \dfrac{\text{연간사상자수}}{\text{평균근로자수}} \times 10^3$

$\therefore \dfrac{10}{1,500} \times 10^3 = 6.67$

14 다음 안전교육 중 ATP(Administration Training Program)라고도 하며, 당초에는 일부 회사의 최고관리자에 대해서만 행하여졌던 것이 널리 보급된 것은?

① TWI　② MTP
③ CCS　④ ATT

해설 **CCS** : ATP라고도 하며, 당초에는 일부 회사의 최고관리자에 대해서만 행하여졌다.

15 재해의 원인 중 직접원인에 속하는 것은?

① 교육적 원인　② 기술적 원인
③ 관리적 원인　④ 물적 원인

정답 | 07. ④ 08. ③ 09. ④ 10. ① 11. ① 12. ② 13. ② 14. ③ 15. ④

해설 **재해의 원인**
(1) 직접원인 : ④
(2) 간접원인 : ①, ②, ③

16 100~1,000명의 근로자가 근무하는 중규모 사업장에 적용되며, 안전업무를 관장하는 전문부분을 두는 안전조직은?

① Line형 조직
② Staff형 조직
③ 회전형 조직
④ Line-staff형 조직

해설 **Staff형 조직** : 100~1,000명의 근로자가 근무하는 중규모 사업장에 적용되며, 안전업무를 관장하는 전문부분을 두는 안전조직

17 안전 · 보건표지에서 사용하는 색의 용도 중에서 파랑 또는 녹색의 보조색으로 사용되는 색채는?

① 빨강 ② 검정
③ 노랑 ④ 흰색

해설 파랑 또는 녹색의 보조색으로 사용되는 색채는 흰색이다.

18 강도율이 5.5라 함은 연근로시간 몇 시간 중 재해로 인한 근로손실이 110일 발생하였음을 의미하는가?

① 10,000 ② 20,000
③ 50,000 ④ 100,000

해설 **강도율 5.5** : 연근로시간 20,000시간 중 재해로 인한 근로손실이 110일 발생하였음을 의미한다.

19 안전 · 보건표지의 종류와 기본모형이 잘못 연결된 것은?

① 금지표지 – 원형
② 경고표지 – 마름모형
③ 지시표지 – 삼각형
④ 안내표지 – 직사각형

해설 ③ 지시표지 – 원형

20 다음 중 리더의 행동유형 측면에서 부하들과 상담하여 부하의 의견을 고려하는 형태의 리더십은?

① 참여적 리더십
② 지원적 리더십
③ 지시적 리더십
④ 성취지향적 리더십

해설 **참여적 리더십** : 부하들과 상담하여 부하의 의견을 고려하는 형태의 리더십

제2과목 인간공학 및 시스템안전공학

21 다음 중 시스템의 신뢰도를 증가시키는 방법으로 볼 수 없는 것은?

① 부품의 개선
② Fail Safe 설계
③ 중복설계
④ 기능 우선의 복잡한 설계

해설 **시스템 신뢰도를 증가시키는 방법**
①, ②, ③

22 다음 중 산업안전보건법에 따라 상시작업에 종사하는 장소에서 보통작업을 하고자 할 때 작업면의 최소조도(lux)로 옳은 것은? (단, 작업장은 일반적인 작업장소이며, 감광재료를 취급하지 않는 장소이다.)

① 75 ② 150
③ 300 ④ 750

해설 **산업안전보건법령상 조도 기준**

작업 종류	조도 기준(lux 이상)
초정밀작업	750
정밀작업	300
일반작업	150
그 밖의 작업	75

23 다음 중 소음을 측정하는 기본단위에 해당하는 것은?

① 지멘스(S) ② 데시벨(dB)
③ 루멘(Lumen) ④ 거스트(Gust)

해설 소음측정의 기본단위는 데시벨(dB)이다.

24 다음 중 시스템의 수명곡선에서 초기고장기간의 고장형태로 옳은 것은?

① 감소형 ② 증가형
③ 일정형 ④ 왕복형

해설 ㉠ 초기고장기간 : 감소형
㉡ 우발고장기간 : 일정형
㉢ 마모고장기간 : 증가형

25 FTA 도표에 사용되는 논리 기호 중 "AND GATE"에 해당하는 것은?

① ②
③ ④

해설 FTA 도표
② OR GATE ③ 결함사상 ④ 생략사상

26 프레스 공장에서 모든 방향으로 빛을 발하는 점광원에서 2m 떨어진 곳의 조도가 500lux였다면, 4m 떨어진 곳에서의 조도는 몇 lux인가?

① 50 ② 100
③ 125 ④ 250

해설
$$\text{조도}=\frac{\text{광도}}{\text{거리}^2}=500\times\left(\frac{2}{4}\right)^2=125\text{lux}$$

27 화학설비에 대한 안전성 평가 중 정량적 평가의 항목이 아닌 것은?

① 온도 ② 공정
③ 취급물질 ④ 화학설비의 용량

해설 정량적 평가의 항목
㉠ ①, ③, ④
㉡ 압력
㉢ 조작

28 다음과 같은 FT도에서 정상사상 "A"의 발생확률은 약 얼마인가? (단, 원 아래의 수치는 각 사상에 대한 발생확률이다.)

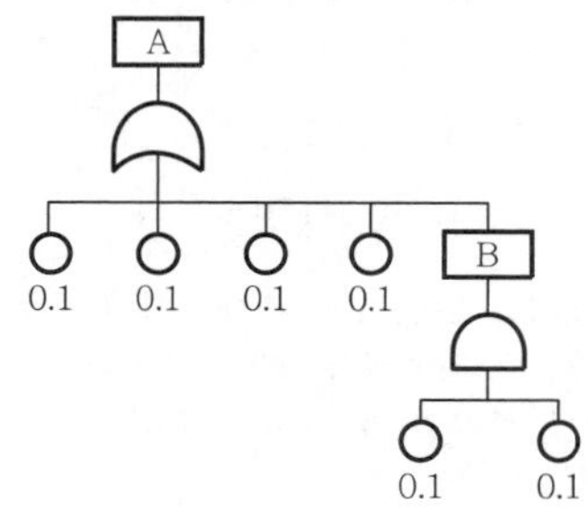

① 0.04 ② 0.44
③ 0.63 ④ 0.99

해설 A의 발생확률
$A=1-(1-0.1)(1-0.1)(1-0.2)(1-0.1)(1-0.04)$
$=0.44$

29 다음 중 인간의 오류모형에 있어서 상황해석을 잘못하거나 목표를 잘못 이해하고 착각하여 행하는 경우를 무엇이라 하는가?

① 착오(Mistake)
② 실수(Slip)
③ 건망증(Lapse)
④ 위반(Violation)

해설 착오(Mistake) : 인간의 오류모형에 있어서 상황해석을 잘못하거나 목표를 잘못 이해하고 착각하여 행하는 경우

30 평균수명이 10,000시간인 지수분포를 따르는 요소 10개가 직렬계로 구성되어 있는 경우 계의 기대수명은?

① 1,000시간 ② 5,000시간
③ 10,000시간 ④ 100,000시간

해설 계의 기대수명(1,000시간)=10,000시간÷10

정답 ❙ 23. ② 24. ① 25. ① 26. ③ 27. ② 28. ② 29. ① 30. ①

31 다음 중 산업안전보건법상 안전 · 보건표지의 종류와 색채가 올바르게 연결된 것은?

① 고온경고 : 바탕은 파랑, 관련 그림은 흰색
② 세안장치 : 바탕은 흰색, 기본모형 및 관련 부호는 녹색
③ 금연 : 바탕은 노랑, 기본모형 · 관련 부호 및 그림은 검정
④ 응급구호 표지 : 바탕은 흰색, 기본모형은 빨강, 관련 부호 및 그림은 검정

해설 ② 세안장치 : 바탕은 흰색, 기본모형 및 관련 부호는 녹색

32 시스템 신뢰도를 증가시킬 수 있는 방법이 아닌 것은?

① 페일세이프(fail safe) 설계
② 풀프루프(fool proof) 설계
③ 중복(redundancy) 설계
④ 록시스템(lock system) 설계

해설 시스템 신뢰도를 증가시킬 수 있는 방법
①, ②, ③

33 다음 중 체계(system)의 특성으로 볼 수 없는 것은?

① 집합성 ② 관련성
③ 목적추구성 ④ 환경독립성

해설 체계(system)의 특성
①, ②, ③

34 급작스런 큰 소음으로 인하여 생기는 생리적 변화가 아닌 것은?

① 근육이완
② 혈압상승
③ 동공팽창
④ 심장박동수 증가

해설 소음으로 인한 생리적 변화
②, ③, ④

35 다음 중 사후보전에 필요한 수리시간의 평균치를 나타낸 것은?

① MTTF ② MTBF
③ MDT ④ MTTR

해설 MTTR : 사후보전에 필요한 수리시간의 평균치

36 다음 중 인간과오의 분류시스템과 그 확률을 계산함으로써 원래 제품의 결함을 감소시키기 위하여 개발된 기법은?

① THERP ② FMEA
③ FHA ④ MORT

해설 THERP : 인간과오의 분류시스템과 그 확률을 계산함으로써 원래 제품의 결함을 감소시키기 위하여 개발된 기법

37 통로나 그네의 줄 등을 설계하는 데 있어 가장 적합한 인체측정자료의 응용원칙은?

① 평균치 설계
② 최대집단치 설계
③ 최소집단치 설계
④ 가변적(조절식) 설계

해설 통로나 그네의 줄 등을 설계하는 데에는 최대집단치 설계치가 가장 적합한 인체측정자료의 응용원칙이다.

38 다음 FT도에서 사상 A의 발생확률은? (단, 사상 B_1의 발생확률은 0.3이고, B_2의 발생확률은 0.2이다.)

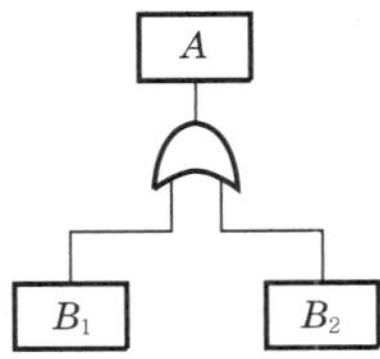

① 0.06 ② 0.44
③ 0.56 ④ 0.94

해설 $A = 1-(1-B_1)(1-B_2)$
$= 1-(1-0.3)(1-0.2) = 0.44$

39 시각적 표시장치에서 지침의 일반적인 설계방법으로 적절하지 않은 것은?

① 뾰족한 지침을 사용한다.
② 지침의 끝은 작은 눈금과 겹치도록 한다.
③ 지침을 눈금면에 밀착시킨다.
④ 원형 눈금의 경우 지침의 색은 선단에서 눈금의 중심까지 칠한다.

해설 ② 지침의 끝은 작은 눈금과 겹치지 말아야 한다.

40 다음 [보기]와 같은 화학설비에 대한 안전성 평가항목을 순서대로 나열한 것은?

[보기]
ⓐ 정성적 평가　ⓑ 안전대책
ⓒ 재평가　ⓓ 관계자료의 작성준비
ⓔ 정량적 평가

① ⓓ→ⓑ→ⓔ→ⓐ→ⓒ
② ⓓ→ⓔ→ⓐ→ⓑ→ⓒ
③ ⓓ→ⓐ→ⓔ→ⓑ→ⓒ
④ ⓓ→ⓑ→ⓐ→ⓔ→ⓒ

해설 **화학설비에 대한 안전성 평가항목**
관계자료의 작성준비 → 정성적 평가 → 정량적 평가 → 안전대책 → 재평가

제3과목 기계위험방지기술

41 연삭숫돌의 바깥지름이 300mm라면 평형 플랜지의 바깥지름은 몇 mm 이상이어야 하는가?

① 100mm　② 150mm
③ 200mm　④ 250mm

해설 플랜지의 바깥지름은 연삭숫돌 바깥지름의 $\frac{1}{3}$ 이상이어야 한다.

$\therefore 300 \times \frac{1}{3} = 100\text{mm}$ 이상

42 선반에서 절삭 중 칩을 자동적으로 끊어주는 바이트에 설치된 안전장치는?

① 커버　② 방진구
③ 보안경　④ 칩 브레이커

해설 칩 브레이커는 칩을 짧게 끊어서 인체를 보호하는 선반의 안전장치이다.

43 보일러에서 압력제한 스위치의 역할은?

① 최고사용압력과 상용압력 사이에서 보일러의 버너연소를 차단
② 최고사용압력과 상용압력 사이에서 급수펌프 작동을 제한
③ 최고사용압력 도달 시 과열된 공기를 대기에 방출하여 압력조절
④ 위험압력 시 버너, 급수펌프 및 고저수위조절장치 등을 통제하여 일정압력 유지

해설 ①의 내용이 압력제한 스위치의 역할을 말하는 것으로, 1일 1회 이상 작동시험을 행하고 일반적으로 고압용은 부르동관식, 저압용은 벨로즈식 압력제한 스위치를 사용한다.

44 양중기 와이어로프의 안전계수는 얼마 이상으로 해야 하는가? (단, 화물의 하중을 직접 지지하는 경우)

① 5.0 이상　② 7.0 이상
③ 9.0 이상　④ 11.0 이상

해설 **양중기의 와이어로프의 안전계수값**
㉠ 화물의 하중을 직접 지지하는 경우 : 5 이상
㉡ 근로자가 탑승하는 운반구를 지지하는 경우 : 10 이상
㉢ '㉠, ㉡' 이외의 경우 : 4 이상

45 롤러의 맞물림점의 전방 60mm의 거리에 가드를 설치하고자 할 때 가드 개구부의 간격은 얼마인가? (단, 위험점이 전동체가 아닌 경우임.)

① 12mm　② 15mm
③ 18mm　④ 20mm

정답 | 39. ② 40. ③ 41. ① 42. ④ 43. ① 44. ① 45. ②

해설 $Y=6+0.15X$
여기서, Y : 가드 개구부 간격(mm)
X : 가드와 위험점간의 거리(mm)
$\therefore 6+0.15\times60=15\text{mm}$

46 보일러의 압력방출장치가 2개 이상 설치된 경우 최고사용압력 이하에서 1개가 작동되고, 다른 압력방출장치는 얼마에서 작동되도록 부착하여야 하는가?

① 최고사용압력 1.05배 이하
② 최고사용압력 1.1배 이하
③ 최고사용압력 1.25배 이하
④ 최고사용압력 1.5배 이하

해설 ㉠ 다른 압력방출장치는 최고사용압력 1.05배 이하에서 작동되도록 부착해야 한다.
㉡ 압력방출장치는 1년에 1회 이상 국가교정기관으로부터 교정을 받은 압력계를 이용하여 토출압력을 시험한 후 납으로 봉인하여 사용하여야 한다.

47 다음 중 근로자에게 위험을 미칠 우려가 있는 공작기계에서 덮개, 울 등을 설치해야 하는 경우와 가장 거리가 먼 것은?

① 연삭기 또는 평삭기의 테이블, 형삭기 램 등의 행정 끝
② 선반으로부터 돌출하여 회전하고 있는 가공물 부근
③ 톱날접촉예방장치가 설치된 원형톱(목재가공용 둥근톱기계 제외) 기계의 위험부위
④ 띠톱기계의 위험한 톱날(절단부분 제외) 부위

해설 ③ 톱날접촉예방장치는 곧 덮개를 말하는 것으로 덮개, 울 등을 설치해야 되는 경우와 거리가 멀다.

48 목재가공용 둥근톱에 설치해야 하는 분할날의 두께는?

① 톱날두께의 1.1배 이상이고, 톱날의 치진폭 이하이어야 한다.
② 톱날두께의 1.1배 이상이고, 톱날의 치진폭 이상이어야 한다.
③ 톱날두께의 1.1배 이내이고, 톱날의 치진폭 이상이어야 한다.
④ 톱날두께의 1.1배 이내이고, 톱날의 치진폭 이하이어야 한다.

해설 분할날의 두께는 톱날두께의 1.1배 이상이고, 톱날의 치진폭 이하이어야 한다.

49 산업용 로봇에 접근하여 위험이 발생될 우려에 대비해서 사용되는 방호장치로 적합하지 않은 것은?

① 안전방책　② 초음파 센서
③ 안전매트　④ 안전블록

해설 ④의 안전블록은 프레스기에 사용되는 것으로 슬라이드 불시하강 방지조치용이다.

50 용기(Bombe)의 도색으로 연결이 잘못된 것은?

① 산소－청색
② 아세틸렌－황색
③ 액화석유가스－회색
④ 수소－주황색

해설 ㉠ 가연성 가스 및 독성 가스의 용기

가스의 종류	도색의 구분	가스의 종류	도색의 구분
액화석유가스	회색	액화암모니아	백색
수소	주황색	액화염소	갈색
아세틸렌	황색	그 밖의 가스	회색

㉡ 그 밖의 가스 용기

가스의 종류	도색의 구분
산소	녹색
액화탄산가스	청색
질소	회색
소방용 용기	소방법에 따른 도색
그 밖의 가스	회색

㉢ 의료용 가스 용기

가스의 종류	도색의 구분	가스의 종류	도색의 구분
산소	백색	질소	흑색
액화탄산가스	회색	아산화질소	청색
헬륨	갈색	사이클로프로판	주황색
에틸렌	자색	그 밖의 가스	회색

51 보일러수 중에 유지류, 용해, 고형물, 부유물 등에 의해 보일러 수면에 거품이 발생하여 수위가 불안정하게 되고 심하면 보일러 밖으로 흘러넘치게 되는 현상은?

① 플라이밍
② 포밍
③ 캐리오버
④ 워터해머

해설 포밍에 대한 설명으로 고수위, 증기부하가 과대한 경우 발생한다.

52 롤러의 위험점 전방에 개구 간격 16.5mm의 가드를 설치하고자 한다면, 개구부에서 위험점까지의 거리는 몇 mm 이상이어야 하는가?

① 60　② 70
③ 80　④ 90

해설 $Y=6+0.15X$

$\therefore X=\dfrac{Y-6}{0.15}=\dfrac{16.5-6}{0.15}=70\text{mm}$

53 프레스의 방호장치에 해당되지 않는 것은?

① 손쳐내기(sweep guard)식 방호장치
② 수인(pull out)식 방호장치
③ 가드(guard)식 방호장치
④ 롤피드(roll feed)식 방호장치

해설 **프레스의 방호장치**
㉠ ①, ②, ③
㉡ 양수조작식 방호장치
㉢ 감응식 방호장치
※ ④ 롤피드는 1차 가공용 자동송급장치이며, 그 밖에 그리퍼피더가 있다.

54 산업안전기준에 관한 규칙에 따르면 차량계 하역운반기계를 이용한 화물 적재 시의 준수해야 할 기준으로 틀린 것은?

① 최대적재량의 10% 이상 초과하지 않도록 적재한다.
② 운전자의 시야를 가리지 않도록 적재한다.
③ 붕괴, 낙하방지를 위해 화물에 로프를 거는 등 필요조치를 한다.
④ 편하중이 생기지 않도록 적재한다.

해설 ① 최대적재량을 초과하지 않도록 적재한다.

55 롤러기의 급정지장치는 무부하에서 최대속도로 회전시킨 상태에서 규정된 정지거리 이내에 당해 롤러를 정지시킬 수 있어야 한다. 앞면 롤러의 직경이 30cm, 원주속도가 20m/min이라면 급정지거리는 얼마 이내이어야 하는가?

① 앞면 롤러 원주의 1/4
② 앞면 롤러 원주의 1/3
③ 앞면 롤러 원주의 1/2.5
④ 앞면 롤러 원주의 1/2

해설 **급정지장치의 성능**

앞면 롤러의 표면속도(m/min)	급정지 거리
30 미만	앞면 롤러 원주의 1/3 이내
30 이상	앞면 롤러 원주의 1/2.5 이내

56 탁상용 연삭기에서 연삭숫돌과 작업대와의 간격은 몇 mm 이하로 조정할 수 있는 작업대를 갖추고 있어야 하는가?

① 10mm 이하
② 6mm 이하
③ 5mm 이하
④ 3mm 이하

해설 탁상용 연삭기에서 연삭숫돌과 작업대와의 간격은 3mm 이하로 조정할 수 있는 작업대를 갖추어야 손의 끼임(협착) 재해를 예방할 수 있다.

정답 ❙ 51. ② 52. ② 53. ④ 54. ① 55. ② 56. ④

57 크레인에 설치하는 방호장치의 종류가 아닌 것은?

① 과부하방지장치
② 권과방지장치
③ 브레이크해지장치
④ 비상정지장치

해설 ③ 크레인의 방호장치로는 브레이크해지장치가 아니라 브레이크장치가 옳다.

58 기계설비의 안전조건 중 외관의 안전화에 해당하는 조치는?

① 고장발생을 최소화하기 위해 정기점검을 실시한다.
② 전압강하, 정전 시의 오동작을 방지하기 위하여 제어장치를 설치하였다.
③ 기계의 예리한 돌출부 등에 안전 덮개를 설치하였다.
④ 강도를 고려하여 안전율을 최대로 고려하여 설계하였다.

해설 ① 보전작업의 안전화
② 기능의 안전화
③ 외관의 안전화
④ 구조의 안전화

59 다음 ( ) 안에 들어갈 말로 옳은 것은?

> 지게차 사용 시 화물낙하 위험의 방호조치 사항으로 헤드가드를 갖추어야 한다. 그 강도로서 지게차 최대하중의 ( )의 값의 등분포하중에 견딜 수 있어야 한다. 단, 그 값이 4톤을 넘는 것에 대하여서는 4톤으로 한다.

① 1배　　② 2배
③ 3배　　④ 4배

해설 지게차는 지게차 최대하중의 2배의 값의 등분포하중에 견딜 수 있어야 안전하다.

60 보일러의 과열을 방지하기 위하여 최고사용압력과 상용압력 사이에서 보일러의 버너연소를 차단할 수 있도록 무엇을 부착하여야 하는가?

① 압력방출장치
② 압력제한스위치
③ 화염검출기
④ 고저수위조정장치

해설 문제의 내용은 압력제한스위치에 대한 설명이다. 압력방출장치는 보일러 내부의 증기압력이 최고사용압력에 달하면 자동적으로 밸브가 열려서 증기를 외부로 분출시켜 증기압력의 상승을 막아준다.

제4과목 전기위험방지기술

61 전기설비에서 제1종 접지공사는 접지저항을 몇 Ω 이하로 해야 하는가?

① 5　　② 10
③ 50　　④ 100

해설 제1종 접지공사는 접지저항을 10Ω 이하로 하고, 접지선의 굵기는 지름 2.6mm 이상으로 해야 한다.

62 A 가스의 폭발하한계가 4.1vol%, 폭발상한계가 62vol%일 때 이 가스의 위험도는 약 얼마인가?

① 8.94　　② 12.75
③ 14.12　　④ 16.12

해설 $H=\frac{62-4.1}{4.1}=14.12$

63 다음 중 증기운폭발에 대한 설명으로 틀린 것은?

① 대기 중에 대량의 가연성 가스 및 기화하기 쉬운 가연성 액체가 누출되어 발화원에 의해 발생한다.
② 증기운폭발은 일종의 가스폭발이다.
③ 증기운폭발은 주로 폐쇄공간에서 발생한다.
④ LNG가 누출될 때에도 증기운폭발을 할 수 있다.

해설 ③ 증기운폭발은 개방된 공간에서 발생한다.

64 다음 중 액체계의 과도한 상승압력의 방출에 이용되고, 설정압력이 되었을 때 압력상승에 비례하여 개방정도가 커지는 밸브는?

① 릴리프밸브
② 체크밸브
③ 안전밸브
④ 통기밸브

해설 릴리프밸브는 액체계의 과도한 상승압력의 방출에 이용된다.

65 다음 중 이산화탄소 및 할로겐화물 소화기의 소화약제에 대한 특징으로 틀린 것은?

① 소화속도가 빠르다.
② 장기간 저장이 가능하다.
③ 주로 냉각효과에 의한 소화방식이다.
④ 전기절연성이 커서 전기기계류의 화재에 사용된다.

해설 CO_2 및 할로겐화물 소화기는 주로 질식효과에 의한 소화방식이다.

66 부피조성이 메탄 65%, 에탄 20%, 프로판 15%인 혼합가스의 공기 중 폭발하한계는 몇 vol%인가? (단, 메탄, 에탄, 프로판의 폭발하한계는 각각 5.0vol%, 3.0vol%, 2.1vol%이다.)

① 2.63 ② 3.73
③ 4.83 ④ 5.93

해설 **혼합가스의 폭발한계**

$$C_3H_8\text{의 폭발하한계} = \frac{100}{\frac{V_1}{L_1}+\frac{V_2}{L_2}+\cdots+\frac{V_n}{L_n}} = \frac{100}{\frac{65}{5.0}+\frac{20}{3.0}+\frac{15}{2.1}} = 3.73$$

67 기계 · 기구의 철대 및 외함의 접지공사 종별이 옳게 연결된 것은?

① 400V 미만인 저압용의 것－제1종 접지공사
② 400V 이상의 저압용의 것－제2종 접지공사
③ 고압용의 것－제3종 접지공사
④ 특별고압용의 것－제1종 접지공사

해설 ① 400V 미만인 저압용의 것－제3종 접지공사
② 400V 이상의 저압용의 것－특별 제3종 접지공사
③ 고압용의 것－제1종 접지공사

68 산업안전보건법상 대지전압이 150V를 초과하는 이동형의 전기기계 · 기구로 정격전부하전류가 25A인 것에 접속되어야 하는 누전차단기의 작동시간으로 옳은 것은?

① 0.01초 이내 ② 0.03초 이내
③ 0.05초 이내 ④ 0.1초 이내

해설 누전차단기의 작동시간은 0.03초 이내, 누전차단기의 최소동작전류는 정격감도전류의 50% 이상이어야 한다.

69 다음 중 고체물질의 연소 종류가 아닌 것은?

① 표면연소 ② 증발연소
③ 자기연소 ④ 확산연소

해설 **고체물질의 연소 종류**
㉠ 표면연소(직접연소)
㉡ 분해연소
㉢ 증발연소
㉣ 자기연소(내부연소)

70 다음 중 유해물질에 대한 노출기준의 정의에서 근로자가 1일 작업시간 동안 잠시라도 노출되어서는 아니 되는 기준은?

① STEL ② TWA
③ Ceiling ④ LC50

해설 Ceiling : 근로자가 1일 작업시간 동안 잠시라도 노출되어서는 아니 되는 기준

정답 | 64. ① 65. ③ 66. ② 67. ④ 68. ② 69. ④ 70. ③

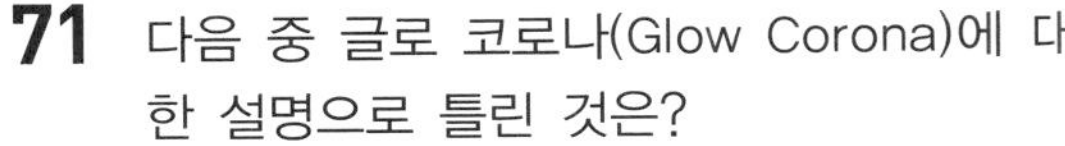

71 다음 중 글로 코로나(Glow Corona)에 대한 설명으로 틀린 것은?

① 전압이 2,000V 정도에 도달하면 코로나가 발생하는 전극의 끝단에 자색의 광점이 나타난다.
② 회로에 예민한 전류계가 삽입되어 있으면 수 μA 정도의 전류가 흐르는 것을 감지할 수 있다.
③ 전압을 상승시키면 전류도 점차로 증가하여 스파크방전에 의해 전극간이 교락된다.
④ Glow Corona는 습도에 의하여 큰 영향을 받는다.

해설 ④ Glow Corona는 습도에 의하여 큰 영향을 받지 않는다.

72 가스 폭발위험장소 중 1종 장소에 해당하는 것은?

① 인화성 액체의 증기 또는 가연성 가스에 의한 폭발위험이 지속적으로 또는 장기간 존재하는 장소
② 정상작동상태에서 인화성 액체의 증기 또는 가연성 가스에 의한 폭발위험 분위기가 존재하기 쉬운 장소
③ 분진은 형태의 가연성 분진이 폭발농도를 형성할 정도로 충분한 양이 정상작동 중에 연속적으로 또는 자주 존재하는 장소
④ 정상작동상태에서 인화성 액체의 증기 또는 가연성 가스에 의한 폭발위험 분위기가 존재할 경우 그 빈도가 아주 적고 단기간만 존재할 수 있는 장소

해설 ① 0종 장소
② 1종 장소
④ 2종 장소

73 전선로에 근접한 일반작업 시 전선로의 이설이나 충전전로의 정전이 곤란할 경우의 조치사항으로 적절하지 않은 것은?

① 감시인을 배치하여 접근을 통제한다.
② 근접한 충전부분에 방호구를 설치한다.
③ 감전위험방지를 위한 방호망을 설치한다.
④ 근로자에게 활선작업방법에 대한 교육을 실시한다.

해설 ④는 활선작업 및 활선근접작업 시 조치할 사항이다.

74 다음 중 폭발하한계에 대한 설명으로 틀린 것은?

① 일반적으로 폭발한계 범위는 온도 상승에 의하여 넓어지게 된다.
② 공기 중 폭발하한계는 온도가 100℃ 증가함에 따라 약 8%씩 증가한다.
③ 일반적으로 압력이 상승되면 폭발상한계도 증가한다.
④ 산소 중에서의 폭발하한계는 공기 중에서와 같다.

해설 ② 공기 중 폭발하한계는 온도가 100℃ 증가함에 따라 약 5%씩 증가한다.

75 25℃, 1기압에서 공기 중 벤젠(C_6H_6)의 허용농도가 10ppm일 때 이를 mg/m^{3}의 단위로 환산하면 약 얼마인가? (단, C, H의 원자량은 각각 12, 1이다.)

① 28.7
② 31.9
③ 34.8
④ 45.9

해설 C_6H_6의 분자량 : 78

$$\frac{10\text{mL}}{\text{m}^3} \times \frac{78\text{mg}}{22.4\text{N}\cdot\text{mL}} \times \frac{(273)\text{N}\cdot\text{mL}}{(273+25)\text{mL}} = 31.9\text{mg/m}^3$$

76 다음 중 정전기의 대전현상이 아닌 것은?

① 마찰대전 ② 충돌대전
③ 파괴대전 ④ 망상대전

해설 **정전기의 대전현상**
㉠ ①, ②, ③
㉡ 분출대전
㉢ 박리대전
㉣ 유동대전
㉤ 교반대전

77 다음 중 전기설비 화재의 소화에 가장 적합한 것은?

① 건조사
② 포 소화기
③ CO_2 소화기
④ 봉상강화액 소화기

해설 ① A, B, C, D급 ② A, B급
③ B, C급 ④ A급

78 다음 주의사항에 해당하는 물질은?

> 특히 산화제와 접촉 및 혼합을 엄금하여, 화재 시 주수소화를 피하고 건조한 모래 등으로 질식소화를 한다.

① 마그네슘 ② 과염소산나트륨
③ 황린 ④ 과산화수소

해설 **마그네슘**(Mg) : 산화제와 접촉 및 혼합을 엄금하여, 화재 시 주수소화를 피하고 건조한 모래 등으로 질식소화한다.

79 가연성 가스의 조성과 연소하한값이 다음 [표]와 같을 때 혼합가스의 연소하한값은 약 몇 (vol%)인가?

구 분	조성(vol%)	연소하한값(vol%)
C_1 가스	2.0vol%	1.1vol%
C_2 가스	3.0vol%	5.0vol%
C_3 가스	2.0vol%	15.0vol%
공기	93.0vol%	–

① 1.74 ② 2.16
③ 2.74 ④ 3.16

해설
㉠ C_1 가스$=\dfrac{2}{(2+3+2)}\times 100=28.6\%$
㉡ C_2 가스$=\dfrac{3}{(2+3+2)}\times 100=42.8\%$
㉢ C_3 가스$=\dfrac{2}{(2+3+2)}\times 100=28.6\%$

$$\therefore L=\frac{100}{\dfrac{V_1}{L_1}+\dfrac{V_2}{L_2}+\dfrac{V_3}{L_3}}=\frac{100}{\dfrac{28.6}{1.1}+\dfrac{42.8}{5}+\dfrac{28.6}{15}}=2.74\text{vol\%}$$

80 특별고압의 충전전로에서 활선작업을 할 때 유지하여야 하는 접근한계거리는 충전전로의 어느 전압을 기준으로 하여 적용하는가?

① 사용전압 ② 표준전압
③ 충전전압 ④ 유효전압

해설 충전전로에서 활선작업을 할 때 유지하여야 하는 접근한계거리는 충전전로의 사용전압을 기준으로 한다.

제5과목 화학설비위험방지기술

81 강관비계의 1스팬(span)에 걸리는 최대적재하중은 몇 kg을 초과하지 않아야 하는가?

① 200kg ② 300kg
③ 400kg ④ 500kg

해설 강관비계의 1스팬(span)에 걸리는 최대적재하중은 400kg을 초과하지 않아야 한다.

82 옹벽의 안정조건에서 활동에 대한 저항력은 옹벽에 작용하는 수평력보다 최소 몇 배 이상 되어야 하는가?

① 1.0배 ② 1.5배
③ 2.0배 ④ 3.0배

해설 옹벽의 안정조건에서 활동에 대한 저항력은 옹벽에 작용하는 수평력 보다 최소 1.5배 이상 되어야 한다.

정답 | 76. ④ 77. ③ 78. ① 79. ③ 80. ① 81. ③ 82. ②

83 건설공사 현장의 가설공사에 사용되는 비계발판에서의 발판폭 치수기준으로 옳은 것은?

① 30cm 이상 ② 40cm 이상
③ 50cm 이상 ④ 60cm 이상

해설 가설공사에서 사용되는 비계발판에서의 발판폭은 40cm 이상으로 하여야 한다.

84 건설업 산업안전보건관리비의 추락방지용 안전시설비 항목에 속하지 않는 것은?

① 추락방지용 안전방망
② 작업발판
③ 개구부 덮개
④ 안전난간

해설 **추락방지용 안전시설비 항목**
㉠ ①, ③, ④
㉡ 안전대걸이 설비
㉢ 위험부위 보호덮개
㉣ 개구부, 맨홀 등에 설치하는 안전펜스
㉤ 가설울타리

85 흙에 관한 전단시험의 종류가 아닌 것은?

① 직접전단시험 ② 일축압축시험
③ 삼축압축시험 ④ CBR시험

해설 ④ CBR시험은 전단시험의 종류에 속하지 않고, 흙의 역학적 성질을 구하는 시험의 일종이다.

86 암석 낙하의 우려가 있을 때 견고한 헤드가드를 설치해야 하는 건설기계의 종류가 아닌 것은?

① 불도저 ② 트랙터
③ 드래그셔블 ④ 스크레이퍼

해설 **헤드가드를 설치해야 하는 건설기계**
㉠ ①, ②, ③
㉡ 셔블
㉢ 로더
㉣ 파우더셔블
※ 스크레이퍼는 헤드가드를 설치할 필요가 없는 정지용기계의 일종이다.

87 다음 중 철골공사를 중지하여야 하는 경우에 해당하는 것은?

① 풍속이 6m/sec인 경우
② 풍속이 9m/sec인 경우
③ 강우량이 0.5mm/hr인 경우
④ 강우량이 1.3mm/hr인 경우

해설 **철골공사를 중지하여야 하는 경우**
㉠ 풍속이 10m/sec 이상인 경우
㉡ 강우량이 1mm/hr 이상인 경우
㉢ 강설량이 1cm/hr 이상인 경우

88 다음 중 거푸집 조립 순서를 옳게 나열한 것은?

① 기둥 → 보받이 내력벽 → 큰 보 → 작은 보 → 바닥판 → 내벽 → 외벽
② 외벽 → 보받이 내력벽 → 큰 보 → 작은 보 → 바닥판 → 내벽 → 기둥
③ 기둥 → 보받이 내력벽 → 작은 보 → 큰 보 → 바닥판 → 내벽 → 외벽
④ 기둥 → 보받이 내력벽 → 바닥판 → 큰 보 → 작은 보 → 내벽 → 외벽

해설 거푸집의 옳은 조립 순서는 ①이다.

89 재해사고를 예방하기 위해 크레인에 설치된 방호장치가 아닌 것은?

① 과부하방지장치 ② 브레이크장치
③ 권과방지장치 ④ 버킷장치

해설 **크레인의 방호장치**
㉠ ①, ②, ③
㉡ 비상정지장치가 있다.
※ 버킷장치는 방호장치가 아니라 달기구의 일종이다.

90 액상한계(LL)가 32%, 소성한계(PL)가 12%일 경우 소성지수(IP)는 얼마인가?

① 10% ② 20%
③ 30% ④ 44%

해설 소성지수(IP) = 액상한계(LL) − 소성한계(PL)
= 32 − 12 = 20%

정답 83. ② 84. ② 85. ④ 86. ④ 87. ④ 88. ① 89. ④ 90. ②

91 콘크리트 양생작업에 대한 다음 설명 중 가장 부적당한 것은?

① 콘크리트 타설 후 수화작용을 돕기 위한 작업이다.
② 급격한 건조 및 한랭에 대해 보호한다.
③ 일광을 최대한 도입하여 수화작용을 촉진하도록 한다.
④ 보통 포틀랜드 시멘트를 사용했을 경우 일평균기온이 15℃ 이상이면 최소 5일간은 습윤상태를 유지한다.

해설 ③ 일광을 최대한 차단하여 수화작용을 촉진하도록 한다.

92 건축물 신축 시 통나무비계를 사용할 수 있는 최대높이는 몇 m 이하인가?

① 8m 이하 ② 10m 이하
③ 12m 이하 ④ 14m 이하

해설 통나무비계는 12m 이하의 건축물, 지상높이 4층 이하의 건축물 신축 시 사용할 수 있다.

93 다음은 비계조립에 관한 사항이다. ( ) 안에 적합한 것은?

> 사업주는 강관비계 또는 통나무비계를 조립하는 때에는 쌍줄로 하여야 하되, 외줄로 하는 때에는 별도의 ( )을/를 설치할 수 있는 시설을 갖추어야 한다.

① 안전난간 ② 작업발판
③ 안전벨트 ④ 표지판

해설 외줄로 하는 때에는 별도의 작업발판을 설치할 수 있는 시설을 갖추어야만 안전하다.

94 느슨하게 쌓여 있는 모래지반이 물로 포화되어 있을 때 지진이나 충격을 받으면 일시적으로 전단강도를 잃어버리는 현상은?

① 모관현상 ② 보일링현상
③ 틱소트로피 ④ 액상화현상

해설 모래지반의 액상화현상에 대한 설명이다.

95 항타기 또는 항발기의 권상용 와이어로프의 사용금지 규정으로 옳지 않은 것은?

① 와이어의 한 꼬임에서 끊어진 소선의 수가 7% 이상인 것
② 지름의 감소가 호칭지름의 7%를 초과한 것
③ 꼬임, 꺾임, 비틀림 등이 있는 것
④ 이음매가 있는 것

해설 ① 와이어의 한 꼬임에서 끊어진 소선의 수가 10% 이상인 것

96 화물취급작업 중 화물적재 시 준수해야 하는 사항에 속하지 않는 것은?

① 침하의 우려가 없는 튼튼한 기반 위에 적재할 것
② 중량의 화물은 건물의 칸막이나 벽에 기대어 적재할 것
③ 불안정할 정도로 높이 쌓아올리지 말 것
④ 편하중이 생기지 아니하도록 적재할 것

해설 ② 중량의 화물은 건물의 칸막이나 벽에 기대어 적재하지 않을 것

97 달비계(곤돌라의 달비계는 제외)의 최대 적재하중을 정함에 있어 달기와이어로프 및 달기강선의 안전계수 기준은 얼마인가?

① 5 이상 ② 7 이상
③ 8 이상 ④ 10 이상

해설 ㉠ 달기와이어로프 및 달기강선의 안전계수 : 10 이상
㉡ 달기체인 및 달기훅의 안전계수 : 5 이상
㉡ 달기강대와 달비계의 하부 및 상부 지점의 안전계수 : 강재의 경우 2.5 이상, 목재의 경우 5 이상

98 다음 중 스크레이퍼의 용도로 가장 거리가 먼 것은?

① 적재 ② 운반
③ 하역 ④ 양중

정답 | 91. ③ 92. ③ 93. ② 94. ④ 95. ① 96. ② 97. ④ 98. ④

해설 스크레이퍼의 용도
㉠ ①, ②, ③
㉡ 굴착

99 가설통로 중 경사로에 설치되는 발판의 폭 및 틈새기준으로 옳은 것은?

① 발판폭 30cm 이상, 틈 3cm 이하
② 발판폭 40cm 이상, 틈 3cm 이하
③ 발판폭 30cm 이상, 틈 4cm 이하
④ 발판폭 40cm 이상, 틈 5cm 이하

해설 경사로에 설치하는 발판의 폭은 40cm 이상, 틈은 3cm 이하로 해야 한다.

100 다음 중 터널식 굴착방법과 거리가 먼 것은?

① TBM 공법
② NATM 공법
③ 쉴드 공법
④ 어스앵커 공법

해설 ④ 어스앵커 공법은 흙막이 공법에 해당하는 것이다.

성공하려면
당신이 무슨 일을 하고 있는지를 알아야 하며,
하고 있는 그 일을 좋아해야 하며,
하는 그 일을 믿어야 한다.

-윌 로저스(Will Rogers)-

☆

때론 지치고 힘들지만 언제나 가슴에 큰 꿈을 안고 삽시다.
노력은 배반하지 않습니다.^^

2023년 제1회 CBT 복원문제

▎산업안전산업기사 3월 1일 시행▎

제1과목 산업안전관리론

01 연평균 1,000명의 근로자를 채용하고 있는 사업장에서 연간 24명의 재해자가 발생하였다면 이 사업장의 연천인율은 얼마인가?

① 10　② 12
③ 24　④ 48

해설

$$연천인율 = \frac{사상자수}{연평균\ 근로자수} \times 1,000 = \frac{24}{1,000} \times 1,000 = 24$$

02 다음 중 Line-Staff형 안전조직에 관한 설명으로 가장 옳은 것은?

① 생산부분의 책임이 막중하다.
② 명령계통과 조언 권고적 참여가 혼동되기 쉽다.
③ 안전지시나 조치가 철저하고, 실시가 빠르다.
④ 생산부분에는 안전에 대한 책임과 권한이 없다.

해설 **Line-Staff형 안전조직**

(1) 장점
㉠ 스태프에 의해서 입안된 것이 경영자의 지침으로 명령 실시되므로 신속 · 정확하게 실시된다.
㉡ 스태프는 안전입안 계획평가 조사, 라인은 생산기술의 안전대책에서 실시되므로 안전활동과 생산업무가 균형을 유지한다.

(2) 단점
㉠ 명령계통과 조언 권고적 참여가 혼동되기 쉽다.
㉡ 라인 스태프에만 의존하거나 또는 활용하지 않는 경우가 있다.
㉢ 스태프의 월권행위의 우려가 있다.

03 사고예방대책 기본원칙 5단계 중 2단계인 "사실의 발견"과 관계가 가장 먼 것은?

① 자료수집
② 위험확인
③ 점검 · 검사 및 조사 실시
④ 안전관리규정 제정

해설 **사고예방대책 기본원칙**

(1) 제2단계(사실의 발견)
㉠ 자료수집
㉡ 위험확인
㉢ 점검 · 검사 및 조사 실시
㉣ 사고 및 활동기록의 검토
㉤ 작업분석
㉥ 각종 안전회의 및 토의회
㉦ 종업원의 건의 및 여론조사

(2) 제4단계(시정방법의 선정) : 안전관리규정 제정

04 안전관리를 "안전은 (　　)을(를) 제어하는 기술"이라 정의할 때 다음 중 (　)에 들어갈 용어로 예방 관리적 차원과 가장 가까운 용어는?

① 위험　② 사고
③ 재해　④ 상해

해설 **안전관리** : 안전은 위험을 제어하는 기술

05 재해코스트 산정에 있어 시몬즈(R.H. Simonds) 방식에 의한 재해코스트 산정법을 올바르게 나타낸 것은?

① 직접비 + 간접비
② 간접비 + 비보험코스트
③ 보험코스트 + 비보험코스트
④ 보험코스트 + 사업부보상금 지급액

해설 시몬즈 방식 재해코스트
= 보험코스트 + 비보험코스트

정답 ▎01. ③　02. ②　03. ④　04. ①　05. ③

06 다음 중 산업재해 통계에 있어서 고려해야 될 사항으로 틀린 것은?

① 산업재해 통계는 안전활동을 추진하기 위한 정밀자료이며, 중요한 안전활동 수단이다.
② 산업재해 통계를 기반으로 안전조건이나 상태를 추측해서는 안 된다.
③ 산업재해 통계 그 자체보다는 재해 통계에 나타난 경향과 성질의 활용을 중요시해야 한다.
④ 이용 및 활용 가치가 없는 산업재해 통계는 그 작성에 따른 시간과 경비의 낭비임을 인지하여야 한다.

해설 **산업재해 통계에 있어서 고려해야 할 사항**
㉠ 산업재해 통계는 활용의 목적을 이룩할 수 있도록 충분한 내용을 포함한다.
㉡ 산업재해 통계를 기반으로 안전조건이나 상태를 추측해서는 안 된다.
㉢ 산업재해 통계 그 자체보다는 재해 통계에 나타난 경향과 성질의 활용을 중요시해야 한다.
㉣ 이용 및 활용 가치가 없는 산업재해 통계는 그 작성에 따른 시간과 경비의 낭비임을 인지하여야 한다.

07 무재해 운동에 관한 설명으로 틀린 것은?

① 제3자의 행위에 의한 업무상 재해는 무재해로 본다.
② "요양"이란 부상 등의 치료를 말하며 입원은 포함되나 재가, 통원은 제외한다.
③ "무재해"란 무재해 운동 시행 사업장에서 근로자가 업무에 기인하여 사망 또는 4일 이상의 요양을 요하는 부상 또는 질병에 이환되지 않는 것을 말한다.
④ 업무수행 중의 사고 중 천재지변 또는 돌발적인 사고로 인한 구조행위 또는 긴급피난 중 발생한 사고는 무재해로 본다.

해설 ② "요양"이라 함은 부상 등의 치료를 말하며, 통원 및 입원의 경우를 모두 포함한다.

08 위험예지훈련 4R(라운드)의 진행방법에서 3R(라운드)에 해당하는 것은?

① 목표설정 ② 본질추구
③ 현상파악 ④ 대책수립

해설 **위험예지훈련 4R(라운드)의 진행방법**
㉠ 1R : 현상파악 ㉡ 2R : 본질추구
㉢ 3R : 대책수립 ㉣ 4R : 목표설정

09 다음 중 근로자가 물체의 낙하 또는 비래 및 추락에 의한 위험을 방지 또는 경감하고, 머리 부위 감전에 의한 위험을 방지하고자 할 때 사용하여야 하는 안전모의 종류로 가장 적합한 것은?

① A형 ② AB형
③ ABE형 ④ AE형

해설 **안전모의 종류 및 용도**

종류 기호	사용 용도
AB	물체낙하, 비래 및 추락에 의한 위험을 방지, 경감
AE	물체낙하, 비래에 의한 위험을 방지 또는 경감 및 감전 방지용
ABE	물체낙하, 비래 및 추락에 의한 위험을 방지 또는 경감 및 감전 방지용

10 산업안전보건법상 안전·보건표지의 종류 중 바탕은 파란색, 관련 그림은 흰색을 사용하는 표지는?

① 사용금지 ② 세안장치
③ 몸균형상실 경고 ④ 안전복 착용

해설 ① 사용금지 : 금지표지
(바탕은 적색, 관련 그림은 흑색)
② 세안장치 : 안내표지
(바탕은 녹색, 관련 그림은 흰색)
③ 몸균형상실 경고 : 경고표지
(바탕은 황색, 관련 그림은 흑색)
④ 안전복 착용 : 지시표지
(바탕은 파란색, 관련 그림은 흰색)

정답 | 06. ① 07. ② 08. ④ 09. ③ 10. ④

11 다음 중 안전심리의 5대 요소에 해당하는 것은?

① 기질(temper)
② 지능(intelligence)
③ 감각(sense)
④ 환경(environment)

해설 **안전심리의 5대 요소**
기질(temper), 동기, 감정, 습성, 습관

12 리더십에 있어서 권한의 역할 중 조직이 지도자에게 부여한 권한이 아닌 것은?

① 보상적 권한
② 강압적 권한
③ 합법적 권한
④ 전문성의 권한

해설 (1) 조직이 리더에게 부여하는 권한
㉠ 강압적 권한
㉡ 보상적 권한
㉢ 합법적 권한
(2) 리더 자신이 자신에게 부여하는 권한
㉠ 위임된 권한
㉡ 전문성의 권한

13 다음 중 인사관리의 목적을 가장 올바르게 나타낸 것은?

① 사람과 일과의 관계
② 사람과 기계와의 관계
③ 기계와 적성과의 관계
④ 사람과 시간과의 관계

해설 **인사관리의 목적** : 사람과 일과의 관계

14 다음 중 피로검사방법에 있어 심리적인 방법의 검사항목에 해당하는 것은?

① 호흡순환기능
② 연속반응시간
③ 대뇌피질활동
④ 혈색소 농도

해설 **심리적 방법의 검사항목**
㉠ 연속반응시간 ㉡ 변별역치
㉢ 정신작업 ㉣ 피부저항
㉤ 동작분석 ㉥ 행동기록
㉦ 집중유지기능 ㉧ 전신자각증상

15 다음 중 교육 형태의 분류에 있어 가장 적절하지 않은 것은?

① 교육의도에 따라 형식적 교육, 비형식적 교육
② 교육의도에 따라 일반교육, 교양교육, 특수교육
③ 교육의도에 따라 가정교육, 학교교육, 사회교육
④ 교육의도에 따라 실업교육, 직업교육, 고등교육

해설 ③ 교육방법에 따라 강의형 교육, 개인교수형 교육, 실험형 교육, 토론형 교육, 자율학습형 교육

16 다음 중 강의안 구성 4단계 가운데 "제시(전개)"에 해당하는 설명으로 옳은 것은?

① 관심과 흥미를 가지고 심신의 여유를 주는 단계
② 과제를 주어 문제해결을 시키거나 습득시키는 단계
③ 교육내용을 정확하게 이해하였는가를 테스트하는 단계
④ 상대의 능력에 따라 교육하고 내용을 확실하게 이해시키고 납득시키는 설명 단계

해설 **강의안 구성 4단계**
㉠ 제1단계-도입(준비) : 관심과 흥미를 가지고 심신의 여유를 주는 단계
㉡ 제2단계-제시(설명) : 상대의 능력에 따라 교육하고 내용을 확실하게 이해시키고 납득시키는 설명 단계
㉢ 제3단계-적용(응용) : 과제를 주어 문제해결을 시키거나 습득시키는 단계
㉣ 제4단계-확인(총괄) : 교육내용을 정확하게 이해하였는가를 테스트하는 단계

정답 | 11. ① 12. ④ 13. ① 14. ② 15. ③ 16. ④

17 다음 안전교육의 형태 중 OJT(On the Job of Training) 교육과 관련이 가장 먼 것은?

① 다수의 근로자에게 조직적 훈련이 가능하다.
② 직장의 실정에 맞게 실제적인 훈련이 가능하다.
③ 훈련에 필요한 업무의 지속성이 유지된다.
④ 직장의 직속상사에 의한 교육이 가능하다.

해설 ①은 Off JT의 장점이다.

18 다음 중 어떤 기능이나 작업과정을 학습시키기 위해 필요로 하는 분명한 동작을 제시하는 교육방법은?

① 시범식 교육
② 토의식 교육
③ 강의식 교육
④ 반복식 교육

해설 ① 시범식 교육(Demonstration Method) : 어떤 기능이나 작업과정을 학습시키기 위해 필요로 하는 분명한 동작을 제시하는 교육방법으로 고압가스 취급 책임자에 대한 교육을 실시하기에 적당한 것이다.
② 토의식 교육(Discussion Method) : 강연에 대한 안전교육은 대상이 많으면 좋다. 교육대상 수는 10~20인 정도가 적당하며 교육대상은 초보자가 아니고 우선 안전지식과 안전관리에 대한 경험을 갖고 있는 자이어야 한다.
③ 강의식 교육(Lecture Method) : 일반적으로 예부터 이용되고 있는 기본적인 교육방법으로 초보적인 단계에 대하여는 극히 효과가 큰 교육방법이다.

19 산업안전보건법령상 특별안전 · 보건교육에 있어 대상 작업별 교육내용 중 밀폐공간에서의 작업에 대한 교육내용과 거리가 먼 것은? (단, 기타 안전 · 보건관리에 필요한 사항은 제외한다.)

① 산소농도 측정 및 작업환경에 관한 사항
② 유해물질의 인체에 미치는 영향
③ 보호구 착용 및 사용방법에 관한 사항
④ 사고 시의 응급처치 및 비상시 구출에 관한 사항

해설 **밀폐된 공간에서의 작업에 대한 특별안전 · 보건교육 대상 작업 및 교육내용**
㉠ 산소농도 측정 및 작업환경에 관한 사항
㉡ 사고 시의 응급처치 및 비상시 구출에 관한 사항
㉢ 보호구 착용 및 사용방법에 관한 사항
㉣ 밀폐공간 작업의 안전작업방법에 관한 사항
㉤ 그 밖의 안전 · 보건관리에 필요한 사항

20 다음 중 산업안전보건법상 용어의 정의가 잘못 설명된 것은?

① "사업주"란 근로자를 사용하여 사업을 하는 자를 말한다.
② "근로자대표"란 근로자의 과반수로 조직된 노동조합이 없는 경우에는 사업주가 지정하는 자를 말한다.
③ "산업재해"란 근로자가 업무에 관계되는 건설물 · 설비 · 원재료 · 가스 · 증기 · 분진 등에 의하거나 작업 또는 그 밖의 업무로 인하여 사망 또는 부상하거나 질병에 걸리는 것을 말한다.
④ "안전 · 보건진단"이란 산업재해를 예방하기 위하여 잠재적 위험성을 발견하고 그 개선대책을 수립할 목적으로 고용노동부 장관이 지정하는 자가 하는 조사 · 평가를 말한다.

해설 **산업안전보건법-제2조(정의)**
"근로자대표"란 근로자의 과반수로 조직된 노동조합이 있는 경우에는 그 노동조합을, 근로자의 과반수로 조직된 노동조합이 없는 경우에는 근로자의 과반수를 대표하는 자를 말한다.

정답 | 17. ① 18. ① 19. ② 20. ②

제2과목 인간공학 및 시스템안전공학

21 다음 중 인간공학(ergonomics)의 기준에 대한 설명으로 가장 적합한 것은?

① 차패니스(Chapanis, A.)에 의해서 처음 사용되었다.
② 민간기업에서 시작하여 군이나 군수회사로 전파되었다.
③ "ergon(작업) + nomos(법칙) + ics(학문)"의 조합된 단어이다.
④ 관련학회는 미국에서 처음 설립되었다.

해설 **인간공학(ergonomics)의 기원 :** "ergon(작업)+nomos(법칙)+ics(학문)"의 조합된 단어

22 인간공학에 있어 시스템 설계과정의 주요 단계를 다음과 같이 6단계로 구분하였을 때 다음 중 올바른 순서로 나열한 것은?

ⓐ 기본설계
ⓑ 계면(Interface)설계
ⓒ 시험 및 평가
ⓓ 목표 및 성능명세 결정
ⓔ 촉진물설계
ⓕ 체계의 정의

① ⓐ→ⓑ→ⓕ→ⓓ→ⓔ→ⓒ
② ⓑ→ⓐ→ⓕ→ⓓ→ⓔ→ⓒ
③ ⓓ→ⓕ→ⓐ→ⓑ→ⓔ→ⓒ
④ ⓕ→ⓐ→ⓑ→ⓓ→ⓔ→ⓒ

해설 **시스템 설계과정의 6단계**
㉠ 제1단계 : 목표 및 성능명세 결정
㉡ 제2단계 : 체계의 정의
㉢ 제3단계 : 기본설계
㉣ 제4단계 : 계면설계
㉤ 제5단계 : 촉진물설계
㉥ 제6단계 : 시험 및 평가

23 다음 중 통제기기의 변위를 20mm 움직였을 때 표시기기의 지침이 25mm 움직였다면 이 기기의 C/R비는 얼마인가?

① 0.3 ② 0.4
③ 0.8 ④ 0.9

해설 통제표시(C/R)비

$$= \frac{\text{통제기기 변위량}}{\text{표시기기 지침 변위량}} = \frac{20}{25} = 0.8$$

24 어떠한 신호가 전달하려는 내용과 연관성이 있어야 하는 것으로 정의되며, 예로써 위험신호는 빨간색, 주의신호는 노란색, 안전신호는 파란색으로 표시하는 것은 다음 중 어떠한 양립성(compatibility)에 해당하는가?

① 공간 양립성
② 개념 양립성
③ 동작 양립성
④ 형식 양립성

해설 **양립성의 종류**
㉠ 개념 양립성 : 어떠한 신호가 전달하려는 내용과 연관성이 있어야 하는 것
㉡ 공간 양립성 : 표시 및 조정장치에서 물리적 형태나 공간적인 배치
㉢ 운동 양립성 : 표시 및 조종장치에서 체계반응에 대한 운동방향

25 다음 설명에서 ( ) 안에 들어갈 단어를 순서적으로 올바르게 나타낸 것은?

• (㉠) : 필요한 직무 또는 절차를 수행하지 않는데 기인한 과오
• (㉡) : 필요한 직무 또는 절차를 수행하였으나 잘못 수행한 과오

① ㉠ Sequential error
　㉡ Extraneous error
② ㉠ Extraneous error
　㉡ Omission error
③ ㉠ Omission error
　㉡ Commission error
④ ㉠ Commission error
　㉡ Omission error

정답 | 21. ③ 22. ③ 23. ③ 24. ② 25. ③

해설 휴먼에러의 심리적 분류
㉠ Omission error : 필요한 직무 또는 절차를 수행하지 않는데 기인한 과오
㉡ Commission error : 필요한 직무 또는 절차를 수행하였으나 잘못 수행한 과오
㉢ Time error : 필요한 직무 또는 절차의 수행 지연으로 인한 과오
㉣ Sequential error : 필요한 직무 또는 절차의 순서착오로 인한 과오
㉤ Extraneous error : 불필요한 직무 또는 절차를 수행함으로써 기인한 과오

26 한 화학공장에는 24개의 공정제어회로가 있으며, 4,000시간의 공정 가동 중 이 회로에는 14번의 고장이 발생하였고 고장이 발생하였을 때마다 회로는 즉시 교체되었다. 이 회로의 평균고장시간($MTTF$)은 약 얼마인가?

① 6,857시간 ② 7,571시간
③ 8,240시간 ④ 9,800시간

해설 $MTTF = \frac{\text{총 가동시간}}{\text{고장건수}}$
$= \frac{24 \times 4,000}{14}$
$= 6857.142 = 6,857$시간

27 다음 중 몸의 중심선으로부터 밖으로 이동하는 신체부위의 동작을 무엇이라 하는가?

① 외전 ② 외선
③ 내전 ④ 내선

해설 ① 외전 : 몸의 중심선으로부터 밖으로 이동하는 신체부위의 동작
② 외선 : 몸의 중심선으로부터의 회전
③ 내전 : 몸의 중심선으로의 이동
④ 내선 : 몸의 중심선으로의 회전

28 불안전한 행동을 유발하는 요인 중 인간의 생리적 요인이 아닌 것은?

① 근력 ② 반응시간
③ 감지능력 ④ 주의력

해설 인간의 생리적 요인
㉠ 근력
㉡ 반응시간
㉢ 감지능력

29 다음 중 좌식 평면작업대에서의 최대작업영역에 관한 설명으로 가장 적절한 것은?

① 위팔과 손목을 중립자세로 유지한 채 손으로 원을 그릴 때 부채꼴 원호의 내부영역
② 어깨로부터 팔을 펴서 어깨를 축으로 하여 수평면상에 원을 그릴 때 부채꼴 원호의 내부지역
③ 자연스러운 자세로 위팔을 몸통에 붙인 채 손으로 수평면상에 원을 그릴 때 부채꼴 원호의 내부지역
④ 각 손의 정상작업영역 경계선이 작업자의 정면에서 교차되는 공통영역

해설 **좌식 평면작업대의 최대작업영역** : 어깨로부터 팔을 펴서 어깨를 축으로 하여 수평면상에 원을 그릴 때 부채꼴 원호의 내부지역

30 강한 음영 때문에 근로자의 눈 피로도가 큰 조명방법은?

① 간접조명
② 반간접조명
③ 직접조명
④ 전반조명

해설 **직접조명** : 강한 음영 때문에 근로자의 눈 피로도가 큰 조명

31 다음 중 카메라의 필름에 해당하는 우리 눈의 부위는?

① 망막 ② 수정체
③ 동공 ④ 각막

해설 ①의 망막은 카메라의 필름에 해당하는 눈의 부위이다.

정답 | 26. ① 27. ① 28. ④ 29. ② 30. ③ 31. ①

32 다음 3개 공정의 소음수준 측정결과 1공정은 100dB에서 1시간, 2공정은 95dB에서 1시간, 3공정은 90dB에서 1시간이 소요될 때 총 소음량(TND)과 소음설계의 적합성을 올바르게 나열한 것은? (단, 90dB에 8시간 노출될 때를 허용기준으로 하며, 5dB 증가할 때 허용시간은 1/2로 감소되는 법칙을 적용한다.)

① TND=0.78, 적합
② TND=0.88, 적합
③ TND=0.98, 적합
④ TND=1.08, 부적합

해설 총 소음량(TND)$=\frac{1}{2}+\frac{1}{4}+\frac{1}{8}=0.88$
따라서, 총 소음량(TND)이 1 이하이므로 적합하다.

33 다음 중 건구온도가 30℃, 습구온도가 27℃일 때 사람들이 느끼는 불쾌감의 정도를 설명한 것으로 가장 적절한 것은?

① 대부분의 사람이 불쾌감을 느낀다.
② 거의 모든 사람이 불쾌감을 느끼지 못한다.
③ 일부분의 사람이 불쾌감을 느끼기 시작한다.
④ 일부분의 사람이 쾌적함을 느끼기 시작한다.

해설 **불쾌지수와 불쾌감의 정도**
불쾌지수(섭씨온도)
=0.72×(건구온도+습구온도)+40.6
=0.72×(30+27)+40.6
=81.64
㉠ 불쾌지수 70 이하 : 모든 사람이 불쾌를 느끼지 않음
㉡ 불쾌지수 70 이상 75 이하 : 10명 중 2~3명이 불쾌감지
㉢ 불쾌지수 76 이상 80 이하 : 10명 중 5명 이상이 불쾌감지
㉣ 불쾌지수 80 이상 : 모든 사람이 불쾌를 느낌

34 다음 중 시스템 안전(system safety)에 대한 설명으로 가장 적절하지 않은 것은?

① 주로 시행착오에 의해 위험을 파악한다.
② 위험을 파악, 분석, 통제하는 접근방법이다.
③ 수명주기 전반에 걸쳐 안전을 보장하는 것을 목표로 한다.
④ 처음에는 국방과 우주항공 분야에서 필요성이 제기되었다.

해설 ① 시스템의 안전관리 및 안전공학을 정확히 적용시켜 위험을 파악한다.

35 다음 중 FMEA(Failure Mode and Effect Analysis)가 가장 유효한 경우는?

① 일정 고장률을 달성하고자 하는 경우
② 고장발생을 최소로 하고자 하는 경우
③ 마멸 고장만 발생하도록 하고 싶은 경우
④ 시험시간을 단축하고자 하는 경우

해설 고장형태와 영향분석(FMEA ; Failure Mode and Effect Analysis)은 고장발생을 최소로 하고자 하는 경우에 가장 유효하다.

36 다음 중 결함수 분석법(FTA)에 관한 설명으로 틀린 것은?

① 최초 Watson이 군용으로 고안하였다.
② 미니멀 패스(minimal path sets)를 구하기 위해서는 미니멀 컷(minimal cut sets)의 상대성을 이용한다.
③ 정상사상의 발생확률을 구한 다음 FT를 작성한다.
④ AND 게이트의 확률 계산은 각 입력사상의 곱으로 한다.

해설 ③ FT를 작성한 후 정상사상의 발생확률을 구한다.

37 FTA에서 사용하는 다음 사상기호에 대한 설명으로 옳은 것은?

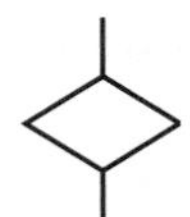

① 시스템 분석에서 좀 더 발전시켜야 하는 사상
② 시스템의 정상적인 가동상태에서 일어날 것이 기대되는 사상
③ 불충분한 자료로 결론을 내릴 수 없어 더 이상 전개할 수 없는 사상
④ 주어진 시스템의 기본사상으로 고장원인이 분석되었기 때문에 더 이상 분석할 필요가 없는 사상

해설 (생략사상) : 불충분한 자료로 결론을 내릴 수 없어 더 이상 전개할 수 없는 사상

38 어떤 결함수를 분석하여 Minimal Cut Set을 구한 결과 다음과 같았다. 각 기본사상의 발생확률을 q_i, $i=1, 2, 3$이라 할 때 정상사상의 발생확률함수로 옳은 것은?

$K_1=[1, 2]$, $K_2=[1, 3]$, $K_3=[2, 3]$

① $q_1q_2+q_1q_2-q_2q_3$
② $q_1q_2+q_1q_3-q_2q_3$
③ $q_1q_2+q_1q_3+q_2q_3-q_1q_2q_3$
④ $q_1q_2+q_1q_3+q_2q_3-2q_1q_2q_3$

해설 **정상사상의 발생확률함수**
$q_1q_2+q_1q_3+q_2q_3-2q_1q_2q_3$

39 다음 중 안전성 평가에서 위험관리의 사명으로 가장 적절한 것은?

① 잠재위험의 인식
② 손해에 대한 자금융통
③ 안전과 건강관리
④ 안전공학

해설 **위험관리의 사명** : 손해에 대한 자금융통

40 산업안전보건법에 따라 유해 · 위험방지 계획서의 제출대상 사업은 해당 사업으로서 전기 계약용량이 얼마 이상인 사업을 말하는가?

① 150kW
② 200kW
③ 300kW
④ 500kW

해설 **유해 · 위험방지 계획서의 제출대상 사업** : 전기 계약용량이 300kW 이상인 사업

제3과목 기계위험방지기술

41 왕복운동을 하는 동작운동과 움직임이 없는 고정 부분 사이에 형성되는 위험점을 무엇이라 하는가?

① 끼임점(shear point)
② 절단점(cutting point)
③ 물림점(nip point)
④ 협착점(squeeze point)

해설 (1) 문제의 내용은 협착점에 관한 것이다.
(2) 협착점이 형성되는 예
㉠ 전단기 누름판 및 칼날 부위
㉡ 선반 및 평삭기 베드 끝 부위
㉢ 프레스 금형 조립 부위
㉣ 프레스 브레이크 금형 조립 부위

42 기계의 기능적인 면에서 안전을 확보하기 위한 반자동 및 자동제어장치의 경우에는 적극적으로 안전화 대책을 강구하여야 한다. 이때 2차적 적극적 대책에 속하는 것은?

① 물을 설치한다.
② 급정지장치를 누른다.
③ 회로를 개선하여 오동작을 방지한다.
④ 연동 장치된 방호장치가 작동되게 한다.

정답 | 37. ③ 38. ④ 39. ② 40. ③ 41. ④ 42. ③

해설 2차적 적극적 대책에 속하는 것은 ③ 이외에 다음과 같다.
㉠ Fail Safe
㉡ 이상 시 기계설비의 급정지

43 안전율을 구하는 방법으로 옳은 것은?

① 안전율=허용응력 / 기초강도
② 안전율=허용응력 / 인장강도
③ 안전율=인장강도 / 허용응력
④ 안전율=안전하중 / 파단하중

해설 **안전율을 구하는 방법**

$$\text{안전율}=\frac{\text{인장강도}}{\text{허용응력}}=\frac{\text{극한강도}}{\text{최대한계능력}}=\frac{\text{파괴하중}}{\text{최대사용하중}}$$

44 다음 중 선반의 방호장치로 적당하지 않은 것은?

① 실드(Shield)
② 슬라이딩(Sliding)
③ 척 커버(Chuck Cover)
④ 칩 브레이커(Chip Breaker)

해설 선반의 방호장치로는 ①, ③, ④ 외에도 다음과 같다.
㉠ 브레이크
㉡ 덮개 또는 울
㉢ 고정 브리지

45 밀링가공 시 안전한 작업방법이 아닌 것은?

① 면장갑은 사용하지 않는다.
② 칩 제거는 회전 중 청소용 솔로 한다.
③ 커터 설치 시에는 반드시 기계를 정지시킨다.
④ 일감은 테이블 또는 바이스에 안전하게 고정한다.

해설 ②의 경우, 칩 제거는 회전이 멈춘 후 청소용 솔로 한다.

46 다음 중 연삭작업에 관한 설명으로 옳은 것은?

① 일반적으로 연삭숫돌은 정면, 측면 모두를 사용할 수 있다.
② 평형 플랜지의 직경은 설치하는 숫돌 직경의 20% 이상의 것으로 숫돌바퀴에 균일하게 밀착시킨다.
③ 연삭숫돌을 사용하는 작업의 경우 작업 시작 전과 연삭숫돌을 교체 후에는 1분 이상 시험운전을 실시한다.
④ 탁상용 연삭기의 덮개에는 워크레스트 및 조정편을 구비하여야 하며, 워크레스트는 연삭숫돌과의 간격을 3mm 이하로 조절할 수 있는 구조이어야 한다.

해설 탁상용 연삭기의 워크레스트는 연삭숫돌과의 간격을 3mm 이하로 조정할 수 있는 구조이어야 한다.

47 목재가공용 둥근톱의 두께가 3mm일 때, 분할날의 두께는?

① 3.3mm 이상 ② 3.6mm 이상
③ 4.5mm 이상 ④ 4.8mm 이상

해설 분할날의 두께는 둥근톱 두께의 1.1배 이상으로 하여야 한다.
∴ $3\times1.1=3.3$mm 이상

48 다음 중 프레스기계의 위험을 방지하기 위한 본질적 안전화(No-Hand in Die 방식)가 아닌 것은?

① 안전금형의 사용
② 수인식 방호장치 사용
③ 전용 프레스 사용
④ 금형에 안전울 설치

해설 본질적 안전화(No-Hand in Die) 방식으로는 ①, ③, ④ 이외에 자동 프레스의 사용이 있다.

49 다음 중 프레스의 방호장치에 관한 설명으로 틀린 것은?

① 양수조작식 방호장치는 1행정 1정지 기구에 사용할 수 있어야 한다.
② 손쳐내기식 방호장치는 슬라이드 하행정거리의 3/4 위치에서 손을 완전히 밀어내야 한다.
③ 광전자식 방호장치의 정상동작 표시램프는 붉은색, 위험표시램프는 녹색으로 하며, 쉽게 근로자가 볼 수 있는 곳에 설치해야 한다.
④ 게이트 가드 방호장치는 가드가 열린 상태에서 슬라이드를 동작시킬 수 없고 또한 슬라이드 작동 중에는 게이트 가드를 열 수 없어야 한다.

해설 ③ 광전자식 방호장치의 정상동작 표시램프는 녹색, 위험표시램프는 붉은색으로 하며, 쉽게 근로자가 볼 수 있는 곳에 설치해야 한다.

50 다음 중 프레스에 사용되는 광전자식 방호장치의 일반구조에 관한 설명으로 틀린 것은?

① 방호장치의 감지기능은 규정한 검출영역 전체에 걸쳐 유효하여야 한다.
② 슬라이드 하강 중 정전 또는 방호장치의 이상 시에는 1회 동작 후 정지할 수 있는 구조이어야 한다.
③ 정상동작 표시램프는 녹색, 위험표시램프는 붉은색으로 하며, 근로자가 쉽게 볼 수 있는 곳에 설치해야 한다.
④ 방호장치의 정상작동 중에 감지가 이루어지거나 공급전원이 중단되는 경우 적어도 두 개 이상의 출력신호 개폐장치가 꺼진상태로 되어야 한다.

해설 ② 슬라이드 하강 중 정전 또는 방호장치의 이상 시에는 바로 정지할 수 있는 구조이어야 한다.

51 다음 중 위험기계의 구동에너지를 작업자가 차단할 수 있는 장치에 해당하는 것은?

① 급정지장치
② 감속장치
③ 위험방지장치
④ 방호설비

해설 문제의 내용은 급정지장치에 관한 것이다. 급정지장치는 롤러기의 방호장치에 해당된다.

52 롤러기에서 가드의 개구부와 위험점 간의 거리가 200mm이면 개구부 간격은 얼마이어야 하는가? (단, 위험점이 전동체이다.)

① 30mm ② 26mm
③ 36mm ④ 20mm

해설 $Y = 6 + 0.1 \times 200 = 26\text{mm}$

53 가스집합 용접장치에는 가스의 역류 및 역화를 방지할 수 있는 안전기를 설치하여야 하는데, 다음 중 저압용 수봉식 안전기가 갖추어야 할 요건으로 옳은 것은?

① 수봉 배기관을 갖추어야 한다.
② 도입관은 수봉식으로 하고, 유효수주는 20mm 미만이어야 한다.
③ 수봉 배기관은 안전기의 압력을 2.5kg/cm^{2}에 도달하기 전에 배기시킬 수 있는 능력을 갖추어야 한다.
④ 파열판은 안전기 내의 압력이 50kg/cm^{2}에 도달하기 전에 파열되어야 한다.

해설 **저압용 수봉식 안전기가 갖추어야 할 요건**
㉠ 수봉 배기관을 갖추어야 한다.
㉡ 도입관은 수봉식으로 하고, 유효수주는 25mm 이상으로 하여야 한다.
㉢ 주요 부분은 두께 2mm 이상의 강판 또는 강관을 사용하여야 한다.
㉣ 아세틸렌과 접촉할 염려가 있는 부분은 동을 사용하지 않아야 한다.

정답 | 49. ③ 50. ② 51. ① 52. ② 53. ①

54 가정용 LPG탱크와 같이 둥근 원통형의 압력 용기에 내부압력 P가 작용하고 있다. 이때 압력용기 재료에 발생하는 원주 응력(hoop stress)은 길이방향 응력(longitudinal stress)의 얼마가 되는가?

① 1/2배　② 2배
③ 4배　④ 5배

해설 압력용기 재료에 발생하는 원주 응력은 길이방향 응력의 2배이다.

55 화물중량이 200kgf, 지게차의 중량이 400kgf, 앞바퀴에서 화물의 무게중심까지의 최단거리가 1m이면 지게차가 안정되기 위한 앞바퀴에서 지게차의 무게중심까지의 최단거리는 최소 몇 m를 초과해야 하는가?

① 0.2　② 0.5
③ 1.0　④ 3.0

해설

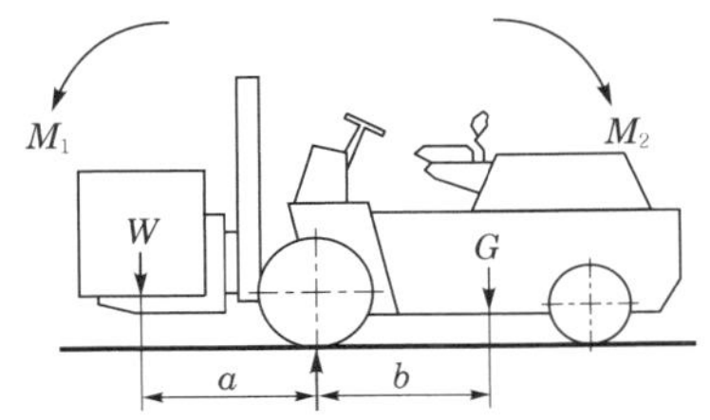

㉠ $M_1 = W \times a = 200 \times 1 = 200\,\text{kgf}$
㉡ $M_2 = G \times b = 400 \times b = 400 \cdot b\,[\text{kgf}]$
㉢ $M_1 \leq M_2$, $200 \leq 400 \cdot b$
$\therefore\ b = \frac{200}{400} = 0.5\,\text{m}$

56 컨베이어(conveyor) 역전방지장치의 형식을 기계식과 전기식으로 구분할 때 기계식에 해당하지 않는 것은?

① 래칫식　② 밴드식
③ 스러스트식　④ 롤러식

해설 컨베이어 역전방지장치의 형식으로 기계식에 해당하는 것은 ①, ②, ④ 세 가지가 있다.

57 다음 중 양중기에서 사용되는 해지장치에 관한 설명으로 가장 적합한 것은?

① 2중으로 설치되는 권과방지장치를 말한다.
② 화물의 인양 시 발생하는 충격을 완화하는 장치이다.
③ 과부하 발생 시 자동적으로 전류를 차단하는 방지장치이다.
④ 와이어로프가 훅에서 이탈하는 것을 방지하는 장치이다.

해설 양중기에서 사용되는 해지장치는 와이어로프가 훅에서 이탈하는 것을 방지하는 장치이다.

58 다음 중 크레인작업 시 로프에 1톤의 중량을 걸어, 20m/s^{2}의 가속도로 감아올릴 때 로프에 걸리는 총 하중(kgf)은 약 얼마인가?

① 1040.34　② 2040.53
③ 3040.82　④ 3540.91

해설 $W = W_1 + W_2 = W_1 + \frac{W_1}{g} \times \alpha$

$\therefore\ 1{,}000 + \frac{1{,}000}{9.8} \times 20 \fallingdotseq 3040.82\text{kgf}$

59 재료에 대한 시험 중 비파괴시험이 아닌 것은?

① 방사선투과시험
② 자분탐상시험
③ 초음파탐상시험
④ 피로시험

해설 ㉠ 피로시험은 파괴시험의 종류에 속한다.
㉡ 비파괴시험으로는 ①, ②, ③ 외에도 침투검사, 음향검사, 와류탐상검사, 육안검사 등이 있다.

60 다음 중 소음방지대책으로 가장 적절하지 않은 것은?

① 소음의 통제　② 소음의 적응
③ 흡음재 사용　④ 보호구 착용

해설 ①, ③, ④ 이외에 소음방지대책은 다음과 같은 것이 있다.
㉠ 소음기 사용
㉡ 기계의 배치 변경
㉢ 음원기계의 밀폐

정답 ┃ 54. ② 55. ② 56. ③ 57. ④ 58. ③ 59. ④ 60. ②

제4과목 전기위험방지기술

61 저압 충전부에 인체가 접촉할 때 전격으로 인한 재해사고 중 1차적인 인자로 볼 수 없는 것은?

① 통전전류 ② 통전경로
③ 인가전압 ④ 통전시간

해설 전격으로 인한 재해사고 중 1차적 인자로는 ①, ②, ④ 이외에 전원의 종류가 있다.

62 전류밀도, 통전전류, 접촉면적과 피부저항과의 관계를 설명한 것으로 옳은 것은?

① 같은 크기의 전류가 흘러도 접촉면적이 커지면 피부저항은 작게 된다.
② 같은 크기의 전류가 흘러도 접촉면적이 커지면 전류밀도는 커진다.
③ 전류밀도와 접촉면적은 비례한다.
④ 전류밀도와 전류는 반비례한다.

해설 ② 전류밀도는 커진다. → 전류밀도는 작아진다.
③ 비례한다. → 반비례한다.
④ 반비례한다. → 비례한다.

63 전기회로 개폐기의 스파크에 의한 화재를 방지하기 위한 대책으로 틀린 것은?

① 가연성 분진이 있는 곳은 방폭형으로 한다.
② 개폐기를 불연성 함에 넣는다.
③ 과전류 차단용 퓨즈는 비포장 퓨즈로 한다.
④ 접촉부분의 산화 또는 나사풀림이 없도록 한다.

해설 ③의 경우, 과전류 차단용 퓨즈는 포장 퓨즈로 한다는 내용이 옳다.

64 활선작업 중 다른 공사를 하는 것에 대한 안전조치는?

① 동일주 및 인접주에서의 다른 작업은 금한다.
② 인접주에서는 다른 작업이 가능하다.
③ 동일 배전선에서는 관계가 없다.
④ 동일주에서는 다른 작업이 가능하다.

해설 활선작업 시 동일주 및 인접주에서의 다른 작업을 하는 것이 안전조치로서 옳다.

65 다음 중 전기화재의 직접적인 발생요인과 가장 거리가 먼 것은?

① 누전, 열의 축적
② 피뢰기의 손상
③ 지락 및 접속불량으로 인한 과열
④ 과전류 및 절연의 손상

해설 피뢰기의 손상은 전기화재의 직접적 발생요인과 거리가 멀다.

66 전기누전 화재경보기의 설치장소 중 제1종 장소의 경우 연면적으로 옳은 것은?

① 200mm^2 이상 ② 300mm^2 이상
③ 500mm^2 이상 ④ 1,000mm^2 이상

해설 전기누전 화재경보기의 설치장소 중 제1종 장소의 연면적은 1,000mm^2 이상이다.

67 다음 중 정전기에 대한 설명으로 가장 알맞은 것은?

① 전하의 공간적 이동이 크고, 그것에 의한 자계의 효과가 전계의 효과에 비해 매우 큰 전기
② 전하의 공간적 이동이 적고, 그것에 의한 자계의 효과가 전계에 비해 무시할 정도의 적은 전기
③ 전하의 공간적 이동이 적고, 그것에 의한 전계의 효과와 자계의 효과가 서로 비슷한 전기
④ 전하의 공간적 이동이 크고, 그것에 의한 자계의 효과와 전계의 효과를 서로 비교할 수 없는 전기

해설 정전기에 대한 설명으로 가장 알맞게 표현한 것은 ②이다.

정답 | 61. ③ 62. ① 63. ③ 64. ① 65. ② 66. ④ 67. ②

68 정전기 방전에 의한 폭발로 추정되는 사고를 조사함에 있어서 필요한 조치가 아닌 것은?

① 가연성 분위기 규명
② 전하발생 부위 및 축적기구 규명
③ 방전에 따른 점화 가능성 평가
④ 사고현장의 방전흔적 조사

해설 정전기 방전에 의한 폭발로 추정되는 사고를 조사함에 있어서 필요한 조치로는 ①, ②, ③의 세 가지가 있다.

69 다음 중 최소발화에너지에 관한 설명으로 틀린 것은?

① 압력이 상승하면 작아진다.
② 온도가 상승하면 작아진다.
③ 산소농도가 높아지면 작아진다.
④ 유체의 유속이 높아지면 작아진다.

해설 **최소발화에너지(Minimum Ignition Energy)** : 가연성 가스나 액체의 증기 또는 폭발성 분진이 공기 중에 있을 때 이것을 발화시키는 데 필요한 에너지이며 단위는 밀리줄(mJ)을 사용한다. 최소발화에너지가 낮은 물질인 아세틸렌, 수소, 이황화탄소 등에서 약간의 전기스파크에도 폭발하기 쉽기 때문에 주의한다.
④ 유체의 유속이 높아지면 최소발화에너지는 커진다.

70 다음 분진의 종류 중 폭연성 분진에 해당하는 것은?

① 소맥분　② 철
③ 코크스　④ 알루미늄

해설 ㉠ 폭연성 분진으로는 알루미늄, 알루미늄 브론즈, 마그네슘, 알루미늄수지 등이 있다.
㉡ 전도성, 가연성 분진으로는 코크스, 아연, 석탄, 카본블랙 등이 있다.

71 위험물의 일반적인 특성이 아닌 것은?

① 반응 시 발생하는 열량이 크다.
② 물 또는 산소와의 반응이 용이하다.
③ 수소와 같은 가연성 가스가 발생한다.
④ 화학적 구조 및 결합이 안정되어 있다.

해설 ④ 화학적 구조 및 결합이 안정되어 있지 않다.

72 다음 중 폭발성 물질로 분류될 수 있는 가장 적절한 물질은?

① N_2H_4　② CH_3COCH_3
③ $n-C_3H_7OH$　④ $C_2H_5OC_2H_5$

해설 ㉠ 폭발성 물질 : N_2H_4(히드라진)
㉡ 인화성 액체 : CH_3COCH_3(아세톤), $n-C_3H_7OH$($n-$프로필알코올), $C_2H_5OC_2H_5$(에테르)

73 환풍기가 고장이 난 장소에서 인화성 액체를 취급하는 과정에 부주의로 마개를 막지 않았다. 이 장소에서 작업자가 담배를 피우기 위해 불을 켜는 순간 인화성 액체에서 불꽃이 일어나는 사고가 발생하였다면 다음 중 이와 같은 사고의 발생가능성이 가장 높은 물질은?

① 아세트산　② 등유
③ 에틸에테르　④ 경유

해설 에틸에테르($C_2H_5OC_2H_5$)는 인화점(−45℃)이 낮고 휘발성이 강하며, 정전기 발생의 위험성이 있다.

74 다음 중 부탄의 연소 시 산소 농도를 일정한 값 이하로 낮추어 연소를 방지할 수 있는데, 이때 첨가하는 물질로 가장 적절하지 않은 것은?

① 질소　② 이산화탄소
③ 헬륨　④ 수증기

해설 **연소를 방지할 수 있는 첨가물질**
불연성 가스(질소, 이산화탄소, 헬륨 등)

75 다음 중 가연성 기체의 폭발한계와 폭굉한계를 가장 올바르게 설명한 것은?

① 폭발한계와 폭굉한계는 농도범위가 같다.
② 폭굉한계는 폭발한계의 최상한치에 존재한다.
③ 폭발한계는 폭굉한계보다 농도범위가 넓다.
④ 두 한계의 하한계는 같으나, 상한계는 폭굉한계가 더 높다.

정답 | 68. ④　69. ④　70. ④　71. ④　72. ①　73. ③　74. ④　75. ③

해설 가연성 기체의 폭발한계는 폭굉한계보다 농도 범위가 넓다.

76 다음 중 종이, 목재, 섬유류 등에 의하여 발생한 화재의 화재 급수로 옳은 것은?

① A급　② B급
③ C급　④ D급

해설 **화재의 종류**
㉠ A급 화재 : 목재, 종이, 섬유류 등에 의하여 발생한 화재
㉡ B급 화재 : 유류화재
㉢ C급 화재 : 전기화재
㉣ D급 화재 : 금속화재

77 아세틸렌에 관한 설명으로 옳지 않은 것은?

① 철과 반응하여 폭발성 아세틸리드를 생성한다.
② 폭굉의 경우 발생압력이 초기압력의 20~50배에 이른다.
③ 분해반응은 발열량이 크며, 화염온도는 3,100℃에 이른다.
④ 용단 또는 가열작업 시 $1.3kgf/cm^2$ 이상의 압력을 초과하여서는 안 된다.

해설 ① Ag, Hg, Cu, Mg과 반응하여 아세틸리드를 생성한다.

78 반응기를 조작방법에 따라 분류할 때 반응기의 한쪽에서는 원료를 계속적으로 유입하는 동시에 다른 쪽에서는 반응생성물질을 유출시키는 형식의 반응기를 무엇이라 하는가?

① 관형 반응기
② 연속식 반응기
③ 회분식 반응기
④ 교반조형 반응기

해설 ① 관형 반응기 : 반응기의 일단에 원료를 연속적으로 송입한 후 관 내에서 반응을 진행시키고, 다른 끝에서 연속적으로 유출하는 형식의 반응기이다.
③ 회분식 반응기 : 한번 원료를 넣으면 목적을 달성할 때까지 반응을 계속하는 방식이다.
④ 교반조형 반응기 : 반응기 내에서는 완전혼합이 이루어지므로 반응기 내의 반응물 농도 및 생성물의 농도는 일정하다. 따라서 반응기에 공급한 반응물의 일부를 그대로 유출하는 결점도 있다.

79 다음 중 소화방법의 분류에 해당하지 않는 것은?

① 포 소화
② 질식소화
③ 희석소화
④ 냉각소화

해설 **소화방법의 분류**
㉠ 질식소화 : 가연물질이 연소하고 있는 경우 공급되는 공기 중의 산소의 양을 15%(용량) 이하로 하면 산소결핍에 의하여 자연적으로 연소상태가 정지되는 것
㉡ 희석소화 : 물에 용해하는 성질을 가지는 가연물질을 저장하는 탱크 또는 용기에 화재가 발생하였을 때 많은 양의 물을 일시에 방사함으로써 수용성 가연물질의 농도를 묽게 희석시켜 연소농도 이하가 되게 하여 소화시키는 소화작용
㉢ 냉각소화 : 연소 중인 가연물질의 온도를 점화원 이하로 냉각시켜 소화하는 것

80 다음 중 소화약제에 의한 소화기의 종류와 방출에 필요한 가압방법의 분류가 잘못 연결된 것은?

① 이산화탄소 소화기 : 축압식
② 물 소화기 : 펌프에 의한 가압식
③ 산·알칼리 소화기 : 화학반응에 의한 가압식
④ 할로겐화합물 소화기 : 화학반응에 의한 가압식

해설 **할로겐화합물 소화기** : 액체상태로 압력용기에 저장되기 때문에 소화약제 자신의 증기압 또는 가압가스에 의해 방출된다.

정답 | 76. ① 77. ① 78. ② 79. ① 80. ④

제5과목 화학설비위험방지기술

81 정기안전점검 결과 건설공사의 물리적 · 기능적 결함 등이 발견되어 보수 · 보강 등의 조치를 하기 위하여 필요한 경우에 실시하는 것은?

① 자체안전점검 ② 정밀안전점검
③ 상시안전점검 ④ 품질관리점검

해설 정기안전점검 결과 건설공사의 물리적 · 기능적 결함 등이 발견되어 보수 · 보강 등의 조치를 하기 위하여 필요한 경우에 실시하는 것은 정밀안전점검이다.

82 암질 변화구간 및 이상 암질 출현 시 판별방법과 가장 거리가 먼 것은?

① R.Q.D ② R.M.R
③ 지표침하량 ④ 탄성파 속도

해설 **암질 변화구간 및 이상 암질 출현 시 판별방법**
㉠ R.Q.D
㉡ R.M.R
㉢ 탄성파 속도

83 히빙(heaving)현상 방지대책으로 옳지 않은 것은?

① 흙막이 벽체의 근입깊이를 깊게 한다.
② 흙막이 벽체 배면의 지반을 개량하여 흙의 전단강도를 높인다.
③ 부풀어 솟아오르는 바닥면의 토사를 제거한다.
④ 소단을 두면서 굴착한다.

해설 **히빙현상 방지대책**
㉠ ①, ②, ④
㉡ 굴착 주변의 상재하중을 제거한다.
㉢ 굴착방식을 개선(아일랜드컷 공법 등)한다.
㉣ 버팀대, 브래킷, 흙막이를 점검한다.

84 건설업 산업안전보건관리비로 사용할 수 없는 것은?

① 개인보호구 및 안전장구 구입비용
② 추락방지용 안전시설 등 안전시설비용
③ 경비원, 교통정리원, 자재정리원의 인건비
④ 전담안전관리자의 인건비 및 업무수당

해설 ③의 경비원, 교통정리원, 자재정리원의 인건비는 건설업 산업안전보건관리비로 사용할 수 없는 항목이다.

85 일반적인 안전수칙에 따른 수공구와 관련된 행동으로 옳지 않은 것은?

① 직업에 맞는 공구의 선택과 올바른 취급을 하여야 한다.
② 결함이 없는 완전한 공구를 사용하여야 한다.
③ 작업 중인 공구는 작업이 편리한 반경 내의 작업대나 기계 위에 올려놓고 사용하여야 한다.
④ 공구는 사용 후 안전한 장소에 보관하여야 한다.

해설 ①, ②, ④ 이외에 안전수칙에 따른 수공구와 관련된 행동으로 공구의 올바른 취급과 사용이 있다.

86 다음 중 양중기에 해당하지 않는 것은?

① 크레인
② 건설작업용 리프트
③ 곤돌라
④ 최대하중이 0.2ton인 인화공용 승강기

해설 ①, ②, ③ 이외에 양중기에 해당되는 것은 다음과 같다.
㉠ 적재하중이 0.1ton 이상인 이삿짐 운반용 리프트
㉡ 최대하중이 0.25ton 이상인 승강기

87 건설작업용 리프트에 대하여 바람에 의한 붕괴를 방지하는 조치를 한다고 할 때 그 기준이 되는 최소 풍속은?

① 순간 풍속 30m/sec 초과
② 순간 풍속 35m/sec 초과
③ 순간 풍속 40m/sec 초과
④ 순간 풍속 45m/sec 초과

정답 | 81. ② 82. ③ 83. ③ 84. ③ 85. ③ 86. ④ 87. ②

해설 순간 풍속 35m/sec 초과 시 건설작업용 리프트에 대하여 바람에 의한 붕괴를 방지하는 조치를 해야 한다.

88 철골공사에서 부재의 건립용 기계로 거리가 먼 것은?

① 타워크레인 ② 가이데릭
③ 삼각데릭 ④ 항타기

해설 **철골공사에서 부재의 건립용 기계**
㉠ ①, ②, ③
㉡ 소형 지브크레인
㉢ 트럭크레인
㉣ 크롤러크레인
㉤ 휠크레인
㉥ 진폴데릭

89 작업조건에 알맞은 보호구의 연결이 옳지 않은 것은?

① 안전대 : 높이 또는 깊이 2m 이상의 추락할 위험이 있는 장소에서의 작업
② 보안면 : 물체가 흩날릴 위험이 있는 작업
③ 안전화 : 물체의 낙하·충격, 물체에의 끼임, 감전 또는 정전기의 대전(帶電)에 의한 위험이 있는 작업
④ 방열복 : 고열에 의한 화상 등의 위험이 있는 작업

해설 ②의 경우, 물체가 흩날릴 위험이 있는 작업에 알맞은 보호구는 보안경이다.

90 건축물의 층고가 높아지면서 현장에서 고소작업대의 사용이 증가하고 있다. 고소작업대의 사용 및 설치기준으로 옳은 것은?

① 작업대를 와이어로프 또는 체인으로 올리거나 내릴 경우에는 와이어로프 또는 체인의 안전율은 10 이상일 것
② 작업대를 올린 상태에서 항상 작업자를 태우고 이동할 것
③ 바닥과 고소작업대는 가능하면 수직을 유지하도록 할 것
④ 갑작스러운 이동을 방지하기 위하여 아웃트리거(outrigger) 또는 브레이크 등을 확실히 사용할 것

해설 **고소작업대의 사용 및 설치기준**
㉠ 작업대를 와이어로프 또는 체인으로 올리거나 내릴 경우에는 와이어로프 체인의 안전율은 5 이상일 것
㉡ 작업대를 올린 상태에서 작업자를 태우고 이동하지 말 것
㉢ 바닥과 고소작업대는 가능하면 수평을 유지하도록 할 것
㉣ 갑작스러운 이동을 방지하기 위하여 아웃트리거 또는 브레이크 등을 확실히 사용할 것

91 다음 중 토석붕괴의 원인이 아닌 것은?

① 절토 및 성토의 높이 증가
② 사면 법면의 경사 및 기울기의 증가
③ 토석의 강도 상승
④ 지표수·지하수의 침투에 의한 토사 중량의 증가

해설 ③ 토석의 강도 저하

92 일반적으로 사면이 가장 위험한 경우는 어느 때인가?

① 사면이 완전건조 상태일 때
② 사면의 수위가 서서히 상승할 때
③ 사면이 완전포화 상태일 때
④ 사면의 수위가 급격히 하강할 때

해설 사면의 수위가 급격히 하강할 때 일반적으로 사면이 가장 위험한 경우가 된다.

93 비계의 높이가 2m 이상인 작업장소에 작업발판을 설치할 경우 준수하여야 할 기준으로 옳지 않은 것은?

① 발판의 폭은 30cm 이상으로 할 것
② 발판재료 간의 틈은 3cm 이하로 할 것
③ 추락의 위험이 있는 장소에는 안전난간을 설치할 것
④ 발판재료는 뒤집히거나 떨어지지 아니하도록 2 이상의 지지물에 연결하거나 고정시킬 것

정답 ❙ 88. ④ 89. ② 90. ④ 91. ③ 92. ④ 93. ①

해설 ①의 경우, 발판의 폭은 40cm 이상으로 할 것이 옳다.

94 다음은 말비계 조립 시 준수사항이다. ( ) 안에 알맞은 수치는?

- 지주부재와 수평면의 기울기를 (㉠)° 이하로 하고 지주부재와 지주부재 사이를 고정시키는 보조부재를 설치할 것
- 말비계의 높이가 2m를 초과하는 경우에는 작업발판의 폭을 (㉡)cm 이상으로 할 것

① ㉠ 75, ㉡ 30　② ㉠ 75, ㉡ 40
③ ㉠ 85, ㉡ 30　④ ㉠ 85, ㉡ 40

해설 (1) 말비계 조립 시 지주부재와 수평면의 기울기를 75° 이하로 하고 지주부재와 지주부재 사이를 고정시키는 보조부재를 설치하여야 한다.
(2) 말비계의 높이가 2m를 초과하는 경우에는 작업발판의 폭을 40cm 이상으로 하여야 한다.

95 가설통로의 구조에 대한 기준으로 틀린 것은?

① 경사가 15°를 초과하는 경우에는 미끄러지지 아니 하는 구조로 할 것
② 경사는 20° 이하로 할 것
③ 추락의 위험이 있는 장소에는 안전난간을 설치할 것
④ 수직갱에 가설된 통로의 길이가 15m 이상인 경우에는 10m 이내마다 계단참을 설치할 것

해설 **가설통로의 구조에 대한 기준**
㉠ 견고한 구조로 할 것
㉡ 경사는 30° 이하로 할 것(다만, 계단을 설치하거나 높이 2m 미만의 가설통로로서 튼튼한 손잡이를 설치한 경우에는 그러하지 아니 하다.)
㉢ 경사가 15°를 초과하는 경우에는 미끄러지지 아니 하는 구조로 할 것
㉣ 추락할 위험이 있는 장소에는 안전난간을 설치할 것(다만, 작업상 부득이한 경우에는 필요한 부분만 임시로 해체할 수 있다.)
㉤ 수직갱에 가설된 통로의 길이가 15m 이상인 경우에는 10m 이내마다 계단참을 설치할 것
㉥ 건설공사에 사용하는 높이 8m 이상인 비계다리에는 7m 이내마다 계단참을 설치할 것

96 2가지의 거푸집 중 먼저 해체해야 하는 것으로 옳은 것은?

① 기온이 높을 때 타설한 거푸집과 낮을 때 타설한 거푸집 – 높을 때 타설한 거푸집
② 조강시멘트를 사용하여 타설한 거푸집과 보통시멘트를 사용하여 타설한 거푸집 – 보통시멘트를 사용하여 타설한 거푸집
③ 보와 기둥 – 보
④ 스팬이 큰 빔과 작은 빔 – 큰 빔

해설 ② 보통시멘트를 사용하여 타설한 거푸집 → 조강시멘트를 사용하여 타설한 거푸집
③ 보 → 기둥
④ 큰 빔 → 작은 빔

97 콘크리트 강도에 가장 큰 영향을 주는 것은?

① 골재의 입도　② 시멘트양
③ 배합방법　④ 물 · 시멘트비

해설 콘크리트 강도에 가장 큰 영향을 주는 것은 물 · 시멘트비이다.

98 콘크리트의 측압에 관한 설명으로 옳은 것은?

① 거푸집 수밀성이 크면 측압은 작다.
② 철근의 양이 적으면 측압은 작다.
③ 부어넣기 속도가 빠르면 측압은 작아진다.
④ 외기의 온도가 낮을수록 측압은 크다.

해설 **콘크리트 타설 시 거푸집의 측압에 영향을 미치는 인자(측압이 큰 경우)**
㉠ 거푸집 부재단면이 클수록
㉡ 거푸집 수밀성이 클수록
㉢ 거푸집의 강성이 클수록
㉣ 철근의 양이 적을수록
㉤ 거푸집 표면이 평활할수록
㉥ 시공연도(Workability)가 좋을수록
㉦ 외기온도가 낮을수록
㉧ 타설(부어넣기) 속도가 빠를수록
㉨ 슬럼프가 클수록
㉩ 다짐이 좋을수록
㉪ 콘크리트 비중이 클수록
㉫ 조강시멘트 등 응결시간이 빠른 것을 사용할수록
㉬ 습도가 낮을수록

정답 | 94. ② 95. ② 96. ① 97. ④ 98. ④

99 철골작업에서의 승강로 설치기준 중 ( ) 안에 알맞은 숫자는?

> 사업주는 근로자가 수직방향으로 이동하는 철골부재에는 답단 간격이 ( )cm 이내인 고정된 승강로를 설치하여야 한다.

① 20 ② 30
③ 40 ④ 50

해설 **철골작업 시의 승강로 설치기준**
㉠ 사업주는 근로자가 수직방향으로 이동하는 철골부재에는 답단 간격이 30cm 이내인 고정된 승강로를 설치한다.
㉡ 수평방향 철골과 수직방향 철골이 연결되는 부분에는 연결작업을 위하여 작업방판 등을 설치한다.

100 취급 · 운반의 원칙으로 옳지 않은 것은?

① 운반작업을 집중하여 시킬 것
② 곡선운반을 할 것
③ 생산을 최고로 하는 운반을 생각할 것
④ 연속운반을 할 것

해설 ㉠ ②의 경우, 직선운반을 할 것이 옳다.
㉡ ①, ③, ④ 이외에 취급 · 운반의 원칙으로는 최대한 시간과 경비를 절약할 수 있는 운반방법을 고려할 것이 있다.

 정답 | 99. ② 100. ②

2023년 제2회 CBT 복원문제

❙ 산업안전산업기사 5월 13일 시행 ❙

제1과목 산업안전관리론

01 다음 중 잠재적인 손실이나 손상을 가져올 수 있는 상태나 조건을 무엇이라 하는가?

① 위험　② 사고
③ 상해　④ 재해

해설 위험 : 잠재적인 손실이나 손상을 가져올 수 있는 상태나 조건

02 다음 중 일반적인 안전관리 조직의 기본 유형으로 볼 수 없는 것은?

① Line system
② Staff system
③ Safety system
④ Line-Staff system

해설 **안전관리 조직의 기본 유형**
㉠ Line system
㉡ Staff system
㉢ Line-Staff system

03 다음 중 사고예방대책의 기본원리 5단계에 있어 3단계에 해당하는 것은?

① 분석　② 안전조직
③ 사실의 발견　④ 시정방법의 선정

해설 **사고예방대책의 기본원리 5단계**
㉠ 제1단계 : 안전조직
㉡ 제2단계 : 사실의 발견
㉢ 제3단계 : 분석
㉣ 제4단계 : 시정방법의 선정
㉤ 제5단계 : 시정책의 적용

04 다음 중 연간 총 근로시간 합계 100만시간당 재해발생건수를 나타내는 재해율은?

① 연천인율　② 도수율
③ 강도율　④ 종합재해지수

해설
㉠ 도수율 $= \dfrac{\text{재해건수}}{\text{연근로시간수}} \times 1{,}000{,}000$
∴ 100만시간
㉡ 강도율 $= \dfrac{\text{총 근로손실일수}}{\text{연근로시간수}} \times 1{,}000$
∴ 1,000시간

05 다음 중 재해를 분석하는 방법에 있어 재해건수가 비교적 적은 사업장의 적용에 적합하고, 특수재해나 중대재해의 분석에 사용하는 방법은?

① 개별분석
② 통계분석
③ 사전분석
④ 크로스(Cross)분석

해설 **안전사고의 원인분석 방법**
㉠ 개별적 원인분석 : 재해건수가 비교적 적은 사업장의 적용에 적합하고, 특수재해나 중대재해의 분석에 사용하는 방법
㉡ 통계적 원인분석 : 각 요인의 상호관계와 분포상태 등을 거시적으로 분석하는 방법

06 다음 중 시몬즈(Simonds)의 재해손실 비용 산정방식에 있어 비보험코스트에 포함되지 않는 것은?

① 영구 전노동 불능 상해
② 영구 부분노동 불능 상해
③ 일시 전노동 불능 상해
④ 일시 부분노동 불능 상해

해설 **시몬즈의 비보험코스트**
㉠ ②, ③, ④
㉡ 응급조치(8시간 미만 휴업)
㉢ 무상해 사고(인명손실과는 무관함)

정답 ❙ 01. ① 02. ③ 03. ① 04. ② 05. ① 06. ①

07 무재해 운동의 추진에 있어 무재해 운동을 개시한 날로부터 며칠 이내에 무재해 운동 개시 신청서를 관련 기관에 제출하여야 하는가?

① 4일 ② 7일
③ 14일 ④ 30일

해설 **무재해 운동의 추진** : 무재해 운동을 개시한 날로부터 14일 이내에 무재해 운동 개시 신청서를 관련 기관에 제출한다.

08 다음 중 TBM(Tool Box Meeting) 방법에 관한 설명으로 옳지 않은 것은?

① 단시간 통상 작업시작 전, 후 10분 정도의 시간으로 미팅한다.
② 토의는 10인 이상에서 20인 단위의 중규모가 모여서 한다.
③ 작업개시 전 작업장소에서 원을 만들어서 한다.
④ 근로자 모두가 말하고 스스로 생각하고 "이렇게 하자"라고 합의한 내용이 되어야 한다.

해설 ②의 경우, 토의는 사고의 직접원인 중에서 주로 불안전한 행동을 근절시키기 위하여 5~6인의 소집단으로 나누어 편성하고, 작업장 내에서 적당한 장소를 정하여 실시하는 단시간 미팅이다.

09 보호구의 의무안전인증 기준에 있어 다음 설명에 해당하는 부품의 명칭으로 옳은 것은?

> 머리받침끈, 머리고정대 및 머리받침고리로 구성되어 추락 및 감전 위험방지용 안전모 머리부위에 고정시켜 주며, 안전모에 충격이 가해졌을 때 착용자의 머리부위에 전해지는 충격을 완화시켜 주는 기능을 갖는 부품

① 챙
② 착장제
③ 모체
④ 충격흡수재

해설 **의무안전인증 기준에 있어 안전모의 명칭**
㉠ 착장제 : 머리받침끈, 머리고정대 및 머리받침고리로 구성되어 추락 및 감전 위험방지용 안전모 머리부위에 고정시켜 주며, 안전모에 충격이 가해졌을 때 착용자의 머리부위에 전해지는 충격을 완화시켜 주는 기능을 갖는 부품
㉡ 모체 : 착용자의 머리부위를 덮는 주된 물체
㉢ 충격흡수재 : 안전모에 충격이 가해졌을 때 착용자의 머리부위에 전해지는 충격을 완화하기 위하여 모체의 내면에 붙이는 부품
㉣ 턱끈 : 모체가 착용자의 머리부위에서 탈락하는 것을 방지하기 위한 부품
㉤ 통기구멍 : 통풍의 목적으로 모체에 있는 구멍

10 산업안전보건법에 따라 안전 · 보건표지에 사용된 색채의 색도 기준이 "7.5R 4/14"일 때 이 색채의 명도값으로 옳은 것은?

① 7.5 ② 4
③ 14 ④ 4.14

해설 **색도 기준 7.5R 4/14**
㉠ 색상 7.5R
㉡ 명도 4
㉢ 채도 14

11 사고요인이 되는 정신적 요소 중 개성적 결함요인에 해당하지 않는 것은?

① 방심 및 공상
② 도전적인 마음
③ 과도한 집착력
④ 다혈질 및 인내심 부족

해설 **정신적 요소 중 개성적 결함요인**
㉠ 도전적인 마음
㉡ 과도한 집착력
㉢ 다혈질 및 인내심 부족

12 헤드십(headship)의 특성이 아닌 것은?

① 지휘형태는 권위주의적이다.
② 권한행사는 임명된 헤드이다.
③ 부하와의 사회적 간격은 넓다.
④ 상관과 부하와의 관계는 개인적인 영향이다.

정답 | 07. ③ 08. ② 09. ② 10. ② 11. ① 12. ④

해설 헤드십과 리더십의 차이

개인과 상황변수	헤드십	리더십
권한행사	임명된 헤드	선출된 리더
권한부여	위에서 위임	밑으로부터 동의
권한근거	법적 또는 공식적	개인능력
권한귀속	공식화된 규정에 의함	집단목표에 기여한 공로 인정
상관과 부하와의 관계	지배적	개인적인 영향
책임귀속	상사	상사와 부하
부하와의 사회적 간격	넓음	좁음
지휘형태	권위주의적	민주주의적

13 다음 중 상황성 누발자의 재해유발원인에 해당하는 것은?

① 주의력 산만 ② 저지능
③ 설비의 결함 ④ 도덕성 결여

해설 상황성 누발자의 재해유발원인
㉠ 작업이 어렵기 때문에
㉡ 기계설비에 결함이 있기 때문에
㉢ 환경상 주의력의 집중이 혼란되기 때문에

14 다음 중 생체리듬(Biorhythm)의 종류에 속하지 않는 것은?

① 육체적 리듬 ② 지성적 리듬
③ 감성적 리듬 ④ 정서적 리듬

해설 생체리듬(Biorhythm)의 종류
㉠ 육체적 리듬 : 23일 주기
㉡ 지성적 리듬 : 33일 주기
㉢ 감성적 리듬 : 28일 주기

15 다음 중 교육의 3요소에 해당되지 않는 것은?

① 교육의 주체 ② 교육의 객체
③ 교육결과의 평가 ④ 교육의 매개체

해설 교육의 3요소
㉠ 교육의 주체
㉡ 교육의 객체
㉢ 교육의 매개체

16 다음 중 안전 · 보건교육계획 수립에 반드시 포함하여야 할 사항이 아닌 것은?

① 교육의 지도안
② 교육의 목표 및 목적
③ 교육의 장소 및 방법
④ 교육의 종류 및 대상

해설 안전 · 보건교육계획 수립에 반드시 포함하여야 할 사항
㉠ 교육의 목표 및 목적
㉡ 교육의 장소 및 방법
㉢ 교육의 종류 및 대상

17 다음 중 교육훈련의 학습을 극대화시키고, 개인의 능력개발을 극대화시켜 주는 평가방법이 아닌 것은?

① 관찰법 ② 배제법
③ 자료분석법 ④ 상호평가법

해설 교육훈련의 학습을 극대화시키고, 개인의 능력개발을 극대화시켜 주는 평가방법
㉠ 관찰법
㉡ 자료분석법
㉢ 상호평가법

18 다음 중 학생이 자기 학습속도에 따른 학습이 허용되어 있는 상태에서 학습자가 프로그램자료를 가지고 단독으로 학습하도록 하는 교육방법은?

① 토의법
② 모의법
③ 실연법
④ 프로그램학습법

해설 교육의 방법
㉠ 토의법 : 쌍방적 의사전달에 의한 교육방법
㉡ 모의법 : 실제의 장면이나 상태와 극히 유사한 사태를 인위적으로 만들어 그 속에서 학습토록 하는 교육방법
㉢ 프로그램학습법 : 학생이 자기 학습속도에 따른 학습이 허용되어 있는 상태에서 학습자가 프로그램자료를 가지고 단독으로 학습하도록 하는 교육방법

정답 | 13. ③ 14. ④ 15. ③ 16. ① 17. ② 18. ④

19 다음 중 산업안전보건법상 사업 내 안전·보건교육에 있어 탱크 내 또는 환기가 극히 불량한 좁은 밀폐된 장소에서 용접작업을 하는 근로자에게 실시하여야 하는 특별안전·보건교육의 내용에 해당하지 않는 것은? (단, 그 밖의 안전·보건관리에 필요한 사항은 제외한다.)

① 환기설비에 관한 사항
② 작업환경점검에 관한 사항
③ 질식 시 응급조치에 관한 사항
④ 안전기 및 보호구 취급에 관한 사항

해설 **밀폐된 장소에서 용접작업 시 특별안전·보건교육 내용**
㉠ ①, ②, ③
㉡ 작업순서, 안전작업방법 및 수칙에 관한 사항
㉢ 전격방지 및 보호구 착용에 관한 사항

20 산업안전보건법령상 잠함(潛函) 또는 잠수작업 등 높은 기압에서 하는 작업에 종사하는 근로자의 근로제한시간으로 옳은 것은?

① 1일 6시간, 1주 34시간 초과 금지
② 1일 6시간, 1주 36시간 초과 금지
③ 1일 8시간, 1주 40시간 초과 금지
④ 1일 8시간, 1주 44시간 초과 금지

해설 **잠함 또는 잠수작업 등 높은 기압에서 하는 작업에 종사하는 근로자의 근로제한시간**
1일 6시간, 1주 34시간 초과 금지

제2과목 인간공학 및 시스템안전공학

21 다음 중 인간공학을 나타내는 용어로 적절하지 않은 것은?

① Human factors
② Ergonomics
③ Human engineering
④ Customize engineering

해설 ④ Human factors engineering

22 다음 중 인간-기계 시스템의 설계 시 시스템의 기능을 정의하는 단계는?

① 제1단계 : 시스템의 목표와 성능명세 결정
② 제2단계 : 시스템의 정의
③ 제3단계 : 기본 설계
④ 제4단계 : 인터페이스 설계

해설 인간-기계 시스템의 설계 시 시스템의 기능을 정의하는 단계는 제2단계이다.

23 제어장치에서 조종장치의 위치를 1cm 움직였을 때 표시장치의 지침이 4cm 움직였다면 이 기기의 C/R비는 약 얼마인가?

① 0.25 ② 0.6
③ 1.5 ④ 1.7

해설 **통제비(통제표시비)**
$$\left(\frac{C}{R}\right)\text{비} = \frac{\text{통제기기의 변위량}}{\text{표시계기 지침의 변위량}} = \frac{1\text{cm}}{4\text{cm}} = 0.25$$

24 안전교육을 받지 못한 신입직원이 작업 중 전극을 반대로 끼우려고 시도했으나, 플러그의 모양이 반대로는 끼울 수 없도록 설계되어 있어서 사고를 예방할 수 있었다. 다음 중 작업자가 범한 에러와 이와 같은 사고 예방을 위해 적용된 안전설계 원칙으로 가장 적합한 것은?

① 누락(omission)오류, Fool proof 설계원칙
② 누락(omission)오류, Fail safe 설계원칙
③ 작위(commission)오류, Fool proof 설계원칙
④ 작위(commission)오류, Fail safe 설계원칙

해설 ③ 작위오류 : 불확실한 수행
Fool proof 설계원칙 : 제어계 시스템이나 제어장치에 대하여 인간의 오동작을 방지하기 위한 설계

25 다음 중 형상 암호화된 조종장치에서 "이산 멈춤 위치용" 조종장치로 가장 적절한 것은 어느 것인가?

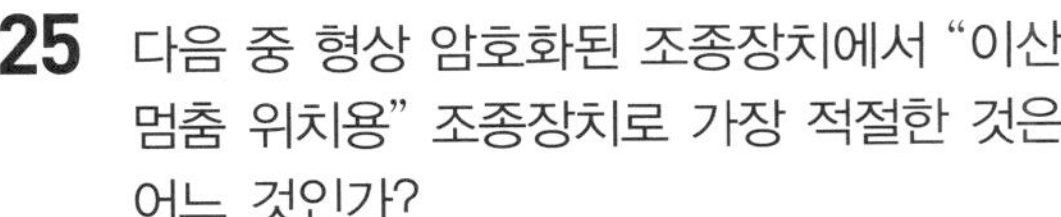

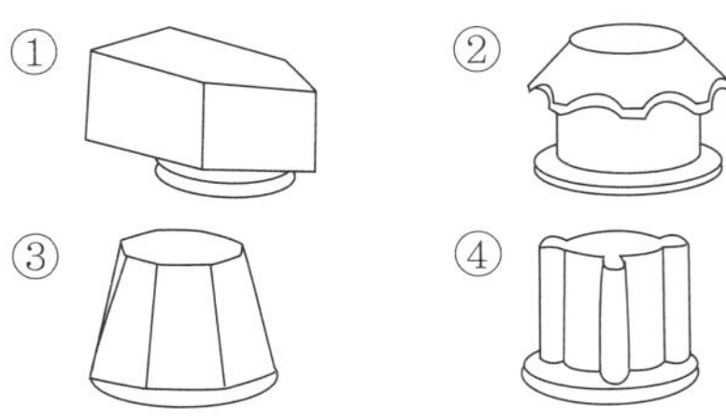

해설 ① 이산 멈춤 위치용 조종장치(멈춤용 장치)

26 다음 중 어느 부품 1,000개를 100,000시간 동안 가동 중에 5개의 불량품이 발생하였을 때의 평균동작시간($MTTF$)은 얼마인가?

① 1×10^6 시간
② 2×10^7 시간
③ 1×10^8 시간
④ 2×10^9 시간

해설 고장률(λ)$=\frac{5}{1,000\times100,000}=5\times10^{-8}$

∴ 평균동작시간($MTTF$)$=\frac{1}{\text{고장률}(\lambda)}=\frac{1}{5\times10^{-8}}=2\times10^7$ 시간

27 다음 중 신체 동작의 유형에 관한 설명으로 틀린 것은?

① 내선(medial rotation) : 몸의 중심선으로의 회전
② 외전(abduction) : 몸의 중심선으로의 이동
③ 굴곡(flexion) : 신체부위 간의 각도의 감소
④ 신전(extension) : 신체부위 간의 각도의 증가

해설 ② 외전(abduction) : 몸의 중심선으로부터의 이동

28 작업종료 후에도 체내에 쌓인 젖산을 제거하기 위하여 추가로 요구되는 산소량을 무엇이라 하는가?

① ATP ② 에너지 대사율
③ 산소 빚 ④ 산소 최대섭취능

해설 **산소 빚** : 작업종료 후에도 체내에 쌓인 젖산을 제거하기 위하여 추가로 요구되는 산소량

29 다음 중 의자설계의 일반 원리로 가장 적합하지 않은 것은?

① 디스크 압력을 줄인다.
② 등근육의 정적부하를 줄인다.
③ 자세고정을 줄인다.
④ 요추측만을 촉진한다.

해설 **의자설계의 일반 원리**
㉠ 디스크 압력을 줄인다.
㉡ 등근육의 정적부하를 줄인다.
㉢ 자세고정을 줄인다.

30 영상표시단말기(VDT)를 취급하는 작업장에서 화면의 바탕 색상이 검정색 계통일 경우 추천되는 조명수준으로 가장 적절한 것은?

① 100~200lux ② 300~500lux
③ 750~800lux ④ 850~950lux

해설 영상표시단말기(VDT)를 취급하는 작업장에서 화면의 바탕 색상이 검정색 계통일 경우 추천되는 조명수준은 정밀작업에 속하므로 300~500lux이다.

31 란돌트(Landolt) 고리에 있는 1.5mm의 틈을 5m의 거리에서 겨우 구분할 수 있는 사람의 최소 분간시력은 약 얼마인가?

① 0.1 ② 0.3
③ 0.7 ④ 1.0

해설 란돌트(Landolt) 고리에 있는 1.5mm의 틈을 5m의 거리에서 겨우 구분할 수 있는 사람의 최소 분간시력은 1.0이다.

정답 | 25. ① 26. ② 27. ② 28. ③ 29. ④ 30. ② 31. ④

32 다음 중 인간이 감지할 수 있는 외부의 물리적 자극변화의 최소범위는 기준이 되는 자극의 크기에 비례하는 현상을 설명한 이론은?

① 웨버(Weber) 법칙
② 피츠(Fitts) 법칙
③ 신호검출이론(SDT)
④ 힉-하이만(Hick-Hyman) 법칙

해설 ① 웨버(Weber) 법칙 : 인간이 감지할 수 있는 외부의 물리적 자극변화의 최소범위는 기준이 되는 자극의 크기에 비례하는 현상이다.
② 피츠(Fitts) 법칙 : 사용성 분야에서 인간의 행동에 대해 속도와 정확성 간의 관계를 설명하는 기본적인 법칙으로서 시작점에서 목표로 하는 지역에 얼마나 빠르게 닿을 수 있는지를 예측하고자 하는 것이다. 이는 목표영역의 크기와 목표까지의 거리에 따라 결정된다.
③ 신호검출이론(SDT) : 잡음이 신호검출에 미치는 영향이다.
④ 힉-하이만(Hick-Hyman) 법칙 : 힉(Hick)은 선택반응 직무에서 발생확률이 같은 자극의 수가 변화할 때 반응시간은 정보(Bit)로 측정된 자극의 수에 선형적인 관계를 가짐을 발견했고, 하이만(Hyman)은 자극의 수가 일정할 때 자극들의 발생확률을 변화시켜서 반응시간이 정보(Bit)에 선형함수 관계를 가짐을 증명했다. 따라서 선택반응시간은 자극 정보와 선형함수 관계에 있다.

33 다음 중 실효온도(effective temperature)에 대한 설명으로 틀린 것은?

① 체온계로 입 안의 온도를 측정하여 기준으로 한다.
② 실제로 감각되는 온도로서 실감온도라고 한다.
③ 온도, 습도 및 공기유동이 인체에 미치는 열효과를 나타낸 것이다.
④ 상대습도 100%일 때의 건구온도에서 느끼는 것과 동일한 온감이다.

해설 **실효온도** : 감각온도라 하며 온도, 습도 및 공기유동이 인체에 미치는 열효과를 하나의 수치로 통합한 경험적 감각지수로 상대습도 100%일 때의 온도에서 느끼는 것과 동일한 온감이다.

34 다음 중 시스템 안전관리의 주요 업무와 가장 거리가 먼 것은?

① 시스템 안전에 필요한 사항의 식별
② 안전활동의 계획, 조직 및 관리
③ 시스템 안전활동 결과의 평가
④ 생산 시스템의 비용과 효과분석

해설 ① 시스템의 안전에 필요한 사항의 동일성의 식별

35 원자력산업과 같이 이미 상당한 안전이 확보되어 있는 장소에서 관리, 설계, 생산, 보전 등 광범위하고 고도의 안전 달성을 목적으로 하는 시스템 해석법은?

① ETA ② FHA
③ MORT ④ FMECA

해설 **MORT** : 원자력산업과 같이 이미 상당한 안전이 확보되어 있는 장소에서 관리, 설계, 생산, 보전 등 광범위하고 고도의 안전 달성을 목적으로 하는 시스템의 해석법이다.

36 다음 중 톱다운(top-down) 접근방법으로 일반적 원리로부터 논리 절차를 밟아서 각각의 사실이나 명제를 이끌어내는 연역적 평가기법은?

① FTA ② ETA
③ FMEA ④ HAZOP

해설 ② ETA : 사상의 안전도를 사용한 시스템의 안전도를 나타내는 시스템 모델의 하나로서 귀납적이기는 하나 정량적인 분석수법이며, 종래의 지나치기 쉬웠던 재해의 확대요인 분석 등에 적합하다.
③ FMEA : 고장형태와 영향분석이라고도 하며 각 요소의 고장유형과 그 고장이 미치는 영향을 분석하는 방법으로 귀납적이면서 정성적으로 분석하는 기법이다.
④ HAZOP : 위험 및 운전성 검토라 하며 각각의 장비에 대해 잠재된 위험이나 기능 저하, 운전 잘못 등과 전체로서의 시설에 결과적으로 미칠 수 있는 영향 등을 평가하기 위해서 공정이나 설계도 등에 비판적인 검토를 하는 방법이다.

정답 | 32. ① 33. ① 34. ① 35. ③ 36. ①

37 FT도에 사용되는 다음의 기호가 의미하는 내용으로 옳은 것은?

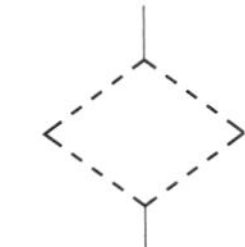

① 생략사상으로서 간소화
② 생략사상으로서 인간의 실수
③ 생략사상으로서 조작자의 간과
④ 생략사상으로서 시스템의 고장

해설 생략사상

명 칭	기 호
생략사상	
생략사상 (인간의 실수)	
생략사상 (조작자의 간과)	

38 각 기본사상의 발생확률이 증감하는 경우 정상사상의 발생확률에 어느 정도 영향을 미치는가를 반영하는 지표로서 수리적으로는 편미분계수와 같은 의미를 갖는 FTA의 중요도 지수는?

① 구조 중요도 ② 확률 중요도
③ 치명 중요도 ④ 비구조 중요도

해설 중요도
㉠ 구조 중요도 : 기본사상의 발생확률을 문제로 하지 않고 결함수의 구조상, 각 기본사상이 갖는 지명성을 나타낸다.
㉡ 확률 중요도 : 각 기본사상의 발생확률이 증감하는 경우 정상사상의 발생확률에 어느 정도 영향을 미치는가를 반영하는 지표로서 수리적으로는 편미분계수와 같은 의미를 갖는다.
㉢ 치명 중요도 : 기본사상 발생확률의 변화율에 대한 정상사상 발생확률의 변화의 비로서 시스템 설계라고 하는 면에서 이해하기에 편리하다.

39 다음 중 활동의 내용마다 "우 · 양 · 가 · 불가"로 평가하고 이 평가내용을 합하여 다시 종합적으로 정규화하여 평가하는 안전성 평가 기법은?

① 계층적 기법
② 일관성 검정법
③ 쌍대비교법
④ 평점척도법

해설 문제의 내용은 평점척도법에 관한 설명이다.

40 다음 중 산업안전보건법령에 따라 기계 · 기구 및 설비의 설치 · 이전 등으로 인해 유해 · 위험방지 계획서를 제출하여야 하는 대상에 해당하지 않는 것은?

① 공기압축기
② 건조설비
③ 화학설비
④ 가스집합용접장치

해설 유해 · 위험방지 계획서를 제출하여야 하는 대상
㉠ 금속 및 기타 광물의 용해로
㉡ 화학설비
㉢ 건조설비
㉣ 가스집합용접장치
㉤ 허가대상 · 관리대상 유해물질 및 분진작업 관련설비

제3과목 기계위험방지기술

41 다음 중 왕복운동을 하는 운동부와 고정부 사이에서 형성되는 위험점인 협착점(Squeeze Point)이 형성되는 기계로 가장 거리가 먼 것은?

① 프레스 ② 연삭기
③ 조형기 ④ 성형기

해설 ② 연삭기는 끼임점(Sheer Point)이 형성되는 기계이다.

42 다음 중 자동화설비를 사용하고자 할 때 기능의 안전화를 위하여 검토할 사항과 가장 거리가 먼 것은?

① 부품변형에 의한 오동작
② 사용압력 변동 시의 오동작
③ 전압강하 및 정전에 따른 오동작
④ 단락 또는 스위치 고장 시의 오동작

해설 기능의 안전화를 위하여 검토할 사항으로는 ②, ③, ④ 외에도 '밸브계통의 고장 시 오동작'이 있다.

43 다음 중 기계설비 안전화의 기본 개념으로서 적절하지 않은 것은?

① fail-safe의 기능을 갖추도록 한다.
② fool proof의 기능을 갖추도록 한다.
③ 안전상 필요한 장치는 단일구조로 한다.
④ 안전기능은 기계장치에 내장되도록 한다.

해설 기계설비 안전화의 기본 개념은 ①, ②, ④이고, 이외에도 다음과 같은 것이 있다.
㉠ 가능한 조작상 위험이 없도록 한다.
㉡ 인터록의 기능을 가져야 한다.

44 다음 중 선반에서 절삭가공 시 발생하는 칩을 짧게 끊어지도록 공구에 설치되어 있는 방호장치의 일종인 칩 제거기구를 무엇이라 하는가?

① 칩 브레이크 ② 칩받침
③ 칩 실드 ④ 칩 커터

해설 **칩 브레이크** : 선반에서 절삭가공 시 발생하는 칩을 짧게 끊어지도록 공구에 설치되어 있는 방호장치의 일종인 칩 제거기구

45 다음 중 일반적으로 기계절삭에 의하여 발생하는 칩이 가장 가늘고 예리한 것은?

① 밀링 ② 셰이퍼
③ 드릴 ④ 플레이너

해설 일반적으로 기계절삭에 의하여 발생하는 칩이 가장 가늘고 예리한 것은 ①의 밀링 칩이다.

46 다음 중 연삭기의 안전기준으로 틀린 것은?

① 회전 중인 연삭숫돌의 직경이 5cm 이상인 경우에는 덮개를 설치해야 한다.
② 새로운 연삭숫돌은 숫돌에 표시된 것보다 높은 회전속도(rpm)로 작동시키지 않는다.
③ 탁상용 연삭기에서 워크레스트는 연삭숫돌과의 간격을 5mm 이상으로 조정할 수 있는 구조이어야 한다.
④ 숫돌에 대해 최대작동속도는 m/s로 표시되는 원주속도, rpm으로 표시되는 회전속도 두 가지 방식으로 표시된다.

해설 ③의 경우, 탁상용 연삭기에서 워크레스트(조정편)는 연삭숫돌과의 간격을 5mm 이하로 조정할 수 있는 구조이어야 한다.

47 둥근톱의 톱날 직경이 500mm일 경우 분할날의 최소 길이는 약 얼마이어야 하는가?

① 262mm ② 314mm
③ 333mm ④ 410mm

해설 톱날의 길이$(l)=\pi\times D$(톱날의 직경)
$=3.14\times500=1{,}570$mm

후면날은 톱 전체의 $\frac{1}{4}$ 정도이므로

$1{,}570\times\frac{1}{4}=392.5$mm

그런데 분할날의 최소 길이는 톱날 후면날의 $\frac{2}{3}$ 이상을 덮도록 되어 있다.

$\therefore\ 392.5\times\frac{2}{3}=261.66\fallingdotseq262$mm

48 프레스기의 안전대책 중 손을 금형 사이에 집어넣을 수 없도록 하는 본질적 안전화를 위한 방식(No-Hand in Die)에 해당하는 것은?

① 수인식 ② 광전자식
③ 방호울식 ④ 손쳐내기식

 정답 | 42. ① 43. ③ 44. ① 45. ① 46. ③ 47. ① 48. ③

해설 프레스기의 본질적 안전화를 위한 방식 (No-Hand in Die)
㉠ 방호울식 프레스
㉡ 안전금형 부착 프레스
㉢ 전용 프레스
㉣ 자동 프레스

49 다음 중 프레스기에 사용되는 방호장치에 있어 급정지기구가 부착되어야만 유효한 것은?

① 양수조작식 ② 손쳐내기식
③ 가드식 ④ 수인식

해설 프레스기에 사용되는 방호장치에 있어 급정지기구가 부착되어야만 유효한 것은 양수조작식, 감응식 방호장치이다.

50 다음 ( ) 안에 들어갈 내용으로 옳은 것은?

> 광전자식 프레스 방호장치에서 위험한계까지의 거리가 짧은 200mm 이하의 프레스에는 연속 차광폭이 작은 ( )의 방호장치를 선택한다.

① 30mm 초과 ② 30mm 이하
③ 50mm 초과 ④ 50mm 이하

해설 ( ) 안에 들어갈 내용으로 옳은 것은 30mm 이하이다.

51 산업안전보건법령상 롤러기 조작부의 설치위치에 따른 급정지장치의 종류가 아닌 것은?

① 손조작식 ② 복부조작식
③ 무릎조작식 ④ 발조작식

해설 롤러기 조작부의 설치위치에 따른 급정지장치의 종류로는 손조작식, 복부조작식, 무릎조작식이 있다.

52 원심기의 방호장치로 가장 적합한 것은?

① 덮개 ② 반발방지장치
③ 릴리프밸브 ④ 수인식 가드

해설 원심기의 방호장치로 가장 적합한 것은 덮개이다.

53 산업안전보건법령상 가스집합장치로부터 얼마 이내의 장소에서는 흡연, 화기의 사용 또는 불꽃을 발생할 우려가 있는 행위를 금지하여야 하는가?

① 5m ② 7m
③ 10m ④ 25m

해설 가스집합장치로부터 5m 이내의 장소에서는 흡연, 화기의 사용 또는 불꽃을 발생할 우려가 있는 행위를 금지하여야 한다.

54 압력용기에서 과압으로 인한 폭발을 방지하기 위해 설치하는 압력방출장치는?

① 체크밸브 ② 스톱밸브
③ 안전밸브 ④ 비상밸브

해설 압력용기에서 과압으로 인한 폭발을 방지하기 위해 설치하는 압력방출장치는 안전밸브이다.

55 지게차의 중량이 8kN, 화물중량이 2kN, 앞바퀴에서 화물의 무게중심까지의 최단거리가 0.5m이면 지게차가 안정되기 위한 앞바퀴에서 지게차의 무게중심까지의 거리는 최소 몇 m 이상이어야 하는가?

① 0.450 ② 0.325
③ 0.225 ④ 0.125

해설 $W \cdot a < G \cdot b$
$2 \times 0.5 < 8 \times b$
$\frac{2 \times 0.5}{8} < b$이므로
$\therefore b = 0.125\text{m}$ 이상

56 크레인의 훅, 버킷 등 달기구 윗면이 드럼 상부 도르래 등 권상장치의 아랫면과 접촉할 우려가 있을 때 직동식 권과방지장치의 조정간격은?

① 0.01m 이상 ② 0.02m 이상
③ 0.03m 이상 ④ 0.05m 이상

해설 권상장치의 아랫면과 접촉할 우려가 있을 때 직동식 권과방지장치의 조정간격은 0.05m 이상이다.

정답 | 49. ① 50. ② 51. ④ 52. ① 53. ① 54. ③ 55. ④ 56. ④

57 다음 중 컨베이어에 대한 안전조치사항으로 틀린 것은?

① 컨베이어에서 화물의 낙하로 인하여 근로자에게 위험을 미칠 우려가 있을 때에는 덮개 또는 울을 설치하여야 한다.
② 정전이나 전압강하 등에 의한 화물 또는 운반구의 이탈 및 역주행을 방지할 수 있어야 한다.
③ 컨베이어에는 벨트부위에 근로자가 접근할 때의 위험을 방지하기 위하여 권과방지장치 및 과부하방지장치를 설치하여야 한다.
④ 컨베이어에 근로자의 신체 일부가 말려들 위험이 있을 때는 운전을 즉시 정지시킬 수 있어야 한다.

해설 ③의 경우, 크레인에 대한 안전조치사항에 해당된다.

58 산업안전보건법상 양중기에서 하중을 직접 지지하는 와이어로프 또는 달기 체인의 안전계수로 옳은 것은?

① 1 이상 ② 3 이상
③ 5 이상 ④ 7 이상

해설 양중기에서 하중을 직접 지지하는 와이어로프 또는 달기 체인의 안전계수는 5 이상이다.

59 다음 중 설비의 내부에 균열결함을 확인할 수 있는 가장 적절한 검사방법은?

① 육안검사 ② 액체침투탐상검사
③ 초음파탐상검사 ④ 피로검사

해설 설비의 내부에 균열결함을 확인할 수 있는 가장 적절한 검사방법은 초음파탐상검사이다.

60 발음원이 이동할 때 그 진행방향 쪽에서는 원래 발음원의 음보다 고음으로, 진행방향 반대쪽에서는 저음으로 되는 현상을 무엇이라고 하는가?

① 도플러(Doppler)효과
② 마스킹(Masking)효과
③ 호이겐스(Huygens)효과
④ 임피던스(Impedance)효과

해설 문제의 내용은 도플러효과에 관한 것이다.

제4과목 전기위험방지기술

61 인체가 감전되었을 때 그 위험성을 결정짓는 주요인자와 거리가 먼 것은?

① 통전시간
② 통전전류의 크기
③ 감전전류가 흐르는 인체부위
④ 교류전원의 종류

해설 인체가 감전되었을 때 그 위험성을 결정짓는 주요인자와 가장 거리가 먼 것은 ④이다.

62 다음 중 인체저항에 대한 설명으로 옳지 않은 것은?

① 인체저항은 인가전압의 함수이다.
② 인가시간이 길어지면 온도 상승으로 인체저항은 증가한다.
③ 인체저항은 접촉면적에 따라 변한다.
④ 1,000V 부근에서 피부의 절연파괴가 발생할 수 있다.

해설 ② 인가시간이 길어지면 온도 상승으로 인한 인체저항은 감소한다.

63 단로기를 사용하는 주된 목적은?

① 변성기의 개폐
② 이상전압의 차단
③ 과부하 차단
④ 무부하선로의 개폐

해설 단로기(DS)는 차단기 전후 또는 차단기의 측로회로 및 회로접속의 변경에 사용하는 것으로 무부하선로의 개폐에 사용하는 것이다.

정답 | 57. ③ 58. ③ 59. ③ 60. ① 61. ④ 62. ② 63. ④

64 다음 (㉮), (㉯)에 들어갈 내용으로 알맞은 것은?

> 고압활선 근접작업에 있어서 근로자의 신체 등이 충전전로에 대하여 머리 위로의 거리가 (㉮) 이내이거나 신체 또는 발 아래로의 거리가 (㉯) 이내로 접근함으로 인하여 감전의 우려가 있을 때에는 당해 충전전로에 절연용 방호구를 설치하여야 한다.

① ㉮ 10cm, ㉯ 30cm
② ㉮ 30cm, ㉯ 60cm
③ ㉮ 30cm, ㉯ 90cm
④ ㉮ 60cm, ㉯ 120cm

해설 충전전로에 대하여 머리 위로의 거리가 30cm 이내이거나 신체 또는 발 아래로의 거리가 60cm 이내로 접근함으로 인하여 감전의 우려가 있을 때에는 당해 충전전로에 절연용 방호구를 설치하여야 한다.

65 다음 중 전기화재의 직접적인 원인이 아닌 것은?

① 절연열화
② 애자의 기계적 강도 저하
③ 과전류에 의한 단락
④ 접촉불량에 의한 과열

해설 ①, ③, ④ 이외에 전기화재의 직접적인 원인으로는 누전, 절연불량, 스파크, 정전기가 있다.

66 제1종 접지공사에 사용하는 접지선을 사람이 접촉할 우려가 있는 곳에 시설하는 경우에는 접지극은 지하 몇 cm 이상 매설하여야 하는가?

① 30　② 50
③ 75　④ 100

해설 제1종 접지공사에서 사용하는 접지선을 사람이 접촉할 우려가 있는 곳에 시설하는 경우에는 접지극은 지하 75cm 이상 매설하여야 한다.

67 정전기 발생량과 관련된 내용으로 옳지 않은 것은?

① 분리속도가 빠를수록 정전기량이 많아진다.
② 두 물질 간의 대전서열이 가까울수록 정전기의 발생량이 많다.
③ 접촉면적이 넓을수록, 접촉압력이 증가할수록 정전기 발생량이 많아진다.
④ 물질의 표면이 수분이나 기름 등에 오염되어 있으면 정전기 발생량이 많아진다.

해설 ② 두 물질이 대전서열 내에서 가까운 위치에 있으면 대전량이 적고, 먼 위치에 있을수록 대전량이 많다.

68 정전기에 의한 생산장해가 아닌 것은?

① 가루(분진)에 의한 눈금의 막힘
② 제사공장에서의 실의 절단, 엉킴
③ 인쇄공정의 종이 파손, 인쇄선명도 불량, 겹침, 오손
④ 방전전류에 의한 반도체 소자의 입력 임피던스 상승

해설 ①, ②, ③ 이외에 정전기에 의한 생산장해로는 접지 곤란, 직포의 정리, 건조작업에서의 보풀 일기가 있다.

69 내압(耐壓)방폭구조의 화염일주한계를 작게 하는 이유로 가장 알맞은 것은?

① 최소점화에너지를 높게 하기 위하여
② 최소점화에너지를 낮게 하기 위하여
③ 최소점화에너지 이하로 열을 식히기 위하여
④ 최소점화에너지 이상으로 열을 높이기 위하여

해설 내압방폭구조의 화염일주한계(최대안전틈새, 안전간극)를 작게 하는 것은 최소점화에너지 이하로 열을 식히기 위해서이다.

70 다음 중 분진폭발위험장소의 구분에 해당하지 않는 것은?

① 20종　② 21종
③ 22종　④ 23종

해설 **분진폭발위험장소의 구분**
20종, 21종, 22종

정답 ▌ 64. ② 65. ② 66. ③ 67. ② 68. ④ 69. ③ 70. ④

71 다음 중 위험물에 대한 일반적 개념으로 옳지 않은 것은?

① 반응속도가 급격히 진행된다.
② 화학적 구조 및 결합력이 불안정하다.
③ 대부분 화학적 구조가 복잡한 고분자 물질이다.
④ 그 자체가 위험하다든가 또는 환경조건에 따라 쉽게 위험성을 나타내는 물질을 말한다.

해설 ③ 화학적 구조나 결합력이 불안정한 물질이다.

72 다음 중 자기반응성 물질에 관한 설명으로 틀린 것은?

① 가열 · 마찰 · 충격에 의해 폭발하기 쉽다.
② 연소속도가 대단히 빨라서 폭발적으로 반응한다.
③ 소화에는 이산화탄소, 할로겐화합물 소화약제를 사용한다.
④ 가연성 물질이면서 그 자체 산소를 함유하므로 자기연소를 일으킨다.

해설 ③의 경우, 소화에는 다량의 물을 사용한다는 내용이 옳다.

73 다음 중 온도가 증가함에 따라 열전도도가 감소하는 물질은?

① 에탄 ② 프로판
③ 공기 ④ 메틸알코올

해설 **온도가 증가함에 따라 열전도도가 감소하는 물질**
액체(예 메틸알코올)

74 다음 중 가스연소의 지배적인 특성으로 가장 적합한 것은?

① 증발연소 ② 표면연소
③ 액면연소 ④ 확산연소

해설 기체의 연소 = 확산연소 = 발염연소

75 다음 중 에틸알코올(C_2H_5OH)이 완전연소 시 생성되는 CO_2와 H_2O의 몰수로 알맞은 것은?

① $CO_2=1$, $H_2O=4$
② $CO_2=2$, $H_2O=3$
③ $CO_2=3$, $H_2O=2$
④ $CO_2=4$, $H_2O=1$

해설 $C_2H_5OH+3O_2 \rightarrow 2CO_2+3H_2O$

76 미국소방협회(NFPA)의 위험표시 라벨에서 황색 숫자는 어떠한 위험성을 나타내는가?

① 건강 위험성 ② 화재 위험성
③ 반응 위험성 ④ 기타 위험성

해설 **미국소방협회(NFPA)의 위험표시 라벨**
㉠ 적색 : 연소 위험성
㉡ 청색 : 건강 위험성
㉢ 황색 : 반응 위험성

77 아세틸렌 용접장치에 설치하여야 하는 안전기의 설치요령이 옳지 않은 것은?

① 안전기를 취관마다 설치한다.
② 주관에만 안전기 하나를 설치한다.
③ 발생기와 분리된 용접장치에는 가스저장소와의 사이에 안전기를 설치한다.
④ 주관 및 취관에 가장 가까운 분기관마다 안전기를 부착할 경우 용접장치의 취관마다 안전기를 설치하지 않아도 된다.

해설 ② 취관마다 안전기를 설치한다. 다만, 주관 및 취관에 가장 가까운 분기관마다 안전기를 부착한 경우에는 그러하지 아니 하다.

78 다음 중 반응기를 구조형식에 의하여 분류할 때 이에 해당하지 않는 것은?

① 탑형 ② 회분식
③ 교반조형 ④ 유동층형

 정답 | 71. ③ 72. ③ 73. ④ 74. ④ 75. ② 76. ③ 77. ② 78. ②

해설 반응기의 분류
(1) 조작방법에 따라
㉠ 회분식 균일상 반응기
㉡ 반회분식 반응기
㉢ 연속식 반응기
(2) 구조방법에 따라
㉠ 관형 반응기
㉡ 탑형 반응기
㉢ 교반조형 반응기

79 다음 중 소화(消火)방법에 있어 제거소화에 해당되지 않는 것은?

① 연료탱크를 냉각하여 가연성 기체의 발생속도를 작게 한다.
② 금속화재의 경우 불활성 물질로 가연물을 덮어 미연소부분과 분리한다.
③ 가연성 기체의 분출화재 시 주밸브를 잠그고 연료공급을 중단시킨다.
④ 가연성 가스나 산소의 농도를 조절하여 혼합기체의 농도를 연소범위 밖으로 벗어나게 한다.

해설 ④는 질식소화이다.

80 다음 중 물 소화약제의 단점을 보완하기 위하여 물에 탄산칼륨(K_2CO_3) 등을 녹인 수용액으로 부동성이 높은 알칼리성 소화약제는?

① 포 소화약제
② 강화액 소화약제
③ 분말 소화약제
④ 산알칼리 소화약제

해설 **강화액 소화약제** : 동절기 물 소화약제의 어는점을 보완하기 위해서 맑은 물에 주제인 탄산칼륨(K_2CO_3)과 황산암모늄[$(NH_4)_2SO_4$], 인산암모늄[$(NH_4)_2PO_4$], 침투제 등을 가하여 제조한 소화약제이다. 수소이온농도는 약알칼리성으로 11~12이다.

제5과목 화학설비위험방지기술

81 건설현장에서 작업환경을 측정해야 할 작업에 해당되지 않는 것은?

① 산소결핍작업
② 탱크 내 도장작업
③ 건물 외부 도장작업
④ 터널 내 천공작업

해설 건물 외부 도장작업은 건설현장에서 작업환경을 측정해야 할 작업에 해당하지 않는다.

82 표준관입시험에 대한 내용으로 옳지 않은 것은?

① N치(N-value)는 지반을 30cm 굴진하는 데 필요한 타격횟수를 의미한다.
② 50/3의 표기에서 50은 굴진수치, 3은 타격횟수를 의미한다.
③ 63.5kg 무게의 추를 76cm 높이에서 자유낙하하여 타격하는 시험이다.
④ 사질지반에 적용하며, 점토지반에서는 편차가 커서 신뢰성이 떨어진다.

해설 ② 50/3의 표기에서 50은 타격횟수, 3은 굴진수치를 의미한다.

83 물이 결빙되는 위치로 지속적으로 유입되는 조건에서 온도가 하강함에 따라 토중수가 얼어 생성된 결빙 크기가 계속 커져 지표면이 부풀어오르는 현상은?

① 압밀침하(consolidation settlement)
② 연화(frost boil)
③ 지반경화(hardening)
④ 동상(frost heave)

해설 **동상(frost heave)** : 물이 결빙되는 위치로 지속적으로 유입되는 조건에서 온도가 하강함에 따라 토중수가 얼어 생성된 결빙 크기가 계속 커져 지표면이 부풀어오르는 현상

정답 Ⅰ 79. ④ 80. ② 81. ③ 82. ② 83. ④

84 다음 건설공사현장 중 재해예방기술지도를 받아야 하는 대상공사에 해당하지 않는 것은?

① 공사금액 5억원인 건축공사
② 공사금액 140억원인 토목공사
③ 공사금액 5천만원인 전기공사
④ 공사금액 2억원인 정보통신공사

해설 **재해예방기술지도를 받아야 하는 대상공사**
㉠ 전기 및 정보통신공사 : 1억원 이상 120억원 미만인 공사
㉡ 건축공사 : 3억원 이상 120억원 미만인 공사
㉢ 토목공사 : 3억원 이상 150억원 미만인 공사

85 건설현장의 중장비작업 시 일반적인 안전수칙으로 옳지 않은 것은?

① 승차석 외의 위치에 근로자를 탑승시키지 아니 한다.
② 중기 및 장비는 항상 사용 전에 점검한다.
③ 중장비의 사용법을 확실히 모를 때는 관리감독자가 현장에서 시운전을 해본다.
④ 경우에 따라 취급자가 없을 경우에는 사용이 불가능하다.

해설 ③의 경우, 관리감독자가 현장에서 시운전을 해본다는 것은 안전수칙에 어긋난다. 반드시 중장비 면허소지자 등 담당자가 시운전을 해야 한다.

86 크레인의 종류에 해당하지 않는 것은?

① 자주식 트럭크레인
② 크롤러크레인
③ 타워크레인
④ 가이데릭

해설 크레인의 종류로는 ①, ②, ③ 이외에 휠크레인, 트럭크레인, 천장크레인, 지브크레인 등이 있다.

87 산업안전보건법령상 양중장비에 대한 다음 설명 중 옳지 않은 것은?

① 승용 승강기란 사람의 수직수송을 주 목적으로 한다.
② 화물용 승강기는 화물의 수송을 주목적으로 하며 사람의 탑승은 원칙적으로 금지된다.
③ 리프트는 동력을 이용하여 화물을 운반하는 기계설비로서 사람의 탑승은 금지된다.
④ 크레인은 중량물을 상하 및 좌우 운반하는 기계로서 사람의 운반은 금지된다.

해설 ③의 경우, 건설작업용 리프트는 화물과 사람의 탑승이 가능하다.

88 항타기 · 항발기의 권상용 와이어로프로 사용 가능한 것은?

① 이음매가 있는 것
② 와이어로프의 한 꼬임에서 끊어진 소선의 수가 5%인 것
③ 지름의 감소가 호칭지름의 8%인 것
④ 심하게 변형된 것

해설 **항타기 · 항발기의 권상용 와이어로프로 사용할 수 없는 것**
㉠ 이음매가 있는 것
㉡ 와이어로프의 한 꼬임에서 끊어진 소선의 수가 10% 이상(비자전로프의 경우에는 끊어진 소선의 수가 와이어로프 호칭지름의 6배 길이 이내에서 4개 이상이거나 호칭지름 30배 길이 이내에서 8개 이상)인 것
㉢ 지름의 감소가 공칭지름의 7%를 초과하는 것
㉣ 꼬인 것
㉤ 심하게 변형되거나 부식된 것
㉥ 열과 전기충격에 의해 손상된 것

89 안전방망 설치 시 작업면으로부터 망의 설치지점까지의 수직거리 기준은?

① 5m를 초과하지 아니할 것
② 10m를 초과하지 아니할 것
③ 15m를 초과하지 아니할 것
④ 17m를 초과하지 아니할 것

정답 | 84. ③ 85. ③ 86. ④ 87. ③ 88. ② 89. ②

해설 안전방망 설치 시 작업면으로부터 망의 설치지점까지의 수직거리는 10m를 초과하지 아니하여야 한다.

90 낙하물방지망 또는 방호선반을 설치하는 경우에 수평면과의 각도 기준으로 옳은 것은?

① 10° 이상 20° 이하
② 20° 이상 30° 이하
③ 25° 이상 35° 이하
④ 35° 이상 45° 이하

해설 ㉠ 낙하물방지망 또는 방호선반을 설치하는 경우에는 높이 10m 이내마다 설치하고, 내민 길이는 벽면으로부터 2m 이상으로 할 것
㉡ 수평면과의 각도는 20° 이상 30° 이하를 유지할 것

91 토석붕괴의 원인 중 외적 원인에 해당되지 않는 것은?

① 토석의 강도 저하
② 작업진동 및 반복하중의 증가
③ 사면 법면의 경사 및 기울기의 증가
④ 절토 및 성토 높이의 증가

해설 (1) ①은 토석붕괴의 원인 중 내적 원인에 해당된다.
(2) 토석붕괴의 내적 원인으로는 토석의 강도 저하 이외에 다음과 같은 것들이 있다.
㉠ 절토사면의 토질, 암석
㉡ 성토사면의 토질 구성 및 분포

92 유한사면 중 사면기울기가 비교적 완만한 점성토에서 주로 발생되는 사면파괴의 형태는?

① 저부파괴
② 사면선단파괴
③ 사면내파괴
④ 국부전단파괴

해설 사면기울기가 비교적 완만한 점성토에서 주로 발생되는 사면파괴의 형태는 저부파괴이다.

93 다음은 통나무 비계를 조립하는 경우의 준수사항에 대한 내용이다. ( ) 안에 알맞은 내용을 고르면?

> 통나무 비계는 지상높이 (㉮) 이하 또는 (㉯) 이하인 건축물·공작물 등의 건조·해체 및 조립 등의 작업에만 사용할 수 있다.

① ㉮ 4층, ㉯ 12m
② ㉮ 4층, ㉯ 15m
③ ㉮ 6층, ㉯ 12m
④ ㉮ 6층, ㉯ 15m

해설 통나무 비계는 지상높이 4층 이하 또는 12m 이하인 건축물·공작물 등의 건조·해체 및 조립 등의 작업에만 사용할 수 있다.

94 현장에서 말비계를 조립하여 사용할 때에는 다음 [보기]의 사항을 준수하여야 한다. ( ) 안에 적합한 것은?

> 말비계의 높이가 2m를 초과할 경우에는 작업발판의 폭을 ( )cm 이상으로 할 것

① 10　② 20
③ 30　④ 40

해설 말비계의 높이가 2m를 초과할 경우에는 작업발판의 폭을 40cm 이상으로 하여야 한다.

95 사다리식 통로에 대한 설치기준으로 틀린 것은?

① 발판의 간격은 일정하게 할 것
② 발판과 벽과의 사이는 15cm 이상의 간격을 유지할 것
③ 사다리식 통로의 길이가 10m 이상인 때에는 3m 이내마다 계단참을 설치할 것
④ 사다리의 상단은 걸쳐놓은 지점으로부터 60cm 이상 올라가도록 할 것

해설 **사다리식 통로에 대한 설치기준**
㉠ 견고한 구조로 할 것
㉡ 심한 손상·부식 등이 없는 재료를 사용할 것

정답 | 90. ② 91. ① 92. ① 93. ① 94. ④ 95. ③

㉢ 발판의 간격은 일정하게 할 것
㉣ 발판과 벽과의 사이는 15cm 이상의 간격을 유지할 것
㉤ 폭은 30cm 이상으로 할 것
㉥ 사다리가 넘어지거나 미끄러지는 것을 방지하기 위한 조치를 할 것
㉦ 사다리의 상단은 걸쳐놓은 지점으로부터 60cm 이상 올라가도록 할 것
㉧ 사다리식 통로의 길이가 10m 이상인 경우에는 5m 이내마다 계단참을 설치할 것
㉨ 사다리식 통로의 기울기는 75° 이하로 할 것(다만, 고정식 사다리식 통로의 기울기는 90° 이하로 하고, 그 높이가 7m 이상인 경우에는 바닥으로부터 높이가 2.5m 되는 지점부터 등받이울을 설치할 것)
㉩ 접이식 사다리 기둥은 사용 시 접혀지거나 펼쳐지지 않도록 철물 등을 사용하여 견고하게 조치할 것

96 콘크리트 거푸집 해체작업 시의 안전 유의사항으로 옳지 않은 것은?

① 해당 작업을 하는 구역에는 관계근로자가 아닌 사람의 출입을 금지해야 한다.
② 비, 눈, 그 밖의 기상상태의 불안정으로 날씨가 몹시 나쁜 경우에는 그 작업을 중지해야 한다.
③ 안전모, 안전대, 산소마스크 등을 착용하여야 한다.
④ 재료, 기구 또는 공구 등을 올리거나 내리는 경우에는 근로자로 하여금 달줄·달포대 등을 사용하도록 한다.

해설 ③의 경우, 산소마스크 등의 착용은 거푸집 해체작업 시의 안전 유의사항으로는 거리가 멀다.

97 콘크리트 강도에 영향을 주는 요소로 거리가 먼 것은?

① 거푸집 모양과 형상
② 양생 온도와 습도
③ 타설 및 다지기
④ 콘크리트 재령 및 배합

해설 **콘크리트 강도에 영향을 주는 요소**
㉠ 양생 온도와 습도
㉡ 타설 및 다지기
㉢ 콘크리트 재령 및 배합

98 다음 ( ) 안에 들어갈 말로 옳은 것은?

> 콘크리트 측압은 콘크리트 타설속도, ( ), 단위용적질량, 온도, 철근 배근상태 등에 따라 달라진다.

① 타설높이 ② 골재의 형상
③ 콘크리트 강도 ④ 박리제

해설 **콘크리트 측압에 영향을 주는 요인**
㉠ 타설속도
㉡ 타설높이
㉢ 단위용적질량
㉣ 온도
㉤ 철근 배근상태 등

99 양끝이 힌지(Hinge)인 기둥에 수직하중을 가하면 기둥이 수평방향으로 휘게 되는 현상은?

① 피로한계 ② 파괴한계
③ 좌굴 ④ 부재의 안전도

해설 문제의 내용은 좌굴에 관한 것이다.

100 중량물을 들어올리는 자세에 대한 설명 중 가장 적절한 것은?

① 다리를 곧게 펴고 허리를 굽혀 들어올린다.
② 되도록 자세를 낮추고 허리를 곧게 편 상태에서 들어올린다.
③ 무릎을 굽힌 자세에서 허리를 뒤로 젖히고 들어올린다.
④ 다리를 벌린 상태에서 허리를 숙여서 서서히 들어올린다.

해설 중량물을 들어올릴 때는 되도록 자세를 낮추고 허리를 곧게 편 상태에서 들어올려야 한다.

정답 ▌ 96. ③ 97. ① 98. ① 99. ③ 100. ②

2023년 제3회 CBT 복원문제

▌산업안전산업기사 7월 8일 시행▌

제1과목 산업안전관리론

01 다음 중 "Near Accident"에 관한 내용으로 가장 적절한 것은?

① 사고가 일어난 인접지역
② 사망사고가 발생한 중대재해
③ 사고가 일어난 지점에 계속 사고가 발생하는 지역
④ 사고가 일어나더라도 손실을 전혀 수반하지 않는 재해

해설 Near Accident : 사고가 일어나더라도 손실을 전혀 수반하지 않는 재해

02 다음 중 안전관리 조직의 목적과 가장 거리가 먼 것은?

① 조직적인 사고예방 활동
② 위험제거 기술의 수준 향상
③ 재해손실의 산정 및 작업 통제
④ 조직 간 종적·횡적 신속한 정보처리와 유대강화

해설 안전관리 조직의 목적
㉠ 조직적인 사고예방 활동
㉡ 위험제거 기술의 수준 향상
㉢ 조직 간 종적·횡적 신속한 정보처리와 유대강화

03 다음 중 재해예방의 4원칙에 해당되지 않는 것은?

① 대책선정의 원칙
② 손실우연의 원칙
③ 통계방법의 원칙
④ 예방가능의 원칙

해설 재해예방의 4원칙
㉠ 대책선정의 원칙 ㉡ 손실우연의 원칙
㉢ 원인연계의 원칙 ㉣ 예방가능의 원칙

04 연간 상시 근로자수가 500명인 A 사업장에서 1일 8시간씩 연간 280일을 근무하는 동안 재해가 36건이 발생하였다면 이 사업장의 도수율은 약 얼마인가?

① 10 ② 10.14
③ 30 ④ 32.14

해설
$$\text{도수율} = \frac{\text{재해발생건수}}{\text{연근로시간수}} \times 10^6 = \frac{36}{8 \times 280 \times 500} \times 10^6 = 32.14$$

05 재해의 원인분석법 중 사고의 유형, 기인물 등 분류 항목을 큰 순서대로 도표화하여 문제나 목표의 이해가 편리한 것은?

① 파레토도(Pareto Diagram)
② 특성 요인도(Cause-reason Diagram)
③ 클로즈 분석(Close Analysis)
④ 관리도(Control Chart)

해설 통계적 원인분석
㉠ 파레토도 : 사고의 유형, 기인물 등 분류 항목을 큰 순서대로 도표화한다.
㉡ 특성 요인도 : 특성과 요인관계를 도표로 하여 어골상으로 세분화한다.
㉢ 클로즈 분석 : 2개 이상의 문제관계를 분석하는 데 사용하는 것으로 Data를 집계하고 표로 표시하여 요인별 결과 내역을 교차한 클로즈 그림을 작성하여 분석한다.
㉣ 관리도 : 재해발생건수 등의 추이를 파악하여 목표관리를 행하는 데 필요한 월별 재해 발생수를 Graph화하여 관리선을 설정 관리하는 방법이다.

정답 ▌01. ④ 02. ③ 03. ③ 04. ④ 05. ①

06 다음 중 안전점검의 목적과 가장 거리가 먼 것은?

① 기기 및 설비의 결함 제거로 사전 안전성 확보
② 인적 측면에서의 안전한 행동 유지
③ 기기 및 설비의 본래성능 유지
④ 생산제품의 품질관리

해설 **안전점검의 목적**
㉠ 기기 및 설비의 결함 제거로 사전 안전성 확보
㉡ 인적 측면에서의 안전한 행동 유지
㉢ 기기 및 설비의 본래성능 유지

07 다음 중 무재해 운동을 추진하기 위한 조직의 3기둥으로 볼 수 없는 것은?

① 최고 경영층의 엄격한 안전방침 및 자세
② 직장 자주활동의 활성화
③ 전 종업원의 안전요원화
④ 라인화의 철저

해설 **무재해 운동을 추진하기 위한 조직의 3기둥**
㉠ 최고 경영층의 엄격한 안전방침 및 자세
㉡ 직장 자주활동의 활성화
㉢ 라인화의 철저

08 다음 중 무재해 운동의 실천기법에 있어 브레인 스토밍(Brain Storming)의 4원칙에 해당하지 않는 것은?

① 수정발언 ② 비판금지
③ 본질추구 ④ 대량발언

해설 **브레인 스토밍의 4원칙**
㉠ 수정발언 ㉡ 비판금지
㉢ 자유분방 ㉣ 대량발언

09 안전모의 일반구조에 있어 안전모를 머리모형에 장착하였을 때 모체 내면의 최고점과 머리모형 최고점과의 수직거리의 기준으로 옳은 것은?

① 20mm 이상 40mm 이하
② 20mm 이상 50mm 미만
③ 25mm 이상 40mm 이하
④ 25mm 이상 55mm 미만

해설 **안전모의 모체 내면의 최고점과 머리모형 최고점과의 수직거리** : 25mm 이상 55mm 미만

10 다음 중 산업안전보건법령상 안전 · 보건표지의 용도 및 사용장소에 대한 표지의 분류가 가장 올바른 것은?

① 폭발성 물질이 있는 장소 : 안내표지
② 비상구가 좌측에 있음을 알려야 하는 장소 : 지시표지
③ 보안경을 착용해야만 작업 또는 출입을 할 수 있는 장소 : 안내표지
④ 정리 · 정돈 상태의 물체나 움직여서는 안 될 물체를 보존하기 위하여 필요한 장소 : 금지표지

해설 ① 폭발성 물질이 있는 장소 : 경고표지
② 비상구가 좌측에 있음을 알려야 하는 장소 : 안내표지
③ 보안경을 착용해야만 작업 또는 출입을 할 수 있는 장소 : 지시표지

11 적응기제(適應機制, Adjustment Mechanism)의 종류 중 도피적 기제(행동)에 속하지 않는 것은?

① 고립 ② 퇴행
③ 억압 ④ 합리화

해설 **적응기제의 종류**
㉠ 공격적 기제(행동) : 치환, 책임전가, 자살 등
㉡ 도피적 기제(행동) : 환상, 동일화, 퇴행, 억압, 반동형성, 고립 등
㉢ 절충적 기제(행동) : 승화, 보상, 합리화, 투사 등

12 다음 중 인간의 행동에 대한 레빈(K. Lewin)의 식 "$B=f(P \cdot E)$"에서 인간관계 요인을 나타내는 변수에 해당하는 것은?

① B(Behavior) ② f(Function)
③ P(Person) ④ E(Environment)

정답 | 06. ④ 07. ③ 08. ③ 09. ④ 10. ④ 11. ④ 12. ④

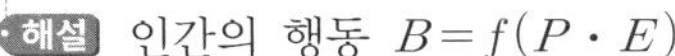

해설 인간의 행동 $B=f(P \cdot E)$
여기서, B : Behavior(인간의 행동)
f : Function(함수관계)
P : Person(소질) – 연령, 경험, 성격, 지능
E : Environment(작업 환경, 인간관계 요인을 나타내는 변수)

13 다음 중 적성배치 시 작업자의 특성과 가장 관계가 적은 것은?

① 연령 ② 작업조건
③ 태도 ④ 업무경력

해설 **적성배치방법**
(1) 작업의 특성
㉠ 환경조건 ㉡ 작업조건
㉢ 작업내용 ㉣ 형태
㉤ 법적 자격 및 제한
(2) 작업자의 특성
㉠ 지적능력 ㉡ 기능
㉢ 성격 ㉣ 신체적 특성
㉤ 연령 ㉥ 업무경력
㉦ 태도

14 스트레스의 주요원인 중 마음 속에서 일어나는 내적 자극요인으로 볼 수 없는 것은?

① 자존심의 손상
② 업무상 죄책감
③ 현실에서의 부적응
④ 대인관계상의 갈등

해설 ④ 대인관계상의 갈등은 외부로부터의 자극요인이다.

15 안전교육의 원칙과 가장 거리가 먼 것은?

① 피교육자 입장에서 교육한다.
② 동기부여를 위주로 한 교육을 실시한다.
③ 오감을 통한 기능적인 이해를 돕도록 한다.
④ 어려운 것부터 쉬운 것을 중심으로 실시하여 이해를 돕는다.

해설 ④ 쉬운 것부터 어려운 것을 중심으로 실시하여 이해를 돕는다.

16 강의의 성과는 강의계획 및 준비 정도에 따라 일반적으로 결정되는데, 다음 중 강의계획의 4단계를 올바르게 나열한 것은?

ⓐ 교수방법의 선정
ⓑ 학습자료의 수집 및 체계화
ⓒ 학습목적과 학습성과의 선정
ⓓ 강의안 작성

① ⓒ→ⓑ→ⓐ→ⓓ
② ⓑ→ⓒ→ⓐ→ⓓ
③ ⓑ→ⓐ→ⓒ→ⓓ
④ ⓑ→ⓒ→ⓓ→ⓐ

해설 **강의계획의 4단계**
㉠ 제1단계 : 학습목적과 학습성과의 선정
㉡ 제2단계 : 학습자료의 수집 및 체계화
㉢ 제3단계 : 교수방법의 선정
㉣ 제4단계 : 강의안 작성

17 다음 중 교육훈련평가의 4단계를 올바르게 나열한 것은?

① 학습 → 반응 → 행동 → 결과
② 학습 → 행동 → 반응 → 결과
③ 행동 → 반응 → 학습 → 결과
④ 반응 → 학습 → 행동 → 결과

해설 **교육훈련평가의 4단계**
㉠ 제1단계 : 반응
㉡ 제2단계 : 학습
㉢ 제3단계 : 행동
㉣ 제4단계 : 결과

18 안전교육 중 프로그램학습법의 장점으로 볼 수 없는 것은?

① 학습자의 학습과정을 쉽게 알 수 있다.
② 지능, 학습속도 등 개인차를 충분히 고려할 수 있다.
③ 매 반응마다 피드백이 주어지기 때문에 학습자가 흥미를 가질 수 있다.
④ 여러 가지 수업매체를 동시에 다양하게 활용할 수 있다.

정답 | 13. ② 14. ④ 15. ④ 16. ① 17. ④ 18. ④

해설 **프로그램학습법**
(Programmed Self－instructional Method)
수업 프로그램이 프로그램학습의 원리에 의하여 만들어지고, 학생의 자기학습 속도에 따른 학습이 허용되어 있는 상태에서 학습자가 프로그램 자료를 가지고 단독으로 학습하도록 하는 방법으로 다음과 같은 장점이 있다.
㉠ 학습자의 학습과정을 쉽게 알 수 있다.
㉡ 지능, 학습속도 등 개인차를 충분히 고려할 수 있다.
㉢ 매 반응마다 피드백이 주어지기 때문에 학습자가 흥미를 가질 수 있다.
㉣ 기본개념 학습, 논리적인 학습에 유익하다.
㉤ 대량의 학습자를 한 교사가 지도할 수 있다.

19 사업주가 근로자에게 실시해야 하는 안전보건교육의 교육시간에 관한 설명으로 옳은 것은?

① 사무직에 종사하는 근로자의 정기교육은 매 반기 6시간 이상이다.
② 관리감독자의 지위에 있는 사람의 정기교육은 연간 8시간 이상이다.
③ 일용 근로자의 작업내용 변경 시의 교육은 2시간 이상이다.
④ 그 밖의 근로자 채용 시의 교육은 4시간 이상이다.

해설 **근로자 안전보건교육**

교육과정	교육대상		교육시간
정기교육	사무직 종사 근로자		매 반기 6시간 이상
	그 밖의 근로자	판매업무에 직접 종사하는 근로자	매 반기 6시간 이상
		판매업무에 직접 종사하는 근로자 외의 근로자	매 반기 12시간 이상
채용 시 교육	일용근로자 및 근로계약기간이 1주일 이하인 기간제 근로자		1시간 이상
	근로계약기간이 1주일 초과 1개월 이하인 기간제 근로자		4시간 이상
	그 밖의 근로자		8시간 이상
작업내용 변경 시 교육	일용근로자 및 근로계약기간이 1주일 이하인 기간제 근로자		1시간 이상
	그 밖의 근로자		2시간 이상
특별교육	일용근로자 및 근로계약기간이 1주일 이하인 기간제 근로자(타워크레인 신호작업에 종사하는 근로자 제외)		2시간 이상
	일용근로자 및 근로계약기간이 1주일 이하인 기간제 근로자 중 타워크레인 신호작업에 종사하는 근로자		8시간 이상
	일용근로자 및 근로계약기간이 1주일 이하인 기간제 근로자를 제외한 근로자		㉠ 16시간 이상(최초 작업에 종사하기 전 4시간 이상 실시하고, 12시간은 3개월 이내에서 분할하여 실시 가능) ㉡ 단기간 작업 또는 간헐적 작업인 경우에는 2시간 이상
건설업 기초 안전·보건 교육	건설 일용근로자		4시간 이상

20 다음 중 산업안전보건법령상 안전검사 대상 유해·위험기계의 종류가 아닌 것은?

① 곤돌라 ② 압력용기
③ 리프트 ④ 아크용접기

해설 **안전검사 대상 유해·위험기계의 종류**
㉠ 곤돌라, ㉡ 리프트, ㉢ 프레스, ㉣ 크레인, ㉤ 압력용기, ㉥ 국소배기장치, ㉦ 원심기, ㉧ 화학설비 및 그 부속설비, ㉨ 건조설비 및 그 부속설비, ㉩ 롤러기, ㉪ 사출성형기, ㉫ 고소작업대, ㉬ 컨베이어, ㉭ 산업용 로봇

제2과목 인간공학 및 시스템안전공학

21 Chapanis의 위험분석에서 발생이 불가능한(Impossible) 경우의 위험발생률은?

① 10^{-2}/day ② 10^{-4}/day
③ 10^{-6}/day ④ 10^{-8}/day

 정답 | 19. ① 20. ④ 21. ④

해설 Chapanis의 위험분석에서 발생이 불가능한 경우의 위험발생률 : 10^{-8}/day

22 체계 설계과정의 주요 단계가 다음과 같을 때 인간 · 하드웨어 · 소프트웨어의 기능 할당, 인간 성능요건 명세, 직무분석, 작업설계 등의 활동을 하는 단계는?

- 목표 및 성능명세 결정
- 체계의 정의
- 기본설계
- 계면설계
- 촉진물 설계
- 시험 및 평가

① 체계의 정의 ② 기본설계
③ 계면설계 ④ 촉진물 설계

해설 **체계 설계과정의 주요 단계**
㉠ 제1단계 : 목표 및 성능명세 결정
㉡ 제2단계 : 시스템 정의
㉢ 제3단계 : 기본설계
㉣ 제4단계 : 인터페이스 설계
㉤ 제5단계 : 촉진물 설계
㉥ 제6단계 : 시험 및 평가

23 그림에 있는 조종구(Ball Control)와 같이 상당한 회전운동을 하는 조종장치가 선형 표시장치를 움직일 때는 L을 반경(지레의 길이), a를 조종장치가 움직인 각도라 할 때 조종 표시장치의 이동비율(Control Display Ratio)을 나타낸 것은?

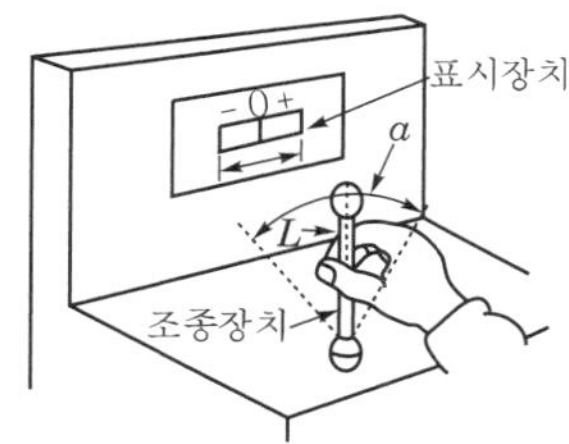

① $\dfrac{(a/360)\times 2\pi L}{\text{표시장치 이동거리}}$

② $\dfrac{\text{표시장치 이동거리}}{(a/360)\times 4\pi L}$

③ $\dfrac{(a/360)\times 4\pi L}{\text{표시장치 이동거리}}$

④ $\dfrac{\text{표시장치 이동거리}}{(a/360)\times 2\pi L}$

해설 $C/D\text{비} = \dfrac{(a/360)\times 2\pi L}{\text{표시장치 이동거리}}$

회전 손잡이(Knob)의 경우 C/D비는 손잡이 1회전에 상당하는 표시장치 이동거리의 역수이다.

24 다음 중 아날로그 표시장치를 선택하는 일반적인 요구사항으로 틀린 것은?

① 일반적으로 동침형보다 동목형을 선호한다.
② 일반적으로 동침과 동목은 혼용하여 사용하지 않는다.
③ 움직이는 요소에 대한 수동조절을 설계할 때는 바늘(pointer)을 조정하는 것이 눈금을 조정하는 것보다 좋다.
④ 중요한 미세한 움직임이나 변화에 대한 정보를 표시할 때는 동침형을 사용한다.

해설 ① 일반적으로 동목형보다 동침형을 선호한다.

25 스웨인(Swain)의 인적오류(혹은 휴먼에러) 분류방법에 의할 때, 자동차 운전 중 습관적으로 손을 창문 밖으로 내어 놓았다가 다쳤다면 다음 중 이때 운전자가 행한 에러의 종류로 옳은 것은?

① 실수(Slip)
② 작위오류(Commission Error)
③ 불필요한 수행오류(Extraneous Error)
④ 누락오류(Omission Error)

해설 불필요한 수행오류의 설명이다.

26 평균고장시간이 4×10^8시간인 요소 4개가 직렬체계를 이루었을 때 이 체계의 수명은 몇 시간인가?

① 1×10^8 ② 4×10^8
③ 8×10^8 ④ 16×10^8

해설 직렬체계의 수명 $= \dfrac{1}{n}\times$ 시간

$= \dfrac{1}{4}\times 4\times10^8$

$= 1\times10^8$ 시간

27 다음 중 간헐적으로 페달을 조작할 때 다리에 걸리는 부하를 평가하기에 가장 적당한 측정변수는?

① 근전도 ② 산소소비량
③ 심장박동수 ④ 에너지 소비량

해설 **근전도** : 간헐적으로 페달을 조작할 때 다리에 걸리는 부하를 평가하기에 가장 적당한 측정변수

28 다음 중 인간공학에 있어 인체측정의 목적으로 가장 올바른 것은?

① 안전관리를 위한 자료
② 인간공학적 설계를 위한 자료
③ 생산성 향상을 위한 자료
④ 사고예방을 위한 자료

해설 **인체측정의 목적** : 인간공학적 설계를 위한 자료

29 다음 중 의자설계의 일반 원리로 옳지 않은 것은?

① 추간판의 압력을 줄인다.
② 등근육의 정적부하를 줄인다.
③ 쉽게 조절할 수 있도록 한다.
④ 고정된 자세로 장시간 유지되도록 한다.

해설 ④ 좋은 자세를 취할 수 있도록 하여야 한다.

30 다음 중 조도의 단위에 해당하는 것은?

① fL ② diopter
③ lumen/m^2 ④ lumen

해설 **조도의 단위** : lumen/m^2

31 다음 중 인간의 눈이 일반적으로 완전암조응에 걸리는 데 소요되는 시간은?

① 5~10분 ② 10~20분
③ 30~40분 ④ 50~60분

해설 **인간의 눈이 완전암조응에 걸리는 데 소요되는 시간** : 30~40분

32 다음 중 Weber의 법칙에 관한 설명으로 틀린 것은?

① Weber비는 분별의 질을 나타낸다.
② Weber비가 작을수록 분별력은 낮아진다.
③ 변화감지역(JND)이 작을수록 그 자극차원의 변화를 쉽게 검출할 수 있다.
④ 변화감지역(JND)은 사람이 50%를 검출할 수 있는 자극차원의 최소변화이다.

해설 ② Weber비가 클수록 분별력은 낮아진다.

33 다음 중 공기의 온열조건 4요소에 포함되지 않는 것은?

① 대류 ② 전도
③ 반사 ④ 복사

해설 **공기의 온열조건 4요소**
㉠ 대류 ㉡ 전도
㉢ 복사 ㉣ 온도

34 다음 중 시스템 분석 및 설계에 있어서 인간공학의 가치와 가장 거리가 먼 것은?

① 훈련비용의 절감
② 인력 이용률의 향상
③ 생산 및 보전의 경제성 감소
④ 사고 및 오용으로부터의 손실 감소

해설 ③ 생산 및 보전의 경제성 증가

35 다음 중 인간의 과오(Human Error)를 정량적으로 평가하고 분석하는 데 사용하는 기법으로 가장 적절한 것은?

① THERP ② FMEA
③ CA ④ FMECA

해설 ② FMEA : 고장형태와 영향분석이라고도 하며, 각 요소의 고장유형과 그 고장이 미치는 영향을 분석하는 방법으로 귀납적이면서 정성적으로 분석하는 기법이다.
③ CA : 높은 고장 등급을 갖고 고장 모드가 기기 전체의 고장에 어느 정도 영향을 주는가를 정량적으로 평가하는 해석기법이다.

정답 | 27. ① 28. ② 29. ④ 30. ③ 31. ③ 32. ② 33. ③ 34. ③ 35. ①

④ FMECA : FMEA와 CA가 병용한 것으로, FMECA에 위험도 평가를 위해 위험도(C_r)를 계산한다.

36 다음 중 FT의 작성방법에 관한 설명으로 틀린 것은?

① 정성 · 정량적으로 해석 · 평가하기 전에는 FT를 간소화해야 한다.
② 정상(Top)사상과 기본사상과의 관계는 논리 게이트를 이용해 도해한다.
③ FT를 작성하려면 먼저 분석대상 시스템을 완전히 이해해야 한다.
④ FT 작성을 쉽게 하기 위해서는 정상(Top)사상을 최대한 광범위하게 정의한다.

해설 ④ FT 작성을 쉽게 하기 위해서는 정상(Top)사상을 선정해야 한다.

37 FT도에 사용되는 다음 기호의 명칭으로 옳은 것은?

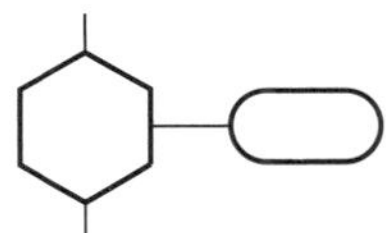

① 억제 게이트 ② 부정 게이트
③ 생략사상 ④ 전이기호

해설 **억제 게이트(inhibit gate)** : 압력현상이 일어나 조건을 만족하면 출력현상이 생기고 만약 조건이 만족되지 않으면 출력이 생길 수 없다. 이때 조건은 수정 기호 내에 쓴다.

38 FT도에 의한 컷셋(Cut Set)이 다음과 같이 구해졌을 때 최소 컷셋(Minimal Cut Set)으로 옳은 것은?

- $(X_1,\ X_3)$
- $(X_1,\ X_2,\ X_3)$
- $(X_1,\ X_3,\ X_4)$

① $(X_1,\ X_3)$ ② $(X_1,\ X_2,\ X_3)$
③ $(X_1,\ X_3,\ X_4)$ ④ (X_1, X_2, X_3, X_4)

해설 ㉠ 조건을 식으로 만들면
$T=(X_1+X_3)\cdot(X_1+X_2+X_3)\cdot(X_1+X_3+X_4)$
㉡ FT도를 보면 $(X_1,\ X_3)$를 대입했을 때 T가 발생되었다.

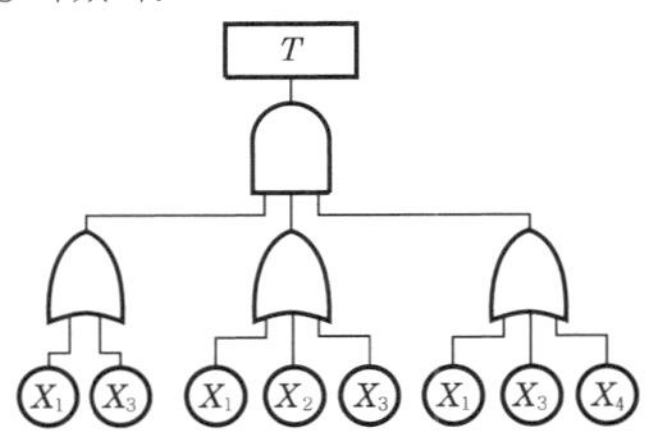

㉢ 미니멀 컷셋은 컷셋 중에 공통이 되는 $(X_1,\ X_3)$가 된다.

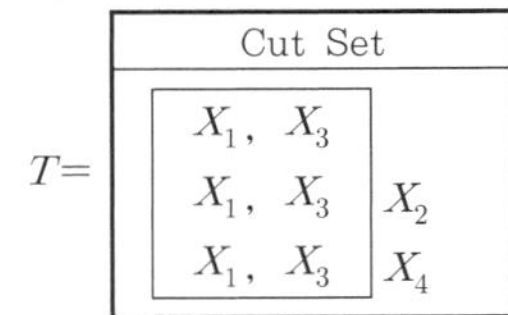

39 위험관리의 안전성 평가에서 발생빈도보다는 손실에 중점을 두며, 기업 간 의존도, 한 가지 사고가 여러 가지 손실을 수반하는가 하는 안전에 미치는 영향의 강도를 평가하는 단계는?

① 위험의 처리 단계
② 위험의 분석 및 평가 단계
③ 위험의 파악 단계
④ 위험의 발견, 확인, 측정방법 단계

해설 **위험의 분석 및 평가 단계** : 발생빈도보다는 손실에 중점을 두며, 기업 간 의존도, 한 가지 사고가 여러 가지 손실을 수반하는가 하는 안전에 미치는 영향의 강도를 평가하는 단계

40 다음 중 제조업의 유해 · 위험방지 계획서 제출대상 사업장에서 제출하여야 하는 유해 · 위험방지 계획서의 첨부서류와 가장 거리가 먼 것은?

① 공사 개요서
② 건축물 각 층의 평면도
③ 기계 · 설비의 배치도면
④ 원재료 및 제품의 취급, 제조 등 작업방법의 개요

정답 | 36. ④ 37. ① 38. ① 39. ② 40. ①

해설 **유해 · 위험방지 계획서의 첨부서류**
㉠ 건축물 각 층의 평면도
㉡ 기계 · 설비의 개요를 나타내는 서류
㉢ 기계 · 설비의 배치도면
㉣ 원재료 및 제품의 취급, 제조 등의 작업방법의 개요
㉤ 그 밖의 고용노동부장관이 정하는 도면 및 서류

제3과목 기계위험방지기술

41 기계의 운동형태에 따른 위험점의 분류에서 고정부분과 회전하는 동작부분이 함께 만드는 위험점으로 교반기의 날개와 하우스 등에서 발생하는 위험점을 무엇이라 하는가?

① 끼임점 ② 절단점
③ 물림점 ④ 회전말림점

해설 교반기의 날개와 하우스 등에서 발생하는 위험점을 끼임점이라고 한다.

42 페일 세이프(Fail Safe) 기능의 3단계 중 페일 액티브(Fail Active)에 관한 내용으로 옳은 것은?

① 부품고장 시 기계는 경보를 울리나 짧은 시간 내 운전은 가능하다.
② 부품고장 시 기계는 정지방향으로 이동한다.
③ 부품고장 시 추후 보수까지는 안전기능을 유지한다.
④ 부품고장 시 병렬계통 방식이 작동되어 안전기능이 유지된다.

해설 ①의 내용은 페일 액티브(Fail Active), ②의 내용은 페일 패시브(Fail Passive), ③의 내용은 페일 오퍼레이셔널(Fail Operational)이다.

43 다음 중 가공기계에 주로 쓰이는 풀 프루프(pool proof)의 형태가 아닌 것은?

① 금형의 가드
② 사출기의 인터록장치
③ 카메라의 이중촬영방지기구
④ 압력용기의 파열판

해설 ①, ②, ③ 이외에 풀 프루프(pool proof)에 해당하는 형태로는 다음과 같은 것이 있다.
㉠ 프레스기의 안전블록
㉡ 크레인의 권과방지장치

44 다음 중 선반에서 작용하는 칩 브레이커(Chip Breaker)의 종류에 속하지 않는 것은?

① 연삭형 ② 클램프형
③ 쐐기형 ④ 자동조정식

해설 **선반에서 작용하는 칩 브레이커의 종류**
㉠ 연삭형
㉡ 클램프형
㉢ 자동조정식

45 다음 중 밀링작업 시 하향절삭의 장점에 해당되지 않는 것은?

① 일감의 고정이 간편하다.
② 일감의 가공면이 깨끗하다.
③ 이송기구의 백래시(Backlash)가 자연히 제거된다.
④ 밀링커터의 날이 마찰작용을 하지 않으므로 수명이 길다.

해설 ③ 밀링작업 시 상향절삭의 장점에 해당된다.

46 다음 중 연삭숫돌의 이상 유무를 확인하기 위한 시운전 시간으로 가장 적절한 것은?

① 작업시간 전 3분 이상, 연삭숫돌 교체 후 1분 이상
② 작업시작 전 30초 이상, 연삭숫돌 교체 후 1분 이상
③ 작업시작 전 1분 이상, 연삭숫돌 교체 후 3분 이상
④ 작업시작 전 1분 이상, 연삭숫돌 교체 후 1분 이상

정답 | 41. ① 42. ① 43. ④ 44. ③ 45. ③ 46. ③

해설 연삭숫돌의 이상 유무를 확인하기 위한 시운전 시간은 작업시작 전 1분 이상, 연삭숫돌 교체 후 3분 이상이다.

47 다음 중 톱의 후면날 가까이에 설치되어 목재의 켜진 틈 사이에 끼어서 쐐기작용을 하여 목재가 압박을 가하지 않도록 하는 장치를 무엇이라고 하는가?

① 분할날
② 반발방지장치
③ 날접촉예방장치
④ 가동식 접촉예방장치

해설 톱의 후면날 가까이에 설치되어 목재의 켜진 틈 사이에 끼어서 쐐기작용을 하여 목재가 압박을 가하지 않도록 하는 것은 반발방지장치이다.

48 다음과 같은 프레스의 punch와 금형의 die에서 손가락이 punch와 die 사이에 들어가지 않도록 할 때 D의 거리로 가장 적절한 것은?

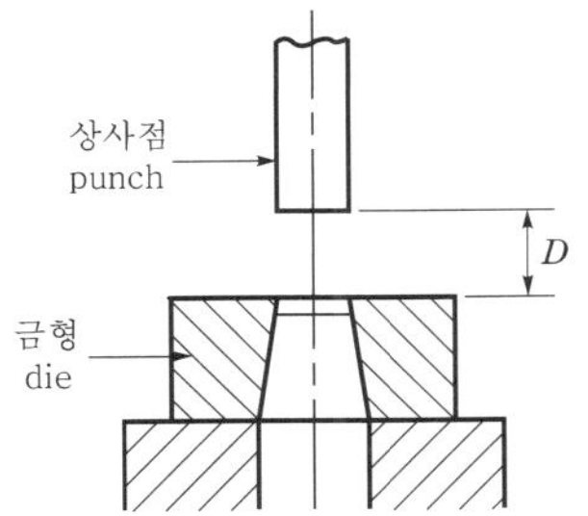

① 8mm 이하　　② 10mm 이상
③ 15mm 이하　　④ 15mm 초과

해설 펀치와 다이 · 상하간의 틈새는 8mm 이하로 하여야만 손가락이 들어가지 않는다.

49 다음 중 위치제한형 방호장치에 해당되는 프레스 방호장치는?

① 수인식 방호장치
② 광전자식 방호장치
③ 양수조작식 방호장치
④ 손쳐내기식 방호장치

해설 **프레스 방호장치의 분류**
㉠ 수인식 · 손쳐내기식 방호장치 : 접근거부형 방호장치
㉡ 광전자식 방호장치 : 접근반응형 방호장치
㉢ 양수조작식 방호장치 : 위치제한형 방호장치

50 프레스의 광전자식 방호장치에서 손이 광선을 차단한 직후부터 급정지장치가 작동을 개시한 시간이 0.03초이고, 급정지장치가 작동을 시작하여 슬라이드가 정지한 때까지의 시간이 0.2초라면 광축의 설치위치는 위험점에서 얼마 이상 유지해야 하는가?

① 153mm　　② 279mm
③ 368mm　　④ 451mm

해설 설치거리(mm)$=1.6\times(T_l+T_s)$
여기서, (T_l+T_s) : 최대정지시간(ms)
$\therefore\ 1.6\times(0.03+0.2)=0.368\times1{,}000$
$=368\text{mm}$

51 롤러기 조작부의 설치위치에 따른 급정지장치의 종류에서 손조작식 급정지장치의 설치위치로 옳은 것은?

① 밑면에서 0.5m 이내
② 밑면에서 0.6m 이상 1.0m 이내
③ 밑면에서 1.8m 이내
④ 밑면에서 1.0m 이상 2.0m 이내

해설 **급정지장치의 설치위치**
㉠ 손조작식 : 밑면에서 1.8m 이내
㉡ 복부조작식 : 밑면에서 0.8m 이상 1.1m 이내
㉢ 무릎조작식 : 밑면에서 0.4m 이상 0.6m 이내

52 다음 중 원심기의 안전에 관한 설명으로 적절하지 않은 것은?

① 원심기에는 덮개를 설치하여야 한다.
② 원심기로부터 내용물을 꺼내거나 원심기의 정비, 청소, 검사, 수리작업을 하는 때에는 운전을 정지시켜야 한다.
③ 원심기의 최고사용회전수를 초과하여 사용하여서는 아니 된다.
④ 원심기에 과압으로 인한 폭발을 방지하기 위하여 압력방출장치를 설치하여야 한다.

해설 ④의 내용은 보일러의 안전에 관한 사항이다.

정답 ┃ 47. ② 48. ① 49. ③ 50. ③ 51. ③ 52. ④

53 산업안전보건법령상 보일러에 설치하여야 하는 방호장치에 해당하지 않는 것은?

① 절탄장치
② 압력제한스위치
③ 압력방출장치
④ 고저수위조절장치

해설 ㉠ 산업안전보건법령상 보일러에 설치하여야 하는 방호장치로는 ②, ③, ④가 있다.
㉡ ①의 절탄장치는 보일러에 공급되는 급수를 예열하여 증발량은 증가시키고, 연료소비량은 감소시키기 위한 것으로 보일러의 부속장치에 해당된다.

54 다음 중 산업안전보건법령에 따른 압력용기에 설치하는 안전밸브의 설치 및 작동에 관한 설명으로 틀린 것은?

① 다단형 압축기에는 각 단 또는 각 공기압축기별로 안전밸브 등을 설치하여야 한다.
② 안전밸브는 이를 통하여 보호하려는 설비의 최저사용압력 이하에서 작동되도록 설정하여야 한다.
③ 화학공정 유체와 안전밸브의 디스크 또는 시트가 직접 접촉될 수 있도록 설치된 경우에는 매년 1회 이상 국가교정기관에서 검사한 후 납으로 봉인하여 사용한다.
④ 공정안전보고서 이행상태 평가결과가 우수한 사업장의 안전밸브의 경우 검사주기는 4년마다 1회 이상이다.

해설 ② 안전밸브는 이를 통하여 보호하려는 설비의 최고사용압력 이하에서 작동되도록 설정하여야 한다.

55 다음 중 지게차의 안정도에 관한 설명으로 틀린 것은?

① 지게차의 등판능력을 표시한다.
② 좌우 안정도와 전후 안정도가 다르다.
③ 주행과 하역작업의 안정도가 다르다.
④ 작업 또는 주행 시 안정도 이하로 유지해야 한다.

해설 지게차의 안정도와 지게차의 등판능력은 아무런 관련이 없다.

56 안전한 컨베이어작업을 위한 사항으로 적합하지 않은 것은?

① 컨베이어 위로 건널다리를 설치하였다.
② 운전 중인 컨베이어에는 근로자를 탑승시켜서는 안 된다.
③ 작업 중 급정지를 방지하기 위하여 비상정지장치는 해체하여야 한다.
④ 트롤리 컨베이어에서 트롤리와 체인을 상호 확실하게 연결시켜야 한다.

해설 (1) ③의 경우, 작업 중 급정지를 방지하기 위하여 비상정지장치는 가동하여야 한다는 내용이 옳다.
(2) 안전한 컨베이어작업을 위한 사항
㉠ ①, ②, ④
㉡ 화물 또는 운반구의 이탈 및 역주행을 방지하는 장치를 갖추어야 한다.
㉢ 컨베이어에 덮개 또는 울을 설치하는 등 낙하방지를 위한 조치를 하여야 한다.
㉣ 컨베이어에 중량물을 운반하는 경우에는 스토퍼를 설치하거나 작업자 출입을 금지시켜야 한다.

57 다음 중 산업안전보건법상 크레인에 전용 탑승설비를 설치하고 근로자를 달아올린 상태에서 작업에 종사시킬 경우 근로자의 추락위험을 방지하기 위하여 실시해야 할 조치사항으로 적합하지 않은 것은?

① 승차석 외의 탑승 제한
② 안전대나 구명줄의 설치
③ 탑승설비의 하강 시 동력하강 방법을 사용
④ 탑승설비가 뒤집히거나 떨어지지 않도록 필요한 조치

정답 | 53. ① 54. ② 55. ① 56. ③ 57. ①

해설 크레인에 전용 탑승설비를 설치하고 근로자를 달아 올린 상태에서 작업에 종사시킬 경우, 추락위험을 방지하기 위한 조치사항
㉠ ②, ③, ④
㉡ 안전난간의 설치가 가능한 구조인 경우 안전난간을 설치할 것

58 다음 중 정하중이 작용할 때 기계의 안전을 위해 일반적으로 안전율이 가장 크게 요구되는 재질은?

① 벽돌
② 주철
③ 구리
④ 목재

해설 정하중이 작용할 때 기계의 안전을 위해 일반적으로 안전율이 가장 크게 요구되는 재료는 벽돌이다.

59 다음 중 방사선투과검사에 가장 적합한 활용 분야는?

① 변형률 측정
② 완제품의 표면결함검사
③ 재료 및 기기의 계측검사
④ 재료 및 용접부의 내부결함검사

해설 방사선투과검사는 재료 및 용접부의 내부결함검사에 가장 적합하다.

60 회전축이나 베어링 등이 마모 등으로 변형되거나 회전의 불균형에 의하여 발생하는 진동을 무엇이라고 하는가?

① 단속진동
② 정상진동
③ 충격진동
④ 우연진동

해설 회전축이나 베어링 등이 마모 등으로 변형되거나 회전의 불균형에 의하여 발생하는 진동은 정상진동이다.

제4과목 전기위험방지기술

61 대지에서 용접작업을 하고 있는 작업자가 용접봉에 접촉한 경우 통전전류는? (단, 용접기의 출력측 무부하전압 : 90V, 접촉저항(손, 용접봉 등 포함) : 10kΩ, 인체의 내부저항 : 1kΩ, 발과 대지의 접촉저항 : 20kΩ이다.)

① 약 0.19mA ② 약 0.29mA
③ 약 1.96mA ④ 약 2.90mA

해설 $I=\frac{V}{R}$

$$\text{통전전류}=\frac{\text{출력측 무부하전압}}{\text{접촉저항}+\text{인체의 내부저항}+\text{발과 대지의 접촉저항}}$$
$$=\frac{90\text{V}}{10{,}000\,\Omega+1{,}000\,\Omega+20{,}000\,\Omega}$$
$$=0.0029\text{A}=2.9\text{mA}$$

62 허용접촉전압과 종별이 서로 다른 것은?

① 제1종 : 2.5V 초과
② 제2종 : 25V 이하
③ 제3종 : 50V 이하
④ 제4종 : 제한 없음

해설 ① 제1종 : 2.5V 이하

63 고장전류와 같은 대전류를 차단할 수 있는 것은?

① 차단기(CB) ② 유입개폐기(OS)
③ 단로기(DS) ④ 선로개폐기(LS)

해설 고장전류와 같은 대전류를 차단할 수 있는 것은 차단기(CB)이다.

64 활선작업 및 활선 근접작업 시 반드시 작업지휘자를 정하여야 한다. 작업지휘자의 임무 중 가장 중요한 것은?

① 설계의 계획에 의한 시공을 관리 · 감독하기 위해서
② 활선에 접근 시 즉시 경고를 하기 위해서
③ 필요한 전기 기자재를 보급하기 위해서
④ 작업을 신속히 처리하기 위해서

정답 ‖ 58. ① 59. ④ 60. ② 61. ④ 62. ① 63. ① 64. ②

해설 활선작업 및 활선 근접작업 시 작업지휘자의 임무 중 가장 중요한 것은 활선에 접근 시 즉시 경고를 하기 위한 것이다.

65 전기화재의 원인이 아닌 것은?

① 단락 및 과부하
② 절연불량
③ 기구의 구조불량
④ 누전

해설 **전기화재의 원인**
㉠ ①, ②, ④
㉡ 과전류
㉢ 스파크
㉣ 접속부과열
㉤ 정전기

66 변압기 전로의 1선 지락전류가 6A일 때 제2종 접지공사의 접지저항값은 얼마인가?

① 10Ω ② 15Ω
③ 20Ω ④ 25Ω

해설 $\text{제2종 접지공사의 접지저항값} = \frac{150}{\text{1선 지락전류}}$

$\therefore \frac{150}{6} = 25\,\Omega$

67 정전기 발생에 영향을 주는 요인이 아닌 것은?

① 물체의 표면상태
② 외부공기의 풍속
③ 접촉면적 및 압력
④ 박리속도

해설 정전기의 발생에 영향을 주는 요인은 ①, ③, ④ 이외에 다음과 같다.
㉠ 물체의 특성
㉡ 물체의 분리력

68 정전기가 컴퓨터에 미치는 문제점으로 가장 거리가 먼 것은?

① 디스크 드라이브가 데이터를 읽고 기록한다.
② 메모리 변경이 에러나 프로그램의 분실을 발생시킨다.
③ 프린터가 오작동을 하여 너무 많이 찍히거나 글자가 겹쳐서 찍힌다.
④ 터미널에서 컴퓨터에 잘못된 데이터를 입력시키거나 데이터를 분실한다.

해설 정전기가 컴퓨터에 미치는 문제점은 ②, ③, ④이다.

69 방폭구조에 관계있는 위험 특성이 아닌 것은?

① 발화온도 ② 증기밀도
③ 화염일주한계 ④ 최소점화전류

해설 증기밀도는 방폭구조에 관계있는 위험 특성에 해당되지 않는다.

70 산업안전보건법상 다음 내용에 해당하는 폭발위험장소는?

> 20종 장소 외의 장소로서, 폭발농도를 형성할 정도로 충분한 양의 분진운 형태 가연성 분진이 정상작동 중에 존재할 수 있는 장소

① 0종 장소 ② 1종 장소
③ 21종 장소 ④ 22종 장소

해설 문제의 내용은 21종 장소에 관한 것이다.

71 다음 중 혼합 위험성인 혼합에 따른 발화위험성 물질로 구분되는 것은?

① 에탄올과 가성소다의 혼합
② 발연질산과 아닐린의 혼합
③ 아세트산과 포름산의 혼합
④ 황산암모늄과 물의 혼합

해설 **혼촉발화** : 2가지 이상 물질의 혼촉에 의해 위험한 상태가 생기는 것을 말하지만 혼촉발화가 모두 발화위험을 일으키는 것은 아니며 유해위험도 포함된다.

72 다음 중 발화성 물질에 해당하는 것은?

① 프로판
② 황린
③ 염소산 및 그 염류
④ 질산에스테르류

정답 | 65. ③ 66. ④ 67. ② 68. ① 69. ② 70. ③ 71. ② 72. ②

해설 ① 가연성 가스
② 발화성 물질
③ 산화성 고체
④ 자기반응성 물질

73 다음 중 산업안전보건법령상 위험물질의 종류에 있어 인화성 가스에 해당하지 않는 것은?

① 수소　② 부탄
③ 에틸렌　④ 암모니아

해설 인화성 가스
㉠ 수소
㉡ 아세틸렌
㉢ 에틸렌
㉣ 메탄
㉤ 에탄
㉥ 프로판
㉦ 부탄

74 다음 중 고체의 연소방식에 관한 설명으로 옳은 것은?

① 분해연소란 고체가 표면의 고온을 유지하며 타는 것을 말한다.
② 표면연소란 고체가 가열되어 열분해가 일어나고 가연성 가스가 공기 중의 산소와 타는 것을 말한다.
③ 자기연소란 공기 중 산소를 필요로 하지 않고 자신이 분해되며 타는 것을 말한다.
④ 분무연소란 고체가 가열되어 가연성 가스를 발생하며 타는 것을 말한다.

해설 ① 분해연소란 고체가 가열되어 가연성 가스를 발생하며 타는 것을 말한다.
② 표면연소란 고체가 표면의 고온을 유지하며 타는 것을 말한다.
④ 분무연소란 고체가 가열되어 열분해가 일어나고 가연성 가스가 공기 중의 산소와 타는 것을 말한다.

75 다음 반응식에서 프로판가스의 화학양론농도(vol%)는 약 얼마인가?

$$C_3H_8 + \underbrace{5O_2 + 18.8N_2}_{\text{공기}} \rightarrow 3CO_2 + 4H_2O + 18.8N_2$$

① 8.04　② 4.02
③ 20.4　④ 40.8

해설 화학양론농도$(C_{st}) = \dfrac{100}{1+4.773O_2}$

$= \dfrac{100}{1+4.773\times5}$

$= 4.02\text{vol\%}$

76 다음 중 석유화재의 거동에 관한 설명으로 틀린 것은?

① 액면상의 연소확대에 있어서 액온이 인화점보다 높을 경우 예혼합형 전파연소를 나타낸다.
② 액면상의 연소확대에 있어서 액온이 인화점보다 낮을 경우 예열형 전파연소를 나타낸다.
③ 저장조 용기의 직경이 1m 이상에서 액면강하속도는 용기직경에 관계없이 일정하다.
④ 저장조 용기의 직경이 1m 이상이면 층류화염형태를 나타낸다.

해설 ④ 저장조 용기의 직경이 2m 이상이면 층류화염형태를 나타낸다.

77 폭굉현상은 혼합물질에만 한정되는 것이 아니고, 순수물질에 있어서도 그 분해열이 폭굉을 일으키는 경우가 있다. 다음 중 고압하에서 폭굉을 일으키는 순수물질은 어느 것인가?

① 오존
② 아세톤
③ 아세틸렌
④ 아조메탄

해설 고압하에서 폭굉을 일으키는 순수물질은 아세틸렌이다.
$C_2H_2 \rightarrow 2C + H_2$

정답 ▮ 73. ④ 74. ③ 75. ② 76. ④ 77. ③

78 다음 중 반응기의 구조방식에 의한 분류에 해당하는 것은?

① 유동층형 반응기
② 연속식 반응기
③ 반회분식 반응기
④ 회분식 균일상 반응기

해설 **반응기**
(1) 구조방식에 의한 분류
㉠ 유동층형 반응기
㉡ 관형 반응기
㉢ 탑형 반응기
㉣ 교반조형 반응기
(2) 조작방법에 의한 분류
㉠ 회분식 균일상 반응기
㉡ 반회분식 반응기
㉢ 연속식 반응기

79 다음 중 연소하고 있는 가연물이 들어 있는 용기를 기계적으로 밀폐하여 공기의 공급을 차단하거나 타고 있는 액체나 고체의 표면을 거품 또는 불연성 액체로 피복하여 연소에 필요한 공기의 공급을 차단시키는 소화방법은?

① 냉각소화 ② 질식소화
③ 제거소화 ④ 억제소화

해설 **질식소화** : 가연물이 연소하고 있는 경우 공급되는 공기 중의 산소의 양을 15%(용량) 이하로 하면 산소결핍에 의하여 자연적으로 연소상태가 정지되는 것

80 다음 중 전기화재 시 부적합한 소화기는?

① 분말 소화기
② CO_2 소화기
③ 할론 소화기
④ 산알칼리 소화기

해설 **전기화재** : C급 화재
① A · B · C급
② B · C급
③ A · B · C급
④ A급

제5과목 화학설비위험방지기술

81 프리캐스트 부재의 현장야적에 대한 설명으로 틀린 것은?

① 오물로 인한 부재의 변질을 방지한다.
② 벽 부재는 변형을 방지하기 위해 수평으로 포개 쌓아 놓는다.
③ 부재의 제조번호, 기호 등을 식별하기 쉽게 야적한다.
④ 받침대를 설치하여 휨, 균열 등이 생기지 않게 한다.

해설 **프리캐스트 부재의 현장야적**
㉠ 오물로 인한 부재의 변질을 방지한다.
㉡ 벽 부재는 변형을 방지하기 위해 수평으로 포개 쌓아 놓으면 안 된다.
㉢ 부재의 제조번호 · 기호 등을 식별하기 쉽게 야적한다.
㉣ 받침대를 설치하여 휨, 균열 등이 생기지 않게 한다.

82 표준관입시험에서 30cm 관입에 필요한 타격횟수(N)가 50 이상일 때 모래의 상대밀도는 어떤 상태인가?

① 몹시 느슨하다. ② 느슨하다.
③ 보통이다. ④ 대단히 조밀하다.

해설 타격횟수가 50 이상일 때 모래의 상대밀도는 대단히 조밀한 상태이다.

83 다음 중 흙의 동상현상을 지배하는 인자가 아닌 것은?

① 흙의 마찰력
② 동결지속시간
③ 모관 상승고의 크기
④ 흙의 투수성

해설 **흙의 동상현상을 지배하는 인자**
㉠ 동결지속시간
㉡ 모관 상승고의 크기
㉢ 흙의 투수성

정답 ‖ 78. ① 79. ② 80. ④ 81. ② 82. ④ 83. ①

84 건설업 중 교량건설공사의 경우 유해위험방지계획서를 제출하여야 하는 기준으로 옳은 것은?

① 최대지간길이가 40m 이상인 교량건설공사
② 최대지간길이가 50m 이상인 교량건설공사
③ 최대지간길이가 60m 이상인 교량건설공사
④ 최대지간길이가 70m 이상인 교량건설공사

해설 최대지간길이가 50m 이상인 교량건설공사가 유해위험방지계획서 제출대상 건설공사이다.

85 토공사용 건설장비 중 굴착기계가 아닌 것은?

① 파워셔블 ② 드래그 셔블
③ 로더 ④ 드래그 라인

해설 (1) 굴착기계
㉠ 파워셔블
㉡ 드래그 셔블
㉢ 드래그 라인
(2) 차량계 건설기계 : 로더

86 옥외에 설치되어 있는 주행크레인에 이탈을 방지하기 위한 조치를 취해야 하는 것은 순간 풍속이 매 초당 몇 미터를 초과할 경우인가?

① 30m ② 35m
③ 40m ④ 45m

해설 옥외에 설치되어 있는 주행크레인에 이탈을 방지하기 위한 조치를 취해야 하는 것은 순간 풍속이 30m/sec를 초과할 때이다.

87 와이어로프 안전계수 중 화물의 하중을 직접 지지하는 경우에 안전계수기준으로 옳은 것은?

① 3 이상 ② 4 이상
③ 5 이상 ④ 6 이상

해설 와이어로프의 안전계수기준
㉠ 근로자가 탑승하는 운반구를 지지하는 경우 : 10 이상
㉡ 화물의 하중을 직접 지지하는 경우 : 5 이상
㉢ 훅, 섀클, 클램프, 리프팅 빔의 경우 : 3 이상
㉣ 그 밖의 경우 : 4 이상

88 동력을 사용하는 항타기 또는 항발기의 도괴를 방지하기 위한 준수사항으로 틀린 것은?

① 연약한 지반에 설치할 경우에는 각부나 가대의 침하를 방지하기 위하여 깔판 · 깔목 등을 사용한다.
② 평형추를 사용하여 안정시키는 경우에는 평형추의 이동을 방지하기 위하여 가대에 견고하게 부착시킨다.
③ 버팀대만으로 상단부분을 안정시키는 경우에는 버팀대는 3개 이상으로 한다.
④ 버팀줄만으로 상단부분을 안정시키는 경우에는 버팀줄을 2개 이상으로 한다.

해설 항타기 또는 항발기의 도괴를 방지하기 위한 준수사항
㉠ 연약한 지반에 설치하는 경우에는 각부나 가대의 침하를 방지하기 위하여 깔판 · 깔목 등을 사용할 것
㉡ 시설 또는 가설물 등에 설치하는 경우에는 그 내력을 확인하고 내력이 부족하면 그 내력을 보강할 것
㉢ 각부나 가대가 미끄러질 우려가 있는 경우에는 말뚝 또는 쐐기 등을 사용하여 각부나 가대를 고정시킬 것
㉣ 궤도 또는 차로 이동하는 항타기 또는 항발기에 대해서는 불시에 이동하는 것을 방지하기 위하여 레일 클램프(Rail Clamp) 및 쐐기 등으로 고정시킬 것
㉤ 버팀대만으로 상단부분을 안정시키는 경우에는 버팀대는 3개 이상으로 하고, 그 하단 부분은 견고한 버팀 · 말뚝 또는 철골 등으로 고정시킬 것
㉥ 버팀줄만으로 상단부분을 안정시키는 경우에는 버팀줄을 3개 이상으로 하고 같은 간격으로 배치할 것
㉦ 평형추를 사용하여 안정시키는 경우에는 평형추의 이동을 방지하기 위하여 가대에 견고하게 부착시킬 것

89 추락방지를 위한 안전방망 설치기준으로 옳지 않은 것은?

① 작업면으로부터 망의 설치지점까지의 수직거리는 10m를 초과하지 않도록 한다.
② 안전방망은 수평으로 설치한다.
③ 망의 처짐은 짧은 변 길이의 10% 이하가 되도록 한다.
④ 건축물 등의 바깥쪽으로 설치하는 경우 망의 내민 길이는 벽면으로부터 3m 이상이 되도록 한다.

해설 ③ 망의 처짐은 짧은 변 길이의 12% 이상이 되도록 한다.

90 낙하물 방지망 또는 방호선반을 설치하는 경우에 준수하여야 할 사항이다. 다음 ( ) 안에 알맞은 내용은?

> 높이 (㉠)m 이내마다 설치하고, 내민 길이는 벽면으로부터 (㉡)m 이상으로 할 것

① ㉠ : 5, ㉡ : 1
② ㉠ : 5, ㉡ : 2
③ ㉠ : 10, ㉡ : 1
④ ㉠ : 10, ㉡ : 2

해설 낙하물 방지망 또는 방호선반을 설치하는 경우 높이 10m 이내마다 설치하고, 내민 길이는 벽면으로부터 2m 이상으로 할 것

91 다음 중 토사붕괴의 내적 원인인 것은 어느 것인가?

① 토석의 강도 저하
② 사면 법면의 기울기 증가
③ 절토 및 성토 높이 증가
④ 공사에 의한 진동 및 반복 하중 증가

해설 **토사붕괴의 내적 원인**
㉠ 토석의 강도 저하
㉡ 절토사면의 토질, 암석
㉢ 성토사면의 토질구성 및 분포

92 건물기초에서 발파허용진동치 규제기준으로 틀린 것은?

① 문화재 : 0.2cm/sec
② 주택, 아파트 : 0.5cm/sec
③ 상가 : 1.0cm/sec
④ 철골콘크리트 빌딩 : 0.1~0.5cm/sec

해설 ④ 철골콘크리트 빌딩 : 1.0~4.0cm/sec

93 강관비계 중 단관비계의 조립간격(벽체와의 연결간격)으로 옳은 것은?

① 수직방향 : 6m, 수평방향 : 8m
② 수직방향 : 5m, 수평방향 : 5m
③ 수직방향 : 4m, 수평방향 : 6m
④ 수직방향 : 8m, 수평방향 : 6m

해설 **강관비계의 조립방법**

강관비계의 종류	조립간격	
	수직방향	수평방향
단관비계	5m	5m
틀비계(5m 미만의 것은 제외)	6m	8m

94 이동식 비계를 조립하여 작업을 하는 경우의 준수기준으로 옳지 않은 것은?

① 비계의 최상부에서 작업을 할 때에는 안전난간을 설치하여야 한다.
② 작업발판의 최대적재하중은 400kg을 초과하지 않도록 한다.
③ 승강용 사다리는 견고하게 설치하여야 한다.
④ 작업발판은 항상 수평을 유지하고, 작업발판 위에서 안전난간을 딛고 작업을 하거나 받침대 또는 사다리를 사용하여 작업하지 않도록 한다.

해설 **이동식 비계를 조립하여 작업 시 준수사항**
㉠ 이동식 비계의 바퀴에는 뜻밖의 갑작스러운 이동 또는 전도를 방지하기 위하여 브레이크·쐐기 등으로 바퀴를 고정시킨 다음 비계의 일부를 견고한 시설물에 고정하거나 아웃트리거(Outtrigger)를 설치하는 등 필요한 조치를 할 것

정답 | 89. ③ 90. ④ 91. ① 92. ④ 93. ② 94. ②

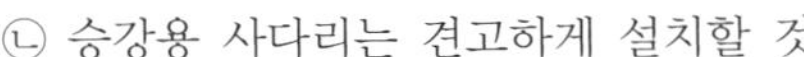

㉡ 승강용 사다리는 견고하게 설치할 것
㉢ 비계의 최상부에서 작업을 하는 경우에는 안전난간을 설치할 것
㉣ 작업발판은 항상 수평을 유지하고, 작업발판 위에서 안전난간을 딛고 작업을 하거나 받침대 또는 사다리를 사용하여 작업하지 않도록 할 것
㉤ 작업발판의 최대적재하중은 250kg을 초과하지 않도록 할 것

95 다음 중 그물코의 크기가 5cm인 매듭방망의 폐기기준 인장강도는?

① 200kg ② 100kg
③ 60kg ④ 30kg

해설 ㉠ 그물코의 크기가 5cm인 매듭방망의 폐기기준 인장강도는 60kg이다.
㉡ 그물코의 크기가 10cm인 매듭방망은 135kg, 매듭없는 방망은 150kg이 폐기기준 인장강도이다.

96 시스템 동바리를 조립하는 경우 수직재와 받침철물 연결부의 겹침길이 기준으로 옳은 것은?

① 받침철물 전체 길이 1/2 이상
② 받침철물 전체 길이 1/3 이상
③ 받침철물 전체 길이 1/4 이상
④ 받침철물 전체 길이 1/5 이상

해설 산업안전보건법상 시스템 동바리를 조립하는 경우 수직재와 받침철물 연결부의 겹침길이는 받침철물 전체 길이의 1/3 이상이어야 한다.

97 경화된 콘크리트의 각종 강도를 비교한 것 중 옳은 것은?

① 전단강도 > 인장강도 > 압축강도
② 압축강도 > 인장강도 > 전단강도
③ 인장강도 > 압축강도 > 전단강도
④ 압축강도 > 전단강도 > 인장강도

해설 **경화된 콘크리트의 강도 순서**
압축강도 > 전단강도 > 인장강도

98 콘크리트를 타설할 때 거푸집에 작용하는 콘크리트 측압에 영향을 미치는 요인과 가장 거리가 먼 것은?

① 콘크리트의 타설속도
② 콘크리트의 타설높이
③ 콘크리트의 강도
④ 콘크리트의 단위용적질량

해설 ①, ②, ④ 이외에 거푸집에 작용하는 콘크리트 측압에 영향을 미치는 요인으로는 벽 길이가 있다.

99 위험방지를 위해 철골작업을 중지하여야 하는 기준으로 옳은 것은?

① 풍속이 초당 1m 이상인 경우
② 강우량이 시간당 1cm 이상인 경우
③ 강설량이 시간당 1cm 이상인 경우
④ 10분간 평균풍속이 초당 5m 이상인 경우

해설 **위험방지를 위해 철골작업을 중지하여야 하는 기준**
㉠ 풍속이 초당 10m 이상인 경우
㉡ 강우량이 시간당 1mm 이상인 경우
㉢ 강설량이 시간당 1cm 이상인 경우

100 다음 중 중량물을 운반할 때의 바른 자세는?

① 길이가 긴 물건은 앞쪽을 높게 하여 운반한다.
② 허리를 구부리고 양손으로 들어올린다.
③ 중량은 보통 체중의 60%가 적당하다.
④ 물건은 최대한 몸에서 멀리 떼어서 들어올린다.

해설 ② 허리를 구부리고 → 허리를 곧은 자세로
③ 체중의 60% → 체중의 40%
④ 멀리 떼어서 → 가까이 접근하여

M · E · M · O

M · E · M · O

산업안전산업기사 기출문제집 필기

2022. 1. 11. 초 판 1쇄 발행
2024. 1. 3. 개정 2판 1쇄(통산3쇄) 발행

지은이 | 김재호
펴낸이 | 이종춘
펴낸곳 | BM (주)도서출판 성안당
주소 | 04032 서울시 마포구 양화로 127 첨단빌딩 3층(출판기획 R&D 센터)
10881 경기도 파주시 문발로 112 파주 출판 문화도시(제작 및 물류)
전화 | 02) 3142-0036
031) 950-6300
팩스 | 031) 955-0510
등록 | 1973. 2. 1. 제406-2005-000046호
출판사 홈페이지 | **www.cyber.co.kr**
ISBN | 978-89-315-2944-9 (13500)
정가 | 26,500원

이 책을 만든 사람들
책임 | 최옥현
진행 | 이용화, 박현수
교정·교열 | 김지숙
전산편집 | 이다은
표지 디자인 | 박현정
홍보 | 김계향, 유미나, 정단비, 김주승
국제부 | 이선민, 조혜란
마케팅 | 구본철, 차정욱, 오영일, 나진호, 강호묵
마케팅 지원 | 장상범
제작 | 김유석

※ 잘못된 책은 바꾸어 드립니다.